AF294261

Sicherheits- und
Komfortsysteme

Robert Bosch GmbH

Robert Bosch GmbH

Sicherheits- und Komfortsysteme

3.

neu bearbeitete
und erweiterte Auflage

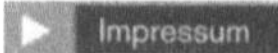

Herausgeber:
© Robert Bosch GmbH, 2004
Postfach 1129,
D-73201 Plochingen
Unternehmensbereich
Automotive Aftermarket,
Abteilung Product Marketing Diagnostics &
Test Equipment (AA/PDT5).

2. Auflage 1998
3., neu bearbeitete und erweiterte Auflage
Oktober 2004

Alle Rechte vorbehalten.
© Friedr. Vieweg & Sohn Verlag/
GWV Fachverlage GmbH, Wiesbaden,
2004.
Softcover reprint of the hardcover 3rb edition 2004
Der Vieweg Verlag ist ein Unternehmen von
Springer Science + Business Media.
www.vieweg.de

ISNB-13: 978-3-322-80325-2   e-ISBN-13: 978-3-322-80324-5
DOI: 10.1007/978-3-322-80324-5

Bibliografische Information der Deutschen
Bibliothek
Die Deutsche Bibliothek verzeichnet diese
Publikation in der Deutschen Nationalbibliografie,
detaillierte bibliografische Daten sind im Internet
über <http://dnb.ddb.de> abrufbar.

Der immer dichter werdende Straßenverkehr verlangt die ganze Aufmerksamkeit und
Konzentration des Autofahrers. Deshalb muss er sich auf die Sicherheits- und Komfortfunktionen seines Fahrzeugs verlassen können. Die Kraftfahrzeug-Elektronik bietet viele
Möglichkeiten, die Fahrsicherheit zu erhöhen und dem Fahrer Aufgaben abzunehmen,
die ihn sonst vom Straßenverkehr ablenken könnten.

Die verfügbare Fahrwerk- und Bremsentechnik mit elektronischen Steuer- und Regel-
einrichtungen sichert die Stabilität und Lenkbarkeit des Fahrzeugs und unterstützt den Fahrer
nicht nur beim Bremsen, sondern auch beim Anfahren und bei kritischen Fahrmanövern.
Moderne Pkw und Nkw verfügen über leistungsfähige und zuverlässige Bremsanlagen, die auch
bei hohen Geschwindigkeiten sehr gute Bremswerte erzielen. Doch auch die besten Bremsen
können nicht verhindern, dass ein Autofahrer bei schlechten Straßenverhältnissen oder in einer
Schrecksituation falsch reagiert oder zu stark auf das Bremspedal tritt. Mit dem Antiblockiersystem ABS von Bosch bleiben Fahrzeuge selbst bei Vollbremsung lenkbar und richtungsstabil.
Auch die Antriebsschlupfregelung ASR unterstützt den Fahrer, indem sie beim Anfahren und
Beschleunigen das Durchdrehen der Antriebsräder verhindert und damit die Fahrstablität
erhöht. Das Elektronische Stabilitäts-Programm ESP sorgt in kritischen Fahrsituationen durch
blitzschnelle Eingriffe in Motor und Bremsen für Stabilität und hält damit das Fahrzeug in
der Spur.

Komfortsysteme entlasten den Fahrer und halten auch seine Ermüdung gering. Sie erleichtern
häufig vorzunehmende Handgriffe und bieten dem Fahrer ein behagliches Umfeld. So kann er
sich voll auf den Verkehr konzentrieren. Der Übergang zu den Sicherheitssystemen ist nicht
immer deutlich abzugrenzen. Manche Systeme bieten dem Fahrer Komfort und erhöhen auch
die Sicherheit beim Fahren.

Informations- und Kommunikationssysteme helfen zudem bei der Orientierung, führen mit
der automatischen Fahrtroutenberechnung zum Ziel oder ermöglichen die Kommunikation mit
dem Umfeld.

Der Themenbereich „Sicherheits- und Komfortsysteme" ist sehr vielfältig und breit gefächert.
Das neu überarbeitete Fachbuch vermittelt einen Überblick über den Aufbau dieser Systeme und
ihr Zusammenwirken.

Die Redaktion

Inhalt

Grundlagen der Fahrphysik
Dipl.-Ing. Friedrich Kost.

Komponenten für Pkw-Bremsanlagen
Dipl.-Ing. Wulf Post.

Antiblockiersystem ABS
Dipl.-Ing. Heinz-Jürgen Koch-Dücker,
Dipl.-Ing. (FH) Ulrich Papert.

Antriebsschlupfregelung ASR
Dr.-Ing. Frank Niewels,
Dipl.-Ing. Jürgen Schuh.

Elektronisches Stabilitäts-Programm ESP
Dipl.-Ing. Thomas Ehret.

Automatische Bremsfunktionen
Dipl.-Ing. (FH) Jochen Wagner.

Hydroaggregat
Dr.-Ing. Frank Heinen,
Peter Eberspächer.

Elektrohydraulische Bremse SBC
Dipl.-Ing. Bernhard Kant.

Adaptive Fahrgeschwindigkeitsregelung ACC
Prof. Dr. rer. nat. Hermann Winner,
Dr.-Ing. Klaus Winter,
Dipl.-Ing. (FH) Bernhard Lucas,
Dipl.-Ing. (FH) Hermann Mayer,
Dr.-Ing. Albrecht Irion,
Dipl.-Phys. Hans-Peter Schneider,
Dr.-Ing. Jens Lüder.

Elektronische Getriebesteuerung
Dipl.-Ing. Dieter Fornoff,
Dieter Graumann,
Dipl.-Ing. Thomas Laux,
Dipl.-Ing. Thomas Müller,
Dipl.-Ing. Steffen Schumacher.

Aktivlenkung
Dipl.-Ing. (FH) Wolfgang Rieger,
ZF Lenksysteme Schwäbisch Gmünd.

Insassenschutzsysteme
Dipl.-Ing. Bernhard Mattes.

Fahrerassistenzsysteme
Prof. Dr.-Ing. Peter Knoll.

Einparksysteme
Prof. Dr.-Ing. Peter Knoll.

Antriebs- und Verstellsysteme
Dipl.-Ing. Rainer Kurzmann,
Dr.-Ing. Günter Hartz.

Heizung und Klimatisierung
Dipl.-Ing. Gebhard Schweizer,
Behr GmbH & Co, Stuttgart.

Fahrzeugsicherungssysteme
Dipl.-Ing. (FH) Jürgen Bowe,
Andreas Walther,
Dr.-Ing. B. Kordowski,
Dr.-Ing. Jan Lichtermann.

Instrumentierung
Dr.-Ing. Bernhard Herzog.

Themenbereich Audio, Navigation und Telematik
Dr.-Ing. Gerhard Pitz,
Dipl.-Ing. Gerald Spreitz,
S. Rehlich,
M. Neumann,
Dipl.-Ing. Marcus Risse,
Dipl.-Ing. Wolfgang Baierl,
Bernd Knerr,
Dipl.-Ing. Ernst-Peter Neukirchner,
Dipl.-Kaufm. Ralf Kriesinger,
Dr.-Ing. Jürgen Wazeck,
Ralf Höchter,
Dr. rer. nat. D. Elke.

Werkstatt-Technik
Dipl.-Wirtsch.-Ing. Stephan Sohnle,
Dipl.-Ing. Rainer Rehage,
Rainer Heinzmann.

Sensoren
Dr.-Ing. Erich Zabler

sowie die Redaktion in Zusammenarbeit mit den zuständigen Fachabteilungen unseres Hauses.

Soweit nicht anders angegeben, handelt es sich um Mitarbeiter der Robert Bosch GmbH.

Fahrsicherheit im Kraftfahrzeug

Neben den Komponenten des Antriebsstrangs (Motor, Getriebe), die für den Vortrieb des Kraftfahrzeugs sorgen, übernehmen auch die Fahrzeugsysteme, die den Vortrieb begrenzen und das Fahrzeug abbremsen, eine wichtige Rolle. Erst sie machen das sichere Bewegen des Fahrzeugs im Straßenverkehr möglich. Aber auch Systeme, die die Insassen bei Unfällen schützen, werden immer wichtiger.

Sicherheitssysteme

Auf die Fahrsicherheit im Straßenverkehr haben viele Größen einen Einfluss:
- der Zustand des Kraftfahrzeugs (z. B. Ausrüstungsgrad, Reifenzustand, Verschleißerscheinungen),
- die Wetter-, Straßen- und Verkehrsverhältnisse (z. B. Seitenwind, Straßenbelag oder Verkehrsdichte) sowie
- die Qualifikation des Fahrers, also seine Fähigkeiten und Befindlichkeiten.

Leistete früher – natürlich neben der Fahrzeugbeleuchtung – im Wesentlichen nur die Bremsanlage mit dem Bremspedal, den Bremsleitungen und den Radbremsen einen Beitrag zur Fahrsicherheit, so kamen immer mehr Systeme hinzu, die in die Bremsanlage eingreifen. Diese Sicherheitssysteme werden wegen ihres aktiven Eingriffs auch als *Aktive Sicherheitssysteme* bezeichnet.

Fahrsicherheitssysteme, wie sie in Fahrzeugen nach dem neuesten Stand der Technik integriert sind, verbessern in hervorragender Weise die Fahrsicherheit des Fahrzeugs.

Die Bremse ist eine wichtige Komponente im Kraftfahrzeug. Sie ist für das sichere Bewegen des Kraftfahrzeugs im Straßenverkehr unverzichtbar. Bei den niedrigen Geschwindigkeiten und der geringen Verkehrsdichte in der Anfangszeit der Automobilgeschichte waren die Ansprüche an die Bremsanlage im Vergleich zu heute wesentlich geringer. Im Lauf der Zeit wurde die Bremsanlage immer weiterentwickelt. Letztendlich sind die hohen Geschwindigkeiten, die heute mit den Autos gefahren werden können, nur deshalb möglich, weil zuverlässige Bremsanlagen das Fahrzeug auch in Gefahrensituationen sicher abbremsen und zum Stillstand bringen können. Die Bremsanlage ist damit ein wichtiger Bestandteil der Sicherheitssysteme im Kraftfahrzeug.

Wie in allen Bereichen des Kraftfahrzeugs hat auch bei den Sicherheitssystemen die Elektronik Einzug gehalten. Die mittlerweile an die Sicherheitssysteme gestellten Anforderungen können nur noch mit elektronischer Hilfe erfüllt werden.

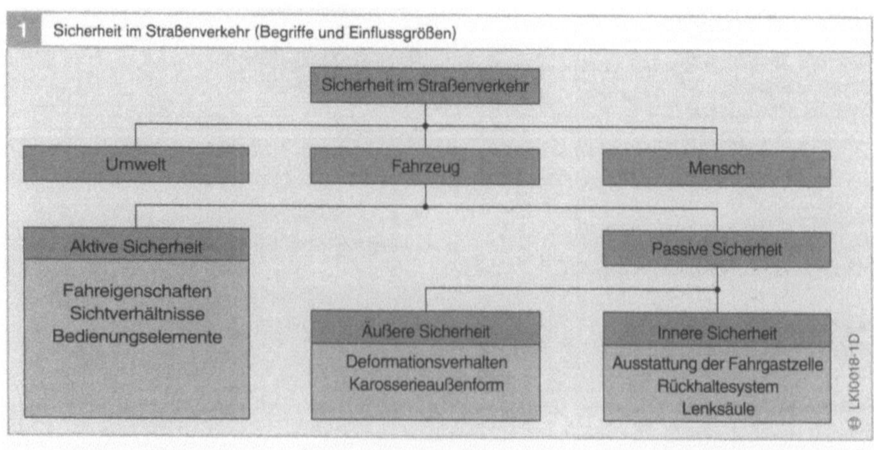

Tabelle 1

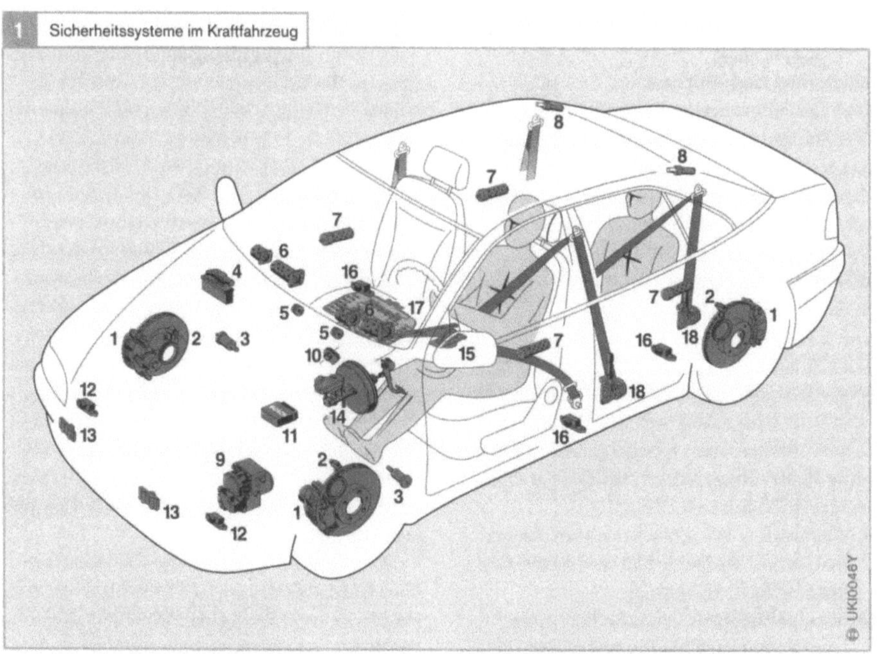

Bild 1

1   Radbremse mit
    Bremsscheibe
2   Raddrehzahlsensor
3   Gasgenerator
    Fußairbag
4   ESP-Steuergerät
    (mit ABS- und
    ASR-Funktion)
5   Gasgenerator
    Knieairbag
6   Gasgeneratoren für
    Fahrer- und Beifah-
    rerairbag (2-stufig)
7   Gasgenerator
    Seitenairbag
8   Gasgenerator
    Kopfairbag
9   ESP-Hydro-
    aggregat
10 Lenkwinkelsensor
11 Airbag-Steuergerät
12 Upfront-Sensor
13 Precrash-Sensor
14 Bremskraftver-
    stärker mit Haupt-
    zylinder und Brems-
    pedal
15 Feststellbremse
    Bedienhebel
16 Beschleunigungs-
    sensor
17 Sensormatte für
    Sitzbelegungs-
    erkennung
18 Sicherheitsgurt mit
    Gurtstraffer

Aktive Sicherheitssysteme

Diese Systeme helfen, Unfälle zu vermeiden
und tragen damit vorbeugend zur Sicherheit
im Straßenverkehr bei. Beispiele für die
aktiven Fahrsicherheitssysteme sind

- das ABS (Antiblockiersystem),
- die ASR (Antriebsschlupfregelung) und
- das ESP (Elektronische Stabilitäts-
  Programm).

Diese Sicherheitssysteme stabilisieren das
Fahrzeug in kritischen Situationen und erhalten dabei deren Lenkbarkeit.

Systeme wie die adaptive Fahrgeschwindigkeitsregelung (ACC, Adaptive Cruise
Control) leisten neben dem Beitrag zur
Fahrsicherheit im Wesentlichen einen Beitrag zum Fahrkomfort, indem der Abstand
zum vorderen Fahrzeug durch automatisches Gaswegnehmen oder auch durch
aktive Bremseingriffe eingehalten wird.

Passive Sicherheitssysteme

Diese Systeme dienen dem Schutz der Insassen vor schweren Verletzungen im Fall
eines Unfalls. Sie senken die Verletzungsgefahr und mildern die Unfallfolgen.

Beispiele für passive Sicherheitsausrüstung
sind der gesetzlich vorgeschriebene Sicherheitsgurt sowie der Airbag, der inzwischen
an verschiedenen Stellen innerhalb der Fahrgastzelle als Front- oder Seitenairbag zu
finden ist.

Bild 1 zeigt ein Fahrzeug mit den Sicherheitssystemen und ihren Komponenten, wie
sie in Fahrzeugen nach dem jetzigen Stand
der Technik zu finden sind.

Grundlagen des Fahrens

Verhalten des Fahrers

Um das Fahrverhalten eines Fahrzeugs an
den Fahrer und sein Fahrvermögen anpassen zu können, ist es notwendig, das Verhalten des Fahrers zu analysieren. Grundsätzlich wird das Handeln des Fahrers
folgendermaßen unterteilt:
- das Führungsverhalten und
- das Stabilisierungsverhalten.

Das Führungsverhalten ist gekennzeichnet
vom „Vorausschauen können" des Fahrers,
d. h. von seiner Fähigkeit, die Bedingungen
und Verhältnisse des jeweiligen Moments
einer Fahrt abzuschätzen und daraus z. B.
folgende Schlüsse zu ziehen:
- wie stark er das Lenkrad einzuschlagen
  hat, um die folgende Kurve spurgenau
  durchfahren zu können,
- wann er beginnen muss zu bremsen,
  um rechtzeitig anhalten zu können oder
- wann er den Beschleunigungsvorgang
  einleiten muss, um gefahrlos überholen
  zu können.

Lenkradeinschlag, Bremsen und Gasgeben
sind wichtige Führungselemente, die umso
exakter eingesetzt werden können, je größer
die Erfahrung des Fahrers ist.

Während der Fahrer das Fahrzeug stabilisiert (Stabilisierungsverhalten), stellt er fest,
dass es Abweichungen von der Sollstrecke
(dem Fahrbahnverlauf) gibt und dass er die
abgeschätzte Voreinstellung bzw. Vorsteuerung (Lenkradstellung, Gaspedalstellung)
korrigieren muss, um das Schleudern oder
das Abkommen von der Fahrbahn zu verhindern. Je besser also die Abschätzung des
Fahrers im Führungsverhalten ist, desto weniger muss er nachträglich stabilisieren (korrigieren), desto stabiler bleibt das Fahrzeug.
Solche Korrekturen werden immer geringer,
je besser Voreinstellung (Lenkradeinschlag)
und Fahrbahnverlauf übereinstimmen, da
sich das Fahrzeug bei geringfügigen Korrekturen „linear" verhält (Fahrervorgaben werden proportional ohne große Abweichungen
auf die Straße übertragen).

Der erfahrene Fahrer kann die Fahrzeugbewegung anhand seiner Fahrvorgaben und
aufgrund vorhersehbarer Einwirkungen von
außen (z. B. Kurven, herannahende Baustel-
len o. Ä.) wirklichkeitsnah abschätzen. Beim
unerfahrenen Fahrer dauert dieser Anpas-
sungsvorgang länger und ist mit größeren
Unsicherheitsfaktoren belastet. Daraus folgt
für den unerfahrenen Fahrer, dass der
Schwerpunkt seines Fahraufwands im Stabilisierungsverhalten liegt.

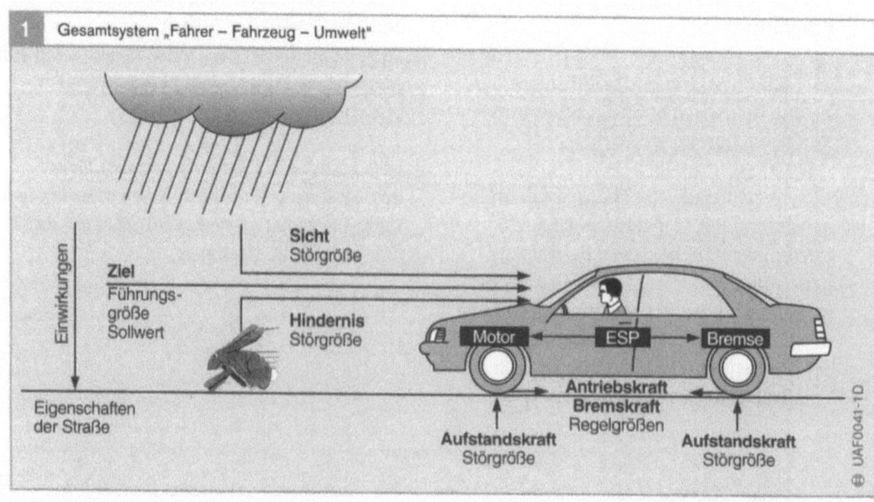

Tritt für Fahrer und Fahrzeug ein unvorhergesehenes Ereignis ein (z. B. unerwartet scharfe Kurve bei gleichzeitig behinderter Sicht o. Ä.), so kann der Fahrer falsch reagieren und in der Folge das Fahrzeug ins Schleudern geraten. Das Fahrzeug verhält sich dann nichtlinear, d. h. für den Fahrer nicht mehr vorhersehbar, und bewegt sich im physikalischen Grenzbereich. In dieser Situation sind sowohl der erfahrene als auch der unerfahrene Fahrer mit der Fahrzeugbeherrschung überfordert.

Unfallursachen und Unfallverhütung

Im Straßenverkehr ist der überwiegende Teil aller Unfallursachen bei „Unfällen mit Personenschaden" auf personenbezogenes Fehlverhalten zurückzuführen. Unfallstatistiken zeigen, dass dabei eine nicht angepasste Geschwindigkeit die Hauptunfallursache ist. Weitere Ursachen sind

- falsche Straßenbenutzung,
- Abstandsfehler,
- Vorfahrts-/Vorrangfehler oder
- falsches Abbiegen und
- Fahren unter Alkoholeinfluss.

Technische Mängel (Beleuchtung, Bereifung, Bremsen usw.) bzw. fahrzeugbezogene Ursachen wurden in nur geringem Maße registriert. Andere, vom Fahrer nicht beeinflussbare, unfallbezogene Ursachen (z. B. Wetter) waren dagegen schon häufiger festzustellen.

Anhand dieser Fakten wird deutlich, dass die Sicherheitstechnik eines Fahrzeugs (in besonderem Maße die dafür notwendige Elektronik) immer weiter verbessert werden muss, um

- den Fahrer in Extremsituationen bestmöglich zu unterstützen,
- Unfälle zu vermeiden oder
- Unfallfolgen zu mildern.

In fahrkritischen Situationen gilt es deshalb, das Fahrzeugverhalten in Grenzbereichen und extremen Fahrsituationen für den Fahrer „vorhersehbar" zu machen. Die Erfassung verschiedener Parameter (Drehzahl der Räder, Querbeschleunigung, Giergeschwindigkeit usw.) und deren elektronische Weiterverarbeitung in einem oder mehreren Steuergeräten hilft, die Vorgänge in extrem kurzer Zeit durch geeignete Maßnahmen „beherrschbarer" zu machen.

Folgende Situationen oder Gefahren sind Beispiele für mögliche Erfahrungen mit Grenzbereichen:

- sich verändernde Straßen-/Witterungsverhältnisse,
- Konflikte mit anderen Verkehrsteilnehmern,
- Konflikte mit Tieren bzw. Hindernissen auf der Fahrbahn oder
- ein plötzlicher Schaden (geplatzter Reifen) am Fahrzeug.

Kritische Situationen im Straßenverkehr

Kritische Situationen im Straßenverkehr zeichnen sich dadurch aus, dass sich die Verkehrssituation sehr schnell ändert, etwa durch ein plötzlich auftauchendes Hindernis oder plötzlich wechselnden Fahrbahnzustand. Hinzu kommt oft auch ein Fehlverhalten der Autofahrer, die mangels Erfahrung in kritischen Situationen bei zu hoher Geschwindigkeit oder wegen Unaufmerksamkeit falsch reagieren.

In der Regel erkennt der Fahrer nicht, inwieweit er mit Ausweich- oder Bremsmanövern in kritischen Fahrsituationen einen physikalischen Grenzbereich berührt, da er fast nie in derart kritische Fahrsituationen gerät. Er erkennt nicht, inwieweit er das zur Verfügung stehende Kraftschlusspotenzial zwischen Reifen und Fahrbahn bereits „aufgebraucht" hat oder ob das Fahrzeug gerade an der Grenze zur Manövrierunfähigkeit bzw. zum Schleudern steht. Demzufolge ist er in solchen Momenten unvorbereitet und reagiert deshalb falsch oder zu heftig. Unfälle oder Situationen, die andere Verkehrsteilnehmer gefährden, sind die Folge.

Unfälle können aber auch über die bereits genannten Unfallursachen hinaus, z. B. durch eine nicht angepasste Technik oder mangelhafte Infrastruktur (schlechte Verkehrswegekonzepte, veraltete Verkehrsleitführung), verursacht werden.

Verbesserungen des Fahrverhaltens eines Fahrzeugs und der Fahrerunterstützung in kritischen Situationen können nur dann als solche gewertet werden, wenn sie nachhaltig sowohl Unfallzahlen als auch -folgen senken. Um eine solche kritische Situation zu entschärfen bzw. zu bewältigen, sind schwierige Fahrmanöver notwendig, z. B.
- schnelles Lenken und Gegenlenken,
- Fahrspurwechsel in Verbindung mit einer Vollbremsung,
- Spurhalten bei beschleunigter Kurvenfahrt oder wechselndem Fahrbahnbelag.

Die Folge davon ist fast immer ein fahrdynamisch kritisches Verhalten des Fahrzeugs, d. h., es verhält sich wegen zu geringer Haftung der Reifen nicht mehr so, wie es den Erwartungen des Fahrers entspricht und weicht vom gewünschten Kurs ab.

Der Fahrer ist aufgrund mangelnder Erfahrung in solchen Grenzsituationen häufig nicht mehr in der Lage, das Fahrzeug zu einer kontrollierten Bewegung zurückzuführen. Oft gerät er dadurch sogar in Panik und reagiert falsch oder zu stark. Hat er beispielsweise bei einem Ausweichmanöver das Lenkrad zu heftig eingeschlagen, lenkt er noch heftiger in die Gegenrichtung, um die Bewegung wieder auszugleichen. Mehrfaches Lenken und Gegenlenken mit immer stärkerem Lenkradeinschlag führen dann dazu, dass sich das Fahrzeug nicht mehr beherrschen lässt und zu schleudern beginnt.

Fahrverhalten

Das Verhalten eines Fahrzeugs im Straßenverkehr wird durch verschiedene Einflüsse bestimmt, die sich grob in drei Bereiche einteilen lassen:
- Fahrzeugeigenschaften,
- Verhalten, Leistungsvermögen und Reaktionsfähigkeit des Fahrers und
- umgebende Bedingungen.

Die Bauweise und Auslegung eines Fahrzeugs beeinflussen dessen Bewegungen und dessen Fahrverhalten.

Das Fahrverhalten ist die Fahrzeugreaktion auf Fahrerhandlungen (z. B. Lenken, Gasgeben, Bremsen) und auf Störungen von außen (z. B. Fahrbahnzustand, Wind). Gutes Fahrverhalten zeigt sich in der Fähigkeit, den Kurs exakt zu halten und damit die Aufgabe eines Fahrers voll zu erfüllen. Dabei hat der Fahrer die Aufgaben,
- seine Fahrt den Verkehrs- und Straßenverhältnissen anzupassen,
- die geltenden Gesetze im Straßenverkehr zu befolgen,
- der Fahrstrecke, gegeben durch den Straßenverlauf, bestmöglich zu folgen und
- vorausschauend und verantwortungsbewusst sein Fahrzeug zu führen.

So gleicht der Fahrer die Fahrzeuglage und die Fahrzeugbewegungen immer wieder einem subjektiv empfundenen Idealzustand an. Er reagiert vorausschauend, handelt gemäß seiner Erfahrung und passt sich so dem aktuellen Straßenverkehrsgeschehen an.

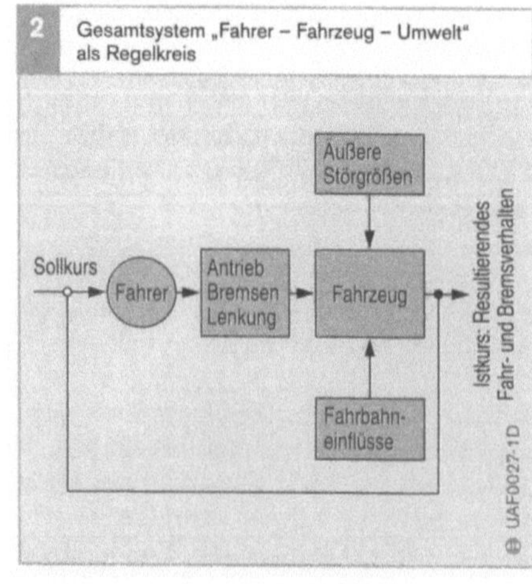

Beurteilung des Fahrverhaltens

Zur Beurteilung des Fahrverhaltens ist die subjektive Beurteilung durch versierte Fahrer noch immer der wichtigste Beitrag. Subjektive Wahrnehmungen lassen nur relative Bewertungen zu, geben also keinen Aufschluss über objektive „Wahrheiten". Subjektive Erfahrungen mit einem Fahrzeug können folglich nur vergleichend mit Erfahrungen an anderen Fahrzeugen eingesetzt werden.

Das Fahrzeugverhalten beurteilen Testfahrer in Fahrversuchen mit ausgewählten Fahrmanövern, die in ihrer Konzeption direkt am „normalen" Verkehrsgeschehen orientiert sind. In einem geschlossenen Regelkreis (englisch: *closed loop*) wird das Gesamtsystem (einschließlich Fahrer) beurteilt. Dabei wird der bezüglich seines Verhaltens nicht präzise zu definierende Fahrer durch eine objektiv vorgegebene Einleitung von Störgrößen ersetzt und die daraus resultierende Fahrzeugreaktion analysiert und beurteilt. Folgende, durch die ISO genormte oder sich im Normierungsprozess befindende Fahrmanöver (durchgeführt auf trockener Fahrbahn) dienen als anerkannte Verfahren der Fahrzeugbeurteilung bezüglich der Fahrzeugstabilität:

- Stationäre Kreisfahrt,
- Übergangsverhalten,
- Bremsen in der Kurve,
- Empfindlichkeit bei Seitenwind,
- Geradeauslaufverhalten und
- Lastwechsel bei Kreisfahrt.

Hierbei sind die Führungsgröße wie z. B. der Fahrbahnverlauf oder Fahreraufgaben von grundlegender Bedeutung. Der jeweilige Fahrer versucht seine Eindrücke und Erfahrungen während der Fahrmanöver, die er anhand seiner Fahreraufgaben durchführt, zu sammeln, um sie anschließend z. T. mit Eindrücken und Erfahrungen anderer Fahrer zu vergleichen. Die oft gefährlichen Fahrmanöver (z. B. von VDA standardisierter Ausweichtest, auch „Elch-Test" genannt), die von mehreren Fahrern durchgeführt werden, geben über die Eigenschaften und die Dynamik des zu untersuchenden Fahrzeugs Aufschluss:

- Stabilität,
- Lenk- und Bremsbarkeit sowie
- das Verhalten in Grenzsituationen sollen beschrieben und mit diesen Versuchen verbessert werden.

Die Vorteile dieses Verfahrens sind:

- das Gesamtsystem („Fahrer – Fahrzeug – Umwelt") kann geprüft werden und
- viele Situationen des täglichen Verkehrsalltages können realistisch simuliert werden.

Die Nachteile dieses Verfahrens sind:

- die große Streuung der Ergebnisse, da die Fahrereigenschaften, Wind- und Fahrbahnverhältnisse sowie die Anfangsbedingungen eines jeden Manövers unterschiedlich sind.
- Subjektive Wahrnehmungen und Erfahrungen können individuell interpretiert werden.
- Das Leistungsvermögen eines Fahrers kann über Erfolg oder Misserfolg einer Versuchsserie entscheiden.

Tabelle 1 (nächste Seite) enthält die wichtigsten Fahrmanöver zur Beurteilung des Fahrverhaltens im geschlossenen Regelkreis.

Eine objektive Festlegung der fahrdynamischen Eigenschaften im geschlossenen Regelkreis („Closed Loop"-Betrieb, d. h. mit dem Fahrer, Bild 2) ist bis heute in der Praxis noch nicht vollständig gelungen, da das Regelverhalten des Menschen subjektiv ausgeprägt ist.

Trotzdem gibt es neben objektiven Fahrtests verschiedene Testfahrten, die geübten Fahrern Aufschluss über die Fahrstabilität eines Fahrzeugs geben können (z. B. ein Slalomkurs).

1 Beurteilung des Fahrverhaltens					
Fahrzeug-verhalten	Fahrmanöver (Fahrervorgaben und vorgegebene Fahrsituation)	Fahrer greift ständig ein	Lenk-rad fest	Lenk-rad frei	Lenk-winkel-vorgabe
Geradeaus-verhalten	Geradeauslauf-Spurhaltung	●	●	●	
	Lenkungsansprechen/Anlenken	●			
	Anreißen – Lenkung loslassen			●	
	Lastwechselreaktion	●	●	●	
	Aquaplaning	●	●	●	
	Geradeausbremsen	●	●	●	
	Seitenwindempfindlichkeit	●	●	●	
	Auftrieb bei hohen Geschwindigkeiten		●		
	Reifendefekt	●	●	●	
Übergangs-/Übertragungs-verhalten	Lenkwinkelsprung				●
	Einfaches Lenken und Gegenlenken				●
	Mehrfaches Lenken und Gegenlenken				●
	Einfacher Lenkimpuls				●
	„Zufällige" Lenkwinkeleingabe	●			●
	Einfahrt in einen Kreis	●			
	Ausfahrt aus einem Kreis	●			
	Rückstellverhalten			●	
	Einfacher Fahrbahnwechsel	●			
	Doppelter Fahrbahnwechsel	●			
Kurven-verhalten	Stationäre Kreisfahrt		●		
	Instationäre Kreisfahrt	●	●		
	Lastwechselreaktion bei Kreisfahrt	●	●		
	„Reinfallen" der Lenkung			●	
	Bremsen in der Kurve	●	●		
	Aquaplaning in der Kurve	●	●		
Wechsel-kurven-verhalten	Wedeln, Slalom um Pylonen	●			
	„Handling-Pacours" (Teststrecke mit starken Kurven)	●			
	Pendeln – Anreißen/Beschleunigen			●	
Gesamt-verhalten	Kippsicherheit	●			●
	Reaktions- und Ausweichtests	●			

Tabelle 1

Fahrmanöver

Stationäre Kreisfahrt

Bei der stationären Kreisfahrt wird die maximal erzielbare Querbeschleunigung ermittelt. Außerdem lässt sich erkennen, wie sich die einzelnen fahrdynamischen Größen in Abhängigkeit von der Querbeschleunigung bis zum Erreichen des Maximalwertes ändern. Daraus lässt sich das Eigenlenkverhalten des Fahrzeugs beurteilen (Begriffe: Unter-, Über- und Neutralsteuern).

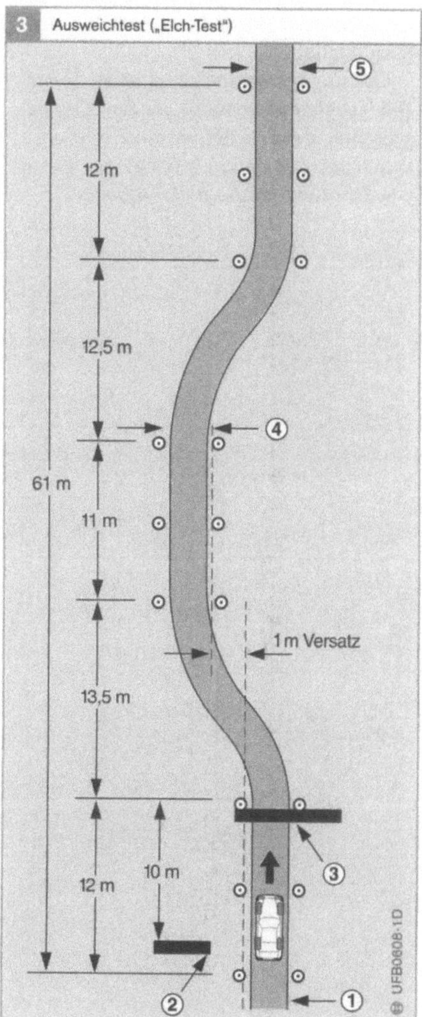

Übergangsverhalten

Neben dem stationären Eigenlenkverhalten (bei stationärer Kreisfahrt) ist auch das Übergangsverhalten eines Fahrzeugs von Bedeutung. Dazu zählen z. B. schnelle Ausweichmanöver nach anfänglicher Geradeausfahrt.

Der „Elch-Test" simuliert eine extreme Fahrsituation, wie sie beim abrupten Umfahren eines Hindernisses entsteht. Auf einer 50 m langen Teststrecke muss ein Fahrzeug bei einer bestimmten Geschwindigkeit ein Hindernis sicher umfahren, das vier Meter in die Fahrbahn hineinragt und eine Länge von 10 m hat (Bild 3).

Bremsen in der Kurve – Lastwechselreaktionen

Eines der im täglichen Fahrbetrieb kritischsten und deshalb für die Fahrzeugkonzeption wichtigsten Fahrmanöver ist das Bremsen in der Kurve.

Ob der Fahrer eines Fahrzeugs in einer Kurve plötzlich das Gaspedal zurücknimmt oder einfach bremst, ist physikalisch betrachtet nicht von Bedeutung: beides erzielt einen ähnlichen Effekt. Wegen der resultierenden Achslastverlagerung von hinten nach vorne wird der Schräglaufwinkel an der Hinterachse größer und an der Vorderachse kleiner, da sich die erforderliche Seitenkraft durch den vorgegebenen Kurvenradius und die Fahrzeuggeschwindigkeit nicht ändert: das Fahrverhalten verschiebt sich in Richtung „übersteuern".

Bei heckgetriebenen Fahrzeugen hat der Reifenschlupf einen geringeren Einfluss auf die Änderung des Eigenlenkverhaltens als bei frontgetriebenen Fahrzeugen. Daraus resultiert in diesem Fall ein stabileres Fahrverhalten bei heckgetriebenen Fahrzeugen.

Die Reaktionen des Fahrzeugs bei diesen Manöver müssen einen bestmöglichen Kompromiss zwischen Lenkfähigkeit, Fahrstabilität und Abbremsung darstellen.

Bild 3
Testbeginn:
Phase 1:
Höchster Gang
(Schaltgetriebe)
Schaltstufe D
bei 2000 min^{-1}
(Automatikgetriebe)

Phase 2:
Gaswegnahme

Phase 3:
Geschwindigkeitsmessung mit Lichtschranke

Phase 4: Lenkeinschlag
nach rechts

Phase 5:
Testende

Messgrößen

Hauptbeurteilungsgrößen der Fahrdynamik sind:
- Lenkradwinkel,
- Querbeschleunigung,
- Längsbeschleunigung bzw. Längsverzögerung,
- Giergeschwindigkeit,
- Schwimm- und Wankwinkel.

Zusätzliche Informationen dienen der Klärung eines bestimmten Fahrverhaltens zum Überprüfen anderer Messwerte:
- Längs- und Quergeschwindigkeit,
- Lenkwinkel der Vorder-/Hinterräder,
- Schräglaufwinkel an allen Rädern,
- Lenkradmoment.

Reaktionszeit

Im Gesamtsystem „Fahrer – Fahrzeug – Umwelt" spielt die Fahrerbefindlichkeit und damit die Reaktionszeit des Fahrers neben den definierten Größen eine entscheidende Rolle. Sie umfasst die Zeitspanne zwischen dem Wahrnehmen eines Hindernisses, der Entscheidung und dem Umsetzen des Fußes bis zum Berühren des Bremspedals. Diese Zeit ist nicht konstant; sie beträgt je nach den persönlichen Bedingungen und äußeren Umständen mindestens 0,3 Sekunden.

Die Bestimmung des individuellen Reaktionsverhaltens erfordert Spezialuntersuchungen (z. B. eines medizinisch-psychologischen Institutes).

Bewegungsvorgänge

Fahrzeugbewegungen lassen sich in gleichförmige Bewegungen (mit gleich bleibender Geschwindigkeit) und ungleichförmige Bewegungen (beim Anfahren/Beschleunigen und Bremsen/Verzögern mit sich ändernder Geschwindigkeit) unterteilen.

Der Motor erzeugt die für das Fahrzeug zur Fortbewegung notwendige Bewegungsenergie. Um den Bewegungszustand eines Fahrzeugs nach Größe und Richtung zu ändern, müssen in jedem Falle Kräfte von außen oder über Motor und Triebstrang auf das Fahrzeug einwirken.

Fahrverhalten bei Nutzfahrzeugen

Zur objektiven Beurteilung des Fahrverhaltens bei Nutzfahrzeugen werden verschiedene Fahrmanöver wie stationäre Kreisfahrt, Lenkwinkelsprung (Fahrzeugreaktion nach „Anreißen" mit vorbestimmtem Lenkradwinkel) und Bremsen in der Kurve durchgeführt.

Zugkombinationen weisen in der Regel ein anderes querdynamisches Verhalten auf als Solofahrzeuge. Besondere Beachtung finden dabei die Beladungsverhältnisse von Zugwagen und Anhänger sowie Bauart und Geometrie der Verbindung innerhalb einer Kombination.

Den ungünstigsten Fall bildet ein leeres Nkw-Zugfahrzeug mit beladenem Zentralachsanhänger. Der Betrieb einer solchen Fahrzeugkombination verlangt vom Fahrer eine besonders vorsichtige Fahrweise.

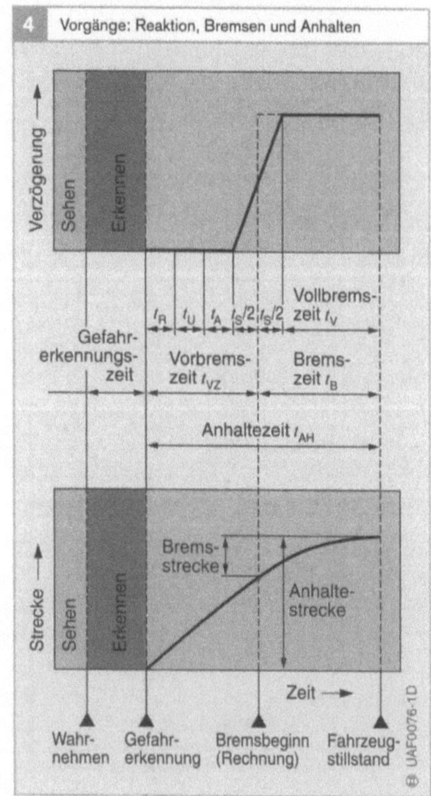

Bei Sattelzügen besteht beim Bremsen in extremen Situationen die Gefahr des Einknickens („Jackknifing"). Dieser Vorgang wird durch Seitenkraftverlust der Hinterachse des Zugfahrzeugs bei „Überbremsen" auf schlüpfriger Fahrbahn oder durch zu hohes Giermoment unter „µ-split"-Bedingungen (z. B. unterschiedliche Reibungswerte in der Fahrbahnmitte und am Fahrbahnrand). Jackknifing läßt sich mithilfe von Antiblockiersystemen verhindern.

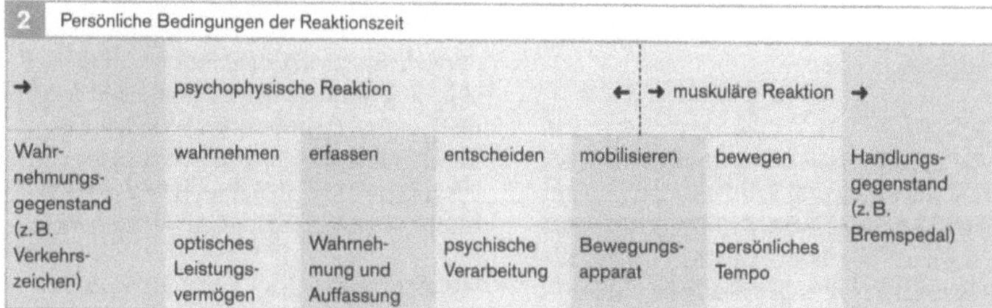

2 Persönliche Bedingungen der Reaktionszeit

→	psychophysische Reaktion			← → muskuläre Reaktion →		
Wahrnehmungsgegenstand (z. B. Verkehrszeichen)	wahrnehmen	erfassen	entscheiden	mobilisieren	bewegen	Handlungsgegenstand (z. B. Bremspedal)
	optisches Leistungsvermögen	Wahrnehmung und Auffassung	psychische Verarbeitung	Bewegungsapparat	persönliches Tempo	

Tabelle 2

3 Abhängigkeit der Reaktionszeit von persönlichen und äußeren Faktoren

kleine Reaktionszeit ←	→ große Reaktionszeit
Persönliche Faktoren des Fahrers	
eingeübte Reflexhandlung	Wahlhandlung
gute Verfassung, optimale Leistungsfähigkeit	schlechte Verfassung, z. B. Ermüdung
hohe Fahrbegabung	mindere Fahrbegabung
Jugendlichkeit	höheres Alter
Erwartungsspannung	Aufmerksamkeit, Ablenkung
körperliche und psychische Gesundheit	krankhafte körperliche oder psychische Störungen
	Schreckwirkung, Alkohol
Äußere Faktoren	
Verkehrssituation einfach, übersichtlich, vorausberechenbar, bekannt	Verkehrssituation kompliziert, unübersichtlich unberechenbar, nicht bekannt
wahrgenommenes Hindernis auffällig	wahrgenommenes Hindernis unauffällig
Hindernis im Blickfeld	Hindernis am Rande des Blickfelds
Schalt- und Bedienungselemente im Auto zweckmäßig angeordnet	Schalt- und Bedienungselemente im Auto unzweckmäßig angeordnet

Tabelle 3

Grundlagen der Fahrphysik

Bewegungsänderungen eines Körpers lassen sich nur durch Kräfte erreichen. Auf ein Fahrzeug wirken im Fahrbetrieb viele Kräfte ein. Eine wichtige Funktion übernehmen dabei die Reifen: jede Bewegungsänderung des Fahrzeugs führt über am Reifen wirkende Kräfte.

Reifen

Ein Reifen ist das Verbindungselement zwischen Fahrzeug und Fahrbahn. An ihm entscheidet sich die Sicherheit eines Fahrzeugs. Der Reifen überträgt Antriebs-, Brems- und Seitenkräfte, wobei physikalische Gegebenheiten die Grenzen der dynamischen Belastung eines Fahrzeugs definieren. Entscheidende Beurteilungsmerkmale sind:
- Geradeauslauf,
- Kurvenstabilität,
- Haftung auf verschiedenen Fahrbahnoberflächen,
- Haftung bei unterschiedlicher Witterung,
- Lenkverhalten,
- Komfort (Federung, Dämpfung, Laufruhe),
- Haltbarkeit und
- Wirtschaftlichkeit.

Aufbau

Nach Technik und Entwicklungsstand werden mehrere Reifenbauarten unterschieden. Verschiedene Gebrauchs- und Notlaufeigenschaften, die ein herkömmlicher Fahrzeugreifen aufweisen sollte, bestimmen dessen Bauart.

Gesetzliche Vorschriften und Richtlinien geben vor, unter welchen Bedingungen welche Reifen verwendet werden müssen, bis zu welchen maximalen Geschwindigkeiten Reifen eingesetzt werden dürfen und welcher Klassifizierung Reifen unterworfen sind.

Radialreifen

Bei einem Reifen der Radialbauweise, der als Pkw-Reifen zum Standard geworden ist, verlaufen die Kordfäden der Karkasslage(n) auf kürzestem Weg „radial" von Wulst zu Wulst (Bild 1). Ein stabilisierender Gürtel umschließt die verhältnismäßig dünne, elastische Karkasse.

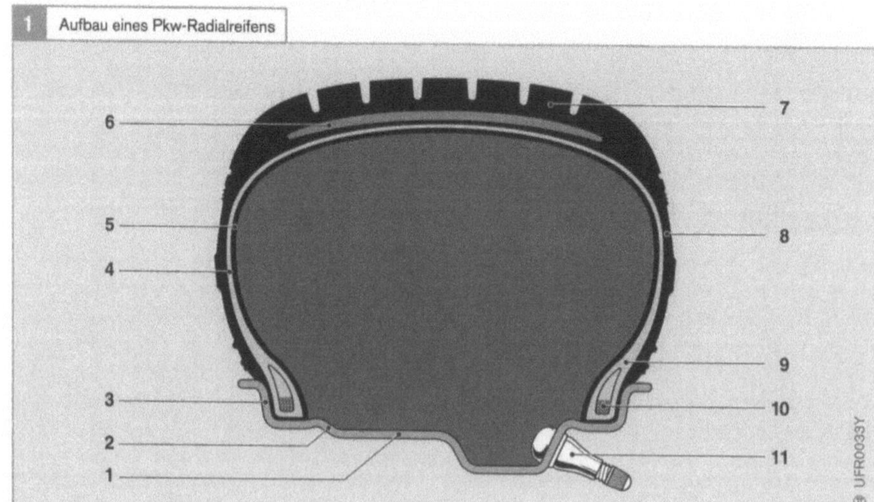

Bild 1

1   Felgenschulter
2   Hump
3   Felgenhorn
4   Karkasse
5   luftdichte Gummischicht
6   Gürtel
7   Lauffläche
8   Seitengummi
9   Wulst
10 Wulstkern
11 Ventil

Diagonalreifen

Die Diagonalbauweise erhielt ihren Namen von den „diagonal" (bias) zur Lauffläche verlaufenden Kordfäden der Karkasslagen, die sich kreuzen (cross ply). Dieser Reifen ist nur noch für Motorräder, Fahrräder, Industrie- und Landwirtschaftsfahrzeuge von Bedeutung. Bei Nutzfahrzeugen wird er zunehmend vom Radialreifen verdrängt.

Vorschriften

Kraftfahrzeuge und Anhänger müssen entsprechend den europäischen Richtlinien bzw. in den USA entsprechend dem *FMVSS (Federal Motor Vehicle Safety Standard)* mit Luftreifen versehen sein, die am ganzen Umfang und auf der ganzen Breite der Lauffläche Profilrillen oder Einschnitte mit einer Tiefe von mindestens 1,6 mm aufweisen.

Personenkraftwagen und Kraftfahrzeuge mit einem zulässigen Gesamtgewicht von weniger als 2,8 Tonnen und einer bauartbestimmten Höchstgeschwindigkeit von mehr als 40 km/h und ihre Anhänger dürfen entweder nur mit Diagonal- oder nur mit Radialreifen ausgerüstet sein; im Fahrzeugzug gilt dies nur für das jeweilige Einzelfahrzeug. Dies gilt nicht für Anhänger hinter dem Kraftfahrzeug, die mit einer Geschwindigkeit von höchstens 25 km/h gefahren werden.

Anwendung

Die Voraussetzung für einen erfolgreichen Einsatz ist die richtige Reifenauswahl nach den Empfehlungen des Fahrzeug- oder Reifenherstellers. Wird ein Fahrzeug rundum mit Reifen gleicher Bauart bereift, so garantiert dies bestmögliche Fahrbedingungen. Bezüglich Pflege, Wartung, Lagerung und Montage sind bei Reifen besondere Hinweise der Reifenhersteller oder eines Fachmannes zu berücksichtigen, um eine maximale Haltbarkeit bei größtmöglicher Sicherheit zu gewährleisten.

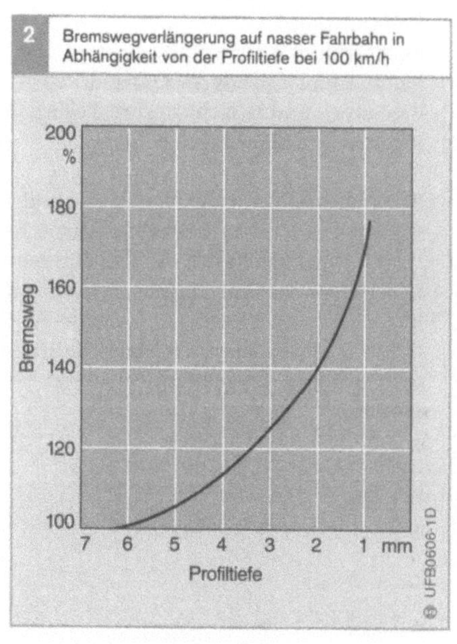

Beim Gebrauch der Reifen, also in „aufgezogenem Zustand", ist zu beachten, dass
- die Reifen ausgewuchtet sind und damit einen optimalen Rundlauf garantieren,
- für alle Räder der gleiche Reifentyp und die zum Fahrzeug passenden Reifen verwendet werden,
- die zugelassene Höchstgeschwindigkeit der Reifen nicht überschritten wird und
- die Reifen genügend Profiltiefe aufweisen.

Wenn die Profiltiefe eines Reifens zu gering ist, dann steht auch entsprechend weniger Material für den Schutz des darunter liegenden Gürtels bzw. der Karkasse zur Verfügung. Vor allem bei Personenkraftwagen und schnellen Nutzfahrzeugen spielt die fehlende Profiltiefe auf nasser Fahrbahn wegen des verminderten Kraftschlusses bezüglich der Fahrsicherheit eine entscheidende Rolle. Der Bremsweg wächst mit abnehmender Profiltiefe überproportional (Bild 2). Besonders kritisch ist das Verhalten des Fahrzeugs bei Aquaplaning, wenn kein Kraftschluss mehr zwischen Fahrbahn und Reifen herrscht und das Fahrzeug auch nicht mehr lenkbar ist.

Reifenschlupf

Reifenschlupf, auch einfach „Schlupf" genannt, ergibt sich aus der Differenz der theoretisch und tatsächlich zurückgelegten Wegstrecke eines Fahrzeugs.

Anhand eines Beispiels soll dies verdeutlicht werden: Der Umfang eines Pkw-Reifens beträgt 2 Meter. Dreht sich das Rad nun zehnmal, müsste das Fahrzeug eine Strecke von 20 Metern zurücklegen. Der Reifenschlupf bewirkt jedoch, dass die tatsächlich zurückgelegte Strecke des gebremsten Fahrzeugs länger ist.

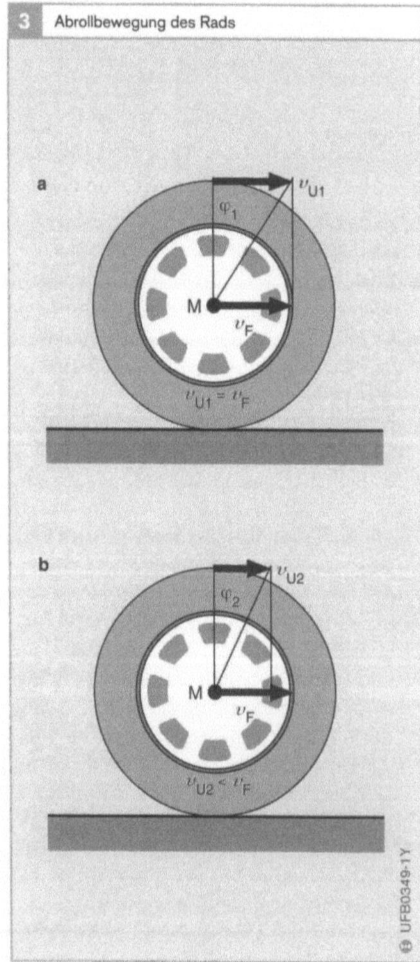

Bild 3
a   Frei rollendes Rad
b   gebremstes Rad
v_F Fahrzeuggeschwindigkeit am Radmittelpunkt M
v_U Radumfangsgeschwindigkeit

Beim gebremsten Rad wird der Drehwinkel φ pro Zeiteinheit kleiner (Schlupf)

Ursache für den Reifenschlupf

Beim Abrollen eines Rades unter Antriebs- oder Bremskräften spielen sich in der Reifenaufstandsfläche komplizierte physikalische Vorgänge ab, bei denen die Gummielemente in sich verspannt werden und partiellen Gleitbewegungen ausgesetzt sind, auch wenn das Rad noch nicht blockiert. Die Elastizität des Reifens bewirkt also, dass der Reifen deformiert wird und je nach Witterungs- und Fahrbahnbedingungen mehr oder weniger „Walkarbeit" verrichtet. Da der Reifen zu großen Teilen aus Gummi besteht, wird beim Auslauf aus der Kontaktzone (Reifenaufstandsfläche) nur ein Teil der „Deformationsenergie" zurückgewonnen. Der Reifen erwärmt sich dabei und es entstehen Energieverluste.

Darstellung des Schlupfs

Das Maß für den Gleitanteil der Abrollbewegung ist der Schlupf λ:

$$\lambda = (v_F - v_U)/v_F$$

Die Größe v_F ist die Fahrgeschwindigkeit, v_U ist die Umfangsgeschwindigkeit des Rads (Bild 3). Die Formel sagt aus, dass Bremsschlupf auftritt, sobald sich das Rad langsamer dreht als es der Fahrgeschwindigkeit entspricht. Nur unter dieser Bedingung können Bremskräfte bzw. Beschleunigungskräfte übertragen werden.

Da der Reifenschlupf infolge der Längsbewegung des Fahrzeugs entsteht, wird er auch als „Längsschlupf" bezeichnet. Für den beim Bremsen entstehenden Schlupf ist auch die Bezeichnung „Bremsschlupf" gebräuchlich.

Werden einem Reifen zusätzlich zum Schlupf noch andere Einflussgrößen überlagert (z. B. höhere Radlast oder extreme Radstellungen), werden die Kraftübertragungs- und Laufeigenschaften negativ beeinflusst.

Kräfte und Momente am Fahrzeug

Trägheitsprinzip
Jeder Körper ist bestrebt, entweder in seinem Ruhezustand zu verharren oder seinen Bewegungszustand beizubehalten. Um eine Änderung des jeweiligen Zustands herbeizuführen, muss eine Kraft aufgewendet bzw. übertragen werden. Wird z. B. bei Glatteis versucht, in einer Kurve zu bremsen, rutscht das Fahrzeug geradeaus weiter, ohne merklich langsamer zu werden und auf Lenkbewegungen zu reagieren. Auf Glatteis können nämlich nur sehr geringe Reifenkräfte übertragen werden.

Momente
Drehbewegungen von Körpern werden durch Momente beeinflusst. So wird z. B. die Drehbewegung der Räder durch das Bremsmoment verzögert und durch das Antriebsmoment beschleunigt.

Auch auf das gesamte Fahrzeug wirken Momente. Befindet sich das Fahrzeug zum Beispiel mit der einen Seite auf einer glatten Fahrbahn (z. B. Glatteis), mit der anderen Seite auf normal haftender Fahrbahn (z. B. Asphalt), so kommt es beim Bremsen zu einer Drehbewegung des Fahrzeugs um die Hochachse (μ-split-Bremsung). Diese Drehbewegung wird duch das Giermoment verursacht, das durch die unterschiedlich hohen Kräfte an den Fahrzeugseiten entsteht.

Einteilung der Kräfte
Auf ein Fahrzeug wirken neben dem Fahrzeuggewicht (verursacht durch die Schwerkraft) unabhängig von seinem Bewegungszustand Kräfte ganz verschiedener Art (Bild 1). Einerseits handelt es sich dabei um
- Kräfte in Längsrichtung (z. B. Antriebskraft, Luftwiderstand oder Rollreibung), andererseits um
- Kräfte in Querrichtung (z. B. Lenkkraft, Fliehkraft bei Kurvenfahrt oder Seitenwind). Die Reifenkräfte in Querrichtung werden auch als Seitenführungskräfte bezeichnet.

Die Kräfte in Längs- und in Querrichtung werden auf die Reifen und schließlich auf die Fahrbahn „von oben" oder „von der Seite" übertragen. Dies geschieht über
- das Fahrgestell (z. B. Windkraft),
- die Lenkung (Lenkkraft),
- den Motor und das Getriebe (Antriebskraft) oder über die
- Bremsanlage (Bremskraft).

In der anderen Richtung wirken die Kräfte „von unten" von der Fahrbahn aus auf die

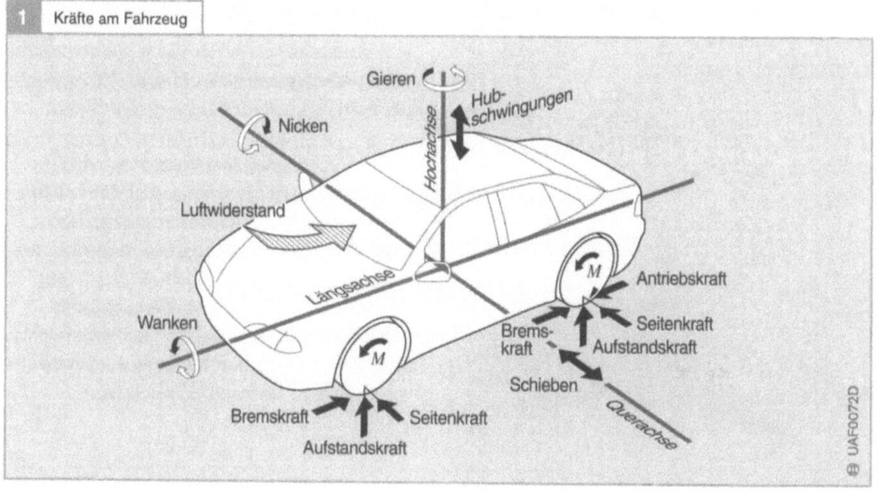

Reifen und damit auf das Fahrzeug. Denn: jede Kraft erzeugt eine Gegenkraft.

Grundsätzlich muss die antreibende Kraft des Motors (Motordrehmoment) – damit sich das Fahrzeug in Bewegung setzen kann – alle Fahrwiderstände (alle Längs- und Querkräfte) überwinden, die z. B. durch Fahrbahnlängs- und -querneigung verursacht werden.

Für die Beurteilung der Fahrdynamik oder auch der Fahrstabilität eines Fahrzeugs müssen die Kräfte bekannt sein, die zwischen den Reifen und der Straße wirken, also über diese Kontaktflächen (auch „Reifenaufstandsfläche" oder „Latsch" genannt) übertragen werden.

Mit zunehmender Fahrpraxis lernt ein Autofahrer, immer besser auf diese Kräfte zu reagieren: sie sind für ihn sowohl bei Beschleunigungen und Verzögerungen als auch bei Seitenwind oder Glätte spürbar. Bei sehr hohen Kräften, also sehr starken Bewegungszustandsänderungen, sind diese Kräfte auch gefährlich (Schleudern) oder zumindest durch quietschende Reifen vernehmbar (z. B. Kavalierstart) und erhöhen den Materialverschleiß.

Reifenkräfte

Nur über die Reifenkraft lässt sich gezielt eine gewollte Bewegung bzw. Bewegungsänderung erreichen. Die Reifenkraft setzt sich aus folgenden Komponenten zusammen (Bild 2):

Umfangskraft

Die Umfangskraft F_U entsteht durch den Antrieb bzw. das Bremsen. Sie wirkt in Längsrichtung auf die Fahrbahnebene (Längskraft) und ermöglicht es dem Fahrer, das Auto über das Gaspedal zu beschleunigen und über das Bremspedal abzubremsen.

Reifenaufstandskraft (Normalkraft)

Die Kraft zwischen Reifen und Straße (Fahrbahnoberfläche) senkrecht zur Fahrbahn wird als Reifenaufstandskraft oder auch Normalkraft F_N bezeichnet. Sie wirkt immer auf die Reifen, unabhängig vom Bewegungszustand des Fahrzeugs und damit auch bei Fahrzeugstillstand.

Die Aufstandskraft wird durch den Anteil des Fahrzeuggewichts plus Zuladung, der auf die einzelnen Räder entfällt, bestimmt. Sie ist auch von dem Steigungs- oder Gefällwinkel der Straße, auf der das Fahrzeug steht, abhängig. Den höchsten Wert für die Aufstandskraft ergibt sich auf ebener Fahrbahn.

Weitere Kräfte auf das Fahrzeug (z. B. größere Zuladung) erhöhen oder verringern die Aufstandskraft. Bei Kurvenfahrt werden die kurveninneren Räder entlastet und die kurvenäußeren Räder zusätzlich belastet.

Durch die Reifenaufstandskraft wird die Kontaktfläche des Reifens auf der Fahrbahn verformt. Da die Reifenseitenwände auch von dieser Verformung betroffen sind, kann sich die Aufstandskraft nicht gleichmäßig verteilen. Es entsteht eine trapezförmige Druckverteilung (Bild 2). Die Seitenwände des Reifens nehmen Kräfte auf, und der Reifen verformt sich je nach Belastung.

Bild 2

F_N Reifenaufstandskraft, auch als Normalkraft bezeichnet

F_U Umfangskraft (positiv: Antriebskraft; negativ: Bremskraft)

F_S Seitenkraft

Seitenkraft

Seitenkräfte wirken auf das Rad, z. B. bei eingeschlagener Lenkung oder Seitenwind. Sie bewirken eine Richtungsänderung des Fahrzeugs.

Bremsmoment

Beim Bremsen drücken die Bremsbeläge gegen die Bremstrommel (bei Trommelbremsen) bzw. die Bremsscheiben (bei Scheibenbremsen). Dabei entstehen Reibungskräfte, die der Fahrer durch den Druck auf das Bremspedal beeinflusst.

Das Produkt aus Reibungskräften und dem Abstand der Angriffspunkte dieser Kräfte von der Drehachse ergibt das Bremsmoment M_B.

Dieses Moment wird beim Bremsvorgang am Radumfang wirksam (Bild 1).

Giermoment

Das Giermoment um die Fahrzeughochachse wird durch unterschiedliche Längskräfte an der linken und rechten Fahrzeugseite bzw. unterschiedliche Seitenkräfte an der Vorder- und Hinterachse erzeugt. Giermomente sind erforderlich, um das Fahrzeug bei Kurvenfahrt in Drehung zu versetzen. Unerwünschte Giermomente, wie sie beim Bremsen auf μ-split (s. o.) oder mit schief ziehenden Bremsen auftreten können, lassen sich durch konstruktive Maßnahmen reduzieren. Der Lenkrollhalbmesser (LRH) ist der Abstand zwischen dem Radaufstandspunkt und dem Durchstoßpunkt der Radlenkachse in der Fahrbahnebene (Bild 3). Er ist negativ, wenn der Durchstoßpunkt der Radlenkachse – bezogen auf den Radaufstandspunkt – auf der Fahrzeugaußenseite liegt. Bremskräfte erzeugen im Zusammenwirken mit positivem und negativem Lenkrollhalbmesser durch Hebelwirkung Momente an der Lenkung, die zu einem bestimmten Lenkwinkel am Rad führen. Bei negativem Lenkrollhalbmesser wirkt dieser Lenkwinkel dem unerwünschten Giermoment entgegen.

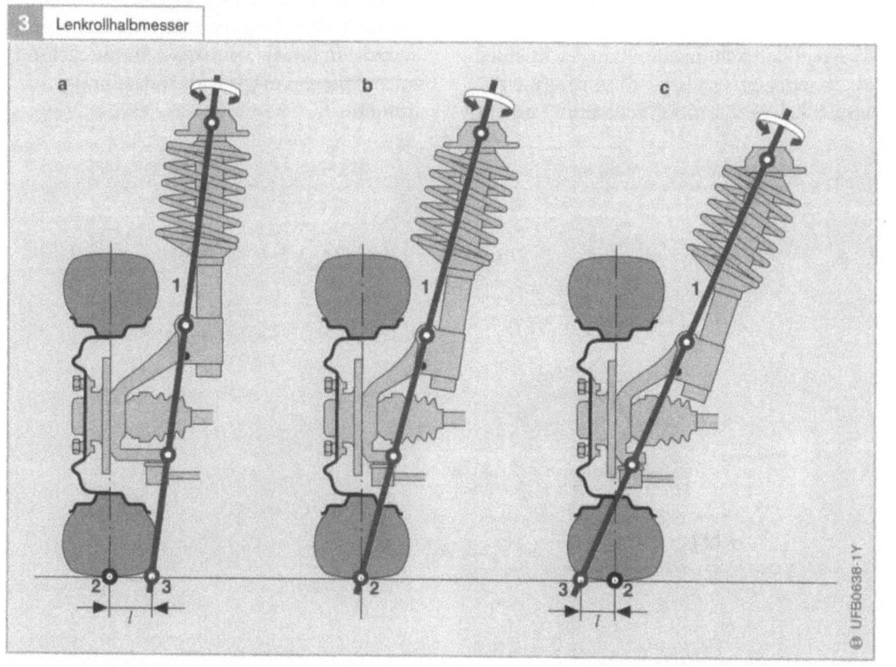

Bild 3
a   Lenkrollhalbmesser positiv:
$M_{Ges} = M_T + M_B$
b   Lenkrollhalbmesser null: kein Giermoment
c   Lenkrollhalbmesser negativ:
$M_{Ges} = M_T - M_B$

1   Radlenkachse
2   Radaufstandspunkt
3   Durchstoßpunkt
l   Lenkrollhalbmesser
M_{Ges} Gesamtmoment (Giermoment)
M_T Trägheitsmoment
M_B Bremsmoment

Reibungskräft
Haftreibungszahl

Mit einem Bremsmoment entsteht zwischen dem Reifen und der Fahrbahnoberfläche eine Bremskraft F_B, die im stationären Fall (keine Radbeschleunigung) proportional zum Bremsmoment ist. Der Betrag der auf die Fahrbahn übertragbaren Bremskraft (Reibungskraft F_R) ist proportional der Reifenaufstandskraft F_N:

$$F_R = \mu_{HF} \cdot F_N$$

Der Faktor μ_{HF} heißt Haftreibungszahl bzw. Reibungszahl oder Kraftschlussbeiwert. Er kennzeichnet die Eigenschaft der verschiedenen Materialpaarungen Reifen/Fahrbahn und alle Einflüsse, denen diese Paarungen ausgesetzt sind.

Die Haftreibungszahl ist damit ein Maß für die übertragbare Bremskraft. Sie hängt ab
- vom Zustand der Fahrbahn,
- vom Zustand der Reifen,
- von der Fahrgeschwindigkeit und
- den Witterungsbedingungen.

Von der Haftreibungszahl hängt schließlich ab, in welchem Maße das Bremsmoment tatsächlich wirksam werden kann. Für Kraft-fahrzeugreifen erreicht die Haftreibungszahl ihre höchsten Werte auf trockener und sauberer Fahrbahn, die niedrigsten auf Eis. Zwischenmedien wie Wasser und Schmutz verringern die Haftreibungszahl. Die Werte in Tabelle 1 gelten für Straßendecken aus Beton und Teermakadam in gutem Zustand.

Insbesondere auf nassen Fahrbahnoberflächen hängt die Haftreibungszahl stark von der Fahrgeschwindigkeit ab. Beim Bremsvorgang kann es bei höheren Geschwindigkeiten und entsprechenden Fahrbahnverhältnissen dann zum Blockieren der Räder kommen, wenn durch eine zu niedrige Haftreibungszahl keine Haftung der Räder auf der Fahrbahnoberfläche gewährleistet ist. Blockiert schließlich ein Rad, kann es keine Seitenkräfte mehr übertragen, und das Fahrzeug ist nicht mehr lenkbar. Bild 5 veranschaulicht die Häufigkeitsverteilung der Haftreibungszahl an einem blockierten Rad bei verschiedenen Geschwindigkeiten auf nassen Fahrbahnen.

Die Reibungskraft zwischen Reifen und Fahrbahn bestimmt die Kraftübertragung. Die Sicherheitssysteme ABS (**Antiblockiersystem**) und ASR (**Antriebsschlupfregelung**) nutzen dieses Angebot an Haftreibung optimal.

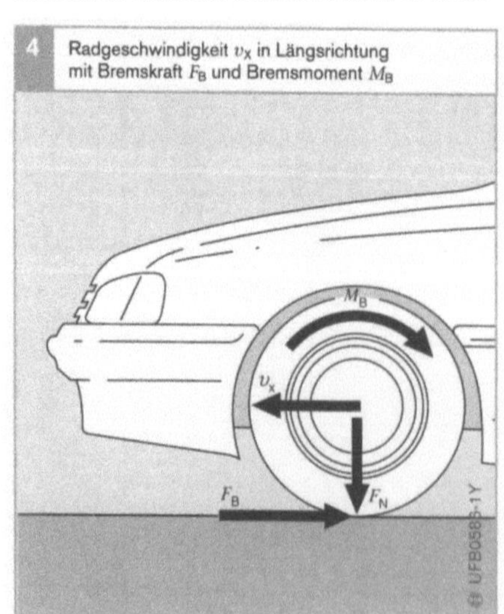

Bild 4

v_x Radgeschwindigkeit in Längsrichtung

F_N Reifenaufstandskraft (Normalkraft)

F_B Bremskraft

M_B Bremsmoment

Bild 5

Quelle:
Forschungsinstitut für Kraftfahrwesen und Fahrzeugmotoren in Stuttgart

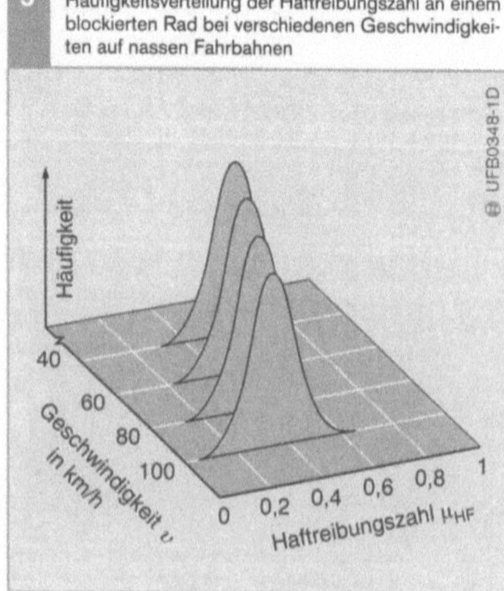

Aquaplaning

Der Betrag der Reibung geht gegen null, wenn sich durch Regen ein „Wasserfilm" auf der Fahrbahn bildet und das Fahrzeug „aufschwimmt": es kommt zu „Aquaplaning", und der Fahrbahnkontakt wird dabei aufgehoben. Der Grund dafür ist, dass sich bei Aquaplaning ein Wasserkeil unter die gesamte Aufstandsfläche des Reifens schiebt und diesen vom Boden abhebt. Aquaplaning ist abhängig von:

- der Wasserhöhe auf der Fahrbahn,
- der Fahrzeuggeschwindigkeit,
- der Profilform, der Reifenbreite und der Abnützung des Reifens sowie
- der Last, mit der der Reifen auf die Fahrbahn gedrückt wird.

Breitreifen sind besonders gefährdet. Im Zustand des Aquaplaning lässt sich das Fahrzeug nicht mehr lenken und nicht mehr abbremsen. Weder Lenkbewegungen noch Bremskräfte können auf die Fahrbahn übertragen werden.

Gleitreibung

Bei Reibungsvorgängen unterscheidet man zwischen Haft- und Gleitreibung. Dabei ist bei starren Körpern die Haftreibung größer als die Gleitreibung. In Anlehnung dazu gibt es für einen abrollenden Gummireifen Zustände, bei denen die Haftreibungszahl höher ist als beim Blockiervorgang. Gleitvorgänge treten aber auch während des Abrollens von Gummireifen auf. Sie werden als „Schlupf" bezeichnet.

Einfluss des Bremsschlupfs auf die Haftreibungszahl

Beim Anfahren oder Beschleunigen hängt – wie auch beim Bremsen oder Verzögern – die Kraftübertragung vom Schlupf zwischen Reifen und Fahrbahn ab. Die Reibung eines Reifens verhält sich zu seinem Schlupf beim Bremsen und Antreiben prinzipiell gleich.

Bild 6 zeigt den Verlauf der Haftreibungszahl μ_{HF} beim Bremsen. Ausgehend vom Bremsschlupf null steigt sie steil an, erreicht ihr Maximum je nach Fahrbahn- und Reifenbeschaffenheit etwa zwischen 10 % und 40 % Bremsschlupf und fällt dann wieder ab. Der ansteigende Teil der Kurve ist der

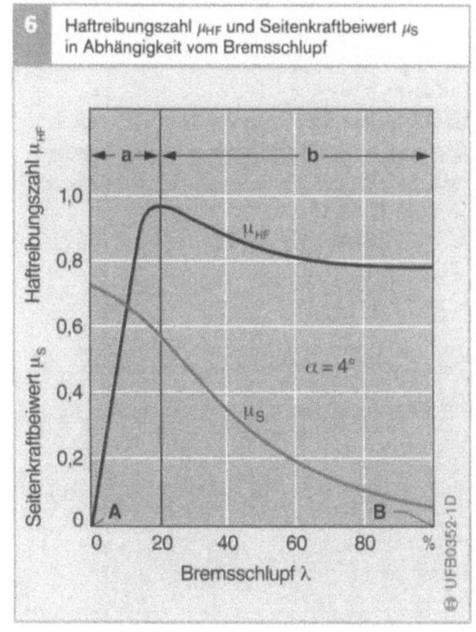

Bild 6
a   Stabiler Bereich
b   instabiler Bereich
α Schräglaufwinkel
A   frei rollendes Rad
B   Rad blockiert

Haftreibungszahlen μ_{HF} von Reifen auf unterschiedlichen Straßenzustand, bei unterschiedlichem Reifenzustand und verschiedenen Geschwindigkeiten

Fahrgeschwindigkeit	Reifenzustand	Straße trocken	Straße nass (Wasserhöhe 0,2 mm)	Starker Regen (Wasserhöhe 1 mm)	Wasserpfützen (Wasserhöhe 2 mm)	Vereist (Glatteis)
km/h		μ_{HF}	μ_{HF}	μ_{HF}	μ_{HF}	μ_{HF}
50	neu	0,85	0,65	0,55	0,5	0,1
	abgenützt	1	0,5	0,4	0,25	und kleiner
90	neu	0,8	0,6	0,3	0,05	
	abgenützt	0,95	0,2	0,1	0,0	
130	neu	0,75	0,55	0,2	0	
	abgenützt	0,9	0,2	0,1	0	

Tabelle 1

„stabile Bereich“ (Gebiet der Teilbremsungen), der abfallende Teil wird als „instabiler Bereich“ bezeichnet.

Die meisten Brems- und Beschleunigungsvorgänge laufen bei kleinen Schlupfwerten im stabilen Bereich ab, sodass eine Erhöhung des Schlupfs auch eine Erhöhung des ausnutzbaren Kraftschlusses ergibt. Im instabilen Bereich führt eine weitere Erhöhung des Schlupfs im Allgemeinen zu einer Verkleinerung des Kraftschlusses. Beim Bremsen blockiert ein Rad in wenigen Zehntelsekunden, beim Beschleunigen führt das größer werdende überschüssige Antriebsmoment zu einer schnellen Drehzahlerhöhung eines oder aller Antriebsräder; die angetriebenen Räder drehen durch.

Bei Geradeausfahrt verhindern ABS und ASR, dass ein Kraftfahrzeug beim Bremsen und Beschleunigen in den instabilen Bereich gerät.

Quer- und Seitenkraft

Wirkt eine Seitenkraft auf ein frei rollendes Rad, dann bewegt sich der Radmittelpunkt seitwärts. Das Verhältnis zwischen der seitwärts gerichteten Geschwindigkeit und der Geschwindigkeit in Längsrichtung wird „Querschlupf“ oder auch „Schräglauf“ genannt. Der Winkel zwischen der resultierenden Geschwindigkeit v_α und der Geschwindigkeit in Längsrichtung v_x wird als „Schräglaufwinkel α“ bezeichnet (Bild 7). Der Schwimmwinkel γ ist der Winkel zwischen der Fahrtrichtung, d. h. der Bewegungsrichtung des Fahrzeugs und der Fahrzeuglängsachse. Der Schwimmwinkel bei hoher Querbeschleunigung gilt als Maß für die Beherrschbarkeit von Fahrzeugen.

Im stationären Fall (also ohne Radbeschleunigung) ist eine über die Achse am Rad wirkende Seitenkraft F_S mit der über die Fahrbahnoberfläche am Rad wirkenden Seitenkraft im Gleichgewicht. Das Verhältnis zwischen der über die Achse wirkenden Seitenkraft und der Radaufstandskraft F_N wird „Seitenkraftbeiwert μ_S“ genannt.

7 Darstellung des Schräglaufwinkels α und die Einwirkung der Seitenkraft F_S (Draufsicht)

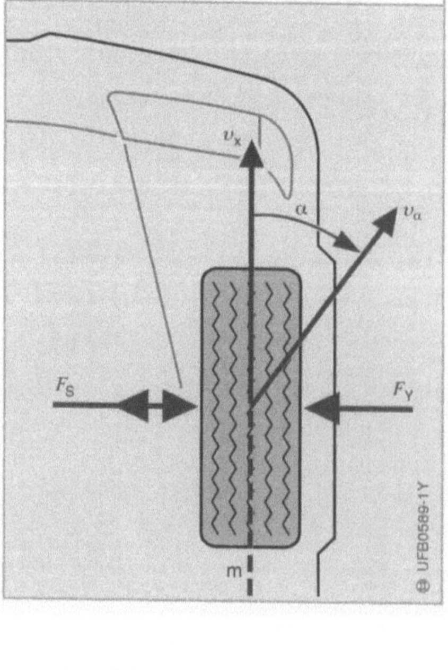

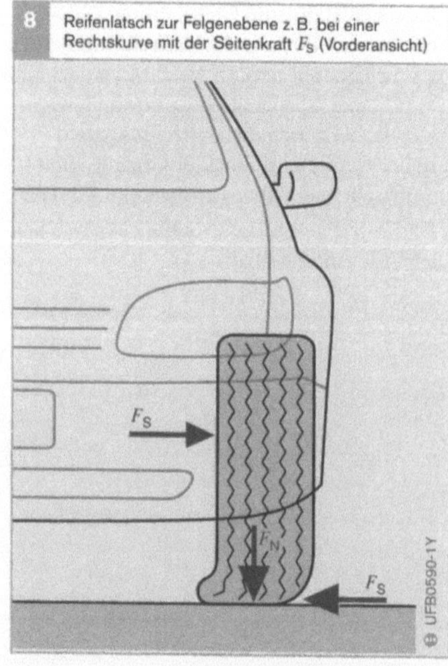

Bild 7
v_α Geschwindigkeit in Schräglaufrichtung
v_x Geschwindigkeit in Längsrichtung
F_S, F_y Seitenkraft
α Schräglaufwinkel

8 Reifenlatsch zur Felgenebene z. B. bei einer Rechtskurve mit der Seitenkraft F_S (Vorderansicht)

Bild 8
F_N Reifenaufstandskraft (Normalkraft)
F_S Seitenkraft

Zwischen dem Schräglaufwinkel α und dem Seitenkraftbeiwert μ_S besteht ein nichtlinearer Zusammenhang, der mit einer Schräglaufkurve beschrieben wird. Im Gegensatz zur Haftreibungszahl μ_{HF} beim Antreiben und Bremsen ist der Seitenkraftbeiwert μ_S stark von der Radaufstandskraft F_N abhängig. Diese Eigenschaft ist für Fahrzeughersteller bei der Fahrwerkauslegung von besonderem Interesse, um das Fahrverhalten mit Stabilisatoren positiv zu beeinflussen.

Bei großen Seitenkräften F_S verschiebt sich der Reifenlatsch (Aufstandsfläche) sehr stark zur Felgenebene (Bild 8). Der Aufbau der Seitenkraft wird dadurch verzögert. Dieser Umstand beeinflusst das Übergangsverhalten (Wechsel vom ursprünglichen Fahrzustand zu einem anderen) von Fahrzeugen bei Lenkbewegungen sehr.

Einfluss des Bremsschlupfs auf die Seitenkräfte

Bei Kurvenfahrten muss der am Schwerpunkt angreifenden, nach außen gerichteten Fliehkraft durch Seitenkräfte an allen Rädern das Gleichgewicht gehalten werden, damit das Fahrzeug der gekrümmten Bahnkurve folgen kann.

Seitenkräfte können aber nur erzeugt werden, wenn sich die Reifen seitlich elastisch verformen, sodass die Bewegungsrichtung des Radschwerpunkts mit der Geschwindigkeit v_α um den Schräglaufwinkel α von der Radmittelebene „m" abweicht (Bild 7).

Bild 6 zeigt den Seitenkraftbeiwert μ_S als Funktion des Bremsschlupfs bei 4° Schräglaufwinkel. Beim Bremsschlupf null weist der Seitenkraftbeiwert den Höchstwert auf. Mit zunehmendem Bremsschlupf sinkt dieser Wert zunächst langsam und dann zunehmend schneller ab und erreicht bei blockiertem Rad den tiefsten Punkt. Dieser Mindestwert ergibt sich aufgrund der Schräglaufwinkelstellung des blockierten Rads, das dann keinerlei Seitenführungskräfte mehr hat.

Reibung – Reifenschlupf – Reifenaufstandskraft

Die Reibung eines Reifens hängt hauptsächlich vom Längsschlupf ab. Die Reifenaufstandskraft spielt dabei eine untergeordnete Rolle, wobei bei konstantem Reifenschlupf in erster Näherung ein linearer Zusammenhang zwischen der Brems- und der Aufstandskraft besteht.

Die Reibung hängt aber auch vom Reifenschräglaufwinkel (Querschlupf) ab. So nimmt die Brems- und Antriebskraft bei gleichem Reifenschlupf und bei Vergrößerung des Schräglaufwinkels ab. Bei gleich bleibender Brems- und Antriebskraft und bei Vergrößerung des Schräglaufwinkels nimmt dagegen der Reifenschlupf zu.

Fahrzeuglängsdynamik

Wirken auf die Felge eines Rads sowohl eine Seitenkraft als auch ein Bremsmoment, so übt die Fahrbahn als Reaktion darauf sowohl eine Seitenkraft als auch eine Bremskraft auf den Reifen aus. Bis zu einer physikalischen Grenze werden dementsprechend alle angreifenden Kräfte am sich drehenden Rad von der Fahrbahn aufgenommen und durch betragsgleiche, aber entgegengesetzt wirkende Kräfte ausgeglichen.

Jenseits dieser physikalischen Grenze ist das Kräftegleichgewicht nicht mehr gegeben und das Fahrzeug wird instabil.

Gesamtfahrwiderstand

Der Gesamtfahrwiderstand F_G ist die Summe aus Roll-, Luft- und Steigungswiderstand (Bild 1). Um diesen Gesamtfahrwiderstand zu überwinden, ist eine entsprechende Antriebskraft an den Antriebsrädern aufzuwenden. Die an diesen Rädern zur Verfügung stehende Antriebskraft ist um so größer, je größer das Motordrehmoment, je größer die Gesamtübersetzung zwischen Motor und Antriebsrädern und je geringer die Übertragungsverluste sind (Wirkungsgrad η bei Motorlängseinbau ca. 0,88...0,92, bei Motorquereinbau ca. 0,91...0,95).

Die Antriebskraft wird zum Teil zur Überwindung des Gesamtfahrwiderstands benötigt. Sie wird durch größere Übersetzungen den mit der Steigung stark zunehmenden Fahrwiderständen stufenweise angepasst (Wechselgetriebe). Die „Überschusskraft" zwischen Antriebskraft und Fahrwiderstand beschleunigt das Fahrzeug. Überwiegt der Gesamtfahrwiderstand, so verzögert das Fahrzeug.

Rollwiderstand bei Geradeausfahrt

Der Rollwiderstand entsteht durch Formänderungsarbeit an Rad und Fahrbahn. Er ist ein Produkt aus Gewichtskraft und Rollwiderstandsbeiwert, wobei der Rollwiderstandsbeiwert umso größer ist, je kleiner der Reifenradius und je größer die Formänderung des Reifens ist, z. B. bei zu geringem Reifenluftdruck. Er steigt aber auch mit zunehmender Belastung und zunehmender Geschwindigkeit. Außerdem variiert er je nach Straßenbelag und beträgt z. B. auf Asphalt nur ca. 25 % des Rollwiderstandsbeiwerts auf Erdwegen.

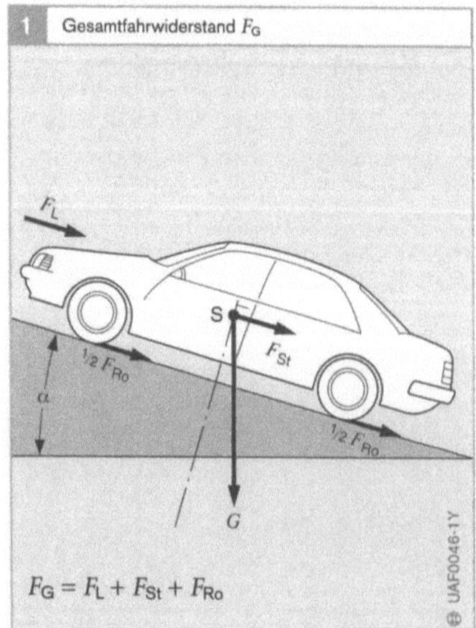

Bild 1
F_L Luftwiderstand
F_{Ro} Rollwiderstand
F_{St} Steigungswiderstand
F_G Gesamtfahrwiderstand
G Gewichtskraft
α Steigungs-/ Gefällwinkel
S Schwerpunkt

Tabelle 1
Tabelle 2

1 Beispiele für den Luftwiderstandsbeiwert c_W bei Pkw

Fahrzeugbauform	c_W
offenes Kabriolett	0,5 ... 0,7
Kastenaufbau	0,5 ... 0,6
Pontonform [1])	0,4 ... 0,55
Keilform	0,3 ... 0,4
verkleidete Form	0,2 ... 0,25
Tropfenform	0,15 ... 0,2

[1]) Stufenheck

2 Beispiele für den Luftwiderstandsbeiwert c_W bei Nkw

Fahrzeugbauform	c_W
Standard-Zugfahrzeuge	
– „unverkleidet"	$\geq 0,64$
– „teilverkleidet"	0,54 ... 0,63
– „vollverkleidet"	$\leq 0,53$

Rollwiderstand bei Kurvenfahrt

Bei Fahrt in der Kurve vergrößert sich der Rollwiderstand um den Kurvenwiderstand, dessen Widerstandbeiwert von Fahrgeschwindigkeit, Kurvenradius, Bewegungseigenschaften der Achse, Bereifung, Reifenluftdruck und Schräglaufverhalten abhängt.

Luftwiderstand

Der Luftwiderstand F_L wird aus der Luftdichte ϱ, dem Luftwiderstandsbeiwert c_W (abhängig von Fahrzeugbauform, Tabellen 1 und 2), der in Bewegungsrichtung projizierten Querschnittsfläche A und der Fahrgeschwindigkeit v (einschließlich der Gegenwindgeschwindigkeit) ermittelt.

$$F_L = c_W \cdot A \cdot v^2 \cdot \varrho/2$$

Steigungswiderstand

Der Steigungswiderstand F_{St} (mit positivem Vorzeichen) oder der Hangabtrieb (mit negativem Vorzeichen) ergeben sich aus Gewichtskraft G des Fahrzeugs und Steigungs- bzw. Gefällwinkel α.

$$F_{St} = G \cdot \sin \alpha$$

Beschleunigung und Verzögerung

Eine gleichmäßig beschleunigte oder verzögerte Bewegung in Längsrichtung liegt vor, wenn die Beschleunigung (oder Verzögerung) konstant ist. Der während der Verzögerung zurückgelegte Weg ist im Gegensatz zu dem während der Beschleunigung zurückgelegten Weg von größerer Bedeutung, denn die Länge des Bremswegs wirkt sich unmittelbar auf die Verkehrssicherheit aus.

Die Länge des Bremswegs hängt von mehreren Einflussgrößen ab:

- Fahrgeschwindigkeit: Bei gleicher Verzögerung steigt der Bremsweg quadratisch mit der Geschwindigkeit.
- Fahrzeugbeladung: zusätzliches Gewicht führt zu einem längeren Bremsweg.
- Fahrbahnbeschaffenheit: Eine nasse Fahrbahn ergibt eine geringere Haftreibung zwischen Fahrbahn und Reifen und damit einen längeren Bremsweg.
- Reifenzustand: Zu geringe Profiltiefe führt insbesondere bei nasser Fahrbahn zu längeren Bremswegen.
- Zustand der Bremse: Verölte Bremsbeläge z. B. senken die Reibungskraft zwischen Belag und Bremsscheibe bzw. Bremstrommel. Die geringeren übertragbaren Bremskräfte führen zu einem längeren Bremsweg.
- Bremsfading: Durch Überhitzen der Bremsenkomponenten lässt die Bremswirkung ebenfalls nach.

Höchstwerte der Beschleunigung oder Verzögerung sind erreicht, wenn die Antriebs- oder Bremskräfte an den Fahrzeugrädern so hoch sind, dass die Räder auf der Fahrbahn gerade noch haften (maximaler Kraftschluss).

Die tatsächlich erreichbaren Werte liegen niedriger, weil nicht bei jeder Beschleunigung (Verzögerung) alle Räder gleichzeitig den maximal möglichen Kraftschluss nutzen. Elektronisch geregelte Antriebs-, Brems- und Fahrstabilitäts-Regelungssysteme (ASR, ABS und ESP) regeln im Bereich der maximal übertragbaren Kräfte.

Fahrzeugquerdynamik

Fahrverhalten bei Seitenwind

Starker Seitenwind bewirkt, dass ein Kraftfahrzeug – insbesondere bei höherer Fahrgeschwindigkeit und ungünstigen Fahrzeugabmessungen – aus seiner Bahn abgelenkt wird (Bild 1). Bei plötzlichem Seitenwind, z. B. beim Herausfahren aus einem Einschnitt in der Landschaft, sind bereits innerhalb der Reaktionsdauer bei ungünstig gebauten Fahrzeugen beträchtliche seitliche Versetzungen und Gierwinkeländerungen sowie Fehlreaktionen des Fahrers möglich.

Beim Schräganblasen eines Fahrzeugs mit der Windkraft F_W entsteht neben dem Luftwiderstand F_L in Längsrichtung auch eine Komponente der Luftkraft in Querrichtung. Man kann sich diese über die ganze Karosserie verteilte Kraft auf eine Einzelkraft, die Seitenwindkraft F_{SW} reduziert denken. Diese Seitenwindkraft greift im „Druckpunkt D" an. Die Lage des Druckpunkts hängt von der Form der Karosserie und vom Anströmwinkel α ab.

Der Druckpunkt liegt im Allgemeinen in der vorderen Wagenhälfte. Bei Fahrzeugen mit Pontonform (Stufenheck) ist er weitgehend stabil und liegt näher an der Wagenmitte als bei Karosserien mit Stromlinienform (abfallendes Heck), bei denen der Druckpunkt abhängig vom Anströmwinkel wandern kann.

Die Lage des Schwerpunkts S hängt dagegen vom Beladungszustand ab. Um zu einer allgemeinen Darstellung des Seitenwindeinflusses (auch unabhängig von der relativen Lage des Fahrwerks zur Karosserie) zu gelangen, wird deshalb ein Bezugspunkt 0 in Wagenmitte am vorderen Ende der Karosserie gewählt.

Bei Angabe der Seitenwindkraft für einen vom Druckpunkt verschiedenen Bezugspunkt kommt noch das Moment der Seitenwindkraft um den jeweiligen Druckpunkt – das Giermoment M_Z – hinzu. Die Seitenwindkraft wird über Seitenführungskräfte an den Rädern abgestützt. Die Seitenführungskraft eines Luftreifens hängt neben dem Schräglaufwinkel und der Radlast von der Reifenbauart und -größe, vom Innendruck und von den Reibungseigenschaften der Fahrbahn ab.

Ein Fahrzeug verfügt über eine gute Fahrtrichtungsstabilität bei Seitenwind, wenn der Druckpunkt nahe beim Fahrzeugschwerpunkt liegt. Eine minimale Bahnkrümmung ergibt sich beim übersteuernden Fahrzeug, wenn der Druckpunkt vor dem Schwerpunkt liegt. Beim untersteuernden Fahrzeug ist die günstigste Lage des Druckpunkts kurz hinter dem Schwerpunkt.

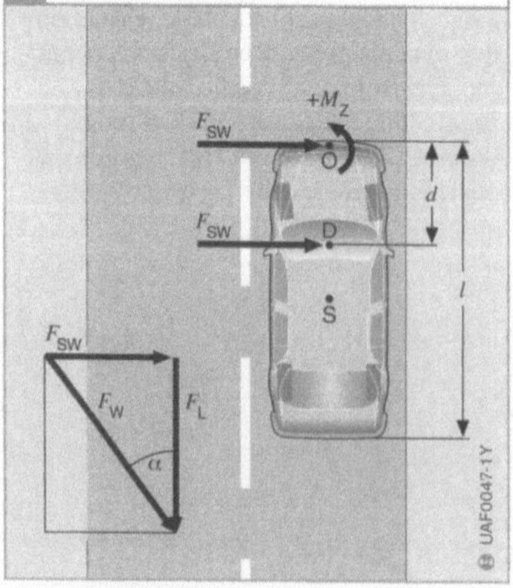

Bild 1

D   Druckpunkt
O   Bezugspunkt
S   Schwerpunkt
F_W Windkraft
F_L Luftwiderstand
F_{SW} Seitenwindkraft
M_Z Giermoment
α Anströmwinkel
l Fahrzeuglänge
d Abstand des Druckpunkts D vom Bezugspunkt O

F_S und M_Z in O angreifend entspricht F_S in D angreifend (in der Aerodynamik ist es üblich, anstelle von Kräften und Momenten dimensionslose Beiwerte anzugeben)

Unter- und Übersteuern

Seitenführungskräfte können zwischen Fahrbahn und gummibereiftem Rad nur dann entstehen, wenn das Rad schräg zu seiner Ebene abrollt. Deshalb muss ein Schräglaufwinkel vorhanden sein. Als untersteuernd wird ein Fahrzeug bezeichnet, bei dem mit zunehmender Querbeschleunigung der Schräglaufwinkel an der Vorderachse stärker anwächst als der Schräglaufwinkel an der Hinterachse. Das umgekehrte Verhalten wird als übersteuernd bezeichnet (Bild 2).

Fahrzeuge sind aus Sicherheitsgründen leicht untersteuernd bis neutral ausgelegt. Durch Antriebsschlupf kann aber ein Fronttriebler zum stärkeren Untersteuern bzw. ein Hecktriebler zum Übersteuern wechseln.

Fliehkraft in der Kurve

Die Fliehkraft F_{cf} setzt im Schwerpunkt S an (Bild 3). Ihre Wirkung hängt von vielen Einflussfaktoren ab wie z. B.
- dem Kurvenradius,
- der Fahrzeuggeschwindigkeit,
- der Höhe des Fahrzeugschwerpunkts,
- der Fahrzeugmasse,
- der Spurbreite des Fahrzeugs,
- der Reibpaarung Reifen/Fahrbahn (Witterung, Straßenbelag, Reifenzustand) und
- der Lastverteilung im Fahrzeug.

Gefahr in einer Kurve entsteht dann, wenn die Fliehkraft die Seitenkräfte an den Rädern zu übersteigen droht und das Fahrzeug nicht in der Sollspur gehalten werden kann. Positiv beeinflusst werden kann ein solches Kräfteverhältnis durch eine Kurvenüberhöhung.

Rutscht das Fahrzeug an der Vorderachse, so untersteuert es, rutscht es an der Hinterachse, dann übersteuert es. In beiden Fällen erkennt ESP (Elektronisches Stabilitäts-Programm) eine unerwünschte Drehbewegung um die Hochachse. ESP kann das Fahrzeug durch geeignetes aktives Bremsen einzelner Räder wieder stabilisieren.

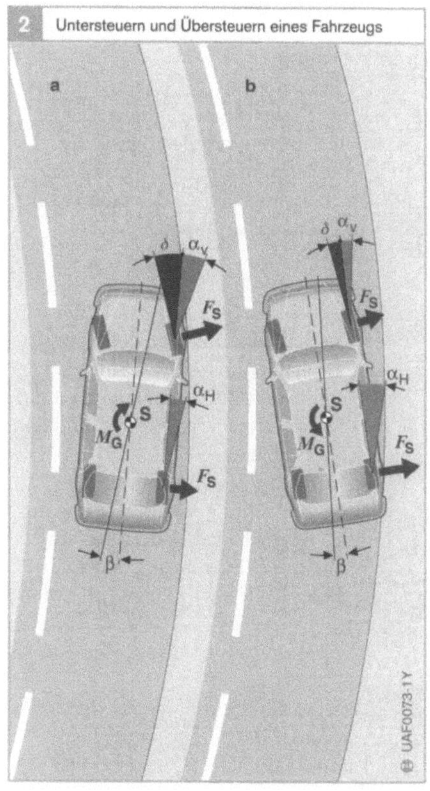

Bild 2
a   Untersteuern
b   Übersteuern
α_v Schräglaufwinkel vorn
α_h Schräglaufwinkel hinten
δ Lenkwinkel
β Schwimmwinkel
F_S Seitenkraft
M_G Giermoment

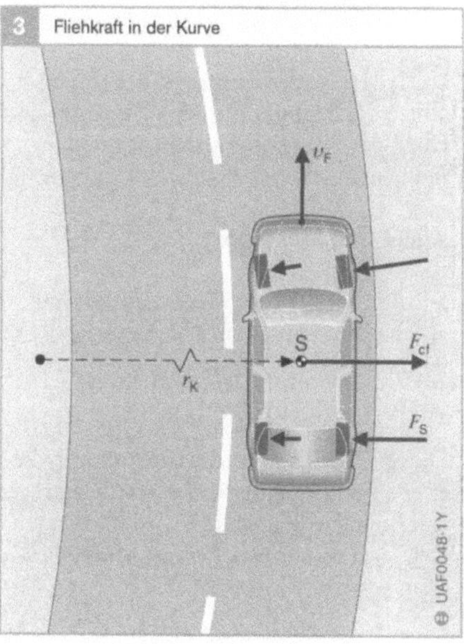

Bild 3
F_{cf} Fliehkraft
v_F Fahrzeuggeschwindigkeit
F_S Seitenkraft an den einzelnen Rädern
r_K Kurvenradius
S   Schwerpunkt

Definitionen

Bremsvorgang

Nach Definition von DIN ISO 611 umfasst
der Begriff „Bremsvorgang" alle Vorgänge,
die zwischen Beginn der Betätigung der
(Brems-)Betätigungseinrichtung und dem
Ende der Bremsung (Lösen der Bremse oder
Fahrzeugstillstand) auftreten.

Abstufbare Bremsung

Bei der abstufbaren Bremsung kann der
Fahrer innerhalb des üblichen Betätigungs-
bereichs der Betätigungseinrichtung zu jeder
Zeit die Bremskraft durch Einwirkung auf
die Betätigungseinrichtung hinreichend fein
steigern oder reduzieren.

Wenn durch die Einwirkung auf die
Betätigungseinrichtung eine Steigerung der
Bremskraft erreicht wird, dann muss eine
Umkehrung dieser Einwirkung eine Redu-
zierung dieser Kraft hervorrufen (monotone
Wirkung).

Hysterese der Bremsanlage

Die Hysterese der Bremsanlage ist der
Unterschied der Betätigungskräfte beim
Spannen und Lösen der Bremse bei glei-
chem Bremsmoment.

Hysterese der Bremse

Die Hysterese der Bremse ist der Unterschied der Spannkräfte beim Betätigen und
Lösen der Bremse bei gleichem Bremsmoment.

Kräfte und Momente

Betätigungskraft

Die Betätigungskraft F_C ist die Kraft, die
auf die Betätigungseinrichtung ausgeübt
wird.

Spannkraft

Die Spannkraft F_S ist die Gesamtkraft, die
bei Reibungsbremsen auf einen Belagträger
mit Bremsbelag ausgeübt wird und die infolge sich ergebender Reibung die Bremskraft bewirkt.

Gesamte Bremskraft

Die gesamte Bremskraft F_f ist die Summe
der in den Aufstandsflächen aller Räder wirkenden Bremskräfte, die durch die Wirkung
der Bremsanlage entstehen und der Bewegung oder der Bewegungstendenz des
Fahrzeugs entgegengerichtet sind.

Bremsmoment

Das Bremsmoment ist das Produkt aus den
durch die Spannkräfte in der Bremse hervorgerufenen Reibkräften und dem Abstand
der Angriffspunkte dieser Kräfte von der
Drehachse des Rades.

Bremskraftverteilung

Die Bremskraftverteilung ist die Angabe der
Bremskraft jeder Achse in Prozent bezogen
auf die gesamte Bremskraft F_f, z. B.: Vorderachse 60 %, Hinterachse 40 %.

Äußerer Bremsenkennwert C

Der äußere Bremsenkennwert C ist das Verhältnis von Ausgangsmoment zu Eingangs-
moment oder Ausgangskraft zu Eingangskraft an einer Bremse.

Innerer Bremsenkennwert C*

Der innere Bremsenkennwert C* ist das
Verhältnis der am wirksamen Radius einer
Bremse angreifenden gesamten Tangential-
kraft zur Spannkraft F_S.

Typische Werte: für Trommelbremsen
können Werte bis zu C* = 10 erreicht werden, bei Scheibenbremsen ist C* $\approx$ 1.

Zeiten

Der Bremsvorgang ist durch verschiedene
Zeiten gekennzeichnet, sie sind unter Bezug
auf die in Bild 1 dargestellten idealisierten
Kurven definiert.

Bewegungsdauer der Betätigungs-einrichtung

Die Bewegungsdauer der Betätigungseinrichtung ist die Zeit vom Beginn der Kraftwirkung auf die Betätigungseinrichtung (t_0)
bis zur jeweiligen Endstellung (t_3) entsprechend der Betätigungskraft oder des Betäti-

gungsweges. Dies gilt sinngemäß auch für das Lösen der Bremsen.

Ansprechdauer

Die Ansprechdauer t_a ist die Zeit, die vom Beginn der Kraftwirkung auf die Betätigungseinrichtung bis zum Einsetzen der Bremskraft (Aufbau des Bremsdrucks in der Bremsleitung) vergeht ($t_1 - t_0$).

Schwelldauer

Die Schwelldauer t_s ist die Zeit, die vom Einsetzen der Bremskraft bis zum Erreichen des maximalen Leitungsdrucks vergeht ($t_5 - t_1$).

Bremsdauer

Die Bremsdauer t_b ist die Zeit, die vom Beginn der Kraftwirkung auf die Betätigungseinrichtung bis zum Verschwinden der Bremskraft vergeht ($t_7 - t_0$). Wenn das Fahrzeug zum Stillstand kommt, dann stellt der Beginn des Stillstehens das Ende der Bremsdauer dar.

Bremswirkungsdauer

Die Bremswirkungdauer t_w ist die Zeit, die vom Einsetzen der Bremsverzögerung bis zum Verschwinden der Bremskraft vergeht ($t_7 - t_2$). Wenn das Fahrzeug zum Stillstand kommt, dann stellt der Beginn des Stillstehens das Ende der Bremswirkungsdauer dar.

Wege

Bremsweg

Der Bremsweg s_1 ist der Weg, den ein Fahrzeug während der Bremswirkungsdauer ($t_7 - t_2$) zurücklegt.

Anhalteweg

Der Anhalteweg s_0 ist der vom Fahrzeug während der Bremsdauer ($t_7 - t_0$) zurückgelegte Weg. Das ist der zurückgelegte Weg vom Zeitpunkt, an dem der Fahrer beginnt, die Betätigungseinrichtung in Funktion zu setzen, bis zu dem Zeitpunkt, an dem das Fahrzeug zum Stillstand kommt.

Bremsverzögerung

Augenblickliche Verzögerung

Die augenblickliche Verzögerung a ergibt sich durch den Quotienten aus Geschwindigkeitsverringerung pro Zeiteinheit.

$a = dv/dt$

Mittlere Verzögerung über dem Anhalteweg

Mit der Fahrzeuggeschwindigkeit v_0 zum Zeitpunkt t_0 ergibt sich die mittlere Verzögerung a_{ms} über den Anhalteweg s_0 zu

$a_{ms} = v_0{}^2/2s_0$

Mittlere Vollverzögerung

Der Wert für die mittlere Vollverzögerung a_{mft} entspricht dem Mittelwert der Verzögerung im Zeitraum der voll entwickelten Verzögerung ($t_7 - t_6$).

Abbremsung

Die Abbremsung Z ist das Verhältnis zwischen gesamter Bremskraft F_f und der auf der Achse oder den Achsen des Fahrzeugs ruhenden statischen Gesamtgewichtskraft G_S (Fahrzeuggewicht). Das entspricht dem Verhältnis von Bremsverzögerung a zu Erdbeschleunigung g ($g = 9{,}81$ m/s^2).

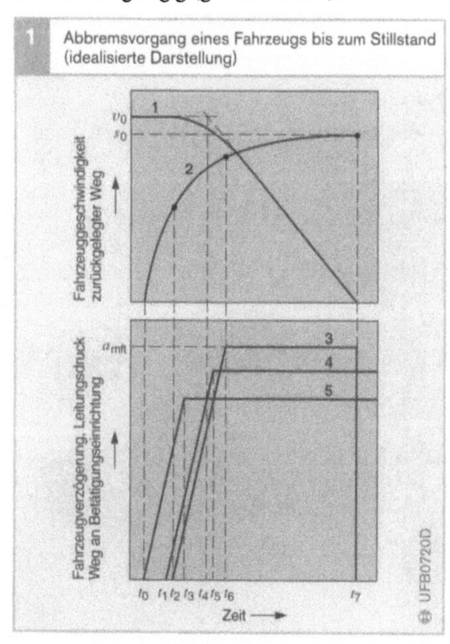

Bild 1
1 Fahrzeuggeschwindigkeit
2 beim Bremsen zurückgelegter Weg
3 Fahrzeugverzögerung
4 Leitungsdruck (Bremsdruck)
5 Weg an der Betätigungseinrichtung
t_0 Zeitpunkt, an dem der Fahrer beginnt, die Betätigungseinrichtung in Funktion zu setzen
t_1 Leitungsdruck (Bremsdruck) beginnt zu steigen
t_2 Fahrzeugverzögerung setzt ein
t_3 Betätigungseinrichtung hat vorgesehene Stellung erreicht
t_4 Schnittpunkt der beiden Verlängerungen der Geschwindigkeitskurve
t_5 Leitungsdruck hat seinen stabilisierten Wert erreicht
t_6 Fahrzeugverzögerung hat ihren stabilisierten Wert erreicht
t_7 Fahrzeug kommt zum Stillstand

Bremssysteme im Personenkraftwagen

Die Bremsanlagen sind für die Betriebsfähigkeit eines Kraftfahrzeugs und seine Sicherheit im Straßenverkehr unerlässlich. Sie sind deshalb strengen gesetzlichen Bestimmungen unterworfen. Die mechanische Bremsanlage wurde aufgrund der steigenden Anforderungen an die Fahrsicherheit immer weiter verbessert. Mit dem Einsatz von Mikroelektronik hat sich die Bremsanlage zu einem komplexen elektronischen Bremssystem entwickelt.

Übersicht

Die Bremsanlagen von Personenkraftwagen haben folgende grundsätzlichen Aufgaben:
- die Geschwindigkeit des Fahrzeugs zu verringern,
- das Fahrzeug zum Stillstand zu bringen,
- unerwünschtes Beschleunigen bei einer Talfahrt zu verhindern und
- das Fahrzeug im Stillstand zu halten.

Für die ersten drei Punkte ist die Betriebsbremsanlage („Fußbremse") zuständig. Der Fahrer aktiviert sie durch Betätigen des Bremspedals. Die Feststellbremsanlage („Handbremse") hält das Fahrzeug im Stillstand.

Konventionelle Bremssysteme
Bei den konventionellen Pkw-Bremssystemen wird der Bremsvorgang ausschließlich durch Druck auf das Bremspedal eingeleitet. Im Hauptzylinder der Bremsanlage wird diese Kraft in einen hydraulischen Druck umgeformt. Die Bremsflüssigkeit dient als Übertragungsmedium zwischen Hauptzylinder und Radbremsen (Bild 1).

Bei Hilfskraft-Bremsanlagen, wie sie in Personenkraftwagen und leichten Nutzfahrzeugen am häufigsten eingesetzt werden, wird der Betätigungsdruck durch den Bremskraftverstärker unterstützt.

Bild 1
1 Radbremse Vorderräder (Scheibenbremse)
2 Bremsschlauch
3 Anschlussstück zwischen Bremsleitung und Bremsschlauch
4 Bremsleitung
5 Hauptzylinder
6 Ausgleichsbehälter (für Bremsflüssigkeit)
7 Bremskraftverstärker
8 Bremspedal
9 Feststellbremse-Bedienhebel
10 Bremsseil (Feststellbremse)
11 Bremskraftminderer
12 Radbremse Hinterräder (hier Trommelbremse)

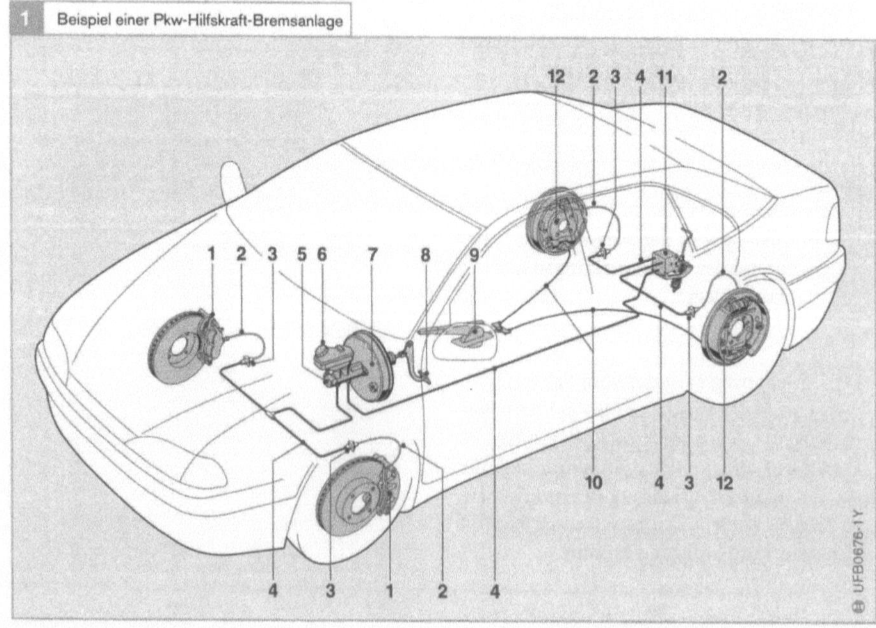

Elektronische Bremssysteme

Antiblockiersystem ABS

Im Jahre 1978 wurde zum ersten Mal ein elektronisches Bremssystem in Serie eingeführt. Das Antiblockiersystem (ABS), verhindert bei einer Vollbremsung, dass die Räder blockieren und das Fahrzeug nicht mehr lenkbar ist.

Beim ABS besteht wie beim konventionellen Bremssystem eine mechanische Verbindung zwischen Bremspedal und den Radbremsen. Das Hydroaggregat kommt bei diesem elektronischen System als zusätzliche Komponente hinzu. Magnetventile im Hydroaggregat werden so angesteuert, dass bei zu großem Reifenschlupf der Bremsdruck in den Radzylindern selektiv begrenzt wird, um ein Blockieren der Räder zu verhindern.

Das ABS wurde immer weiter entwickelt und verbessert, sodass es mittlerweile bei fast allen in Westeuropa neu zugelassenen Fahrzeugen zur Serienausstattung gehört.

Elektrohydraulische Bremse SBC

SBC (Sensotronic Brake Control) stellt eine neue Generation vom Bremssystemen dar. Hier besteht im Normalbetrieb keine mechanische Verbindung zwischen Bremspedal und Radzylinder mehr. Die Elektrohydraulische Bremse SBC erfasst den Pedalweg elektronisch mit redundanten Sensoren und wertet die Messsignale in einem Steuergerät aus. Man nennt dies „brake by wire". Das Hydroaggregat steuert über Magnetventile den Bremsdruck in den Radbremsen. Der Bremsvorgang geschieht weiterhin hydraulisch mit der Bremsflüssigkeit als Übertragungsmedium.

Elektromechanische Bremse EMB

Zukünftig wird es ein weiteres elektronisches Bremssystem geben: Die Elektromechanische Bremse (EMB) arbeitet nicht mehr hydraulisch sondern elektromechanisch. Elektromotoren drücken die Bremsbeläge gegen die Bremsscheiben und sorgen so für den Bremsvorgang. Die Verbindung zwischen Bremspedal und Radbremse geschieht stets auf rein elektronischem Wege.

Elektronische Fahrdynamiksysteme

Die Weiterentwicklung des ABS führte zur Antriebsschlupfregelung (ASR). Dieses System, das 1987 zum ersten Mal in Serie eingeführt wurde, verhindert beim Beschleunigen das Durchdrehen der Räder und verbessert somit die Fahrdynamik. Bei diesem System handelt es sich nicht um ein Bremssystem im eigentlichen Sinn. Es kann aber in das Bremssystem eingreifen, wenn ein Rad zum Durchdrehen neigt.

Ebenso ein Fahrdynamiksystem ist das ESP (Elektronisches Stabilitäts-Programm), das innerhalb physikalisch vorgegebener Grenzen ein Schleudern des Fahrzeugs verhindert. Dieses System greift ebenfalls in die Bremsanlage ein, um das Fahrzeug zu stabilisieren.

Elektronische Zusatzfunktionen

Die elektronische Datenverarbeitung ermöglicht weitere Zusatzfunktionen, die in die bestehenden elektronischen Brems- und Fahrdynamiksysteme integriert werden können.

- Der Bremsassistent (BA) erhöht den Bremsdruck, wenn der Fahrer bei einer Vollbremsung zu zaghaft bremst.
- Die Elektronische Bremskraftverteilung (EBV) steuert die Bremskraft der Hinterradbremsen, sodass sich die bestmögliche Bremskraftverteilung auf die Vorder- und Hinterachse einstellt.
- Die Hill Descent Control (HDC) bremst das Fahrzeug auf stark abschüssigen Gefällstrecken automatisch ab.

Geschichte der Bremse

Ursprung und Entwicklung

Die erste Anwendung des Rads wird auf 5000 v. Chr. datiert. Meist dienten Rinder als Zugtiere, später dann auch Pferde und Esel. Die Erfindung des Rads zog die Erfindung der Bremsen nach sich. Denn ein Fuhrwerk auf Bergabfahrt musste abgebremst werden, um die Fahrzeuggeschwindigkeit in einem kontrollierbaren Rahmen zu halten und die Zugtiere nicht durch einen immer schneller werdenden Wagen wegzudrücken. Das geschah wohl mithilfe von Holzprügeln, die man gegen den Boden oder die Radscheiben hebelte. Ab etwa 700 v. Chr. erhielten die Räder dann Eisenreifen, um eine zu schnelle Abnützung des Radkranzes zu verhindern.

Ab 1690 bremsten die Kutscher ihr Fuhrwerk mit einem „Hemmschuh" ab. Sie schoben ihn während der Bergabfahrt an einem Henkel als Bremskeil unter ein Rad, das dadurch blockierte und auf dem Hemmschuh schliff.

In der Vorzeit der industriellen Warenproduktion führte Freiherr von Drais 1817 der staunenden Öffentlichkeit bei einer Fahrt vom süddeutschen Karlsruhe nach Kehl vor, dass es möglich ist, auf nur zwei Rädern zu fahren, ohne umzukippen. Da er wohl beim Bergabfahren Probleme beim Anhalten hatte, führte er bei seinem letzten Modell 1820 eine Schleifbremse am Hinterrad ein (Bild 1).

Um 1850 kam es schließlich zur Einführung der eisernen Achse und der Klotzbremse im Wagenbau. Bei dieser Bremse wurden Bremsklötze gegen die metallene Lauffläche der eisenbeschlagenen Holzräder gedrückt. Die Klotzbremse ließ sich mithilfe von Kurbel und Gestänge vom Fahrersitz aus betätigen (Bild 2).

Die geringe Geschwindigkeit und der schwergängige Antriebsstrang der ersten Automobile stellten keine hohen Anforderungen an die Wirksamkeit der Bremsen. In der Anfangszeit genügten dafür die von Hand oder Fuß über Hebel, Gelenke und Seilzug betätigten Klotz-, Band- und Keilbremsen an den starren Hinterachsen.

Zunächst wurden die Hinterräder gebremst, gelegentlich eine Zwischenwelle oder nur die Kardanwelle. Erst ca. 35 Jahre nach Erfindung des Automobils begann man, auch die Vorderräder mit Bremsen (Seilzug) zu versehen. Weitere Jahre vergingen, bis die ersten Automobile eine hydraulische Betätigung der Bremse erhielten – zu jenem Zeitpunkt gab es ausschließlich Trommelbremsen. Die zuvor verwendete Seilzugbetätigung wurde bei einzelnen Modellen wie dem VW Käfer noch bis nach dem Zweiten Weltkrieg genutzt. Weitere markante Marksteine waren die Anwendung der Scheibenbremsen und in der Gegenwart die Einführung und der stufenweise Ausbau verschiedener Fahrstabilisierungssysteme.

Bild 1
1   Schleifbremse am
    Laufrad

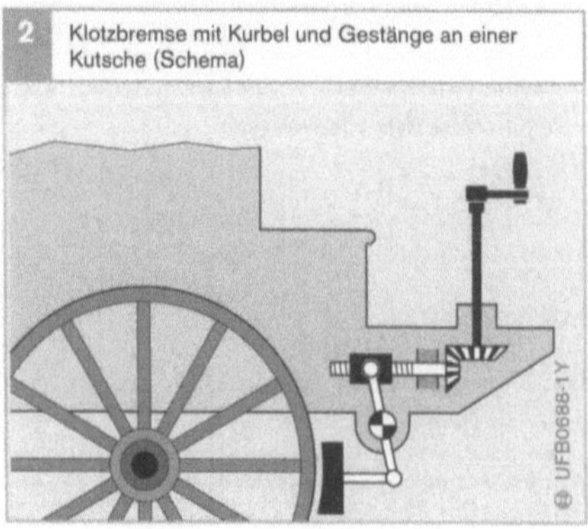

Klotz- und Außenbackenbremsen an den Radlaufflächen

Die ersten Kraftfahrzeuge fuhren auf stahl-
oder gummibereiften Holzrädern oder
gummibereiften Speichenrädern aus Stahl.
Zum Bremsen drückten (wie bei den Pferde-
kutschen) Hebel mit Bremsklötzen oder
Außenbackenbremsen mit Reibbelägen gegen die Laufflächen der Hinterräder. Ein
erstes Beispiel dafür ist der von Gottlieb
Daimler im Jahr 1885 als Versuchsfahrzeug
erprobte „Reitwagen" (erstes Motorrad mit
0,5 PS Motorleistung und 12 km/h Höchstgeschwindigkeit). Vom vorn beim Lenkhebel

angeordneten Bremsbetätigungshebel führte
ein Seilzug zur *Außenbackenbremse* am Hinterrad (Bilder 3a, b).

Als erste Personenkraftwagen mit Verbrennungsmotor verfügten im Jahr 1886 die von
der Pferdekutsche abgeleitete Daimler-
Motorkutsche (1,1 PS, 16 km/h) und der
neu als Automobil konzipierte Benz-Motor-
wagen über Klotzbremsen. Das traf auch
auf Nachfolgefahrzeuge wie z. B. den 1896
konstruierten ersten Lastwagen der Welt zu.
Die Klotzbremse war jeweils vor den Hinterrädern angebracht (Bilder 3c, d, e, f.).

3 Historische Motorfahrzeuge und ihre Radbremsen (Beispiele)

Bild 3

a, b Daimler-Reitwagen, 1885
1 Bremsbetätigungs-
hebel
2 Seilzug zum Brems-
hebel
3 Bremshebel
4 Außenbacken-
bremse am
Hinterrad

c Daimler-
Motorkutsche, 1886
1 Klotzbremse, die
zusätzlich im Stand
„automatisch" beim
Betreten der ange-
flanschten Trittstufe
bremste

d Daimler-Feuer-
spritze, 1890
1 Klotzbremse

e Benz-Viktoria, 1893
1 Klotzbremse

f Benz-Velo, 1894
1 Klotzbremse

4 Daimler-Stahlradwagen mit Bandbremse, 1889

Bild 4
1 Bandbremse
   an der Hinterachse

5 Daimler-Phoenix, 1889,
Antriebswelle mit Ansicht von vorn

Bild 5
1 Außenbacken-
   bremse, vorderer Teil
2 Bremshebel und
   Bremsgestänge

6 Daimler-Phoenix, 1889,
Antriebswelle mit Ansicht von hinten

Bild 6
1 Bremsstange
2 Bremshebel
3 Außenbacken-
   bremse, hinterer Teil

Band- und Außenbackenbremsen

Als sich beim Kraftfahrzeug schnell Vollgummireifen etablierten (beginnend 1886
mit Dreirad-Motorwagen von Benz und
1889 Stahlradwagen von Daimler) und sich
kurz danach wegen des höheren Fahrkom-
forts luftgefüllte Gummireifen durchsetzten,
war das Ende der Klotzbremse im Auto-
mobilbau schon wieder eingeläutet.

Nun kamen *Bandbremsen* (flexible Stahl-
Bremsbänder, entweder direkt oder über
mehrere, auf der Innenseite aufgenietete
Bremsklötze bremsend) oder *Außenbackenbremsen* (steife Guss- bzw. Stahlbrems-
backen mit Bremsbelägen) zur Anwendung.
Diese pedalbetätigten Bremsen wirkten auf
Außenbremstrommeln, die in der Regel
vorn auf der Antriebszwischenwelle oder
an der Antriebsachse im Bereich der Hinterräder angebracht waren.

Zum Beispiel entstand 1898 der Wartburg-
Motorwagen der Fahrzeugfabrik Eisenach.
Das Getriebe und die Antriebskegelräder des
Modells 1 lagen frei. *Bandbremsen* wirkten
sowohl am Achsantrieb als auch an den
beiden Hinterrädern.

1899 verfügte der Daimler-Stahlradwagen
über Vollgummireifen und *Stahl-Band-
bremsen* an den Hinterrädern (Bild 4). Der
Daimler-Personenwagen „Phoenix" des
gleichen Jahres 1899 hatte noch Vollgummireifen, kurz danach aber schon Luftreifen.
Eine Fußbremse wirkte als *Außenbackenbremse* auf die vordere Antriebswelle (Bilder
5 und 6), die Handbremse auf die Hinterräder. Zusätzlich besaß dieser Wagen – wie
auch z. B. der Benz-Rennwagen von 1899
(Bild 7) – eine „Bergstütze", eine am Heck
montierte kräftige Stange, die entsprechend
ihrem Zweck bei bergwärts stehendem Fahrzeug mit einem kräftigen Fußtritt in die
zumeist relativ weiche Fahrbahn getrieben
wurde.

Der Originaltext der Gebrauchsanleitung
des „Phaeton" der Firma Benz & Co. Rheini-
sche Gasmotoren-Fabrik A.G. Mannheim
aus dem Jahr 1902 lautete auszugsweise wie
folgt:

„Das Bremsen des Wagens erfolgt neben
einer an der linken Seite des Wagens angebrachten Handbremse hauptsächlich durch
Bethätigung des linken Fußhebels, welche
als Bandbremse auf an den beiden Hinterrädern befestigten Bremsscheiben wirkt,
während gleichzeitig wie schon oben erwähnt, der Riemen automatisch ausgerückt
wird. Um ein sofortiges Halten des Wagens
zu veranlassen, wird ausser dem genannten
Fusstritthebel auch der rechte Fusstritthebel
zu gleicher Zeit niedergedrückt, wodurch die
mit dem letzteren verbundene Bandbremse
auf die Bremsscheibe wirkt und damit das
Vorgelege bremst."

Innenbacken-Trommelbremsen
mit mechanischer Seilzugbetätigung

Die Fahrzeuge wurden im Lauf der Zeit immer schneller und schwerer. Sie benötigten
daher eine wirksamere Bremsanlage. So
folgte den Band- und Außenbackenbremsen
schnell die *Innenbacken-Trommelbremse,*
für die Louis Renault 1902 das Patent bean-
tragte. Ein Spreizmechanismus drückte zwei
sichelförmige Bremsbacken gegen die In-
nenfläche der mit dem Rad verbundenen
Bremstrommel aus Gusseisen oder Stahl.
Die Trommelbremse weist wegen der Selbst-
verstärkungswirkung geringe Betätigungskräfte im Verhältnis zur Bremskraft, lange
Wartungsintervalle und lange Belagsstand-
zeiten auf.

Die Bremskraft wurde bis auf weiteres mit
Seilzügen auf die beiden Trommelbremsen
der Hinterräder übertragen.

Zum Beispiel verfügte schon der Mercedes-
Simplex neben der Kardan-Bandbremse
über zusätzliche, *mit Seilzug betätigte
Trommelbremsen der Hinterräder* (Bild 8).
Wegen gesteigerter Motorleistung (40 PS)
erhielt er außerdem eine zweite Fußbremse
(Bild 9), die auch als *Bandbremse* auf die
Zwischenwelle des Kettenantriebs wirkte.
Alle vier Bremsen wurden übrigens mit
Spritzwasser gekühlt, das beim Bremsen aus
einem Vorratsbehälter auf die Reibflächen
tropfte.

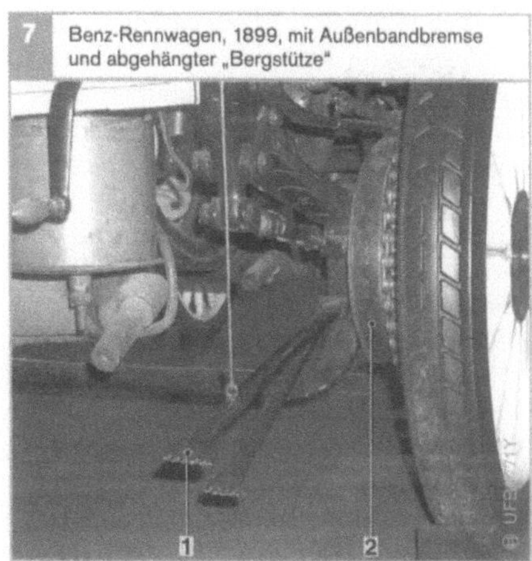

Benz-Rennwagen, 1899, mit Außenbandbremse
und abgehängter „Bergstütze"

Bild 7
1   „Bergstütze"
2   Außenbandbremse
     mit auf der Innen-
     seite aufgenieteten
     Bremsklötzen

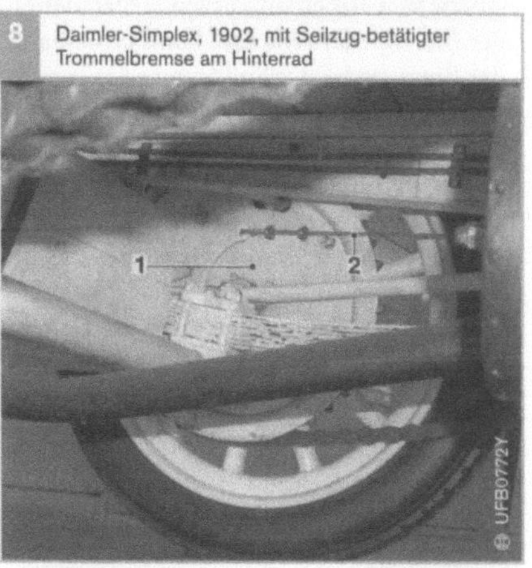

Daimler-Simplex, 1902, mit Seilzug-betätigter
Trommelbremse am Hinterrad

Bild 8
1   Trommelbremse
2   Seilzug

Daimler-Simplex, 1902,
Pedal- und Hebelwerk am Fahrersitz

Etwa ab 1920 gab es Fahrzeuge, die *Trommelbremsen an allen vier Rädern* besaßen. Die Übertragung der Bremskraft erfolgte immer noch mit den Mitteln der Mechanik, also mit *Hebeln, Gelenken und Seilzügen.*

Diese mit Seilzug betätigten Trommelbremsen hatten noch lange Bestand. Ein Beispiel dafür war der VW-Standard der 1950er-Jahre (Bild 10):

Wesentliches Element dieser Bremsanlage war eine Bremsdruckschiene (Pos. 1). Die in ihrem Kopf eingehängten vier Bremsseile (2) verliefen durch Seilzughüllen rückwärts zu den Radbremsen (Trommelbremsen) der vier Räder (3). Der hintere Teil der Schiene stützte sich auf einen kurzen Hebel, der auf der Bremspedalwelle saß. Beim Druck auf das Bremspedal der Fußbremse (4) verschob sich die Bremsdruckschiene zusammen mit den vier Seilzügen nach vorn. Die Seilzüge übertrugen die Kraftwirkung auf die Radbremsen.

Der Hebel der Handbremse (5) saß im Wagen weiter hinten. Über eine abgekoppelte Stange wirkte die Handbremse aber schließlich auf den gleichen Mechanismus wie die Fußbremse und wie diese somit ebenfalls auf sämtliche vier Räder.

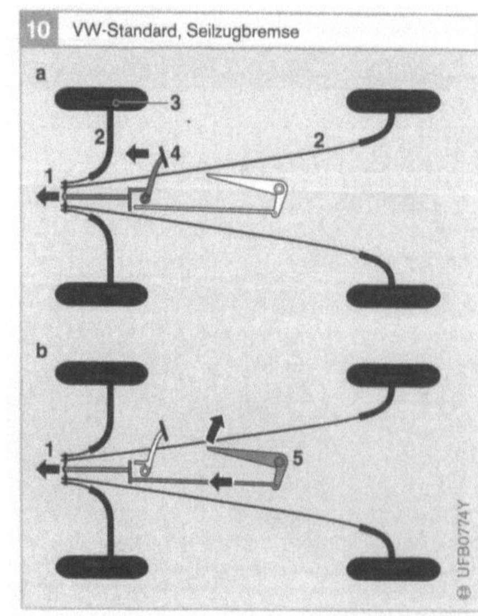

Bild 10
a   Betätigung der
     Fußbremse
b   Betätigung der
     Handbremse

1   Bremsdruckschiene
2   Bremsseile
3   Radbremsen
4   Bremspedal der
     Fußbremse
5   Hebel der
     Handbremse

Hydraulische Bremsbetätigung

Das Hauptproblem der Seilzugbremse war die aufwändige Wartung und die ungleichmäßige Bremswirkung, hervorgerufen durch ungleichmäßige Reibung bei der mechanischen Übertragung.

Abhilfe schuf die hydraulische Bremsbetätigung, als die Firma Lockheed ab 1919 eine Öldruckbremse herstellte. Eine spezielle Bremsflüssigkeit übertrug nun den Bremspedaldruck ohne Hebel, Gelenke und Seile über Metallleitungen und Schläuche gleichmäßig zu den Betätigungszylindern der Radbremsen.

Die hydraulische Bremsbetätigung machte es auch möglich, die Fußkraft des Fahrers zu verstärken, indem der Saugrohr-Unterdruck als Hilfskraft zur Bremskraftverstärkung verwendet wurde. Dieses Prinzip wurde 1919 für Hispano-Suiza patentiert.

Bei Nutzfahrzeugen und Schienenfahrzeugen setzte sich die pneumatische Bremsbetätigung mit Druckluft durch.

Im Jahr 1926 wurde der „Adler Standard" als erstes Auto auf dem europäischen Kontinent mit einem hydraulischen Bremssystem ausgerüstet. Die erste hydraulische Bremskraftverstärkung im Automobil-Rennsport kam 1954 in den „Silberpfeilen" von Mercedes-Benz zur Anwendung. Diese Einrichtung wurde schließlich für viele Serienfahrzeuge zum Standard.

Da ein möglicher Ausfall des Bremskreises die anfängliche Einkreisbremse lahm legen konnte, wurde im Lauf der Zeit die Zweikreisbremse vom Gesetzgeber vorgeschrieben. Nach Aussage des Golf-Entwicklers Prof. Ernst Fiala hatten die frühen „Käfer" (VW-Standard) übrigens deshalb noch eine Seilzugbremse, weil man damals Angst hatte, dass bei hydraulischen Bremsen ein Schlauch platzen könnte. Doch dann erhielten – schon allein aus Wettbewerbsgründen – die Modelle VW-Export und VW-Transporter doch ein hydraulisches Bremssystem.

Scheibenbremse

Zwar hatte 1902 der englische Automobilhersteller Lanchester die Scheibenbremse patentieren lassen, doch der Weg bis zur Einführung dieser Bremse war noch lang. Erst ca. fünfzig Jahre später – ab 1955 – wurde als erstes Serienfahrzeug der legendäre Citroën DS-19 mit Scheibenbremsen ausgerüstet. Die Scheibenbremse entstand aus der Lamellenbremse und wurde zunächst für den Flugzeugbau entwickelt.

Bei der Scheibenbremse drückt je ein Bremsbelag von innen und außen auf eine mit dem Rad verbundene Bremsscheibe (meist aus Gusseisen, seltener aus Stahl). Ihr Vorteil sind der einfache und montagefreundliche Aufbau. Sie wirkt auch dem Nachlassen der Bremswirkung wegen Überhitzung entgegen und vermeidet ein Schiefziehen an der Rädern einer Achse.

Das erste deutsche Auto mit Scheibenbremsen an den Vorderrädern war im Jahr 1959 der BMW 502. Scheibenbremsen an allen vier Rädern hatten dann erstmals 1961 der Mercedes 300 SE, der Lancia Flavia und der Fiat 2300. Nun besitzt praktisch jedes Auto eine Scheibenbremsanlage (zumindest an den Vorderrädern). 1974 fuhren die ersten Formel-1-Wagen mit Kohlefaser-Verbundbremsscheiben. Diese gelten als besonders leicht und hitzebeständig und haben sich deshalb sowohl im Motorsport als auch im Flugzeugbau durchgesetzt.

Bremsbeläge

Für Trommel- und Scheibenbremsen mussten geeignete Bremsbeläge entwickelt werden, wobei sich Asbestbeläge als besonders wirksam durchsetzten. Erst nach dem Bekanntwerden der gesundheitsschädigenden Wirkung von Asbestfasern wurde dieses Material durch Kunststofffasern ersetzt.

Fahrstabilisierungssysteme

Das Elektronikzeitalter für Bremssysteme von Serienfahrzeugen begann 1978 mit dem von Bosch entwickelten Antiblockiersystem (ABS) für Pkw. ABS erkennt beim Bremsen frühzeitig die Blockierneigung eines oder mehrerer Räder und verhindert deren Blockieren. Es stellt die Lenkbarkeit des Fahrzeugs sicher und mindert die Schleudergefahr erheblich. Um neben dem Blockieren der gebremsten Räder auch ein Durchdrehen der Antriebsräder zu verhindern, brachte Bosch 1986 die Antriebsschlupfregelung (ASR) auf den Markt. Bild 11 zeigt Fahrversuche zur Erprobung dieses Systems an extremen Steigungen auf dem Bosch-Testgelände in Boxberg (Süddeutschland).

Zur weiteren Verbesserung der Fahrsicherheit bot Bosch ab 1995 das Elektronische Stabilitäts-Programm (ESP) an, in das die Funktionen von ABS und ASR integriert sind. Es verhindert nicht nur das Blockieren und Durchdrehen der Fahrzeugräder, sondern auch das seitliche Ausbrechen des Fahrzeugs. Alternative Systeme wie Vierradlenkung und mitlenkende Hinterachskinematik, die in den 1980er- und 1990er-Jahren entwickelt und zum Teil auch in Serienfahrzeugen eingebaut wurden, kamen wegen zu hohem Gewicht, zu hoher Kosten oder zu geringer Wirkung nicht zum Zuge.

Mittlerweile hat auch die Elektrohydraulische Bremse Einzug im Fahrzeugbau gefunden. Sie bietet alle ESP-Funktionen und entkoppelt die mechanische Betätigung des Bremspedals über ein elektronisches Regelsystem. Zur Sicherheit steht eine hydraulische Rückfallebene automatisch zur Verfügung.

11 Steilanfahrt auf dem Bosch-Testgelände in Boxberg zur Erprobung der Fahrstabilisierungssysteme von Pkw und Nkw

Einteilung von Pkw-Bremsanlagen

Die Gesamtheit aller Bremsanlagen in einem Fahrzeug wird als Bremsausrüstung bezeichnet. Pkw-Bremsanlagen lassen sich gliedern nach

- Bauarten und
- Funktionsweisen.

Bauarten

Aufgrund gesetzlicher Vorschriften verteilen sich beim Personenkraftwagen die Aufgaben der Bremsausrüstung auf drei Bremsanlagen:

- Betriebs-Bremsanlage,
- Hilfs-Bremsanlage und
- Feststell-Bremsanlage.

Bei Nutzfahrzeugen gehören zur Bremsausrüstung zusätzlich eine Dauer-Bremsanlage (z. B. Retarder), die es dem Fahrer ermöglicht, auf einer langen Gefällstrecke die Geschwindigkeit gleichbleibend zu halten. Ferner gehört zur Bremsausrüstung eines Nutzfahrzeugs eine selbsttätige Bremsanlage, die bei einer gewollten oder zufälligen Trennung von Fahrzeugen eines Zugs eine automatische Bremsung des Anhängerfahrzeugs bewirkt.

Betriebs-Bremsanlage

Mit der Betriebs-Bremsanlage („Fußbremse") kann einerseits die Geschwindigkeit des Fahrzeugs verringert bzw. auf abschüssiger Strecke konstant gehalten und andererseits das Fahrzeug zum Stillstand gebracht werden.

Der Fahrer dosiert die Bremswirkung stufenlos über den Druck auf das Bremspedal. Die Betriebs-Bremsanlage wirkt auf alle vier Räder.

Hilfs-Bremsanlage

Die Hilfs-Bremsanlage muss beim Versagen der Betriebs-Bremsanlage deren Aufgaben zumindest mit geminderter Wirkung erfüllen. Die Bremswirkung muss stufenlos dosiert werden können.

Die Hilfs-Bremsanlage braucht keine unabhängige dritte Bremsanlage (neben Betriebs- und Feststell-Bremsanlage) mit einer besonderen Betätigungseinrichtung zu sein. Als Hilfs-Bremsanlage kann entweder der intakte Bremskreis einer zweikreisigen Betriebs-Bremsanlage oder eine abstufbare Feststell-Bremsanlage verwendet werden.

Feststell-Bremsanlage

Die Feststell-Bremsanlage („Handbremse") übernimmt die dritte Aufgabe der Bremsausrüstung. Sie muss das Fahrzeug im Stand festhalten, auch auf geneigter Fahrbahn und bei Abwesenheit des Fahrers.

Aufgrund gesetzlicher Vorschriften muss die Feststell-Bremsanlage eine durchgehende mechanische Verbindung zwischen Betätigungseinrichtung und Radbremse haben, z. B. durch ein Gestänge oder einen Seilzug.
Die Feststell-Bremsanlage wird in der Regel durch einen Handbremshebel neben dem Fahrersitz betätigt, in manchen Fahrzeugen auch durch ein Fußpedal. Damit verfügen die Betriebs- und die Feststell-Bremsanlage von Kraftfahrzeugen über voneinander getrennte Betätigungs- und Übertragungseinrichtungen.

Die Feststell-Bremsanlage ist abstufbar ausgeführt und wirkt auf die Räder nur einer Achse.

Funktionsweisen

Je nachdem, ob eine Bremsanlage vollständig, teilweise oder überhaupt nicht durch Muskelkraft betrieben wird, unterscheidet man zwischen

- Muskelkraft-Bremsanlagen,
- Hilfskraft-Bremsanlagen und
- Fremdkraft-Bremsanlagen.

Muskelkraft-Bremsanlage

Bei dieser in Personenkraftwagen und Krafträdern verwendeten Anlage wird die am Fußpedal oder am Handbremshebel wirksame Muskelkraft entweder mechanisch (durch Gestänge oder Seilzug) oder hydraulisch zu den Radbremsen übertragen. Die Energie zur Erzeugung der Bremskraft geht allein von der physischen Kraft des Fahrers aus.

Hilfskraft-Bremsanlage

Die Hilfskraft-Bremsanlage ist die am häufigsten in Personenkraftwagen und leichten Nutzfahrzeugen eingesetzte Bremsanlage. Sie verstärkt die Muskelkraft des Fahrers im Bremskraftverstärker durch eine Hilfskraft (Unterdruck oder hydraulische Energie). Die verstärkte Muskelkraft wird hydraulisch zu den Radbremsen übertragen.

Fremdkraft-Bremsanlage

Die im Allgemeinen bei Nutzfahrzeugen eingesetzte Fremdkraft-Bremsanlage findet vereinzelt bei großen Personenkraftwagen mit integriertem ABS Verwendung. Bei dieser Bremsanlage wird die Betriebsbremse ausschließlich durch Fremdkraft betätigt.

Die Anlage arbeitet mit hydraulischer Energie (sie basiert auf Flüssigkeitsdruck) und mit hydraulischer Übertragung. Die Bremsflüssigkeit wird in Energiespeichern (Hydrospeichern) gespeichert, in denen Gas (meist Stickstoff) komprimiert ist. Gas und Flüssigkeit sind durch eine elastische Blase (Blasenspeicher) oder einen Kolben mit Gummidichtung (Kolbenspeicher) voneinander getrennt. Eine Hydropumpe erzeugt den Flüssigkeitsdruck, der im Energiespeicher stets mit dem Gasdruck im Gleichgewicht steht. Ein Druckregler schaltet die Hydropumpe auf Leerlauf, sobald der Höchstdruck erreicht ist.

Da die Bremsflüssigkeit praktisch als inkompressibel gelten kann, können kleine Mengen Bremsflüssigkeit große Bremsdrücke übertragen.

Bestandteile einer Pkw-Bremsanlage

Bild 1 zeigt den schematischen Aufbau einer Pkw-Bremsanlage. Sie besteht aus folgenden Baugruppen:
- Energieversorgungseinrichtung,
- Betätigungseinrichtung,
- Übertragungseinrichtung und
- Radbremsen.

Energieversorgungseinrichtung

Die Energieversorgungseinrichtung umfasst die Teile einer Bremsanlage, die die zum Bremsen notwendige Energie liefern, regeln und eventuell aufbereiten. Sie endet dort, wo die Übertragungseinrichtung beginnt, d. h. dort, wo die einzelnen Kreise der Bremsanlagen entweder zur Energieversorgung hin oder untereinander abgesichert sind.

Pkw-Bremsanlagen sind im Wesentlichen Hilfskraft-Bremsanlagen, bei denen die Muskelkraft des Fahrers – verstärkt durch die Hilfskraft des Unterdrucks im Bremskraftverstärker – als Bremsenergie wirkt.

Betätigungseinrichtung

Die Betätigungseinrichtung umfasst die Teile einer Bremsanlage, die die Wirkung dieser Bremsanlage einleiten und steuern. Das Steuersignal kann innerhalb der Betätigungseinrichtung übertragen werden, wobei die Verwendung von Hilfs- oder Fremdenergie möglich ist.

Die Betätigungseinrichtung beginnt an dem Teil der Bremsanlage, auf das die Betätigungskraft unmittelbar wirkt. Sie kann folgendermaßen betätigt werden:
- direkt mit dem Fuß oder der Hand,
- durch indirekten Eingriff des Fahrers.

Die Betätigungseinrichtung endet, wo die Bremsenergie verteilt, oder wo ein Teil der Energie zum Steuern von Bremsenergie entnommen wird. Wesentliche Komponenten der Betätigungseinrichtung sind der Unterdruck-Bremskraftverstärker und der Hauptzylinder.

Übertragungseinrichtung

Die Übertragungseinrichtung umfasst die Teile einer Bremsanlage, die die von der Betätigungseinrichtung gesteuerte Energie übertragen. Sie beginnt dort, wo Betätigungseinrichtung und Energieversorgungseinrichtung enden. Sie endet an den Teilen der Bremsanlage, in denen die Kräfte erzeugt werden, die der Bewegung oder der Bewegungstendenz des Fahrzeugs entgegenwirken. Ihre Bauart kann mechanisch oder hydromechanisch sein.

Komponenten der Übertragungseinrichtung sind das Übertragungsmedium, Schläuche, Leitungen und gegebenenfalls Bremskraftminderer zur Regelung der Bremskraft für die Hinterradbremsen.

Bremse

Die Bremse umfasst die Teile einer Bremsanlage, in denen die Kräfte erzeugt werden, die der Bewegung oder der Bewegungstendenz des Fahrzeugs entgegenwirken. Bei Pkw-Bremsanlagen werden dafür Reibungsbremsen (Scheiben- oder Trommelbremsen) verwendet.

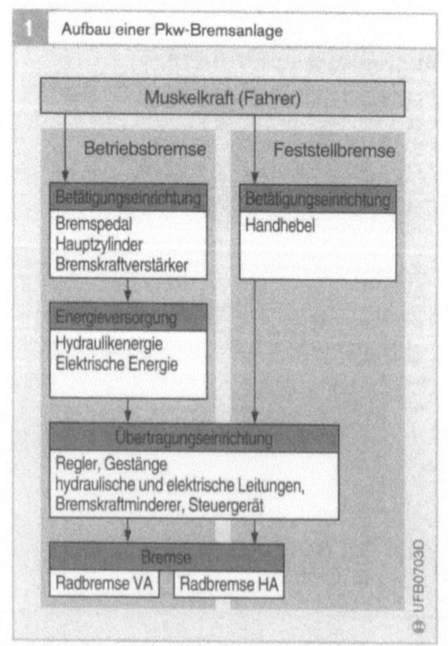

1 Aufbau einer Pkw-Bremsanlage

Bremskreisaufteilung

Die gesetzlichen Vorschriften fordern eine zweikreisige Übertragungseinrichtung zu den Radbremsen.

Nach DIN 74 000 gibt es fünf Möglichkeiten zur Aufteilung der beiden Bremskreise auf die vier Radbremsen (Bild 1). Hierbei werden die Bremskreise durch Buchstaben gekennzeichnet: II-, X-, HI-, LL- und HH-Aufteilung. Die Form der Buchstaben ähnelt grob der Anordnung der Bremsleitungen zwischen Hauptzylinder und Radbremsen.

Von diesen fünf Möglichkeiten zur Bremskreisaufteilung haben sich die Aufteilungen II und X durchgesetzt, die einen Minimalaufwand an Leitungen, Schläuchen, lösbaren Anschlüssen und statischen bzw. dynamischen Dichtungen haben. Deshalb ist bei jedem ihrer beiden Bremskreise das Ausfallrisiko durch Leckagen so gering wie bei einem einkreisigen Bremssystem. Bei Bremskreisausfall infolge thermischer Überbeanspruchung einer Radbremse sind insbesondere die Aufteilungen HI, LL und HH kritisch, da ein Ausfall beider Bremskreise an einem Rad zu einem Totalausfall der Bremse führen kann.

Um die gesetzlichen Vorschriften zur Hilfsbremswirkung zu erfüllen, werden frontlastige Fahrzeuge mit der X-Aufteilung ausgerüstet. Die II-Aufteilung eignet sich vorzugsweise für hecklastige Personenkraftwagen.

II-Aufteilung
Vorderachs-/Hinterachs-Aufteilung: Ein Bremskreis wirkt auf die Vorderachse und ein Bremskreis auf die Hinterachse.

X-Aufteilung
Diagonale Aufteilung: Jeder Bremskreis wirkt auf ein Vorderrad und auf das diagonal gegenüber liegende Hinterrad.

HI-Aufteilung
Vorderachs- und Hinterachs-/Vorderachs-Aufteilung: Der eine Bremskreis wirkt auf die Vorderachse und auf die Hinterachse, der andere nur auf die Vorderachse.

LL-Aufteilung
Vorderachs- und Hinterrad-/Vorderachs- und Hinterrad-Aufteilung. Jeder Bremskreis wirkt auf die Vorderachse und auf ein Hinterrad.

HH-Aufteilung
Vorder- und Hinterachs-/Vorder- und Hinterachs-Aufteilung. Jeder Bremskreis wirkt auf die Vorderachse und auf die Hinterachse.

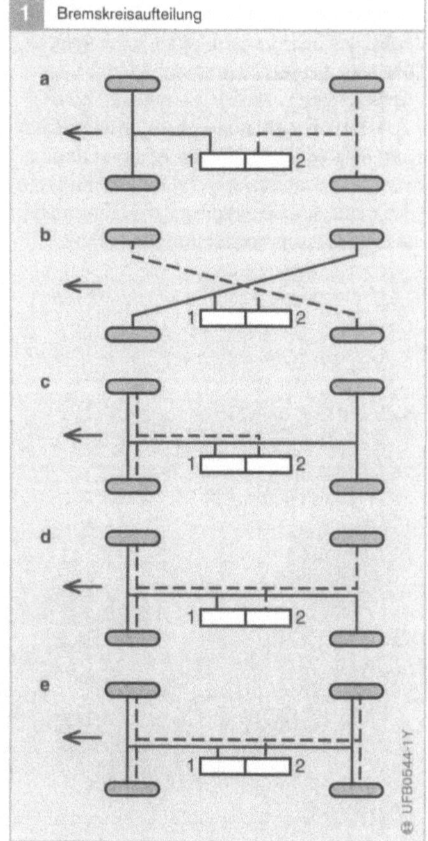

Bild 1
a   II-Aufteilung
b   X-Aufteilung
c   HI-Aufteilung
d   LL-Aufteilung
e   HH-Aufteilung
1   Bremskreis 1
2   Bremskreis 2
←   Fahrtrichtung

Komponenten für Pkw-Bremsanlagen

Bremsen gehört wie z. B. Lenken und Schalten zu den häufigsten Tätigkeiten beim Autofahren. Die Komponenten der Bremsanlage müssen diesem Umstand Rechnung tragen, indem sie die für die Bremswirkung erforderliche Fußkraft optimal umsetzen und für die gewünschte Verzögerung möglichst konstant halten.

Übersicht

Bild 1 zeigt eine Standard-Bremsanlage mit Vorderachs-/Hinterachs-Bremskreisaufteilung ohne elektronische Fahrsicherheitssysteme.

Beim Bremsen betätigt der Fahrer mit seiner Fußkraft das Bremspedal (8) und bewegt dadurch die Kolbenstange des Bremskraftverstärkers (7). Dieser verstärkt die Muskelkraft des Fahrers und betätigt mit seiner Druckstange den Hauptzylinder (5). Der Hauptzylinder wandelt die mechanische Kraft der Druckstange in hydraulische Kraft um. Die beiden Kolben des Hauptzylinders drücken Bremsflüssigkeit (Hydraulikflüssigkeit) aus den Druckräumen des Hauptzylinders (5) in die Bremsleitungen (4) bzw.

Bremsschläuche (2) und übertragen damit hydraulische Kraft zu den Scheibenbremsen (1) der Vorderräder und zu den Trommelbremsen (12) der Hinterräder. Bei Ausfall eines Bremskreises bleibt der andere Bremskreis voll wirksam, sodass die Wirkung einer Hilfs-Bremsanlage sichergestellt ist. Der mit dem Hauptzylinder (5) verbundene Ausgleichsbehälter (6) gleicht Volumenschwankungen in den Bremskreisen aus.

Der Bremskraftminderer (11) reduziert den Bremsdruck an den Hinterradbremsen, wenn beim Bremsvorgang mit zunehmender Bremsverzögerung ein wachsender Teil des Fahrzeuggewichts von der Hinterachse zur Vorderachse hin verlagert wird (dynamische Achslastverlagerung). Dies verhindert ein Überbremsen der Hinterachse. Hierbei handelt es sich im Gegensatz zur Bremskraftregelung (Antiblockiersysteme) um eine Bremskraftverteilung.

Die Feststellbremseinrichtung in den Radbremsen der Hinterachse (12) wird durch den Handbremshebel (9) und das Bremsseil (10) betätigt.

Bild 1

1   Radbremse
    Vorderräder
    (Scheibenbremse)
2   Bremsschlauch
3   Anschlussstück
    zwischen Bremsleitung und
    Bremsschlauch
4   Bremsleitung
5   Hauptzylinder
6   Ausgleichsbehälter
    (für Bremsflüssigkeit)
7   Bremskraftverstärker
8   Bremspedal
9   Handbremshebel
    (Feststellbremse)
10 Bremsseil (Feststellbremse)
11 Bremskraftminderer
12 Radbremse
    Hinterräder
    (Trommelbremse)

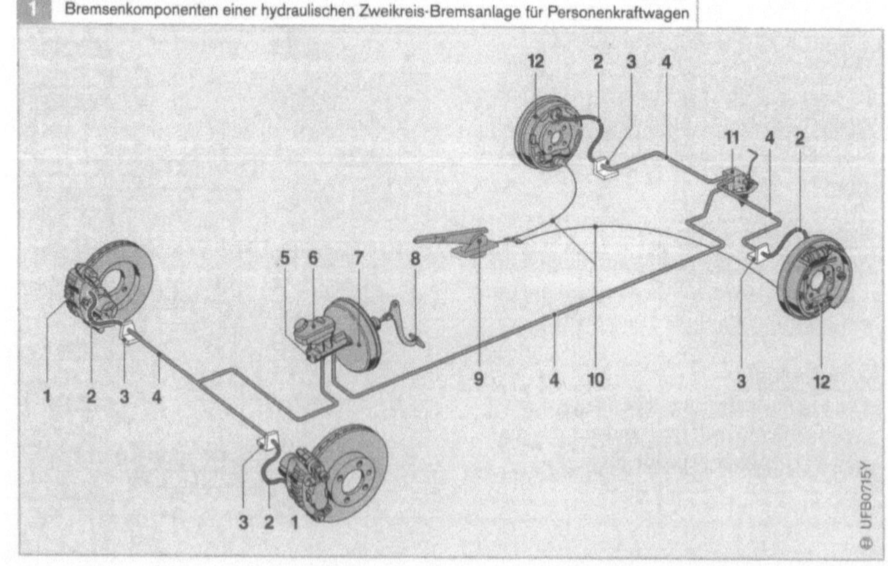

Bremspedal

Aufgabe

Das Bremspedal überträgt beim Bremsvorgang die Fußkraft des Fahrers auf die
Bremsanlage. Hierbei ist ein feinfühliges
Ansprechen auf die ausgeübte Fußkraft
erforderlich.

Aufbau

Beim Bremspedal lassen sich zwei Bauarten
unterscheiden:
- hängend und
- stehend (Bremspedalmodul).

Hängende Bauart

Die meisten Pkw haben Bremspedale in hän-
gender Bauart (Bild 1). Das Pedal (7) ist mit
der Pedalachse (6) am Pedalbock (5) drehbar
gelagert. Eine an der Spritzwand (2) befestigte Rückholfeder (3) hält das Bremspedal
im unbetätigten Zustand in Ruhestellung.

Bremspedalmodul

Beim Bremspedalmodul (Bild 2) sind Pedal
(3), Bremskraftverstärker (2) und Hauptzylinder (1) als Einheit zusammengebaut.
Die hier abgebildete Einheit wird aus konstruktiven Gründen unter dem Fahrzeugbo-
den im Fahrersitzbereich eingebaut. Eine
Wanne (4) mit Dichtung schützt vor
Schmutz und Nässe.

Arbeitsweise

Beim Bremsvorgang drückt der Fahrer mit
seiner Fußkraft auf das Pedal (Bild 1, Pos. 7),
überwindet die Kraft der Rückholfeder (3)
und betätigt über die Kolbenstange (4) den
Bremskraftverstärker (1).

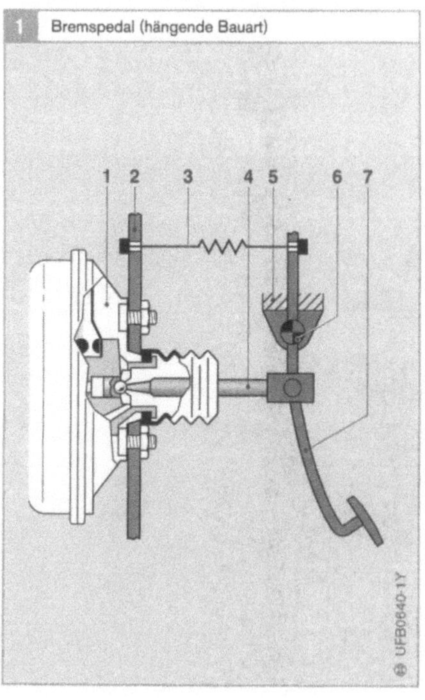

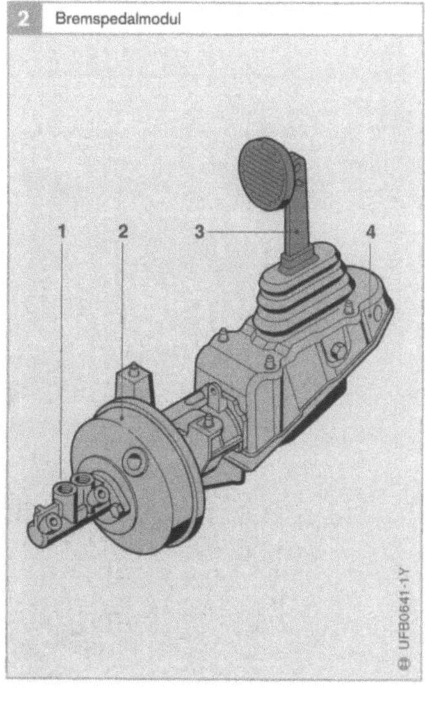

Bild 1

1 Bremskraftverstärker
2 Spritzwand
3 Rückholfeder
4 Kolbenstange
5 Pedalbock
6 Pedalachse
7 Pedal

Bild 2

1 Hauptzylinder
2 Bremskraftverstärker
3 Pedal
4 Wanne

Bremskraftverstärker

Der Bremskraftverstärker unterstützt die Fußkraft beim Betätigen der Bremse und verringert damit den erforderlichen Kraftaufwand. Er ist in Kombination mit dem Hauptzylinder Bestandteil der meisten Pkw-Bremsanlagen. Als grundsätzliche technische Anforderung an Bremskraftverstärker gilt, dass sie die benötigte Fußkraft verringern müssen und dabei das feinfühlige Abstufen der Bremskraft und das Gefühl für das Maß der Bremsung nicht beeinträchtigen dürfen. Die beiden gebräuchlichen Ausführungen von Bremskraftverstärkern, der Unterdruck- und der Hydraulik-Bremskraftverstärker, nutzen die bei einem Kraftfahrzeug bereits vorhandenen Energiequellen: Unterdruck im Saugrohr bzw. durch eine Hydraulikpumpe erzeugter hydraulischer Druck.

Unterdruck-Bremskraftverstärker in Zweikammer-Bauart

Pkw-Bremsanlagen sind überwiegend mit Unterdruck-Bremskraftverstärkern (auch Vakuum-Bremskraftverstärker genannt) ausgerüstet. Es gibt zwei Bauarten mit ähnlicher Arbeitsweise:

- Zweikammer-Bauart (Bild 1) und
- Vierkammer-/Tandem-Bauart (Bild 2) für höhere Unterstützungskräfte.

Aufgabe

Unterdruck-Bremskraftverstärker nutzen bei Ottomotoren den durch den Ansaugtakt im Saugrohr des Motors und bei Dieselmotoren den durch eine Unterdruckpumpe erzeugten Unterdruck (0,5 ... 0,9 bar), um die Fußkraft des Fahrers zu verstärken. Diese Unterstützungskraft erhöht sich beim Betätigen der Bremse proportional der Fußkraft bis zum „Aussteuerpunkt", der in der Nähe des Blockierdrucks für die Räder der Vorderachse liegt und je nach Fahrzeug zwischen 60 und 100 bar beträgt. Von hier ab erhöht sich die Unterstützungskraft nicht mehr.

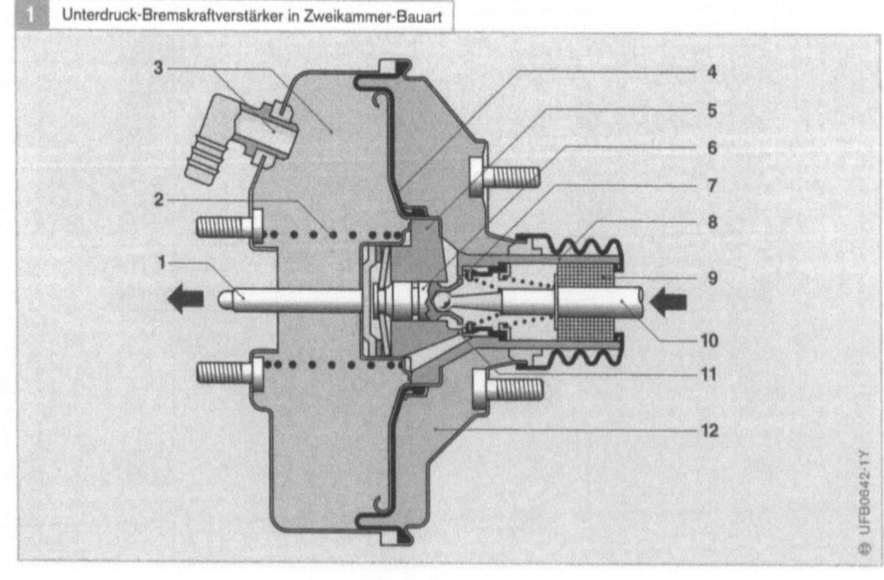

Bild 1
1. Druckstange (Ausgangskraft zum Tandem-Hauptzylinder)
2. Druckfeder
3. Unterdruckkammer mit Unterdruckanschluss
4. Membran mit Membranteller
5. Arbeitskolben
6. Fühlkolben
7. Doppelventil
8. Ventilgehäuse
9. Luftfilter
10. Kolbenstange (Fußkraft)
11. Ventilsitz
12. Arbeitskammer

Aufbau

Eine Membran (Bild 1, Pos. 4) trennt die Unterdruckkammer (3) mit Unterdruckanschluss von der Arbeitskammer (12). Die Kolbenstange (10) überträgt die eingesteuerte Fußkraft auf den Arbeitskolben (5), während die verstärkte Bremskraft über die Druckstange (1) auf den Hauptzylinder wirkt.

Arbeitsweise

Bei nicht betätigter Bremse sind Unterdruckkammer (3) und Arbeitskammer (12) über Kanäle im Ventilgehäuse (8) miteinander verbunden. Über den Unterdruckanschluss (3) herrscht Unterdruck in beiden Kammern.

Sobald ein Bremsvorgang beginnt, bewegt sich die Kolbenstange (10) zur Unterdruckkammer (3) hin und drückt die Manschette des Doppelventils (7) gegen den Ventilsitz (11). Damit sind Unterdruckkammer und Arbeitskammer voneinander getrennt. Da bei weiterer Bewegung der Kolbenstange der Fühlkolben (6) von der Manschette des Doppelventils abhebt, strömt atmosphärische Luft in die Arbeitskammer. Jetzt herrscht in der Arbeitskammer ein höherer Druck als in der Unterdruckkammer. Der Atmosphärendruck wirkt über die Membran (4) auf den Membranteller, an dem die Membran anliegt. Weil das Ventilgehäuse (8) vom Membranteller in Richtung Unterdruckkammer mitgeführt wird, führt dies zu einer Unterstützung der Fußkraft. Jetzt drücken Fußkraft und Unterstützungskraft den Membranteller (4) gegen die Kraft der Druckfeder (2). Dadurch bewegt sich die Druckstange (1) und überträgt die Ausgangskraft zum Hauptzylinder.

Nach Beendigung des Bremsvorgangs sind Unterdruckkammer und Arbeitskammer wieder miteinander verbunden und stehen unter Unterdruck.

Unterdruck-Bremskraftverstärker in Vierkammer-/Tandem-Bauart

Aufgabe

Der Unterdruck-Bremskraftverstärker in Vierkammer-/Tandem-Bauart verstärkt wie der Zweikammer-Bremskraftverstärker die Fußkraft durch Unterdruck. Durch die Vierkammer-Bauart wird eine größere Verstärkung als bei der Zweikammer-Bauart erreicht.

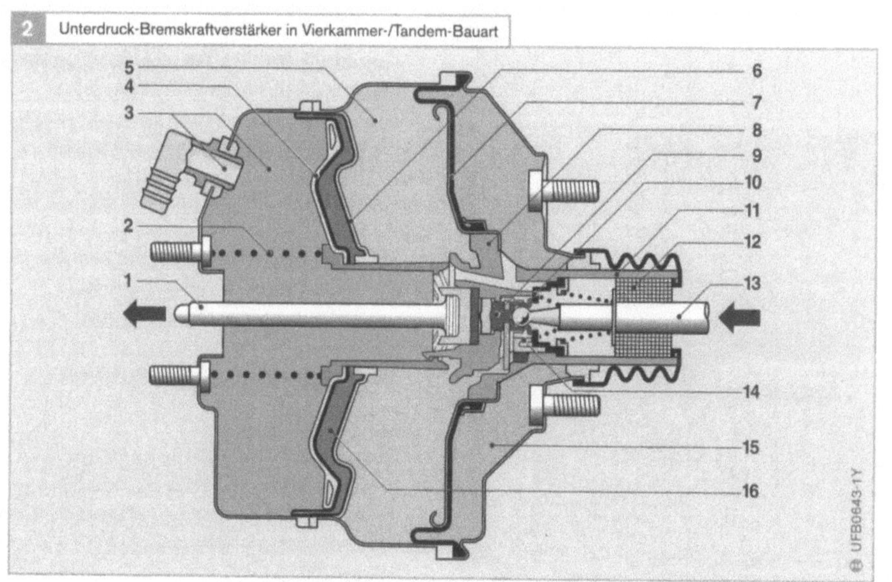

Bild 2

1 Druckstange (Ausgangskraft zum Tandem-Hauptzylinder)
2 Druckfeder
3 Unterdruckkammer II mit Unterdruckanschluss
4 Membran II mit Membranteller II
5 Unterdruckkammer I
6 Trennwand
7 Membran I mit Membranteller I
8 Arbeitskolben
9 Fühlkolben
10 Doppelventil
11 Ventilgehäuse
12 Luftfilter
13 Kolbenstange (Fußkraft)
14 Ventilsitz
15 Arbeitskammer I
16 Arbeitskammer II

Aufbau

Vier Kammern – Arbeitskammer I (vorige Seite, Bild 2, Pos. 15), Unterdruckkammer I (5), Arbeitskammer II (16), Unterdruckkammer II (3) – sind hintereinander angeordnet. Zwischen der Unterdruckkammer I und der Arbeitskammer II befindet sich eine Trennwand (6). Die Kolbenstange (13) überträgt die eingesteuerte Fußkraft auf den Arbeitskolben (8), während die verstärkte Bremskraft über die Druckstange (1) auf den Hauptzylinder wirkt.

Arbeitsweise

Die Arbeitsweise ähnelt der des Zweikammer-Unterdruck-Bremskraftverstärkers. Bei nicht betätigter Bremse herrscht in allen vier Kammern Unterdruck über den Unterdruckanschluss (3). Sobald ein Bremsvorgang beginnt, hebt der Fühlkolben (9) von der Manschette des Doppelventils (10) ab. Jetzt strömt atmosphärische Luft in die Arbeitskammern I (15) und II (16), sodass ein Druckgefälle zwischen den Arbeitskammern und den Unterdruckkammern entsteht. Dieses Druckgefälle wirkt als Unterstützungskraft und verstärkt die eingesteuerte Fußkraft des Fahrers.

Unterdruck-Rückschlagventil

Bei allen Bremsanlagen mit Unterdruck-Bremskraftverstärker ist ein Rückschlagventil (Bild 3) in die Unterdruckleitung zwischen Unterdruck-Erzeuger (Motorsaugrohr eines Ottomotors oder Unterdruckpumpe) und Bremskraftverstärker eingebaut. Solange Unterdruck erzeugt wird, bleibt das Rückschlagventil geöffnet. Es schließt bei abgestelltem Motor, sodass der Unterdruck im Bremskraftverstärker erhalten bleibt. Außerdem verhindert es bei Fahrzeugen mit Ottomotor, dass Kraftstoffdämpfe in den Bremskraftverstärker gelangen und Gummiteile beschädigen. Durch die Drosselwirkung des Ventils werden auch die vom Saugrohr ausgehenden Pulsationen gedämpft.

Einbauhinweis

Das Unterdruck-Rückschlagventil muss mit dem Pfeil in Richtung Unterdruck-Erzeuger (Motorsaugrohr oder Unterdruckpumpe) in die Unterdruckleitung eingebaut werden. Bei falschem Einbau kann es seine Funktion nicht erfüllen. Es wird in der Nähe des Motorsaugrohrs montiert, darf aber durch die Strahlungswärme des Motors nicht in seiner Funktion beeinträchtigt werden.

Hydraulik-Bremskraftverstärker-System

Ein Hydraulik-Bremskraftverstärker-System (Bild 4) wird bei Fahrzeugen verwendet, die mit hydraulischer Energieversorgung (z. B. Servolenkung) ausgestattet sind und einen Motor mit schwachem Unterdruck im Saugrohr haben (z. B. Diesel- oder Turbomotor). Innerhalb dieses Systems benötigt der Hydraulik-Bremskraftverstärker (7) wesentlich weniger Einbauraum und hat einen höheren Aussteuerdruck (ca. 160 bar) als der Unterdruck-Bremskraftverstärker.

Verwendungshinweis

- Hydrauliköl: Verwendung im Bremsverstärkerkreis (A), in der Saug- und Rücklaufleitung (B) und im Lenkungskreis (C);
- Bremsflüssigkeit: Verwendung in den Bremskreisen (D).

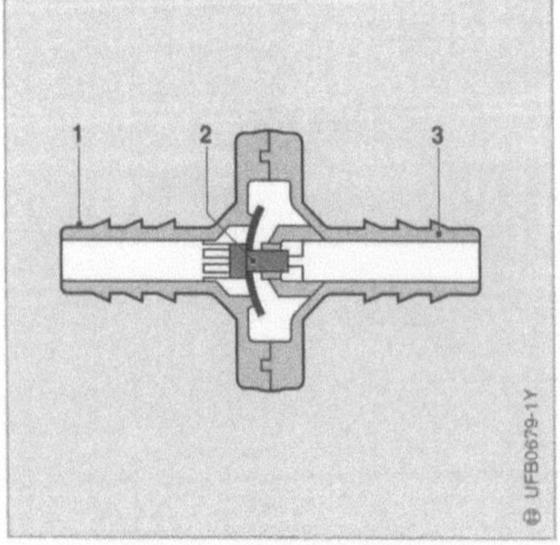

Bild 3
1 Anschluss zum Unterdruck-Bremskraftverstärker
2 Rückschlagventil
3 Anschluss zum Motor

Aufgabe

Hydraulik-Bremskraftverstärker verstärken die beim Bremsen eingesteuerte Fußkraft des Fahrers durch hydraulische Kraft, die von einer Hydraulik-Pumpe erzeugt und in einem Hydrospeicher gespeichert wird.

Aufbau

Das Hydraulik-Bremskraftverstärker-System besteht aus folgenden Komponenten:
- Lenkungspumpe (1),
- Vorratsbehälter (2) mit Filter,
- druckgesteuerter Stromregler (3) mit Hydrospeicher (4) und
- Hauptzylinder (5) mit Ausgleichsbehälter (6).

Die Lenkungspumpe versorgt den Bremskraftverstärker (7) und die Servolenkung (8) mit hydraulischem Förderstrom.

Arbeitsweise des Stromreglers mit Hydrospeicher

Stromregler und Hydrospeicher sind im Systembild (Bild 4) durch die Legendenziffern 3 und 4 gekennzeichnet.

Die Lenkungspumpe fördert Hydraulikflüssigkeit zum Anschluss C1 des druckgesteuerten Stromreglers (Bild 5, nächste Seite, Pos. 1 ... 5). Der Stromregelkolben (4) leitet den größeren Teil des Förderstroms über Anschluss C2 zur Servolenkung; mit dem kleineren Teil wird der Hydrospeicher (6 ... 8) bis zu einem Druck von 36 ... 57 bar aufgeladen. Nach Erreichen des Abschaltdrucks verbindet das Schaltventil (5) den Federraum des Stromregelkolbens (4) mit dem Vorratsbehälter über Anschluss B. Jetzt steht der gesamte Förderstrom der Servolenkung zur Verfügung.

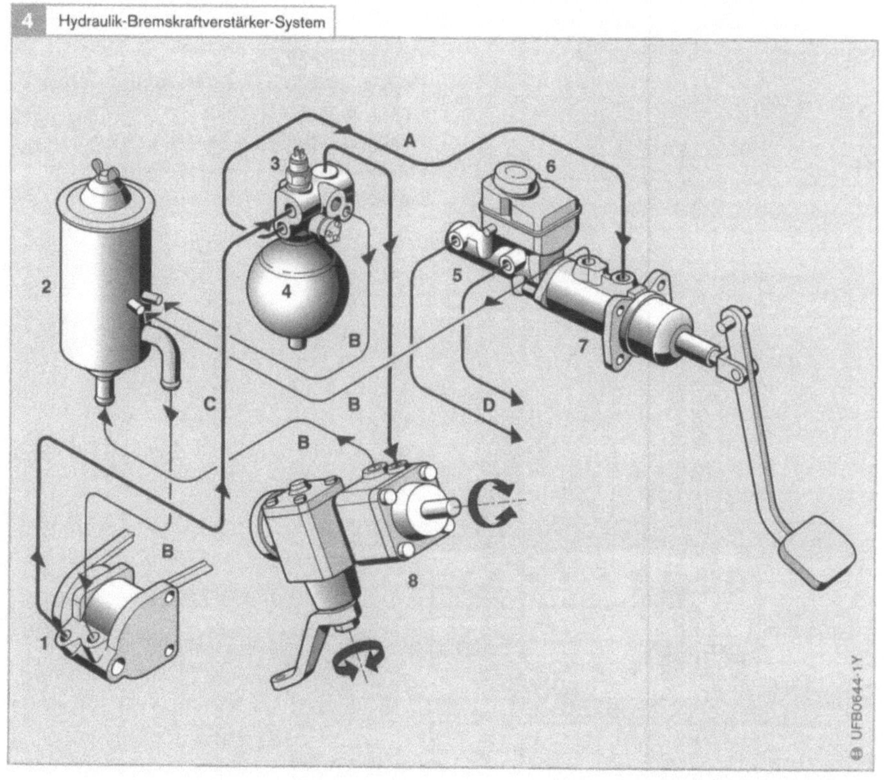

Bild 4
1 Lenkungspumpe
2 Vorratsbehälter mit Filter
3 druckgesteuerter Stromregler
4 Hydrospeicher
5 Hauptzylinder
6 Ausgleichsbehälter
7 Hydraulik-Bremskraftverstärker
8 Servolenkung

Leitungen
A Bremsverstärkerkreis
B Saug- und Rücklaufleitung
C Lenkungskreis
D Bremskreise

Arbeitsweise des Hydraulik-Bremskraftverstärkers

Im Systembild (Bild 4) ist der Hydraulik-Bremskraftverstärker durch die Legendenziffer 7 gekennzeichnet.

5 Druckgesteuerter Stromregler (1...5) mit Hydrospeicher (6...8)

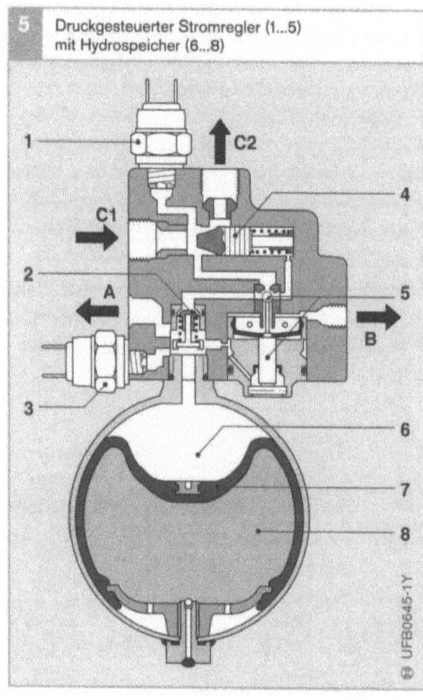

Bild 5
1 Umlaufdruck-Warnschalter
2 Rückschlagventil
3 Speicherdruck-Warnschalter
4 Stromregelkolben
5 Schaltventil
6 Hydraulik-Bereich
7 Membran
8 Pneumatik-Bereich

Anschlüsse
A zum Bremskraftverstärker
B zum Vorratsbehälter
C1 von der Lenkungspumpe
C2 zur Servolenkung

Fahrstellung
Über die Steuerkanten (Bild 6, Pos. 4 ... 6) ist der Zufluss des Förderstroms vom druckgesteuerten Stromregler über Anschluss C2 gesperrt und der Abfluss drucklosen Hydrauliköls zum Vorratsbehälter über Anschluss B geöffnet.

Teilbremsstellung
Die Fußkraft des Fahrers bewegt über den Betätigungskolben (9) den Steuerkolben (7) und verschiebt dessen Steuerkanten. Dadurch wird der Zufluss des Förderstroms vom druckgesteuerten Stromregler über Anschluss C2 geöffnet und der Abfluss zum Vorratsbehälter über Anschluss B gesperrt. Der Förderstrom wirkt als Unterstützungskraft der Fußkraft so lange auf den Übersetzerkolben (3) und den Betätigungskolben (9), bis ein Gleichgewicht mit der vom Hauptzylinder ausgehenden über die Druckstange (1) wirkenden Kraft herrscht.

Vollbremsstellung
Die Steuerkanten (5, 6) befinden sich in einer Position, die den vollen Durchgang des Förderstroms möglich macht. Dadurch ist die größtmögliche Unterstützungskraft wirksam.

6 Hydraulik-Bremskraftverstärker (in Fahrstellung)

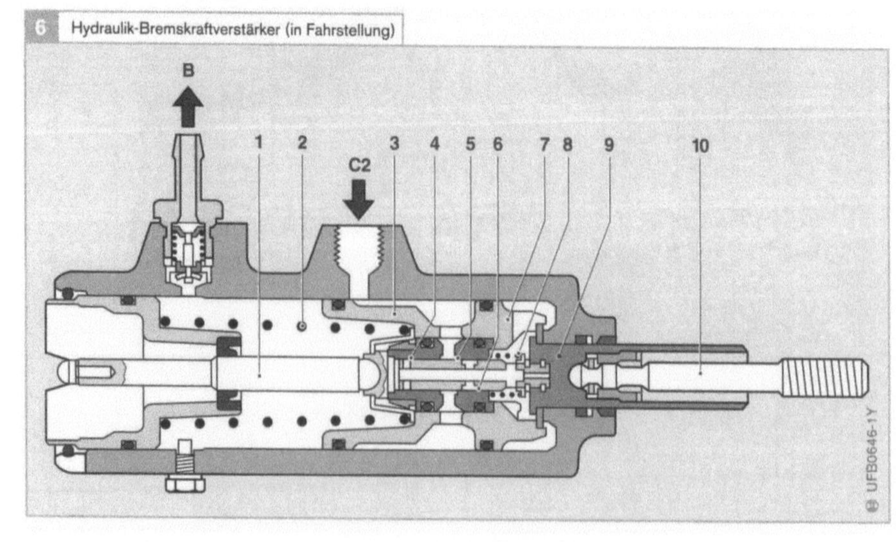

Bild 6
1 Druckstange
2 Rückstellfeder
3 Übersetzerkolben
4 ... 6 Steuerkanten
7 Steuerkolben
8 Druckfeder
9 Betätigungskolben
10 Kolbenstange

Anschlüsse
B zum Vorratsbehälter
C2 vom druckgesteuerten Stromregler

Hauptzylinder

Der Hauptzylinder – auch Hauptbrems-
zylinder, Tandemhauptzylinder oder Tan-
demhauptbremszylinder genannt – wandelt
die vom Fahrer eingesteuerte und gegebenenfalls verstärkte mechanische Fußkraft in
hydraulische Bremskraft um, indem er entsprechend der mechanischen Kraft Bremsflüssigkeit in die Bremskreise einleitet und
steuert.

Aufgrund gesetzlicher Bestimmungen
muss ein Pkw mit zwei getrennten Bremskreisen ausgerüstet sein. Dies wird durch
einen Hauptzylinder erreicht, der als Tandem-Hauptzylinder mit zwei hintereinander
geschalteten Hauptzylindern ausgeführt
ist. Fällt ein Bremskreis aus, dann lässt sich
im intakten Bremskreis der volle Bremsdruck aufbauen.

Es sind verschiedene nachstehend beschriebene Bauweisen für den Hauptzylinder
möglich. Weitere spezielle Bauarten, wie der
Gestufte Hauptzylinder, der Stufen- oder
Füllstufen-Hauptzylinder und der Twintax-
Hauptzylinder werden nur selten in Kraftfahrzeugen eingebaut.

Hauptzylinder mit gefesselter Kolbenfeder

Aufbau

Die „gefesselte" Kolbenfeder (Bild 1, Pos. 9)
– eine Druckfeder – hält im Ruhezustand
den Druckstangenkolben (11) und den
Schwimmkolben (7) – auch Zwischenkolben
genannt – immer im gleichen Abstand. Dies
verhindert, dass die Kolbenfeder (9) im
Ruhezustand den Schwimmkolben verschiebt und dieser mit der Primärmanschette (13) die Ausgleichsbohrung (5)
überfährt. Dann wäre im Sekundärkreis kein
Druckausgleich mehr über die Ausgleichsbohrung (5) möglich, und bei einem ver-
bliebenen Restdruck würden sich im Löse-
zustand der Bremse die Bremsbacken nicht
von den Bremstrommeln abheben.

Arbeitsweise

Bei einer Bremsbetätigung bewegen sich
Druckstangenkolben (11) und Schwimmkolben (7) nach links, überfahren die Aus-
gleichsbohrungen (5) und drücken Bremsflüssigkeit über die Druckanschlüsse (2) in
die Bremskreise. Mit wachsendem Druck
wird der Schwimmkolben nicht mehr von
der gefesselten Kolbenfeder (9), sondern
vom Druck der Bremsflüssigkeit bewegt.

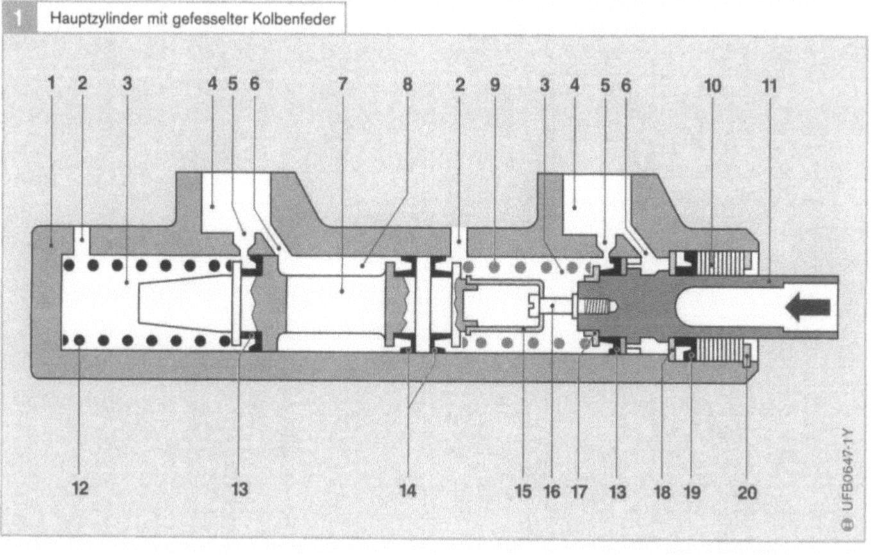

Bild 1
1 Zylindergehäuse
2 Druckanschluss zum
   Bremskreis
3 Druckraum
4 zum Ausgleichs-
   behälter
5 Ausgleichsbohrung
6 Nachlaufbohrung
7 Schwimmkolben
8 Zwischenraum
9 gefesselte Kolben-
   feder
10 Kunststoffbuchse
11 Druckstangenkolben
    (Eingangskraft
    vom Bremskraft-
    verstärker)
12 Druckfeder
    (Sekundärkreis)
13 Primärmanschette
14 Trennmanschette
15 Fesselhülse
16 Fesselschraube
17 Stützring
18 Anschlagscheibe
19 Sekundär-
    manschette
20 Sicherungsring

Hauptzylinder mit Zentralventil

Aufbau

Dieser Hauptzylinder (Bild 2) ist im Grundprinzip dem vorangehend beschriebenen Hauptzylinder mit gefesselter Kolbenfeder ähnlich. Er wurde für Fahrzeuge mit Antiblockiersystem (ABS) entwickelt.

Die Besonderheit dieses Hauptzylinders ist ein Schwimmkolben mit integriertem Zentralventil, das die Bremsflüssigkeit bei druckloser Bremse durch die Bohrung des Ventilstifts (18) nachfließen lässt. Die Ausgleichsbohrung entfällt im Sekundärkreis, weil das Zentralventil seine Funktion übernimmt. Der Zwischenraum (9) ist durch eine Bohrung ständig mit dem Ausgleichs- bzw. Vorratsbehälter verbunden. Da bei Fahrzeugen mit ABS die Gefahr besteht, dass beim Überfahren der Ausgleichsbohrung (11) mit hohen Drücken Schäden an der Primärmanschette (17) entstehen (was zum Ausfall eines Bremskreises führt), werden die Hauptzylinder der meisten dieser Fahrzeuge mit zwei Zentralventilen ausgerüstet.

Arbeitsweise

Die am Bremspedal aufgebrachte Kraft wirkt direkt auf den Druckstangenkolben (14) und schiebt diesen nach links. Dabei wird die Ausgleichsbohrung (11) überfahren, und die Flüssigkeit im Druckraum (3) kann den Schwimmkolben (6) ebenfalls nach links drücken. Wenn sich der Schwimmkolben um ca. 1 mm nach links verschoben hat, liegt der Ventilstift (18) nicht mehr auf der Spannhülse (7) auf, und die Ventildichtung (16) dichtet durch Anlegen an den Schwimmkolben den Druckraum (3) gegen den Zwischen-raum (9) ab. Bei verstärktem Druck auf das Bremspedal erhöht sich in beiden Druckräumen (3) der Druck. Bei Nachlassen der Fußkraft bewegen sich beide Kolben (14 und 6) nach rechts, bis die Ausgleichsbohrung (11) wieder frei ist bzw. der Ventilstift (18) gegen die Spannhülse (7) stößt und die Ventildichtung (16) vom Schwimmkolben (6) abhebt. Jetzt kann die Bremsflüssigkeit in den Ausgleichsbehälter zurückfließen, sodass die Bremse drucklos ist.

Bild 2

1   Zylindergehäuse
2   Druckanschluss zum Bremskreis
3   Druckraum
4   Ventilfeder
5   zum Ausgleichsbehälter
6   Schwimmkolben
7   Spannhülse
8   Zwischenkolben
9   Zwischenraum
10 Druckfeder
11 Ausgleichsbohrung
12 Nachlaufbohrung
13 Kunststoffbuchse
14 Druckstangenkolben (Eingangskraft vom Bremskraftverstärker)
15 Druckfeder (Sekundärkreis)
16 Ventildichtung
17 Primärmanschette
18 Ventilstift
19 Trennmanschette
20 Stützring
21 Anschlagscheibe
22 Sekundärmanschette
23 Sicherungsring

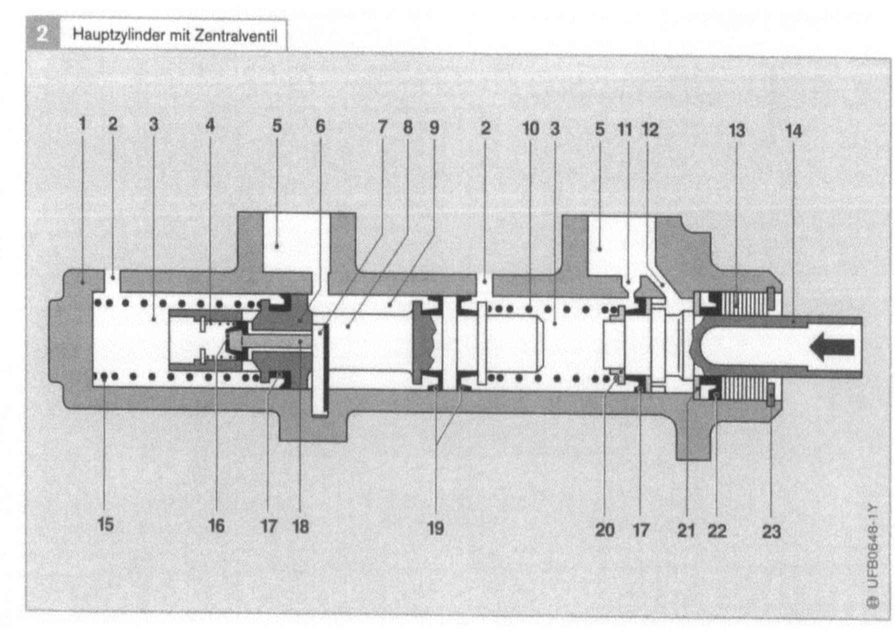

Ausgleichsbehälter

Der Ausgleichsbehälter, auch Bremsflüssigkeitsbehälter genannt, ist meistens direkt auf dem Hauptzylinder befestigt. Er ist sowohl Vorratsbehälter für die Bremsflüssigkeit als auch Ausgleichsbehälter, weil er die Volumenschwankungen in den Bremskreisen ausgleicht, die nach dem Lösen der Bremse, durch Verschleiß der Bremsbeläge, durch Temperaturdifferenzen in der Bremsanlage und während des Eingreifens von ABS bzw. ESP entstehen. Über zwei Anschlüsse (Bild 3, Pos. 8) ist der Ausgleichsbehälter mit dem Hauptzylinder verbunden.

Die Warneinrichtung für zu niedrigen Bremsflüssigkeitsstand arbeitet nach dem Schwimmerprinzip. Bei Unterschreiten des Mindest-Flüssigkeitsstandes schließt der Schwimmer (5) über den Schwimmerkontakt (2) den Stromkreis der Warneinrichtung (1), sodass die Warnlampe (4) aufleuchtet.

Vordruckventil

Vordruckventile halten in Hydraulik-Bremskreisen einen Vordruck von 0,4 bis 1,7 bar, um die Topfmanschetten des Radzylinders abzudichten. Sie ersetzen Bodenventile und werden bei Platzmangel im Hauptzylinder oder bei Kombination von Trommel- und Scheibenbremsen außerhalb des Hauptzylinders eingebaut.

Das Kugelventil schließt die Verbindung zwischen Haupzylinder und Radzylindern, sobald im Hauptzylinder der eingestellte Vordruck unterschritten ist (Bild 4).

Vordruckventile werden bei Bremsanlagen, die dem heutigen Stand der Technik entsprechen, nicht mehr benötigt. Die verwendeten Abdichtungen in den Radzylindern dichten auch ohne Vordruck zuverlässig ab.

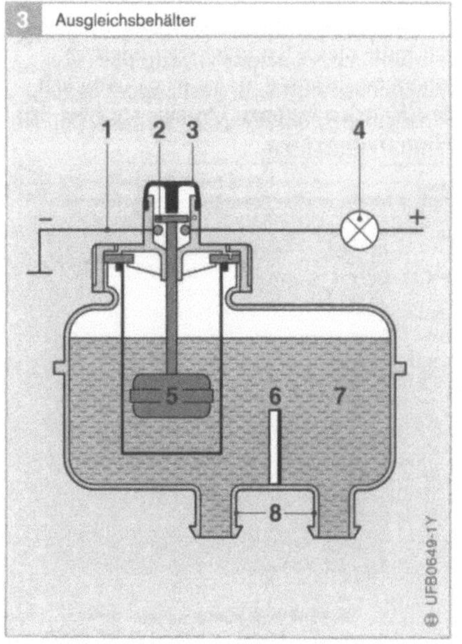

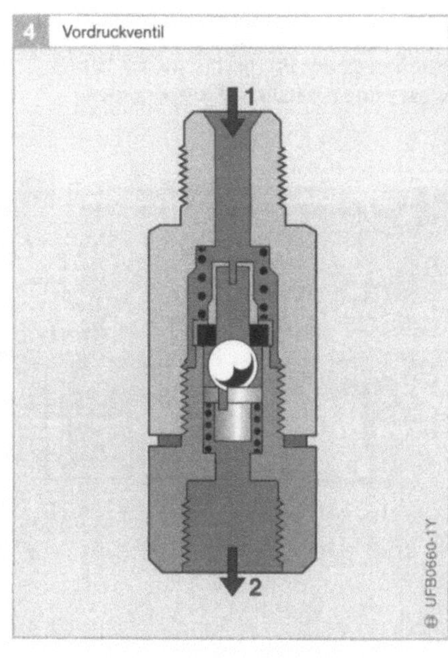

Bild 3

1   Stromkreis der
    Warneinrichtung
2   Schwimmerkontakt
3   Behälterverschluss
4   Warnlampe
5   Schwimmer
6   Flüssigkeitsstandanzeiger
7   Bremsflüssigkeit
8   Anschlüsse zum
    Hauptzylinder

Bild 4

1   Anschluss vom
    Hauptzylinder
2   Anschluss zu den
    Radzylindern

Einbauhinweis:
Der Pfeil auf dem sechseckigen Gehäuse muss vom Hauptzylinder weg zeigen!

Bauteile für konventionelle Bremskraftverteilung

Infolge der dynamischen Achslastverlagerung beim Bremsen können die Vorderräder eines Fahrzeugs stärker als die Hinterräder gebremst werden. Deshalb sind die Vorderradbremsen größer dimensioniert als die Hinterradbremsen. Die Entlastung der Hinterachse ist jedoch kein linearer Vorgang, sondern wird mit zunehmender Verzögerung immer stärker. Bei Fahrzeugen mit „fester Bremskraftverteilung" kommt es somit entweder zum Überbremsen der Vorderachse oder der Hinterachse in Abhängigkeit der „eingestellten" Bremskraftverteilung.

Eine überbremste Hinterachse beeinflusst das Fahrverhalten eines Fahrzeugs negativ und kann zum Schleudern führen. Durch geeignete Maßnahmen (Hinterachs-Bremskraftminderer) wird die Fahrstabilität des Fahrzeugs positiv beeinflusst und die tatsächliche Bremskraft der idealen Bremskraft (kein Blockieren der Räder) angenähert.

In den elektronischen Bremssystemen (ABS, ESP) ist die Elektronische Bremskraftverteilung (EBV) integriert. Sie ermöglicht die Beeinflussung der Bremskraft an der Hinterachse ohne zusätzliche Komponenten.

Bei der konventionellen Bremse unterscheidet man
- Statische bzw. dynamische Bremskraftminderer und
- Bremskraftbegrenzer.

Beim Bremskraftminderer – auch Bremskraftregler genannt – ist der Druckanstieg für die Hinterradbremsen ab einem bestimmten Bremsdruck (Umschaltdruck bzw. Umschaltpunkt) geringer als für die Vorderradbremsen.

Ab dem Umschaltpunkt übertragen statische Bremskraftminderer die Bremskraft entsprechend einer festgelegten Kennlinie und dynamische Bremskraftminderer entsprechend einem Übertragungsverhältnis, das vom Beladungs- oder Verzögerungszustand des Fahrzeugs abhängt.

Bremskraftminderer müssen so ausgelegt sein, dass die Bremskraftverteilung in der Praxis deutlich unter der idealen Bremskraftverteilung liegt. Auch die Einflüsse vom Schwankungen des Belagreibwertes, des Motorbremsmomentes und Toleranzen der Bremskraftminderer sind zu berücksichtigen, um ein Überbremsen der Hinterachse zu vermeiden.

Der Bremskraftbegrenzer (Beschreibung am Ende dieses Kapitels) verhindert ab einem bestimmten Bremsdruck (Abschaltdruck) jeden weiteren Druckanstieg bei den Hinterradbremsen.

Bild 1

1 Einlassanschluss (vom Hauptzylinder)
2,5 Ringräume
3 Bohrung
4 Auslassanschluss (zu den Radbremsen)
6 Druckfeder
7 Stufenkolben
8 Gehäuse
9 Ventil

Bild 2

1 Ungeminderter Druck
2 idealer Druckverlauf (beladenes Fahrzeug)
3 geminderter Druck
4 idealer Druckverlauf (leeres Fahrzeug)
5 Umschaltpunkt

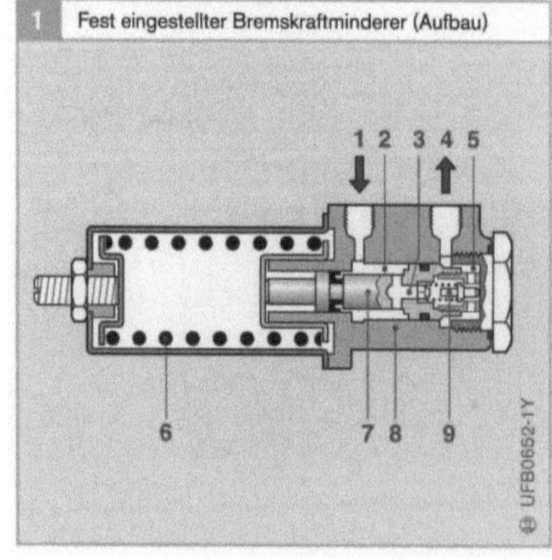

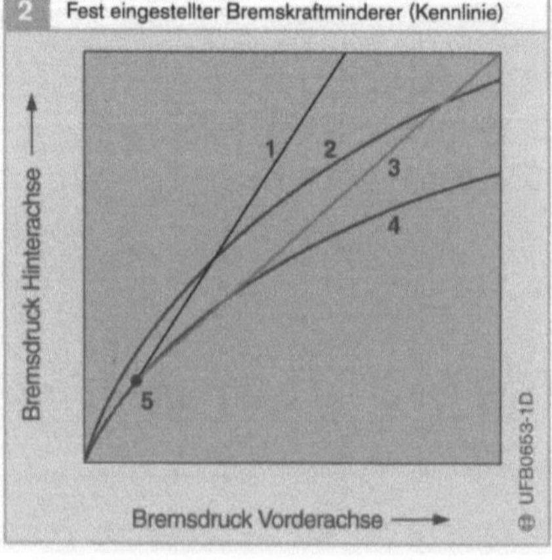

Je nach Art des Fahrzeugs und Systems des Herstellers kommen im Wesentlichen fünf Ausführungen zum Einsatz:
- Fest eingestellter Bremskraftminderer,
- lastabhängiger Bremskraftminderer,
- verzögerungsabhängiger Bremskraftminderer,
- integrierter Bremskraftminderer und
- Bremskraftbegrenzer.

Fest eingestellter Bremskraftminderer
Der Bremskraftminderer (Bild 1) ist im Hinterachsbremskreis eingebaut. Das Gehäuse (8) umschließt einen Stufenkolben (7) mit einem integrierten Ventil (9). Der Ausgangsdruck wird im Verhältnis der Ringraum-Wirkflächen (2, 5) zum Eingangsdruck gemindert.

Bei Bremsbetätigung wirkt Bremsdruck vom Hauptzylinder über Einlassanschluss (1), Ringraum (2), Bohrung (3) im Stufenkolben (7) und Ringraum (5) zum Auslassanschluss (4). Kurz bevor der Umschaltdruck erreicht ist, verschiebt der Druck auf der Ringraum-Wirkfläche (2) den Stufenkolben nach rechts bis zum Anschlag, sodass das Ventil (9) die Verbindung zum Auslassanschluss (4) schließt. Bei weiterem Druckanstieg bewegt sich der Stufenkolben in raschem Wechsel hin und her mit entsprechendem Öffnen und Schließen des Ventils (9) und mindert dadurch den Ausgangsdruck im Verhältnis der Wirkflächen (2, 5). Ist der Bremsvorgang beendet, dann verschiebt der Druck am Auslassanschluss (4) den Stufenkolben (7) so lange gegen die Druckfeder (6), bis der Überdruck in den Ringräumen (2, 5) abgebaut ist. Bild 2 zeigt die Druckverläufe.

Lastabhängiger Bremskraftminderer
Fahrzeuge mit stark unterschiedlichen Beladungszuständen benötigen so genannte lastabhängige Bremskraftminderer (Bild 3), um die Bremskräfte entsprechend dem Beladungszustand anzupassen. Der an der Karosserie befestigte Bremskraftminderer ist über ein Gestänge (5) mit der Hinterachse (6) des Fahrzeugs verbunden. Die beim Einfedern entstehende Relativbewegung zwischen Achse und Karosserie wird auf den Stufenkolben (1) übertragen. Dieser drückt je nach Einfederungsweg die Regelfedern (2) zusammen und verändert dadurch den Umschaltpunkt. Man erreicht damit ein adaptives Verhalten des Hinterachsbremsdrucks in Abhängigkeit vom Beladungszustand (Bild 4).

Bild 3
a   Beladenes Fahrzeug
b   leeres Fahrzeug

1   Stufenkolben
2   Regelfedern
3   Anschluss zu den Radbremsen
4   Anschluss vom Hauptzylinder
5   Gestänge
6   Hinterachse

Bild 4
1   Ungeminderter Druck
2   idealer Druckverlauf (beladenes Fahrzeug)
3   geminderter Druck (beladenes Fahrzeug)
4   idealer Druckverlauf (leeres Fahrzeug)
5   geminderter Druck (leeres Fahrzeug)
6   Umschaltpunkte

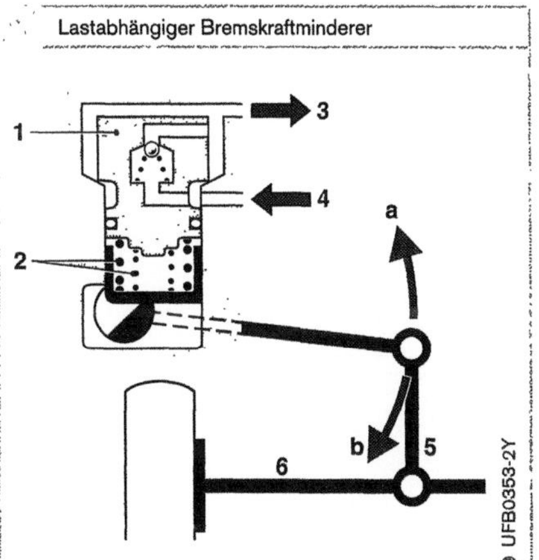

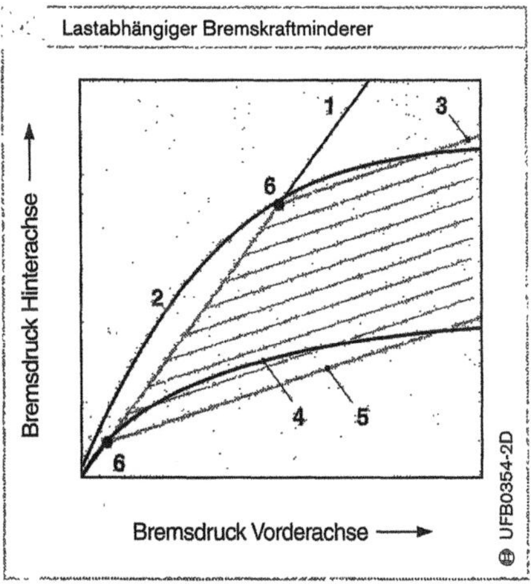

Verzögerungsabhängiger Bremskraftminderer

Einbau

Dieser Bremskraftminderer muss in einem Winkel α zur Fahrzeuglängsachse im Hinterachsbremskreis eingebaut werden, und zwar so, dass die Kugel (4) bei nicht bewegtem Fahrzeug vom Stufenkolben (2) entfernt in Richtung Fahrzeugheck gelagert ist (Bild 5).

Aufbau und Arbeitsweise

Hauptbestandteile sind ein Stufenkolben (2) und eine Kugel (4). Da der benötigte Bremsdruck für eine bestimmte Verzögerung vom Beladungszustand des Fahrzeugs abhängt, arbeitet das Gerät sowohl verzögerungsabhängig als auch lastabhängig.

Sobald die Fahrzeugverzögerung beim Bremsen einen bestimmten Wert erreicht, rollt die Kugel infolge ihrer Trägheit die schiefe Ebene hoch und verschließt – vom Druck am Einlassanschluss (9) unterstützt – die Bohrung (8) im Stufenkolben (2). Damit ist der Umschaltpunkt 1 bzw. 3 (Bild 6) erreicht: Trotz Druckanstieg am Einlassanschluss (9) kann der Druck im Hinterachs-Bremskreis zunächst nicht steigen (Druckbegrenzer-Funktion). Bei weiterem Druckanstieg am Einlassanschluss (9) bewegt sich der Stufenkolben (2) gegen die Kraft der Blattfeder (7) zum Auslassanschluss (1). Jetzt ist der Umschaltpunkt 2 bzw. 4 erreicht. Die Verbindung zwischen beiden Anschlüssen (9 und 1) über die Bohrung (8) ist wieder geöffnet. Der Druck im Hinterachsbremskreis kann jetzt gemindert weiter steigen (Druckminderer-Funktion).

Bild 6 zeigt die Umschaltpunkte des verzögerungsabhängigen Bremskraftminderers bei einem leeren und einem beladenen Fahrzeug.

Integrierter Bremskraftminderer

Dieses Gerät arbeitet in gleicher Weise wie der bereits beschriebene, fest eingestellte Bremskraftminderer. Infolge seines geringen Gewichtes und seiner kleinen Abmessungen (2) kann es durch Einschrauben in den Hinterachsbremskreis-Anschluss im Hauptzylinder (1) integriert werden (Bild 7).

Bild 5

1 Auslassanschluss (zu den Radbremsen)
2 Stufenkolben
3 Gehäuse
4 Kugel
5 Lochscheibe
6 Fahrzeugfront
7 Blattfeder
8 Bohrung
9 Einlassanschluss (vom Hauptzylinder)
α Einbauwinkel zur Fahrzeuglängsachse

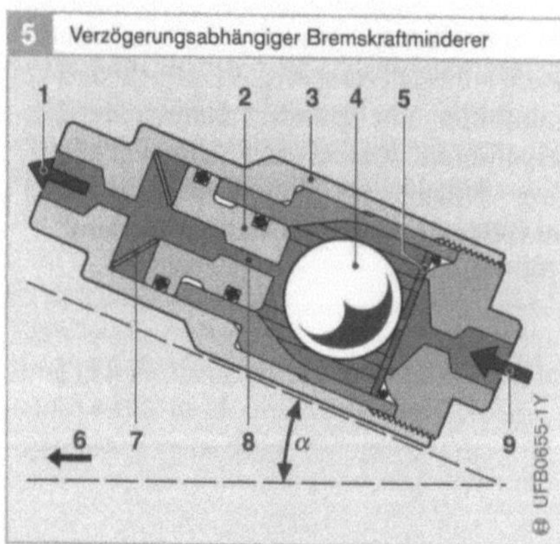

Bild 6

1, 2 Umschaltpunkte (leeres Fahrzeug)
3, 4 Umschaltpunkte (beladenes Fahrzeug)
5 ungeminderter Druck

Bild 7

1 Hauptzylinder
2 integrierter Bremskraftminderer

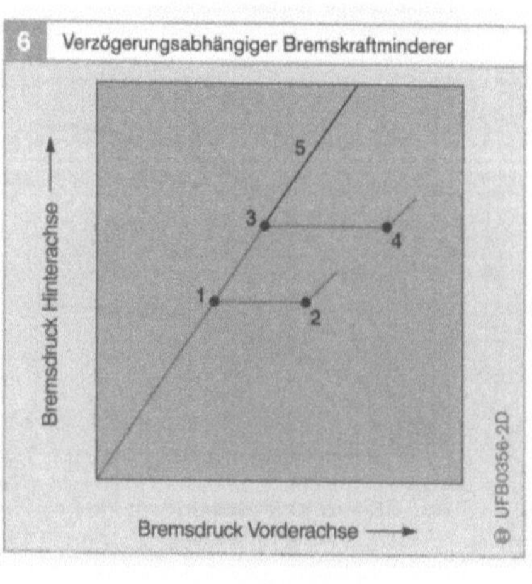

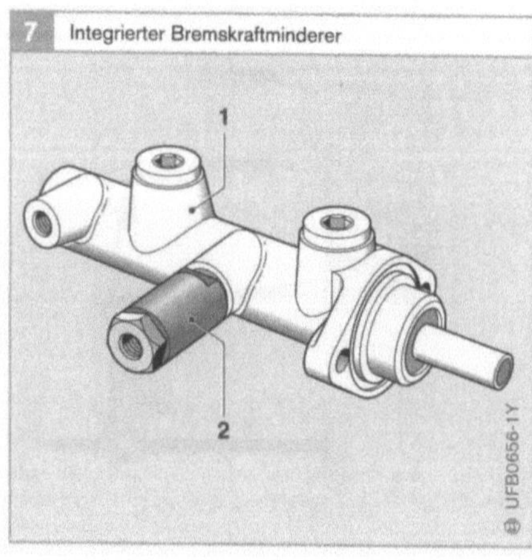

Bremskraftbegrenzer

Der Bremskraftbegrenzer (Bild 8) ist im Hinterachsbremskreis eingebaut und verhindert einen weiteren Anstieg des Hinterradbremsdrucks, wenn der Abschaltdruck erreicht ist. Der Ventilkolben (6) bewegt sich dann gegen die Druckfeder (5) und drückt den Ventilkegel (4) gegen den Ventilsitz (8), sodass kein weiterer Druckanstieg am Auslassanschluss (9) möglich ist. Nach Beendigung des Bremsvorgangs öffnet das Ventil und macht einen Druckabbau möglich.

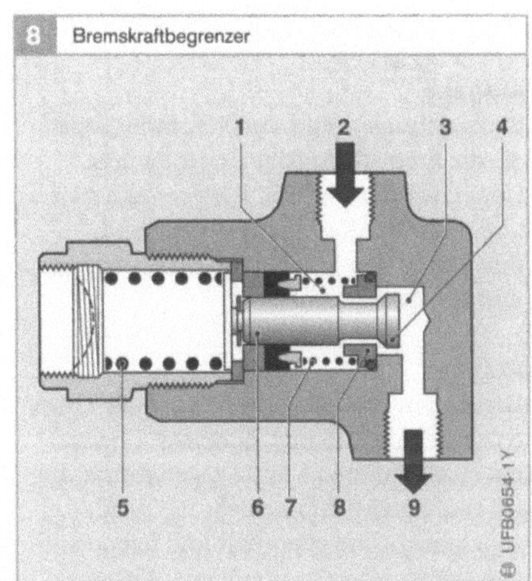

Bild 8
1 Einlassraum
2 Einlassanschluss (vom Hauptzylinder)
3 Auslassraum
4 Ventilkegel
5 Druckfeder
6 Ventilkolben
7 Druckfeder
8 Ventilsitz
9 Auslassanschluss (zu den Radbremsen)

Reaktions- und Anhalteweg

Nach ISO 611 entspricht der Anhalteweg dem während der Bremsdauer zurückgelegten Weg (siehe Kap. „Grundlagen der Fahrphysik", Abschnitt „Definitionen"). Somit ist für den Anhalteweg der Zeitpunkt, wenn der Fahrer die Betätigungseinrichtung in Funktion setzt, entscheidend. Für den Bremsvorgang ist aber auch der Weg, der nach Erkennen eines Hindernisses bis zum Betätigen der Bremse zurückgelegt wird, von Bedeutung. Diese Reaktionszeit ist für jeden Fahrer unterschiedlich.

Der gesamte zurückgelegte Weg vom Erkennen des Hindernisses bis zum Fahrzeugstillstand setzt sich damit aus verschiedenen Teilstrecken zusammen: der zurückgelegte Weg
- während der Reaktionszeit und der Bremsenansprechdauer bei konstanter Geschwindigkeit v,
- während der Schwelldauer mit zunehmender Bremsverzögerung

- und während der Vollverzögerung bei konstanter Verzögerung.

Ersatzweise kann die halbe Zeit mit zunehmender Verzögerung als vollverzögert mit der Verzögerung a, die restliche Zeit als unverzögert betrachtet werden. Dieser Zeitabschnitt wird mit den anderen Zeiten ohne Verzögerung (Reaktionszeit und Bremsenansprechdauer) zu einer Verlustzeit t_{vz} zusammengefasst. Damit ergibt sich der zurückgelegte Weg beim Bremsen aus der Beziehung

$$s = v \cdot t_{vz} + \frac{v^2}{2a}$$

Die Verzögerung ist nach oben durch die Haftreibung zwischen Reifen und Straße begrenzt. Mindestwerte für die Verzögerung sind vom Gesetzgeber festgelegt.

Bei einer Verlustzeit von 1s beträgt der Anhalteweg mitsamt dem Reaktionsweg:

Fahrgeschwindigkeit vor dem Bremsen in km/h													
	10	30	50	60	70	80	90	100	120	140	160	180	200
Weg während der Verlustzeit von 1 s (nicht gebremst) in m													
	2,8	8,3	14	17	19	22	25	28	33	39	44	50	56
Verzögerung a in m/s²	**Reaktions- und Anhalteweg in m**												
4,4	3,7	16	36	48	62	78	96	115	160	210	270	335	405
5,0	3,5	15	33	44	57	71	87	105	145	190	240	300	365
5,8	3,4	14	30	40	52	65	79	94	130	170	215	265	320
7,0	3,3	13	28	36	46	57	70	83	110	145	185	230	275
8,0	3,3	13	26	34	43	53	64	76	105	135	170	205	250
9,0	3,2	12	25	32	40	50	60	71	95	125	155	190	225

Bremsleitungen

Aufgabe
Bremsleitungen sind starre Rohrleitungen, die die Bremsflüssigkeit zwischen dem Hauptzylinder und den Radbremsen fördern und unter der Karosserie verlegt sind.
Bild 1 zeigt den Einbau von Bremsleitungen und Bremsschläuchen.

Aufbau
Die starren Bremsleitungen aus Stahl (meistens Außen-Ø 4,5 mm, Innen-Ø 2,5 mm) haben als äußeren Schutz gegen Korrosion oft eine Kunststoffbeschichtung. Beide Leitungsenden sind gebördelt und haben entsprechende Verschraubungen („Fittings").

Anwendung
Bei der Verlegung der Bremsrohre ist darauf zu achten, dass es neben den vorgesehenen Befestigungspunkten nicht zu weiteren Berührungen zwischen den Bremsrohren, der Karosserie und anderen Bauteilen kommt.

Bremsschläuche

Aufgabe
Bremsschläuche bilden eine bewegliche Verbindung zwischen den mit der Karosserie fest verbundenen Bremsleitungen und den an den Achsen befestigten Radbremsen.

Aufbau
Die flexiblen Bremsschläuche bestehen aus einer inneren Gummischicht, zwei Rayon-Verstärkungsschichten (Druckträger), einer äußeren Gummiummantelung und den Armaturen (Anschlussstücke).

Anwendung
Schlauchlängen und Anwendungsbereiche sind in Spezifikationen festgelegt, die zum Teil auf das jeweilige Fahrzeug abgestimmt sind. Allgemein gilt, dass es in keiner Fahrsituation zu Berührungen der Bremsschläuche mit Achs- oder Karosserieteilen kommen darf und die vorgegebenen Temperaturen und Druckbereiche eingehalten werden.

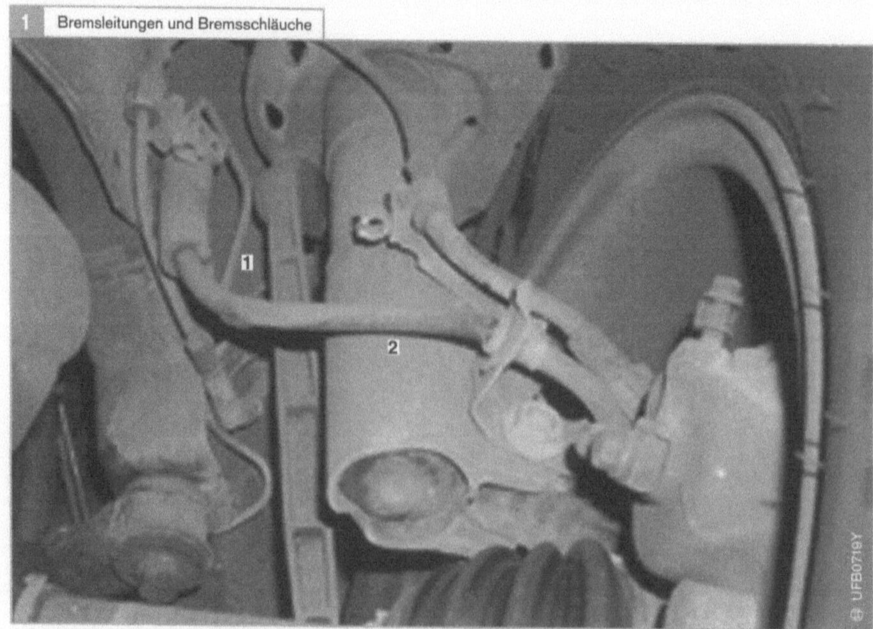

Bild 1
1   Bremsleitung
2   Bremsschlauch

Bremsflüssigkeit

Die Bremsflüssigkeit dient als hydraulisches Medium zur Kraftübertragung in Bremssystemen. Die Anforderungen stehen in den Normen SAE J 1703, FMVSS 116, ISO 4925, Tabelle 1.

Anforderungen

Gleichgewichtssiedepunkt

Der Gleichgewichtssiedepunkt ist ein Maß für die thermische Belastbarkeit der Bremsflüssigkeit. Die Belastung kann besonders an den Radzylindern (mit den höchsten Temperaturen im Bremssystem) sehr hoch sein. Bei Temperaturen über dem aktuellen Siedepunkt der Bremsflüssigkeit kommt es zu Dampfblasenbildung. Ein Betätigen der Bremsen ist dann nicht mehr möglich.

Nasssiedepunkt

Der Nasssiedepunkt ist der Gleichgewichtssiedepunkt der Bremsflüssigkeit, nachdem diese unter definierten Bedingungen Wasser aufgenommen hat. Vor allem bei hygroskopischen Flüssigkeiten (Glykolbasis) ergibt sich dadurch ein starkes Sinken des Siedepunktes.

Die Prüfung des Nasssiedepunktes soll die Eigenschaften der gebrauchten Bremsflüssigkeit ermitteln, die hauptsächlich über Diffusion durch die Bremsschläuche Wasser aufnehmen kann. Dieser Effekt bedingt im Wesentlichen den notwendigen Wechsel der Bremsflüssigkeit im Fahrzeug nach 1 ... 2 Jahren. Die Erneuerung der Bremsflüssigkeit ist für die Sicherheit der Bremsanlage zwingend erforderlich, wobei die Bremsanlage unbedingt entlüftet werden muss.

Viskosität

Die Temperaturabhängigkeit der Viskosität sollte möglichst gering sein, um über einen sehr weiten Einsatzbereich (−40 °C ... +100 °C) eine sichere Funktion der Bremsen zu gewährleisten. Besonders bei ABS-Anlagen ist eine möglichst niedrige Tieftemperaturviskosität von Vorteil.

Kompressibilität

Die Kompressibilität muss gering und möglichst wenig temperaturabhängig sein.

Korrosionsschutz

Nach FMVSS 116 dürfen Bremsflüssigkeiten gegenüber den in Bremsanlagen üblichen Metallen nicht korrosiv sein. Nur der Einsatz von Additiven ermöglicht den notwendigen Korrosionsschutz.

Elastomerquellung

Der jeweilige Bremsflüssigkeitstyp erfordert ein Anpassen der in der Bremsanlagen eingesetzten Elastomere. Eine geringe Quellung der Elastomere ist erwünscht. Sie darf aber keinesfalls größer als 16 % sein, da sonst die Festigkeit dieser Bauteile abnimmt. Bei der Verunreinigung einer Glykol-Bremsflüssigkeit schon mit geringen Anteilen eines Mineralöls (Mineralöl-Bremsflüssigkeit, Lösemittel) können Gummiteile (wie Dichtelemente) zerstört werden, was einen Ausfall der Bremse zur Folge hat.

Chemischer Aufbau

Der chemische Aufbau kann zur Verbesserung einer der o. g. Eigenschaften führen, bringt aber meist eine Veränderung einer anderen mit sich.

---

[1] FMVSS Federal Motor Vehicle Safety Standard (amerikanischer Sicherheitsstandard für Kraftfahrzeuge); DOT Department of Transportation (Transportbehörde).

1 Bremsflüssigkeiten

Prüfung nach		FMVSS 116[1]			SAE J1703
Anforderungen/Stand		DOT3	DOT4	DOT5, DOT5.1	11.83
Trockensiedepunkt	mindestens °C	205	230	260	205
Nasssiedepunkt	mindestens °C	140	155	180	140
Kälteviskosität bei −40 °C	mm²/s	1500	1800	900	1800

Tabelle 1

Radbremsen

Bei Radbremsen unterscheidet man Scheiben- und Trommelbremsen. Als Vorderradbremsen werden bei Neufahrzeugen ausschließlich Scheibenbremsen verwendet und auch bei Hinterradbremsen geht der Trend zur Scheibenbremse hin. Die vom Bremssystem übertragene Bremsenergie wirkt in diesen Reibungsbremsen als Spannkraft zum Anpressen der Bremsbeläge an Bremsscheiben oder Bremstrommeln.

Übersicht

Anforderungen

Die Anforderungen an Radbremsen sind hoch:
- kurzer Bremsweg,
- kurze Ansprechzeit,
- kurzer Anschwellwert der Bremswirkung (Schwelldauer),
- gleichmäßige Wirkung,
- gute Dosierbarkeit,
- Unempfindlichkeit gegen Schmutz und Korrosion,
- hohe Zuverlässigkeit,
- Standfestigkeit,
- Verschleißfestigkeit,
- geringer Wartungsaufwand.

Um diesen Forderungen gerecht zu werden – auch unter dem Aspekt der Wirtschaftlichkeit (Kostenvorteil durch den Einsatz von Trommelbremsen) –, sind Kleinwagen und ein Teil der Mittelklasse-Fahrzeuge in Europa mit Scheibenbremsen an der Vorderachse und Trommelbremsen an der Hinterachse ausgerüstet. Fahrzeuge der oberen Mittelklasse und der Luxusklasse sowie Sportfahrzeuge haben an beiden Achsen Scheibenbremsen.

Diese Aufteilung ergibt sich aus der Tatsache, dass bei zunehmendem Gewicht und immer höheren Geschwindigkeiten nur noch Scheibenbremsen die thermischen Anforderungen erfüllen können. Besonderes Augenmerk gilt den Faktoren
- Wärmeaufnahme,
- Bremsenbelüftung und
- Reibwertstabilität der Bremsbeläge.

Beurteilung von Radbremsen

Der Bremsenkennwert C^* als Beurteilungskriterium für die Leistungsfähigkeit von Bremsen gibt das Verhältnis von Bremskraft zu Spannkraft an. Dieser Wert umfasst den Einfluss der inneren Übersetzung (Verhältnis der eingesteuerten zur ausgesteuerten Kraft) der Bremse sowie des Reibbeiwertes, der wiederum hauptsächlich von den Parametern Geschwindigkeit, Bremsdruck und Temperatur abhängt. Bild 1 zeigt Bremskennwerte für verschiedene Radbremsen.

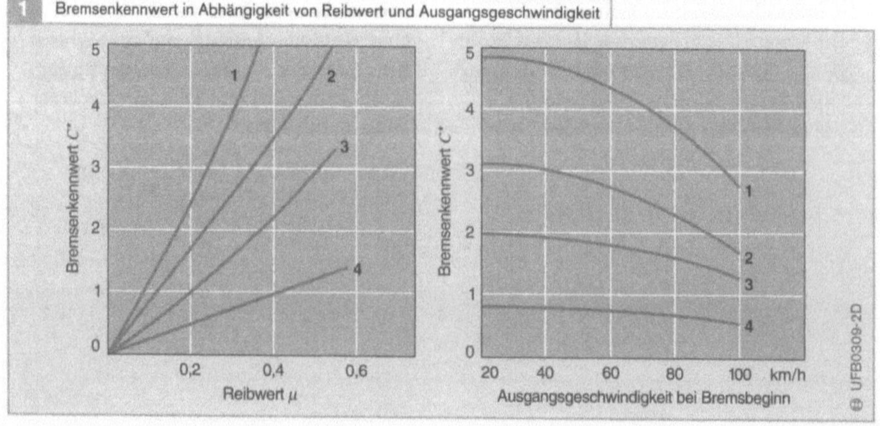

Bild 1
1 Duo-Servo-Trommelbremse
2 Duo-Duplex-Trommelbremse
3 Simplex-Trommelbremse
4 Scheibenbremse

Bosch-Prüfzentrum Boxberg

Ein wichtiger Bestandteil der Entwicklung von Fahzeugsystemen ist die Praxiserprobung bereits beim Systemzulieferer. Nicht alle Erprobungen lassen sich auf öffentlichen Straßen durchführen. Seit 1998 wird das Prüfzentrum von Bosch bei Boxberg zwischen Heilbronn und Würzburg (Süddeutschland) für diesen Teil der Entwicklung genutzt. Hier werden auf 92 ha die verschiedensten Fahr-, Sicherheits- und Komfortsysteme mit ihren Komponenten auf Herz und Nieren getestet. Auf sieben verschiedenen Streckenmodulen werden Systeme in allen Fahrsituationen bis an die physikalischen Grenzen betrieben – und das bei größtmöglicher Sicherheit für Testfahrer und Fahrzeuge.

Die **Schlechtwegstrecken** (1) sind für Geschwindigkeiten bis zu 50 km/h, beziehungsweise bis zu 100 km/h ausgelegt. Folgende Strecken sind verfügbar:
- Schlaglöcher,
- Waschbrett,
- Rüttelstrecke,
- Belgisches Pflaster und
- Strecken mit unterschiedlicher Unebenheit.

Die asphaltierten **Steigungsstrecken** (2) für Anfahr- und Beschleunigungstests am Berg, mit Steigungen von 5 %, 10 %, 15 % und 20 %, enthalten bewässerbare Fliesenstreifen unterschiedlicher Breite.

Zwei **Wasserdurchfahrten** (3) mit 100 m bzw. 30 m Länge und 0,3 m bzw. 1 m Tiefe stehen zur Verfügung.

Bewässerte Sonderstrecken (4) sind mit folgenden Fahrbahnbelägen vorhanden:
- Schachbrett (Asphalt, Fliesen),
- Asphalt,
- Fliesen,
- Blaubasalt,
- Beton sowie
- Aquaplaningstrecke und
- trapezförmige Blaubasaltstrecke.

Die **Fahrdynamikfläche** (5) für Kurvenfahrten hat eine asphaltierte Oberfläche mit 300 m Durchmesser. Sie kann zum Simulieren von Eis- oder Wasserglätte teilweise bewässert werden. Die Fläche ist von einer Sicherheitsbarriere aus Reifen umgeben, um Fahrer und Fahrzeuge zu schützen.

Das **Hochgeschwindigkeitsoval** (6) hat drei Fahrbahnen und kann sowohl von Pkw als auch von Nkw genutzt werden. Die Strecke ist so ausgelegt, dass Geschwindigkeiten bis 200 km/h gefahren werden können.

Der **Handlingparcours** (9) umfasst zwei Strecken: eine Strecke für Geschwindigkeiten bis 50 km/h, die andere bis zu 80 km/h. Beide Strecken beinhalten Kurven mit unterschiedlich starken Radien und Neigungen. Der Handlingparcours wird hauptsächlich für die Erprobung von Fahrdynamiksystemen benutzt.

Blick auf die Streckenmodule

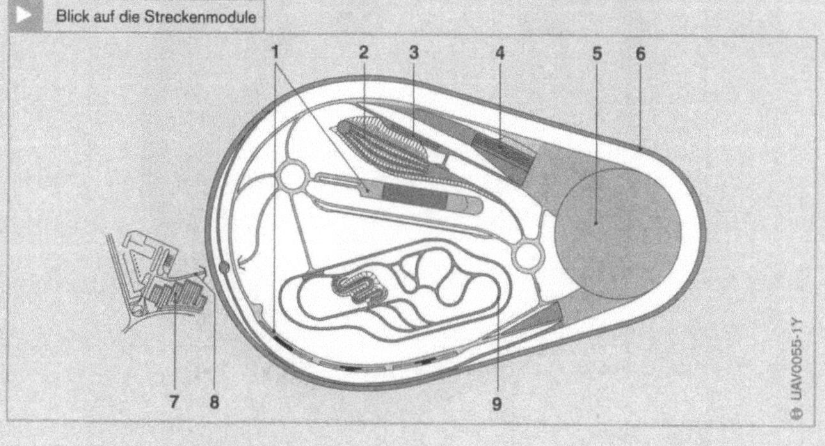

Bild 1
1 Schlechtwegstrecken
2 Steigungsstrecken
3 Wasserdurchfahrten
4 bewässerte
   Sonderstrecken
5 Fahrdynamikfläche
6 Hochgeschwindig-
   keitsoval
7 Gebäude
   – Werkstätten
   – Büros
   – Prüfstände
   – Labors
   – Tankstelle und
   – Sozialräume
8 Zufahrt
9 Handlingparcours

Trommelbremsen

Funktionsprinzip

Trommelbremsen für Pkw erzeugen die Bremskräfte an der inneren Oberfläche einer Bremstrommel. Dieses Prinzip wird am Beispiel einer Simplex-Trommelbremse mit integrierter Feststellbremse erläutert (Bild 1).

Ein zweiseitig wirkender Radzylinder (1) betätigt die Bremsbacken der Trommelbremse. Dabei drückt die auflaufende Bremsbacke (12) und die ablaufende Bremsbacke (5) mit den Bremsbelägen (2) gegen die Bremstrommel (6). Die Bremsbacken stützen sich auf der dem Radzylinder gegenüberliegenden Seite an einem Stützlager (15) ab, das am Bremsträger (13) befestigt ist.

Über das Bremsseil (8) und den Handbremshebel (7) lässt sich die Trommelbremse als Feststellbremse betätigen.

Automatische Nachstellvorrichtung

Die automatische Nachstellvorrichtung (Bilder 1 und 2) hält das Lüftspiel zwischen Bremsbacken und Bremstrommel (Weg, um den sich der Bremsbelag von der Bremstrommel zurückbewegt) konstant.

Die Nachstellvorrichtung besteht aus

- der Druckhülse (18),
- der Stellschraube (16) mit Gewinde und Nachstellritzel (11),
- den Zugfedern (4),
- dem Thermoelement (10),
- dem Winkelhebel (17) und
- dem Nachstellhebel (20).

Der Nachstellhebel ist an der Druckhülse federnd befestigt und greift mit der abgewinkelten Nachstellklinke (19) in das Nachstellritzel ein. Diese von Bosch/Bendix patentierte automatische Nachstellvorrichtung erreicht optimale Nachstellwerte von ca. 0,02 mm pro Nachstellvorgang.

Hinweis:
Gleiche Bauteile der Bilder 1 und 2 haben gleiche Legendenziffern.

Bild 1
1 Radzylinder
2 Bremsbelag
3 Zugfeder (Bremsbacken)
4 Zugfeder (Nachstellvorrichtung)
5 ablaufende Bremsbacke
6 Bremstrommel
7 Handbremshebel
8 Bremsseil
9 Trommeldrehrichtung
10 Thermoelement (Nachstellvorrichtung)
11 Nachstellritzel (mit Winkelhebel)
12 auflaufende Bremsbacke
13 Bremsträger
14 Zugfeder (Bremsbacken)
15 Stützlager

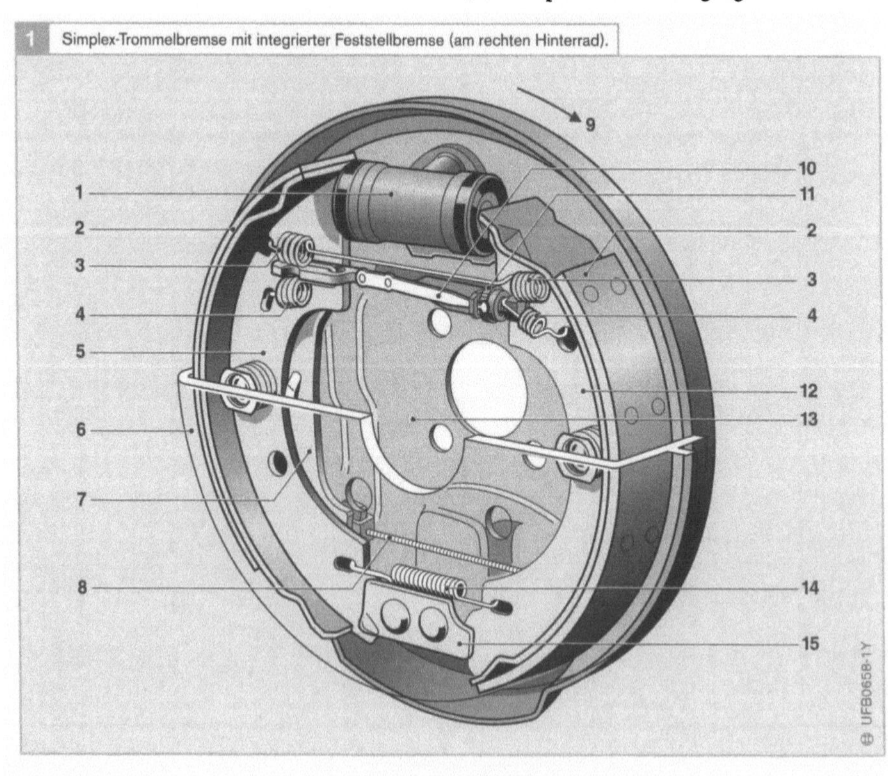

Fahrstellung

Die Zugfedern (3, 14) ziehen die beiden
Bremsbacken (5, 12) mit den Bremsbelägen
(2) von der Bremstrommel (6) weg. Dadurch drücken die Bremsbacken die Stellschraube (16) mit dem Nachstellritzel (11)
gegen die Druckhülse (18), sodass sich der
dazwischenliegende Winkelhebel (17) nicht
bewegen kann.

Bremsstellung ($t < 80\,°C$)

Wird die Betriebsbremsanlage betätigt,
so drücken die Kolben des Radzylinders (1)
die Bremsbacken (5, 12) mit den Bremsbelägen (2) gegen die Bremstrommel (6).
Hierbei ziehen die Zugfedern (4) die Stellschraube (16) mit dem Nachstellritzel (11)
von der Druckhülse (18) weg. Dadurch entsteht ein Zwischenraum, in dem sich der
Winkelhebel (17) bewegen kann.

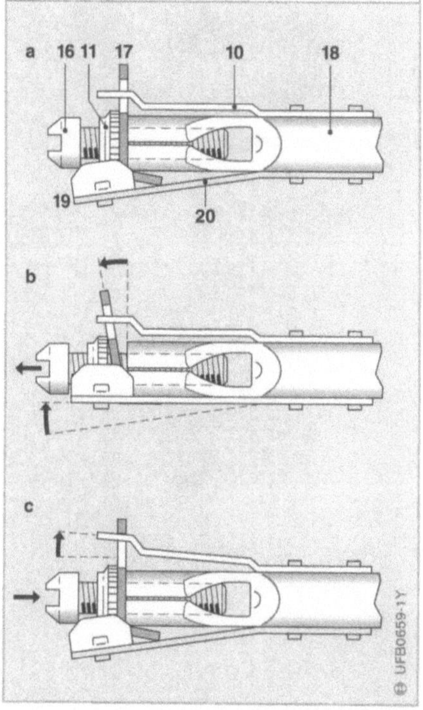

Bei Temperaturen $< 80\,°C$ in der Bremstrommel drückt der als Feder wirkende
Nachstellhebel (20) den unteren Schenkel
des Winkelhebels (17) nach oben. Dadurch
kann die abgewinkelte Nachstellklinke (19)
in den Zahnkranz des Nachstellritzels (11)
eingreifen. Ist das Lüftspiel zwischen Bremstrommel und Bremsbelägen als Folge von
Belagverschleiß größer als konstruktiv vorgesehen, dann dreht der Nachstellhebel das
Nachstellritzel um eine Zahnflanke, schraubt
dadurch die Stellschraube (16) heraus und
verlängert so die Nachstellvorrichtung.
Damit wird das korrekte Lüftspiel wieder
erreicht.

Bremsstellung ($t > 80\,°C$)

Durch Wärmeentwicklung $> 80\,°C$, z. B.
bei Talfahrt mit häufiger Bremsbetätigung,
dehnt sich die Bremstrommel aus. Das Spiel
zwischen Bremsbacken und Bremstrommel
– das Erwärmungsspiel – wird größer als das
konstruktiv vorgesehene Lüftspiel. In diesem
Fall verhindert das Thermoelement (10), ein
Bimetallstreifen, eine automatische Nachstellung. Das Thermoelement biegt sich
nach oben und hält den Winkelhebel (17)
fest. Dadurch bleibt der Nachstellhebel (20)
fixiert, sodass keine Nachstellung möglich
ist.

Handbremshebel

Die Feststellbremsanlage wirkt auf die
Trommelbremse über einen Seilzug (8), der
am unteren Ende des Handbremshebels (7)
befestigt ist. Der Handbremshebel ist oben
in der ablaufenden Bremsbacke (5) gelagert
und greift in die Stellschraube (16) der
Nachstellvorrichtung ein. Bei Betätigung der
Feststellbremsanlage zieht der Seilzug den
Handbremshebel unten nach rechts. Mit
seiner gerundeten oberen rechten Kante
drückt der Handbremshebel über die Nachstellvorrichtung zunächst die ablaufende
Bremsbacke (5) gegen die Bremstrommel
(6), bis sie anliegt. Danach presst er die auflaufende Bremsbacke (12) gegen die Bremstrommel und stützt sich dabei an der Stellschraube der Nachstellvorrichtung ab.

Bild 2
10 Thermoelement
11 Nachstellritzel
16 Stellschraube
17 Winkelhebel
18 Druckhülse
19 Nachstellklinke
20 Nachstellhebel

a Fahrstellung
b Bremsstellung
  ($t < 80\,°C$)
c Bremsstellung
  ($t > 80\,°C$)

Trommelbremsen-Bauarten

Bei Trommelbremsen unterscheidet man
nach der Art der Bremsbackenführung zwei
unterschiedliche Bauarten:
- Bremsbacken mit festem Drehpunkt
  (Bilder 3a, 3b).
- Bremsbacken als Gleitbacken, parallel und
  schräg geführt (Bilder 3c, 3d).

Bei Bremsbacken mit festem Drehpunkt ist
ungleichmäßiger Verschleiß möglich, da sich
diese Bremsbacken nicht wie Gleitbacken
selbst zentrieren können.

Außerdem tritt das Problem der Selbsthemmung (Verringerung der eingesteuerten
Bremskraft, Gegenteil von Selbstverstärkung) bei der ablaufenden Bremsbacke auf.
Gleitbackenführungen kommen bei Sim-
plex-, Duplex-, Duo-Duplex-, Servo- und
Duo-Servobremsen zur Anwendung. Heute
werden im Fahrzeugbau meistens Trommelbremsen mit Gleitbackenführungen verwendet, bei denen keine Selbsthemmung
auftritt.

Bild 3
a   Bremsbacke mit
    festem Drehpunkt
    (Einfachdrehpunkt)
b   Bremsbacke mit
    festem Drehpunkt
    (Doppeldrehpunkt)
c   parallel abgestützte
    Bremsbacke
d   schräg abgestützte
    Bremsbacke

Bild 4
a   Bremsbacken mit
    2 Einfachdrehpunk-
    ten
b   Bremsbacken mit
    1 Doppeldrehpunkt
Eine auflaufende Brems-
backe, geringe Selbst-
verstärkung
1   Drehrichtung der
    Bremstrommel (Vor-
    wärtsfahrt)
2   Selbstverstärkung
3   Selbsthemmung
4   Drehmoment
5   doppelt wirkender
    Radzylinder
6   auflaufende Brems-
    backe
7   ablaufende Brems-
    backe
8   Abstützpunkt
    (Drehpunkt)

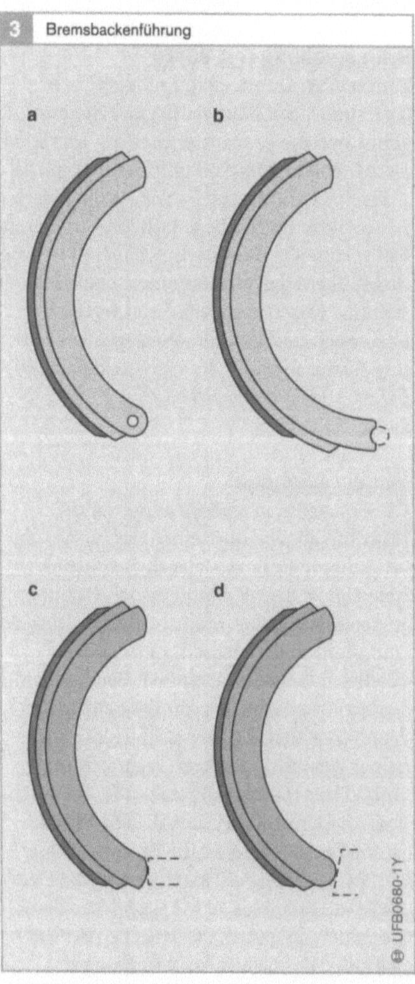

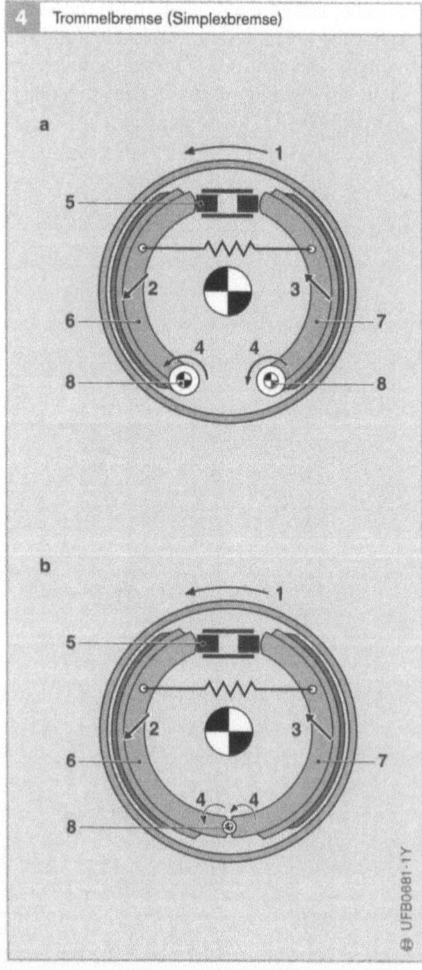

Simplexbremse

Ein doppelt wirkender Radzylinder (Bild 4,
Pos. 5) betätigt die Bremsbacken (6, 7). Die
Abstützpunkte (8) der Bremsbacken sind
Drehpunkte (2 Einfachdrehpunkte bzw.
1 Doppeldrehpunkt). Bei Vorwärtsfahrt
wirkt Selbstverstärkung (2) an der auflaufenden (6) und Selbsthemmung (3) an
der ablaufenden Bremsbacke (7), bei Rückwärtsfahrt verhält es sich analog.
Selbstverstärkung: ca. 2fach bis 4fach.

Duplexbremse

Jede Bremsbacke wird durch einen einfach
wirkenden Radzylinder (Bild 5, Pos. 4)
betätigt. Die als Gleitbacken ausgeführten
Bremsbacken (6) stützen sich an der Rückseite des gegenüberliegenden Radzylinders
ab. Die Duplexbremse ist einfach wirkend,
d. h. sie hat bei Vorwärtsfahrt zwei auflaufende selbstverstärkende (2) Bremsbacken.
Bei Rückwärtsfahrt tritt keine Selbstverstärkung auf. *Selbstverstärkung:* bis ca. 6fach.

Duo-Duplexbremse

Zwei zweiseitig wirkende Radzylinder (Bild 6,
Pos. 4) betätigen die als Gleitbacken ausgeführten Bremsbacken (6), die sich auf den
gegenüberliegenden Radzylindern abstützen.
Die Duo-Duplexbremse ist doppelt wirkend
mit zwei auflaufenden selbstverstärkenden
(2) Bremsbacken bei Vor- und Rückwärtsfahrt. *Selbstverstärkung:* bis ca. 6fach.

Servobremse

Ein doppelt wirkender Radzylinder (Bild 7,
Pos. 4) betätigt die beiden, als Gleitbacken
ausgeführten Bremsbacken (5, 6). Sie stützen
sich nicht wie Simplex- und Duplexbremsen
an festen Abstützpunkten ab, sondern sind
schwimmend aufgehängt und stützen sich
an einem einseitig beweglichen Druckbolzen
(7) ab. Dieser überträgt in Vorwärtsfahrt die
Abstützkraft der Primärbacke (5) auf die
Sekundärbacke (6) und erzeugt dort eine
noch höhere Selbstverstärkung als bei der
Primärbacke. In Rückwärtsfahrt wirkt die
Servobremse wie eine Simplexbremse.
Selbstverstärkung: bis ca. 6fach.

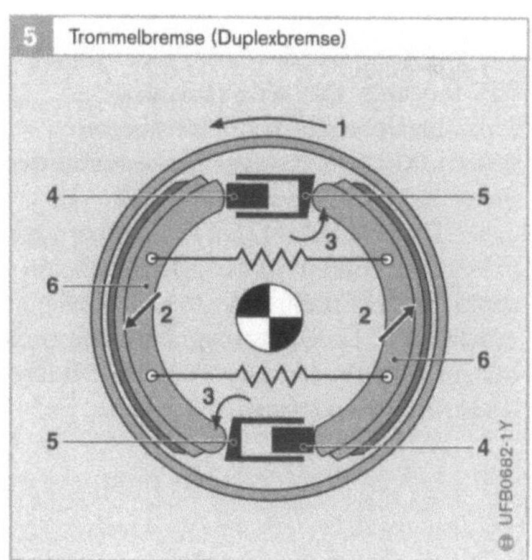

Bild 5
Zwei auflaufende
Backen, große Selbst-
verstärkung.
1 Drehrichtung der
  Bremstrommel (Vor-
  wärtsfahrt)
2 Selbstverstärkung
3 Drehmomente
4 Radzylinder
5 Abstützpunkte
6 Bremsbacken

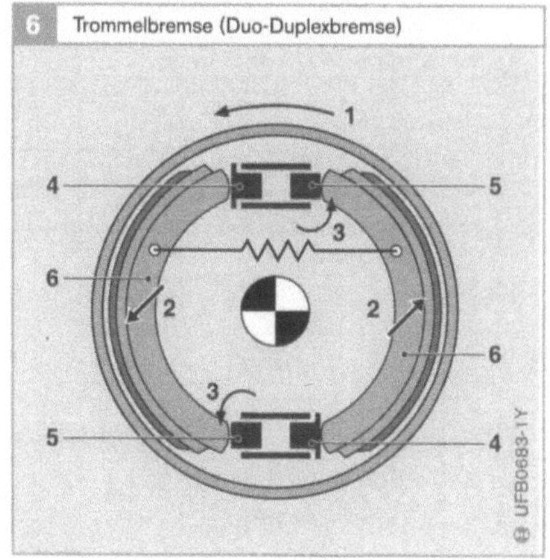

Bild 6
Zwei auflaufende
Backen, Zuspannung
durch Radzylinder
schwimmend, große
Selbstverstärkung.
1 Drehrichtung der
  Bremstrommel
  (Vorwärtsfahrt)
2 Selbstverstärkung
3 Drehmomente
4 Radzylinder
5 Abstützpunkte
6 Bremsbacken

Bild 7
Zwei auflaufende
Backen, Backenauf-
hängung schwimmend,
Druckbolzen einseitig
beweglich, große Selbst-
verstärkung.
1 Drehrichtung der
  Bremstrommel
  (Vorwärtsfahrt)
2 Selbstverstärkung
3 Drehmomente
4 Radzylinder
5 Primärbacke
6 Sekundärbacke
7 Druckbolzen

Duo-Servobremse
Ein doppelt wirkender Radzylinder (Bild 8,
Pos. 4) betätigt die beiden Bremsbacken
(5, 6). Im Unterschied zur Servobremse
stützen sich die als Gleitbacken ausgeführten
Bremsbacken an einem beidseitig beweglichen Druckbolzen (7) ab. Dieser überträgt
in Vorwärts- und in Rückwärtsfahrt die Abstützkraft der Primärbacke (6) auf die Sekundärbacke (5) und erzeugt dort eine noch
höhere Selbstverstärkung als in der Primärbacke. *Selbstverstärkung:* bis ca. 6fach.

Selbstverstärkung

Die Größe der Selbstverstärkung ist ein
wichtiges Merkmal von Trommelbremsen.
Durch Selbstverstärkung wird die wirksame
Bremskraft größer als die Kraft, die sich
direkt aus der vom Hauptzylinder eingesteuerten Spannkraft ergeben würde. Selbstverstärkung entsteht dadurch, dass die an der
auflaufenden Bremsbacke entstehende Reibungskraft ein Drehmoment um den Abstützpunkt der Bremsbacke erzeugt, das die
Bremsbacke zusätzlich zur Spannkraft an
die Bremstrommel anpresst. Nur bei der
Simplexbremse entsteht um den Abstützpunkt der ablaufenden Bremsbacke ebenfalls
ein Drehmoment, das die eingesteuerte
Spannkraft abschwächt: Selbsthemmung
oder Selbstverringerung im Gegensatz zur
Selbstverstärkung.

Nachstellvorrichtungen

Da die Bremsbeläge einem Verschleiß unter-
liegen, der das Lüftspiel vergrößert, sind
Trommelbremsen mit Nachstellvorrichtungen zum Nachstellen der Bremsbacken ausgerüstet. Hierbei unterscheidet man verschiedene Ausführungen:
- manuell betätigte Nachstellvorrichtungen
  am Radzylinder,
- manuell betätigte Nachstellvorrichtungen
  an den Abstützungen,
- automatische Nachstellvorrichtungen
  (siehe vorn, Bilder 1 und 2).

Bild 8
Wie bei Servobremse,
jedoch frei beweglicher
Druckbolzen: Selbst-
verstärkung in Vor- und
Rückwärtsfahrt.
1 Drehrichtung
  (Rückwärtsfahrt)
2 Selbstverstärkung
3 Drehmoment
4 Radzylinder
5 Sekundärbacke
6 Primärbacke
7 Druckbolzen
  (Stützlager)

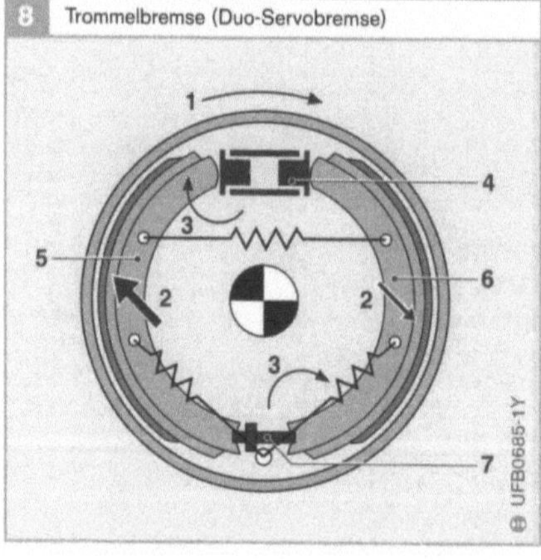

Bild 9
1 Bremsbacken
2 Gewindebolzen
3 Nachstellkappen mit
  Ritzel
4 Radzylinder

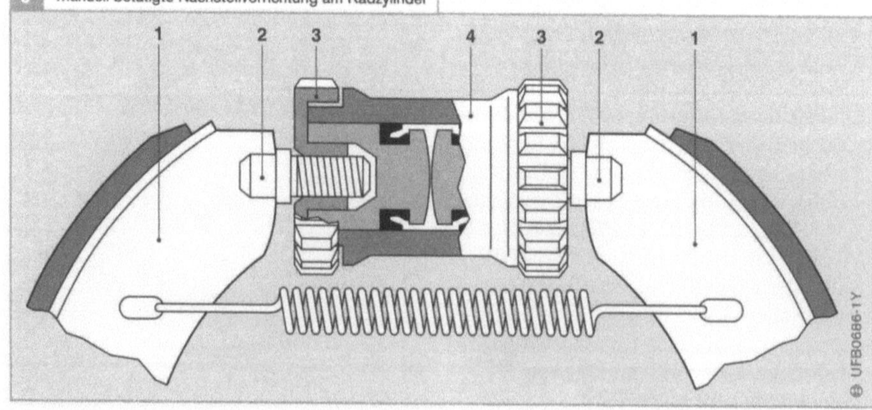

Bild 9 zeigt das Funktionsprinzip der Nachstellvorrichtung an einem beidseitig wirkenden Radzylinder (4) für Simplex-, Duplex- und Servobremsen. In den mit Ritzel ausgeführten Nachstellkappen (3) befindet sich das Gewinde für die Gewindebolzen (2), die mit einem Schlitz in die Bremsbacken (1) einrasten. Mit einem durch die Öffnung im Bremsträger geführten Schraubendreher können die Ritzel (3) gedreht werden, wodurch das Lüftspiel nachgestellt wird.

In Bild 10 ist das Funktionsprinzip der Nachstellvorrichtung an der Bremsbacken-Abstützung bei Servobremsen dargestellt. Zwei Nachstellschrauben (5), in deren Schlitze die Bremsbacken (1) einrasten, werden durch Drehen an den Ritzeln (2, 4) der Nachstellmuttern (6) heraus- bzw. hereingeschraubt, wodurch das Lüftspiel eingestellt wird.

Der Wunsch der Fahrzeughersteller nach automatischen Nachstellvorrichtungen hat zu folgenden Konstruktionen geführt:
- Reibnachstellung an der Bremsbacke,
- Nachstellung im Bremszylinder,
- abgestufte Nachstellung.

Von Bedeutung ist nur noch die abgestufte Nachstellung, die vorangehend zusammen mit dem grundsätzlichen Funktionsprinzip einer Trommelbremse beschrieben ist (Bilder 1 und 2).

Radzylinder

Bei Trommelbremsen überträgt der am Bremsträger befestigte Radzylinder den im Hauptzylinder erzeugten Bremsdruck über die Manschette (Bild 11, Pos. 4), den Kolben (5) und die Druckbolzen (1, 7) auf die Bremsbacken und drückt sie gegen die Bremstrommel. Durch die Druckfeder (2) liegen die Druckbolzen immer an den Bremsbacken leicht an. Eine Gummikappe (6) schützt vor Schmutz und Feuchtigkeit.

Es gibt einfach wirkende und doppelt wirkende Radzylinder, auch mit eingebautem Bremsdruckminderer (Patent von Bosch/Bendix).

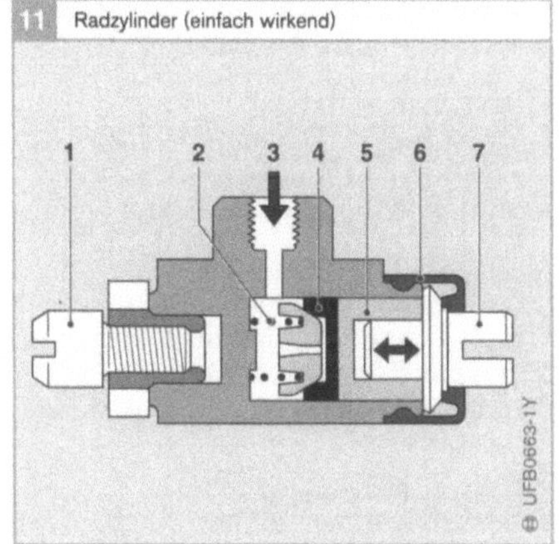

Bild 11
1   Fester Druckbolzen (mit Nachstellvorrichtung)
2   Druckfeder
3   Anschluss vom Hauptzylinder
4   Manschette
5   Kolben
6   Gummikappe
7   beweglicher Druckbolzen

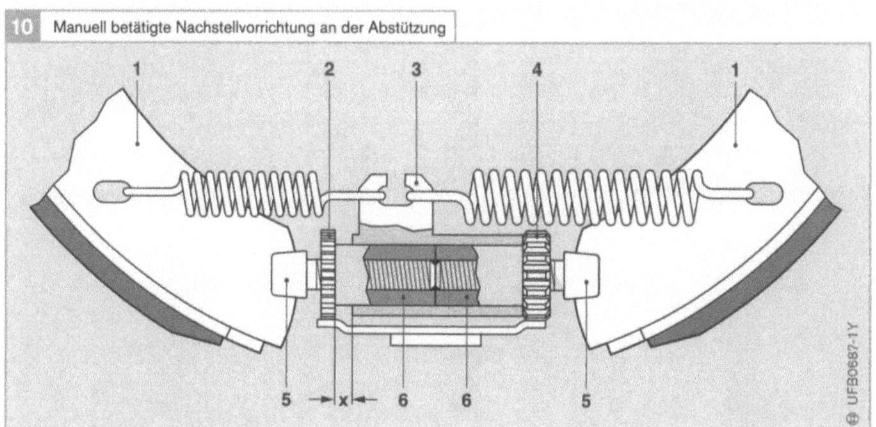

Bild 10
1   Bremsbacken
2   Ritzel
3   Stützlager
4   Ritzel
5   Nachstellschrauben
6   Nachstellmuttern

x   Spiel zwischen Ritzel (2) und Stützlager (3)

Scheibenbremsen

Funktionsprinzip

Scheibenbremsen erzeugen die Bremskräfte an der Oberfläche einer mit dem Rad umlaufenden Bremsscheibe. Der U-förmige Bremssattel ist an nicht rotierenden Fahrzeugteilen befestigt.

Ausführungen (Überblick)

Bei Scheibenbremsen lassen sich drei Ausführungen unterscheiden, die hier nur im Prinzip dargestellt sind und auf den folgenden Seiten ausführlich beschrieben werden:

Faustsattelbremse

In einem festen Gehäuse pressen zwei Kolben von beiden Seiten die Bremsbeläge gegen die Bremsscheibe (Bild 1a).

Schwimmrahmenbremse

Ein fester Halter („Bremsträger") trägt einen beweglichen („schwimmenden") Schwimmrahmen (Bild 1b). Der Bremskolben presst den inneren Bremsbelag direkt gegen die Bremsscheibe, während das Gehäuse des Bremszylinders den Schwimmrahmen verschiebt und damit indirekt den äußeren Bremsbelag gegen die Bremsscheibe presst.

Die Faustsattelbremse ist eine Weiterentwicklung der Schwimmrahmenbremse (Bild 1c). In einem beweglichen Gehäuse presst der (einzige) Kolben den inneren Bremsbelag direkt gegen die Bremsscheibe. Die hierbei erzeugte Reaktionskraft verschiebt das Gehäuse und presst damit indirekt den äußeren Bremsbelag gegen die Bremsscheibe.

Komponenten der Scheibenbremse

Kolbendichtring

In einer Nut im Bremszylinder des Bremssattels befindet sich ein Gummidichtring mit rechteckigem Querschnitt, der den Bremskolben abdichtet und das Lüftspiel zwischen Bremsbelag und Bremsscheibe selbsttätig nachstellt (Bild 2). Der Innendurchmesser dieses Dichtrings ist etwas kleiner als der Kolbendurchmesser: dadurch umschließt der Dichtring den Kolben mit einer Vorspannung. Beim Bremsvorgang bewegt sich der Kolben zur Bremsscheibe hin und spannt dabei den Dichtring, der infolge seiner Haftreibung erst dann auf dem Kolben „rutschen" kann, wenn der Kolbenweg zwischen Bremsbelag und Bremsscheibe durch Abrieb an den Bremsbelägen größer geworden ist als das

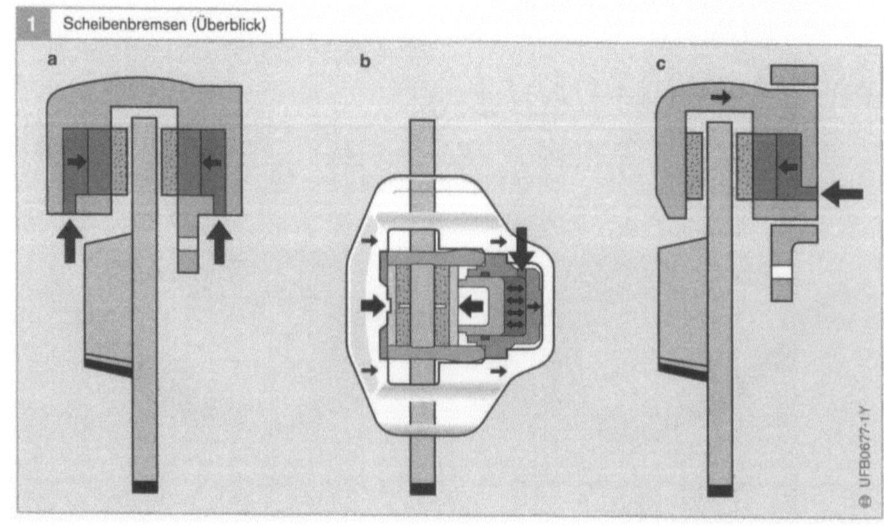

Bild 1

a   Festsattelbremse
    (Ansicht von vorn)
b   Schwimmrahmen-
    bremse (Ansicht von
    oben)
c   Faustsattelbremse
    (Ansicht von vorn)

vorgesehene Lüftspiel. Wegen dieser elastischen Verformung speichert sich im Dichtring eine Kraft, welche Dichtring und Kolben beim Lösen der Bremse, d. h. beim Abfall des hydraulischen Drucks, wieder in ihre Ausgangsform bzw. Ausgangsstellung zurückbringt. Dies ist nur möglich, wenn der Druck im Leitungssystem der Scheibenbremse vollständig abgebaut ist. Das Lüftspiel eines Bremssattels beträgt ca. 0,15 mm und liegt damit im Bereich des maximal zulässigen *statischen* Scheibenschlages.

Der Dichtring ermöglicht es dem Kolben, bei größer werdendem Verschleiß „durchzurutschen" und bewirkt damit ein stufenloses Nachstellen der Bremsbeläge. So wird ein „konstantes" Lüftspiel beibehalten; die Bremsscheibe kann bei drucklosem Zustand frei drehen.

Spreizfeder

Die bei Festsätteln verwendete Spreizfeder, eine Kreuzfeder, hat die Aufgabe, durch ihre Federkraft die Bremsbeläge an die Bremskolben zu drücken und das Lösen der Bremse zu unterstützen (Bild 3).

Bremskolben (Kolbenstellung)

Bei Bremskolben von Festsattel- und Schwimmrahmen-Scheibenbremsen mit einem Kolbenabsatz (Bild 4, Pos. 4) von ca. 3 mm auf der Scheibeneinlaufseite muss dieser Kolbenabsatz im Winkel von 20° zur Waagerechten mit einer Kolbenlehre (3) eingestellt werden. Der auf den Bremsbelag wirkende Kolbenabsatz verringert den Anpressdruck des Bremsbelages auf der Scheibeneinlaufseite und bewirkt damit einen gleichmäßigeren Belagverschleiß. Eine ähnliche Wirkung erreicht ein Kolbenversatz, bei dem der Kolben nicht zentrisch, sondern um ca. 2...6 mm zum Scheibenauslauf hin versetzt auf den Bremsbelag wirkt. Der dadurch erreichte gleichmäßigere Anpressdruck auf den Bremsbelag führt zu einem gleichmäßigeren Belagverschleiß. Diese Maßnahme kann als Nebeneffekt eine Geräuschminderung bewirken.

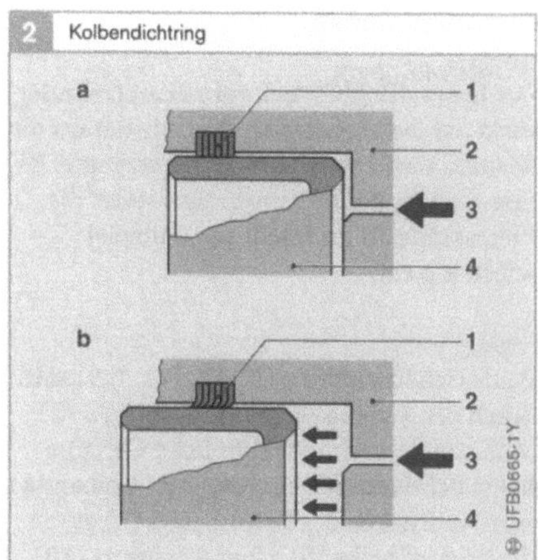

Bild 2

a Fahrstellung
b Bremsstellung

1 Kolbendichtring (Dichtring)
2 Zylinderwand,
3 Anschluss vom Hauptzylinder
4 Kolben

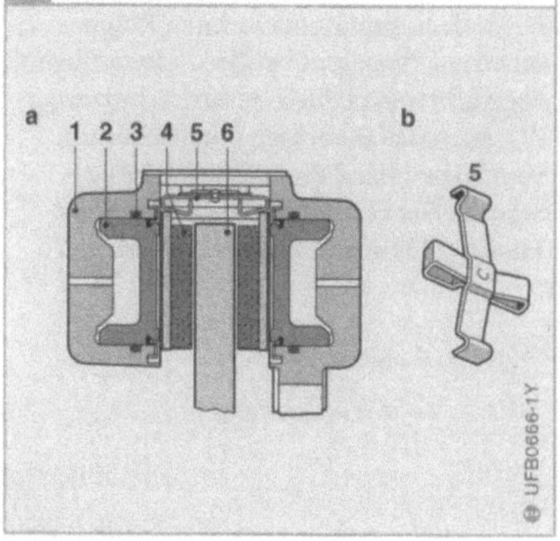

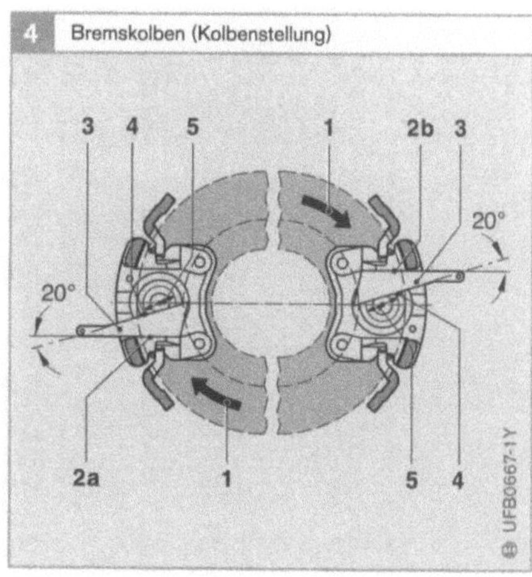

Bild 3

a Spreizfeder, eingebaut (Draufsicht)
b Ansicht

1 Zylinderwand
2 Kolben
3 Kolbendichtring
4 Bremsbelag
5 Spreizfeder
6 Bremsscheibe

Bild 4

1 Drehrichtung der Bremsscheibe bei Vorwärtsfahrt
2a obere Anlagefläche im Sattelschacht
2b untere Anlagefläche im Sattelschacht
3 Kolbenlehre
4 Kolbenabsatz
5 Kolbenbohrung

Festsattelbremse

Aufgabe

Der hydraulische Druck vom Hauptzylinder
wirkt auf die Festsattelbremse, die daraus die
Spannkraft für die Bremsbeläge erzeugt. Der
Festsattel trägt die Bremsbeläge, stützt die
Bremskräfte ab und stellt das Lüftspiel
selbsttätig ein.

Aufbau

Beide Gehäusehälften (Bild 5, Pos. 1, 9) sind
durch den Gehäuseverbindungsbolzen (2)
miteinander verbunden. In jeder Gehäuse-
hälfte befinden sich ein bzw. zwei Kolben (8)
zum Andrücken des Bremsbelags (5) gegen
die Bremsscheibe (6). Über Anschluss (10)
und den Hydraulik-Verbindungskanal (4)
fließt die Bremsflüssigkeit zu den Kolben.
Die Kolben sind durch je einen Kolbendichtring (3) gegenüber der Kolbenführung
abgedichtet und durch je eine Schutzkappe
(7) gegen das Eindringen von Schmutz,
Feuchtigkeit und Bremsbelagabrieb geschützt. Die Festsattelbremse ist mittels
Flansch (11) am Radträger befestigt.

Arbeitsweise

Beim Bremsvorgang wirkt hydraulischer
Druck vom Hauptzylinder über Anschluss
(10) auf beide Kolben (8) und erzeugt so die
Spannkraft zum Anpressen der Bremsbeläge
(5) gegen die Reibflächen der Bremsscheibe
(6). Das Maß dieser abstufbaren Spannkraft
wird durch die auf das Bremspedal ausgeübte Fußkraft bestimmt. Beim Lösen der
Bremse, d. h. beim Loslassen des Bremspedals, geht der Kolben des Hauptzylinders
durch die Kraft seiner Druckfeder wieder in
seine Ausgangsstellung zurück: die Hydrau-
likleitung zur Festsattelbremse wird drucklos. Jetzt werden die Kolben (8) von den
verformten Kolbendichtringen (3) in ihre
Ausgangsposition zurückgezogen. Die
Bremsscheibe (6) kann sich nach dem Lösen
der Bremse infolge des Lüftspiels wieder frei
drehen. Ist der Kolbenweg durch Belagverschleiß größer als das vorgesehene Lüftspiel,
dann „rutscht" der Kolben beim Bremsen
über den Kolbendichtring, und der Ausgangszustand ist wieder eingestellt.

Bild 5

1 Gehäuse-Flanschteil
2 Gehäuseverbin-
  dungsbolzen
3 Kolbendichtring
4 Hydraulik-Verbin-
  dungskanal
5 Bremsbelag
6 Bremsscheibe
7 Schutzkappe
8 Kolben
9 Gehäuse-Deckelteil
10 Anschluss
   vom Hauptzylinder
11 Befestigungsflansch

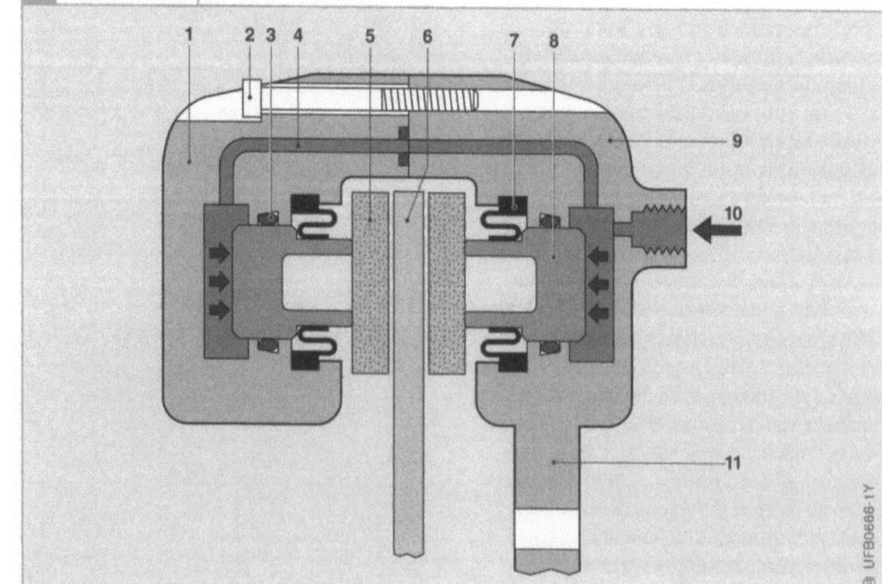

Hinweise
Ein Nach- oder Einstellen der Festsattelbremse ist wegen der Nachstellwirkung der
verformbaren Kolbendichtringe nicht notwendig. Festsattelbremsen kommen wegen
ihrer hohen mechanischen Festigkeit bei
schweren und schnellen Pkw zum Einsatz.
Nachteilig ist ihre Temperaturempfindlich-
keit bei Dauerbeanspruchung (z. B. lange
Bergabfahrten). Diese Temperaturempfind-
lichkeit wird bei Hochleistungsbremsen dadurch verringert, dass die hydraulische Verbindung der Sattelhälften nicht im Bremssattel, sondern über ein außen liegendes
Bremsrohr erfolgt. Der Einbauraum bei
Festsattelbremsen ist im Bereich der
Felgenschüssel größer; daher werden bei
Fahrzeugen mit negativem Lenkrollhalbmesser vorzugsweise Schwimmrahmen-
bzw. Faustsattelbremsen eingebaut.

Schwimmrahmenbremse
Aufgabe
Die Schwimmrahmenbremse erzeugt aus
dem vom Hauptzylinder aufgebauten hydraulischen Druck die Spannkraft für die
Bremsbeläge, nimmt die Bremsbeläge auf,
stützt die Bremskräfte ab und stellt das Lüftspiel selbsttätig ein.

Aufbau
Die Schwimmrahmenbremse besteht aus
zwei Hauptbestandteilen (Bild 6):
- dem am Radträger fest montierten Halter
  (3), der den Bremszylinder (8) mit dem
  Bremskolben (7) und den Bremsbelägen
  (4, 5) trägt und
- dem beweglichen Schwimmrahmen (2),
  der in den kreisbogenförmigen Führungen des Halters gleitet.

Eine Führungsfeder lässt Halter und
Schwimmrahmen federnd und dadurch
geräuscharm aneinander gleiten. Über Anschluss (6) gelangt die Bremsflüssigkeit zwischen den Bremskolben und das Gehäuse
des Bremszylinders.

Arbeitsweise
Beim Bremsvorgang wirkt hydraulischer
Druck vom Hauptzylinder über den Anschluss (6) auf den Bremskolben (7), der
nach Überwinden des Lüftspiels den inneren
Bremsbelag (5) direkt gegen die Bremsscheibe (1) presst. Gleichzeitig wirkt dieser
Druck auf das Gehäuse des Bremszylinders
(8) und verschiebt den Schwimmrahmen
(2), der nach Überwinden des Lüftspiels den
äußeren Bremsbelag (4) indirekt gegen die
Bremsscheibe presst. Beim Loslassen des
Bremspedals wird Anschluss (6) wieder
drucklos. Der verformte Kolbendichtring (9)
zieht den Bremskolben (7) wie bei der Festsattelbremse um das Lüftspiel zurück: Die
Bremsscheibe kann sich wieder frei drehen.

Hinweise
Auch bei der Schwimmrahmenbremse ist
ein Nach- oder Einstellen nicht notwendig.
Wegen des geringen Einbauraumbedarfs
eignet sich diese Bremse für Fahrzeuge mit
ungünstigen Raumverhältnissen oder negativem Lenkrollradius. Da Außenluft die
Hydraulik-Bauteile frei umströmt, wird die
Bremsflüssigkeit gut gekühlt. In die
Schwimmrahmenbremse kann eine Feststellbremse integriert sein.

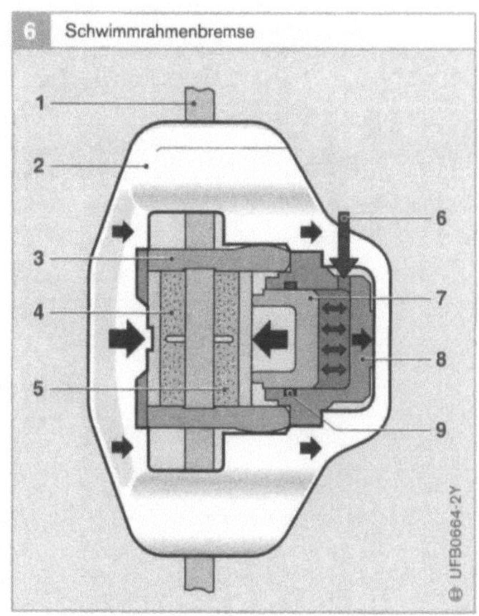

Bild 6
1   Bremsscheibe
2   Schwimmrahmen
3   Halter
4   äußerer Bremsbelag
5   innerer Bremsbelag
6   Anschluss (vom
    Hauptzylinder)
7   Bremskolben
8   Bremszylinder
9   Kolbendichtring

Faustsattelbremse

Aufgabe

Die Faustsattelbremse (Bild 7) erzeugt aus dem vom Hauptzylinder kommenden hydraulischen Druck die Spannkraft für die Bremsbeläge. Der Faustsattel nimmt die Bremsbeläge auf, stützt die Bremskräfte ab und stellt das Lüftspiel selbsttätig ein.

Vergleich mit Schwimmrahmenbremse

Die Faustsattelbremse ist wartungsfreundlicher als die Schwimmrahmenbremse, aus der sie weiterentwickelt wurde. Auch hier ist das Gehäuse (3, 10) verschiebbar und hat nur einen Bremskolben (9). Ebenfalls presst die Reaktionskraft im Gehäuseboden (3) den äußeren Bremsbelag (4) gegen die Bremsscheibe (5). Statt auf einem Halter gleitet der Gehäuseboden auf zwei Führungsbolzen (2).

Aufbau

Das Gehäuse (3, 10) ist auf zwei Führungsbolzen (2) verschiebbar gelagert. Ein am Radträger befestigter Halter (1) trägt diese Führungsbolzen. Der Bremskolben (9) wirkt direkt auf den inneren Bremsbelag (6) und indirekt auf den äußeren Bremsbelag (4). Über den Anschluss (8) ist die Faustsattelbremse mit dem Hauptzylinder verbunden.

Arbeitsweise

Beim Bremsen wirkt hydraulischer Druck vom Hauptzylinder über den Anschluss (8) auf den Bremskolben (9), der den inneren Bremsbelag (6) direkt gegen die Bremsscheibe (5) drückt. Da sich der Bremskolben gegen den verschiebbaren Gehäusedeckel (10) bewegt, wirkt eine Reaktionskraft auf den Gehäuseboden (3). Dadurch gleitet der Gehäuseboden auf den Führungsbolzen (2) gegen die Bewegungsrichtung des Bremskolbens und zieht den äußeren Bremsbelag (4) gegen die Bremsscheibe. Beide Bremsbeläge werden jetzt mit gleicher Kraft gegen die Bremsscheibe gepresst. Beim Lösen der Bremse zieht der beim Bremsen verformte Kolbendichtring (7) den Kolben in den Ausgangszustand.

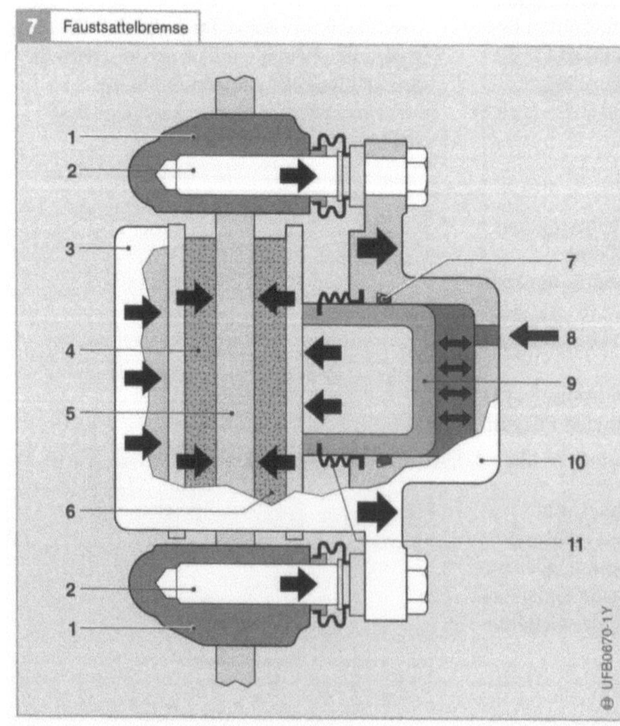

Bild 7
1 Halter
2 Führungsbolzen
3 Gehäuseboden
4 äußerer Bremsbelag
5 Bremsscheibe
6 innerer Bremsbelag
7 Kolbendichtring
8 Anschluss vom
   Hauptzylinder
9 Bremskolben
10 Gehäusedeckel
11 Schutzkappe

Faustsattelbremse mit integrierter Feststellbremse

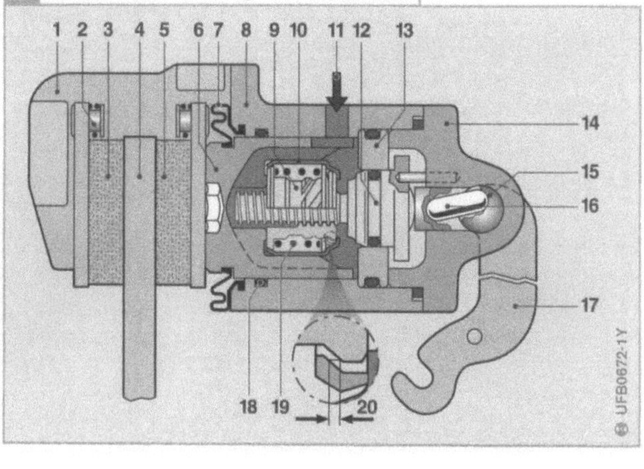

Aufgabe

Diese Faustsattelbremse wirkt als Betriebs- und als Feststellbremse. Sie erzeugt aus dem hydraulischen Druck vom Hauptzylinder bzw. aus der Zugkraft vom Handbremshebel die Spannkraft für die Bremsbeläge. Der Faustsattel nimmt die Bremsbeläge auf, stützt die Bremskräfte ab und stellt das Lüftspiel selbsttätig ein.

Aufbau

Das Gehäuse (Bild 8, Pos. 8) ist auf zwei Führungsbolzen (2) verschiebbar gelagert. Ein am Radträger befestigter Halter trägt diese Führungsbolzen. Der Bremskolben (6) presst die Bremsbeläge (3, 5) direkt und indirekt gegen die Bremsscheibe (4). Hydraulisch wird dieser Kolben durch die über den Anschluss (11) zuströmende Bremsflüssigkeit betätigt. Eine Blechkapsel (10) und ein Zwischenring (13) dichten den Hydraulikbereich gegen die mechanische Feststellbremseinrichtung ab, die über den Handbremshebel (17) betätigt wird.

Arbeitsweise

Beim Bremsen mit der Betriebsbremsanlage wirkt hydraulischer Druck vom Hauptzylinder über den Anschluss (11) auf den Bremskolben (6), der den inneren Bremsbelag (5) direkt gegen die Bremsscheibe (4) drückt. Gleichzeitig wirkt eine Reaktionskraft auf den Gehäuseboden (1). Dadurch gleitet das Gehäuse (8) auf den Führungsbolzen (2) und zieht den äußeren Bremsbelag (3) gegen die Bremsscheibe. Die Anpresskraft der Bremsbeläge ist somit auf beiden Seiten der Bremsscheibe gleich. Beim Lösen der Bremse zieht der beim Bremsvorgang

verformte Kolbendichtring (18) den Kolben in die Ausgangsposition zurück, sodass sich die Bremsscheibe frei drehen kann.

Beim Betätigen der Feststellbremsanlage zieht ein Seilzug am Handbremshebel (17), sodass sich der Exzenter (15) dreht und über den Druckstößel (16) und die Druckstange (12) den Bremskolben mit dem inneren Bremsbelag direkt gegen die Bremsscheibe presst. Der äußere Bremsbelag wird durch die Reaktionskraft angepresst.

Neben der in Bild 8 dargestellten Möglichkeit zum Betätigen der Feststellbremse gibt es den BIR-Mechanismus (Ball in Ramp). Das Anpressen des inneren Bremsbelags geschieht hier nicht über ein Druckstößel, sondern durch Kugeln. Das Betätigen der Feststellbremse bewirkt in der Feststellbremseinrichtung eine Drehbewegung, die drei Kugeln, die jeweils in einer rampenförmigen Nut geführt werden, in Bewegung setzt. Mit den Rampen setzt die Mechanik der Feststellbremse die Drehbewegung in eine Längsbewegung um, wodurch der Bremskolben die Bremsbeläge gegen die Bremsscheibe drückt.

Bild 8

1 Gehäuseboden
2 Führungsbolzen (hinterer Führungsbolzen im Bild verdeckt)
3 äußerer Bremsbelag
4 Bremsscheibe
5 innerer Bremsbelag
6 Bremskolben
7 Schutzkappe
8 Gehäuse
9 Nachstellvorrichtung
10 Blechkapsel
11 Anschluss vom Hauptzylinder
12 Druckstange
13 Zwischenring
14 Gehäusedeckel
15 Exzenter
16 Druckstößel
17 Handbremshebel
18 Kolbendichtring
19 Druckfeder
20 Lüftspiel

Bremsbeläge und Bremsscheiben

Bremsvorgang

Beim Bremsvorgang werden die Bremsbeläge der Radbremsen an eine mit dem Rad umlaufende Fläche gepresst. Diese Reibpaarung erzeugt eine Reib- bzw. Bremskraft, die die Bewegungsenergie des Fahrzeugs in Wärme umwandelt. Die Bremskraft entsteht bei Scheibenbremsen durch Reibpaarung von Bremsbelägen und Bremsscheiben und bei Trommelbremsen durch Reibpaarung von Bremsbelägen und Bremstrommeln. Die Gleitreibungszahl zwischen Bremsbelag und Bremsscheibe bzw. Bremstrommel bestimmt unter anderem die benötigte, vom Bremspedal ausgeübte Fußkraft für eine bestimmte Abbremsung. Außerdem hat sie einen wesentlichen Einfluss auf die Bremsenabstimmung und die Fahrzeugstabilität beim Bremsen.

Trommelbremsbeläge sind auf die Bremsbacken genietet oder geklebt. Ein T-Profil gibt den Bremsbacken die erforderliche Steifigkeit. Zur einfacheren Montage werden Bremsbacken mit Radzylinder und Zubehör wahlweise als vormontierter Trommelbremssatz angeboten.

Scheibenbremsbeläge bestehen aus einer Reibschicht und einer Zwischenschicht, die durch eine Kleberschicht mit der Belagträgerplatte verbunden ist.

Radbremsen-Verwendung

Bei Personenkraftwagen werden an der Vorderachse nur noch Scheibenbremsen eingesetzt. Trommelbremsen finden bei kleinen bis mittleren Fahrzeugen an der Hinterachse Verwendung.

Zusammensetzung der Bremsbeläge

Bremsbeläge sind grundsätzlich aus vier Rohstoffgruppen aufgebaut, wobei sich die Anteile dieser Rohstoffgruppen je nach Einsatzbereich und geforderter Gleitreibungszahl (Haftreibungszahl bei Feststellbremsen) unterscheiden. So sind beispielsweise die Scheibenbremsbeläge eines Fahrzeugs der Oberklasse anders zusammengesetzt als die Trommelbremsbeläge eines Kleinwagens. Die Reibbelagrezepturen sind gut gehütete Geheimnisse der Belaghersteller (Tabelle 1: Beispiel mit Hauptbestandteilen).

1 Rezeptur eines Scheibenbremsbelags (Beispiel)		
Rohstoffgruppe	**Rohstoffe**	**Vol.-%**
Metalle	Stahlwolle Kupferpulver	14
Füllstoffe	Aluminiumoxid Glimmermehl Schwerspat Eisenoxid	23
Gleitmittel	Antimonsulfid Graphit Kokspulver	35
Organische Bestandteile	Aramidfaser Harzfüllstoffpulver Bindeharz	28

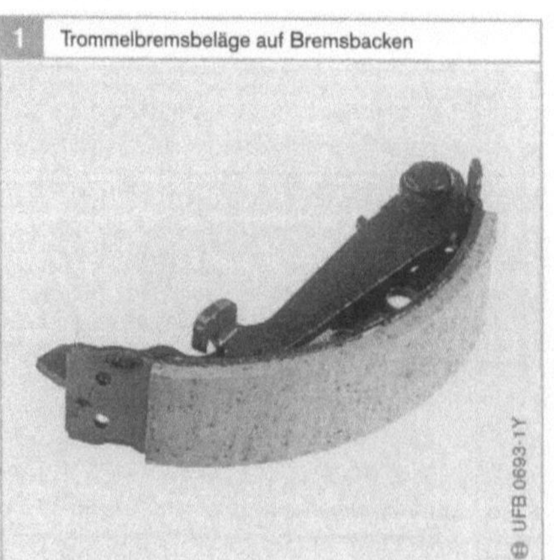

1 Trommelbremsbeläge auf Bremsbacken

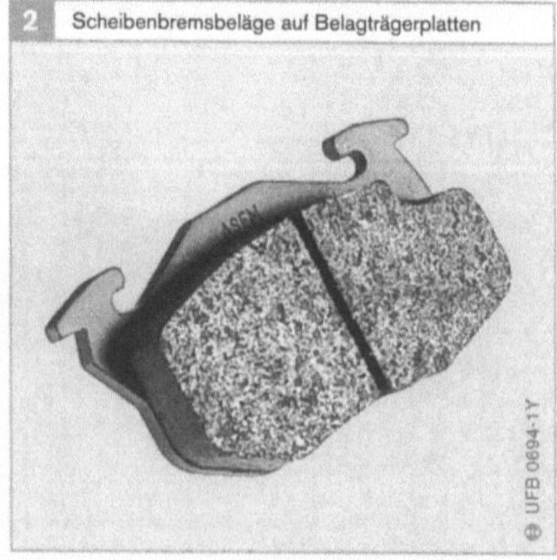

2 Scheibenbremsbeläge auf Belagträgerplatten

Wechselhäufigkeit der Bremsbeläge

In der Regel haben Trommelbremsbeläge eine Wechselhäufigkeit von 1:2 und Scheibenbremsbeläge von 1:5. Eine Bremstrommel hält also doppelt so lang wie die zugehörigen Trommelbremsbeläge (1 Belagwechsel) und eine Bremsscheibe fünfmal so lang wie die zu gehörigen Scheibenbremsbeläge (4 Belagwechsel). Dies führt beim Ersatzteilhandel zu wesentlich höheren Umsätzen mit Scheibenbremsbelägen als mit Trommelbremsbelägen.

Verschleißsensoren in den Scheibenbremsbelägen schließen bei einer Belagdicke von 3,5 mm durch Kontakt mit der Bremsscheibe einen Stromkreis, wodurch eine Kontrollleuchte aufleuchtet und den Fahrer auf den erforderlichen Belagwechsel aufmerksam macht.

Hinweis

Bremsbeläge oder Bremsscheiben bzw. Bremstrommeln mit einseitigem Verschleiß müssen je Achse paarweise ausgetauscht werden, um die gleiche Bremswirkung an beiden Rädern einer Achse sicherzustellen. Bei Austausch von Bremsbelägen oder Bremsscheiben bzw. Bremstrommeln dürfen nur die vom Fahrzeughersteller zugelassenen Teile verwendet werden.

Qualitäts-Anforderungen an Bremsbeläge

Die Qualitäts-Anforderungen an Bremsbeläge gliedern sich in die drei Bereiche Sicherheit, Komfort und Lebensdauer, die je nach Fahrzeugverwendung aufeinander abgestimmt sein müssen.

Sicherheit
- Reibwertstabilität,
- Abscherfestigkeit,
- Kompressibilität,
- Volumenstabilität,
- Wärmeleitfähigkeit,
- Entflammbarkeit,
- Korrosionsbeständigkeit und
- Einlaufverhalten.

Komfort
- Geräuschverhalten,
- Vibrationsdämpfung und
- Ansprechverhalten.

Lebensdauer
- Verschleißverhalten.

▶ Bewertungskriterien für Pkw-Scheibenbremsbeläge

Leistung

● *Geschwindigkeitsabhängiger Reibwert:*	Reibwertmessungen bei Abbremsung von 40 km/h → 5 km/h und 180 km/h → 150 km/h bei 40 bar, 100 °C; ausschlaggebendes Kriterium für die Gesamtbewertung.
● *Reibwertdifferenz:*	Reibwertmessungen bei Abbremsung von 40 km/h → 5 km/h und 180 km/h → 150 km/h bei 40 bar, 100 °C.
● *Autobahnbremsung:*	Reibwertmessungen bei Abbremsung von 180 km/h → 100 km/h.
● *Fading:*	Nachlassen der Bremswirkung bei hohen Temperatur durch Beeinträchtigung der Reibwerte infolge chemischer Reaktionen; Messung bei Abbremsung von $0{,}9\,v_{max} → 0{,}5\,v_{max}$.
● *Einlaufeigenschaften:*	Messung der Anzahl Bremsungen bis zur Stabilisierung des Reibwertes bei neuen Bremsbelägen.
● *Allgemeine Reibwerthöhe:*	Gemittelter Wert aus vergleichbaren Belägen von mehreren Herstellern.

Verschleiß

● *Bremsbelag:*	Verschleiß in Millimeter Belagstärke bei 150 °C, 300 °C und 400 °C.
● *Bremsscheibe:*	Verschleiß in Gramm.

Optik nach Versuchsdurchführung

● *Bremsbelag:*	subjektive Beurteilung.
● *Bremsscheibe:*	subjektive Beurteilung.

Physikalische Daten

● *Abscherwerte:*	Ausschlusskriterium; Messung der Minimal- und Maximalwerte in kN.
● *Kompressibilität:*	Komfort-Merkmal, Messung in µm.

Freigabe von Scheibenbremsbelägen

Ein Anforderungsprofil aus Fahrzeugdaten, Einsatzbedingungen und speziellen Kundenanforderungen führt zur Auswahl eines geeigneten Basismaterials. Im Prüfstandtest (AK-Master) wird der Bremsbelag auf Leistung, Komfort und Verschleiß geprüft. Ist der Prüfstandtest bestanden, dann folgt der Fahrzeugtest.

Dieser Fahrzeugtest umfasst eine Leistungsprüfung, eine Dauerlauferprobung auf Verschleiß, eine Extrembelastung mit Alpenfahrt und eine Komfortprüfung auf wahrnehmbare Vibrationen und Geräusche. Wenn alle Prüfungen erfolgreich verlaufen, wird der Bremsbelag freigegeben. Ist beim Fahrzeugtest nur die Geräuschentwicklung zu beanstanden, dann finden am unveränderten Bremsbelag Sekundärmaßnahmen wie Beschichtung mit Gummilack oder Befestigung von Dämpfungsblechen statt. Nach diesen Sekundärmaßnahmen durchläuft der Bremsbelag noch einmal den Prüfstandtest und den Fahrzeugtest.

Freigegebene Scheibenbremsbeläge sind auf der Belagoberfläche durch eine Benummerung gekennzeichnet (Bild 3).

Bremsgeräusche durch Scheibenbremsbeläge

Ungleichförmige Reibvorgänge zwischen Bremsbelag und Bremsscheibe erzeugen Schwingungen, deren Schallwellen je nach Frequenz vom Fahrer im Fahrzeuginnenraum wahrgenommen werden können. Dominante Einflussgrößen für Bremsgeräusche sind Bremsdruck, Bremsscheibentemperatur, Fahrzeuggeschwindigkeit und klimatische Bedingungen. Bei Bremsgeräuschen während der Bremsung unterscheidet man zwischen Geräuschen im Antritt, im Verlauf und im Auslauf. Tieffrequente Geräusche von 0 ... 500 Hz sind im Innenraum nicht wahrzunehmen. Geräusche von 500 ... 1500 Hz sind für den Fahrer noch nicht als Bremsgeräusche zu erkennen. Hochfrequente Geräusche von 1500 ... 15 000 Hz werden vom Fahrer als Bremsgeräusche erkannt.

Tabelle 2 enthält einen Fehlersuchplan für Bremsgeräusche mit Fehlerursachen und Abhilfemaßnahmen.

Tabelle 2

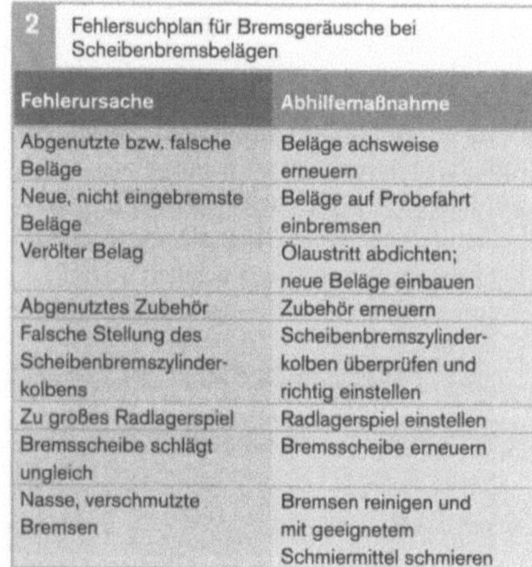

2 Fehlersuchplan für Bremsgeräusche bei Scheibenbremsbelägen

Fehlerursache	Abhilfemaßnahme
Abgenutzte bzw. falsche Beläge	Beläge achsweise erneuern
Neue, nicht eingebremste Beläge	Beläge auf Probefahrt einbremsen
Verölter Belag	Ölaustritt abdichten; neue Beläge einbauen
Abgenutztes Zubehör	Zubehör erneuern
Falsche Stellung des Scheibenbremszylinderkolbens	Scheibenbremszylinderkolben überprüfen und richtig einstellen
Zu großes Radlagerspiel	Radlagerspiel einstellen
Bremsscheibe schlägt ungleich	Bremsscheibe erneuern
Nasse, verschmutzte Bremsen	Bremsen reinigen und mit geeignetem Schmiermittel schmieren

Bild 3

1 Zehnstellige Bosch-Bestellnummer
2 Bosch-Lieferwerknummer
3 KBA (Kraftfahrt-Bundesamt) Nummer
4 Nummer des Belagherstellers
5 Bosch-Fertigungsdatum

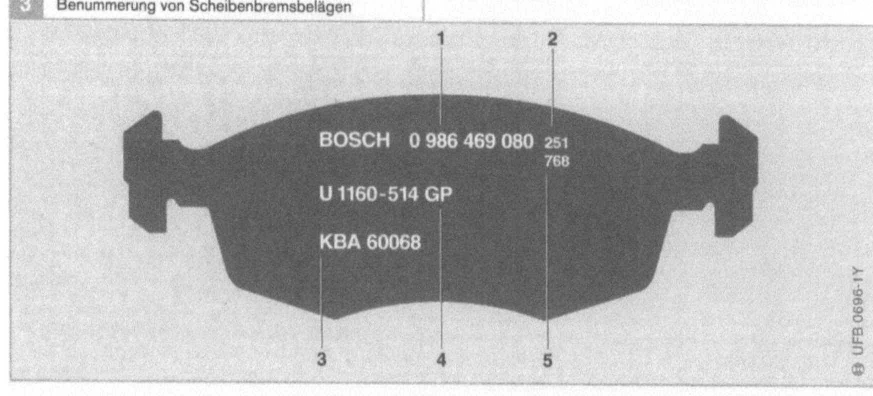

Bremsscheiben

Bremsscheiben sind wie Bremstrommeln an
den Radnaben befestigt und werden für die
meisten Einsatzzwecke aus Grauguss oder
Stahlguss in Topfform hergestellt. Verglichen
mit einer Bremstrommel sind bei einer
Bremsscheibe mit kleineren Bremsbelag-
flächen die Anpresskräfte größer. Dies führt
zu einer höheren Wärmeentwicklung und
einem schnelleren Verschleiß der Scheibenbremsbeläge gegenüber Trommelbremsbelägen. Eine Bremsscheibe wird weitgehend
vom Fahrtwind umströmt und dadurch gut
gekühlt.

Man unterscheidet zwischen massiven,
außenbelüfteten und innenbelüfteten Ausführungen (Bild 4). Belüftete Bremsscheiben
haben durch ihre größere Masse ein höheres
Wärmespeichervermögen und kühlen dank
der radial angeordneten, luftdurchströmten
Kühlkanäle, die wie ein Ventilator wirken,
schneller ab. Deshalb sind belüftete Bremsscheiben vorzugsweise an der Vorderachse
angeordnet.

Ausblick

Um das Fahrzeuggewicht besonders bei
Rennsport-Fahrzeugen zu verringern, wurden seit vielen Jahren Versuche mit Kohlenstofffasern als Material für Bremsscheiben
gemacht. Völlig aus Kohlenstofffasern herge-
stellte innenbelüftete Bremsscheiben wurden
bei Fahrzeugrennen erprobt.

Neueste Entwicklungen haben es möglich
gemacht, Verbundbremsscheiben aus Kera-
mikwerkstoffen herzustellen. Zusammen
mit neu entwickelten Scheibenbremsbelägen
sollen dann diese neuen Bremsscheiben
ebenso lange wie das Fahrzeug halten. Da
die Keramikbremsscheiben nur halb so
schwer wie die herkömmlichen Grauguss-
bremsscheiben sind, sinkt durch das verrin-
gerte Fahrzeuggewicht der Kraftstoffverbrauch. Gleichzeitig verbessert sich das Ansprechverhalten der Stoßdämpfer durch die
verringerten ungefederten Fahrzeugmassen.

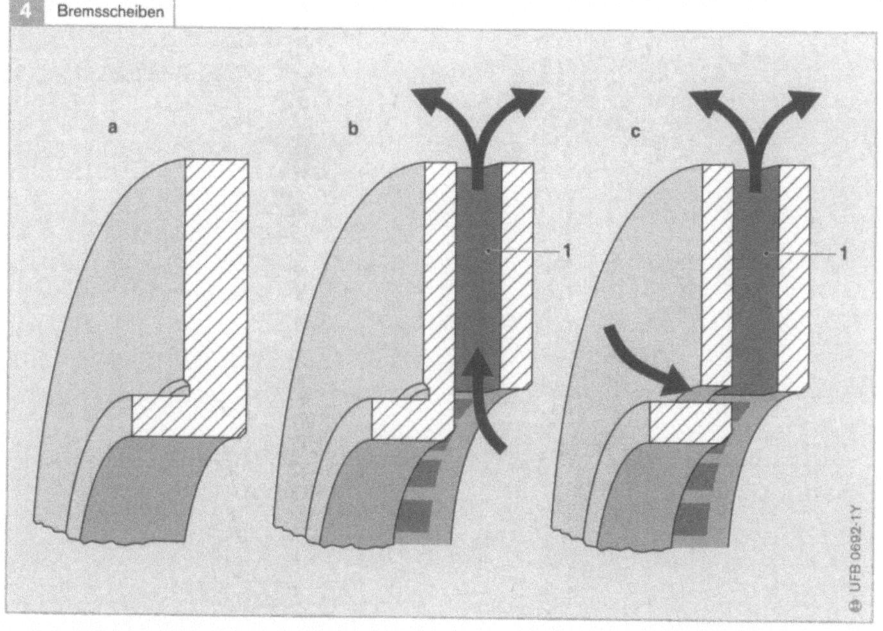

Bild 4
a   Massiv
b   innenbelüftet
c   außenbelüftet

1   Kühlkanal

Antiblockiersystem ABS

Bei kritischen Fahrverhältnissen kann es
während des Bremsvorgangs zum Blockieren der Räder kommen. Ursachen dafür
können z. B. nasse oder glatte Fahrbahnen
sowie eine schreckhafte Reaktion des Fahrers (unvorhergesehenes Hindernis) sein.
Das Fahrzeug kann dadurch lenkunfähig
werden, es kann ins Schleudern geraten
und/oder von der Fahrbahn abkommen.
Das Antiblockiersystem (ABS) erkennt
beim Bremsen frühzeitig die Blockierneigung eines oder mehrerer Räder und sorgt
dann sofort dafür, dass der Bremsdruck
konstant gehalten oder verringert wird. So
blockieren die Räder nicht und das Fahrzeug folgt der Lenkung. Damit lässt sich ein
Auto sicher und schnell abbremsen bzw.
zum Stillstand bringen.

Systemübersicht

Die ABS-Bremsanlage baut auf den Komponenten des konventionellen Bremssystems
auf. Das sind
- das Bremspedal (Bild 1, Pos. 1),
- der Bremskraftverstärker (2),
- der Hauptzylinder (3),
- der Ausgleichsbehälter (4),
- die Bremsleitungen (5) und Bremsschläuche (6) sowie
- die Radbremsen mit den Radzylindern (7).

Hinzu kommen weitere Komponenten:
- die Raddrehzahlsensoren (8),
- das Hydroaggregat (9) und
- das ABS-Steuergerät (10).

Die Kontrollleuchte (11) zeigt dem Fahrer
an, wenn das ABS-System abgeschaltet ist.

Bild 1
1 Bremspedal
2 Bremskraft-
   verstärker
3 Hauptzylinder
4 Ausgleichsbehälter
5 Bremsleitung
6 Bremsschlauch
7 Radbremse mit
   Radzylinder
8 Raddrehzahlsensor
9 Hydroaggregat
10 ABS-Steuergerät
    (hier als Anbau-
    steuergerät am
    Hydroaggregat)
11 ABS-Kontroll-
    leuchte

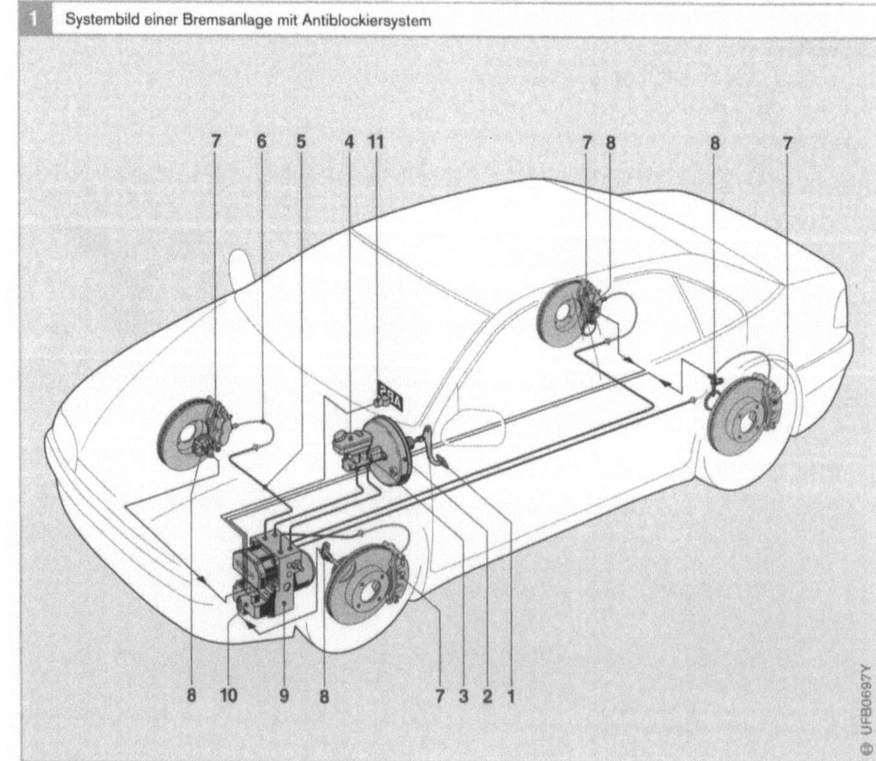

Raddrehzahlsensoren

Wichtige Eingangsgrößen für die Bremsen-regelung mit dem ABS sind die Raddrehzah-len. Raddrehzahlsensoren erfassen die Um-drehungsgeschwindigkeiten der Räder und leiten die elektrischen Signale an das Steuer-gerät weiter.

Je nach Ausführung des Systems werden im Pkw drei oder vier Raddrehzahlsensoren eingesetzt (ABS-Systemvarianten). Mithilfe der Drehzahlsignale kann der Schlupf zwischen Rad und Fahrbahn berechnet und so die Blockierneigung einzelner Räder er-kannt werden.

Steuergerät

Das Steuergerät verarbeitet die Informatio-nen der Sensoren nach festgelegten mathe-matischen Rechenvorgängen (Steuer- und Regelalgorithmen). Als Ergebnis dieser Be-rechnungen entstehen die Ansteuersignale für das Hydroaggregat.

Hydroaggregat

Im Hydroaggregat sind Magnetventile integriert, die die hydraulischen Leitungen zwischen dem Hauptzylinder (Bild 2, Pos. 1) und den Radzylindern (4) durchschalten oder unterbrechen können. Außerdem kann eine Verbindung zwischen den Radzylindern und der Rückförderpumpe (6) hergestellt werden. Zur Anwendung kommen Magnet-ventile mit zwei hydraulischen Anschlüssen und zwei Ventilstellungen (2/2-Magnet-ventile). Das Einlassventil (7) zwischen dem Haupt- und dem Radzylinder sorgt für den Druckaufbau, das Auslassventil (8) zwischen Radzylinder und der Rückförderpumpe für den Druckabbau. Für jeden Radzylinder ist solch ein Magnetventilpaar vorhanden.

Im Normalzustand befinden sich die Magnetventile des Hydroaggregats in Stel-lung „Druckaufbau". Das Einlassventil ist in Durchlassstellung. Das Hydroaggregat bildet eine durchgängige Verbindung zwischen dem Hauptzylinder und den Radzylindern. Damit wird der im Hauptzylinder aufge-baute Bremsdruck beim Bremsvorgang an die Radzylinder der verschiedenen Räder direkt übertragen.

Mit zunehmendem Bremsschlupf infolge einer Bremsung auf rutschiger Fahrbahn oder Vollbremsung erhöht sich die Blockier-gefahr der Räder. Die Magnetventile werden in Stellung „Druck halten" gebracht. Die Verbindung zwischen Haupt- und Radzylin-der ist getrennt (Einlassventil sperrt), sodass eine weitere Druckerhöhung im Hauptzylin-der keine Erhöhung des Bremsdrucks zur Folge hat.

Kommt es trotz dieser Maßnahme zu einer weiteren Erhöhung des Schlupfs, muss der Druck im betreffenden Radzylinder re-duziert werden. Hierzu schalten die Magnet-ventile in die Stellung „Druckabbau". Das Einlassventil sperrt weiterhin, über das Aus-lassventil wird nun mit der im Hydroaggre-gat integrierten Rückförderpumpe Brems-flüssigkeit kontrolliert abgepumpt. Der Bremsdruck im Radzylinder sinkt und das Rad blockiert nicht.

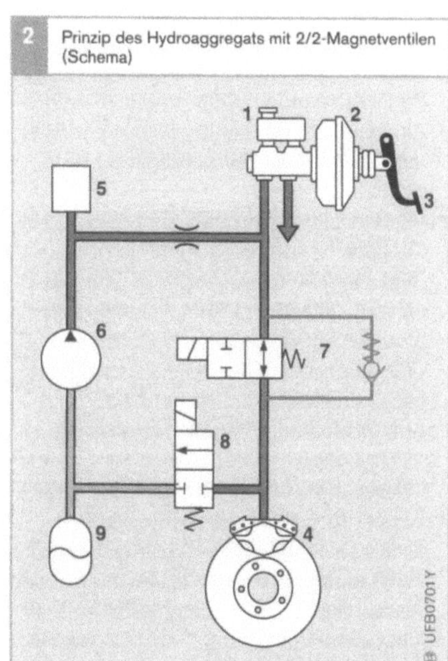

Bild 2
1　Hauptzylinder mit Ausgleichsbehälter
2　Bremskraft-verstärker
3　Bremspedal
4　Radbremse mit Radzylinder
Hydroaggregat mit
5　Dämpferkammer
6　Rückförderpumpe
7　Einlassventil
8　Auslassventil
9　Speicher für Bremsflüssigkeit

Einlassventil:
　　in Durchlassbetrieb
Auslassventil:
　　in Sperrbetrieb

Anforderungen an das ABS

Das ABS muss umfangreiche Anforderungen erfüllen, insbesondere alle Sicherheitsanforderungen der Bremsdynamik und der Bremsgerätetechnik:

Fahrstabilität und Lenkbarkeit

- Die Bremsregelung soll Stabilität und Lenkbarkeit bei allen Fahrbahnbeschaffenheiten (von der trockenen, griffigen Fahrbahn bis hin zum Glatteis) sicherstellen.
- Das ABS soll die Haftreibungszahl zwischen den Rädern und der Fahrbahn beim Bremsen maximal ausnutzen, wobei Fahrstabilität und Lenkbarkeit Vorrang vor einer Verkürzung des Bremswegs haben. Dabei darf es keine Rolle spielen, ob der Fahrer abrupt auf die Bremse tritt oder den Bremsdruck langsam bis zur Blockiergrenze steigert.
- Die Bremsregelung muss sich Änderungen der Fahrbahngriffigkeit schnell anpassen, z. B. muss auf einer trockenen Fahrbahn mit örtlich begrenzten Eisflächen das mögliche Blockieren der Räder auf so kurze Zeiten beschränkt sein, dass Fahrstabilität und Lenkbarkeit nicht beeinträchtigt werden. Andererseits muss die Ausnutzung der Haftung auf dem trockenen Teil der Fahrbahn möglichst groß sein.
- Beim Bremsen auf ungleicher Fahrbahnoberfläche (z. B. rechte Räder auf Eis, linke Räder auf trockenem Asphalt, auch „µ-split" genannt) sollen die dabei unvermeidlich auftretenden Giermomente (Drehmomente um die Fahrzeughochachse, die das Auto quer zur Fahrtrichtung zu drehen versuchen) so langsam ansteigen, dass sie der „Normalfahrer" durch Gegenlenken mühelos ausgleichen kann.
- In der Kurve muss das Fahrzeug beim Bremsen stabil und lenkbar bleiben und einen möglichst kurzen Bremsweg aufweisen, solange die Fahrzeuggeschwindigkeit ausreichend weit unter der Kurvengrenzgeschwindigkeit liegt (unter der Kurvengrenzgeschwindigkeit versteht man die Geschwindigkeit des Fahrzeugs, mit der es eine Kurve von gegebenem Radius antriebslos gerade noch durchfahren kann, ohne von der Fahrbahn abzukommen).
- Auch auf welliger Fahrbahn gilt bei beliebig starker Bremsung die Forderung nach Fahrstabilität, Lenkbarkeit und bestmöglicher Abbremsung.
- Die Bremsregelung muss Aquaplaning (Aufschwimmen der Räder bei wasserbedeckter Fahrbahn) erkennen und darauf geeignet reagieren. Stabilität und Geradeauslauf des Fahrzeugs müssen dabei erhalten bleiben.

Regelbereich

- Die Bremsregelung muss im gesamten Geschwindigkeitsbereich eines Fahrzeugs bis hinunter zur Schrittgeschwindigkeit arbeiten (untere Geschwindigkeitsgrenze bei ca. 2,5 km/h). Blockieren bei dieser geringen Geschwindigkeit die Räder, ist der restliche Weg des Fahrzeugs bis zum Stillstand unkritisch.

Zeitverhalten

- Die Anpassung an Bremshysterese (Nachbremsen nach Lösen der Radbremse) und Einflüsse des Motors (wenn eingekuppelt gebremst wird) müssen möglichst schnell ablaufen.
- Ein Aufschaukeln des Fahrzeugs durch Schwingungen der Radaufhängung muss vermieden werden.

Zuverlässigkeit

- Eine Überwachungsschaltung muss ständig die einwandfreie Funktion des ABS kontrollieren. Wenn diese einen Fehler erkennt, der das Bremsverhalten beeinträchtigen könnte, schaltet das ABS ab. Eine Informationslampe muss dem Fahrer anzeigen, dass nur noch die Basis-Bremsanlage ohne ABS zur Verfügung steht.

Dynamik des gebremsten Rades

Die Bilder 1 und 2 zeigen physikalische Abhängigkeiten bei Bremsvorgängen mit ABS, wobei die ABS-Regelbereiche als blaue Fläche eingezeichnet sind.

Die Kurven 1, 2 und 4 in Bild 1 zeigen Fahrbahnzustände, bei denen mit steigendem Bremsdruck die Haftreibung und damit auch die Bremswirkung bis auf einen Höchstwert ansteigt.

Den Bremsdruck bei einem Fahrzeug ohne ABS über diesen Haftreibungshöchstwert hinaus zu steigern bedeutet, das Fahrzeug zu überbremsen. Dabei vergrößert sich mit der Verformung des Reifens der „rutschende" Teil der Reifenaufstandsfläche („Kontaktfläche zur Fahrbahn") soweit, dass die Haftreibung sinkt und die Gleitreibung wächst.

Der Bremsschlupf λ ist ein Maß für den Anteil der Gleitreibung: bei $\lambda = 100\,\%$ blockiert das Rad und es herrscht nur Gleitreibung.

Der Bremsschlupf

$$\lambda = \frac{(v_\mathrm{F} - v_\mathrm{R})}{v_\mathrm{F}} \cdot 100\,\%$$

gibt an, in welchem Maße die Radumfangsgeschwindigkeit v_R gegenüber der Fahrzeuggeschwindigkeit v_F nacheilt.

Aus dem Verlauf (Bild 1) der Kurven 1 (Trockenheit), 2 (Nässe) und 4 (Glatteis) ist ersichtlich, dass mit dem ABS kürzere Bremswege erzielt werden als bei einer Vollbremsung mit blockierten Rädern (Bremsschlupf $\lambda = 100\,\%$). Bei Kurve 3 (Schnee) sorgt ein Schneekeil für zusätzliche Bremswirkung bei blockierten Rädern; hier liegt der Vorteil des ABS im Erhalten der Fahrstabilität und der Lenkbarkeit.

Wie die beiden Kurven für Haftreibungszahl μ_HF und Seitenkraftbeiwert μ_S in Bild 2 zeigen, muss für den großen Schräglaufwinkel $\alpha = 10°$ (d. h. hohe Seitenkraft infolge hoher Querbeschleunigung des Fahrzeugs) im Vergleich zum Schräglaufwinkel $\alpha = 2°$ der ABS-Regelbereich ausgedehnt werden:

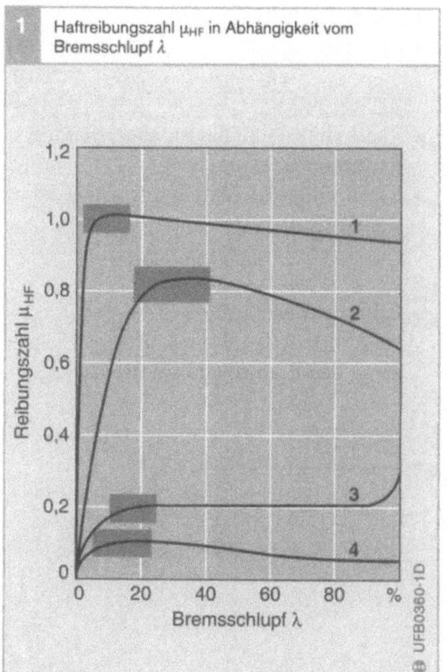

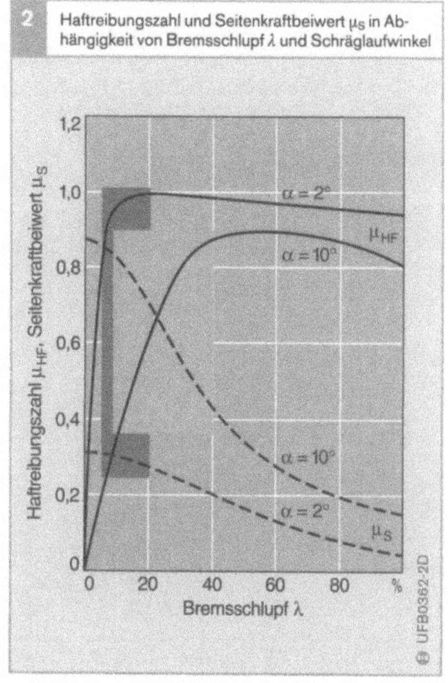

Bild 1

1 Radialreifen auf trockenem Beton
2 Diagonal-Winterreifen auf nassem Asphalt
3 Radialreifen auf lockerem Schnee
4 Radialreifen auf nassem Glatteis
Blaue Flächen: ABS-Regelbereiche.

Bild 2

μ_HF Haftreibungszahl
μ_S Seitenkraftbeiwert
α Schräglaufwinkel
Blaue Flächen: ABS-Regelbereiche

Bremst man in einer Kurve mit großer Querbeschleunigung voll an, so greift das ABS frühzeitig ein und lässt anfangs z. B. einen Bremsschlupf von 10 % zu. Bei $\alpha = 10°$ wird zunächst nur eine Haftreibungszahl von $\mu_{HF} = 0{,}35$ erreicht, während der Seitenkraftbeiwert mit $\mu_S = 0{,}80$ noch fast sein Maximum aufweist.

In dem Maße, wie während der Kurvenbremsung Geschwindigkeit und damit Querbeschleunigung abnehmen, erlaubt das ABS zunehmend größere Schlupfwerte, sodass die Verzögerung zunimmt, während der Seitenkraftbeiwert entsprechend der abnehmenden Querbeschleunigung geringer wird.

Bei der Kurvenbremsung wachsen die Bremskräfte so schnell an, dass der gesamte Bremsweg nur wenig länger ist als bei einer Bremsung bei Geradeausfahrt unter gleichen Bedingungen.

ABS-Regelkreis

Übersicht
Der ABS-Regelkreis (Bild 1) besteht aus:

Regelstrecke
- Fahrzeug mit Radbremse,
- Rad und Reibpaarung aus Reifen und Fahrbahn.

Störgrößen im Regelkreis
- Änderungen des Kraftschlusses zwischen Reifen und Fahrbahn wegen unterschiedlicher Fahrbahnoberflächen und durch Veränderung der Radlasten, z. B. bei Kurvenfahrt,
- Fahrbahnunebenheiten, die Rad- und Achsschwingungen hervorrufen,
- Unrundheit der Reifen, geringer Reifendruck, abgefahrenes Profil, unterschiedliche Radumfänge, z. B. beim Notrad,
- Hysterese und Fading der Bremsen,
- unterschiedliche Drücke im Hauptzylinder für die beiden Bremskreise.

Regler
- Raddrehzahlsensor und
- ABS-Steuergerät.

Regelgrößen
- Raddrehzahl und daraus abgeleitet die Radumfangsverzögerung,
- Radumfangsbeschleunigung sowie der Bremsschlupf.

Führungsgröße
- Fahrerfußkraft auf das Bremspedal, verstärkt durch den Bremskraftverstärker, er zeugt den Bremsdruck im Bremssystem.

Stellgröße
- Bremsdruck im Radzylinder.

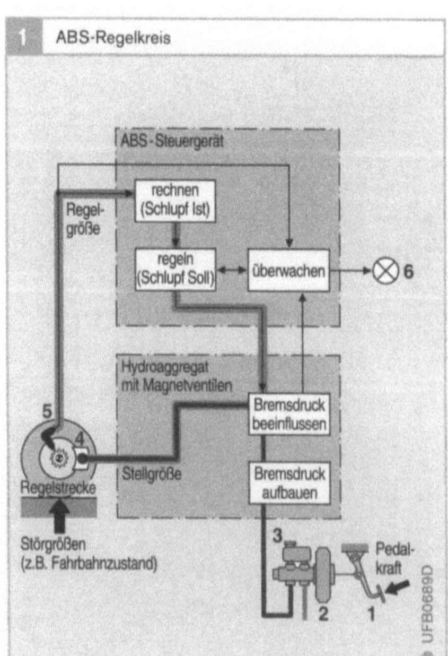

Bild 1
1   Bremspedal
2   Bremskraft-
    verstärker
3   Hauptzylinder mit
    Ausgleichsbehälter
4   Radzylinder
5   Raddrehzahlsensor
6   Kontrollleuchte

Regelstrecke

Die Datenverarbeitung im ABS-Steuergerät geht von folgender vereinfachter Regelstrecke aus:
- ein nicht angetriebenes Rad,
- ein Viertel der Fahrzeugmasse, die diesem Rad zugeordnet wird,
- die Radbremse und – stellvertretend für die Reibpaarung aus Reifen und Fahrbahn –
- eine idealisierte Haftreibungszahl-Schlupf-Kurve (Bild 2).

Diese Kurve unterteilt sich in einen stabilen Bereich mit linearem Anstieg und einen instabilen Bereich mit konstantem Verlauf (μ_{HFmax}). Als weitere Vereinfachung liegt außerdem ein Anbremsvorgang bei Geradeausfahrt zugrunde, was einer Panikbremsung entspricht.

Bild 3 zeigt die Zusammenhänge zwischen Bremsmoment M_B (Moment, das die Bremse über den Reifen aufbringen kann) bzw. Fahrbahn-Reibmoment M_R (Moment, das über die Reibpaarung Fahrbahn/Reifen auf das Rad zurückwirkt) und der Zeit t sowie die Zusammenhänge zwischen der Radumfangsverzögerung ($-a$) und der Zeit t: Das Bremsmoment erhöht sich linear mit der Zeit. Das Fahrbahn-Reibmoment folgt dem Bremsmoment mit einem geringen Zeitverzug T nach, solange der Bremsvorgang im stabilen Bereich der Haftreibungszahl-Schlupf-Kurve verläuft. Nach etwa 130 ms ist das Maximum (μ_{HFmax}) und damit der instabile Bereich der Haftreibungszahl-Schlupf-Kurve erreicht. Während das Bremsmoment M_B unvermindert weiter ansteigt, kann gemäß der Haftreibungszahl-Schlupf-Kurve das Fahrbahn-Reibmoment M_R nicht weiter ansteigen, sondern bleibt konstant. In der Zeit zwischen 130 und 240 ms (hier blockiert das Rad) wächst die im stabilen Bereich kleine Momentendifferenz $M_B - M_R$ schnell auf große Werte an. Diese Momentendifferenz ist ein exaktes Maß für die Radumfangsverzögerung ($-a$) des gebremsten Rades (Bild 3, unten). Im stabilen Bereich ist die Radumfangsverzögerung auf einen kleinen Wert begrenzt, während sie im instabilen Bereich betragsmäßig schnell ansteigt. Daraus ergibt sich ein gegensätzliches Verhalten im stabilen und im instabilen Bereich der Haftreibungszahl-Schlupf-Kurve. ABS nutzt diese gegensätzliche Charakteristik aus.

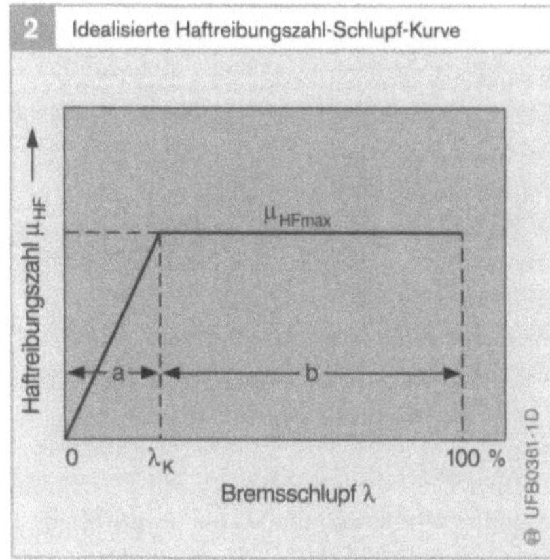

Bild 2
a   Stabiler Bereich
b   instabiler Bereich
λ_K bestmöglicher Bremsschlupf
μ_{HFmax} maximale Haftreibungszahl

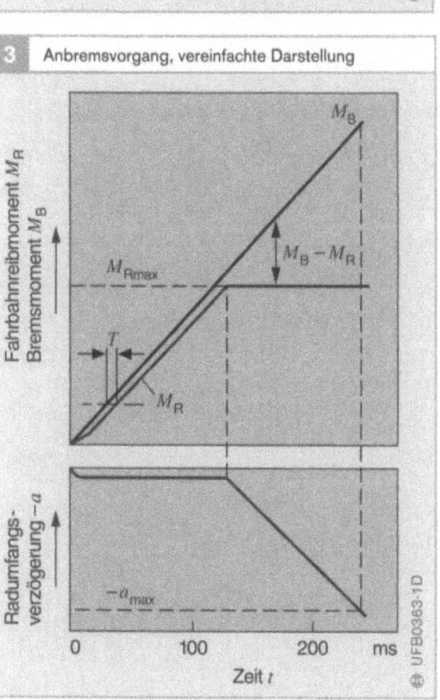

Bild 3
($-a$)   Radumfangsverzögerung
($-a_{max}$)   maximale Radumfangsverzögerung
M_B Bremsmoment
M_R Fahrbahnreibmoment
M_{Rmax} maximales Fahrbahnreibmoment
T Zeitverzug

Regelgrößen

Wesentlich für die Güte der ABS-Regelung ist die Wahl der geeigneten Regelgrößen. Grundlage dafür sind die Signale der Raddrehzahlsensoren, aus denen im Steuergerät Radumfangsverzögerung und -beschleunigung, Bremsschlupf, Referenzgeschwindigkeit und Fahrzeugverzögerung berechnet werden. Für sich allein sind weder Radumfangsverzögerung/-beschleunigung noch Bremsschlupf als Regelgrößen geeignet, da sich ein angetriebenes Rad beim Bremsen gänzlich anders verhält als ein nicht angetriebenes Rad. Durch eine geeignete logische Verknüpfung dieser Größen lassen sich bereits gute Ergebnisse erzielen.

Da sich der Bremsschlupf nicht direkt messen lässt, wird eine ihm ähnliche Größe im Steuergerät berechnet. Als Basis dazu dient die Referenzgeschwindigkeit, die der Geschwindigkeit unter bestmöglichen Abbremsbedingungen (optimalem Bremsschlupf) entspricht. Um diese zu ermitteln, melden die Raddrehzahlsensoren dem Steuergerät ständig Signale zur Berechnung der Radgeschwindigkeiten. Das Steuergerät greift sich eine „Diagonale" (z. B. rechtes Vorderrad und linkes Hinterrad) heraus und bildet daraus die Referenzgeschwindigkeit. Bei Teilbremsungen bestimmt im Allgemeinen das schneller laufende der beiden Räder einer Diagonalen die Referenzgeschwindigkeit. Setzt bei einer Vollbremsung die ABS-Regelung ein, dann weichen die Radgeschwindigkeiten von der Fahrzeuggeschwindigkeit ab und können deshalb nicht mehr ohne Korrektur zur Berechnung der Referenzgeschwindigkeit dienen. Während der Regelphase bildet das Steuergerät die Referenzgeschwindigkeit ausgehend von der Geschwindigkeit bei Regelbeginn und lässt sie rampenförmig abnehmen. Die Steigung der Rampe wird durch die Auswertung logischer Signale und Verknüpfungen gewonnen.

Wird zusätzlich zu der Radumfangsbeschleunigung bzw. -verzögerung und dem Bremsschlupf noch die Fahrzeugverzögerung als Hilfsgröße herangezogen und wird die logische Schaltung im Steuergerät durch Rechenergebnisse beeinflusst, dann lässt sich eine ideale Bremsregelung erzielen. Dieses Konzept ist im Antiblockiersystem (ABS) von Bosch verwirklicht.

Regelgrößen für nicht angetriebene Räder
Radumfangsbeschleunigung und -verzögerung eignen sich im Allgemeinen als Regelgrößen für nicht angetriebene Räder und Antriebsräder, wenn der Fahrer ausgekuppelt bremst. Dies ist in dem gegensätzlichen Verhalten der Regelstrecke im stabilen und im instabilen Bereich der Haftreibungszahl-Schlupf-Kurve begründet.

Im stabilen Bereich kann die Radumfangsverzögerung nur begrenzte Werte annehmen. D. h., wenn der Fahrer stärker auf das Bremspedal tritt, bremst das Auto stärker ab, ohne dass die Räder blockieren.

Im instabilen Bereich dagegen genügt es, dass der Fahrer nur wenig fester auf das Bremspedal tritt, um die Räder augenblicklich blockieren zu lassen. Dieses Verhalten gestattet es sehr oft, mithilfe der Radumfangsverzögerung und -beschleunigung den Schlupf zur optimalen Bremsung zu erfassen.

Eine feste Schwelle der Radumfangsverzögerung zur Einleitung einer ABS-Regelung darf nur wenig über der maximal möglichen Fahrzeugverzögerung liegen. Dies ist besonders wichtig, wenn der Fahrer anfänglich nur leicht anbremst, dann aber zunehmend fester auf das Bremspedal tritt. Bei zu hoch angesetzter Schwelle könnten dann die Räder weit in den instabilen Bereich der Haftreibungszahl-Schlupf-Kurve gelangen, ohne dass das ABS die drohende Instabilität erkennt.

Wird während einer Vollbremsung zum ersten Mal die feste Schwelle der Radumfangsverzögerung erreicht, dann darf der Bremsdruck im betreffenden Rad nicht automatisch gesenkt werden, denn bei Reifen moderner Bauart ginge auf griffigem Untergrund gerade bei hoher Ausgangsgeschwindigkeit wertvoller Bremsweg verloren.

Regelgrößen für angetriebene Räder
Ist während des Bremsens der erste oder
zweite Gang eingelegt, dann wirkt der Motor
auf die Antriebsräder und erhöht deren
wirksame Massenträgheitsmomente Θ_R be-
trächtlich. D. h., die Räder verhalten sich so,
als seien sie erheblich schwerer. In gleichem
Maße verringert sich die Empfindlichkeit
der Radumfangsverzögerung auf Änderungen des Bremsmoments im instabilen Bereich der Haftreibungszahl-Schlupf-Kurve.

Das bei den nicht angetriebenen Rädern
ausgeprägte gegensätzliche Verhalten zwischen stabilem und instabilem Bereich der
Haftreibungszahl-Schlupf-Kurve wird stark
geglättet, weil die Radumfangsverzögerung
als Regelgröße hier oft nicht ausreicht, um
den Bremsschlupf mit größtmöglicher Reibung zu erfassen. Es ist vielmehr notwendig,
zusätzlich eine dem Bremsschlupf ähnliche
Größe als Regelgröße heranzuziehen und
mit der Radumfangsverzögerung in geeigneter Weise zu kombinieren.

Bild 4 zeigt zum Vergleich einen Anbremsvorgang für ein nicht angetriebenes Rad und
für ein mit dem Motor gekoppeltes Antriebsrad. Die Motorträgheit vergrößert bei
diesem Beispiel das wirksame Radträgheits-
moment um das Vierfache. Beim nicht
angetriebenen Rad wird eine bestimmte
Schwelle der Radumfangsverzögerung $(-a)_1$
schon frühzeitig beim Verlassen des stabilen
Bereichs der Haftreibungszahl-Schlupfkurve
überschritten. Wegen des um den Faktor 4
größeren Radträgheitsmoments beim angetriebenen Rad muss sich erst die vierfache
Momentdifferenz

$$\Delta M_2 = 4 \cdot \Delta M_1$$

einstellen, bevor die Schwelle $(-a)_2$ überschritten wird. Das angetriebene Rad kann
sich dann schon weit im instabilen Bereich
der Haftreibungszahl-Schlupf-Kurve befinden, worunter die Fahrzeugstabilität leidet.

Regelgüte

Leistungsfähige Antiblockiersysteme müssen
folgende Kriterien zur Regelgüte erfüllen:
- Erhaltung der Fahrstabilität durch Bereitstellung ausreichender Seitenführungskräfte an den Hinterrädern,
- Erhaltung der Lenkbarkeit durch Bereitstellung ausreichender Seitenführungskräfte an den Vorderrädern,
- Bremswegverkürzungen gegenüber
  Blockierbremsungen durch optimale
  Ausnutzung des Kraftschlusses zwischen
  Reifen und Fahrbahn,
- schnelle Anpassung des Bremsdrucks an
  unterschiedliche Haftreibungszahlen, z. B.
  beim Überfahren von Pfützen oder
  Schnee- und Eisplatten,
- Gewährleistung kleiner Regelamplituden
  des Bremsmoments zur Vermeidung von
  Fahrwerkschwingungen und
- hoher Komfort durch kleine Pedalrück-
  wirkungen („Pedalstottern") und niederes
  Geräuschniveau der Aktoren (Magnetventile und Rückförderpumpe des Hydroaggregats).

Die genannten Kriterien können aber nicht
einzeln, sondern nur in der Gesamtheit optimiert werden. Dabei kommt der Fahrstabilität und der Lenkbarkeit ein hoher Stellenwert zu.

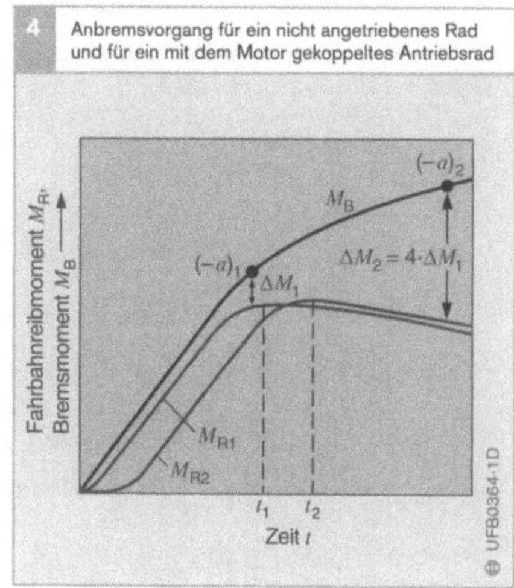

Bild 4
Index 1: nicht
angetriebenes Rad
Index 2: angetriebenes
Rad (Radträgheits-
moment bei diesem
Beispiel um
Faktor 4 höher)
$(-a)$ Schwelle der
Radumfangsver-
zögerung
M Momentdifferenz
$M_B - M_R$

Typische Regelzyklen

Bremsregelung auf griffiger Straße (große Haftreibungszahl)

Wenn die Bremsregelung auf griffiger Straße (Straßenoberfläche mit großer Haftreibungszahl) eingeleitet ist, dann muss der anschließende Druckaufbau um den Faktor 5…10 langsamer erfolgen als in der Anbremsphase, um störende Achsresonanzen zu vermeiden. Aus diesen Bedingungen ergibt sich der in Bild 1 dargestellte Verlauf der Bremsregelung bei großen Haftreibungszahlen.

Beim Anbremsen steigen der Bremsdruck im Radzylinder und die Radumfangsverzögerung (negative Beschleunigung). Am Ende der Phase 1 überschreitet die Radumfangs-

verzögerung die fest vorgegebene Schwelle ($-a$). Dadurch schaltet das betreffende Magnetventil in die Stellung „Druckhalten". Der Bremsdruck darf jetzt noch nicht abgebaut werden, weil die Schwelle ($-a$) schon im stabilen Gebiet der Haftreibungszahl-Schlupf-Kurve überschritten werden könnte und damit Bremsweg „verschenkt" würde. Gleichzeitig vermindert sich die Referenzgeschwindigkeit v_{Ref} nach einer vorgegebenen Rampe. Aus der Referenzgeschwindigkeit wird der Wert für die Schlupfschaltschwelle λ_1 abgeleitet.

Am Ende der Phase 2 unterschreitet die Radumfangsgeschwindigkeit v_R die λ_1-Schwelle. Daraufhin schalten die Magnetventile in die Stellung „Druckabbau", sodass

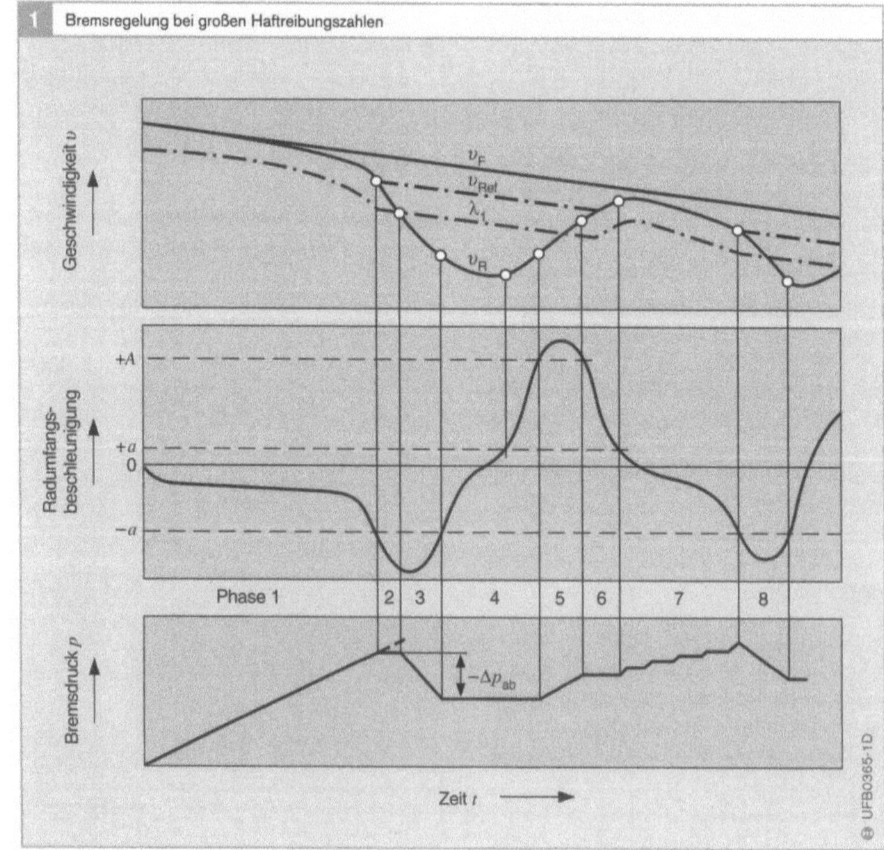

Bild 1
v_F Fahrzeug-geschwindigkeit
v_{Ref} Referenz-geschwindigkeit
v_R Radumfangs-geschwindigkeit
λ_1 Schlupfschalt-schwelle
Schaltsignale:
$+A$, $+a$ Schwellen der Radumfangs-beschleunigung
$-a$ Schwelle der Radumfangs-verzögerung
$-\Delta p_{ab}$ Bremsdruck-abnahme

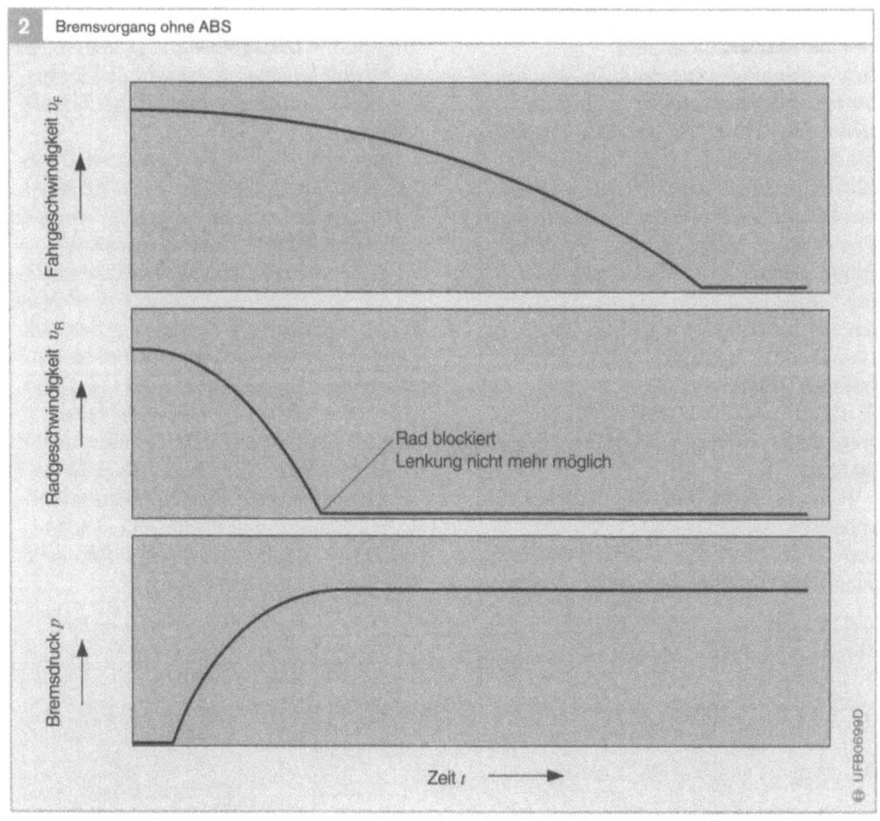

der Bremsdruck sinkt, und zwar so lange, wie die Radumfangsverzögerung die Schwelle $(-a)$ überschritten hat.

Am Ende der Phase 3 wird die Schwelle $(-a)$ wieder unterschritten, und eine Druckhaltephase bestimmter Dauer schließt sich an. Innerhalb dieser Zeit hat die Radumfangsbeschleunigung so stark zugenommen, dass die Schwelle $(+a)$ überschritten wird. Der Druck bleibt weiterhin konstant.

Am Ende der Phase 4 überschreitet die Radumfangsbeschleunigung die verhältnismäßig große Schwelle $(+A)$. Der Bremsdruck steigt daraufhin so lange an, wie die Schwelle $(+A)$ überschritten bleibt.

In der Phase 6 wird der Bremsdruck wiederum konstant gehalten, weil die Schwelle $(+a)$ überschritten ist. Am Ende dieser Phase unterschreitet die Radumfangsbeschleunigung die Schwelle $(+a)$. Dies ist ein Hinweis darauf, dass das Rad in den stabilen Bereich der Haftreibungszahl-Schlupf-Kurve eingelaufen und etwas unterbremst ist.

Der Bremsdruck wird nun in Stufen aufgebaut (Phase 7), und zwar so lange, bis die Radumfangsverzögerung die Schwelle $(-a)$ unterschreitet (Ende der Phase 7). Diesmal wird der Bremsdruck sofort abgebaut, ohne dass ein λ_1-Signal erzeugt wird.

Im Vergleich zum ABS-Bremsvorgang zeigt Bild 2 die Verhältnisse bei einer Vollbremsung ohne ABS.

Bremsregelung auf glatter Straße (kleine Haftreibungszahl)

Im Gegensatz zu einer griffigen Fahrbahnoberfläche genügt auf glatter Straße oft schon ein leichter Tritt auf das Bremspedal, um die Räder blockieren zu lassen. Die Räder benötigen dann weit mehr Zeit, um aus einer Phase hohen Schlupfes wieder zu beschleunigen. Die Regellogik im Steuergerät erkennt die jeweils herrschenden Straßenbedingungen und passt die Charakteristik des ABS daran an. Bild 3 zeigt eine typische Bremsregelung für kleine Haftreibungszahlen.

In den Phasen 1...3 verläuft die Bremsregelung so wie bei großen Haftreibungszahlen.

Phase 4 beginnt mit einer Druckhaltephase von kurzer Dauer. Dann wird während einer sehr kurzen Zeit ein Vergleich der Radgeschwindigkeit mit der Schlupfschaltwelle λ_1 durchgeführt. Da die Radumfangsgeschwindigkeit kleiner ist als der Wert der Schlupfschaltschwelle, wird der Bremsdruck während einer kurzen, festen Zeit abgebaut.

Es schließt sich eine weitere kurze Druckhaltephase an. Dann wird erneut ein Vergleich zwischen Radumfangsgeschwindigkeit und Schlupfschaltschwelle λ_1 vorgenommen, der zum Druckabbau während einer kurzen, festen Zeitdauer führt. In der folgenden Druckhaltephase beschleunigt das Rad wieder, und seine Radumfangsbeschleunigung überschreitet die Schwelle ($+a$). Dies führt zum weiteren Druckhalten, bis die Schwelle ($+a$) wieder unterschritten wird (Ende der Phase 5). In Phase 6 folgt der schon vom vorhergehenden Abschnitt bekannte stufenförmige Aufbau des Drucks, bis in Phase 7 durch Druckabbau ein neuer Regelzyklus eingeleitet wird.

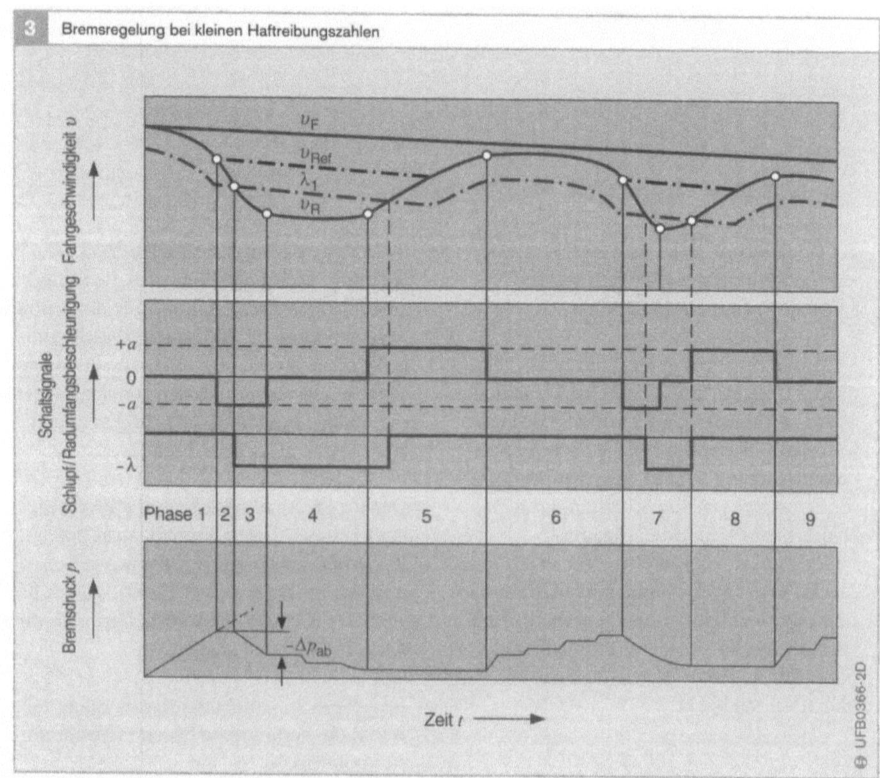

Im vorher beschriebenen Zyklus hat die Reglerlogik erkannt, dass nach dem Druckabbau – ausgelöst durch das Signal $(-a)$ – noch zwei weitere Druckabbaustufen notwendig waren, um das Rad wieder zu beschleunigen. Das Rad läuft verhältnismäßig lange im Bereich größeren Schlupfes, was für Fahrstabilität und Lenkbarkeit nicht günstig ist.

Um beide zu verbessern, wird in diesem und auch in den folgenden Regelzyklen der Vergleich zwischen der Radumfangsgeschwindigkeit und der Schlupfschaltschwelle λ_1 kontinuierlich durchgeführt. Dies hat zur Folge, dass in Phase 6 der Bremsdruck stetig abgebaut wird, bis in Phase 7 die Radumfangsbeschleunigung die Schwelle $(+a)$ überschreitet. Wegen des stetigen Druckabbaus läuft das Rad nur kurzzeitig mit größerem Schlupf, sodass Fahrstabilität und Lenkbarkeit gegenüber dem ersten Regelzyklus erhöht sind.

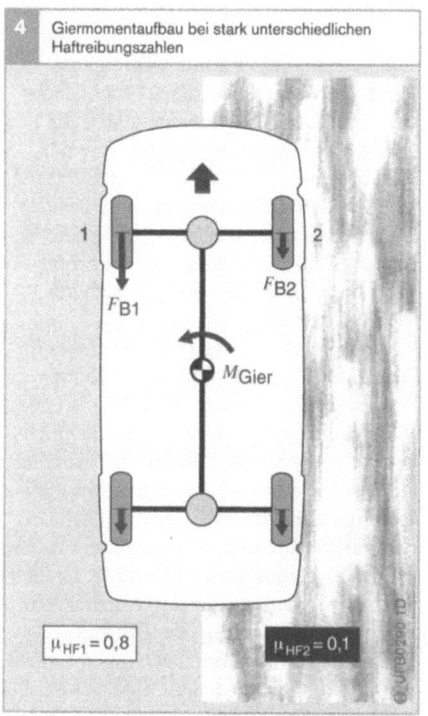

Bremsregelung mit Giermomentaufbauverzögerung

Beim Anbremsen auf ungleichen Fahrbahnoberflächen („μ-split"-Bedingungen) – z. B. die linken Räder auf trockenem Asphalt, die rechten Räder auf Eis – entstehen an den Vorderrädern sehr unterschiedliche Bremskräfte (Bild 4). Diese unterschiedlichen Bremskräfte bewirken ein Drehmoment um die Fahrzeughochachse (Giermoment). Weiterhin führen sie auch zu Lenkradrückwirkungen, abhängig vom Lenkrollhalbmesser. Bei positiven Werten des Lenkrollhalbmessers wird das Gegenlenken erschwert, während bei negativen Werten dies zu stabilisierendem Verhalten führt.

Schwere Pkw weisen einen relativ großen Radstand und ein großes Fahrzeug-Trägheitsmoment um die Hochachse auf. Bei diesen Fahrzeugen erfolgt das Gieren so langsam, dass der Fahrer die Gierbewegung beim Bremsen mit ABS durch Gegenlenken hinreichend schnell ausgleichen kann. Kleinere Pkw mit geringem Radstand und geringem Fahrzeug-Trägheitsmoment benötigen jedoch neben dem ABS eine zusätzliche Giermomentaufbauverzögerung (GMA), um auch diese Fahrzeuge bei Panikbremsungen auf ungleichen Fahrbahnoberflächen gut beherrschbar zu machen. Eine Verzögerung des Giermomentaufbaus kann dadurch erreicht werden, dass an dem Vorderrad, das auf der Fahrbahnseite mit der größeren Haftreibungszahl läuft („High"-Rad), ein zeitlich verzögerter Druckaufbau im Radzylinder vorgenommen wird.

Bild 5 (nächste Seite) verdeutlicht das Prinzip der Giermomentaufbauverzögerung: Kurve 1 zeigt den Bremsdruck p im Hauptzylinder. Ist keine Giermomentaufbauverzögerung vorhanden, dann weist nach kurzer Zeit das Rad auf Asphalt den Druck p_{high} (Kurve 2), das Rad auf Eis den Druck p_{low} (Kurve 5) auf; jedes Rad bremst mit der jeweils möglichen maximalen Verzögerung (Individualregelung).

Bild 4
M_{Gier} Giermoment
F_B Bremskraft
1 „High"-Rad
2 „Low"-Rad

System GMA 1

Bei Fahrzeugen mit weniger kritischem Fahrverhalten setzt man das System GMA 1 ein. Hierbei wird in der Anbremsphase der Bremsdruck am „High"-Rad in Stufen aufgebaut (Kurve 3), sobald das „Low"-Rad infolge einer Blockiertendenz seinen ersten Druckabbau erfährt. Wenn der Bremsdruck des „High"-Rads sein Blockierniveau erreicht hat, wird er nicht mehr von den Signalen des „Low"-Rades beeinflusst, sondern individuell geregelt, sodass an diesem Rad die maximal mögliche Bremskraft genutzt wird. Diese Maßnahme sichert für die erwähnte Fahrzeugart ein zufrieden stellendes Lenkverhalten bei Panikbremsungen auf ungleichen Fahrbahnoberflächen. Da sich der maximale Bremsdruck am „High"-Rad in relativ kurzer Zeit (750 ms) einstellt, ist die Bremswegverlängerung, verglichen mit Fahrzeugen ohne Giermomentaufbauverzögerung, gering.

System GMA 2

Das System GMA 2 wird bei Fahrzeugen mit besonders kritischem Fahrverhalten eingesetzt. Sobald hier der Bremsdruck am „Low"-Rad abgebaut wird, erfolgt das Ansteuern der ABS-Magnetventile am „High"-Rad mit einer bestimmten Druckhalte- und -abbauzeit (Bild 5, Kurve 4). Der erneute Druckaufbau am „Low"-Rad löst dann einen stufenförmigen Druckaufbau am „High"-Rad aus, wobei die Druckaufbauzeiten um einen bestimmten Faktor länger sind als beim „Low"-Rad. Diese Druckzumessung erfolgt nicht nur im ersten Regelzyklus, sondern während der gesamten Bremsung.

Die Auswirkung des Giermoments auf das Lenkverhalten ist umso kritischer, je größer die Fahrzeuggeschwindigkeit beim Anbremsen ist. Bei der GMA 2 wird die Fahrzeuggeschwindigkeit in vier Bereiche eingeteilt. In diesen sind Giermomentaufbauverzögerungen unterschiedlicher Stärke wirksam. In den Bereichen mit großer Geschwindigkeit werden die Druckaufbauzeiten am „High"-Rad zunehmend verkürzt, während die Druckaufbauzeiten am „Low"-Rad zunehmend verlängert werden, um gerade bei hohen Fahrzeuggeschwindigkeiten einen verlangsamten Aufbau des Giermoments zu erreichen. Bild 5 unten zeigt zusätzlich den für einen Geradeauslauf erforderlichen Verlauf der Lenkwinkel beim Anbremsen sowohl ohne GMA (Kurve 6) als auch mit GMA (Kurve 7).

Ein weiterer wichtiger Gesichtspunkt für die Anwendung der GMA ist das Kurvenbremsverhalten. Bremst der Fahrer bei hoher Geschwindigkeit in der Kurve an, dann bewirkt die GMA eine dynamische Belastung der Vorderachse und eine dynamische Entlastung der Hinterachse. Dadurch nehmen die Seitenkräfte an den Vorderrädern zu und an den Hinterrädern ab. Dies führt zu einem nach der Innenseite der Kurve gerichteten Drehmoment, wodurch das Fahrzeug die Bahnkurve schleudernd nach innen verlässt und durch Gegenlenken nur sehr schwer beherrschbar ist (Bild 6a).

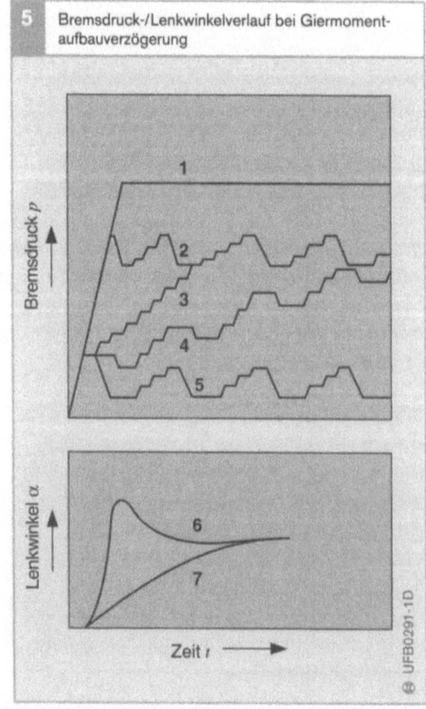

Bild 5

1 Druck p_{Hz} im Hauptzylinder
2 Bremsdruck p_{high} ohne GMA
3 Bremsdruck p_{high} mit GMA 1
4 Bremsdruck p_{high} mit GMA 2
5 Bremsdruck p_{low}
6 Lenkwinkel α ohne GMA
7 Lenkwinkel α mit GMA

Um diesen kritischen Bremszustand zu vermeiden, enthält die GMA zusätzlich eine
Berücksichtigung der Querbeschleunigung,
die die GMA bei zunehmend starker Querbeschleunigung unwirksam werden lässt.
Dadurch baut sich während des Anbremsens
in der Kurve am äußeren Vorderrad eine
große Bremskraft auf, die ein nach der
Außenseite der Kurve gerichtetes Drehmoment bewirkt. Dieses Drehmoment
gleicht das nach innen gerichtete Drehmoment der Seitenkräfte aus, sodass das
Fahrzeug leicht untersteuert und damit gut
beherrschbar bleibt (Bild 6b).

Die ideale Giermomentaufbauverzögerung
ist ein Kompromiss zwischen gutem Lenkverhalten und angemessen kurzem Bremsweg; sie wird in Zusammenarbeit zwischen
Bosch und den Fahrzeugherstellern für den
jeweiligen Fahrzeugtyp ermittelt.

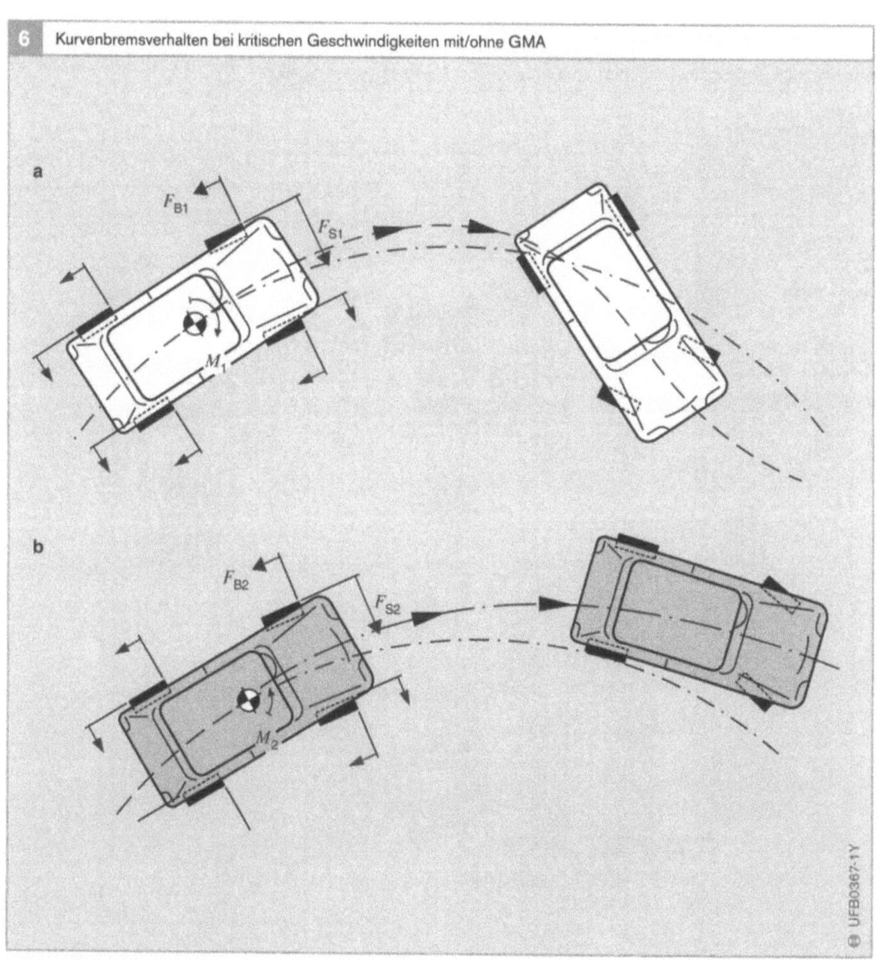

6   Kurvenbremsverhalten bei kritischen Geschwindigkeiten mit/ohne GMA

Bild 6

a   GMA eingeschaltet
(keine Individual-
regelung): Fahr-
zeug übersteuert

b   GMA ausgeschal-
tet (Individual-
regelung): Fahr-
zeug leicht unter-
steuert

F_B Bremskraft

F_S Seitenkraft

M Drehmoment

Bremsregelung für Allradantrieb

Die wichtigsten Kriterien für die Beurteilung der verschiedenen Allradantriebe (Bild 7) sind Traktion, Fahrdynamik und Bremsverhalten. Sobald die Differenzialsperren eingelegt sind, entstehen für die ABS-Bremsregelung Bedingungen, die bestimmte Zusatzmaßnahmen beim ABS erfordern.

Bei gesperrtem Hinterachsdifferenzial sind die Hinterräder stets gekoppelt, d. h. sie laufen mit derselben Drehzahl und verhalten sich bezüglich der beiden Bremsmomente (an den beiden Rädern) und der beiden Fahrbahnreibmomente (zwischen den beiden Rädern und der entsprechenden Fahrbahnoberfläche) wie ein starrer Körper. Die sonst vorgegebene Betriebsart „Select-low"

an der Hinterachse (das Rad mit der kleineren Haftreibungszahl μ_{HF} bestimmt den gemeinsamen Bremsdruck beider Hinterräder) ist damit aufgehoben, und beide Hinterräder nutzen die Bremskräfte voll aus. Sobald die Längssperre eingeschaltet ist, erzwingt das System eine Übereinstimmung der gemittelten Drehzahl von beiden Vorder- und beiden Hinterrädern. Alle Räder sind dann dynamisch miteinander gekoppelt, und das Motorschleppmoment (Motorbremswirkung beim Gaswegnehmen) und die Motorträgheit wirken auf alle Räder ein.

Um die optimale ABS-Funktion auch bei diesen Bedingungen zu sichern, sind je nach Allradsystem (Bild 7) zusätzliche Vorkehrungen zu treffen:

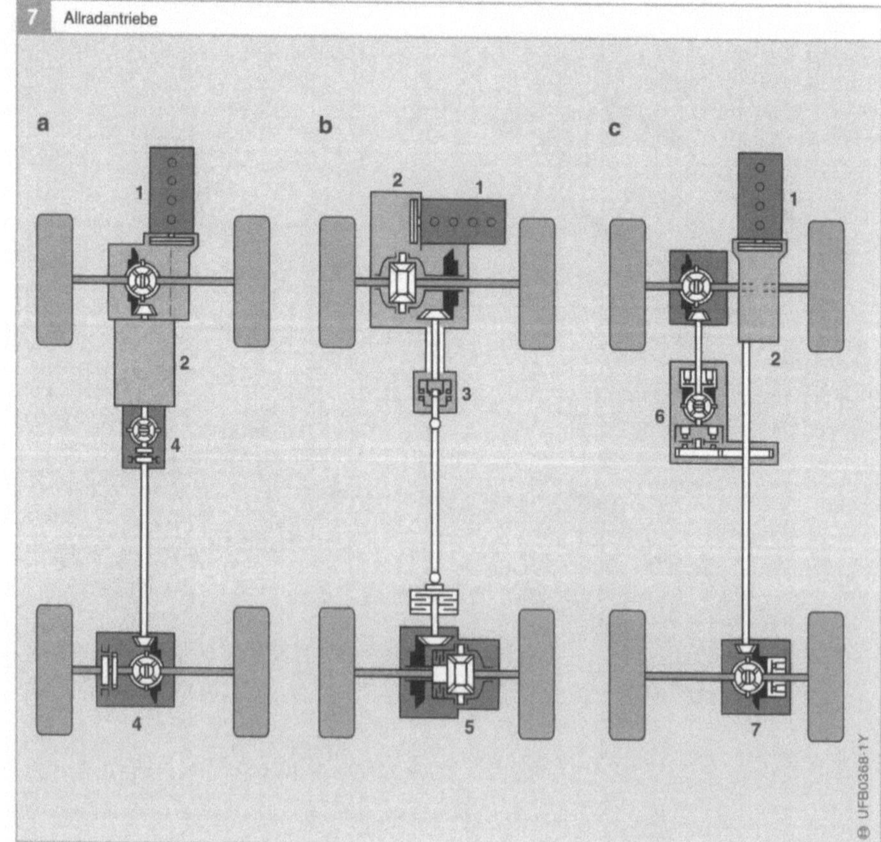

Bild 7

a Allradsystem 1
b Allradsystem 2
c Allradsystem 3

1 Motor
2 Getriebe
3 Freilauf und Visco-
   Kupplung

Ausgleichsgetriebe mit:
4 manuell schaltbarer
   Sperre oder Viskose-
   Sperre
5 prozentualer Sperre
6 automatischer
   Kupplung und auto-
   matischer Sperre
7 automatischer
   Sperre

Allradsystem 1

Beim Allradsystem 1 mit manuell schaltbaren Sperren oder permanent wirkenden Sperren (Viskose-Sperren) im Längsstrang und der Hinterachse sind die Hinterräder starr gekoppelt und die mittlere Drehzahl der Vorderräder ist dieselbe wie die der Hinterräder. Wie bereits erwähnt, bewirkt die Hinterachssperre, dass die „Select-low"-Betriebsart an den Hinterrädern nicht mehr wirksam ist, sondern dass an jedem Hinterrad die maximale Bremskraft ausgenutzt wird. Beim Bremsen auf ungleichen Fahrbahnoberflächen hat diese Bremskraftdifferenz an den Hinterrädern ein Giermoment zur Folge, das die Fahrstabilität in kritischer Weise beeinträchtigt. Wenn die maximale Bremskraftdifferenz auch an den Vorderrädern schnell aufgebaut würde, wäre es nicht möglich, das Fahrzeug stabil auf Kurs zu halten.

Dieser Vierradantrieb erfordert eine GMA an den Vorderrädern, um Fahrstabilität und Lenkbarkeit bei stark unterschiedlichen Fahrbahnverhältnissen an den rechten und linken Rädern zu sichern. Um die ABS-Funktionen auf glatter Fahrbahn aufrecht zu erhalten, muss das Motorschleppmoment, das bei Allradantrieb ja auf alle Räder wirkt, verringert werden. Dies geschieht durch eine Motorschleppmomentregelung, die gerade so viel Gas gibt, dass die zu starke Motorbremswirkung aufgehoben wird.

Auch die durch die wirksame Motorträgheit reduzierte Empfindlichkeit der Räder bei Änderungen der Fahrbahn-Reibmomente auf glatter Fahrbahn muss durch eine Verfeinerung der Bremsregelung ausgeglichen werden, um das Blockieren der Räder zu verhindern. Die dynamische Kopplung aller Räder mit der trägen Motormasse erfordert deshalb zusätzliche Differenzierungen bei der Signalaufbereitung und Logik des elektronischen Steuergeräts. Eine Berechnung der Fahrzeuglängsverzögerung macht es möglich, glatte Fahrbahnen mit μ_{HF} kleiner als 0,3 zu erkennen.

Bei der Auswertung einer Bremsung auf solchen Fahrbahnen wird die Ansprechschwelle $(-a)$ der Radumfangsverzögerung halbiert und der kleiner werdende Anstieg der Referenzgeschwindigkeit auf bestimmte, verhältnismäßig kleine Werte beschränkt. Dadurch lässt sich die Blockierneigung der Räder frühzeitig und „feinfühlig" erfassen.

Bei allradangetriebenen Fahrzeugen kommt es beim „kräftigen Gasgeben" auf glatter Fahrbahn vor, dass alle Räder durchdrehen. In dieser Situation wird durch spezielle Maßnahmen in der Signalaufbereitung sichergestellt, dass die Referenzgeschwindigkeit nur entsprechend der maximal möglichen Fahrzeugbeschleunigung den durchdrehenden Rädern folgen kann. Bei einem sich anschließenden Bremsvorgang wird der erste ABS-Druckabbau durch ein Signal $(-a)$ und eine bestimmte kleine Radgeschwindigkeitsdifferenz ausgelöst.

Allradsystem 2

Wegen der Möglichkeit des Durchdrehens aller Räder beim Allradsystem 2 (Visco-Kupplung mit Freilauf im Längsstrang, prozentuale Hinterachssperre) müssen die gleichen speziellen Maßnahmen für die Signalaufbereitung getroffen werden.

Weitere Maßnahmen zur Sicherung der ABS-Funktion sind nicht erforderlich, denn ein Freilauf entkoppelt die Räder beim Bremsen. Sie lässt sich jedoch durch die Motorschleppmomentregelung zusätzlich noch verbessern.

Allradsystem 3

Auch beim Allradsystem 3 (automatisch zuschaltbare Sperren) sind für den Fall des Durchdrehens aller Räder die oben genannten Maßnahmen für die Signalaufbereitung erforderlich. Hinzu kommt ein automatisches Lösen der Differenzialsperren bei jedem Bremsbeginn. Weitere Maßnahmen zur Sicherung der ABS-Funktion sind nicht erforderlich.

Raddrehzahlsensoren

Anwendung

Raddrehzahlsensoren dienen dazu, die Drehgeschwindigkeit von Fahrzeugrädern zu ermitteln (Raddrehzahl). Die Drehzahlsignale werden mittels Kabel an das ABS-, ASR- oder ESP-Steuergerät des Fahrzeugs weitergeleitet, das die Bremskraft je Rad individuell regelt. Diese Regelschleife verhindert ein Blockieren (bei ABS) oder Durchdrehen der Räder (bei ASR bzw. ESP) und sichert die Stabilität und Lenkbarkeit des Fahrzeugs.

Navigationssysteme benötigen ebenfalls die Raddrehzahlsignale, um daraus die gefahrene Wegstrecke zu errechnen (z. B. in Tunnels oder wenn keine Satellitensignale zur Verfügung stehen).

Aufbau und Arbeitsweise

Die Signale für den Raddrehzahlsensor werden mittels eines fest mit der Radnabe verbundenen Stahl-Impulsgebers (für passive Sensoren) oder Multipol-Magnetimpulsgebers (für aktive Sensoren) erzeugt. Dieser Impulsgeber weist die gleiche Umdrehungsgeschwindigkeit wie das Rad auf und bewegt sich berührungslos am sensitiven Bereich des Sensorkopfes vorbei. Der Sensor „liest" somit ohne direkten Kontakt über einen Luftspalt von bis zu 2 mm (Bild 2).

Der Luftspalt (mit engen Toleranzen) dient dazu, eine störungsfreie Signalerfassung zu gewährleisten. Mögliche Störungen wie z. B. Schwingungen im Bereich der Radbremse, Vibrationen, Temperatur, Feuchte, Einbauverhältnisse am Rad usw. werden dadurch eliminiert.

Seit 1998 werden statt den passiven (induktiven) Raddrehzahlsensoren bei Neuentwicklungen fast nur noch aktive Raddrehzahlsensoren eingesetzt.

Passiver (induktiver) Drehzahlsensor

Ein passiver (induktiver) Drehzahlsensor besteht aus einem Permanentmagneten (Bild 2, Pos. 1) und einem damit verbundenen weichmagnetischen Polstift (3), der in einer Spule (2) mit mehreren tausend Drahtwindungen steckt. Auf diese Weise wird ein konstantes Magnetfeld erzeugt.

Der Polstift befindet sich direkt über dem Impulsrad (4), einem fest mit der Radnabe verbundenen Zahnrad. Beim Drehen des Impulsrades wird das vorhandene, konstante Magnetfeld durch die ständig wechselnde Folge von Zahn und Lücke „gestört". Dadurch ändert sich der magnetische Fluss durch den Polstift und somit auch der magnetische Fluss durch die Spulenwicklung. Der Wechsel des Magnetfelds induziert in der Wicklung eine Wechselspannung, die an den Wicklungsenden abgegriffen wird.

Sowohl die Frequenz als auch die Amplitude der Wechselspannung sind proportional zur Raddrehzahl (Bild 3). Bei einem stillstehenden Rad ist somit die induzierte Spannung gleich null.

Zahnform, Luftspalt, Steilheit des Spannungsanstiegs und Eingangsempfindlichkeit des Steuergeräts bestimmen die kleinste noch messbare Fahrzeuggeschwindigkeit

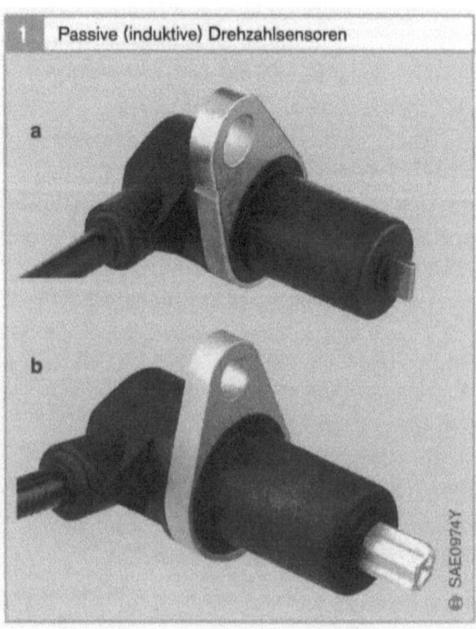

1 Passive (induktive) Drehzahlsensoren

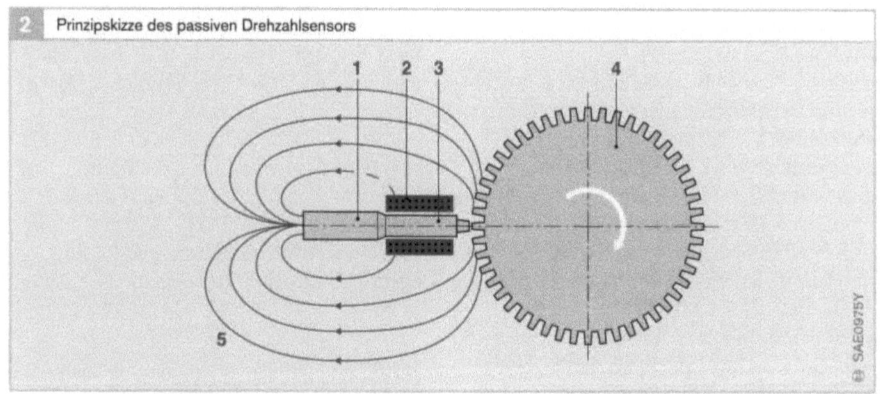

2 Prinzipskizze des passiven Drehzahlsensors

Bild 2

1   Permanentmagnet
2   Magnetspule
3   Polstift
4   Impulsrad aus Stahl
5   magnetische
    Feldlinien

und damit für die ABS-Anwendung minimal erreichbare Ansprechempfindlichkeit und Schaltgeschwindigkeit.

Da die Einbauverhältnisse am Rad nicht überall gleich sind, gibt es verschiedene Polstiftformen und unterschiedliche Einbauarten. Am weitesten verbreitet ist der Meißel-Polstift (Bild 1a, auch Flachpol genannt) und Rauten-Polstift (Bild 1b, auch Kreuzpol genannt). Beide Polstiftarten müssen beim Einbau genau zum Impulsrad ausgerichtet werden.

Aktiver Drehzahlsensor
Sensorelemente
In heutigen, modernen Bremssystemen werden fast ausschließlich nur noch aktive Drehzahlsensoren eingesetzt (Bild 4). Diese bestehen üblicherweise aus einem hermetisch mit Kunststoff vergossenen Silizium-IC, der im Sensorkopf sitzt.

Neben magnetoresistiven ICs (Änderung des elektrischen Widerstands bei Magnetfeldänderung) werden mittlerweile bei Bosch in der Mehrzahl nur noch Hall-Sensorelemente verwendet, die schon auf kleinste Änderungen des magnetischen Feldes reagieren und deshalb größere Luftspalte gegenüber den passiven Drehzahlsensoren zulassen.

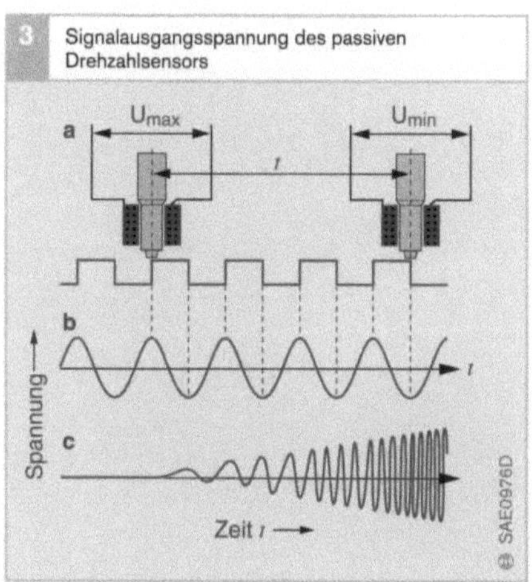

3 Signalausgangsspannung des passiven Drehzahlsensors

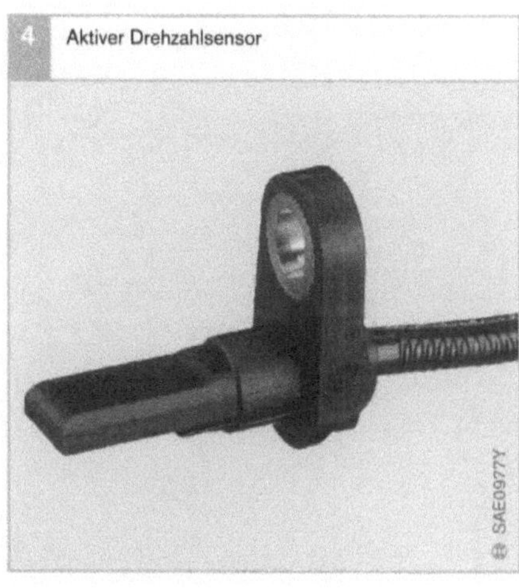

4 Aktiver Drehzahlsensor

Bild 3

a   Passiver Drehzahlsensor mit Impulsrad
b   Sensorsignal bei konstanter Raddrehzahl
c   Sensorsignal bei steigender Raddrehzahl

Impulsräder

Als Impulsrad des aktiven Drehzahlsensors dient ein Multipolring. Es handelt sich hierbei um wechselweise magnetisierte Kunststoffelemente, die ringförmig auf einem nichtmagnetischen metallischen Träger angeordnet sind (Bild 6 und Bild 7a). Diese Nord- und Südpole übernehmen die Funktion der Zähne des Impulsrads. Der IC des Sensors ist dem ständig wechselnden Magnetfeld dieser Magnete ausgesetzt (Bild 6 und Bild 7a). Deshalb ändert sich der magnetische Fluss durch den IC beim Drehen des Multipolrings ständig.

Alternativ zum Multipolring ist auch ein Stahl-Impulsrad möglich. In diesem Fall wird auf den Hall-IC ein Magnet aufgebracht, der ein konstantes Magnetfeld erzeugt (Bild 7b). Beim Drehen des Impulsrads wird das vorhandene, konstante Magnetfeld durch die ständig wechselnde Folge von Zahn und Lücke „gestört“. Messprinzip, Signalverarbeitung und IC sind ansonsten identisch wie beim Sensor ohne Magnet.

Merkmale

Typisch für den aktiven Drehzahlsensor ist die Integration von Hall-Messelement, Signalverstärker und Signalaufbereitung in einem IC (Bild 8). Die Drehzahlinformation wird als eingeprägter Strom in Form von Rechteckimpulsen übertragen (Bild 9). Die Frequenz der Stromimpulse ist proportional zur Raddrehzahl und eine Detektion ist fast bis zum Radstillstand (0,1 km/h) möglich.

Die Versorgungsspannung liegt zwischen 4,5 und 20 Volt. Der Rechteck-Ausgangssignalpegel liegt bei 7 mA (low) und 14 mA (high).

5 Explosionsskizze mit Multipol-Impulsgeber

Bild 5
1 Radnabe
2 Kugellager
3 Multipolring
4 Raddrehzahlsensor

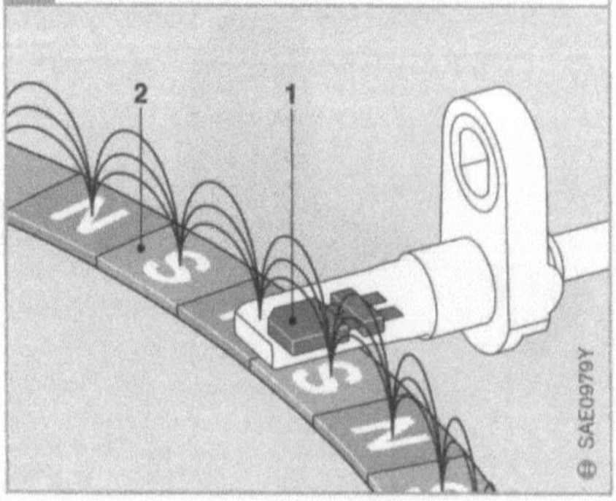

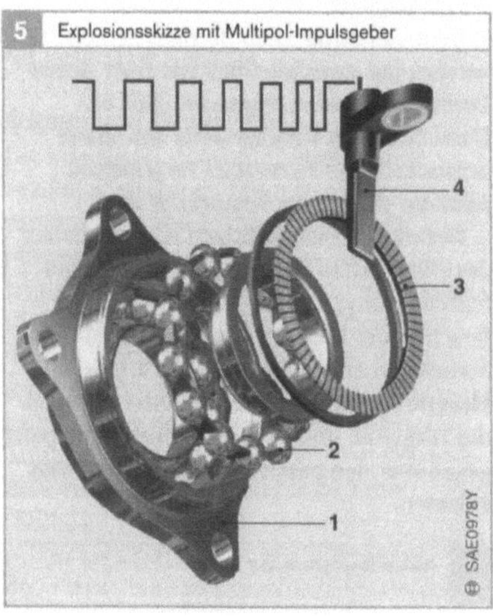

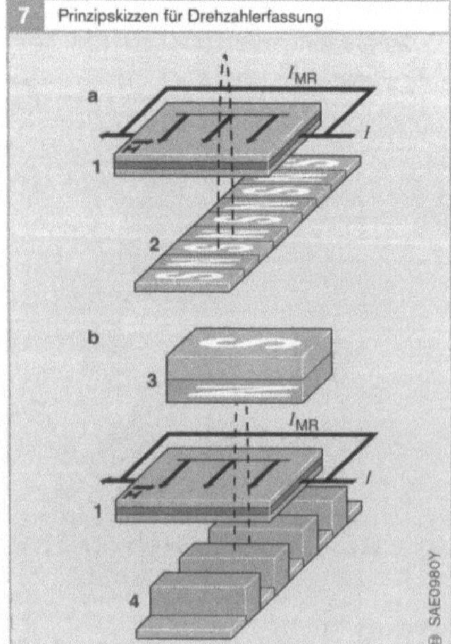

6 Schnittbild durch den aktiven Drehzahlsensor

Bild 6
1 Sensorelement
2 Multipolring mit abwechselnder Nord- und Südmagnetisierung

7 Prinzipskizzen für Drehzahlerfassung

Bild 7
a Hall-IC mit Multipol-Impulsgeber
b Hall-IC mit Stahl-Impulsrad und Magnet im Sensor

1 Sensorelement
2 Multipolring
3 Magnet
4 Stahl-Impulsrad

Bei dieser Übertragungsform mit den digitalen Signalen sind z. B. induktive Störspannungen unwirksam im Vergleich zum passiven, induktiven Sensor. Ein zweiadriges Kabel stellt die Verbindung zum Steuergerät her.

Das kleine Bauvolumen und das geringe Gewicht erlauben es, den aktiven Drehzahlsensor am oder im Radlager eines Fahrzeugs einzubauen (Bild 10). Hierzu sind verschiedene Standard-Sensorkopfformen geeignet.

Die digitale Signalaufbereitung ermöglicht es, codierte Zusatzinformationen mittels eines pulsweitenmodulierten Ausgangssignals zu übertragen (Bild 11):

- Drehrichtungserkennung der Räder:
  Dies wird insbesondere für die Funktion „Hill Hold Control" benötigt, die ein Zurückrollen des Fahrzeugs während des Anfahrens am Berg durch gezieltes Abbremsen verhindert. Die Drehrichtungserkennung wird auch für die Fahrzeugnavigation herangezogen.
- Stillstandserkennung:
  Auch diese Information kann bei der Funktion „Hill Hold Control" ausgewertet werden. Eine weitere Verwertung der Information liegt in der Eigendiagnose.
- Signalqualität des Sensors:
  Im Signal kann eine Informationen zur Signalqualität des Sensors übermittelt werden. Dadurch kann der Fahrer im Fehlerfall aufgefordert werden, rechtzeitig den Kundendienst aufzusuchen.

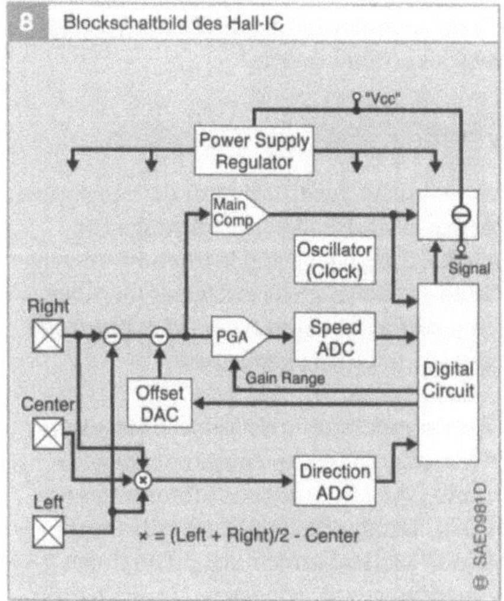

8   Blockschaltbild des Hall-IC

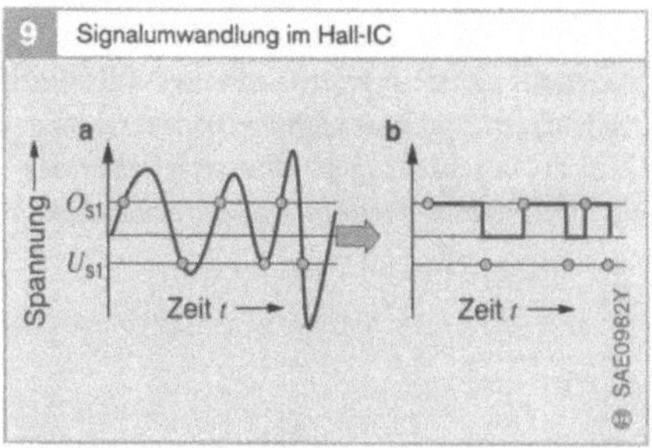

9   Signalumwandlung im Hall-IC

10   Radlager mit Drehzahlsensor

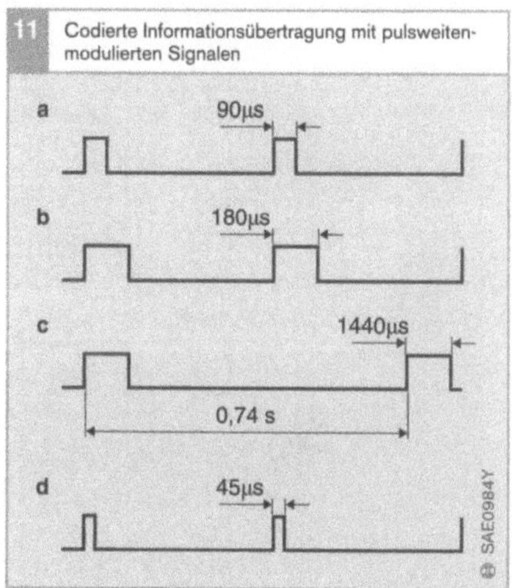

11   Codierte Informationsübertragung mit pulsweitenmodulierten Signalen

Bild 9
a   Rohsignal
b   Ausgangssignal

O_{S1} Obere Schaltschwelle
U_{S1} Untere Schaltschwelle

Bild 10
1   Drehzahlsensor

Bild 11
a   Geschwindigkeitssignal bei Rückwärtsfahrt
b   Geschwindigkeitssignal bei Vorwärtsfahrt
c   Signal bei Fahrzeugstillstand
d   Signalqualität des Sensors, Eigendiagnose

Antriebsschlupfregelung ASR

Kritische Fahrsituationen können nicht nur beim Bremsen, sondern allgemein in allen Fällen auftreten, in denen große Längskräfte an der Kontaktfläche zwischen Reifen und Untergrund abgesetzt werden sollen. Der Grund dafür ist, dass hierdurch die absetzbaren Seitenkräfte reduziert werden. Dies trifft also auch auf das Anfahren und Beschleunigen, insbesondere auf glatter Fahrbahn, am Berg und bei Kurvenfahrt zu. Solche Situationen können den Autofahrer überfordern und zu Fehlreaktionen sowie instabilem Fahrzeugverhalten führen. Diese Probleme löst die Antriebsschlupfregelung (ASR), sofern die physikalischen Grenzen nicht überschritten werden.

Aufgaben

Während das Antiblockiersystem (ABS) das Blockieren der Räder im Bremsfall durch Absenken der Radbremsdrücke verhindert, verhindert ASR im Antriebsfall das Durchdrehen der Räder durch Reduktion des wirksamen Antriebsmoments an jedem einzelnen Antriebsrad. ASR stellt damit eine konsequente Erweiterung des ABS für den Antriebsfall dar.

Neben dieser sicherheitsrelevanten Aufgabe, beim Beschleunigen Stabilität und Lenkfähigkeit des Fahrzeugs zu gewährleisten, sorgt die ASR außerdem für eine Verbesserung des Traktionsverhaltens durch Einregeln des „optimalen" Schlupfes (vgl. μ-Schlupf-Kurve in Kapitel „Grundlagen der Fahrphysik"). Naturgemäß stellt die Traktionsanforderung des Fahrers hierfür eine obere Grenze dar.

Funktionsbeschreibung

Soweit nicht ausdrücklich anders angegeben, gelten alle folgenden Ausführungen zunächst für ein einachsgetriebenes Fahrzeug (Bild 1). Dabei spielt es keine Rolle, ob es sich hierbei um ein vorder- oder hinterradgetriebenes Fahrzeug handelt.

Antriebsschlupf und seine Entstehung
Wenn der Fahrer im eingekuppelten Zustand Gas gibt, steigt das Motordrehmoment. Damit erhöht sich auch das antreibende Kardanmoment M_{Kar}. Durch das Querdifferenzial wird dieses im Verhältnis 50:50 auf die beiden angetriebenen Räder verteilt (Bild 1). Kann sich dieses erhöhte Moment auf dem Fahrbahnbelag vollständig „abstützen", so lässt sich das Fahrzeug ungehindert beschleunigen. Übersteigt aber das Antriebsdrehmoment $M_{Kar}/2$ an einem An-

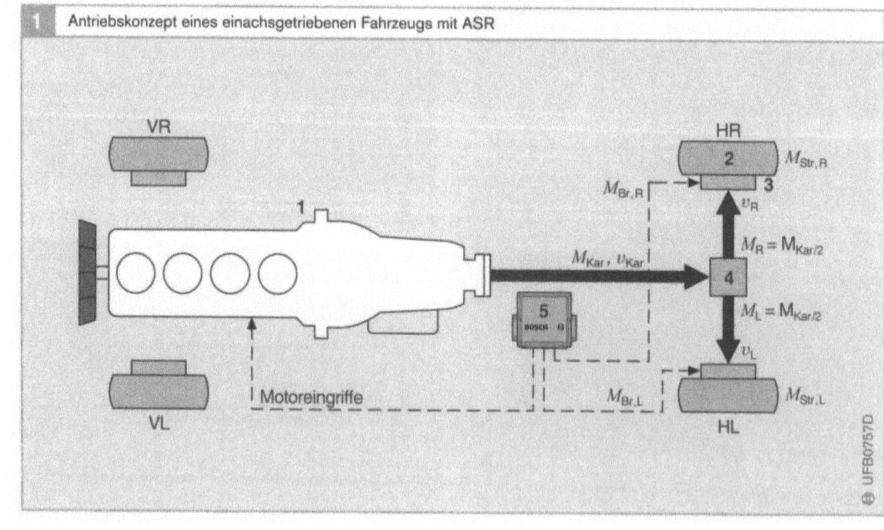

triebsrad das physikalisch maximal übertragbare Antriebsdrehmoment, so dreht
dieses Rad durch. Dadurch reduziert sich die
übertragbare Antriebskraft und das Fahrzeug wird durch den Verlust an Seitenführungskraft instabil.

Die ASR regelt den Schlupf der Antriebsräder schnellstmöglich auf den optimalen
Wert. Hierzu wird zunächst ein Sollwert für
den Schlupf bestimmt. Dieser ist von einer
Vielzahl an Faktoren, die die aktuelle Fahrsituation bestmöglich repräsentieren sollen,
abhängig. Unter anderem sind dies:
● Grundkennlinie für den ASR-Sollschlupf
  (orientiert sich am Schlupfbedarf eines
  Reifens beim Beschleunigen),
● ausgenutzter Reibwert,
● äußerer Fahrwiderstand (Tiefschnee,
  Schlechtweg usw.),
● Giergeschwindigkeit, Querbeschleunigung
  und Lenkwinkel des Fahrzeugs.

ASR-Stelleingriffe
Die gemessenen Radgeschwindigkeiten und
damit der jeweilige Antriebsschlupf können
durch eine Änderung der Momentenbilanz
M_{Ges} an jedem Antriebsrad beeinflusst
werden. Die Momentenbilanz M_{Ges} an
jedem angetriebenen Rad ergibt sich dabei
aus Antriebsmoment $M_{Kar}/2$ an diesem Rad,
dem jeweiligen Bremsmoment M_{Br} und
dem Straßenmoment M_{Str} (Bild 1).

$$M_{Ges} = M_{Kar}/2 + M_{Br} + M_{Str}$$
(M_{Br} und M_{Str} sind hierin negativ zu zählen.)

Offensichtlich kann diese Bilanz durch das
vom Motor gelieferte Antriebsmoment M_{Kar}
sowie durch das Bremsmoment M_{Br} beeinflusst werden. Diese beiden Größen stellen
somit die Stellgrößen der ASR dar, über die
diese den Schlupf an jedem einzelnen Rad
auf den Sollschlupf regelt.
   Die Steuerung des Antriebsmoments M_{Kar}
kann bei Fahrzeugen mit Ottomotor grundsätzlich über die folgenden Motoreingriffe
geschehen:

● Drosselklappe (Drosselklappenverstel-
  lung),
● Zündanlage (Zündwinkelverstellung),
● Einspritzanlage (Ausblendung einzelner
  Einspritzimpulse).

Die letzteren beiden Eingriffe zählen zu den
„schnellen", der erste zu den „langsamen"
Eingriffsmöglichkeiten (Bild 2). Welche
dieser Eingriffsmöglichkeiten jeweils zur
Verfügung stehen, ist hersteller- und motor-
abhängig.

Bei Fahrzeugen mit Dieselmotor wird das
Antriebsmoment M_{Kar} von der Elektroni-
schen Dieselregelung (EDC) beeinflusst
(Reduzierung der Einspritzmenge).

Eine Steuerung des Bremsmoments M_{Br}
über die Bremsanlage kann radweise erfolgen. Wegen der Notwendigkeit des aktiven
Druckaufbaus setzt die ASR-Funktion aber
eine Erweiterung der ursprünglichen
ABS-Hydraulik voraus (siehe auch Kapitel
„Hydroaggregat").

Bild 2 vergleicht die Reaktionszeiten bei ver-
schiedenen ASR-Eingriffen. Die Darstellung
lässt erkennen, dass eine ausschließliche
Steuerung des Antriebsmoments mit der
Drosselklappe wegen der relativ langsamen
Reaktionszeit zu einem unbefriedigenden
Ergebnis führen kann.

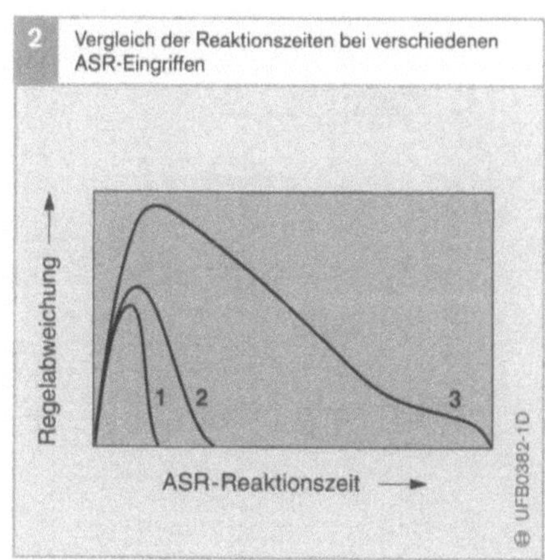

Bild 2
1 Drosselklappen-/
   Radbremseneingriff
2 Drosselklappen-/
   Zündungseingriff
3 Drosselklappen-
   eingriff

Struktur der ASR

Die erweiterte ABS-Hydraulik ermöglicht sowohl symmetrische Bremseingriffe, d. h. Bremseingriffe, die an beiden angetriebenen Rädern gleich sind, als auch radindividuelle Bremseingriffe. Dies ist der Schlüssel zu einer weiteren Strukturierung der ASR, nicht nach Stellglied (Motor/Bremse), sondern nach zu regelnder Größe („Regelgröße").

Kardanregler
Über Motoreingriffe kann die Kardangeschwindigkeit v_{Kar} bzw. das Antriebsmoment M_{Kar} beeinflusst werden. Symmetrische Bremseingriffe beeinflussen ebenfalls die Kardangeschwindigkeit v_{Kar} und wirken sich in den Momentenbilanzen der einzelnen Räder wie eine Reduzierung des Antriebsmoments M_{Kar} aus. Mit dem Ziel, auf diese Weise die Kardangeschwindigkeit zu regeln, ergibt sich der *Kardanregler*.

Quersperrenregler
Über unsymmetrische Bremseingriffe (Bremseingriffe an nur einem angetriebenen Rad) wird hingegen primär die Differenzgeschwindigkeit an der angetriebenen Achse $v_{Dif} = v_L - v_R$ geregelt. Dies ist die Aufgabe des *Differenzdrehzahlreglers.* Unsymmetrische Bremseingriffe an nur einem Antriebsrad machen sich zunächst auch nur in der Momentenbilanz dieses Rades bemerkbar. Sie wirken sich primär genau so aus wie ein unsymmetrisches Aufteilungsverhältnis des Querdifferenzials (allerdings angewendet auf ein um das unsymmetrische Bremsmoment reduziertes Antriebsmoment M_{Kar}). Wegen dieser Möglichkeit, mit dem Differenzdrehzahlregler gewissermaßen das Aufteilungsverhältnis des Querdifferenzials zu beeinflussen, d. h. die Wirkung einer Differenzialsperre nachzubilden, wird der Differenzdrehzahlregler auch als *Quersperrenregler* bezeichnet.

Kardanregler und Quersperrenregler bilden zusammen die ASR (Bild 3): Der Kardanregler regelt über die Kardangeschwindigkeit v_{Kar} das vom Motor abgegebene Antriebsmoments M_{Kar}. Der Quersperrenregler wirkt primär wie ein Regler, der über die Differenzgeschwindigkeit v_{Dif} das Teilungsverhältnis M_L zu M_R des Querdifferenzials und damit die Aufteilung des Antriebsmoments M_{Kar} auf die angetriebenen Räder regelt.

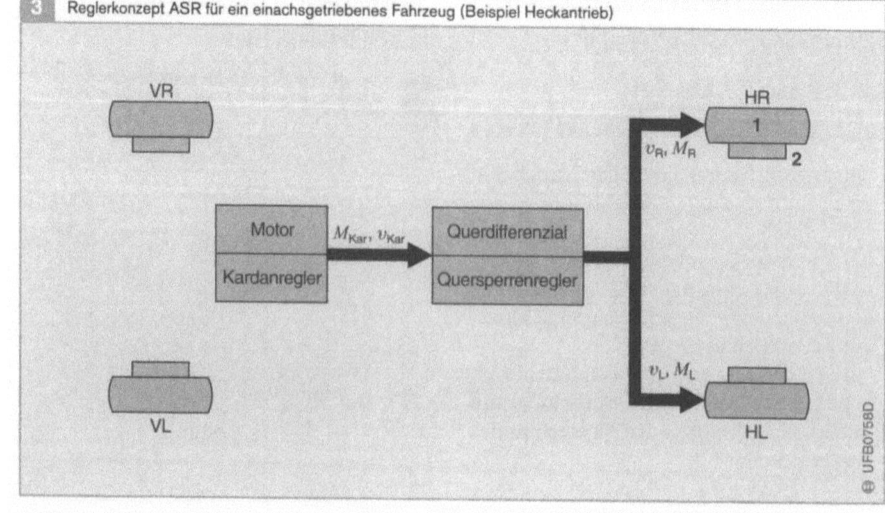

Bild 3
1   Rad
2   Radbremse

v_R, v_L Radgeschwindigkeiten
v_{Kar} Kardangeschwindigkeit
M_{Kar} antreibendes Kardanmoment
V   vorne
H   hinten
R   rechts
L   links

Typische Regelsituationen

μ-Split: Quersperrenregler

Bild 4 zeigt eine typische Situation („μ-Split"), bei der der Quersperrenregler der ASR beim Anfahren aus dem Stand aktiv wird. Die linke Fahrzeugseite steht auf glattem Untergrund mit einer niedrigen Haftreibungszahl μ_l („l" für low), die rechte auf trockenem Asphalt mit einer deutlich höheren Haftreibungszahl μ_h („h" für high).

Ohne den Bremseingriff des Quersperrenreglers könnte wegen der Eigenschaft des Differenzials, das Antriebsmoment auf beide Seiten gleich aufzuteilen, auf beiden Seiten nur die Vortriebskraft F_l abgesetzt werden. Ein gegebenenfalls darüber hinaus gehendes Antriebsmoment M_{Kar} veranlasst das Rad auf der Seite mit μ_l durchzudrehen und führt damit zu einer Differenzgeschwindigkeit $v_{Dif} > 0$ (siehe auch Bild 5). Das „überschüssige" Antriebsmoment geht in diesem Fall als Verlustmoment in Differenzial, Motor und Getriebe verloren.

Um nun das Rad auf der Seite mit μ_l bei zu hohem Antriebsmoment am Durchdrehen zu hindern, wird dort die Bremskraft F_{Br} aufgebracht (Bild 4, siehe auch Bild 5). Auf diese Seite kann das Differenzial nun die Kraft $F_{Br} + F_l$ übertragen (bzw. ein dieser Kraft entsprechendes Moment), wobei F_{Br} weggebremst wird. Es verbleibt wie bisher die Vortriebskraft F_l. Auf die Seite mit μ_h wird ebenfalls die Kraft $F_{Br} + F_l$ übertragen (Eigenschaft des Differenzials). Da hier nicht gebremst wird, kann die gesamte Kraft als Vortriebskraft $F_{Br}{}^* + F_l$ genutzt werden ($F_{Br}{}^*$ ergibt sich aus F_{Br} unter Berücksichtigung der unterschiedlichen Wirkradien). Insgesamt erhöht sich also die abgesetzte Vortriebskraft um $F_{Br}{}^*$ (Voraussetzung hierfür ist natürlich ein entsprechend erhöhtes Antriebsmoment M_{Kar}). Hierin zeigt sich die traktionserhöhende Wirkung des Quersperrenreglers als Teil der ASR.

Das Antriebsmoment kann auf eine maximal mögliche Vortriebskraft eingeregelt werden. Der Wert von μ_h stellt dabei eine physikalische Obergrenze dar.

Laufen beide Antriebsräder wieder synchron ($v_{Dif} = 0$), wird die einseitige Bremskraft F_{Br} bzw. das entsprechende Bremsmoment M_{Br} wieder abgebaut (Bild 5).

Der exakte Verlauf des Auf- und Abbaus von M_{Br} hängt von der internen Realisierung des Quersperrenreglers ab (PI-Regler-artiges Verhalten!).

Niedrig-μ: Kardanregler

Stehen beim Anfahren beide angetriebenen Räder auf glattem Untergrund mit einer niedrigen Haftreibungszahl (Fahrzeug steht z. B. auf Eis), so ist dies eine typische Situation, in der der Kardanregler der ASR aktiv wird.

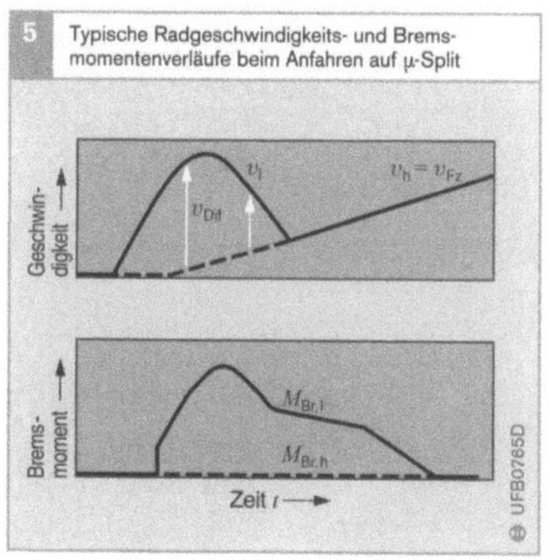

Bild 4

M_{Kar} Antriebsmoment

F_{Br} Bremskraft

$F_{Br}{}^*$ Bremskraft, bezogen auf Wirkradien

μ_l niedrige Haftreibungszahl

μ_h hohe Haftreibungszahl

F_l übertragbare Antriebskraft auf μ_l

F_h übertragbare Antriebskraft auf μ_h

Bild 5

v Radgeschwindigkeit

M_{Br} Bremsmoment

l Niedrig-μ-Rad

h Hoch-μ-Rad

v_{Fz} Fahrzeuggeschwindigkeit

v_{Dif} Differenzgeschwindigkeit

Erhöht der Fahrer das Fahrervorgabemoment M_{FahVorga}, so erhöht sich zunächst auch fast zeitgleich das Antriebsmoment M_{Kar}. Dies führt dazu, dass beide Antriebsräder mit nahezu gleicher Geschwindigkeit durchdrehen. Die Differenzgeschwindigkeit $v_{\text{Dif}} = v_{\text{L}} - v_{\text{R}}$ ist ungefähr 0, während die Kardangeschwindigkeit $v_{\text{Kar}} = (v_{\text{L}} + v_{\text{R}})/2 = v_{\text{L}} = v_{\text{R}}$ auf Grund der durchdrehenden Antriebsräder deutlich größer ist als ein vernünftiger, von der ASR ermittelter Sollwert v_{SoKar}. Der Kardanregler reagiert hierauf mit einer Reduzierung des Antriebsmomentes M_{Kar} unterhalb der Fahrervorgabe M_{FahVorga} und einem kurzzeitigen symmetrischen Bremseingriff $M_{\text{Br, Sym}}$ (Bild 6). Als Resultat verringert sich die Kardangeschwindigkeit v_{Kar} und mit ihr die Geschwindigkeit der durchdrehenden Räder. Das Fahrzeug beginnt zu beschleunigen. Da man sich ohne diese Eingriffe der ASR nicht im „optimalen" Punkt der μ-Schlupf-Kurve (vgl. Kapitel „Grundlagen der Fahrphysik") befände, würde der Beschleunigungsvorgang bei durchdrehenden Rädern langsamer und mit deutlich weniger Seitenstabilität stattfinden.

Der exakte Verlauf von M_{Kar} und $M_{\text{Br, Sym}}$ hängt wiederum von der internen Realisierung des Kardanreglers ab (PID-Reglerartiges Verhalten!).

Bild 6
v Radgeschwindigkeit
v_{Fz} Fahrzeug-
    geschwindigkeit
v_{Kar} Kardan-
    geschwindigkeit
v_{SoKar} Sollwert Kardan-
    geschwindigkeit
$M_{\text{Br, Sym}}$ symmetrisches
    Bremsmoment
M_{FahVorga} Antriebs-
    moment Fahrervor-
    gabe (durch Gas-
    pedalstellung)
L   links
R   rechts

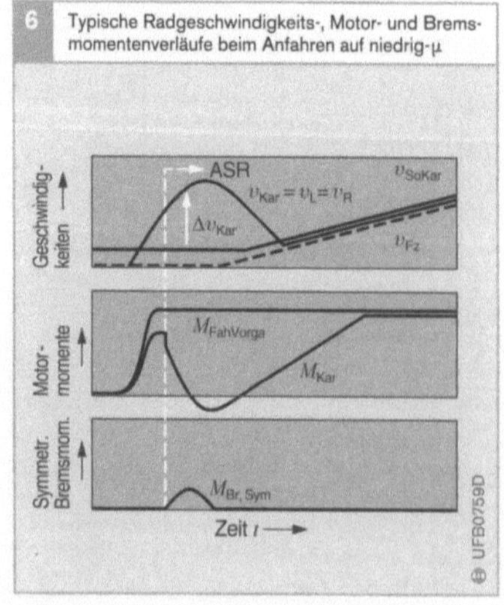

ASR für allradgetriebene Fahrzeuge

In den letzten Jahren erfreut sich die Gruppe der allradgetriebenen Fahrzeuge einer stetig steigenden Beliebtheit. Das Hauptaugenmerk liegt dabei auf der Teilgruppe der „Sport Utility Vehicle" (SUV). Hierbei handelt es sich um Straßenfahrzeuge mit Geländeeigenschaften.

Sollen alle vier Räder eines Fahrzeugs angetrieben werden, ist außer einem zweiten Querdifferenzial zusätzlich noch ein Längsdifferenzial (auch Zentral- oder Mittendifferenzial) erforderlich bzw. üblich (Bild 7). Dieses dient zum einen dem Ausgleich von Differenzen zwischen der Kardangeschwindigkeit der Vorder- und der Hinterachse $v_{\text{Kar, VA}}$ bzw. $v_{\text{Kar, HA}}$. Eine starre Verbindung hätte hier Verspannungen zwischen Vorder- und Hinterachse zur Folge. Zum anderen dient das Längsdifferenzial einer möglichst sinnvollen Verteilung des Antriebsmomentes M_{Kar} auf die beiden Achsen $M_{\text{Kar, VA}}$ bzw. $M_{\text{Kar, HA}}$.

Kostengünstige SUVs besitzen häufig ein Längsdifferenzial mit einem fest eingestellten Aufteilungsverhältnis. Anders als bei einem Querdifferenzial sind hier jedoch auch andere feste Teilungsverhältnisse als 50 : 50 sinnvoll – z. B. 60 : 40 für eine heckbetonte Auslegung. Durch Bremseingriffe der ASR kann dann die Wirkungsweise einer Längsdifferenzialsperre (kurz: Längssperre) nachgebildet werden.

Durch „Wegbremsen" eines Teils von $M_{\text{Kar, VA}}$ kann das Teilungsverhältnis $M_{\text{Kar, HA}}$ zu $M_{\text{Kar, VA}}$ vergrößert bzw. durch „Wegbremsen" eines Teils von $M_{\text{Kar, HA}}$ verkleinert werden. Der Wirkungsmechanismus ist derselbe, wie er zuvor für den Fall der Quersperre bzw. des Querdifferenzials beschrieben wurde. Der Unterschied besteht lediglich darin, dass die Bremsmomente der ASR nicht unsymmetrisch, d. h. an einem Rad der angetriebenen Achse erfolgen müssen, sondern symmetrisch an beiden Rädern einer angetriebenen Achse. Außerdem betrachtet der Längssperrenregler hierzu als Eingangsgröße nicht die Geschwindigkeitsdifferenz des linken und rechten Rades der angetriebenen Achse (Quersperrenregler, s. o.), sondern die beiden achsweisen Kardangeschwindigkeiten $v_{Kar, VA}$ und $v_{Kar, HA}$.

Bild 8 zeigt die entsprechende Erweiterung des ASR-Konzepts aus Bild 3 für ein allradgetriebenes Fahrzeug: Der Kardanregler regelt – wie für ein einachsgetriebenes Fahrzeug – über die Kardangeschwindigkeit v_{Kar} das vom Motor abgegebene Antriebsmoment M_{Kar}. Wie bereits ausgeführt, verteilt der Längssperrenregler dieses Moment auf die Vorder- und Hinterachse ($M_{Kar, VA}$ bzw. $M_{Kar, HA}$). Wie bisher regelt der Quersperrenregler über die Differenzgeschwindigkeit $v_{Dif, XA}$ die Aufteilung des achsweisen Antriebsmoments

$M_{Kar, XA}$ auf die angetriebenen Räder. Dies muss jetzt allerdings sowohl für die Vorder- wie auch die Hinterachse erfolgen („X" = „V" bzw. „X" = „H").

Elektronische Differenzialsperren, die als Teil der ASR-Software realisiert sind, besitzen den Vorteil, dass sie keine zusätzliche Hardware erfordern. Sie sind daher sehr

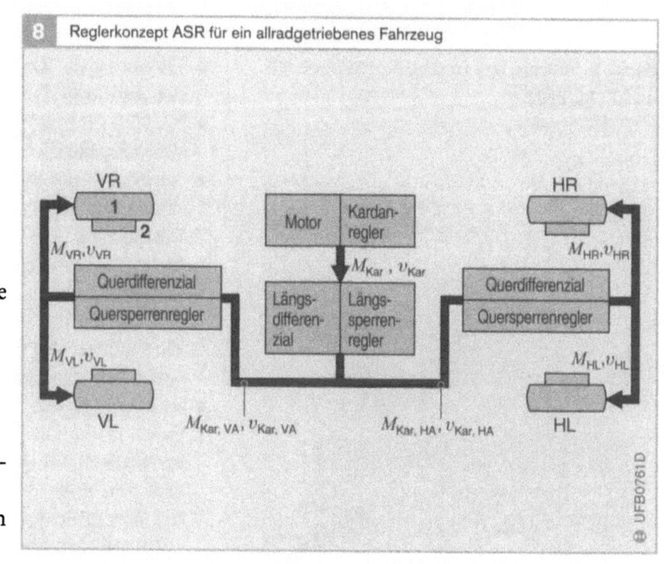

8   Reglerkonzept ASR für ein allradgetriebenes Fahrzeug

Bild 8

1   Rad
2   Radbremse

v Radgeschwindigkeit
v_{Kar} Kardangeschwindigkeit
M_{Kar} antreibendes Kardanmoment
A   Achse
V   vorne
H   hinten
R   rechts
L   links

Bild 7

1   Motor mit Getriebe
2   Rad
3   Radbremse
4   Querdifferenzial
5   Längsdifferenzial
6   Steuergerät mit ASR-Funktionalität
7   Querdifferenzial

Motor, Getriebe, Übersetzungsverhältnisse der Differenziale sowie deren Verluste sind zu einer Einheit zusammengefasst

v Radgeschwindigkeit
v_{Kar} Kardangeschwindigkeit
M_{Kar} antreibendes Kardanmoment
M_{Br} Bremsmoment
R   rechts
L   links
V   vorne
H   hinten
A   Achse

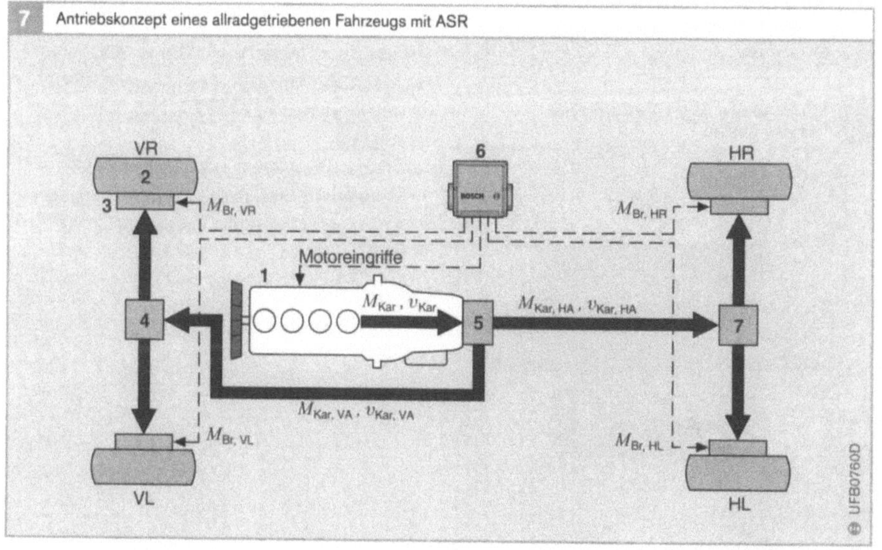

7   Antriebskonzept eines allradgetriebenen Fahrzeugs mit ASR

kostengünstig. Ihr Einsatzgebiet ist insbesondere der Straßenbetrieb, der eher die Bestimmung der SUVs ist. Beim Einsatz in klassischen Offroad-Geländewagen erreichen sie ihre Grenze im schweren Gelände spätestens dann, wenn sich die Bremsen überhitzen. Fahrzeuge für diesen Einsatzbereich besitzen daher oft mechanische Sperren (Beispiele zeigen die Bilder 9 und 10). Die entsprechenden Sperrenregler der ASR-Software dienen dann nur noch als Backup-System, das in den Normalbetrieb nicht eingreift.

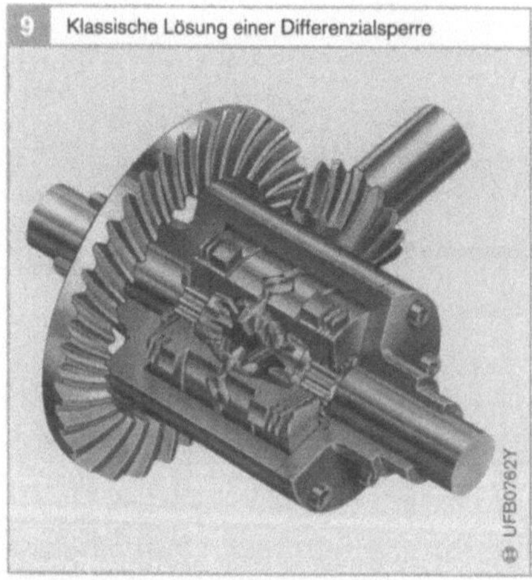

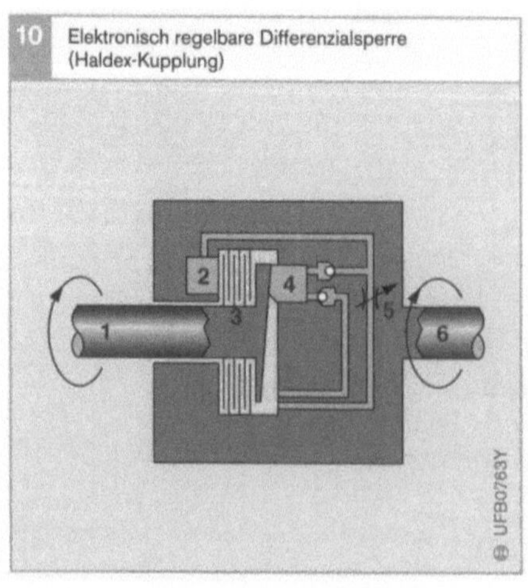

Bild 10

1 Ausgangswelle
2 Arbeitskolben
3 Lamellen
4 Axialkolbenpumpe
5 Regelventil
6 Eingangswelle

Zusammenfassung: Vorteile ASR

Abschließend seien noch einmal die Vorteile, wie sie sich bei Verwendung einer ASR durch das Verhindern des Durchdrehens der Antriebsräder beim Anfahren oder Beschleunigen auf einseitig oder beidseitig glatter Fahrbahn, beim Beschleunigen in der Kurve und beim Anfahren am Berg ergeben, zusammengefasst:

- Vermeidung instabiler Fahrzustände und dadurch Erhöhung der Fahrsicherheit.
- Erhöhung der Traktion durch Einregeln des „optimalen" Schlupfes.
- Nachbildung der Funktion einer Querdifferenzialsperre.
- Nachbildung der Funktion einer Längsdifferenzialsperre bei allradgetriebenen Fahrzeugen.
- Automatische Regelung der Motorleistung.
- Kein „Radieren" der Reifen bei enger Kurvenfahrt (im Gegensatz zu mechanischen Differenzialsperren).
- Reduzierung des Reifenverschleißes.
- Reduzierung des Verschleißes der Antriebsmechanik (Getriebe, Differenzial usw.) besonders auf μ-Split oder wenn ein durchdrehendes Rad schlagartig auf griffigen Untergrund kommt.
- Warnung des Fahrers bei den im physikalischen Grenzbereich liegenden Situationen über eine Kontrollleuchte.
- Sinnvolle Doppelnutzung von bereits vorhandenen ABS-Hydraulik-Komponenten.
- Übernahme von Aufgaben der ESP-Fahrdynamikregelung als unterlagerter Radregler (Kapitel „Gesamtregelkreis").

Viele Teilsysteme eines Fahrsicherheitssystems (z.B. ESP) wirken auf die Fahrdynamik des Fahrzeugs in Form eines Reglers, d.h., sie bilden zusammen mit den betroffenen Komponenten des Fahrzeugs einen Regelkreis.

Regelkreis

Ein einfacher Standardregelkreis besteht aus Regler und Regelstrecke. Ziel der Regelung ist es, den Verlauf der Ausgangsgröße y_{ist} des zu regelnden Systems (auch: Regelgröße) durch den Regler so zu beeinflussen, dass er einem vorzugebenden Sollgrößenverlauf y_{soll} möglichst gut folgt. Hierzu wird die Regelgröße gemessen und dem Regler zur Verfügung gestellt. Durch Bilden der Regelabweichung $e = y_{soll} - y_{ist}$ wird der aktuelle Istwert der Regelgröße ständig mit dem aktuellen Sollwert verglichen.

Die Hauptaufgabe des Reglers besteht darin, zu jeder Regelabweichung e einen passenden Wert für die Stellgröße u zu bestimmen, sodass die Regelabweichung hierdurch in der Folgezeit verkleinert wird, d.h., $y_{ist} = y_{soll}$ wenigstens annähernd erreicht wird.

Erschwert wird diese Aufgabe durch eine ggf. unbekannte Eigendynamik der Regelstrecke sowie äußere Störungen z, die ebenfalls auf die Regelstrecke einwirken.

Beispiel: Quersperrenregler der ASR

Das Funktionsprinzip eines Regelkreises wird anhand des Quersperrenreglers der ASR deutlich: Die Differenzgeschwindigkeit der beiden Räder einer angetriebenen Achse stellt die Regelgröße $y_{ist} = v_{Dif}$ dar. Der Sollwert v_{SoDif} wird von der ASR selbstständig bestimmt und an die aktuelle Fahrsituation angepasst. Bei normaler Geradeausfahrt ist er typischerweise 0. Als Stellgröße zur Beeinflussung der Regelgröße dient das unsymmetrische Bremsmoment. Die Regelstrecke ist das Fahrzeug selbst, auf das äußere Störungen wie z.B. wechselnde Fahrbahnbeläge wirken.

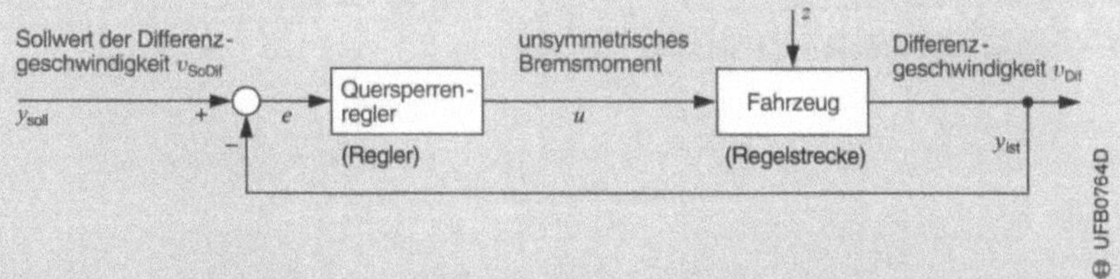

y_{ist} Regelgröße
y_{soll} Führungsgröße
e Regelabweichung
$y_{soll} - y_{ist}$
u Stellgröße
z äußere Störgrößen

Standardregler

Als Regler kommen häufig Proportional-, Integral- und Differenzial-Glieder zum Einsatz. Die Stellgröße u ergibt sich aus der anstehenden Regelabweichung e nach folgendem Schema:

P-Regler	Multiplikation	$u(t) = K_P \cdot e(t)$
I-Regler	zeitl. Integration	$u(t) = K_I \cdot \int e(t)dt$
D-Regler	zeitl. Ableitung	$u(t) = K_D \cdot de(t)/dt$

Die Gegenreaktion dieser Regler ist damit umso größer, je größer die Regelabweichung ist (P-Regler), je länger diese Regelabweichung andauert (I-Regler) bzw. je größer die Änderungstendenz der Regelabweichung ist (D-Regler). Durch additive Kombination dieser Grundregler entstehen PI-, PD- sowie PID-Regler.

Der Quersperrenregler der ASR ist als PI-Regler aufgebaut, der nichtlineare Erweiterungen enthält.

Elektronisches Stabilitäts-Programm ESP

Ein hoher Anteil von Unfällen im Straßenverkehr ist auf personenbezogenes Fehlverhalten zurückzuführen. Durch äußere Umstände – wie z. B. ein plötzlich auftauchendes Hindernis – oder aber aufgrund von überhöhter Geschwindigkeit kann das Fahrzeug in den Grenzbereich gelangen, in dem es sich nicht mehr sicher beherrschen lässt. Die auf das Fahrzeug wirkenden Querbeschleunigungskräfte erreichen Werte, die den Fahrer überfordern. Elektronische Systeme können hier einen großen Beitrag zur Fahrsicherheit leisten.

Das Elektronische Stabilitäts-Programm (ESP) ist ein Regelsystem zur Verbesserung des Fahrverhaltens, das einerseits in das Bremssystem und andererseits in den Antriebsstrang eingreift. Durch die integrierte Funktionalität des ABS können die Räder beim Bremsen nicht blockieren, durch ASR können die Räder beim Anfahren nicht durchdrehen. ESP als Gesamtsystem verhindert darüber hinaus, dass das Fahrzeug beim Lenken „schiebt" oder instabil wird und seitlich ausbricht, solange die physikalischen Grenzen nicht überschritten werden.

Anforderungen

ESP verbessert die Fahrsicherheit in folgenden Punkten:
- Erweiterte Fahrstabilität; Spur- und Richtungstreue werden in allen Betriebszuständen wie Vollbremsung, Teilbremsung, Freirollen, Antrieb, Schub und Lastwechsel verbessert.
- Erweiterte Fahrstabilität auch im Grenzbereich, z. B. bei extremen Lenkmanövern (Angst- und Panikreaktionen), und damit Reduzierung der Schleudergefahr.
- In verschiedenen Situationen noch weiter verbesserte Nutzung des Kraftschlusspotenzials bei ABS/ASR-Funktionen und bei MSR-Funktionen (Motorschleppmomentregelung; automatische Anhebung der Motordrehzahl bei zu hohem Motorbremsmoment) und dadurch Bremsweg- und Traktionsgewinne sowie verbesserte Lenkbarkeit und Stabilität.

Bild 1

1 Fahrer lenkt, Seitenkraftaufbau
2 drohende Instabilität wegen zu großem Schwimmwinkel
3 Gegenlenken, Pkw gerät außer Kontrolle
4 Pkw ist nicht mehr beherrschbar

M_G Giermoment
F_R Radkräfte
β Fahrtrichtungsabweichung von der Fahrzeuglängsachse (Schwimmwinkel)

Aufgaben und Arbeitsweise

ESP ist ein System, das die Bremsanlage eines Fahrzeugs benutzt, um das Fahrzeug zu „lenken". Die eigentliche Aufgabe der Radbremsen, das Fahrzeug zu verzögern oder zum Stillstand zu bringen, wird durch das ESP noch mit der Funktion ergänzt, das Fahrzeug bei allen Fahrzuständen stabil in der Spur zu halten, soweit es die physikalischen Grenzen zulassen.

Das gezielte Bremsen einzelner Räder, z. B. des kurveninneren Hinterrades bei Untersteuerung oder des kurvenäußeren Vorderrades bei Übersteuerung (Bild 2), trägt dazu bei, dieses Ziel bestmöglich zu erfüllen. Zudem kann ESP die Antriebsräder durch bestimmte Motoreingriffe auch beschleunigen, um so die Stabilität des Fahrzeugs zu gewährleisten.

Mit dieser *Individualregelung* ist ein Fahrzeug dirigierbar, indem einzelne Räder gebremst (selektives Bremsen) oder die Antriebsräder beschleunigt werden. ESP mindert so in kritischen Situationen die Gefahr einer Kollision oder eines Überschlags; ein Abkommen von der Fahrbahn wird innerhalb der physikalischen Grenzen vermieden. Der Autofahrer kann damit gezielt unterstützt und die Sicherheit im Straßenverkehr gesteigert werden.

Zum Vergleich der Fahreigenschaften im Grenzbereich eines Fahrzeugs mit und eines Fahrzeugs ohne ESP sind nachfolgend vier Beispiele aufgeführt. Jedes der dargestellten Fahrmanöver wurde nach vorangegangenen Fahrversuchen mit einem Simulationsprogramm der Wirklichkeit nachempfunden. Weitere Fahrversuche haben die Ergebnisse bestätigt.

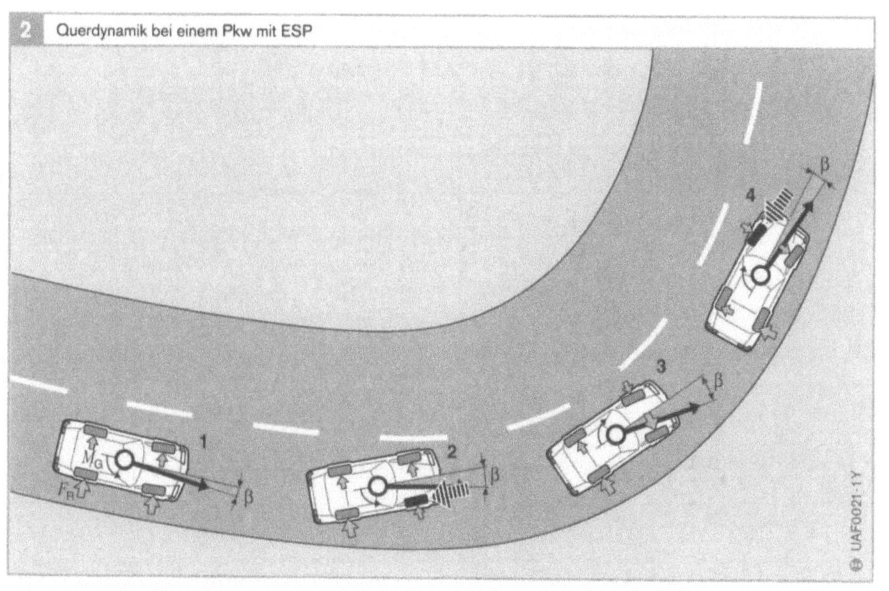

Bild 2

1 Fahrer lenkt, Seitenkraftaufbau
2 drohende Instabilität, ESP-Eingriff vorne rechts
3 Pkw bleibt unter Kontrolle
4 drohende Instabilität, ESP-Eingriff vorne links, vollständige Stabilisierung

M_G Giermoment
F_R Radkräfte.
$β$ Fahrtrichtungsabweichung von der Fahrzeuglängsachse (Schwimmwinkel)
⇐ Bremskrafterhöhung

Fahrmanöver

Schnelles Lenken und Gegenlenken

Dieses Fahrmanöver ist einem Spurwechsel- oder einem schnellen Lenkmanöver vergleichbar,

- wie es z. B. bei einem zu schnellen Einfahren in eine enge Kurvenfolge auftreten kann,
- wie es vor einem plötzlich auftauchenden Hindernis auf einer Landstraße bei Gegenverkehr eingeleitet werden muss, oder
- wie es bei einem abrupt abgebrochenen Überholmanöver auf der Autobahn durchgeführt werden muss.

Die Bilder 3 und 4 zeigen das Fahrverhalten von zwei Fahrzeugen (mit und ohne ESP) beim Durchfahren einer Rechts-Links-Kurvenkombination mit schnellem Lenken und Gegenlenken

- auf griffiger Fahrbahn (Haftreibungszahl $\mu_{HF} = 1$),
- ohne Bremseingriff des Fahrers,
- mit einer Ausgangsgeschwindigkeit von 144 km/h.

Zunächst verhalten sich beide Fahrzeuge gleich. Sie fahren mit denselben Voraussetzungen auf die Kurvenfolge zu. Die Fahrer beginnen zu lenken (Phase 1).

Fahrzeug ohne ESP

Bereits nach dem ersten ruckartigen Lenkeinschlag droht das Fahrzeug ohne ESP instabil zu werden (Bild 4 links, Phase 2). An den Vorderrädern werden durch den Lenkeinschlag innerhalb kürzester Zeit sehr große Seitenkräfte erzeugt, an den Hinterrädern bauen sie sich dagegen erst verzögert auf. Das Fahrzeug dreht sich rechts um seine Hochachse herum (eindrehendes Giermoment). Auf das Gegenlenken (zweiter Lenkeinschlag, Phase 3) reagiert das ungeregelte Fahrzeug nicht, d. h., es ist nicht mehr beherrschbar. Die Giergeschwindigkeit und der Schwimmwinkel steigen stark an, das Fahrzeug schleudert (Phase 4).

Fahrzeug mit ESP

Das Fahrzeug mit ESP wird bei der drohenden Instabilität (Bild 4 rechts, Phase 2) nach dem ersten Lenkeinschlag durch Bremsen des linken Vorderrades stabilisiert: bei ESP wird dies als aktives Bremsen bezeichnet, da es ohne Einwirkung des Fahrers geschieht. Der Eingriff baut das eindrehende Giermoment ab. Die Giergeschwindigkeit wird reduziert und der Schwimmwinkel begrenzt. Nach dem Gegenlenken wechselt zuerst das Giermoment und dann die Giergeschwindigkeit die Wirkrichtung (Phase 3). Ein weiterer kurzer Bremseingriff in Phase 4 am rechten Vorderrad führt zu einer vollständigen Stabilisierung. Das Fahrzeug folgt der durch den Lenkradwinkel vorgegebenen Fahrspur.

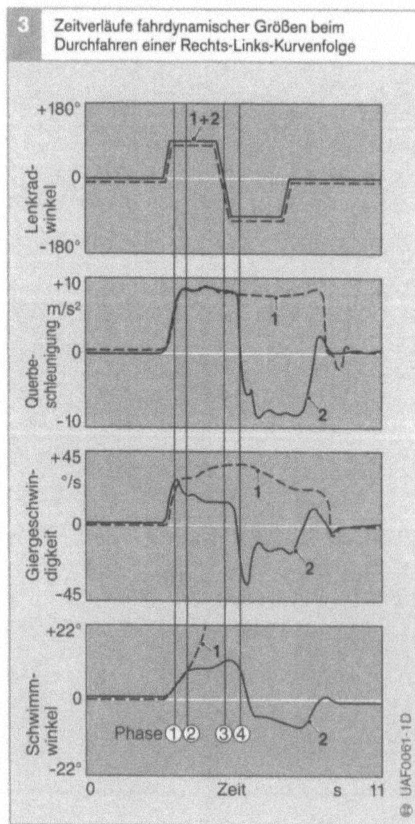

4 Fahrspurverlauf beim Durchfahren einer Rechts-Links-Kurvenfolge

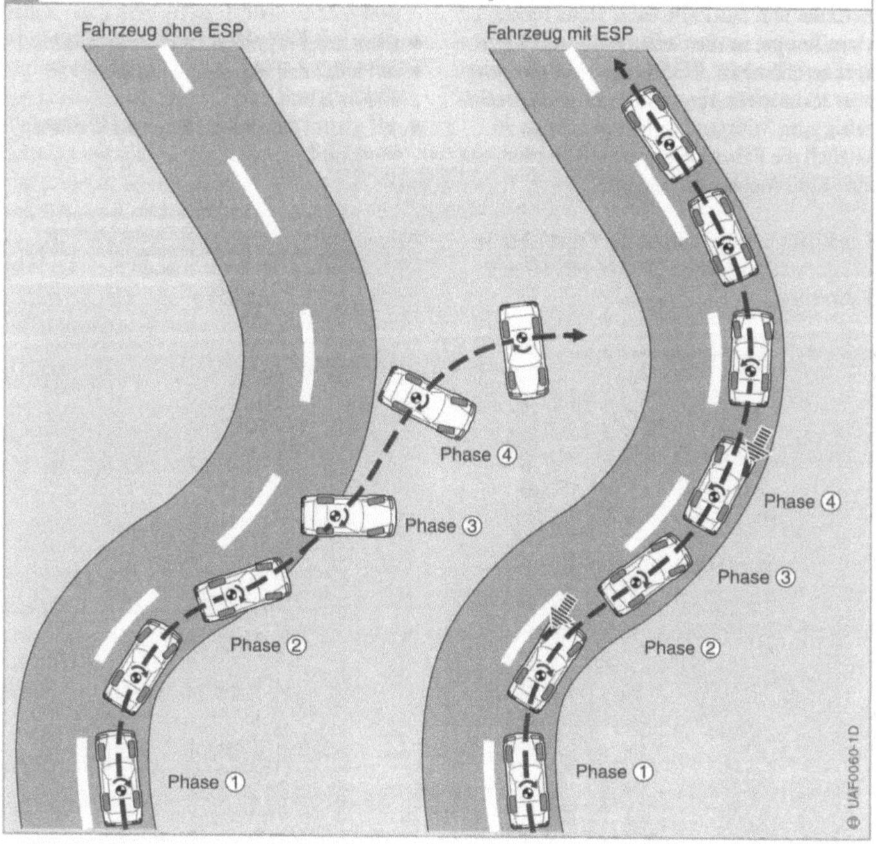

Bild 4

← Bremskrafterhöhung

1 Fahrer lenkt, Seiten-
  kraftaufbau

2 drohende Instabilität
  rechts: ESP-Eingriff
  vorne links

3 Gegenlenken
  links: Fahrzeug gerät
  außer Kontrolle
  rechts: Fahrzeug
  bleibt unter Kontrolle

4 links: Fahrzeug nicht
  mehr beherrschbar
  rechts: ESP-Eingriff
  vorne rechts,
  vollständige
  Stabilisierung

5 Über- und untersteuerndes Verhalten bei Kurvenfahrt

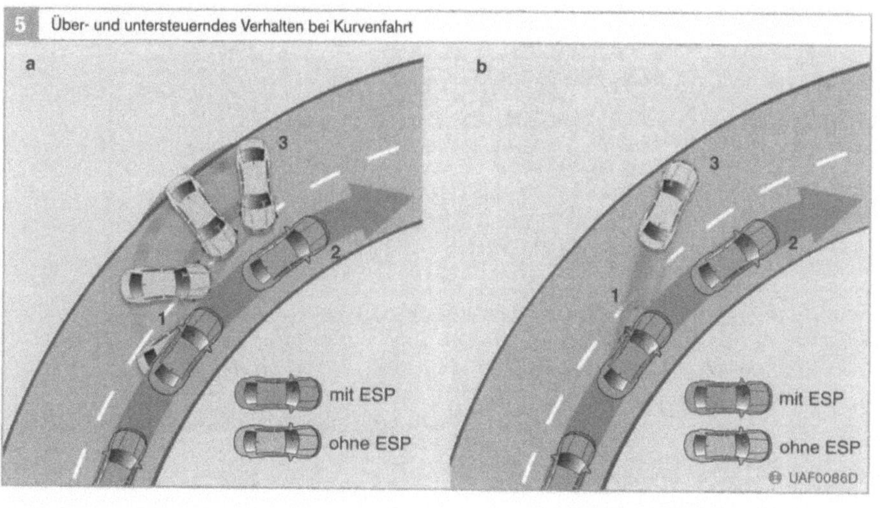

Bild 5

a Übersteuerndes
  Verhalten

1 Das Fahrzeug drängt
  mit dem Heck nach
  außen

2 ESP bremst das
  kurvenäußere
  Vorderrad ab und
  reduziert damit die
  Schleudergefahr

3 Das Fahrzeug ohne
  ESP schleudert

b Untersteuerndes Ver-
  halten

1 Das Fahrzeug drängt
  mit der Front nach
  außen

2 ESP bremst das
  kurveninnere Hinter-
  rad ab und reduziert
  damit die Unter-
  steuergefahr

3 Das Fahrzeug ohne
  ESP verlässt unter-
  steuernd die Fahr-
  bahn

Fahrspurwechsel mit Vollbremsung

Befindet sich das Ende eines Staus hinter einer Kuppe, ist die Gefahrensituation sehr spät zu erkennen. Reicht eine Vollbremsung jetzt nicht mehr aus, um das Fahrzeug rechtzeitig zum Stillstand zu bringen, muss zusätzlich die Fahrspur gewechselt werden, um eine Kollision zu vermeiden.

Die Bilder 6 und 7 zeigen die Ergebnisse eines derartigen Ausweichmanövers zweier Fahrzeuge:

- eines mit dem Antiblockiersystem (ABS) und
- eines mit ESP, wobei beide Fahrzeuge
- mit einer Anfangsgeschwindigkeit von 50 km/h und
- auf glatter Fahrbahn ($\mu_{HF} = 0{,}15$) unterwegs sind.

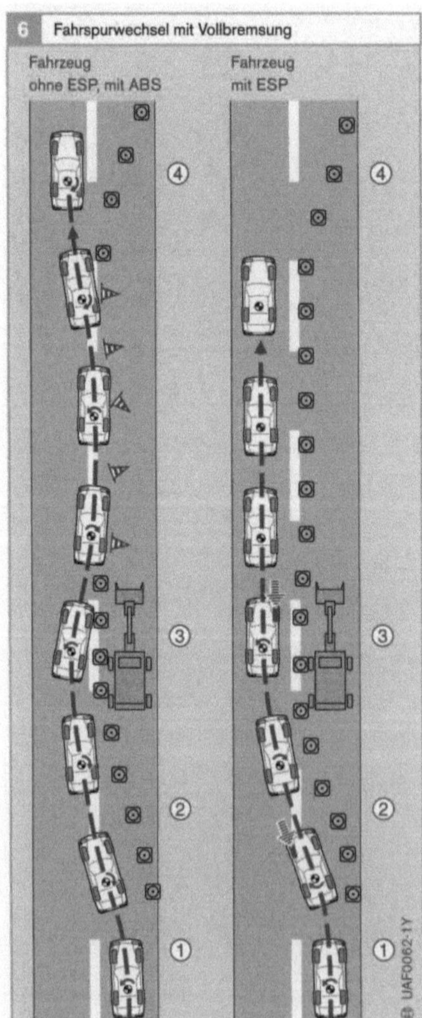

Bild 6

$v_0 = 50$ km/h

$\mu_{HF} = 0{,}15$

◀ Bremsschlupferhöhung

Bild 7

$v_0 = 50$ km/h

$\mu_{HF} = 0{,}15$

1 Fahrzeug ohne ESP
2 Fahrzeug mit ESP

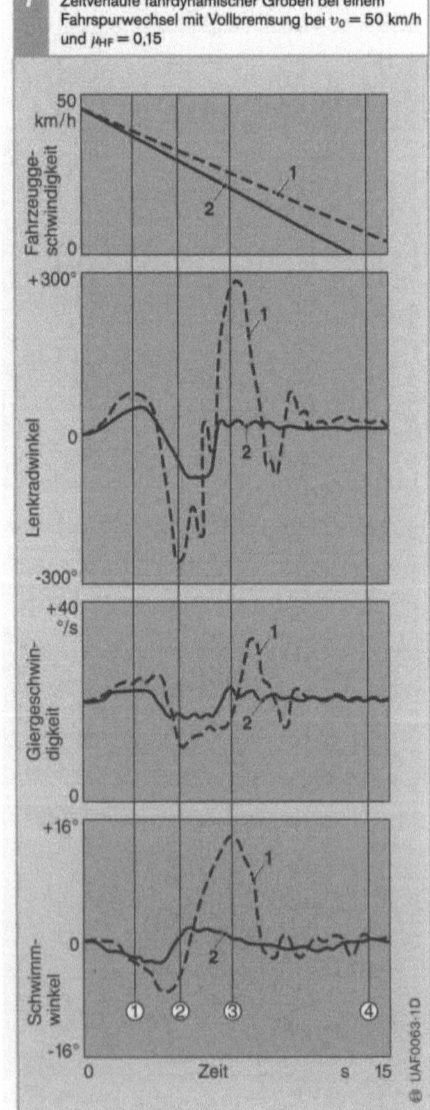

Fahrzeug mit ABS, aber ohne ESP

Schon nach dem ersten Lenkeinschlag werden Schwimmwinkel und Giergeschwindigkeit so groß, dass der Fahrer beim Bremsen gegenlenken muss (Bild 6, links). Durch diesen Fahrereingriff entsteht ein Schwimmwinkel in die Gegenrichtung (er ändert sein Vorzeichen) und nimmt sehr rasch zu. Der Fahrer ist gezwungen, wieder schnell gegenzulenken. Es gelingt ihm gerade noch, das Fahrzeug zu stabilisieren und auf der Fahrbahn zum Stehen zu bringen.

Fahrzeug mit ESP

Das mit ESP geregelte Fahrzeug bleibt stabil, da die Giergeschwindigkeit und der Schwimmwinkel auf leicht beherrschbare Werte reduziert werden. Der Fahrer kann sich ganz auf seine eigentliche Lenkaufgabe konzentrieren, weil er nicht durch ein instabiles Fahrverhalten überrascht wird.

Der Lenkaufwand und damit die Anforderungen an den Fahrer sind dank ESP deutlich geringer. Außerdem hat das Fahrzeug, das mit ESP ausgestattet ist, einen kürzeren Bremsweg als das Fahrzeug mit ABS.

Bild 9
1 Fahrzeug mit ESP
2 übersteuerndes
   Fahrzeug ohne ESP
3 untersteuerndes
   Fahrzeug ohne ESP

Bild 8
Fahrzeug ohne ESP
1 Fahrzeug fährt auf
   Hindernis zu
2 Fahrzeug bricht aus
   und folgt nicht den
   Lenkbewegungen
   des Fahrers
3 Fahrzeug rutscht
   unkontrolliert von
   der Straße

Fahrzeug mit ESP
1 Fahrzeug fährt auf
   Hindernis zu
2 Fahrzeug droht
   auszubrechen
   → ESP-Eingriff
   Fahrzeug folgt Lenkbewegungen
3 Fahrzeug droht beim
   Zurücklenken erneut
   auszubrechen
   → ESP-Eingriff
4 Fahrzeug ist
   stabilisiert

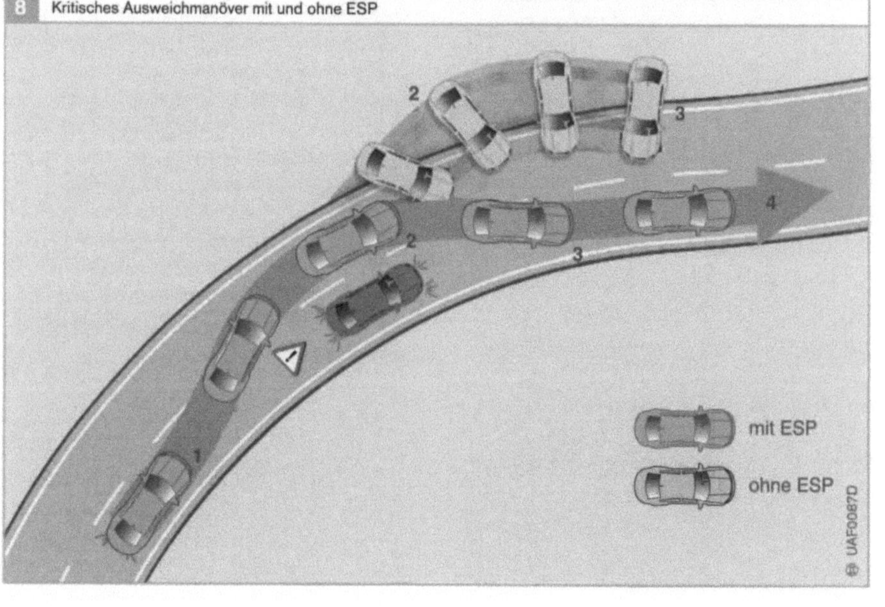

Mehrfaches Lenken und Gegenlenken mit zunehmendem Lenkradeinschlag

Beim Durchfahren mehrerer Links-Rechts-Kurvenfolgen, z. B. auf einer kurvigen Landstraße, befindet sich das Fahrzeug wie auf einem Slalomkurs. Bei solch einem hochdynamischen Fahrmanöver mit zunehmendem Lenkradwinkel zeigt sich die Wirkungsweise des ESP besonders gut.

Die Bilder 10 und 11 zeigen das Fahrverhalten zweier Fahrzeuge (einmal mit und einmal ohne ESP) bei einer solchen Fahrt
- auf einer schneebedeckten Fahrbahn ($\mu_{HF} = 0{,}45$),
- ohne Bremseingriff des Fahrers und
- mit einer konstanten Geschwindigkeit von 72 km/h.

Fahrzeug ohne ESP

Um eine konstante Geschwindigkeit zu halten, muss die Motorleistung kontinuierlich erhöht werden. Dadurch nimmt aber auch der Antriebsschlupf an den Antriebsrädern ständig zu. Sehr schnell wird beim Wechsel von Lenken und Gegenlenken mit einem Lenkradwinkel von 40° der Antriebsschlupf so groß, dass das ungeregelte Fahrzeug instabil wird. Bei einem nochmaligen Wechsel in die entgegengesetzte Richtung reagiert das Fahrzeug nicht mehr; es schleudert. Der Schwimmwinkel und die Giergeschwindigkeit steigen bei nahezu konstanter Querbeschleunigung stark an.

Fahrzeug mit ESP

Das Elektronische Stabilitäts-Programm (ESP) greift sehr früh bei dem Wechsel von Lenken und Gegenlenken ein, da schon zu Beginn die Instabilität droht. Hierbei werden sowohl motorische Eingriffe vorgenommen als auch alle vier Räder individuell gebremst. Das Fahrzeug bleibt dadurch stabil und folgt auch weiterhin den Lenkbefehlen. Der Schwimmwinkel und die auftretenden Giergeschwindigkeiten werden so geregelt, dass der Lenkwunsch des Fahrers entsprechend der physikalischen Möglichkeiten umgesetzt wird.

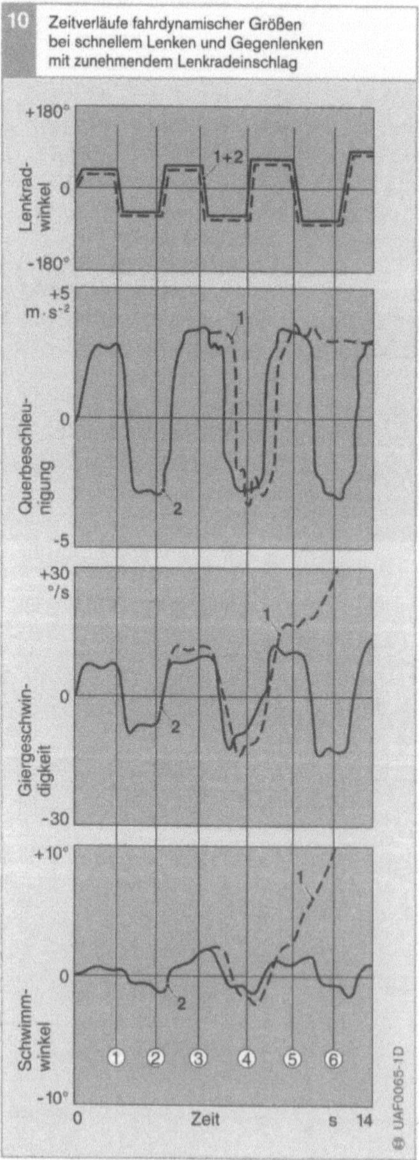

Bild 10
1 Fahrzeug ohne ESP
2 Fahrzeug mit ESP

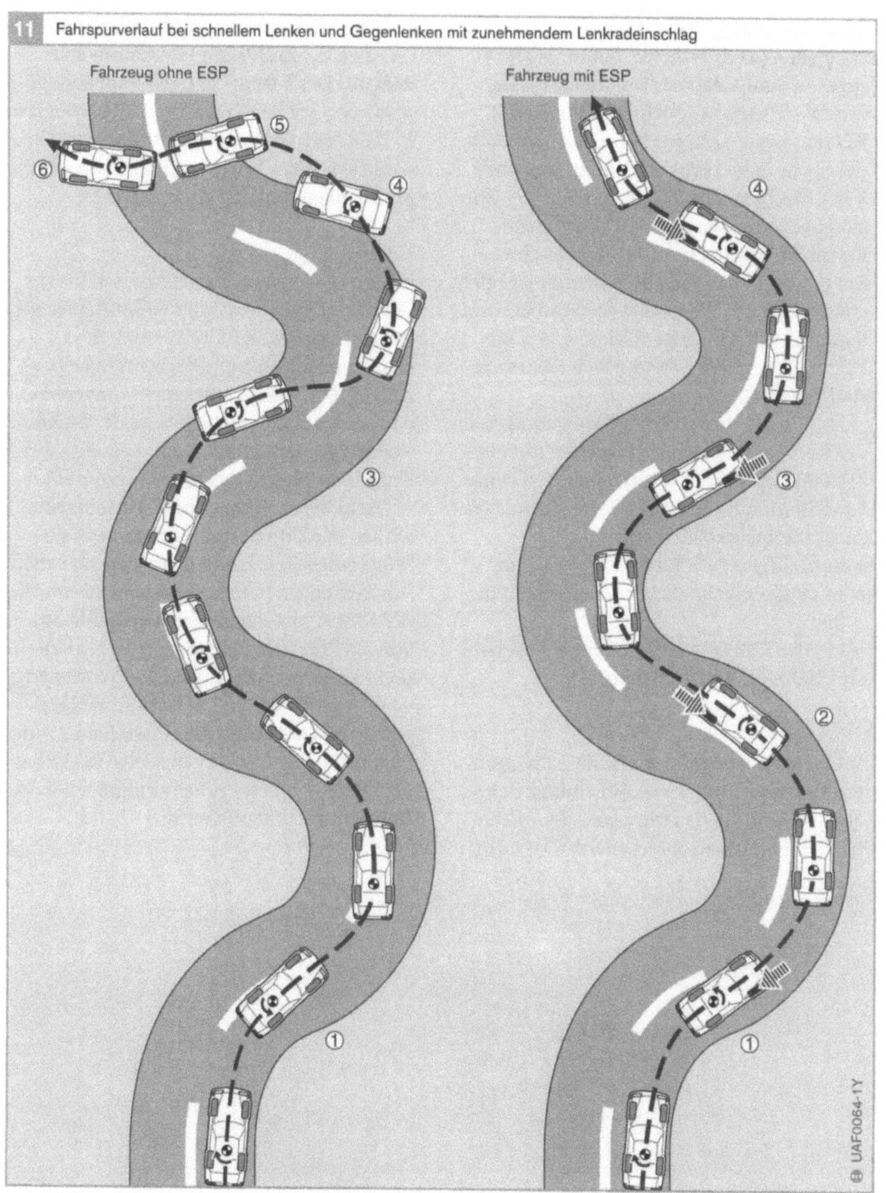

Bild 11

⇐ Bremskrafterhöhung

Beschleunigen/Verzögern in der Kurve

Wird eine Kurve in ihrem Verlauf langsam
enger – nimmt also der Kurvenradius ab,
wie das z. B. bei Autobahnausfahrten der
Fall sein kann – nimmt bei gleich bleibender
Geschwindigkeit die nach außen treibende
Kraft, die Zentrifugalkraft, zu (Bild 12). Dies
gilt gleichermaßen auch für das zu frühe
Beschleunigen beim Ausfahren aus einer
Kurve, was fahrphysikalisch denselben Effekt
erzielt (Bild 13). Ebenso wirken radiale und
tangentiale Kräfte instabilisierend auf das
Fahrzeug, wenn der Fahrer in der Kurve zu
stark bremst.

Das Fahrverhalten beim Beschleunigen in
der Kurve wird bei Fahrversuchen mit einer
Testfahrt auf einer Kreisbahn nachvollzogen
(quasistationäre Kreisfahrt). Der Fahrer versucht hierbei das Fahrzeug
- auf griffiger Fahrbahn ($\mu_{HF} = 1{,}0$) und
- mit langsam zunehmender Geschwindigkeit

bis in den Grenzbereich auf einer Kreisbahn
von 100 m Radius zu halten.

Fahrzeug ohne ESP

Im Fahrversuch auf der Kreisfahrt kommt
das Fahrzeug ab einer Geschwindigkeit von
etwa 95 km/h in den physikalischen Grenzbereich und untersteuert zuerst. Der erforderliche Lenkaufwand nimmt sehr stark zu.
Gleichzeitig nimmt der Schwimmwinkel
stark zu. Der Fahrer kann das Fahrzeug gerade noch auf der Kreisbahn halten. Bei etwa
98 km/h wird das ungeregelte Fahrzeug instabil. Das Heck bricht aus, der Fahrer muss
gegenlenken und den Kreis verlassen.

Fahrzeug mit ESP

Das geregelte Fahrzeug verhält sich bis zur
Geschwindigkeit von etwa 95 km/h genauso
wie das ungeregelte. Der Wunsch des
Fahrers nach weiterer Geschwindigkeits-
zunahme wird allerdings nicht umgesetzt,
da sich das Fahrzeug bereits an der Stabili-
sierungsgrenze befindet. ESP begrenzt durch
den Motoreingriff das Antriebsmoment.

Die aktiven Motor- und Bremseingriffe
wirken der Untersteuertendenz des Fahrzeugs entgegen. Dadurch ergeben sich kleine
Abweichungen vom vorgegebenen Kurs, die
der Fahrer mit entsprechenden Lenkbewegungen korrigiert. Der Fahrer ist also mit in
den Regelkreis einbezogen. Die Schwankungen des Lenkrad- und Schwimmwinkels
sowie der Geschwindigkeit zwischen 95 und
98 km/h hängen auch von seiner Reaktion
ab. Das ESP hält diese Schwankungen jedoch
immer im stabilen Bereich.

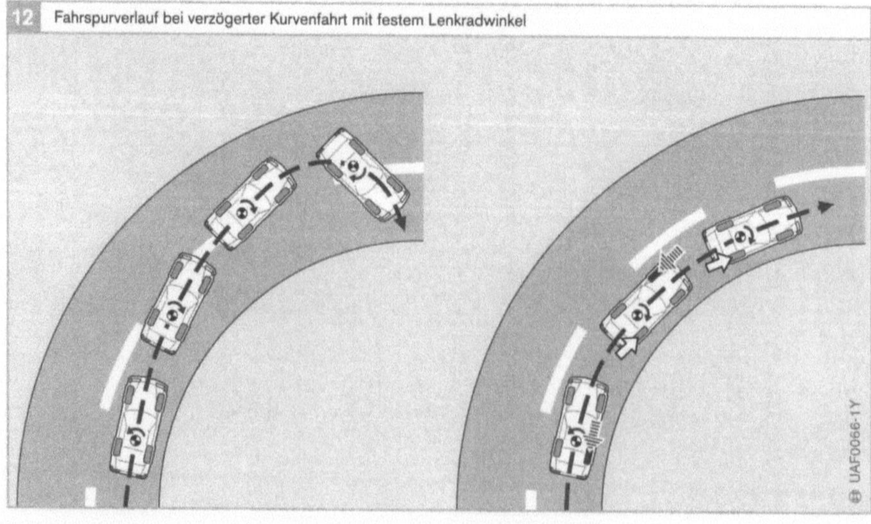

Bild 12
◀ Bremskrafterhöhung
◁ Bremskraft-
   minderung

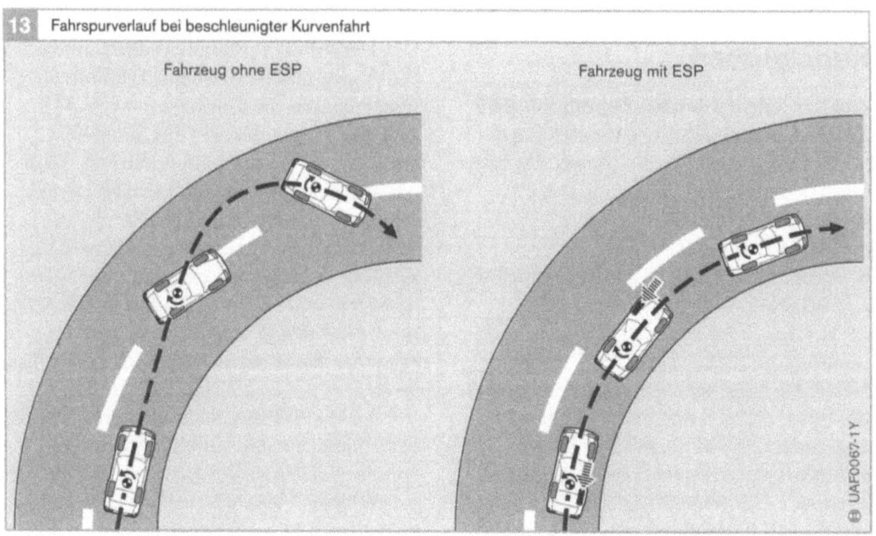

Bild 13
◀ Bremskrafterhöhung

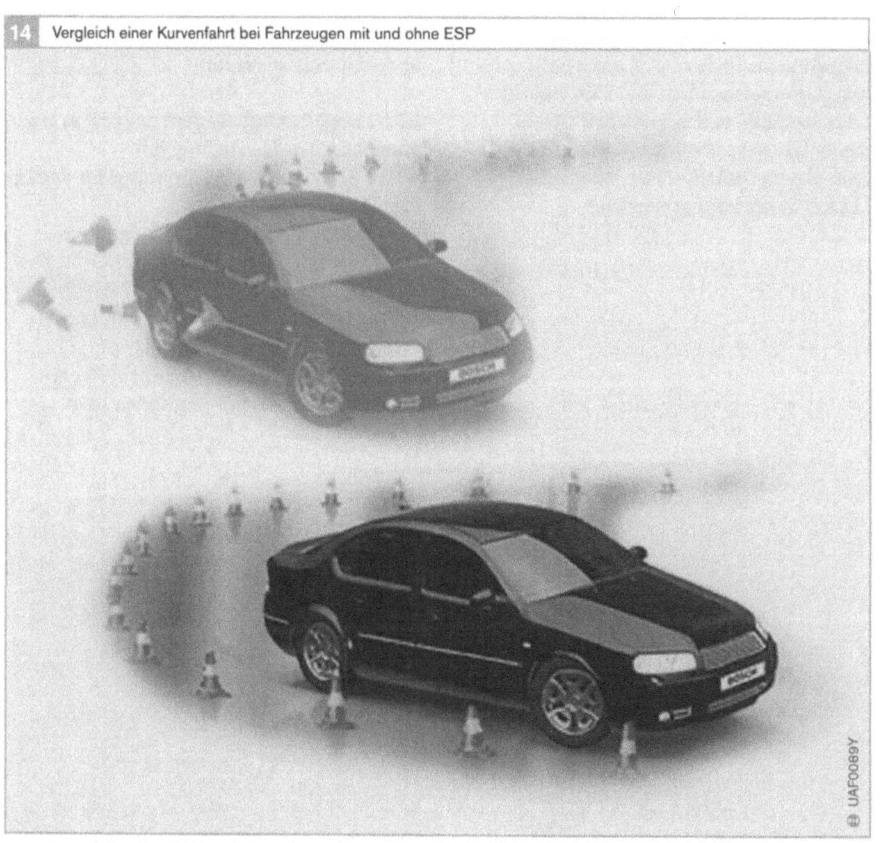

Gesamtregelkreis und Regelgrößen

Ziel der Fahrdynamikregelung mit ESP

Die Regelung im fahrdynamischen Grenzbereich soll die drei Freiheitsgrade des Fahrzeugs in der Ebene,
- Längsgeschwindigkeit,
- Quergeschwindigkeit und
- Drehgeschwindigkeit um die Hochachse (Giergeschwindigkeit),

innerhalb der beherrschbaren Grenzen halten. Bei angemessener Fahrweise werden der Fahrerwunsch und ein der Fahrbahn angepasstes dynamisches Verhalten des Fahrzeugs im Sinne maximaler Sicherheit optimiert. Hierzu muss, wie in Bild 1 dargestellt, zuerst bestimmt werden, wie sich das Fahrzeug im Grenzbereich dem Fahrerwunsch entsprechend verhalten soll (Sollverhalten) und wie es sich tatsächlich verhält (Istverhalten). Um den Unterschied zwischen Soll- und Istverhalten (Regelabweichung) zu verringern, müssen die Reifenkräfte indirekt über Stellglieder (Aktoren) beeinflusst werden.

System- und Regelungsstruktur

Das Elektronische Stabilitäts-Programm (ESP) geht in seinen Möglichkeiten weit über ABS und die Kombination von ABS und ASR hinaus. Es baut auf den weiterentwickelten Komponenten der ABS- und ABS/ASR-Systeme auf und ermöglicht ein aktives Bremsen aller Räder mit hoher Dynamik. Das Fahrzeugverhalten wird in den Regelkreis einbezogen, und die Brems-, Antriebs- und Seitenkräfte an den Rädern werden abhängig von der jeweilig vorherrschenden Situation so geregelt, dass sich das Istverhalten dem Sollverhalten annähert.

Ein Motormanagement mit CAN-Schnittstelle kann das Motordrehmoment und damit die Antriebsschlupfwerte an den Rädern beeinflussen. Die weiterentwickelten Komponenten der Fahrdynamikregelung können die längs- und querdynamischen Kräfte, die auf jedes einzelne Rad wirken, wahlweise und sehr präzise regeln.

Bild 2 zeigt das Regelsystem des ESP in einer schematischen Darstellung mit
- den Sensoren zur Bestimmung der Reglereingangsgrößen,
- dem ESP-Steuergerät mit dem in verschiedenen Ebenen strukturierten Regler (Reglerhierarchie), bestehend aus überlagertem Fahrdynamikregler und unterlagerten Schlupfreglern,
- den Stellgliedern (Aktoren) zur Beeinflussung der Brems-, Antriebs- und Seitenkräfte.

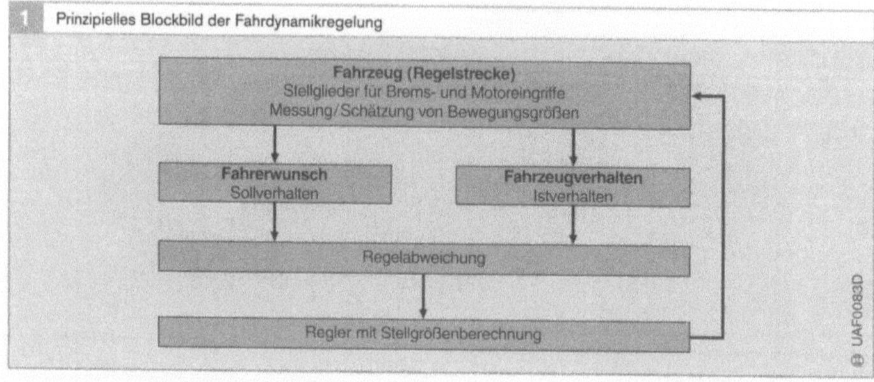

1 Prinzipielles Blockbild der Fahrdynamikregelung

Hierarchische Reglerstruktur
Überlagerter Fahrdynamikregler
Aufgabe
Die Aufgabe des Fahrdynamikreglers besteht
darin,
- das Istverhalten des Fahrzeugs aus dem
  Giergeschwindigkeitssignal und den
  im „Beobachter" geschätzten Schwimmwinkel zu ermitteln und dann
- das Fahrverhalten im fahrdynamischen
  Grenzbereich dem Verhalten im Normal-
  bereich möglichst nahe kommen zu lassen
  (Sollverhalten).

Zur Bestimmung des Sollverhaltens werden
Signale von folgenden Komponenten, die
den Fahrerwunsch erfassen, ausgewertet:
- Motormanagementsystem (z. B. das
  Betätigen des Gaspedals),
- Vordrucksensor (z. B. das Betätigen der
  Bremse) oder
- Lenkradwinkelsensor (das Einschlagen
  des Lenkrads).

Der Fahrerwunsch ist damit als Sollwert
definiert. Zusätzlich gehen in die Berechnung des Sollverhaltens die Haftreibungszahlen und die Fahrzeuggeschwindigkeit
ein, die aus den Signalen der Sensoren für
- Raddrehzahl,
- Querbeschleunigung,
- Bremsdrücke und
- Giergeschwindigkeit im „Beobachter"
  geschätzt werden.

Das gewünschte Fahrverhalten wird durch
Aufbringen eines Giermoments auf das
Fahrzeug erreicht. Das gewünschte Giermoment wird durch Beeinflussung des
Reifenschlupfes und damit der Längs- und
Seitenkräfte erzeugt. Die Beeinflussung des
Reifenschlupfes geschieht durch Änderungen der Sollschlupfvorgaben, die von den
unterlagerten Brems- und Antriebs-
schlupfreglern eingestellt werden müssen.
Die Eingriffe werden dabei so vorgenommen, dass das vom Fahrzeughersteller vorgesehene Fahrverhalten sichergestellt und
die Beherrschbarkeit gewährleistet wird.

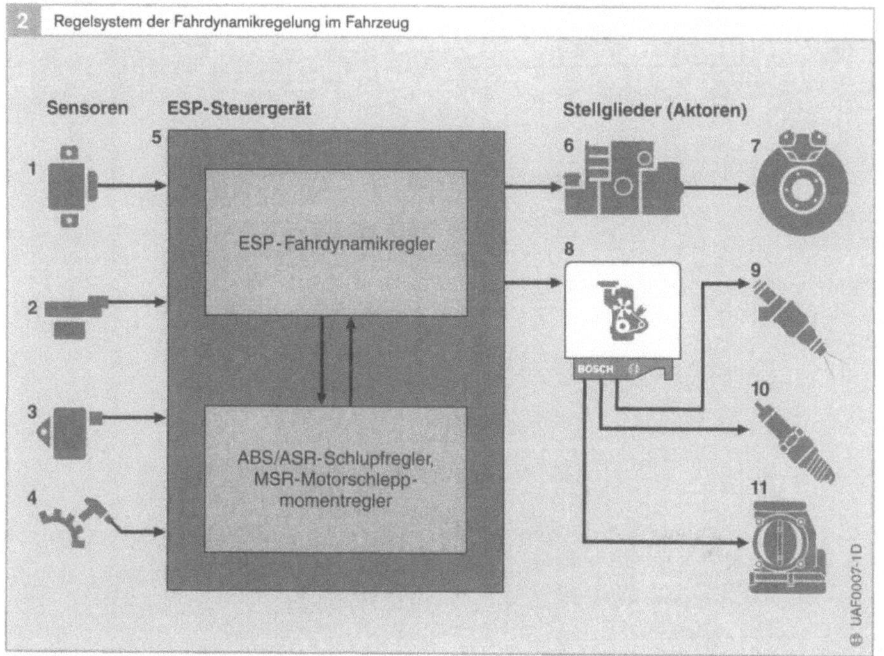

Bild 2
1   Drehratesensor mit
     Querbeschleuni-
     gungssensor
2   Lenkradwinkel-
     sensor
3   Vordrucksensor
4   Drehzahlsensoren
5   ESP-Steuergerät
6   Hydroaggregat
7   Radbremsen
8   Steuergerät des
     Motormanagements
9   Kraftstoff-
     einspritzung

nur für Ottomotoren:
10   Zündwinkeleingriff
11   Drosselklappen-
     eingriff (EGAS)

Um diesen Sollwert des Giermoments zu erzeugen, werden im Fahrdynamikregler die erforderlichen Sollwerte der Schlupfänderungen an den geeigneten Rädern ermittelt.

Die unterlagerten Brems- und Antriebsschlupfregler steuern die Aktoren der Bremshydraulik und des Motormanagements mit den ermittelten Werten an.

Aufbau
Bild 3 zeigt den Aufbau des Fahrdynamikreglers des ESP mit den Ein- und Ausgangsgrößen und dem Signalfluss in einem vereinfachten Blockbild. Aus den Größen

- Giergeschwindigkeit (Messgröße),
- Lenkradwinkel (Messgröße),
- Querbeschleunigung (Messgröße),
- Fahrzeuglängsgeschwindigkeit (Schätzgröße) und
- Reifenlängskräfte und Reifenschlupfwerte (Schätzgrößen)

ermittelt der Beobachter folgende Größen:
- Seitenkräfte am Rad,
- Schräglaufwinkel,
- Schwimmwinkel und
- Fahrzeugquergeschwindigkeit.

Die Sollwerte für den Schwimmwinkel und die Giergeschwindigkeit werden aus den

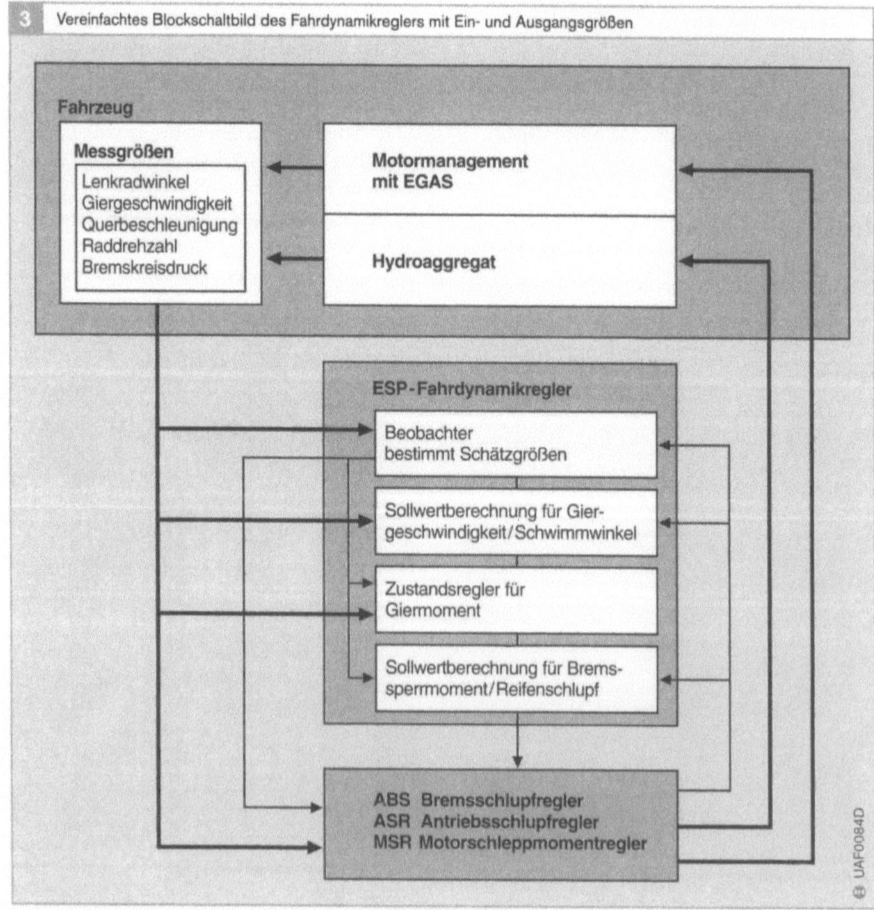

nachstehend aufgeführten Größen ermittelt, die vom Fahrer vorgegeben werden oder auf die der Fahrer einwirken kann:
- Lenkradwinkel,
- geschätzte Fahrzeuggeschwindigkeit,
- Haftreibungszahl, die aus der Längs- (Schätzgröße) und Querbeschleunigung (Messgröße) bestimmt wird, und
- Gaspedalstellung (Motormoment) oder Bremskreisdruck (Bremspedalkraft).

Dabei werden auch die speziellen Eigenschaften der Fahrzeugdynamik sowie besondere Situationen wie geneigte Fahrbahn oder „µ-split" (z. B. linke Fahrspur griffig, rechte Fahrspur glatt) berücksichtigt.

Arbeitsweise
Der Fahrdynamikregler regelt die beiden Zustandsgrößen Giergeschwindigkeit und Schwimmwinkel und berechnet das Giermoment, das benötigt wird, um die Istzustandsgrößen den Sollzustandsgrößen anzugleichen. Die Berücksichtigung des Schwimmwinkels im Regler nimmt mit steigenden Werten zu.

Dem Regelprogramm liegen die maximal mögliche Querbeschleunigung und andere fahrdynamisch wichtigen Größen zugrunde, die für jedes Fahrzeug im Versuch mit einer *stationären Kreisfahrt* ermittelt wurden. Der dabei ermittelte Zusammenhang zwischen Lenkwinkel sowie Fahrzeuggeschwindigkeit und Giergeschwindigkeit bildet sowohl bei gleichförmiger Fahrt als auch beim Bremsen und Beschleunigen die Grundlage für die Fahrzeugsollbewegung. Die Fahrzeugsollbewegung (Giersollgeschwindigkeit) ist als Einspurmodell in der Software gespeichert.

Die Giersollgeschwindigkeit muss entsprechend den Reibwertverhältnissen auf einen Wert begrenzt werden, der dem physikalisch noch „fahrbaren" Spurverlauf entspricht. Wenn das Fahrzeug z. B. beim freien Rollen in einer Rechtskurve übersteuert und die Giersollgeschwindigkeit überschritten wird (das Fahrzeug will sich zu schnell um die eigene Hochachse drehen), dann erzeugt

▶ **Einspurmodell**

Bereiche der Querbeschleunigung
Pkw können Querbeschleunigungen bis zu 10 m/s² erreichen. Querbeschleunigungen im Kleinsignalbereich (0...0,5 m/s²) werden z. B. durch Straßenanregungen wie Spurrillen oder durch Seitenwind verursacht.

Der lineare Bereich reicht von 0,5...4 m/s². Typische querdynamische Manöver sind Fahrspurwechsel oder Lastwechselreaktionen in der Kurvenfahrt. Das hier auftretende Fahrzeugverhalten lässt sich durch das lineare Einspurmodell beschreiben.

Im Übergangsbereich (4...6 m/s²) verhalten sich einige Fahrzeuge noch linear, andere bereits nicht linear.

Der Grenzbereich oberhalb 6 m/s² wird nur in Extremsituationen, z. B. in unfallnahen Situationen, erreicht. Hier ist das Fahrzeugverhalten stark nicht linear.

Annahmen beim Einspurmodell
Wichtige Aussagen über das querdynamische Verhalten eines Fahrzeugs können über das lineare Einspurmodell gewonnen werden. In dem Einspurmodell werden die querdynamischen Eigenschaften einer Achse und deren Räder zu einem effektiven Rad zusammengefasst. In der einfachsten Version sind die berücksichtigten Eigenschaften linear angesetzt, sodass diese Modellversion als lineares Einspurmodell bezeichnet wird.

Die wichtigsten Modellannahmen sind:

- Kinematik und Elastokinematik der Achse werden nur linear berücksichtigt.

- Der Seitenkraftaufbau des Reifens ist linear und das Reifenrückstellmoment wird vernachlässigt.

- Die Schwerpunktshöhe befindet sich in Fahrbahnhöhe. Damit besitzt das Fahrzeug nur die Gierbewegung als rotatorischen Freiheitsgrad. Wanken, Nicken und Huben (translatorische Bewegung in z-Richtung) werden nicht berücksichtigt.

die Fahrdynamikregelung am linken Vorderrad einen Bremssollschlupf (das linke Vorderrad bremst). Dadurch entsteht eine nach links drehende Giermomentänderung auf das zum „Ausbrechen" neigende Fahrzeug.

Wenn das Fahrzeug z. B. beim freien Rollen in einer Rechtskurve untersteuert und die Giersollgeschwindigkeit unterschritten wird (das Fahrzeug will sich zu langsam um die eigene Hochachse drehen), dann erzeugt die Fahrdynamikregelung am rechten Hinterrad einen Bremssollschlupf (das rechte Hinterrad bremst). Dadurch entsteht eine nach rechts drehende Giermomentenänderung auf das „über die Vorderachse schiebende" Fahrzeug.

ESP-Reglerfunktionen bei ABS- und ASR-Betrieb

Um für die ABS- und ASR-Grundfunktionen den höchstmöglichen Kraftschluss zwischen Reifen und Fahrbahn in jeder Fahrsituation voll auszunutzen, werden alle vorliegenden Mess- und Schätzgrößen auch von den unterlagerten Reglern konsequent verwertet.

Im ABS-Betrieb (Neigung der Räder zum Blockieren) übergibt der Fahrdynamikregler an den unterlagerten Bremsschlupfregler folgende Werte:
- die Fahrzeugquergeschwindigkeit,
- die Giergeschwindigkeit,
- den Lenkradwinkel und
- die Radgeschwindigkeiten zur Einstellung des ABS-Sollschlupfs.

Im ASR-Betrieb (Neigung der Räder zum Durchdrehen beim Anfahren oder Beschleunigen) übergibt der Fahrdynamikregler an den unterlagerten Antriebsschlupfregler folgende Offset-Werte:
- Änderung des Sollwertes für den Antriebsschlupf,
- Änderung des Schlupftoleranzbandes und
- Änderung eines Wertes zur Beeinflussung der Momentenreduktion.

Unterlagerter Bremsschlupfregler (ABS)

Der unterlagerte Bremsschlupfregler wird aktiv, sobald beim Bremsen der Sollschlupf überschritten wird und das ABS aktiviert werden muss. Die Regelung des Radschlupfes im ABS-Betrieb und im aktiven Bremsbetrieb muss für verschiedene fahrdynamische Eingriffe so exakt wie möglich geschehen. Um dabei einen vorgegebenen Sollwert zu erreichen, muss der Schlupf möglichst genau bekannt sein. Die Längsgeschwindigkeit des Fahrzeugs wird aber nicht direkt gemessen, sondern aus den Geschwindigkeiten der Räder bestimmt.

Aufbau und Arbeitsweise
Der Bremsschlupfregler „unterbremst" kurzzeitig ein Rad, um die Geschwindigkeit des Fahrzeugs indirekt zu messen: die Schlupfregelung wird unterbrochen und das aktuelle Radbremsmoment definiert gesenkt und eine Zeit lang konstant gehalten. Unter der Annahme, dass das Rad gegen Ende dieser Zeit stabil läuft, kann die freirollende (schlupffreie) Radgeschwindigkeit berechnet werden.

Mit der Berechnung der Schwerpunktsgeschwindigkeit können die frei rollenden Radgeschwindigkeiten aller vier Räder ermittelt werden. Somit kann auch für die verbleibenden drei geregelten Räder der tatsächliche Schlupf berechnet werden.

Unterlagerter Motorschleppmomentregler (MSR)
Aufgabe
Die Trägheit der sich bewegenden Teile in einem Motor bewirken beim Zurückschalten oder abrupten Gaswegnehmen immer eine bremsende Kraft auf die Antriebsräder. Wird diese Kraft und damit das wirkende Moment zu hoch, kann es nicht mehr von den Reifen auf die Straße übertragen werden. In dieser Situation greift die Motorschleppmomentregelung (durch „leichtes Gasgeben") ein.

Aufbau und Arbeitsweise
Neigen die Räder zum Blockieren, weil sich
z. B. der Fahrbahnuntergrund ändert und
deshalb das Motorbremsmoment zu hoch
geworden ist, kann dieser Tendenz durch
„leichtes Gasgeben" entgegengewirkt werden. Das heißt, das Steuergerät erhöht durch
Ansteuern der entsprechenden Aktoren des
Motormanagements mit EGAS-Funktion
das Antriebsmoment. Das antreibende Rad
wird in den erlaubten Grenzen mit dem
Motoreingriff geregelt.

Unterlagerter Antriebsschlupfregler (ASR)
Aufgabe
Der unterlagerte Antriebsschlupfregler wird
aktiv, sobald z. B. beim Anfahren oder Beschleunigen die Antriebsräder den Sollschlupf überschreiten und die ASR-Funktion aktiviert werden muss. Er hat u. a. die
Aufgabe, das Motorsollmoment im Antriebsfall auf das auf die Fahrbahn übertragbare Antriebsmoment zu begrenzen, um
damit ein Durchdrehen der Antriebsräder
zu verhindern.

Eingriffe an den angetriebenen Rädern
werden entweder durch Bremsen bzw. das
Motormanagement eingesteuert. Beim
Dieselmotor reduziert die Elektronische
Dieselregelung (EDC) über die eingespritzte
Kraftstoffmenge das Motormoment. Beim
Ottomotor kann dies durch Verstellung der
Drosselklappe (EGAS), aber auch über den
Zündwinkel oder Einspritzausblendung vor-
genommen werden.

Aktive Bremseingriffe an den nicht angetriebenen Rädern werden über den
Bremsschlupfregler direkt eingesteuert.
Abweichend vom ABS erhält ASR vom Fahrdynamikregler Werte für die Änderung des
Sollschlupfes und der zulässigen Schlupf-
differenz der angetriebenen Achse(n). Diese
Änderungen wirken in Form eines Offsets
auf die im ASR ermittelten Grundwerte.

Aufbau
Die Sollwerte für die Kardanwellen- und
Raddifferenzdrehzahl werden aus den
Schlupfsollwerten und den frei rollenden
Radgeschwindigkeiten gebildet. Die Regel-
größen Kardanwellen- und Raddifferenz-
drehzahl werden aus den jeweiligen Radge-
schwindigkeiten der Antriebsräder ermittelt.

Arbeitsweise
Das ASR-Modul berechnet die Bremssoll-
momente für die beiden Antriebsräder und
den Sollwert für die Motormomentreduzie-
rung über das Motormanagement.

Auf die Kardanwellendrehzahl wirkt das
Trägheitsmoment des gesamten Antriebsstrangs (Motor, Getriebe, Kardanwelle und
Antriebsräder). Die Kardanwellendrehzahl
wird deshalb durch eine relativ große Zeitkonstante (geringe Dynamik) beschrieben.
Dagegen ist die Zeitkonstante der Raddifferenzdrehzahl relativ klein, weil deren Dynamik fast ausschließlich durch die Trägheitsmomente der beiden Räder bestimmt wird.
Außerdem wird die Raddifferenzdrehzahl im
Gegensatz zur Kardanwellendrehzahl nicht
vom Motor beeinflusst.

Kardanwellen- und Differenzsollmoment
sind die Basis für die Zumessung der Stell-
kräfte bei den Aktoren. Das Differenzsollmoment wird durch den Bremsmoment-
unterschied zwischen linkem und rechtem
Antriebsrad über eine entsprechende Ventil-
ansteuerung im Hydroaggregat eingestellt.

Das Kardanwellensollmoment wird
sowohl durch die Motoreingriffe als auch
durch einen symmetrischen Bremseingriff
erreicht. Der Drosselklappeneingriff beim
Ottomotor ist nur mit relativ großer Verzögerung (Totzeit und Übergangsverhalten
des Motors) wirksam. Als schneller Motoreingriff wird eine Zündwinkelspätverstel-
lung und als weitere Möglichkeit eine zusätzliche Einspritzausblendung eingesetzt.
Der symmetrische Bremseingriff dient dabei
zur kurzfristigen Unterstützung der Motor-
momentreduzierung.

Mikromechanische Drehratesensoren

Anwendung

Mikromechanische Siliziumdrehrate- bzw. Giergeschwindigkeitssensoren (auch Gyrometer genannt) erfassen in Fahrzeugen mit Elektronischem Stabilitäts-Programm ESP zur Fahrdynamikregelung die Drehbewegungen eines Fahrzeugs um seine Hochachse, z. B. bei gewöhnlichen Kurvenfahrten, aber auch beim Ausbrechen oder Schleudern.

Diese Sensoren sind dabei, als kostengünstige, kompakt bauende Sensoren die bisher üblichen feinmechanischen Sensoren abzulösen.

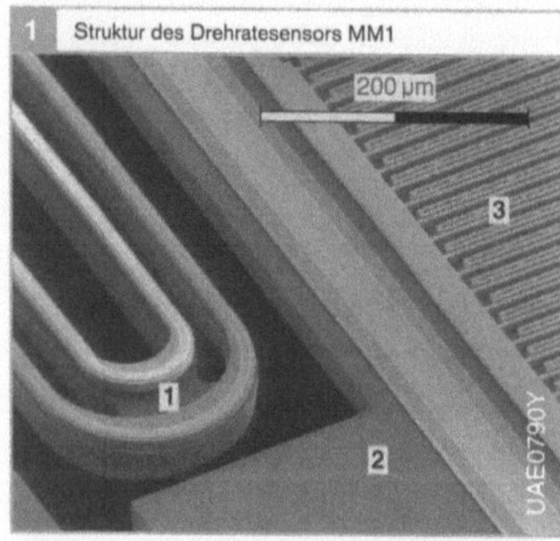

Bild 1

1 Halte-/Führungsfeder
2 Teil des Schwingkörpers
3 Coriolis-Beschleunigungssensor

Bild 2

1 Frequenzbestimmende Koppelfeder
2 Dauermagnet
3 Schwingrichtung
4 Schwingkörper
5 Coriolis-Beschleunigungssensor
6 Richtung der Coriolis-Beschleunigung
7 Halte-/Führungsfeder

Ω Drehrate
v Schwinggeschwindigkeit
B dauermagnetisches Feld

Aufbau und Arbeitsweise

Mikromechanischer Drehratesensor MM1

Zur Erzielung der für Fahrdynamiksysteme erforderlichen hohen Genauigkeit wird eine Mischtechnologie eingesetzt: zwei dickere, mittels Bulk-Mikromechanik aus einem Wafer herausgearbeitete Masseplatten schwingen im Gegentakt in ihrer Resonanzfrequenz, die durch ihre Masse und ihre Koppelfedersteife bestimmt ist (>2 kHz). Sie tragen jede einen oberflächenmikromechanischen, kapazitiven Beschleunigungssensor kleinster Abmessung, der Coriolis-Beschleunigungen in der Waferebene senkrecht zur Schwingrichtung erfassen kann, wenn sich der Sensorchip mit der Drehrate Ω um seine Hochachse dreht (Bilder 1 und 2). Sie sind proportional zum Produkt aus der Drehrate und der elektronisch auf einen konstanten Wert geregelten Schwinggeschwindigkeit.

Zum Antrieb dient eine einfache, Strom führende Leiterbahn auf der jeweiligen Schwingplatte, die in einem dauermagnetischen Feld B senkrecht zur Chipfläche eine Lorentz-Kraft erfährt. Mittels eines ebenso einfachen, Chipfläche sparenden Leiters wird mit dem gleichen Magnetfeld auf induktive Weise direkt die Schwinggeschwindigkeit gemessen. Die unterschiedliche physikalische Natur von Antriebs- und Sensorsystem vermeidet unerwünschtes

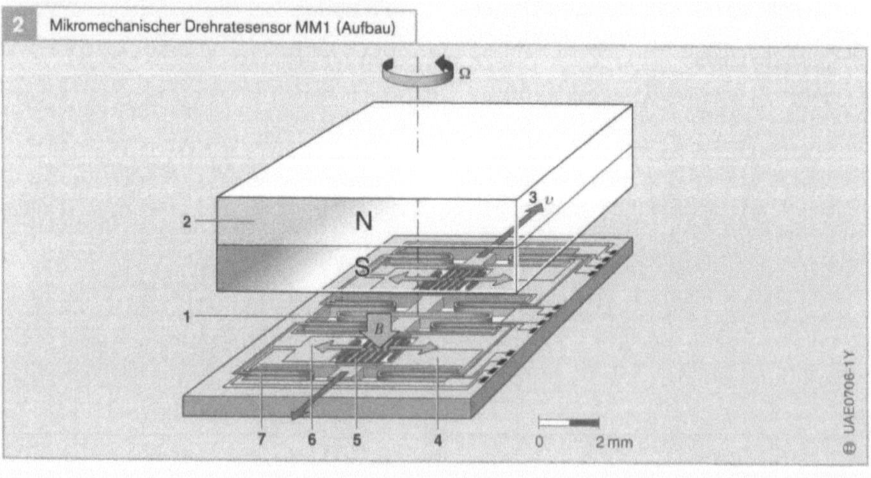

Übersprechen zwischen beiden Teilen. Die beiden gegenläufigen Sensorsignale werden zur Unterdrückung externer Fremdbeschleunigungen (Gleichtaktsignal) voneinander subtrahiert (durch Summenbildung kann man jedoch auf vorteilhafte Weise auch die äußere Fremdbeschleunigung messen). Der präzise mikromechanische Aufbau hilft, den Einfluss hoher Schwingbeschleunigung gegenüber der um mehrere Zehnerpotenzen niedrigeren Coriolis-Beschleunigung zu unterdrücken (Querempfindlichkeit weit unter 40 dB). Antriebs- und Messsystem sind hier mechanisch und elektrisch strengstens entkoppelt.

Mikromechanischer Drehratesensor MM2

Wird der Si-Drehratesensor ganz in Oberflächenmikromechanik (OMM) hergestellt und gleichzeitig das magnetische Antriebs- und Regelsystem durch ein elektrostatisches ersetzt, so lässt sich die Entkopplung von Antriebs- und Messsystem weniger konsequent verwirklichen: Ein zentral gelagerter Drehschwinger wird von Kammstrukturen (Bilder 3 und 4) elektrostatisch zu einer Schwingung angetrieben, deren Amplitude mithilfe eines gleichartigen, kapazitiven Abgriffs konstant geregelt wird. Coriolis-Kräfte erzwingen eine gleichzeitige „out-of-plane"-Kippbewegung, deren Amplitude zur Drehrate Ω proportional ist und die von den

unter dem Schwinger liegenden Elektroden kapazitiv detektiert wird. Um diese Bewegung nicht zu sehr zu bedämpfen, muss der Sensor in Vakuum betrieben werden. Zwar führt die geringere Chipgröße und der einfachere Herstellprozess zu einer deutlichen Kostenreduktion, doch verringert die Verkleinerung auch den ohnehin nicht großen Messeffekt und damit die erzielbare Genauigkeit. Sie stellt höhere Anforderungen an die Elektronik. Der Einfluss von seitlichen Fremdbeschleunigungen ist hier durch Lagerung in der Schwerpunktachse sowie hohe Biegesteifigkeit des Systems gegen Störbeschleunigungen vorteilhafterweise bereits mechanisch unterdrückt.

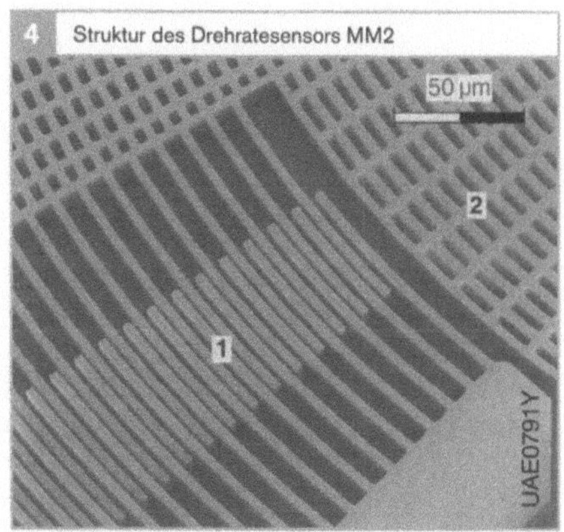

Bild 4
1   Kammstruktur
2   Drehschwinger

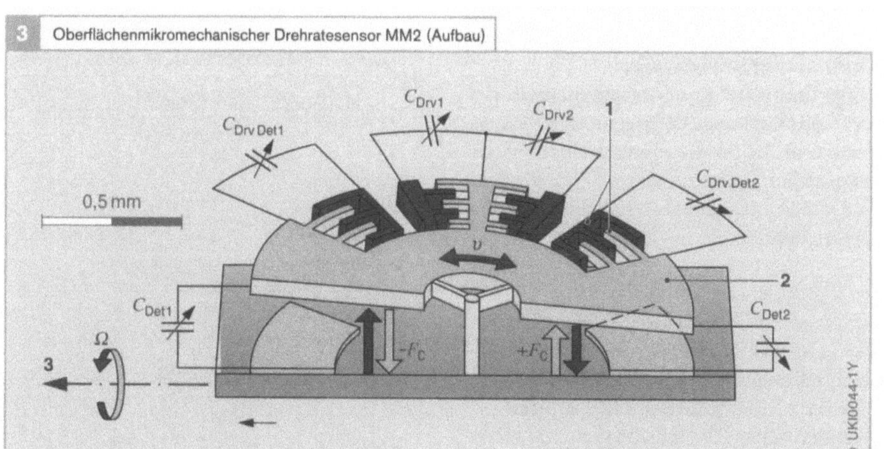

Bild 3
1   Kammstruktur
2   Drehschwinger
3   Messachse

C_{Drv} Antriebselektroden
C_{Det} kapazitiver Drehschwingabgriff
F_C Coriolis-Kraft
v Schwinggeschwindigkeit
$\Omega = \Delta C_{Det}$, zu messende Drehrate

Lenkradwinkelsensoren

Anwendung

Das Elektronische Stabilitäts-Programm (ESP) hat die Aufgabe, das Fahrzeug mit gezielten Bremseingriffen auf dem vom Fahrer vorgegebenen Sollkurs zu halten. Dazu werden in einem Steuergerät der eingestellte Lenkradwinkel und der eingegebene Bremsdruck mit der tatsächlichen Drehbewegung und der Geschwindigkeit des Fahrzeugs verglichen und bei Bedarf einzelne Räder abgebremst. Damit wird der „Schwimmwinkel" (Abweichung zwischen Fahrzeugachse und Fahrzeugbewegung) klein gehalten und ein Ausbrechen bis zum Erreichen der physikalischen Grenzen verhindert.

Zur Erfassung des Lenkradwinkels sind prinzipiell alle Arten von Winkelsensoren geeignet. Um die Sicherheit zu gewährleisten, werden aber Ausführungen benötigt, die entweder auf einfache Art auf Plausibilität geprüft werden können oder die sich idealerweise selbst überprüfen können. Eingesetzt werden Potentiometer, optische Code-Erfassung und magnetische Prinzipien. Bei den meisten verwendeten Sensoren ist allerdings eine ständige Registrierung und Speicherung der aktuellen Umdrehung des Lenkrads erforderlich, da gängige Winkelsensoren maximal 360° messen können, ein Pkw-Lenkrad aber einen Winkelbereich von ±720° (vier Umdrehungen insgesamt) hat.

Aufbau und Arbeitsweise

Abgestimmt auf Bosch-Steuergeräte gibt es zwei absolut messende, magnetische Winkelsensoren, die (im Gegensatz zu inkremental messenden Sensoren) zu jeder Zeit den Lenkradwinkel im gesamten Winkelbereich ausgeben können.

Hall-Lenkradwinkelsensor LWS1

Der Lenkradwinkelsensor LWS1 erfasst mit 14 „Hall-Schranken" den Winkel und die Umdrehung des Lenkrads. Eine Hall-Schranke funktioniert ähnlich wie eine Lichtschranke: ein Hall-Element misst das Feld eines benachbarten Magneten, das

durch eine mit der Lenksäule drehbaren metallischen Codescheibe stark geschwächt oder abgeschirmt werden kann. Auf diese Weise ergibt sich mit neun Hall-IC der Winkel des Lenkrads als digitale Information. Die restlichen fünf Hall-Sensoren registrieren die Umdrehung, die durch eine Getriebeuntersetzung im Verhältnis 4:1 in den eindeutigen 360°-Bereich übertragen wird.

Die Explosionsdarstellung des Lenkradwinkelsensors LWS1 (Bild 1) zeigt oben die neun Magnete, die durch die darunter liegende weichmagnetische Codescheibe je nach Lenkradstellung einzeln abgeschirmt werden. Auf der Leiterplatte direkt darunter befinden sich Hall-Schalter (IC) und ein Mikroprozessor, in dem Plausibilitätstests ablaufen sowie die Winkelinformation dekodiert und für den CAN-Bus aufbereitet wird. Im unteren Bereich folgen das Getriebe und die weiteren fünf Hall-Schranken.

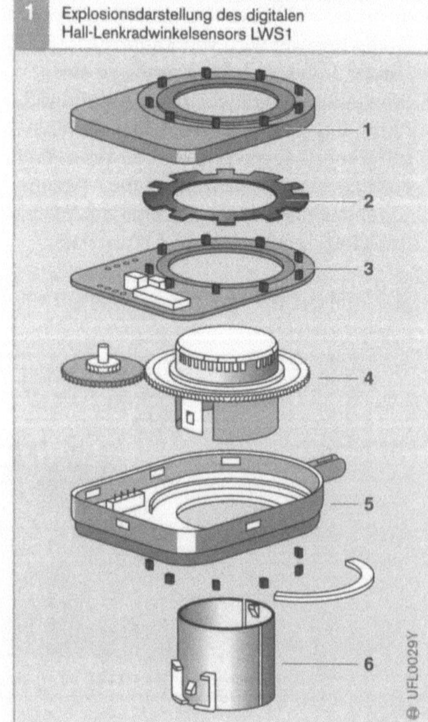

1 Explosionsdarstellung des digitalen Hall-Lenkradwinkelsensors LWS1

Bild 1
1 Gehäusedeckel mit neun äquidistant angeordneten Permanentmagneten
2 Codescheibe (weichmagnetisches Material)
3 Leiterplatte mit 9 Hall-Schaltern und Mikroprozessor
4 Getriebe
5 weitere fünf Hall-Schranken
6 Befestigungshülse für Lenksäule

Die hohe Zahl von Sensorelementen sowie die erforderliche äquidistante (in gleichen Abständen) und zu den Hall-IC fluchtende Anordnung der Magnete hat zu einer Ablösung des Lenkradwinkelsensors LWS1 durch den LWS3 geführt.

Magnetoresistiver Lenkradwinkelsensor LWS3

Auch der Lenkradwinkelsensor LWS3 arbeitet mit „Anisotrop magnetoresistiven Sensoren" (AMR), deren elektrischer Widerstand sich durch die Richtung eines äußeren Magnetfelds verändert. Die Winkelinformation über einen Bereich von vier vollen Umdrehungen ergibt sich dabei durch das Messen der Winkel zweier Zahnräder, die ein Zahnrad auf der Lenkwelle antreibt. Die beiden Zahnräder haben einen Zahn Differenz, wodurch zu jeder möglichen Stellung des Lenkrades ein eindeutiges Winkelwertepaar gehört.

Durch einen mathematischen Algorithmus (nach bestimmtem Schema ablaufender Rechenvorgang), der als modifiziertes Noniusprinzip bezeichnet wird, kann auf diese Weise der Lenkradwinkel in einem Mikroprozessor berechnet werden, wobei selbst Messungenauigkeiten der beiden AMR-Sensoren korrigiert werden können. Zusätzlich besteht die Möglichkeit einer Selbstkontrolle, sodass über den CAN-Ausgang ein sehr plausibler Messwert an das Steuergerät übermittelt werden kann.

Bild 2 zeigt den schematischen Aufbau des Lenkradwinkelsensors LWS3. Zu erkennen sind die beiden Zahnräder, in denen Magnete eingelassen sind. Darüber sind die Sensoren und die Auswerteelektronik angeordnet.

Auch bei dieser Ausführung zwingt der Kostendruck, neue Sensierungsmöglichkeiten zu untersuchen. Dabei wird geprüft, ob ein einzelner AMR-Winkelsensor (LWS4), der dann allerdings nur 360° eindeutig messen kann, am Wellenende der Lenkachse ausreicht, um die erforderliche Sicherheit für ESP gewährleisten zu können (Bild 4).

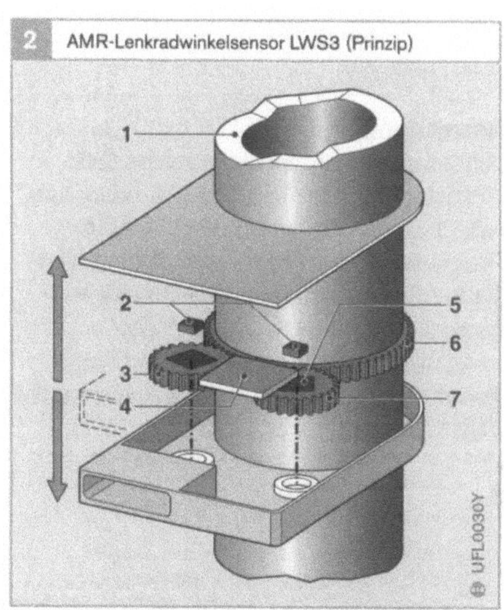

2 AMR-Lenkradwinkelsensor LWS3 (Prinzip)

Bild 2
1   Lenkwelle
2   AMR-Messzellen
3   Zahnrad mit m Zähnen
4   Auswerteelektronik
5   Magnete
6   Zahnrad mit n > m Zähnen
7   Zahnrad mit m +1 Zähnen

3 AMR-Lenkradwinkelsensor LWS3 (Ansicht)

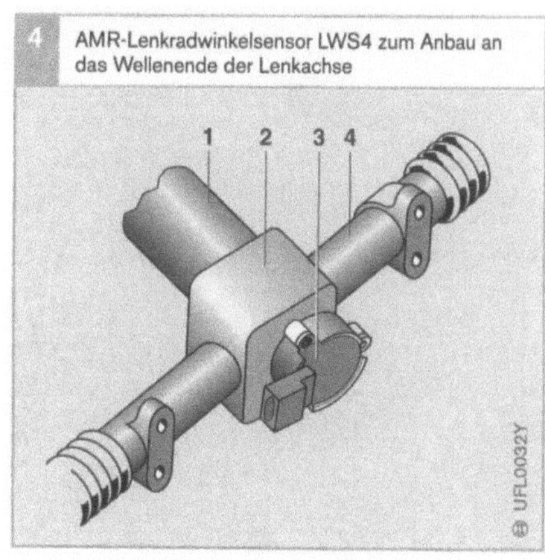

4 AMR-Lenkradwinkelsensor LWS4 zum Anbau an das Wellenende der Lenkachse

Bild 4
1   Lenksäule
2   Lenkgetriebe
3   Lenkwinkelsensor
4   Zahnstange

Hall-Beschleunigungs-sensoren

Anwendung

Fahrzeuge mit Antiblockiersystem ABS, Antriebschlupfregelung ASR, Allradantrieb oder auch mit Elektronischem Stabilitäts-Programm ESP verfügen zusätzlich zu den Radsensoren über einen Hall-Beschleunigungssensor zur Messung der Fahrzeuglängs- und Fahrzeugquerbeschleunigungen (je nach Einbaulage, bezogen auf die Fahrtrichtung).

Aufbau

Im Hall-Beschleunigungssensor kommt ein „elastisch" befestigtes Feder-Masse-System zur Anwendung (Bilder 1 und 2).

Es besteht aus einer hochkant gestellten bandförmigen Feder (3), die an einem Ende fest eingespannt ist. An ihrem freien Ende ist ein Dauermagnet (2) als seismische Masse aufgesetzt. Über dem Dauermagnet befindet sich der eigentliche Hall-Sensor (1) mit der Auswerteelektronik. Unter dem Magnet sitzt eine kleine Dämpferplatte (4) aus Kupfer.

Arbeitsweise

Unterliegt der Sensor einer quer zur Feder wirkenden Beschleunigung, so verändert das Feder-Masse-System seine Ruhelage. Die Auslenkung ist ein Maß für die Beschleunigung. Der vom bewegten Magneten ausgehende magnetische Fluss F erzeugt im Hall-Sensor die Hall-Spannung U_H. Die daraus abgeleitete Ausgangsspannung U_A der Auswerteelektronik steigt linear mit der Beschleunigung an (Bild 3, Messbereich ca. 1 g).

Der Sensor ist für eine geringe Bandbreite von einigen Hz ausgelegt und ist elektrodynamisch gedämpft.

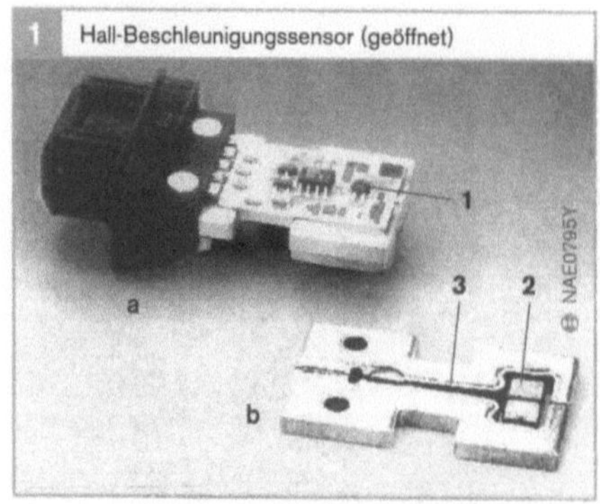

Bild 1
a Elektronik
b Feder-Masse-System
1 Hall-Sensor
2 Dauermagnet
3 Feder

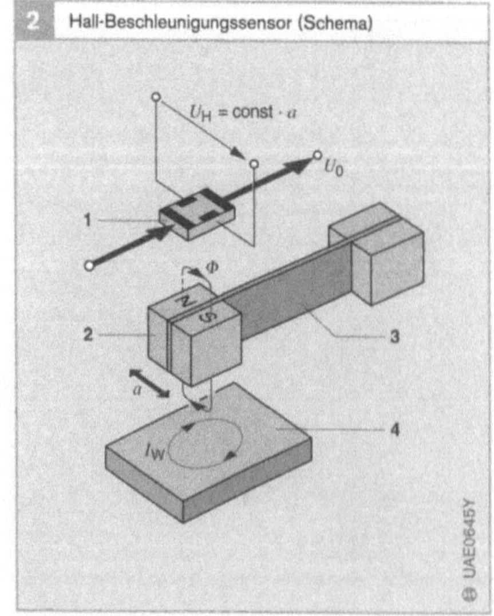

Bild 2
1 Hall-Sensor
2 Dauermagnet
3 Feder
4 Dämpferplatte
I_W Wirbelstrom (Dämpfung)
U_H Hall-Spannung
U_0 Versorgungsspannung
Φ magnetischer Fluss
a aufgenommene (Quer-)Beschleunigung

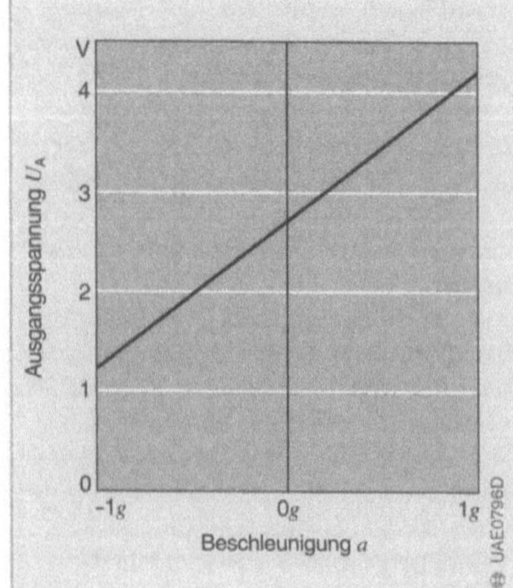

Die Mikromechanik macht es möglich, Sensorfunktionen auf kleinstem Raum auszuführen. Die typischen mechanischen Dimensionen bewegen sich bis in den Bereich von Mikrometern. Speziell Silizium mit seinen besonderen Eigenschaften hat sich dabei als geeignetes Material zum Herstellen der sehr kleinen, oft filigranen mechanischen Strukturen herausgestellt. Seine Elastizität, kombiniert mit seinen elektrischen Eigenschaften, ist nahezu ideal für die Herstellung von Sensoren. Mit abgewandelten Prozessen der Halbleitertechnik können mechanische und elektronische Funktionen der Sensoren auf einem Chip oder auf andere Weise integriert werden.

1994 ging ein Ansaugdrucksensor zur Lasterfassung im Kfz als erstes Produkt mit einer mikromechanischen Messzelle von Bosch in Serie. Neuere Beispiele für die Miniaturisierung sind mikromechanische Beschleunigungs- und Drehratesensoren in Fahrsicherheitssystemen für den Insassenschutz und die Fahrdynamikregelung. Die untenstehenden Abbildungen veranschaulichen sehr gut die minimalen Größenverhältnisse.

Mikromechanischer Beschleunigungssensor

Schaltung

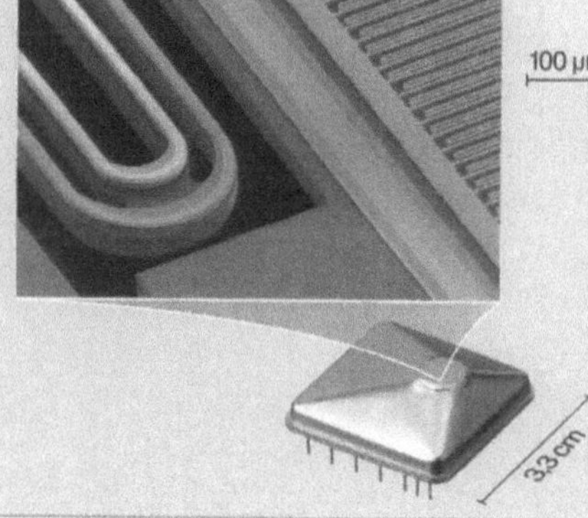

Kammstruktur im Vergleich zu einem Insekt

Mikromechanische Drehratesensoren

DRS-MM1 Fahrdynamikregelung

DRS-MM2 Überrollsensierung, Navigation

Automatische Bremsfunktionen

Die Möglichkeiten elektronischer Bremssysteme gehen heute weit über ihre ursprünglichen Aufgaben hinaus. Anfangs
hatte das Antiblockiersystem (ABS) nur die
Aufgabe, das Blockieren der Räder zu verhindern und damit die Lenkbarkeit des
Fahrzeugs auch bei einer Vollbremsung zu
gewährleisten. Heute übernimmt es auch
die Funktion der Bremskraftverteilung. Das
Elektronische Stabilitäts-Programm (ESP)
bietet mit seiner Fähigkeit, unabhängig von
der Bremspedalstellung Bremsdruck aufzubauen, eine Vielzahl von Möglichkeiten
zum aktiven Bremseingriff. Ziel ist es, mit
automatischen Bremseingriffen den Fahrer
zu entlasten und damit mehr Komfort zu
bieten. Einige Funktionen tragen aber auch
zu mehr Sicherheit bei, da automatische
Bremseingriffe im Notfall zu verkürzten
Bremswegen führen.

Übersicht

Als Grundfunktion der elektronischen
Bremssysteme hat sich die Elektronische
Bremskraftverteilung (EBV) durchgesetzt,
die die mechanischen Komponenten zur
Bremskraftaufteilung zwischen Vorder- und
Hinterachse ersetzt. Dadurch werden zum
einen Kosten eingespart, zum anderen bietet
die elektronische Verteilung der Bremskraft
eine höhere Flexibilität.

Zusätzliche Funktionen werden schritt-
weise in die elektronischen Bremssysteme
integriert. Derzeit stehen folgende Zusatzfunktionen zur Verfügung:

- *Hydraulic Brake Assist (HBA):*
  HBA erkennt Notbremssituationen und
  verkürzt den Bremsweg, indem Brems-
  druck bis zur Blockiergrenze aufgebaut
  wird.
- *Controlled Deceleration for Parking Brake
  (CDP):*
  CDP ermöglicht auf Anforderung des
  Fahrers eine Abbremsung bis zum Fahr-
  zeugstillstand.

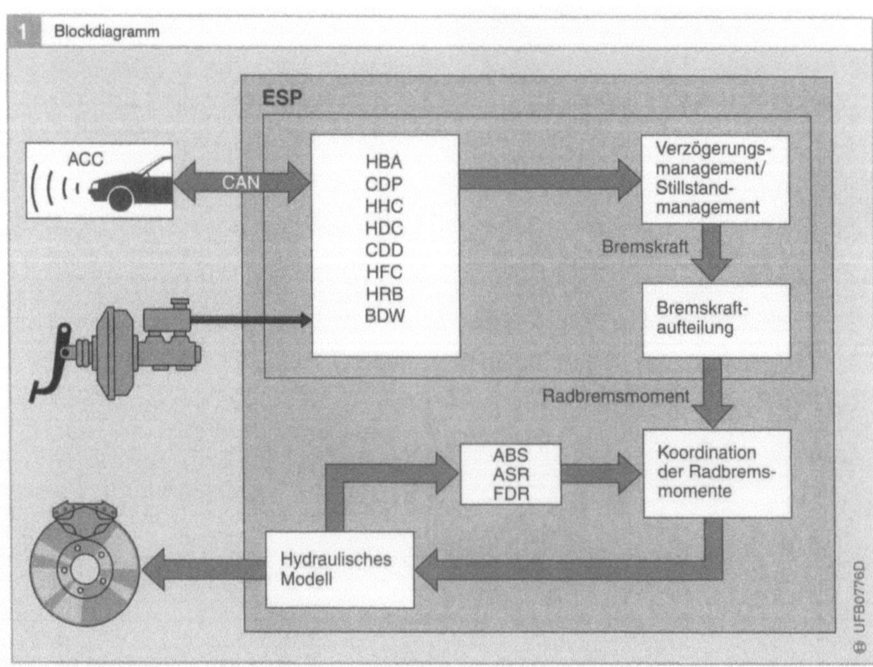

- *Hill Hold Control (HHC):*
  HHC greift beim Anfahren am Berg in die Bremsanlage ein und verhindert ein Rückrollen des Fahrzeugs.
- *Hill Descent Control (HDC):*
  HDC unterstützt den Fahrer beim Bergabfahren im steilen Gelände durch automatischen Bremseingriff.
- *Controlled Deceleration for Driver Assistance Systems (CDD):*
  CDD leitet in Verbindung mit einer automatischen Abstandsregelung im Bedarfsfall eine Abbremsung ein.
- *Hydraulic Fading Compensation (HFC):*
  HFC greift ein, wenn trotz starker Bremspedalbetätigung, z. B. wegen hoher Bremsscheibentemperaturen, die maximal mögliche Fahrzeugverzögerung nicht erreicht wird.
- *Hydraulic Rear Wheel Boost (HRB):*
  HRB erhöht bei einer ABS-Bremsung den Bremsdruck auch in den Hinterrädern bis zum Blockierniveau.

- *Brake Disc Wiping (BDW):*
  BDW entfernt durch kurzzeitiges, für den Fahrer unmerkliches Bremsen Spritzwasser von den Bremsscheiben.

Diese Funktionen arbeiten in Verbindung mit dem Elektronischen Stabilitäts-Programm (ESP). Teilweise ist auch die Funktionsfähigkeit in Verbindung mit dem Antiblockiersystem (ABS) oder der Antriebsschlupfregelung (ASR) gegeben.

Die meisten Zusatzfunktionen arbeiten mit der Sensorik der bestehenden elektronischen Bremssysteme. Einige Funktionen erfordern jedoch zusätzliche Sensoren.

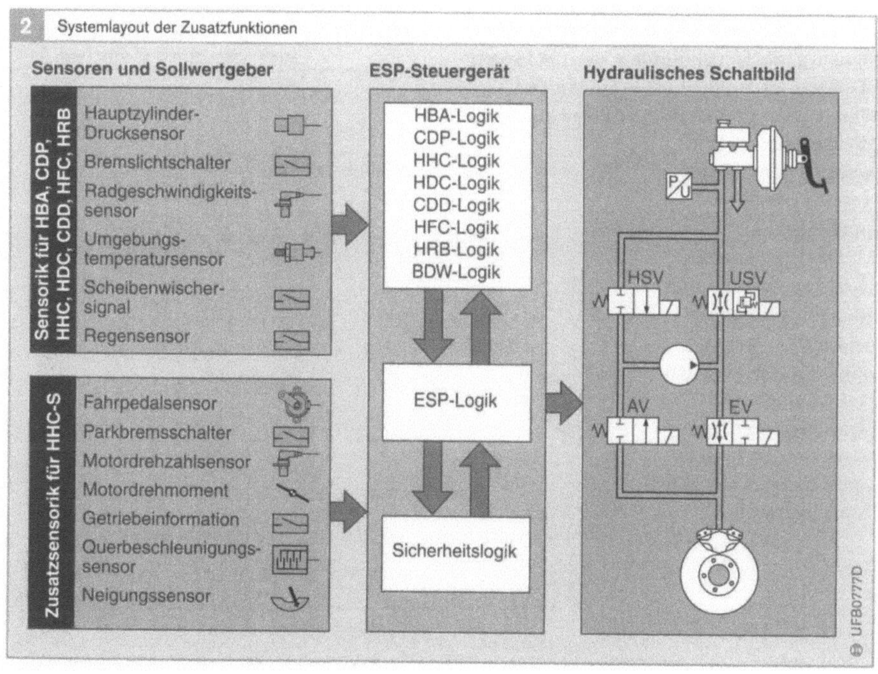

Standardfunktion

Elektronische Bremskraftverteilung EBV

Anforderungen

Die Bremssysteme von Straßenfahrzeugen müssen entsprechend den gültigen Bestimmungen so ausgelegt werden, dass bis zu einer Verzögerung von $0{,}83\,g$ [1] und bei allen Fahrmanövern das Fahrzeug ein stabiles Fahrverhalten, d. h. keine Tendenz zum Schleudern aufweist.

Konventionelle Bremskraftverteilung

Bei Fahrzeugen ohne ABS erreicht man stabiles Fahrverhalten durch eine Festabstimmung der Vorderachs- und Hinterachsbremsen oder durch den Einsatz von Bremsdruckminderern für die Hinterradbremsen (Bild 1).

Kurve 2 zeigt eine Festabstimmung des Fahrzeugs, die im Bereich $0\dots0{,}83\,g$ unterhalb der idealen Bremskraftverteilung 1l des leeren Fahrzeugs liegt und eine mögliche größere Hinterachsbremskraft nicht ausnutzt; bei voll beladenem Fahrzeug (Kurve 1b) ist die Bremskraftausnutzung noch geringer. Kurve 3 zeigt das Verhalten mit einem Bremsdruckminderer, was bei leerem Fahrzeug einen deutlichen Gewinn an Hinterachs-Bremskraft zur Folge hat. Bei beladenem Fahrzeug ist der Gewinn jedoch verhältnismäßig gering.

Das letztgenannte Verhalten kann durch den Einbau von beladungs- oder verzögerungsabhängigen Druckminderern verbessert werden, aber zum Preis einer aufwändigen Mechanik und Hydraulik.

Elektronische Verteilung

Die Elektronische Bremskraftverteilung (EBV) ermöglicht eine bedarfsgerechte Bremsenauslegung des Fahrzeugs: Die Hinterachse wird bei überwachtem Stabilitätsverhalten stärker zur Gesamtabbremsung des Fahrzeugs herangezogen, z. B. durch Wegfall des Bremsdruckminderes oder durch verstärkt ausgelegte Hinterradbremsen. Daraus ergibt sich ein Bremskraftpotenzial für die Vorderachse, das gerade bei Fahrzeugen mit hoher Vorderachslast ausgenutzt werden kann.

Aufbau

Das Fahrzeug wird so ausgelegt, dass man ohne Bremsdruckminderer eine Festabstimmung mit einem Durchstoßpunkt P (Bild 2) an der idealen Bremskraftverteilung (Kurve 1) bei kleineren Werten der Gesamtabbremsung erhält, z. B. $0{,}5\,g$. Der Einsatz eines ABS mit vorhandener Hydraulik, Sensorik und Elektronik, jedoch mit modifizierten Ventilen und Software ermöglicht, bei höheren Werten der Gesamtabbremsung die Bremskraft an der Hinterachse zu reduzieren.

[1] Erdbeschleunigung $g = 9{,}81\ \mathrm{m/s^2}$

Bild 1

1   Ideale Bremskraftverteilung eines Fahrzeugs:
1l Fahrzeug leer
1b Fahrzeug voll beladen
2   feste Bremskraftverteilung (Festabstimmung)
3   Bremskraftverteilung mit Bremsdruckminderer
4   Gerade für Abbremsung $0{,}83\,g$ (g: Erdbeschleunigung)

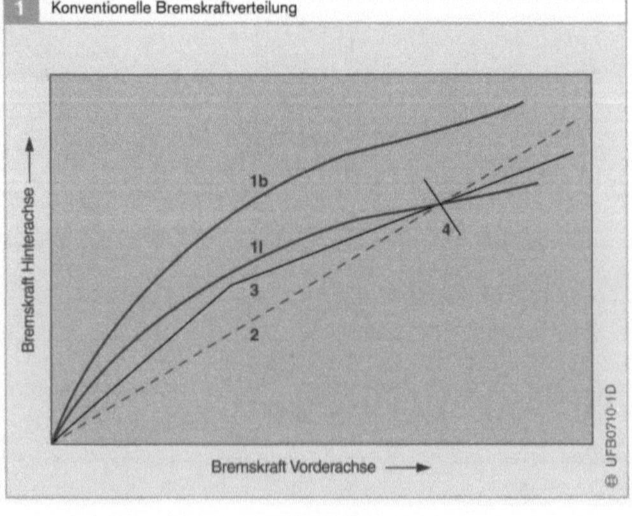

Arbeitweise
Das Steuergerät berechnet ständig die
Schlupfunterschiede an den Vorder- und
Hinterrädern in allen Fahrzuständen. Überschreitet bei einem Bremsvorgang das
Schlupfverhältnis Hinterrad zu Vorderrad
einen vorgegebenen Stabilitäts-Grenzwert,
dann wird das ABS-Druckeinlassventil des
entsprechenden Hinterrades geschlossen.
Ein weiterer Druckanstieg im Radzylinder
wird verhindert.

Steigert der Fahrer nun weiter die Bremspedalkraft und damit den Bremsdruck, dann
nimmt auch der Schlupf an den Vorderrädern zu. Das Verhältnis der Schlupfwerte
an Hinter- und Vorderrädern wird wieder
kleiner, das Druckeinlassventil wird nun
geöffnet und der Druck an Hinterrad steigt
wieder an. Das beschriebene Verhalten kann
sich abhängig von Bremspedalkraft und vom
Fahrmanöver mehrfach wiederholen. Es ergibt sich dann ein treppenförmiger Verlauf
für die Elektronische Bremskraftverteilung
(Kurve 3), der sich näherungsweise an die
ideale Bremskraftverteilung anschmiegt.

Für die Elektronische Bremskraftverteilung
(EBV) werden nur die Hinterradventile des
ABS angesteuert, der Rückförderpumpen-
motor im Hydroaggregat bleibt stromlos.

Vorteile
Aus dem skizzierten Verhalten ergeben sich
folgende Vorteile für die EBV:
- Optimierte Fahrzeugstabilität bei allen
  Beladungszuständen und Seitenführungs-
  kräften bei Kurvenfahrten, bei Bergauf-
  und -abfahrten und Änderungen im
  Antriebsstrang (ein-, ausgekuppelt, Automatikgetriebe),
- Wegfall von konventionellen Druckminderern oder -begrenzern,
- Verringerung der thermischen Belastung
  der Vorderradbremsen,
- gleichmäßige Abnutzung der Bremsbeläge
  vorn und hinten,
- höhere Fahrzeugverzögerung bei gleichen
  Pedalkräften,
- konstante Bremskraftverteilung während
  der Fahrzeuglebensdauer,
- nur geringfügige Änderungen an bestehenden ABS-Komponenten erforderlich.

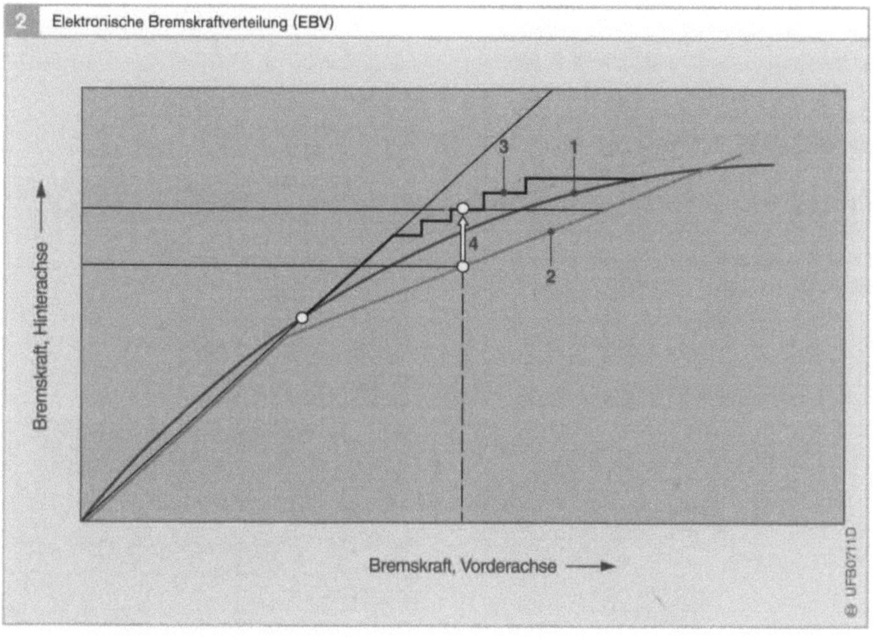

2 Elektronische Bremskraftverteilung (EBV)

Bild 2
1 Ideale Bremskraft-
  verteilung
2 installierte Brems-
  kraftverteilung
3 Elektronische
  Bremskraftverteilung
4 Gewinn an Brems-
  kraft an der Hinter-
  achse

Zusatzfunktionen

Hydraulic Brake Assist HBA

Das Hauptmerkmal des hydraulischen
Bremsassistenten besteht in der Erkennung
einer Notbremssituation und einer daraus
abgeleiteten automatischen Erhöhung der
Fahrzeugverzögerung. Die Fahrzeugverzögerung wird erst durch das Einsetzen der ABS-
Regelung begrenzt und liegt somit an dem
physikalisch möglichen Optimum. So ergeben sich für den Normalfahrer genauso
kurze Bremswege wie sie bislang nur von
trainierten Fahrern erreicht werden konnten. Reduziert der Fahrer seine Bremsanforderung, wird entsprechend der Pedalkraft
die Fahrzeugverzögerung reduziert. Der
Fahrer kann somit die Verzögerung nach
einer eventuellen Klärung der Notsituation
genau dosieren.

Das Maß für die Bremsanforderung des
Fahrers ist die Pedalkraft bzw. der Pedaldruck. Der Pedaldruck wird von dem
gemessenen Hauptzylinderdruck unter Berücksichtigung der momentanen Hydraulik-
ansteuerung abgeleitet.

Der Fahrer hat zu jeder Zeit die volle Eingriffsmöglichkeit auf die Bremse und kann
somit das Fahrzeugverhalten direkt beeinflussen. Der HBA kann lediglich eine Bremsdruckerhöhung einstellen. Das heißt, der
vom Fahrer eingestellte Vordruck wird auf
jeden Fall durchgestellt. Bei einem System-
fehler erfolgt eine HBA-Abschaltung
(Abschaltkonzept) mit Ausgabe einer Fehler-
information für den Fahrer.

Controlled Deceleration for Parking Brake CDP

Die Elektromechanische Parkbremse (EPB)
ist ein automatisiertes Feststellbremssystem.
Sie ersetzt den konventionellen Handbrems-
oder Fußfeststellhebel durch einen Elektromotor. Die Parkbremse hat aber den Nachteil, dass diese nur auf die Hinterachse wirkt
und bei einer Notverzögerung in ihrer
Bremskraft begrenzt ist. Um auch höhere
Verzögerungen komfortabel zu realisieren
und gleichzeitig für die Fahrzeugstabilität
die überlagerten Regler eines ESP-Systems
zu nutzen, bietet sich die CDP-Funktion an.

Die CDP-Funktion ist eine Zusatzfunktion
zur aktiven Bremsdruckerhöhung bei einem
Fahrzeug mit hydraulischer Bremsanlage
und ESP-System. Die CDP-Funktion ermöglicht auf Aufforderung des Fahrers automatisch eine Verzögerung des Fahrzeugs bis
zum Stillstand. Nach Erreichen des Fahrzeugstillstands übernimmt die ESP-Hydraulik auch für kurze Zeit alle statischen Fest-
stellbremsvorgänge.

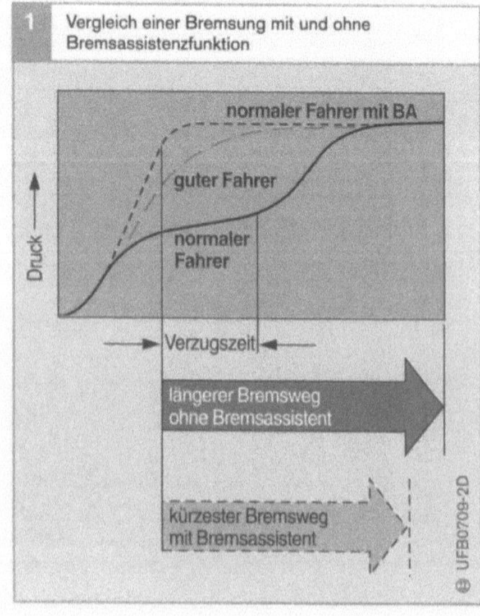

Hill Hold Control HHC

Der Anfahrassistent (Hill Hold Control, HHC) ist eine Komfortfunktion und verhindert beim Anfahren an Steigungen das Rückrollen des Fahrzeugs. Die Steigung wird dabei durch einen Neigungssensor (Längsbeschleunigungssensor) ermittelt. Erforderlich für den Anfahrassistenten ist der bei Fahrzeugstillstand vorhandene Bremsdruck, welcher durch die betätigte Fußbremse aufgebaut wurde.

Der während des Anhaltevorgangs durch den Fahrer vorgegebene Bremsdruck wird bei Erkennen des Fahrzeugstillstands in der Bremsanlage gehalten, auch wenn das Bremspedal nicht mehr betätigt ist. Spätestens nach einer Druckhaltezeit von bis zu maximal zwei Sekunden wird der Bremsdruck abgebaut. Innerhalb dieser Zeit kann der Fahrer das Gaspedal betätigen und den Anfahrvorgang durchführen. Nach Erkennen des Anfahrwunsches wird der Bremsdruck abgebaut.

Ein Anfahrwunsch liegt vor, wenn das Motormoment ausreicht, um das Fahrzeug in die gewünschte Fahrtrichtung zu bewegen. Der Anfahrwunsch kann sowohl vom Fahrer durch Betätigung von Gaspedal und/oder Kupplung als auch vom Getriebe durch Abgabe eines Motormoments (z. B. Automatik/CVT) getriggert werden.

Der Bremsdruck wird nicht in der Bremsanlage gehalten, wenn während des Stillstands bereits genügend Motormoment anliegt (z. B. durch den Vortrieb des Automatikgetriebes).

Wird das Gaspedal innerhalb der fahrzeugspezifischen Haltezeit betätigt, so verlängert sich die Haltezeit, bis ausreichend Motormoment zum Anfahren vorhanden ist.

Ist weder das Gas- noch das Bremspedal betätigt, wird die Funktion spätestens nach zwei Sekunden abgebrochen. Dabei rollt das Fahrzeug an.

Die HHC-Funktion wird als Zusatzfunktion zum ESP ausgelegt und benutzt Teile dieser Systeme. Die Aktivierung erfolgt automatisch.

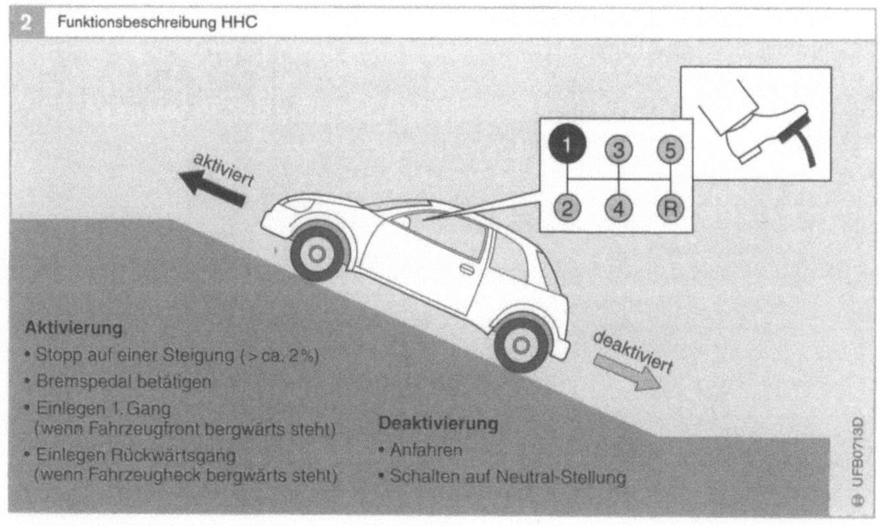

Hill Descent Control HDC

Die Hill Descent Control (HDC) ist eine Komfortfunktion, die den Fahrer beim Bergabfahren im Gelände (bis 50 % Gefälle) durch automatischen Bremseingriff unterstützt. Nach Aktivieren dieser Funktion wird ohne Zutun des Fahrers eine vorgegebene, niedrige Sollgeschwindigkeit eingeregelt.

Aktivierung und Deaktivierung der HDC-Funktion erfolgen grundsätzlich durch Betätigung des HDC-Tasters.

Bei Bedarf kann der Fahrer die voreingestellte Sollgeschwindigkeit durch Brems- und Gaspedalbetätigung oder mithilfe der Bedientasten einer Geschwindigkeitsregelanlage variieren.

Laufen die Räder während einer HDC-Regelung in zu hohen Bremsschlupf, so wird selbsttätig ABS aktiv. Befinden sich die Räder auf unterschiedlichem Untergrund, so wird das Bremsmoment der schlupfenden Räder automatisch auf die Räder mit höherem Reibwert verteilt.

Ein zur Verfügung stehendes Motorbremsmoment wird automatisch ausgenutzt. Gegenüber der ausschließlichen Ausnutzung des Motorschlepps bietet HDC jedoch den zusätzlichen Vorteil, dass bei abhebenden Rädern (Verlust des Motorschlepps) die Fahrzeuggeschwindigkeit gehalten wird, und es nicht zu plötzlichen Beschleunigungsphasen kommt.

Ein weiterer Vorzug der HDC-Funktion ist die variable Verteilung der Bremskraft, die an die automatische Fahrtrichtungserkennung gekoppelt ist. Bei Rückwärtsfahrt wird die Hinterachse entsprechend stärker gebremst, um auch bei entlasteter Vorderachse eine optimale Lenkbarkeit zu ermöglichen.

Innerhalb HDC ist eine Funktion (Level Ground Detection) vorhanden, welche einen Bremseneingriff durch HDC nur bei Bergabfahrt zulässt. Befindet sich das Fahrzeug in der Ebene oder in Bergauffahrt, wechselt HDC in einen Bereitschaftszustand, um automatisch wieder aktiv zu werden, sobald Bergabfahrt erkannt wird.

Um einem Missbrauch durch den Fahrer vorzubeugen, tritt der HDC-Bereitschaftszustand außerdem ein, falls das Fahrpedal über eine Schwelle hinaus betätigt oder eine maximale Regelgeschwindigkeit überschritten wird. Beschleunigt das Fahrzeug weiterhin über eine Abschaltgeschwindigkeit hinaus, wird HDC deaktiviert.

Der Zustand der HDC-Funktion wird durch eine HDC-Kontrollleuchte angezeigt. Bei Bremseingriffen durch HDC wird außerdem das Bremslicht angesteuert.

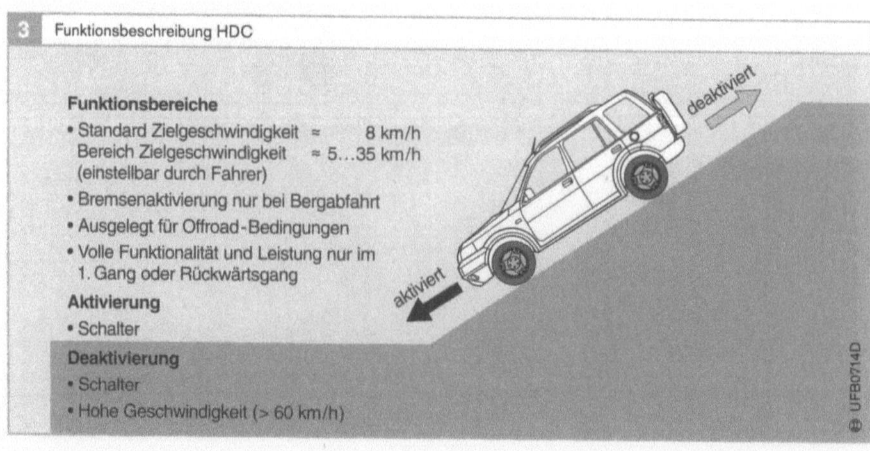

Controlled Deceleration for Driver Assistance Systems CDD

Die CDD-Basis-Funktion ist eine Zusatzfunktion zur Realisierung des aktiven Bremseingriffs bei der adaptiven Fahrgeschwindigkeitsregelung (Adaptive Cruise Control, ACC), d. h. für eine automatische Abstandsregelung. Ziel ist eine automatische Abbremsung ohne Bremsbetätigung des Fahrers, sobald ein vorgegebener Abstand zum vorausfahrenden Fahrzeug unterschritten wird. CDD basiert auf einer hydraulischen Bremsanlage und einem ESP-System.

Der Eingang der CDD-Funktion ist eine Sollverzögerungsanforderung. Ausgang der CDD-Funktion ist eine Istverzögerung des Fahrzeugs, die über eine Druckregelung mittels Hydraulik realisiert wird. Die Verzögerungsvorgabe erfolgt durch das vorgeschaltete Cruise Control System.

Hydraulic Fading Compensation HFC

Die Funktion Hydraulic Fading Compensation (HFC) bietet dem Fahrer eine zusätzliche Bremskraftunterstützung. Sie erfolgt, wenn selbst bei starker Bremspedalbetätigung, mit der normalerweise das Blockierdruckniveau erreicht wird (Vordruck über ca. 80 bar), nicht die maximal mögliche Fahrzeugverzögerung eintritt. Dies ist z. B. bei hohen Bremsscheibentemperaturen oder bei Bremsbelägen mit deutlich reduziertem Reibwert der Fall.

Bei Aktivierung von HFC werden die Raddrücke so weit erhöht, bis alle Räder das Blockierdruckniveau erreicht haben und die ABS-Regelung einsetzt. Die Bremsung liegt somit an dem physikalischen Optimum. Der Druck in den Radzylindern kann dann auch während der ABS-Regelung größer als der Druck im Hauptzylinder sein.

Reduziert der Fahrer seine Bremsanforderung auf einen Wert unterhalb einer Umschaltschwelle, wird entsprechend seiner Pedalkraft die Fahrzeugverzögerung reduziert. Der Fahrer kann somit die Verzögerung nach einer eventuellen Klärung der Situation genau dosieren. Die HFC-Abschaltbedingung ist erfüllt, wenn der Vordruck oder die Fahrzeuggeschwindigkeit die jeweilige Abschaltschwelle unterschreitet.

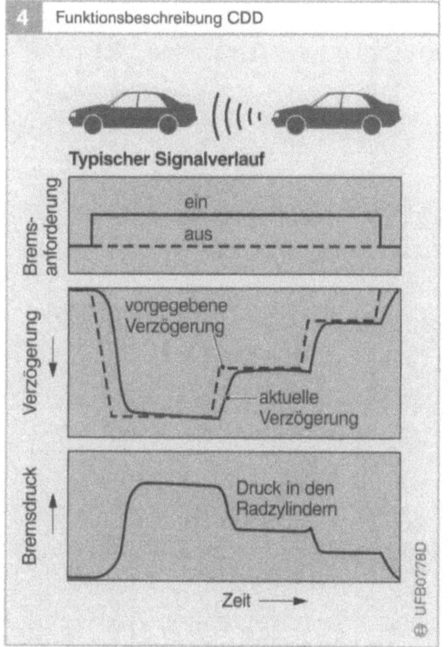

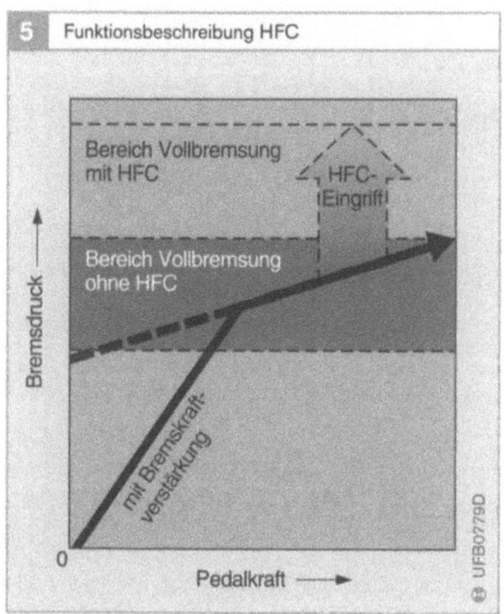

Hydraulic Rear Wheel Boost HRB

Die Hydraulic Rear Wheel Boost (HRB) ist eine Funktion, die dem Fahrer im Falle von ABS-regelnden Vorderrädern eine zusätzliche Bremskraftunterstützung für die Hinterräder bietet. Dies ist durch die Beobachtung motiviert, dass viele Fahrer mit Beginn der ABS-Regelung die Pedalkraft nicht weiter erhöhen, obwohl die Situation es verlangen würde. Nach HRB-Aktivierung werden die Raddrücke an den Rädern der Hinterachse so weit erhöht, bis diese ebenfalls das Blockierdruckniveau erreichen und die ABS-Regelung einsetzt. Der Bremsvorgang liegt somit an dem physikalischen Optimum. Der Druck in den Radzylindern der Hinterräder kann dann auch während der ABS-Regelung größer als der Druck im Hauptzylinder sein.

Die HRB-Abschaltbedingung ist erfüllt, wenn die Räder an der Vorderachse nicht mehr in ABS-Regelung sind oder der Vordruck die Abschaltschwelle unterschreitet.

Brake Disc Wiping BDW

Die Funktion von Brake Disc Wiping (BDW) besteht in der Erkennung von Regen oder Fahrbahnnässe durch Auswertung von Scheibenwischer- oder Regensensorsignalen und dem darauf folgenden aktiven Bremsdruckaufbau in der Betriebsbremse. Der Bremsdruckaufbau dient dem Entfernen von Spritzwasser auf der Bremsscheibe, um minimale Bremsreaktionszeiten bei Nässe zu gewährleisten. Das Druckniveau während des Trockenbremsens wird so eingestellt, dass die Fahrzeugverzögerung an der Wahrnehmungsgrenze liegt.

Das Trockenbremsen geschieht wiederholt in einem definierten Intervall, solange das System Regen oder Fahrbahnnässe erkennt. Optional kann allein an der Vorderachse gewischt werden.

Sobald der Fahrer die Bremse betätigt, beendet BDW den Wischvorgang.

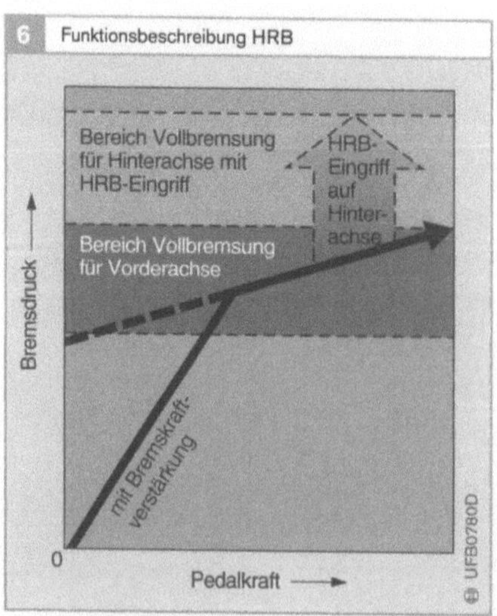

Eine gute Fahrzeugführung hängt davon ab, ob das Fahrzeug einer Fahrspur folgt, die möglichst präzise mit dem Lenkwinkelverlauf übereinstimmt und ob das Fahrzeug stabil bleibt, also bei Lenkbewegungen nicht schiebt.

Die Querdynamik des Fahrzeugs ist dabei besonders von Bedeutung. Sie wird durch die seitliche Bewegung (charakterisiert durch den Schwimmwinkel) und die Drehbewegung des Fahrzeugs um die Hochachse (Giergeschwindigkeit) beschrieben (Bild 1).

Bild 2 veranschaulicht die Querdynamik eines Fahrzeugs bei festem Lenkwinkel (Kreisfahrt). Position 1 zeigt den Moment des Lenkradeinschlags (Lenksprung). In Kurve 2 ist die Fahrspur auf griffiger Fahrbahn dargestellt; sie stimmt mit dem Lenkwinkelverlauf überein. Dies ist gewährleistet, wenn die Haftreibungszahl groß genug ist, um die Querbeschleunigungskräfte auf die Fahrbahn übertragen zu können. Bei kleineren Haftreibungszahlen, z.B. wegen Fahrbahnglätte, wird der Schwimmwinkel übermäßig groß (Kurve 3). Die Rege-

lung der Giergeschwindigkeit führt hier zwar dazu, dass sich das Fahrzeug genauso weit um seine Hochachse dreht wie in Kurve 2, aber wegen des großen Schwimmwinkels droht eine Instabilität. Aus diesem Grund regelt das Elektronische Stabilitäts-Programm die Giergeschwindigkeit und begrenzt den Schwimmwinkel β (Kurve 4).

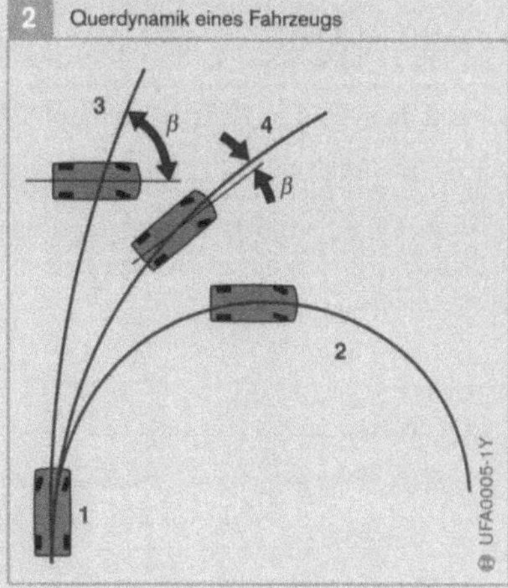

Bild 2
1　Lenksprung, Lenkradwinkel fest
2　Fahrspur auf griffiger Fahrbahn
3　Fahrspur auf glatter Fahrbahn mit Regelung der Giergeschwindigkeit
4　Fahrspur auf glatter Fahrbahn mit zusätzlicher Regelung des Schwimmwinkels β (ESP)

Hydroaggregat

Das Hydroaggregat/Modulator bildet die hydraulische Verbindung zwischen dem Hauptzylinder und den Radzylindern und ist damit zentrales Bauelement elektronischer Bremssysteme. Es setzt die Stellbefehle des Steuergeräts um und regelt mittels Magnetventilen die Drücke in den Radbremsen.

Grundsätzlich unterscheidet man zwischen Systemen, die den vom Fahrer aufgebrachten Bremsdruck modulieren (Antiblockiersystem, ABS) und solchen, die selbstständig Druck aufbauen können (Antriebsschlupfregelung, ASR, bzw. Traction Control System, TCS, und Elektronisches Stabilitäts-Programm, ESP). Sämtliche Systeme sind aus gesetzlichen Gründen nur in Zweikreisausführung lieferbar.

Entwicklungsgeschichte

Ein Meilenstein in der Entwicklung des ABS stellte der Wechsel von 3/3- auf 2/2-Magnetventile dar. Mit 3/3-Ventilen, welche in der Generation 2 zum Einsatz kamen, konnten mit nur einem Ventil die Regelfunktionen Druckaufbau, Druckhalten und Druckabbau realisiert werden. Die Ventile enthielten zu diesem Zweck drei hydraulische Anschlüsse. Nachteilig bei dieser Ventilausführung war eine sehr teure elektrische Ansteuerung sowie ein hoher mechanischer Aufwand. Eine kostengünstigere Ansteuerung ist mit den 2/2-Ventilen der aktuellen Generationen möglich. Deren Funktionsweise soll im weiteren Verlauf dargestellt werden.

Die seit 2001 am Markt eingeführte Generation 8 ist voll modular konstruiert. Hierdurch kann die Hydraulik auf die Anforderungen des jeweiligen Fahrzeugherstellers z. B. hinsichtlich Mehrwertfunktionen (Value Added Functions), Komfort, Fahrzeugsegment (bis leichte Nutzfahrzeuge) usw. zugeschnitten werden. Die Generation 8 ist tauchdicht, d. h., das Hydroaggregat übersteht ein kurzzeitiges Eintauchen in Wasser unbeschadet.

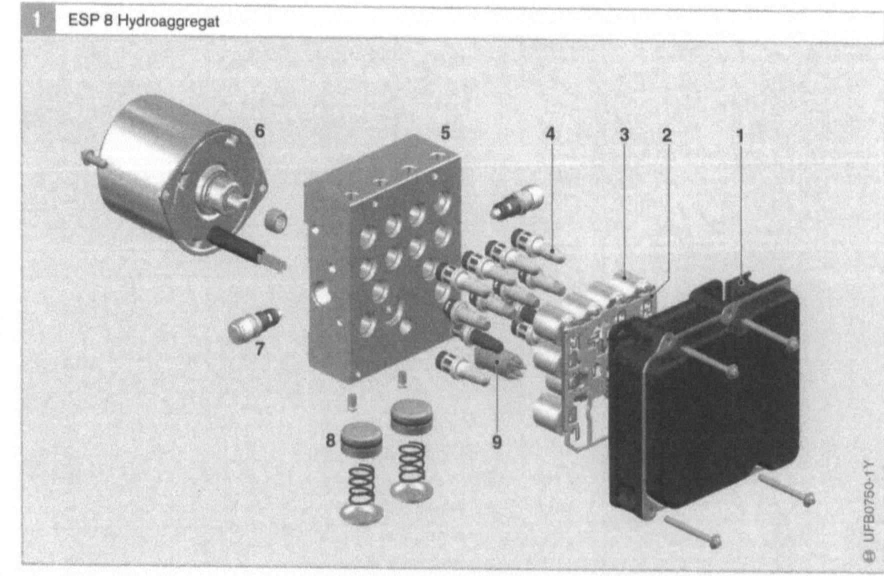

Bild 1

1 Steuergerät
2 Spulenstanzgitter
3 Spulen/ Magnetgruppe
4 Magnetventile
5 Hydraulikblock
6 Gleichstrommotor
7 Kolbenpumpen
8 Niederdruckspeicher
9 Drucksensor

Aufbau

Mechanik

Ein Hydroaggregat für ABS/ASR/ESP
besteht aus einem Aluminiumblock, in
welchem der hydraulische Schaltplan ver-
bohrt ist (Bild 2). Dieser Block dient gleichzeitig zur Aufnahme der notwendigen
hydraulischen Funktionselemente (Bild 1),
die im Folgenden vorgestellt werden sollen.

ABS-Hydroaggregat

Bei einem 3-Kanal ABS-System befindet sich
in diesem Block ein Einlass- und Auslassventil für jedes Vorderrad und ein Einlass-
und Auslassventil für die Hinterachse, insgesamt also sechs Ventile. Dieses System
kann ausschließlich bei Fahrzeugen mit
II-Bremskreisaufteilung Anwendung finden.
Hierbei wird an der Hinterachse nicht jedes
einzelne Rad geregelt, sondern beide Räder

nach dem Select-low-Prinzip. Das heißt, das
Rad mit dem höheren Schlupf bestimmt den
regelbaren Druck der Achse.

Bei einem 4-Kanal ABS-System (für II-
oder X-Bremskraftaufteilung) werden je Rad
ein Einlass- und ein Auslassventil, insgesamt
also acht Ventile verwendet. Mit solch einem
System kann jedes Rad individuell geregelt
werden

Weiterhin werden je Bremskreis ein Pumpen-
element (Rückförderpumpe) und ein Niederdruckspeicher verbaut. Beide Pumpen-
elemente werden über einen gemeinsamen
Gleichstrommotor betrieben.

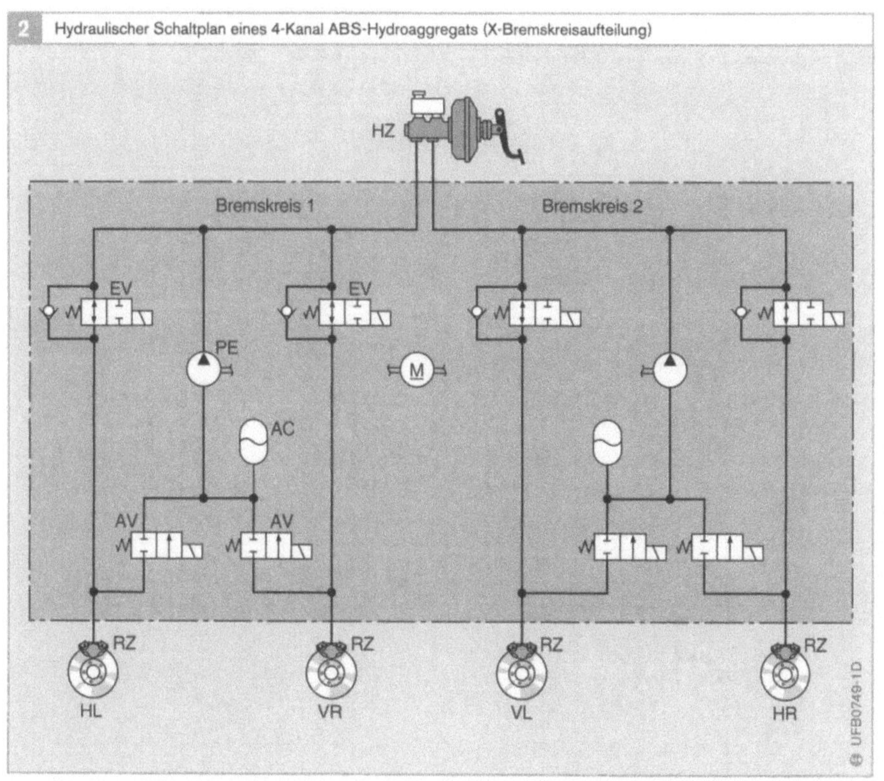

2 Hydraulischer Schaltplan eines 4-Kanal ABS-Hydroaggregats (X-Bremskreisaufteilung)

Bild 2
HZ Hauptzylinder
RZ Radzylinder
EV Einlassventil
AV Auslassventil
PE Rückförderpumpe
M   Pumpenmotor
AC Niederdruckspeicher
V   Vorne
H   Hinten
R   Rechts
L   Links

ASR-Hydroaggregat
Im Vergleich zu einem ABS-Aggregat verfügt
ein ASR mit II-Bremskreisaufteilung am
Hinterachskreis (Antriebsräder) zusätzlich
über ein Umschaltventil und ein Ansaugventil (insgesamt zehn Ventile).

Beim ASR mit X-Bremskreisaufteilung
werden je Kreis zusätzlich ein Umschaltventil und ein Ansaugventil (insgesamt
12 Ventile) benötigt.

ESP-Hydroaggregat

ESP-Systeme erfordern unabhängig von der
Bremskreisaufteilung 12 Ventile (Bild 3). Bei
diesen Systemen werden die beiden Ansaug-
ventile, wie sie im ASR-Hydroaggregat eingesetzt sind, durch zwei Hochdruckschaltventile ersetzt. Der Unterschied der beiden
Ventile besteht darin, dass das Hochdruckschaltventil gegen höhere Differenzdrücke
(> 0,1MPa) schalten kann. Beim ESP kann
es notwendig sein, einen vom Fahrer vorgegebenen Bremsdruck zu erhöhen, um das
Fahrzeug zu stabilisieren. Für solch ein
Manöver (teilaktives Manöver) ist es notwendig, den Saugpfad der Pumpe trotz
hohem Vordruck zu öffnen.

Exklusiv in ESP-Systemen wird ein integrierter Drucksensor eingesetzt, der den
Bremsdruck im Hauptzylinder erkennt, also
den Fahrerwunsch misst. Dies ist ebenfalls
für die teilaktiven ESP-Regelmanöver notwendig, da es dabei wichtig ist zu wissen,
mit welchem Vordruck der Fahrer bereits
bremst.

Da ASR/ESP-Systeme selbsttätig Druck
erzeugen müssen, wird bei diesen beiden
Systemen die Rückförderpumpe durch eine
selbstsaugende Pumpe ersetzt. Um zu verhindern, dass die Pumpe ungewollt Medium
aus den Rädern saugt, ist ein zusätzliches
Rückschlagventil mit einem bestimmten
Schließdruck erforderlich.

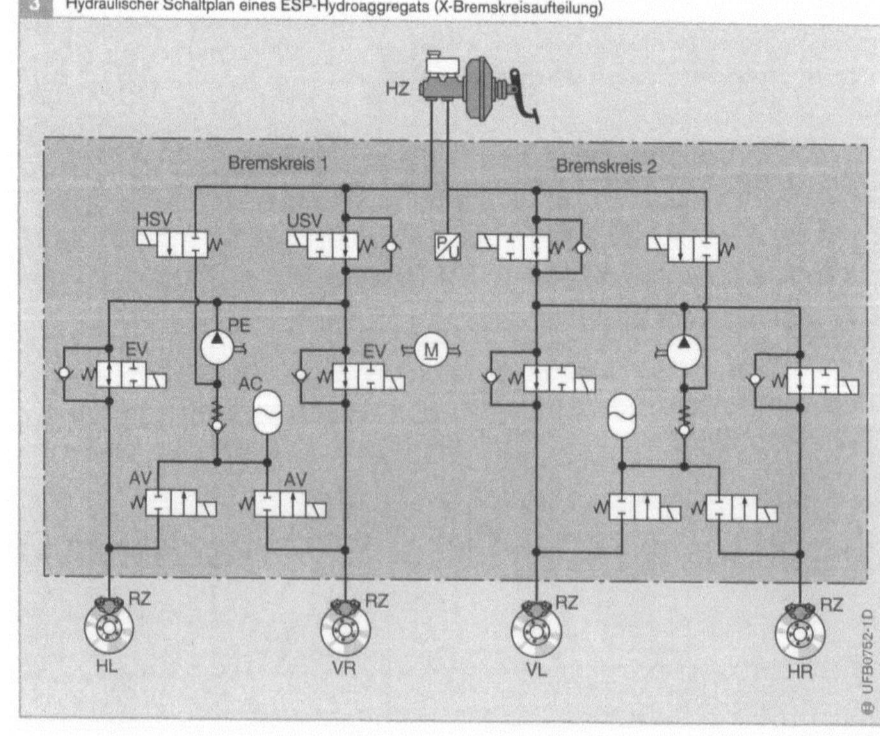

Bild 3
HZ Hauptzylinder
RZ Radzylinder
EV Einlassventil
AV Auslassventil
USV Umschaltventil
HSV Hochdruckschalt-
    ventil
PE Rückförderpumpe
M   Pumpenmotor
AC Niederdruck-
    speicher
V   Vorne
H   Hinten
R   Rechts
L   Links

Evolution der ABS-Ausführungen

Durch technologische Weiterentwicklungen auf dem Gebiet der

- Magnetventile und der Fertigungsprozesse,
- Montagetechnik und Integration der Komponenten,
- Elektronik-Schaltungen (diskrete Schaltungen wurden ersetzt durch Hybrid- und integrierte Schaltungen mit Mikrocontrollern),
- Prüftechnik (separate Prüfmöglichkeit von Elektronik- und Hydraulikteil vor Zusammenbau zum Hydroaggregat),
- Sensor- und Relaistechnik

konnte das Gewicht und die Abmessungen von ABS seit der ersten Generation ABS2 im Jahr 1978 um mehr als die Hälfte reduziert werden. Diese Systeme können damit auch in kleinste zur Verfügung stehende Einbauräume im Fahrzeug untergebracht werden. Die Kosten für die ABS-Systeme konnten durch diese Weiterentwicklungen gesenkt werden, sodass mittlerweile für alle Fahrzeugtypen das ABS zur Standardausrüstung gehört.

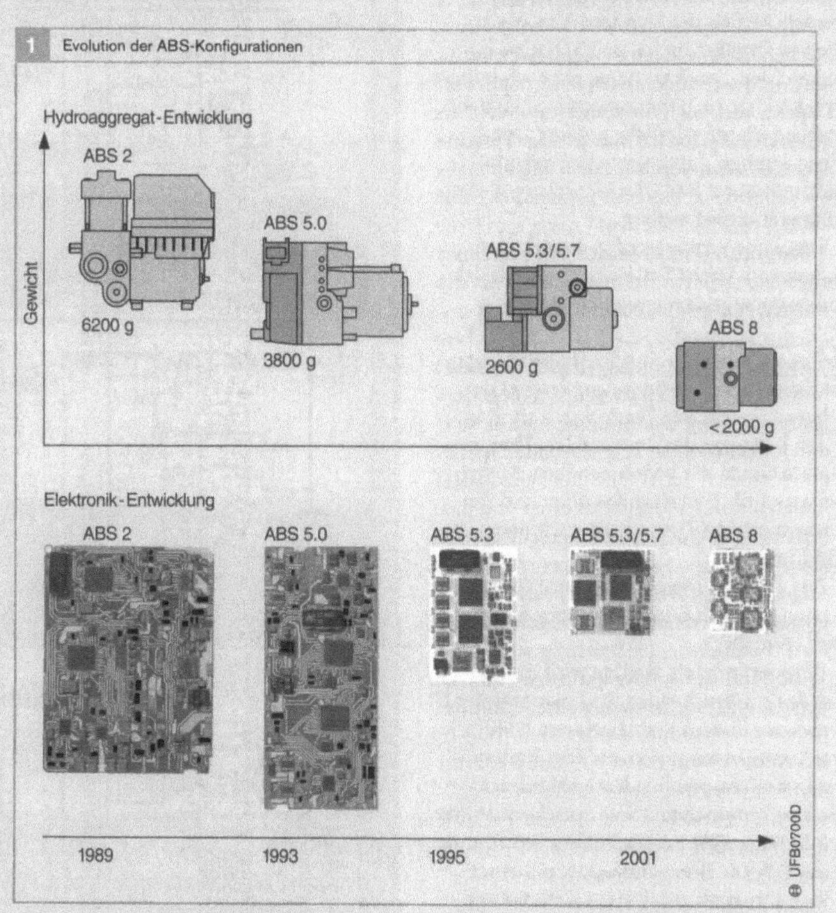

Bild 1
Die Weiterentwicklung des ABS mit Einsatz neuester Technik: Weniger Gewicht bei höherer Rechenleistung

Druckmodulation

Modulation bei ABS-Regelungen

Die Druckmodulation eines ABS/ASR/ESP-Systems wird mittels Magnetventilen ermöglicht. Die Auslassventile sowie – bei ASR und ESP – die Ansaug- und Hochdruckschaltventile sind Schaltventile, die stromlos geschlossen sind und zwei Zustände einnehmen können: geschlossen oder offen.

Im Gegensatz hierzu sind die Einlassventile und Umschaltventile beide stromlos offen und erstmalig in Generation 8 als Regelventile realisiert. Hierdurch können Vorteile bei Bremsleistung und Bremskomfort sowie im Geräuschverhalten erzielt werden. Mittels des Standard-Ventilsatzes können Drücke von bis zu 200 bar moduliert werden. Sondersysteme für noch höhere Drücke, aber auch für zumeist im Nutzfahrzeugbereich erforderliche größere Durchflüsse, können durch spezielle Weiterentwicklungen auf Basis des Generation 8-Baukastens realisiert werden.

Sämtliche Ventile werden über Spulen angesteuert, deren Bestromung mittels des Anbausteuergerätes eingestellt wird.

Druckmodulation mit ABS-Hydroaggregat

Im Falle einer ABS-Bremsung erzeugt der Fahrer zunächst den Bremsdruck am Rad durch Betätigen des Bremspedals. Dies ist ohne Schalten der Ventile möglich, da das Einlassventil (EV) stromlos offen und das Auslassventil (AV) stromlos geschlossen ist (Bild 1a).

Der Zustand *Druck halten* wird dadurch erzeugt, dass das Einlassventil geschlossen wird (Bild 1b).

Blockiert nun ein Rad, so wird durch Öffnen des entsprechenden Auslassventils der Druck aus diesem Rad abgelassen (Bild 1c). Das Volumen kann also aus dem Radzylinder in den entsprechenden Niederdruckspeicher entweichen. Diese Speicherkammer erfüllt die Aufgabe eines Puffers. Sie nimmt die anfallende Bremsflüssigkeit mit einer hohen Dynamik auf. Die im Kreis befindliche Rückförderpumpe, welche durch einen

gemeinsamen Motor über einen Exzenter angetrieben wird, baut den vom Fahrer vorgegebenen Druck ab. Die Ansteuerung des Motors geschieht bedarfsgerecht, d. h., der Motor wird drehzahlgeregelt angesteuert. Natürlich können auch mehrere blockierende Räder gleichzeitig ABS-geregelt werden.

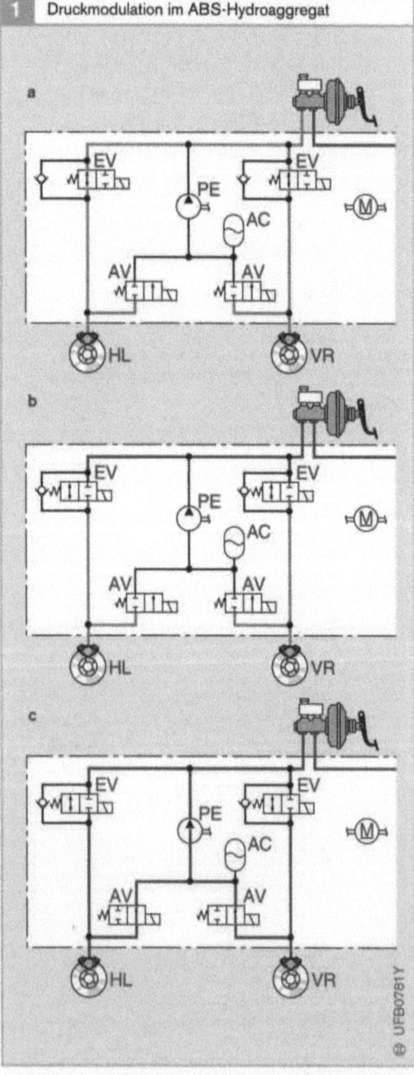

Bild 1

a   Druckaufbau
b   Druck halten
c   Druckabbau

EV Einlassventil
AV Auslassventil
PE Rückförderpumpe
M   Pumpenmotor
AC Niederdruckspeicher
V   Vorne
H   Hinten
R   Rechts
L   Links

Druckmodulation mit ESP-Hydroaggregaten

Die Druckmodulation bei einer ABS-Regelung erfolgt mittels einer ESP-Hydraulik in gleicher Weise wie zuvor beim ABS beschrieben. In Unterscheidung zum ABS sind bei einem ESP die Radzylinder und der Hauptzylinder zusätzlich über ein stromlos offenes Umschaltventil und ein stromlos geschlossenes Hochdruckschaltventil verbunden, welche notwendig sind, um aktive/teilaktive Bremseingriffe vorzunehmen (Bild 2).

Druckerzeugung bei ESP

Die Druckerzeugungskette setzt sich aus zwei selbstsaugenden Pumpen und einem Motor zusammen. Bei den eingesetzten Pumpen handelt es sich wie schon im ABS um Kolbenpumpen, allerdings können diese ohne Vordruck vom Fahrer Druck erzeugen. Der Antrieb der Pumpen erfolgt bedarfsgesteuert über einen Gleichstrommotor, der ein Exzenterlager antreibt, welches auf der Welle des Motors sitzt.

ASR/ESP-Pumpen können unabhängig vom Fahrer Druck aufbauen bzw. den vom Fahrer bereits aufgebrachten Bremsdruck erhöhen. Dadurch sind diese Systeme befähigt, selbstständig Bremsungen einzuleiten. Hierzu wird das Umschaltventil geschlossen und das Ansaugventil bzw. Hochdruckschaltventil geöffnet. Damit ist es möglich, aus dem Bremsflüssigkeits-Vorratsbehälter über den Hauptzylinder Flüssigkeit zu saugen und in den Radzylindern Druck aufzubauen (Bild 2c). Dies ist nicht nur für ASR/ESP-Funktionen notwendig, sondern auch für viele zusätzliche Komfortfunktionen (Value Added Functions, z. B. Bremsassistent, HBA).

Die bedarfsgerechte Ansteuerung des Pumpenmotors reduziert die Geräuschemission während der Druckerzeugung bzw. Regelung. Bei besonders hohen Anforderungen der Fahrzeughersteller hinsichtlich Geräuschverhalten können die Pumpen mit Dämpfungselementen ausgestattet werden.

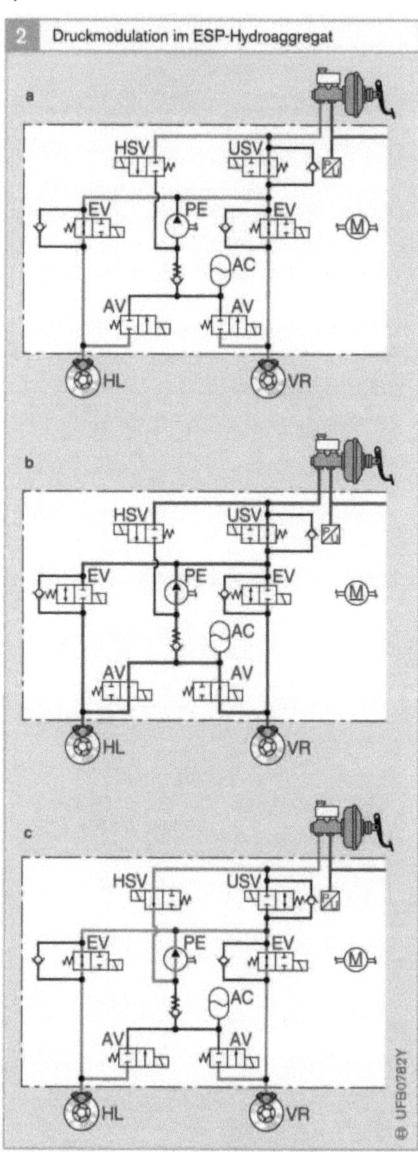

Bild 3
a Druckaufbau bei Bremsung
b Druckabbau bei ABS-Regelung
c Druckaufbau über die selbstsaugende Pumpe durch ASR- oder ESP-Eingriff

EV Einlassventil
AV Auslassventil
USV Umschaltventil
HSV Hochdruckschaltventil
PE Rückförderpumpe
M Pumpenmotor
AC Niederdruckspeicher
V Vorne
H Hinten
R Rechts
L Links

Bei einem ESP gibt es prinzipiell drei unterschiedliche Einsatzfälle:

- Passiver Fall, wie zuvor bei der ABS-Regelung beschrieben.
- Teilaktiver Fall, bei dem ein vom Fahrer vorgegebener Druck nicht ausreicht, um das Fahrzeug zu stabilisieren.
- Vollaktiver Fall, bei dem zur Stabilisierung des Fahrzeugs ein Druck erzeugt wird, ohne dass der Fahrer das Bremspedal betätigt.

Beide Druckerzeugungsfälle werden außer bei einer ESP-Regelung auch noch bei einer Vielzahl von Zusatzfunktionen genutzt, z. B. Adaptive Cruise Control, Bremsassistent.

Teilaktive Regelung

Für die teilaktive Regelung ist es notwendig, dass das Hochdruckschaltventil gegen hohe Differenzdrücke den Saugpfad der Pumpe öffnen kann. Die ist deshalb notwendig, da der Fahrer bereits einen hohen Druck erzeugt hat und dies zur Stabilisierung des Fahrzeugs aber nicht ausreicht.

Damit das Hochdruckschaltventil gegen hohen Differenzdruck öffnen kann, ist es zweistufig konstruiert. Die erste Stufe des Ventils wird über die Magnetkraft der bestromten Spule, die zweite Stufe über die hydraulische Flächendifferenz geöffnet.

Wenn der ESP-Regler einen instabilen Zustand des Fahrzeugs erkennt, werden die stromlos offenen Umschaltventile geschlossen und die stromlos geschlossenen Hochdruckschaltventil geöffnet. Anschließend erzeugen die beiden Pumpen zusätzlichen Druck, um das Fahrzeug zu stabilisieren.

Nach dem das Fahrzeug stabilisiert ist, wird das Auslassventil geöffnet und der zu hohe Druck im geregelten Rad in den Speicher abgelassen. Sobald der Fahrer das Bremspedal löst wird die Flüssigkeit aus dem Speicher in den Bremsflüssigkeitsbehälter zurückgefördert

Vollaktive Regelung

Erkennt der ESP-Regler einen instabilen Zustand des Fahrzeugs, werden die Umschaltventile geschlossen. Das verhindert, dass die Förderleistungen der Pumpen über das USV/HSV hydraulisch kurzgeschlossen ist und keine Druckerzeugung ermöglicht wird. Gleichzeitig werden die Hochdruckschaltventile geöffnet. Die selbstsaugende Pumpe fördert nun Bremsflüssigkeit in das oder die entsprechenden Räder, um Druck aufzubauen. Soll z. B. nur in einem Rad Druck aufgebaut werden (zur Gierratenkompensation), so werden die Einlassventile der übrigen Räder geschlossen. Zum Druckabbau werden schließlich die Auslassventile geöffnet und die Hochdruckschaltventile und Umschaltventile kehren in ihre Ausgangsstellung zurück. Die Bremsflüssigkeit entweicht aus den Rädern in die Speicherkammern. Diese werden nun durch die Pumpen leer gefördert.

Entwicklung der Hydroaggregate

Ansteuerung der Hydroaggregate
Ein Steuergerät verarbeitet die Informationen der Sensoren und bildet die Ansteuersignale für das Hydroaggregat. Die im Hydroaggregat integrierten Magnetventile können die hydraulischen Leitungen zwischen dem Hauptzylinder und den Radzylindern durchschalten oder unterbrechen.

Hydroaggregate mit 3/3-Magnetventilen
Die Ausführung ABS2S ging als erstes Antiblockiersystem 1978 in Serie. Bei diesem ABS-System schaltet das Steuergerät die 3/3-Magnetventile des Hydroaggregats in drei verschiedene Ventilstellungen. Für jeden Radzylinder ist solch ein Magnetventil vorhanden (Bild 1a).
– Die erste (stromlose) Stellung verbindet Hauptzylinder und Radzylinder miteinander; der Radbremsdruck kann ansteigen.
– Die zweite Stellung (Erregung mit der Hälfte des Maximalstroms) trennt die Radbremse vom Hauptzylinder und vom Rücklauf ab, sodass der Radbremsdruck konstant bleibt.
– Die dritte Stellung (Erregung mit Maximalstrom) trennt den Hauptzylinder ab und verbindet gleichzeitig Radbremse und Rücklauf miteinander, sodass der Radbremsdruck sinkt.

Damit kann der Bremsdruck nicht nur kontinuierlich, sondern durch ein getaktetes Ansteuern auch stufenförmig (und damit gemäßigt) auf- und abgebaut werden.

Hydroaggregate mit 2/2-Magnetventilen
Während ABS2S mit 3/3-Magnetventilen arbeitet, verfügen die Nachfolgesysteme ABS5 und ABS8 über 2/2-Magnetventile mit zwei hydraulischen Anschlüssen und zwei Ventilstellungen. Das Einlassventil zwischen dem Haupt- und dem Radzylinder sorgt für den Druckaufbau, das Auslassventil zwischen Radzylinder und der Rückförderpumpe für den Druckabbau. Für jeden Radzylinder ist ein Magnetventilpaar vorhanden (Bild 1b).
– In Stellung „Druck aufbauen" verbindet das Einlassventil den Hauptzylinder mit dem Radzylinder, sodass der im Hauptzylinder aufgebaute Bremsdruck beim Bremsvorgang auf den Radzylinder wirken kann.
– In Stellung „Druck halten" sperrt das Einlassventil bei starker Radverzögerung (Blockiergefahr) die Verbindung zwischen Haupt- und Radzylinder und verhindert damit eine weitere Erhöhung des Bremsdrucks. Auch das Auslassventil ist dabei geschlossen.
– Bei weiter ansteigender Radverzögerung sperrt das Einlassventil in Stellung „Druck abbauen" weiterhin. Außerdem pumpt die Rückförderpumpe über das geöffnete Auslassventil Bremsflüssigkeit ab, sodass der Bremsdruck im Radzylinder sinkt.

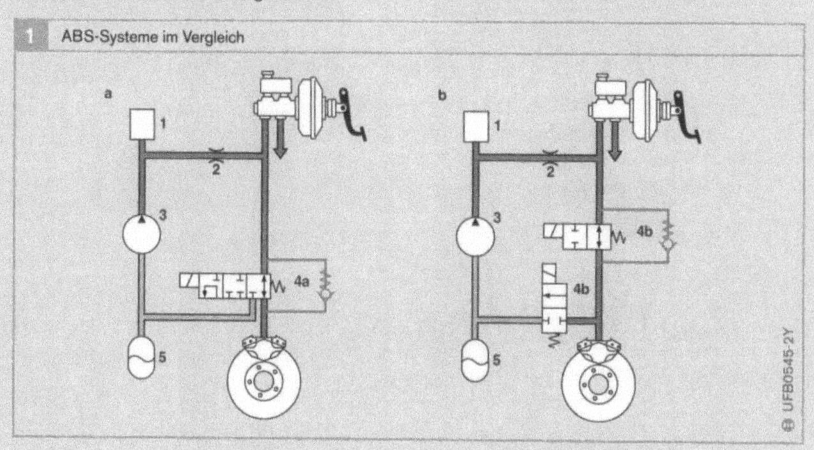

1 ABS-Systeme im Vergleich

Bild 1
a ABS2
b ABS5

1 Dämpferkammer
2 Drossel
3 Rückförderpumpe
4a 3/3-Magnetventil
4b 2/2-Magnetventile
5 Speicherkammer

Elektrohydraulische Bremse SBC

Die Elektrohydraulische Bremse SBC (Sensotronic Brake Control) vereint die Funktionen des Bremskraftverstärkers und der ABS-Aggregate (Antiblockiersystem) einschließlich der ESP-Funktionalität (Elektronisches Stabilitäts-Programm). Die mechanische Betätigung des Bremspedals wird von der Betätigungseinheit über elektronische Sensoren redundant erfasst und an das Steuergerät gesendet. Hier werden nach bestimmten Algorithmen Steuerbefehle errechnet, die in der Hydraulikeinheit zu Druckmodulationen für die Radbremsen umgewandelt werden. Bei Ausfall der Elektronik steht eine hydraulische Rückfallebene automatisch zur Verfügung.

Aufgabe und Funktion

Unter Nutzung seiner „Brake by Wire"-Eigenschaft kann SBC die Bremsdrücke in den Radzylindern unabhängig vom Fahrereinfluss regeln. Hierdurch können Funktionen, die noch über das ABS (Antiblockiersystem), ASR (Antriebsschlupfregelung) und ESP (Elektronisches Stabilitäts-Programm) hinausgehen, realisiert werden. Ein Beispiel ist der komfortable Bremseneingriff für ACC (Adaptive Cruise Control).

Grundfunktionen

Die Elektrohydraulische Bremse hat (wie die konventionelle Bremse) die Aufgabe,
- die Geschwindigkeit des Fahrzeugs zu verringern,
- das Fahrzeug zum Stillstand zu bringen oder
- das Fahrzeug im Stillstand zu halten.

Sie übernimmt als aktives Bremssystem die
- Bremsbetätigung,
- Bremskraftverstärkung und
- Bremskraftregelung.

SBC ist ein elektronisches Regelsystem mit hydraulischer Aktorik. Die Bremskraftverteilung geschieht elektronisch radindividuell in Abhängigkeit von der Fahrsituation. Unterdruck für die Bremskraftverstärkung ist nicht mehr notwendig. Die Eigendiagnose ermöglicht eine Frühwarnfunktion zur Erkennung möglicher Fehler der Anlage.

SBC nutzt hydraulische Standard-Radbremsen. Aufgrund der vollständig elektronischen Druckregelung lässt sich SBC problemlos mit Fahrzeugführungssystemen vernetzen. Damit erfüllt SBC alle Anforderungen an zukünftige Bremssysteme.

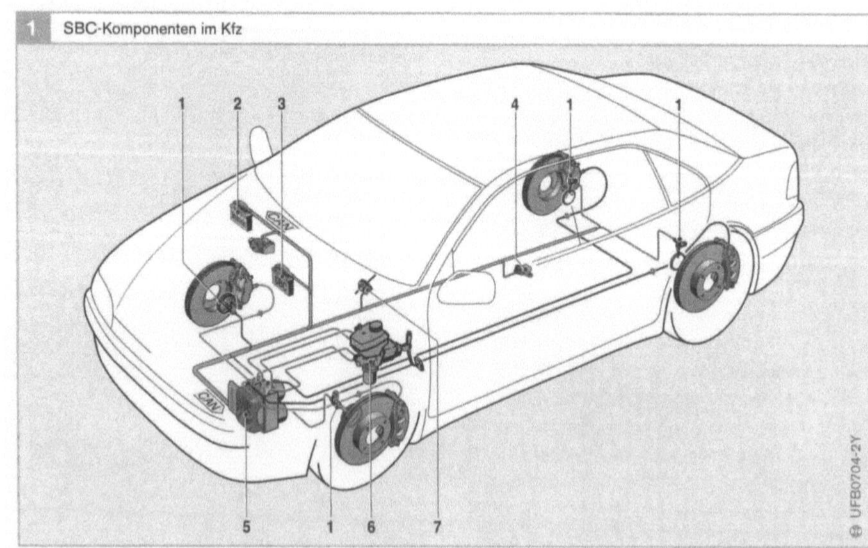

Bild 1
1   Aktiver Raddrehzahlsensor mit Drehrichtungssensierung
2   Steuergerät der Motorelektronik
3   SBC-Steuergerät
4   Drehrate- und Querbeschleunigungssensor
5   Hydroaggregat (für SBC, ABS, ASR, ESP)
6   Betätigungseinheit mit Pedalwegsensor
7   Lenkwinkelsensor

SBC ermöglicht aufgrund seines Hochdruckspeichers eine sehr hohe Druckaufbaudynamik und bietet somit das Potenzial für kurze Bremswege bei hoher Fahrzeugstabilität. Druckmodulation und aktive Bremsung sind geräuschlos und ohne Rückwirkung auf das Bremspedal. SBC erfüllt damit auch gehobene Komfortwünsche.

Die Bremscharakteristik kann an die Fahrsituation adaptiert werden, z. B. durch „giftigeres" Ansprechen bei sportlicher Fahrweise oder hoher Geschwindigkeit. Durch eine „stumpfere" Pedalcharakteristik kann dem Fahrer das physikalisch bedingte Nachlassen der Bremswirkung signalisiert werden, bevor ein durch Überhitzung hervorgerufenes Bremsenfading eintritt.

SBC-Zusatzfunktionen

Mit zusätzlichen Funktionen ergibt sich beim Bremsen mit SBC ein deutliches Plus an Sicherheit und Komfort.

Anfahrassistent

Nach Aktivieren des Anfahrassistenten durch deutliche Bremskrafterhöhung im Stillstand bleibt das Fahrzeug auch ohne weitere Pedalbetätigung gebremst. Der Anfahrassistent wird automatisch gelöst, sobald der Fahrer durch Fahrpedalbetätigung hinreichend Motormoment aufgebaut hat. Hierdurch kann z. B. am Berg ohne Betätigung der Feststellbremse angefahren werden. Auch in anderen Situationen, in denen das Fahrzeug ungebremst aus dem Stand rollen würde, braucht der Fahrer nach Aktivierung des Anfahrassistenten nicht permanent zu bremsen.

Erweiterte Bremsassistenzfunktion

Bei abrupter Gaswegnahme werden durch automatischen dosierten Bremsdruckaufbau die Bremsbeläge leicht angelegt. Diese Maßnahme ermöglicht bei einer ggf. folgenden Panikbremsung ein schnelleres „Zupacken" der Bremse und dadurch einen kürzeren Anhalteweg.

Erkennt das System eine Panikbremsung, wird der Bremsdruck bis zur Ausnutzung

des Reibwertoptimums kurzzeitig gesteigert. Hierdurch ergibt sich eine deutliche Verkürzung des Anhaltewegs bei zögerlichen Fahrern. Die hohe Druckaufbaudynamik von SBC übertrifft hierbei konventionelle Systeme.

Chauffeursbremse (Soft Stop)

SBC ermöglicht bei einer Komfortbremsung ein Anhalten ohne Ruck durch eine automatisierte Druckverringerung kurz vor dem Stillstand. Bei höheren Verzögerungswünschen ist diese Funktion nicht aktiviert und SBC minimiert den Bremsweg.

Stauassistent

Bei aktiviertem Stauassistent wird durch SBC ein erhöhtes Schleppmoment bei Gaswegnahme aufgebaut, wodurch der Fahrer im Stau nicht ständig zwischen Fahrpedal und Bremse wechseln muss. Das Fahrzeug wird ggf. bis zum Stillstand automatisiert gebremst und auch im Stillstand gehalten. Diese Funktion ist nur bei Geschwindigkeiten unter 50 ... 60 km/h aktivierbar.

Trockenbremsen

Durch „Trockenbremsen" werden bei Nässe die Bremsscheiben regelmäßig vom Wasserfilm befreit. Diese Maßnahme führt zu einer Verkürzung des Anhaltewegs bei Nässe. Die Information zum Aktivieren dieser Funktion kann z. B. aus dem Scheibenwischersignal abgeleitet werden.

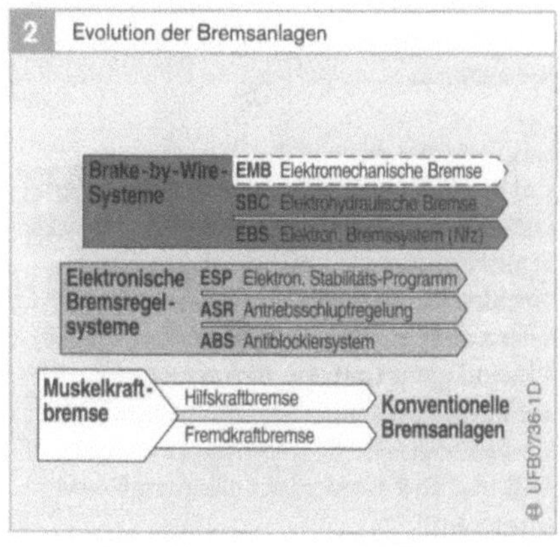

Aufbau

Die Elektrohydraulische Bremse SBC besteht
aus folgenden Komponenten:
- Betätigungseinheit (Bild 1, Pos. 6),
- Fahrdynamiksensoren (1, 4 und 7),
- Wegbausteuergerät (d. h. separates Steuer-
  gerät) (3) und
- Hydroaggregat mit Anbausteuergerät (5).

Diese Komponenten sind durch elektrische
Steuer- und hydraulische Druckleitungen
miteinander verbunden. Bild 1 zeigt, wo
diese Komponenten im Kraftfahrzeug eingebaut sind.

Betätigungseinheit
Die Betätigungseinheit besteht aus:
- Hauptzylinder mit Ausgleichsbehälter,
- Pedalwegsimulator und
- Pedalwegsensor.

Pedalwegsimulation
Der Pedalwegsimulator ermöglicht es, einen
geeigneten Kraft-Weg-Verlauf und eine an-
gemessene Dämpfung des Bremspedals zu
realisieren. Somit erhält der Fahrer beim
Bremsen mit der Elektrohydraulischen
Bremse das gleiche „Bremsgefühl" wie bei
einem sehr gut ausgelegten konventionellen
Bremssystem.

Sensorik des SBC-Systems
Die SBC-Sensorik besteht aus der Fahr-
dynamiksensorik, wie sie bereits von ESP
bekannt ist, und der eigentlichen SBC-
Sensorik.

Fahrdynamik-Sensoren
Die ESP-Sensorik besteht aus vier Raddrehzahlsensoren, dem Drehratesensor, einem
Lenkwinkelsensor und ggf. einem Querbeschleunigungssensor. Diese Sensoren
liefern dem Steuergerät Daten über die Geschwindigkeit und den Bewegungszustand
der Räder sowie über Fahrzustände wie
Kurvenfahrt. Die Regelfunktionen wie ABS,
ASR und ESP werden in bekannter Weise
ausgeführt.

Falls das Fahrzeug mit einer adaptiven
Geschwindigkeitsregelung ACC (Adaptive
Cruise Control) ausgerüstet ist, erfasst ein
Radarsystem den Abstand zum vorausfahrenden Fahrzeug. Aus diesen Daten ermittelt
das SBC-Steuergerät den ggf. einzusteuern-
den Bremsdruck, der ohne Pedalrückwir-
kung aufgebaut wird.

SBC-Sensoren
Vier Drucksensoren messen den Druck für
jeden Radkreis individuell (Bild 3). Ein
Drucksensor misst den Speicherdruck des
Hochdruckspeichers. Der Fahrerbrems-
wunsch wird durch den an der Betätigungseinheit angebrachten Pedalwegsensor und
einen Drucksensor, der den vom Fahrer aufgebrachten Bremsdruck erfasst, berechnet.

Der Pedalwegsensor ist redundant aus zwei
unabhängigen Winkelsensoren aufgebaut.
Zusammen mit dem Drucksensor für den
Fahrerbremsdruck ergibt sich somit eine
dreifache Erfassung des Fahrerwunschs und
das System kann auch bei Ausfall eines dieser
Sensoren noch fehlerfrei weiterarbeiten.

Arbeitsweise

Normalbetrieb
Bild 3 stellt die Komponenten des SBC als
Blockbild dar. Ein Elektromotor treibt eine
Hydraulikpumpe an. Hierdurch wird ein
Hochdruckspeicher auf einen Druck zwischen ca. 90 und 130 bar aufgeladen, was
durch den Speicherdrucksensor überwacht
wird. Die vier unabhängigen Raddruckmodulatoren werden von diesem Speicher
versorgt und stellen radindividuell den
erforderlichen Druck ein. Die Druckmodu-
latoren selbst bestehen jeweils aus zwei
Ventilen mit proportionalisierter Regel-
charakteristik und einem Drucksensor.

Im Normalbetrieb unterbrechen die
Trennventile die Verbindung zur Betätigung.
Das System befindet sich im „Brake by
Wire"-Betrieb. Es erfasst den Fahrerbrems-
wunsch elektronisch und überträgt ihn
„by Wire" an die Raddruckmodulatoren.
Das Zusammenspiel von Motor, Ventilen

und Drucksensoren regelt die im Anbausteuergerät in Hybridtechnik aufgebaute
Elektronik. Diese verfügt über zwei Mikrocontroller, die sich gegenseitig überwachen.
Wesentlich ist, dass diese Elektronik eine
umfangreiche Eigendiagnose hat und alle
Systemzustände auf Plausibilität permanent
überwacht. Hierdurch können eventuelle
Ausfälle dem Fahrer bereits angezeigt
werden, bevor es zu kritischen Zuständen
kommt. Bei einem Ausfall von Komponenten stellt das System dem Fahrer automatisch die jeweils optimale noch vorhandene
Teilfunktion zur Verfügung. Ein umfangrei-
cher Fehlerspeicher ermöglicht eine zügige
Diagnose und Reparatur im Fehlerfall.

Ein intelligentes Interface mit CAN-Bus
stellt die Verbindung zum Wegbausteuer-
gerät her. Dort sind folgende Funktionen
integriert:
- ESP
  (Elektronisches Stabilitäts-Programm),
- ASR (Antriebsschlupfregelung),
- ABS (Antiblockiersystem),
- Fahrerbremswunschberechnung und
- SBC-Zusatzfunktionen (Assistenz-
  funktionen).

Bremsen bei Systemausfall

Aus Sicherheitsgründen ist das SBC-System
so ausgelegt, dass bei eventuellen gravieren-
den Fehlern (z. B. Ausfall der Stromversorgung) in einen Zustand geschaltet wird, bei
dem das Fahrzeug auch ohne aktive Bremskraftunterstützung abgebremst werden kann.
Die Trennventile stellen im stromlosen Zustand eine direkte Verbindung zur Betätigung
her (Bild 3) und ermöglichen somit einen
direkten hydraulischen Durchgriff von der
Betätigungseinheit zu den Radzylindern.

Um auch bei Systemausfall optimale
Funktionalität zu haben, sind die dargestellten Plungerkolben als Medientrenner zwischen dem aktiven Kreis des SBC und dem
konventionellen Vorderachsbremskreis eingesetzt. Diese verhindern, dass möglicherweise aus dem Hochdruckspeicher austre-
tendes Gas in den Bremskreis der Vorderräder gelangen kann, was die Bremsleistung
bei Systemausfall mindern würde.

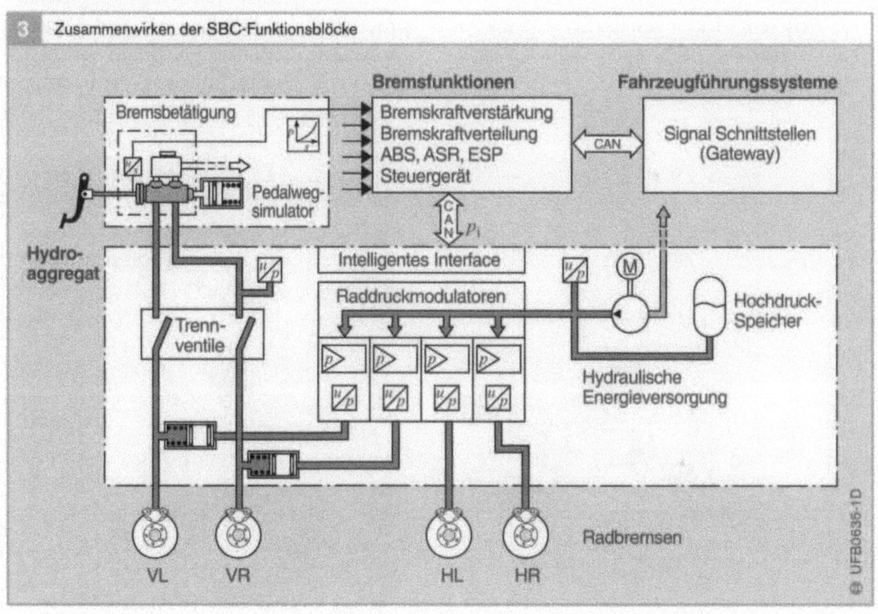

3 Zusammenwirken der SBC-Funktionsblöcke

Adaptive Fahrgeschwindigkeitsregelung ACC

ACC (englisch: Adaptive Cruise Control, deutsch: Adaptive Fahrgeschwindigkeitsregelung) entlastet den Autofahrer während des Fahrens, indem sie die eher ermüdend empfundene Geschwindigkeitskontrolle übernimmt und eine entspannte und sichere Fahrt hinter langsameren Fahrzeugen ermöglicht.

Systemüberblick

Nutzen und Anwendungsbereich

Gerade die ACC-Funktion „Hinterherfahren hinter langsameren Fahrzeugen" empfindet der Autofahrer als großen Komfortgewinn und auch als große Entlastung. Nebeneffekte der Funktion sind Beiträge zur Verkehrssicherheit wie größere Folgeabstände und eine größere Gelassenheit des Fahrers.

Der Haupteinsatzbereich von ACC (Bild 1) ist die Fahrt auf Autobahnen und gut ausgebauten Fern- und Landstraßen mit geringer bis höherer Verkehrsdichte. Der an sich sehr wünschenswerte Einsatz bei Stau und in der Stadt bleibt noch zukünftigen Systemgenerationen vorbehalten, da die mit einer solchen Aufgabenstellung verbundenen technischen Schwierigkeiten erhebliche Aufwendungen für Weiterentwicklungen der Sensorfunktionalität erfordern (siehe auch Kapitel „Weiterentwicklungen").

Funktion

Zu jeder Adaptive Cruise Control ACC gehört als Mindestfunktion die normale „Cruise Control"-Funktion, nämlich die Regelung der Konstantgeschwindigkeit auf die vom Fahrer eingestellte Wunschgeschwindigkeit. Diese Funktion, im Weiteren Set Speed Control genannt, kommt insbesondere dann zum Tragen, wenn kein vorausfahrendes Fahrzeug zu einer geringeren Fahrgeschwindigkeit zwingt. Sie ist also auch dann wirksam, wenn ein vorausfahrendes Fahrzeug schneller als das ACC-Fahrzeug fährt.

Der Funktionsteil von ACC unterscheidet sich gegenüber Cruise Control im Wesentlichen darin, dass das ACC-Fahrzeug einem vorausfahrenden Fahrzeug auch dann folgt, wenn es langsamer als die im ACC-Fahrzeug vom Fahrer eingestellte Wunschgeschwindigkeit fährt (Bild 2).

Fährt nun das vorausfahrende Fahrzeug mit konstanter Geschwindigkeit, so fährt auch das ACC-Fahrzeug mit der gleichen Geschwindigkeit in näherungsweise konstantem Abstand hinterher. Denn dieser Abstand ist, zumindest in einem weiten Geschwindigkeitsbereich, näherungsweise proportional zur Geschwindigkeit. Diese „konstante Zeitlücke" entspricht (unabhängig von der Geschwindigkeit) der benötigten

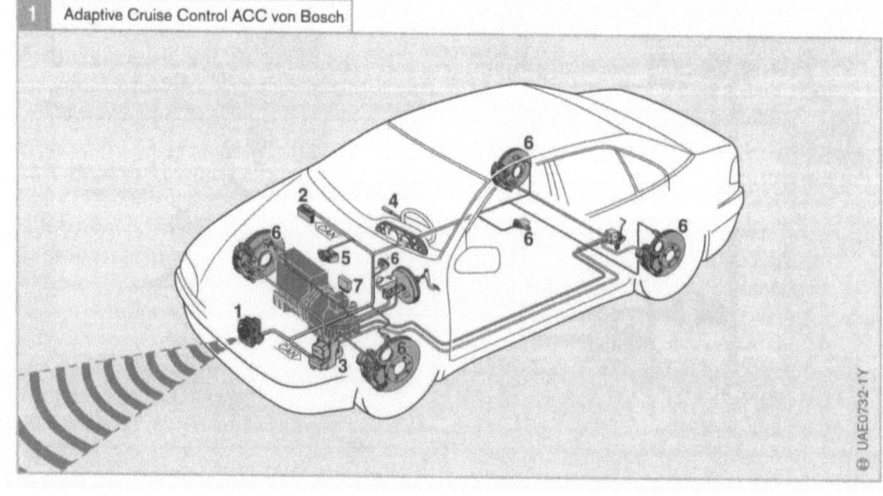

Bild 1

1   ACC Sensor & Control Unit
2   Motormanagement-Steuergerät
3   aktiver Bremseneingriff über ESP
4   Bedien- und Anzeigeeinheit
5   Motoreingriff über ME mit EGAS (Ottomotoren) oder EDC (Dieselmotoren)
6   Sensoren
7   Getriebeeingriff (optional)

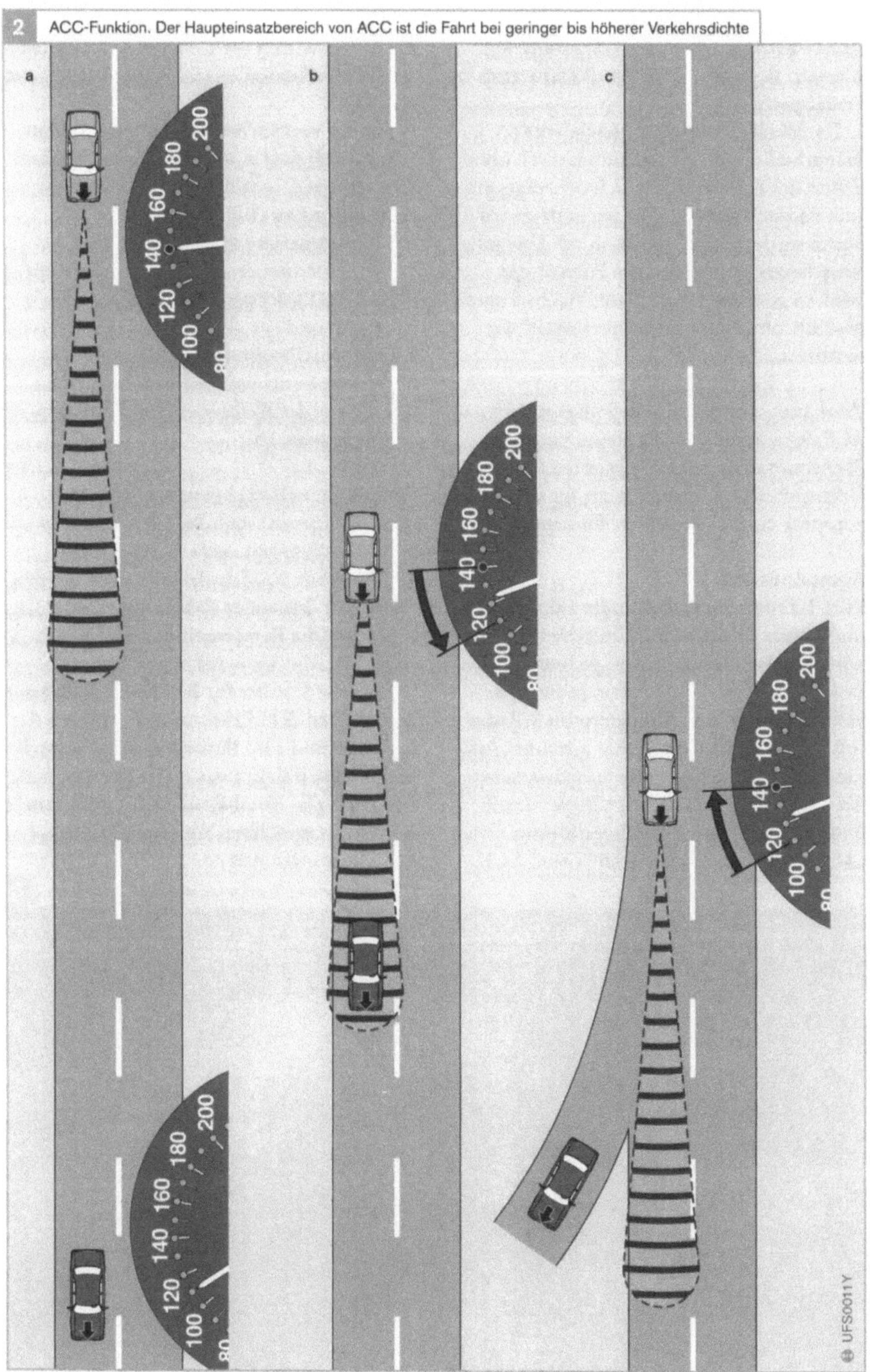

Bild 2

a Annäherung an ein vorausfahrendes Fahrzeug bei Fahren mit Konstantgeschwindigkeit (Wunschgeschwindigkeit)

b Abbremsen und Hinterherfahren hinter langsamerem Fahrzeug

c nach Abbiegen des vorausfahrenden Fahrzeugs Beschleunigen und Wiederaufnahme der ursprünglich eingestellten Wunschgeschwindigkeit

Zeit, um mit der vorderen Begrenzung des ACC-Fahrzeugs die aktuelle Position der hinteren Begrenzung des Vorderfahrzeugs zu erreichen.

Der Wechsel zwischen diesen beiden Hauptfunktionen erfolgt automatisch ohne Zutun des Fahrers. Sollte sich die Folgesituation dadurch ändern, dass ein anderes vorausfahrendes Fahrzeug z. B. durch Ein- oder Ausscheren zum relevanten Folgeobjekt wird, so geschieht auch dieser Wechsel automatisch, ohne dass ein Fahrereingriff notwendig wird.

Zum Anpassen der Geschwindigkeit gibt das ACC-System für die Beschleunigung über die Motorsteuerung in definierten Grenzen elektronisch Gas oder aktiviert für die Verzögerung auch elektronisch die Bremsanlage.

Komponenten

Zum Erfassen vorausfahrender Fahrzeuge und Messen des Abstands und der Geschwindigkeit dieser Fahrzeuge benötigt das System einen Abstandssensor. In Europa kommt hierfür ein Millimeterwellen-Radar (oft auch Mikrowellen-Radar genannt) zum Einsatz. Dieselbe Baueinheit umfasst neben der Sensorfunktion auch die Regler-Logik und trägt daher auch die Bezeichnung „ACC Sensor & Control Unit" (ACC-SCU).

Die höhere Reichweite und der erweiterte Erfassungswinkel der Generation 2 führten zu einer Verbesserung der Funktionalität von ACC.

Für die Veränderung und Regelung der Geschwindigkeit wird auf bestehende, allerdings für ACC modifizierte Subsysteme zurückgegriffen (Bild 3):
- Motorsteuerung mit elektronischer Momentensteuerung, z. B. Motronic mit EGAS (Ottomotor) oder EDC (Dieselmotor) und
- elektronische Bremsmodulation mit aktivem Druckaufbau (im Allgemeinen auf Basis des Elektronischen Stabilitäts-Programms, ESP).

Für eine zuverlässige Funktion von ACC (auch in Kurven) stellt ESP neben der Verzögerungsfähigkeit auch noch wichtige Sensorsignale von fahrdynamischen Größen bereit. Für den vollen Fahrkomfort ist außerdem die Kombination von ACC mit einer Getriebeautomatik wünschenswert.

Spezielle Schalter für Bedienung und Anzeige dienen dem Fahrer zum Aktivieren der Funktion und zum Einstellen der gewünschten Geschwindigkeit sowie der gewünschten Zeitlücke. Das Kombiinstrument zeigt ihm dann die eingestellten Werte und weitere ACC-Informationen an.

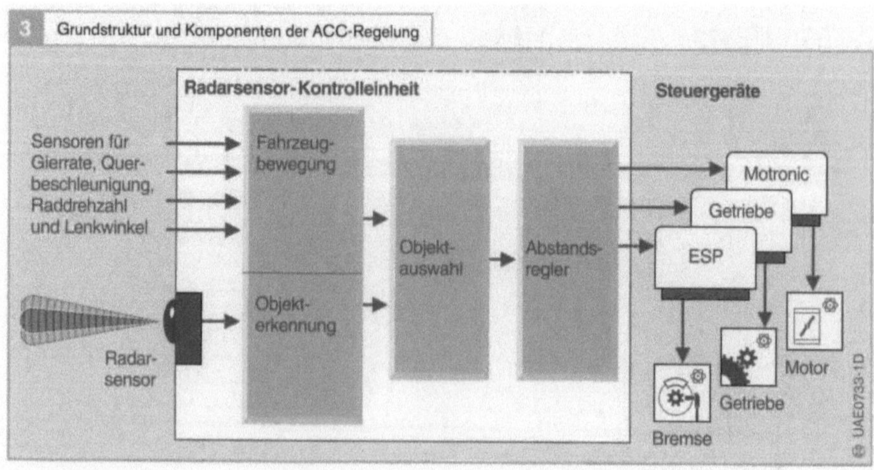

Abstandsradar

Physikalische Messprinzipien

Reflektion

Das Radar (**R**adio **D**etecting **and R**anging) sendet über eine Antenne eine elektromagnetische Welle aus. Diese reflektiert an einem Objekt im Radar-Strahl und wird wieder empfangen.

Radar-Echos werden von allen elektrisch leitfähigen Materialien erzeugt, also insbesondere von allen Teilnehmern am Straßenverkehr. Daher ist Radar als Abstandsmessprinzip besonders gut geeignet. Radar hat darüber hinaus unter ungünstigen Witterungsbedingungen (z. B. Nebel oder Regen) Vorteile wegen seiner im Vergleich zu optischen Verfahren größeren Wellenlänge.

Andere denkbare Abstandsmessprinzipien (z. B. optische Entfernungsmesser) erfordern optisch gut reflektierende Flächen. Objekte ohne gut sichtbare oder verschmutzte optische Reflektoren sind nicht zuverlässig detektierbar.

Laufzeitmessung

Bei allen Radar-Verfahren basiert die Abstandsmessung auf einer direkten oder indirekten Laufzeitmessung für die Zeitdauer zwischen Aussenden des Radar-Signals und Empfang des Signalechos. Diese Zeitdauer τ ist bei direkter Reflexion durch den (doppelten) Abstand d zum Reflektor und der Lichtgeschwindigkeit c gegeben:

$$\tau = 2d/c$$

Bei einem Abstand von $d = 150$ m und $c \approx 300\,000$ km/s beläuft sich die Laufzeit zu $\tau \approx 1{,}0$ µs.

Doppler-Effekt

Für ein sich relativ zum Radar-Sensor bewegendes Objekt mit einer Relativgeschwindigkeit v_{rel} erfährt das Signalecho gegenüber dem abgestrahlten Signal eine Frequenzverschiebung f_D. Diese beträgt bei den hier gegebenen Differenzgeschwindigkeiten (Bild 1):

$$f_D = -2f_C \cdot v_{rel}/c$$

mit

f_C Trägerfrequenz des Signals

Bei den für ACC gebräuchlichen Radar-Frequenzen von $f_C = 76{,}5$ GHz ergibt sich eine Frequenzverschiebung von $f_D \approx -510 \cdot v_{rel}$/m, also 510 Hz bei -1 m/s Relativgeschwindigkeit (Annäherung).

Bild 1
d Abstand
f_C Trägerfrequenz
f_D Differenzfrequenz
v_1 Fahrgeschwindigkeit Fahrzeug 1
v_2 Fahrgeschwindigkeit Fahrzeug 2
v_{rel} Relativgeschwindigkeit

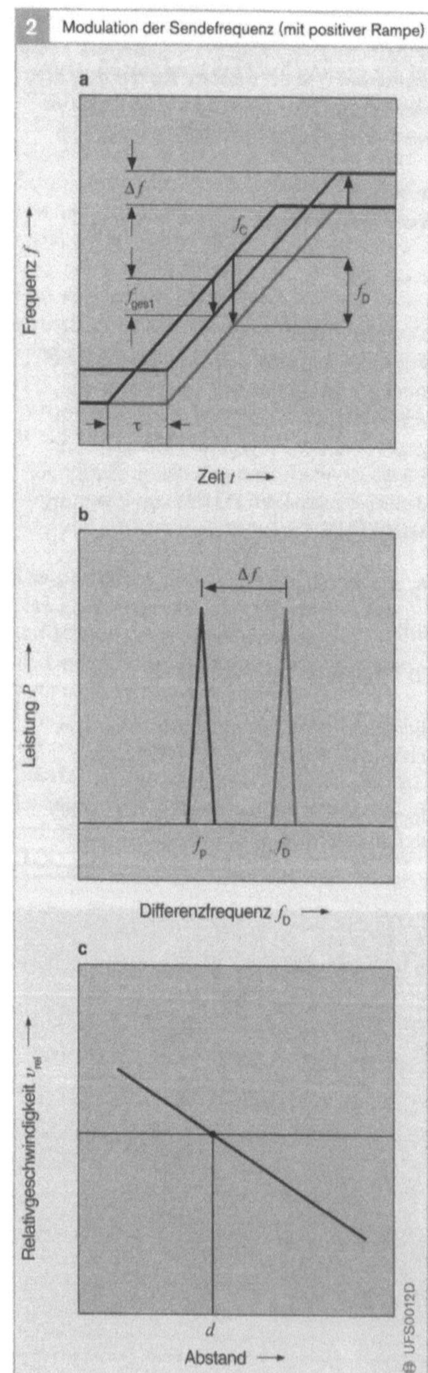

Bild 2

a   Positive Addition der Dopplerverschiebung auf die Differenzfrequenz

b   Auswirkung der Dopplerverschiebung

c   „Abstand" in Abhängigkeit von der „Relativgeschwindigkeit"

f_C Trägerfrequenz (modulierte Sendefrequenz)

f_D Differenzfrequenz

Δf Dopplerverschiebung

$f_{ges1} = f_D - \Delta f$ gesamte Frequenzverschiebung (Aufwärtsrampe)

f_p positive Frequenzverschiebung durch Dopplereffekt

τ Laufzeit

Frequenzmodulation

Eine direkte Laufzeitmessung ist aufwändig. Meistens wird daher eine indirekte Laufzeitmessung durchgeführt. Eines der Verfahren ist als FMCW (Frequency Modulated Continous Wave) bekannt. Statt des Vergleichs der Zeiten zwischen Sendesignal und Empfangsecho werden beim FMCW-Radar die Frequenzen zwischen dem Sendesignal und dem Empfangsecho verglichen. Die Voraussetzung für eine sinnvolle Messung ist eine zeitlich veränderte Sendefrequenz.

Üblicherweise wird dazu die Sendefrequenz über einen VCO (Voltage-Controlled Oscillator) rampenförmig linear mit der Steigung $m = df/dt$ moduliert (Bild 2a). Während das empfangene Signal nach der Laufzeit $\tau = 2d/c$ wieder eintrifft, hat sich die Sendefrequenz in der Zwischenzeit um die Differenzfrequenz $f_D = \tau \cdot m$ verändert. So kann die Laufzeit und damit die Entfernung indirekt über die Bestimmung der Differenzfrequenz zwischen Empfangs- und Sendesignal ermittelt werden. Die Differenzfrequenz kann wiederum mit einem Mischer und einer anschließenden Tiefpassfilterung gewonnen werden. Für die Bestimmung der Frequenz wird das Signal digitalisiert und mithilfe einer schnellen FFT (Fast Fourier Transformation) in ein Frequenz-Spektrum gewandelt. Ein „Peak" im Spektrum bei f_D (Bild 2b) entspricht dabei einem Abstand von

$$d = f_D \cdot c/2m$$

Die Information der Differenzfrequenz enthält jedoch nicht nur die Information für die Laufzeit, sondern auch noch die Doppler-Verschiebung, die sich mit der durch die Laufzeit ergebende Frequenzdifferenz ergibt: $f_{ges\,1} = f_D - \Delta f$. Dieser Umstand bedeutet zunächst eine Mehrdeutigkeit bei der Auswertung. Denn neben einer einzelnen Differenzfrequenz ist eine Linearkombination von Abstands- und Relativgeschwindigkeitswerten zu berücksichtigen, die in dem Diagramm „Abstand" in Abhängigkeit von der „Relativgeschwindigkeit" eine Gerade darstellt (Bild 2c).

Diese Mehrdeutigkeit lässt sich durch die Anwendung mehrerer FMCW-Modulationszyklen mit unterschiedlichen Steigungen auflösen:

Bei der Modulation der Sendefrequenz mit einer anderen Rampensteigung ergibt sich zwar ebenfalls eine Mehrdeutigkeit zwischen „Abstand" und „Relativgeschwindigkeit", aber im zuvor genannten Diagramm „Abstand" in Abhängigkeit von „Relativgeschwindigkeit" drückt sich diese Mehrdeutigkeit in Form einer anderen Geraden aus.

Wird zum Beispiel als zweite Rampe die gespiegelte erste Rampe mit negativer Steigung verwendet, so entsteht der in Bild 3a dargestellte Zusammenhang. Eine negative Steigung führt demnach zu einer negativen Addition der Dopplerverschiebung Δf auf die durch die Laufzeit verschobene Differenzfrequenz f_D (Bild 3b).

Die entsprechend im Diagramm „Abstand" in Abhängigkeit von der „Relativgeschwindigkeit" zur negativen Rampe gehörende Gerade schneidet nun die Gerade, die zur ersten Rampe mit positiver Steigung gehört. Der Schnittpunkt der beiden Geraden liefert nun den korrekten Wert für den „Abstand" und die „Relativgeschwindigkeit" (Bild 3c).

Das Verfahren muss aber auch dann einsetzbar sein, wenn mehr als ein Ziel vorhanden ist. Dazu muss das Verfahren noch um weitere Modulationszyklen erweitert werden, sodass eine eindeutige Zuordnung von „Zielfrequenzen" zu „Objekten" möglich ist.

Winkelbestimmung

Zur Bestimmung des Winkels, unter dem das Radar ein Objekt ortet, werden mehrere Radar-„Keulen" ausgesendet und ausgewertet.

Jeder Radar-Strahl hat ein charakteristisches „Antennendiagramm". Für ein definiertes Ziel hängt die Amplitude des Signalechos in charakteristischer Weise vom Winkel ab,

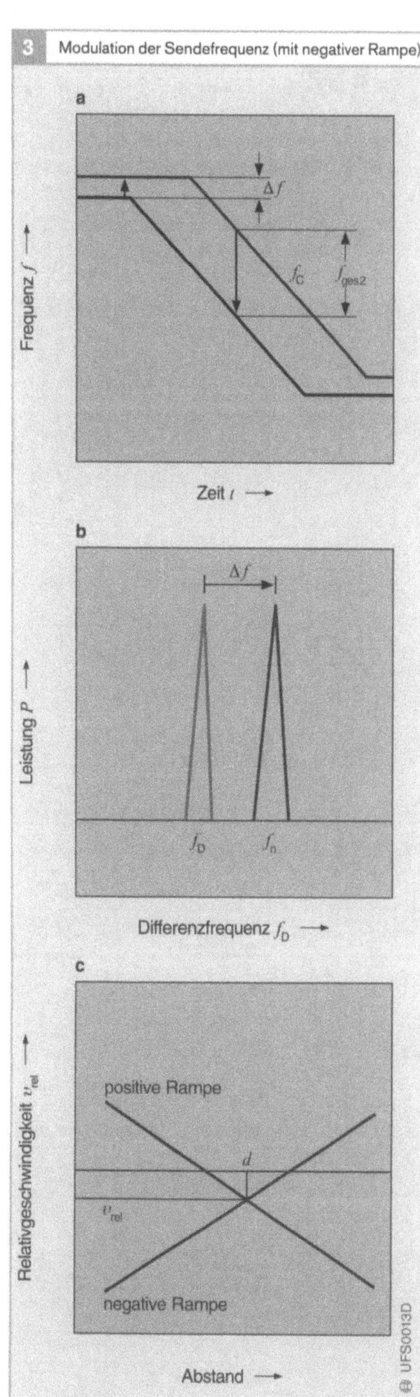

Bild 3
a Negative Addition der Dopplerverschiebung auf die Differenzfrequenz
b Auswirkung der Dopplerverschiebung
c „Abstand" in Abhängigkeit von der „Relativgeschwindigkeit"

f_C Trägerfrequenz (modulierte Sendefrequenz)
f_D Differenzfrequenz
Δf Dopplerverschiebung
$f_{ges2} = f_D + \Delta f$ gesamte Frequenzverschiebung (Abwärtsrampe)
f_p positive und
f_n negative Frequenzverschiebung durch Dopplereffekt
$d \sim f_p + f_n$ Abstand
$v_{rel} \sim f_p - f_n$ Relativgeschwindigkeit

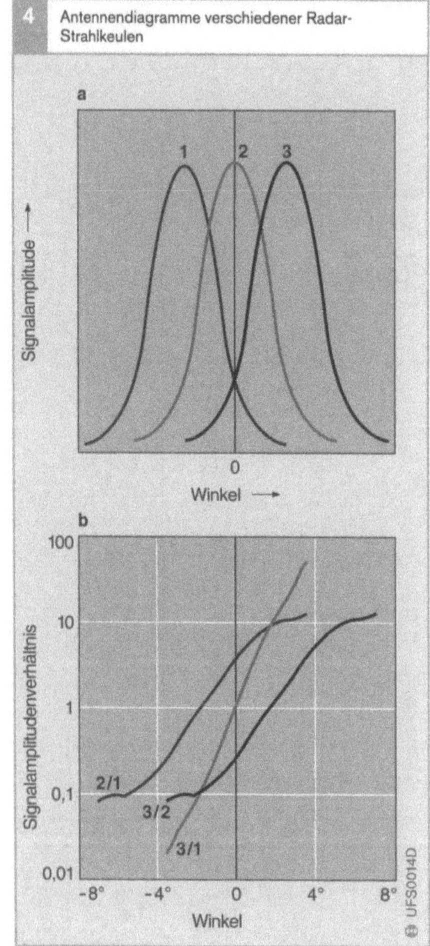

Bild 4
a   Überlappungsbe-
     reich der Antennen-
     diagramme
b   Ausleuchtungsbe-
     reich der Radar-
     Strahlkeulen

1   Linker Strahl
2   mittlerer Strahl
3   rechter Strahl
2/1 Signalamplituden-
     verhältnis Strahl-
     keule 2 zu Strahl-
     keule 1 usw.

Keulen ein Rückschluss auf den Einfallswinkel der Welle möglich. Die Qualität des Amplitudenvergleichs hängt vom Überlappungsbereich der einzelnen Antennendiagramme ab (Bild 4a).

Um einen Winkelbereich von 8° „auszuleuchten", werden drei parallel angeordnete Radar-Keulen mit einer Halbwertsbreite von +/– 2° verwendet (Bild 4b).

Radar-Baugruppen

Aufgabe

Die eigentliche Messeinheit der ACC-SCU ist die Radar-Sende- und Empfangseinrichtung RTC (Radar-TransCeiver). Ihre Aufgaben sind:

● Erzeugung von hochfrequenter Radar-Strahlung im Bereich 76…77 GHz,
● Aufteilung und Aussendung von gleichzeitig drei Radar-Strahlkeulen,
● nachfolgender Empfang der von Objekten reflektierten Echos dieser Strahlung und
● Aufbereitung dieser Echos für die nachgeschaltete digitale elektronische Signalverarbeitung.

Zusätzlich ist eine elektronische Schaltung zur hochgenauen Stabilisierung der Sendefrequenz sowie zur Erzeugung einer linearen Frequenzmodulation enthalten.

Eine Bosch-Radareinheit besitzt folgende Kenndaten (Tabelle 1):

unter dem das Ziel vom Radar empfangen wird (Bild 4).

Andererseits sind die Reflexionseigenschaften für ein geortetes Ziel unbekannt. Deshalb kann aus der Information, die nur ein Radar-Strahl bietet, nicht direkt auf den Einfallswinkel der Welle geschlossen werden.

Geeignete Voraussetzungen liegen dagegen bei der Verwendung mehrerer Radar-Keulen vor. Da ihr Antennendiagramm jeweils in einem anderen Winkelbereich sensitiv ist, ist aus dem Vergleich der Amplituden für ein Signalecho in den verschiedenen Radar-

Tabelle 1

1 Kenndaten einer Bosch-Radar-Einheit	1. Generation	2. Generation
Reichweite	2…120 m	2…150 m
Messbare Relativgeschwindigkeit	–50…+50 m/s	–50…+50 m/s
Winkelbereich	±4°	±8°
Trennfähigkeit	0,85 m; 1,7 m/s	0,85 m; 1 m/s
Messrate	10 Hz	10 Hz
Frequenzbereich	76…77 GHz	76…77 GHz
Mittlere Sendeleistung	ca. 1 mW	ca. 5 mW
Bandbreite	ca. 200 MHz	ca. 200 MHz

Aufbau und Arbeitsweise

Die Basiskomponenten des Radar-Transceivers RTC (Bilder 5 und 6) sind:
- Hochfrequenzoszillator (Gunn-Oszillator) zum Erzeugen der Radarstrahlung,
- Verteilnetzwerk zur Antennenspeisung und Empfangsmischung,
- Frequenzregelungselektronik mit Referenzoszillator und
- Signalvorverstärkung.

5 Radar-Transceiver (Ansicht)

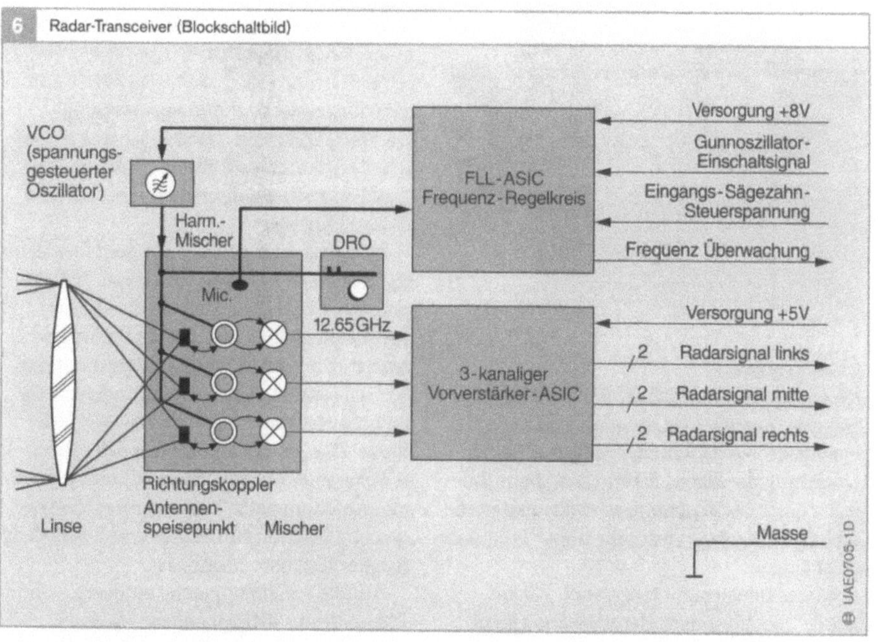

6 Radar-Transceiver (Blockschaltbild)

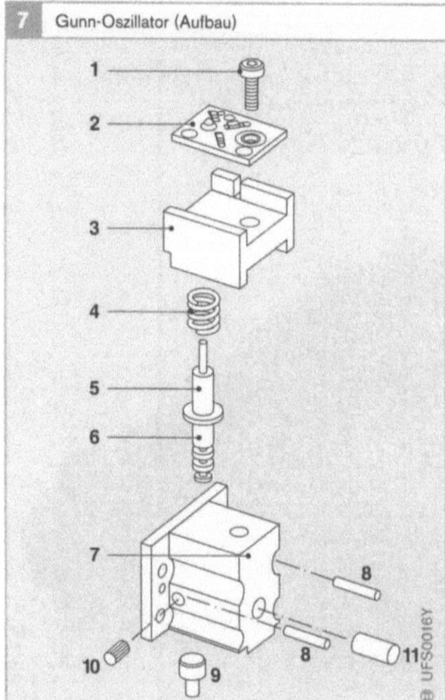

7   Gunn-Oszillator (Aufbau)

Bild 7

1 Befestigungs-
   schraube
2 Zusatz-Leiterplatte
3 Isolierkörper
4 Schraubenfeder
5 Ferrithülse
6 Bias-Choke
7 Oszillatorkörper
8 Positionierstifte
9 Gunn-Halbleiter-
   bauelement
10 Stift zur Frequenz-
   abstimmung
11 Stift zur Leistungs-
   abstimmung

Bild 8

1 Mikrostreifenleiter-
   schaltung auf Quarz-
   glas
2 Wilkinson-Leistungs-
   teiler mit zwei Ober-
   flächenwiderständen
3 richtungsselektive
   Trennung von
   Empfangs- und
   Sendesignal
4 drei Antennenpatche
5 sieben Mischer-
   dioden

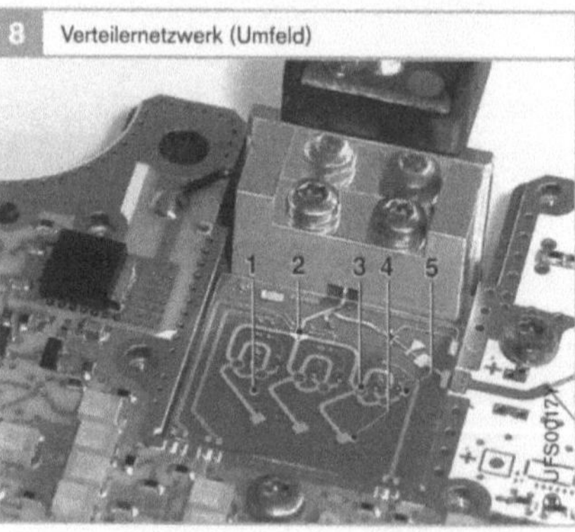

8   Verteilernetzwerk (Umfeld)

Gunn-Oszillator
Kernstück des Oszillators (Bild 7) ist ein aus
Gallium-Arsenid bestehendes elektronisches
Halbleiterbauelement, das aufgrund seiner
Dotierung die Eigenschaft besitzt, beim An-
legen einer Gleichspannung elektromagneti-
sche Schwingungen mit sehr hoher Frequenz
zu erzeugen.

Dieses Bauelement heißt auch „Gunn-
Diode", benannt nach dem US-amerikani-
schen Physiker I. G. Gunn. Er entdeckte
1963 den Effekt, dass in bestimmten Halbleitern (Galliumarsenid) bei großen elektrischen Feldstärken Schwingungen im Mikro-
wellenbereich auftreten. Die Gunn-Diode ist
in ein keramisches Gehäuse verpackt und in
einen aus Aluminium bestehenden Oszillatorblock eingebaut.

Der Kontaktstift zur Spannungszuführung
enthält Filterstrukturen und eine Resonator-
scheibe, die zusammen mit dem rechteckigen
Innenquerschnitt des Blocks einen Hohl-
raumresonator bildet. Das Schwingverhalten
der Diode wird im Wesentlichen durch die
geometrischen Abmessungen der sie umge-
benden Bauteile beeinflusst. Diese Gegebenheiten stellen höchste Anforderungen an
die Präzision der Fertigung dieser Komponenten.

Die Frequenz lässt sich innerhalb des
Nutzbandes von 76…77 GHz durch die Veränderung der angelegten Spannung variieren
(daher die Fachbezeichnung VCO: Voltage
Controlled Oscillator bzw. Spannungsgesteuerter Oszillator). Die erzeugte Hochfrequenz-
energie wird über einen im Oszillatorblock
integrierten Rechteck-Hohlleiter einem Verteilnetzwerk zugeführt.

Verteilnetzwerk und Antennenspeisung
Das Verteilnetzwerk (Bild 8) ist eine elektrische Streifenleiterschaltung, realisiert mit
Goldleiterbahnen auf einem nur 0,17 mm
dicken Quarzglas.

Zunächst wird von der aus dem Oszillator
übertragenen Leistung ein kleiner Teil aus-
gekoppelt und der später beschriebenen
Frequenzregelung zuführt. Anschließend
erfolgt eine Aufteilung der Energie auf drei
(2. Generation: vier) getrennte, gleichartig
aufgebaute Sende-Empfangszweige. Jeder
dieser Zweige enthält eine doppelte Ringstruktur sowie als Abschluss ein rechteckiges,
als „Antennenpatch" bezeichnetes Element,
dessen Funktion Abstrahlung und Empfang
je einer Radarstrahlkeule ist.

Auf die Antennenpatche aufgesetzt sind
Elemente aus dielektrischem Material,

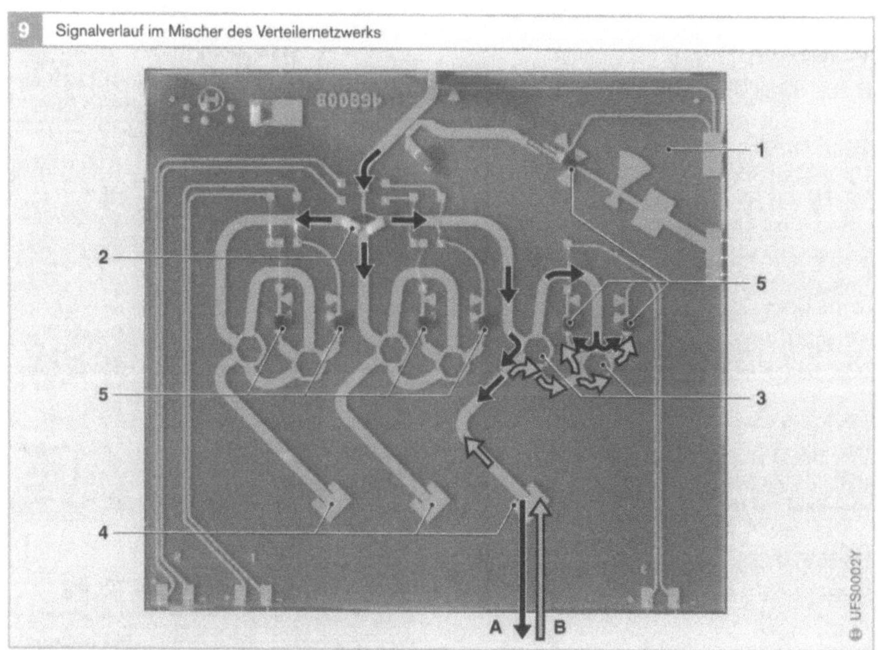

Bild 9
A   Sendestrahl
B   Empfangsstrahl

1   Mikrostreifenleiter-
     schaltung auf
     Quarzglas
2   Wilkinson-Leistungs-
     teiler mit zwei Ober-
     flächenwiderständen
3   richtungsselektive
     Trennung von
     Empfangs- und
     Sendesignal
4   drei Antennenpatche
5   sieben Mischer-
     dioden

welche die abgestrahlte Energie vorfokussie-
ren und auf eine Antennenlinse strahlen, die
ähnlich wie eine optische Linse eine scharfe
Bündelung der Radarstrahlung auf drei
überlagerte Kegel von je ca. 4° Öffnungswinkel (8° bei ACC 2. Generation) bewirkt.
Eine weitere Fokussierung wäre nur bei
größeren Antennenlinsen möglich. Da sich
je zwei Strahlkegel etwa zur Hälfte überla-
gern, beträgt der gesamte Erfassungsbereich
8° ($\triangleq \pm 4°$) bzw. 16° bei ACC 2. Generation,
ausgehend vom Einbauort des Radars an der
Fahrzeugfront.

Das Bosch-System ist ein monostatisches
Radarsystem, d. h. es nutzt dieselbe Anten-
nenanordnung in umgekehrter Richtung
auch zum Empfangen der Radarechos. Ein
solches System benötigt weniger Bauraum
als ein bistatisches System mit getrennten
Anordnungen. Daher eignet es sich besser
für den Einbau in Fahrzeugen.

Mischer
Die erste Ringstruktur des Verteilnetzwerks
teilt die dort zugeführte Leistung, sodass die
Antennenpatche (Bild 9) nur ca. die Hälfte
der Leistung erhalten. Der andere Teil wird
einer zweiten Ringstruktur zugeführt. Dort-
hin wird zeitgleich auch die von den Anten-
nenpatchen als Radarecho empfangene
Energie geleitet.

Die jeweils zweite Ringstruktur des Verteilnetzwerks bildet zusammen mit den dort
angebrachten antiparallel geschalteten
Dioden einen Mischer, in dem aus Sende-
und Empfangsleistung ein elektrisches
Signal erzeugt wird. Die Frequenz dieses
Signals entspricht der Differenz von ausge-
sendeter und empfangener Frequenz.

Dieses elektrische Signal ist das eigentliche
Radarnutzsignal. Seine Frequenz im Bereich
von 20...200 kHz enthält die Informationen
über den Abstand in Längsrichtung und die
Relativgeschwindigkeit der detektierten Objekte. Die Unterschiede in den Amplituden
der drei Zweige werden für die Bestimmung
des Winkels herangezogen.

Die elektronische Schaltung des Radar-Transceivers empfängt die Nutzsignale über je zwei Signalleitungen.

Vorverstärker
Die gesamte Sendeleistung des ACC-Radars beträgt nur ca. 1 mW. Dadurch sind die elektrischen Spannungen der Nutzsignale so gering, dass vor der weiteren Signalverarbeitung eine Verstärkung um das mehrmillionenfache in einem speziell ausgelegten dreikanaligen integriertem Verstärkerschaltkreis erforderlich ist.

Die frequenzabhängige Verstärkungskennlinie des Verstärkerschaltkreises sorgt für die sichere Signalverarbeitung von Echos auch weit entfernt liegender Objekte.

Echos von Objekten in größerer Entfernung liefern höhere Mischfrequenzen und geringe Spannungsamplituden, da umso weniger Radarstrahlung empfangen wird, je weiter das reflektierende Objekt entfernt ist. Sie müssen daher noch höher verstärkt werden.

Frequenzregelungselektronik
Da alle wesentlichen Informationen in der Frequenz des Nutzsignals enthalten sind, würden Schwankungen in der Sendefrequenz ebenso zu verfälschten Messergebnissen führen wie Abweichungen von der zeitlichen Linearität der ausgesendeten Frequenzrampe.

Das Bosch ACC-Radar ist daher mit einer schnellen Frequenzregelungselektronik ausgestattet, die etwa alle 1millionstel Sekunde die ausgesendete Frequenz mit dem aktuellen Sollwert vergleicht und nachregelt.

Zusätzlich wird damit die Einhaltung von gesetzlichen bzw. postalischen Vorschriften gewährleistet, die für den Betrieb von Kfz-Radaranlagen mit größeren Reichweiten den Frequenzbereich von 76...77 GHz vorschreiben.
  Hierzu ist neben dem Hauptoszillator ein weiterer Oszillator als Referenzoszillator mit

einer Nennfrequenz von 12,65 GHz enthalten, der als DRO (Dielektrischer Resonator Oszillator) aufgebaut ist. Es handelt sich dabei um einen elektronischen Schwingkreis, bestehend aus einem Leistungstransistor und einem dielektrischen Resonatorelement zur Frequenzstabilisierung (analog zu Quarz-Uhrenschaltungen ist dieser Oszillator bezüglich Lebensdauer und Temperatur sehr stabil).

Die Energie des DRO wird einem auf dem Verteilnetzwerk befindlichen „Oberwellenmischer" zugeführt. Dort erfolgt die Mischung des sechsfachen seiner Grundfrequenz (6 · 12,65 = 75,9 GHz) mit einem geringen, vom Hauptoszillator ausgekoppelten Leistungsanteil, sodass Mischfrequenzen von 100...1100 MHz entstehen.

Dieses Signal ist Eingangsgröße für die elektronische Frequenzregelung. Nach weiterer Teilung (die Frequenzen sind immer noch zu hoch für die weitere Verarbeitung mit der Standardelektronik) wird es dort einem „Diskriminator" zugeführt und in eine der Frequenz proportionale Spannung gewandelt. Die Differenz zu dem ebenfalls als Spannung vorliegenden Sollwert wird ermittelt. Bei Abweichungen wird die Versorgungsspannung des Oszillators solange verändert, bis der Sollwert wieder erreicht ist.
  Dabei ist der Sollwert selbst eine veränderliche Größe. Die Signalverabeitungseinheit gibt diese Größe vor, um die für die Messung erforderliche Änderung der Sendefrequenz von 200 MHz während einer Millisekunde zu erzielen.

Fest einprogrammierte Maximal- und Minimalwerte sorgen darüber hinaus dafür, dass selbst bei Ausfall der Frequenzregelung das zulässige Frequenzband nicht verlassen werden kann.

ACC-Sensor & Control Unit

Mechanischer Aufbau

Anforderungen

Als Einbauort für den Radarsensorteil der
ACC-Elektronik kommt zwangsläufig nur
der Fahrzeugfrontbereich in Betracht. Hieraus ergeben sich folgende Anforderungen:
- Temperaturbeständig im Temperaturbereich −40 °C...≥ +80 °C,
- dicht gegenüber Spritzwasser und Dampf-
  strahl,
- unempfindlich gegen Fahrzeugvibratio-
  nen bei Schlechtwegstrecken,
- widerstandsfähig gegen Steinschlag und
- kleinstmögliche Abmessungen.

Außerdem muss eine Möglichkeit zur Justage des Radarsensors vorhanden sein, da
eine sehr genaue Übereinstimmung der Mit-
tellage der Radarstrahlkegel mit der Mittel-
achse des Fahrzeugs für das Fahrverhalten
während der ACC-Regelung erforderlich ist.

Bestandteile

Das Bosch ACC-Elektronikgerät (Bild 1)
beinhaltet nicht nur den eigentlichen Radar-
sensor, sondern auch die gesamte für die
Fahrzeugregelung erforderliche Elektronik.
Deshalb trägt es die Bezeichnung ACC-SCU
(ACC-Sensor & Control Unit, d. h. Sensor-
und Steuergeräteinheit).

Diese Geräteeinheit erfordert weder einen
zweiten Einbauraum noch zusätzlichen
Aufwand für die Verkabelung, da alle Signale
der ACC-Regelung über den Fahrzeug-
Datenbus (CAN) mit der Motor- und
Bremselektronik sowie den Anzeigeinstru-
menten ausgetauscht werden.

Linse

Generell bestimmen zwei wesentliche physikalischen Parameter die Baugröße der Ra-
dargeräte (Bild 2):
- die Außenabmessungen des Antennen-
  systems und
- die dazugehörige Fokuslänge, d. h. der
  Abstand der Strahlquelle von der Linsen-
  unterseite.

ACC-Sensor & Control Unit ACC-SCU
(2. Generation)

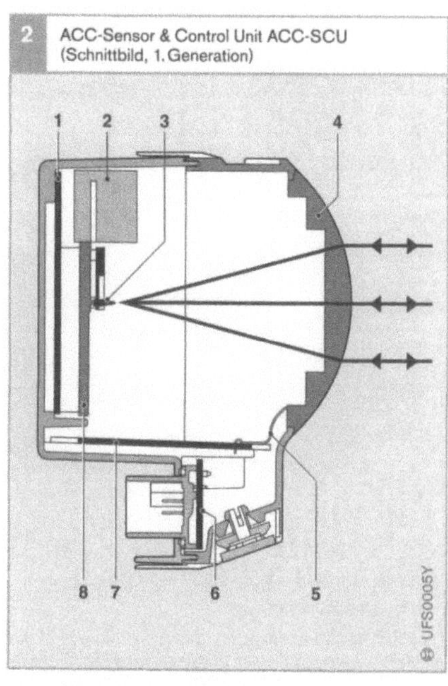

ACC-Sensor & Control Unit ACC-SCU
(Schnittbild, 1. Generation)

Bild 2

1 Leiterplatte 1
2 Oszillatorblock
3 Strahlquellen
   (Stielstrahler)
4 Linse
5 Kontakt der Linsen-
   heizung
6 Leiterplatte 3
7 Leiterplatte 2
8 Radar-Sende-
   Empfangseinheit
   (Radar-Transceiver)

Bei gegebener Frequenz ergibt sich der Durchmesser einer Linse aus der gewünschten Strahlbündelung. Eine möglichst vollständige Bestrahlung der Linse kann über den richtigen Abstand zwischen Strahlquelle und Linse erzielt werden.

Die Linse des Bosch-Radars besteht aus einem temperatur- und steinschlagfesten dielektrischen Spezialkunststoff. Sie ist ein Bestandteil des Gehäuseoberteils aus Kunststoff und bildet damit einen dichten Gehäuseabschluss nach außen.

Wahlweise kann in die Linse eine elektrische Heizung integriert sein, mit der sich das Ansetzen eventuell störender Eis- und Schneebeläge verhindern lässt (insbesondere nasser Schnee führt zu einer merklichen Dämpfung von Radarstrahlen).

Elektronische Komponenten

Die Basiselektronik der ACC-SCU besteht aus drei Leiterplatten und der Radar-Sende-Empfangseinheit (Bilder 2 und 3):

Radar-Sende-Empfangseinheit
Die Radar-Sende-Empfangseinheit (Transceiver) sitzt mit kurzen, wenig störanfälligen Verbindungen direkt auf Leiterplatte 1.

Leiterplatte 1
Leiterplatte 1 beinhaltet alle für die digitale Signalverarbeitung erforderlichen Komponenten (Berechnung von Positionen und Geschwindigkeiten aus Radar-Rohdaten). Ihr Herzstück ist ein digitaler Signalprozessor.

Leiterplatte 2
Leiterplatte 2 verfügt neben einem weiteren Prozessor (16-Bit-Mikrocontroller), der alle Berechnungen für die Fahrzeugregelung vornimmt, über einen Spannungsregler und weitere Schalt- und Kontrollkomponenten.

Leiterplatte 3
Leiterplatte 3 enthält den Stecker und die Treiber-Bausteine für die Verbindung zum Bordnetz und zum Fahrzeug CAN-Bus sowie Entstördrosseln und -kondensatoren.

Bild 3
2-Leiterplatten-Konzept
bei ACC 1. Generation,
1-Leiterplatten-Konzept
bei ACC 2. Generation

1 Dielektrischer
   Resonator-Oszillator
   DRO
2 Stielstrahler
3 SRAM
4 Flash
5 16-Bit-Mikro-
   controller
6 Anschluss 5 V
   (digital)
7 Schalter 3 A
8 MQS-Stecker mit
   CAN-Transceiver
9 Gunn-Oszillator
10 ASIC CC610
11 Schaltregler 4,1 V
12 DSP 56002
13 Regler 8 V
14 Anschluss 5 V
    (analog)
15 K-Line Interface

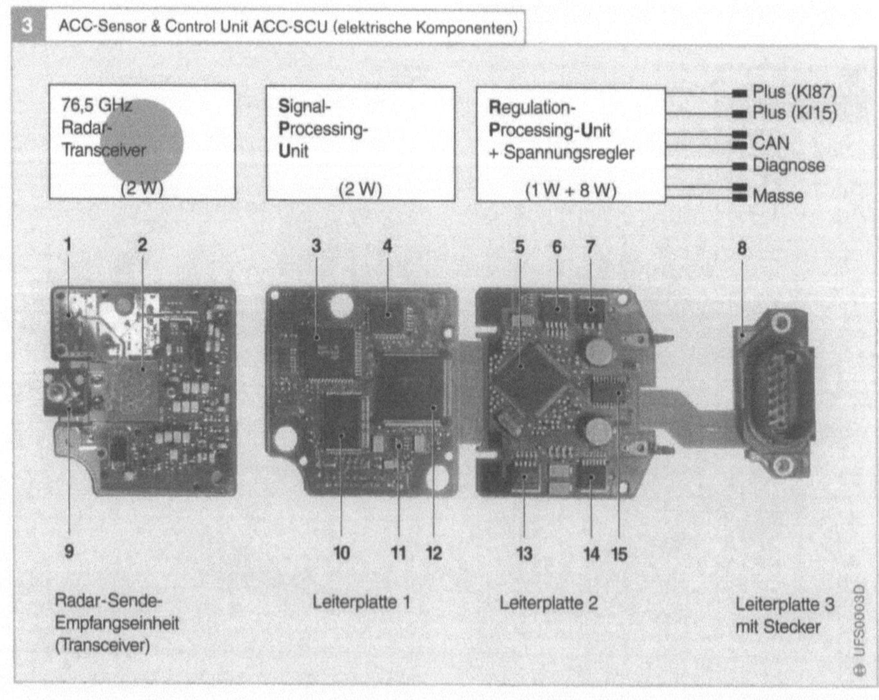

Integrierte Verbindungen bewirken, dass alle drei Leiterplatten eine elektrische Einheit bilden. Mit diesen flexiblen Verbindungen lässt sich der gesamte Leiterplattenverbund falten und damit Platz sparend im Gesamtgerät anordnen (Bild 4).

Gehäuse und Justagevorrichtung

Ein Gehäuse aus Aluminium-Druckguss nimmt die Radar-Sensor-Reglereinheit von Bosch auf. Die elektronischen Leiterplatten sind darin so eingebaut, dass die Verlustwärme der Bauelemente optimal abgeleitet wird.

Im Außenbereich des Gehäuses sind drei Aufnahmeaugen mit Kugelgelenkschalen aus Kunststoff als Befestigungselemente angebracht. Darin lagern drei mit Kugelköpfen versehene Schrauben, deren Gewinde in Kunststoffelemente des Halters eingreifen.

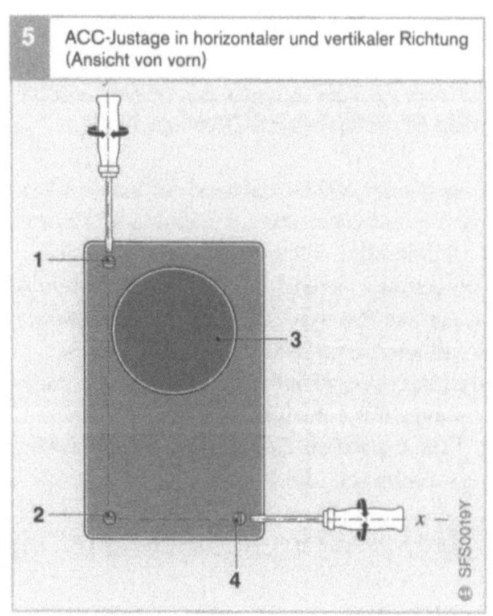

Bild 5
1 Einstellschraube 1 für vertikale Justage
2 Schraube 2 (Festlager)
3 Linse
4 Einstellschraube 3 für horizontale Justage
x Achse für vertikale Justage
y Achse für horizontale Justage

Die Anordnung dieser Schrauben über Eck ermöglicht ein Schwenken des Geräts in zwei Ebenen (Bild 5). In vertikaler Richtung geschieht dies durch Drehen an Schraube 1 (x-Achse ist Schwenkachse) und in horizontaler Richtung durch Drehen an Schraube 3 (y-Achse ist Schwenkachse). Schraube 2 dient dabei als Festlager und wird nicht verstellt.

Um eventuelle Ungenauigkeiten beim Einbau auszugleichen, kann das Gerät mithilfe dieser Vorrichtung im Fahrzeug ähnlich wie ein Scheinwerfer justiert werden. Der Halter ist dem jeweiligen Fahrzeug angepasst, wobei es auch Versionen mit Umlenkgetrieben für Einbaupositionen gibt, bei denen kein Zugang von vorn zu den Justageschrauben möglich ist.

Justage

Die Justage erfolgt in zwei Schritten:
- Feststellen der Fahrzeuglängsachse (Fahrachse) und
- Ausrichten der Radar-Achse parallel zur Fahrzeuglängsachse.

Die Fahrzeugachse lässt sich mit gängigen Verfahren zur Achsvermessung feststellen.

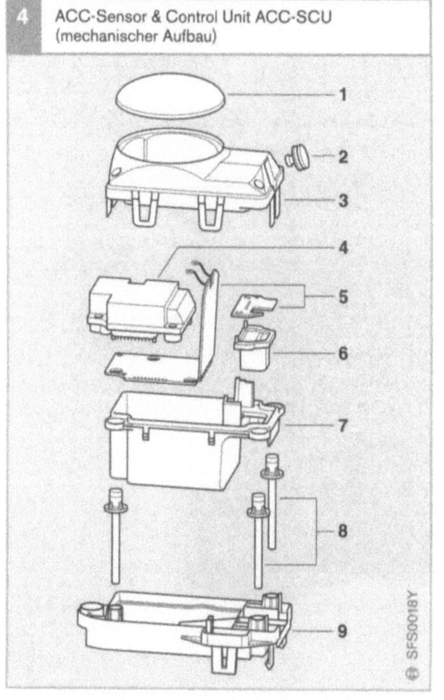

Bild 4
1 Linse
2 Druckausgleichelement
3 Gehäuseoberteil
4 Radar-Transceiver
5 starr-flexible Leiterplatte
6 12-polige Stiftleiste für MQS-Kontakte
7 Gehäuseunterteil
8 Justageschrauben (auf jeweiliges Fahrzeug abgestimmt)
9 Sensorhalter

Die Genauigkeit der ACC-Sensorjustage, d. h. die Genauigkeit für das Ausrichten des Sensors zur Fahrzeugachse, ist für die korrekte Funktion des ACC sehr wichtig.

Eine *horizontale* Dejustage des Sensors kann zur Verschlechterung der Zielortung führen, weil dadurch insbesondere die Winkelbestimmung vorausfahrender Fahrzeuge falsch interpretiert wird. In der Folge kann sich das Annäherungsverhalten mindern, und es kann zu einer Zielobjektauswahl von Fahrzeugen auf benachbarten Spuren führen.

Eine *vertikale* Dejustage des Sensors kann zu Einbußen in der Sensorreichweite sowie zu Fehlern in der Winkelbestimmung führen.

Die Anforderungen an die Genauigkeit der Justage sind durch die Fahrspurprädiktion (Voreinschätzung der Fahrspur), die Winkelauswertung und durch Plausibilisierungsalgorithmen (Rechenvorgänge) bestimmt. Eine Dejustage des Sensors wirkt sich wie ein Offsetfehler bei diesen Funktionskomponenten aus. Ab ca. 0,3° horizontaler Dejustage sind Funktionseinbußen auch für den Autofahrer spürbar. Die erforderliche Genauigkeit der Justage sollte daher deutlich unter diesem Wert liegen.

> **6**   ACC-Sensor & Control Unit ACC-SCU (Ansicht im Schnitt)

Bild 6

1   Linse
2   Radar-Transceiver
3   Strahlquellen
    (Stielstrahler)

UFS0020Y

Elektronik-Hardware

Digitalelektronik

Aufgaben

Die Aufgaben der Digitalelektronik sind:
- Radarsignale digitalisieren,
- FFT (Fast Fourier Transformation) durchführen,
- Abstand, Relativgeschwindigkeit und Winkel der Radarziele berechnen,
- Abstands- und Geschwindigkeitsregelung, Kursprädiktion sowie Eigendiagnose durchführen,
- Daten mit Elektronischem Stabilitätsprogramm ESP, Motronic, Getriebesteuerung und Anzeigeinstrument über CAN austauschen,
- Diagnose über Stecker möglich machen,
- unter bestimmten Betriebsbedingungen Linsenheizung ansteuern,
- Spannungen und Signale überwachen.

Aufbau und Arbeitsweise

Die Digitalelektronik (Bild 7) lässt sich in die RPU (Regulation Processing Unit) und die SPU (Signal Prozessing Unit) unterteilen.

Das Herz der SPU ist ein DSP (Digitaler Signalprozessor). Dieses hoch integrierte elektronische Bauelement fand ursprünglich im Car-Audiobereich Anwendungen. Es eignet sich hervorragend dafür, viele Rechenoperationen (z. B. Multiplikationen und Divisionen) schnell auszuführen. Damit ist es das ideale Bauelement, um die notwendigen Berechnungen von Detektion, Abstand, Geschwindigkeit, Winkel und Tracking durchzuführen.

Für die angeführten Rechenoperationen müssen die Signale in digitaler Form vorliegen. Diese Aufgabe übernimmt ein hoch komplexer Schaltkreis CC610. Er wurde bei Bosch speziell für die ACC-Signalverarbeitung entwickelt.

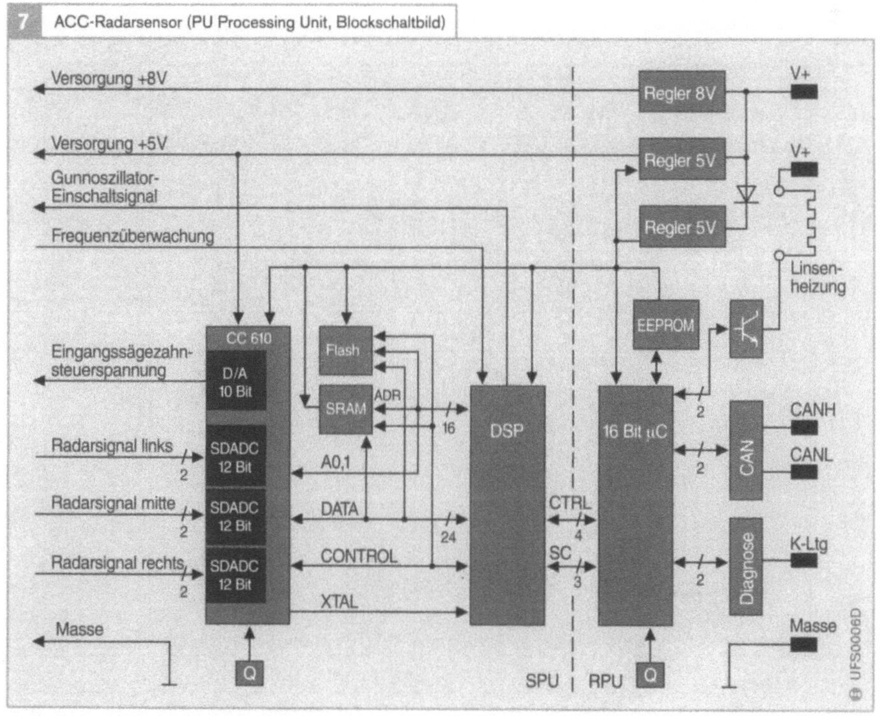

7   ACC-Radarsensor (PU Processing Unit, Blockschaltbild)

Ein zusätzlich integrierter DAC (Digital-Analog Converter bzw. Digital/Analog-Wandler) gibt eine treppenförmige Spannungsrampe aus. Sie dient als Sollwert für die FLL-Regelung (Frequency Locked-Loop, siehe auch Abschnitt „Frequenzregelung") und erzeugt dort eine lineare Modulation der Sende-Frequenz. Während diese Spannungsrampe hoch läuft, werden die drei gemischten Radarsignale im Vorverstärker verstärkt und mit einer Auflösung von 12 Bit digitalisiert, gefiltert und einer FFT (Fast Fourier Transformation) unterzogen. Die FFT ermöglicht eine sehr schnelle Umsetzung der Zeitsignale in Frequenzsignale (Bild 8).

Der DSP steuert den zeitlichen Ablauf der Modulation und holt sich die Ergebnisse vom Schaltkreis CC610 über die parallele Schnittstelle ab. Die Daten werden in einem SRAM mit schnellem Schreib/Lesezugriff zwischengespeichert. Nach dem Durchlaufen der beiden Doppelrampen für die Frequenzmodulation werden die beschriebenen mathematischen Operationen durchgeführt. Die Zeitdauer für das Durchlaufen eines Zyklus beträgt 80...100 ms. Das zum Ablauf der Sequenz benötigte Programm ist in einem separaten SPU-Flash-EEPROM abgespeichert.

Über die serielle Schnittstelle werden die Objekte mit den Attributen „Abstand", „Geschwindigkeit", „Winkel" usw. an die RPU übertragen. Die Funktion der RPU ist in einem separaten Abschnitt beschrieben.

Der Ein-Chip-Controller der RPU beinhaltet alle Schaltungsbaugruppen wie Rechnerkern, RAM, CAN-Controller, ADC (Analog/Digital-Wandler), Zähler, digitale Schnittstellen zum EEPROM (beschreibbarer, nicht flüchtiger Schreib/Lesespeicher), zur SPU, zum Diagnosebaustein und zum Oszillator für die Takterzeugung.

Das in einem integrierten Flash-EEPROM gespeicherte Programm lässt sich auch vom

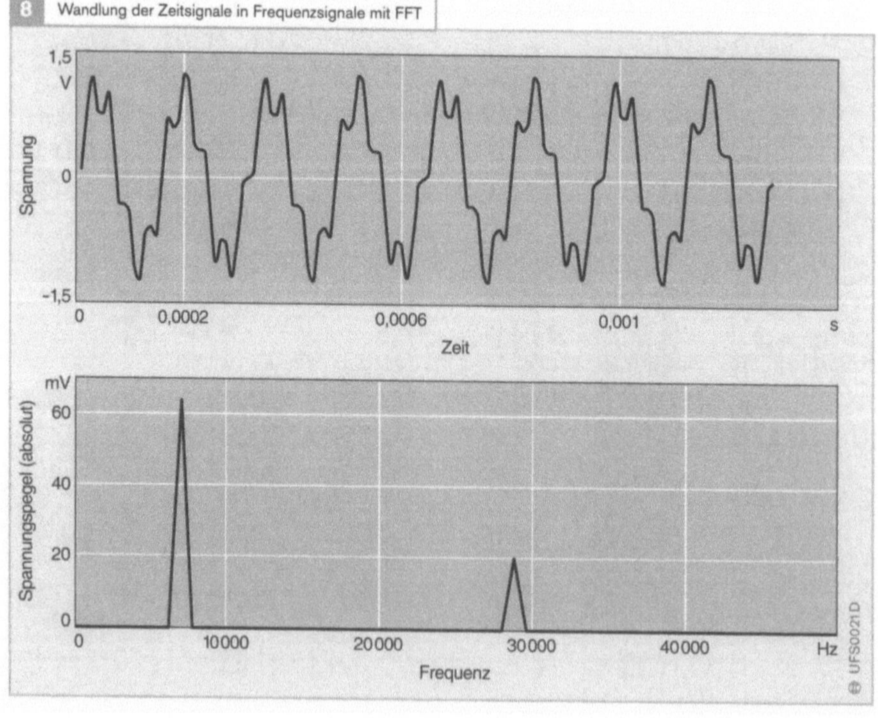

Bild 8
a　Zeitsignale
b　Frequenzsignale

Fahrzeughersteller im Fahrzeug noch ändern, sofern zusätzliche Schnittstellen vorgesehen sind.

Die Analog/Digital-Wandler überwachen die Spannungen. Sinkt z. B. die gemessene Versorgungsspannung unter einen bestimmten Spannungswert ab, dann wird die ACC-Funktion nicht mehr zugelassen. Ebenso werden die erzeugten stabilisierten Versorgungsspannungen auf bestimmte Grenzwerte überprüft. Im Falle eines Fehlers würde die ACC-Funktion gesperrt, eine Inaktivmeldung an die Anzeige geschickt und ein Fehlercode im EEPROM abgelegt.

Der CAN-Interfacebaustein ermöglicht eine sichere digitale Kommunikation mit den Partner-Steuergeräten im Fahrzeug. Der CAN-Bus hat sich in den letzten Jahren als standardisierte serielle Datenübertragung im Kraftfahrzeug etabliert. Übliche Übertragungsraten sind 250...500 kBit/s.
   Bei diesen hohen Übertragungsraten müssen spezielle Vorkehrungen getroffen werden. Dazu gehören geeignete Filterbauelemente. Sie vermeiden störende Oberwellen, die z. B. den Rundfunkempfang im Fahrzeug negativ beeinflussen könnten.

Um eine Werkstattdiagnose zu ermöglichen ist es notwendig, eventuell auftretende Fehler abzuspeichern. Hierzu ist in der ACC-SCU ein EEPROM eingebaut. Ein Teil davon ist als Fehlerspeicherbereich festgelegt. Über eine Diagnoseschnittstelle lässt sich der Inhalt in Verbindung mit einem Testgerät für die Werkstattdiagnose auslesen und interpretieren. Zusätzlich können beim Fahrzeughersteller im EEPROM weitere, für das Fahrzeug typische Daten abgespeichert werden.
   Der Diagnosebaustein bildet die bidirektionale (in beide Richtungen wirksame) Schnittstelle zum Diagnosetester. Schickt der Diagnosetester den Befehl „Auslesen des Fehlerspeicher", wird diese Meldung vom Controller der RPU interpretiert. Der Controller liest die Daten aus dem EEPROM aus

und wandelt sie in ein (dem Diagnosetester) bekanntes Protokoll um. Der Diagnosebaustein hat zusätzlich eine Schutzfunktion, die den empfindlichen Controller vor dem rauen Betrieb im Fahrzeug schützt.

Die Steuerfunktion für die Linsenheizung steuert bei Kälte den Heizdraht in der Linse an. Wenn sich nun die Oberfläche der Linse erwärmt, kann sich kein Schnee oder Eis darauf festsetzten. Sowohl Schnee als auch Eis können die Radarstrahlen um ein gewisses Maß dämpfen und die vorgesehene Reichweite einschränken. Zwar würde eine Überwachungsfunktion sicher stellen, dass in einem solchen Fall die ACC-Funktion nicht mehr wirksam wäre, doch würde dies die Verfügbarkeit des Systems unter diesen extremen Umweltbedingungen einschränken. Die Ansteuerung der Linsenheizung lässt sich in Abhängigkeit von der Temperatur und der Versorgungsspannung flexibel über eine Pulsweitenmodulation realisieren.

Spannungsregler

Damit die digitalen und analogen Bauelemente fehlerfrei arbeiten können, benötigen sie eine Versorgung mit konstanter Spannung. Diese Aufgabe übernehmen mehrere Spannungsregler. Die von der Batterie bzw. vom Generator bereit gestellte Batteriespannung würde die empfindlichen Bauelemente zerstören. Wegen einer drohenden Fehlfunktion müssen die auftretenden Spannungsspitzen von ±100 V ebenso ausgefiltert werden wie eine überlagerte Wechselspannung von ±2 V. Ebenso muss die ACC-SCU eine Verpolung der Batterie oder das Starten des Fahrzeugs mit einer 24-V-Autobatterie unbeschadet überstehen.
   Die Aufteilung auf zwei Spannungsregler ist notwendig um die erzeugte Verlustleistung abzuführen. Sie versorgen die analogen und digitalen Bauelemente der RPU, SPU und des RTC.

Die Versorgung des Gunn-Oszillators erfolgt mit einem 8-V-Spannungsregler.

Systemverbund

Systemarchitektur

Aufgabe der Systemarchitektur

Da ACC eine Funktion über mehrere Subsysteme hinweg ist, kommt der *Systemarchitektur* eine Schlüsselrolle zu. Nur mit einer geeigneten Systemarchitektur lassen sich die Teilfunktionen miteinander so verknüpfen, dass sich eine harmonische und sichere Gesamtfunktion ergibt.

Eine besondere Herausforderung an die Systemarchitektur ergibt sich aus dem Umstand, dass die beteiligten Subsysteme oft von verschiedenen, häufig im Wettbewerb stehenden Zulieferern entwickelt werden und zum Teil im gleichen Fahrzeugmodell variieren.

Aufbau des Systemverbunds

Eine Übersicht über die Grundstruktur der ACC-Regelung und die Einbindung als System in das Fahrzeug geben bereits die Bilder 1 und 3 im Kapitel „Systemüberblick". Die ACC-Sensor & Control Unit erkennt vorausfahrende Fahrzeuge und berechnet eine Sollbeschleunigung des Fahrzeugs[1].

Diese Sollbeschleunigung wird anschließend in geeignete Stellsignale für die Partnersysteme des Motor- und Bremssystems umgesetzt. Das ACC-System ist also kein autarkes System, sondern basiert auf der Vernetzung der verschiedenen beteiligten Partnersysteme untereinander.

Arbeitsweise des Systemverbunds

Bild 1 gibt einen Überblick über die beteiligten Partnersysteme, die für die ACC-Gesamtfunktion notwendig sind:
- Die Umsetzung der ACC-Sollwerte zur Längsbeschleunigung erfolgt durch die Motorsteuerung bzw. das Bremssystem. Umgekehrt benötigt ACC von diesen Partnersystemen Informationen zum Fahrzeugzustand, wie z. B.: Fahrzeuggeschwindigkeit, Fahrzeugbeschleunigung, Drehbewegung des Fahrzeugs, aktuelles Motormoment usw.

---

1) Beschleunigung bedeutet in diesem Fall den vollen Bereich einschließlich negativer Beschleunigungen, die eine Fahrzeugverzögerung bewirken.

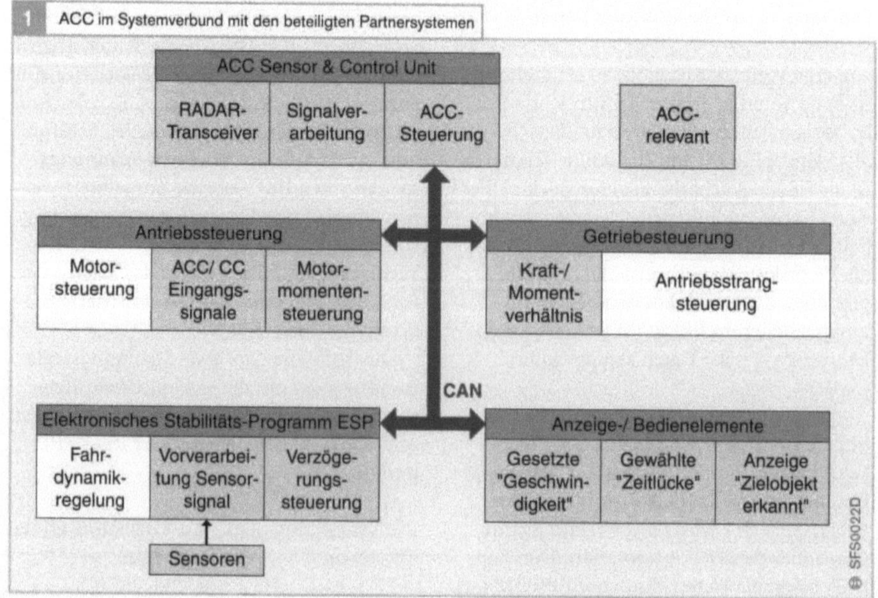

1   ACC im Systemverbund mit den beteiligten Partnersystemen

- Die Anzeige- und Bedienelemente sind ebenfalls über CAN erreichbar. ACC benötigt die Informationen zum Fahrerwunsch (gesetzte Geschwindigkeit, gewählte Zeitlücke) und gibt Informationen an den Fahrer (z. B. ob ein Ziel erkannt wurde). Die Bedienelemente werden auch von der konventionellen Fahrgeschwindigkeitsregelung benötigt und werden deshalb meist von der Motorsteuerung ausgewertet.
- Die Getriebesteuerung wird von ACC nicht als Aktorsystem genutzt. Allerdings werden Informationen von der Getriebesteuerung zum aktuell wirkenden Kraft-/Momentverhältnis des Getriebes benötigt.

Für die Datenübermittlung wird der Steuergeräte-Bus CAN (Controller Area Network) eingesetzt. Dieser verbindet die einzelnen Systeme. Oftmals sind auch noch weitere Geräte angeschlossen oder über Gateway-Funktionen erreichbar.

Neben der Art der Datenübermittlung ist die Konvention der Dateninhalte der Netzwerksignale festgelegt. Sie ergibt sich aus der Funktionsaufteilung. Je nach vorhandenen Partnersystemen können deshalb die Inhalte der einzelnen Schnittstellensignale variieren.

Antriebssteuerung

Das ACC-System benötigt eine Eingriffsmöglichkeit in die Motorsteuerung, um einen Sollbeschleunigungs- bzw. Sollmomentenwunsch über die Motorsteuerung umsetzen zu können.

Die meisten gegenwärtig eingesetzten Motorsteuerungen bieten diese Möglichkeit (z. B. EGAS-Systeme, Motronic ME7, Elektronische Dieselregelung EDC). Sie nutzen die intern bereits vorhandene Schnittstelle zum konventionellen Fahrgeschwindigkeitsregler. Damit ist es möglich, ohne Kenntnis von Motorkennfeldern den Antriebsstrang auf Basis von Motordrehmomenten anzusteuern.

Bremsensteuerung

Sollte die Schleppmomentverzögerung des Antriebsstrangs nicht mehr ausreichen, um die vom ACC-Regler angeforderte Sollverzögerung zu realisieren, so wird die aktive Bremse angesteuert. Für die Umsetzung kommen zwei Stellerversionen zum Einsatz:

Aktiver Bremskraftverstärker

Ein Bremskraftverstärker mit elektronisch gesteuerter Verschiebung des Pedalgestänges bietet die Möglichkeit, automatisch anstatt manuell mit dem Fuß des Fahrers zu bremsen. Voraussetzung dafür sind ein geändertes Membran-Design und ein zusätzliches pneumatisches Ventil mit proportionalem Stellcharakter. Für die Ansteuerung des Bremslichts sorgt weiterhin der Bremslichtschalter am Bremspedal. Mit einem zusätzlichen „Löseschalter" lässt sich feststellen, wenn der Fahrer manuell bremst.

Sofern sich am Hauptzylinderausgang ein Drucksensor zur Druckmessung befindet (wie beim ESP-System zur Fahrdynamikregelung üblich), so wird die aktive Bremsung für ACC oft auch über eine Druck- oder Momentenschnittstelle gesteuert.

Hydraulischer Bremssteller

Bei den Fahrsicherheitssystemen ASR und ESP werden elektronisch gesteuerte Bremsaktoren schon verbreitet eingesetzt – allerdings nur in stabilitätsgefährdeten Situationen und nicht unter normalen Fahrbedingungen. Mit verbesserten Ansteuertechniken lassen sich die Hydrauliksteller (im Allgemeinen Motorpumpen und Ventile) so ansteuern, dass damit auch eine komfortable Bremsansteuerung möglich ist.

Für die Bremslichtansteuerung wird zum bestehenden, vom Bremspedal ausgelösten Signal des Bremslichtschalters ein weiteres Schaltsignal erzeugt, damit auch bei einer aktiven (automatischen) Bremsung das Bremslicht aufleuchtet.

Gänzlich ohne zusätzliche Hardware kommt das Bremssystem der Elektrohydraulischen

Bremse SBC (Sensotronic Brake Control) aus. SBC ist als „Brake-by-wire"-System geradezu ideal für ACC. Die ACC-Anforderung ist für dieses System nur ein zusätzlicher Sollwertzweig.

Kurvensensorik

Die bekannten ACC-Systeme verwenden ESP-Sensorensignale für die Ermittlung der Fahrzeugbewegung. Dazu überträgt typischerweise CAN die Messgrößen von einem ebenfalls im Fahrzeug vorhandenen ESP-Steuergerät an das ACC-Steuergerät. Auf diese Weise lassen sich Zusatzkosten für eine exklusive Sensorik für ACC vermeiden.

Folgende ESP-Sensoren stehen für ACC zur Verfügung (das Kapitel „Sensoren" enthält eine detaillierte Beschreibung über Anwendung, Aufbau und Arbeitsweise dieser Sensoren):

Drehratesensor

Drehrate- bzw. Giergeschwindigkeitssensoren erfassen die Drehbewegung des Fahrzeugs um seine Hochachse. Das physikalische Messprinzip beruht auf der Messung der Corioliskraft. Unter dem Einfluss einer Drehbewegung ergibt sich eine veränderte translatorische Schwingungsbewegung einer zur Translationsschwingung angeregten Masse.

Lenkradwinkelsensor

Das physikalische Messprinzip beruht auf der Winkelmessung an der Lenksäule. Je nach Aufgabenstellung messen diese Sensoren über Schleifkontakt oder berührungslos.

Beschleunigungssensor

Das physikalische Messprinzip beruht auf der Messung der Auslenkung einer elastisch gelagerten Masse bei wirkenden Trägheitskräften längs oder quer zur Fahrzeugachse.

Raddrehzahlsensor

Aus den Signalen der Raddrehzahlsensoren leitet das zugehörige Steuergerät die Drehgeschwindigkeit der Räder (Raddrehzahl) ab.

Hierbei kommen folgende Sensortypen zum Einsatz:
- *Passive (induktive) Drehzahlsensoren* mit einem mit der Radnabe verbundenen Zahnrad.
- *Aktive Drehzahlsensoren* mit an einem mit der Radnabe verbundenen *Multipolring*, auf dem wechselweise Magnete mit gegensätzlicher Polarität angeordnet sind. Das Messelement erfasst dementsprechend die Veränderung des magnetischen Flusses.

Sicherheitskonzept

Aufgabe des Sicherheitskonzepts

Das ACC-Sicherheitskonzept hat zum Ziel, beim Auftreten von Fehlern im ACC-System kritische Fahrsituationen und Fahrzeugzustände zu vermeiden. Gleichzeitig gilt es jedoch, die von den Sicherheitsmaßnahmen ausgehenden Einschränkungen der Verfügbarkeit zu minimieren.

Das Sicherheitskonzept muss ein „Fail-Safe-Verhalten" des ACC-Steuergeräts gewährleisten und eine zielgerichtete Werkstattdiagnose ermöglichen:
- Abschaltung der Radarabstrahlung,
- Sperrung der ACC-Regelung und
- Ablegen eines Fehlerspeichereintrags.

Dazu ist es erforderlich, alle möglichen Fehlerzustände zuverlässig und differenziert zu erkennen und eine an die Art des Fehlers angepasste Fehlerreaktion einzuleiten.

Aufbau des Sicherheitskonzepts

Allgemein anerkannte Verfahren zur Überwachung sicherheitsrelevanter Systeme sind Diversität und Redundanz.

Bei der *diversitären* Informationsverarbeitung werden sämtliche Berechnungen auf einem Kontrollrechner unterschiedlichen Typs mit unterschiedlicher Software nachvollzogen.

Zum Erreichen der *Redundanz* wird lediglich dieselbe Hard- und Software doppelt implementiert.

Bei der zunehmenden Komplexität heutiger Steuergerätefunktionen im Kraftfahrzeug ist eine bitgenaue Übereinstimmung diversitär gewonnener Berechnungsergebnisse nicht erreichbar. Statt einer simplen Abfrage auf Gleichheit muss ein komplexer Plausibilisierungsalgorithmus entwickelt werden, der Abweichungen in definierten Grenzen toleriert. Eine vollständige Fehlererkennung ist dann jedoch nicht mehr gegeben.

Darüber hinaus gilt für Diversität und Redundanz, dass sie im Zielkonflikt zu Kosteneinsparung und Größenreduktion bei der Entwicklung von Steuergeräten stehen.

Aus diesen Gründen wurde für das ACC-Steuergerät ein Überwachungskonzept entwickelt, das auf der für ACC spezifischen Rechnerstruktur aufsetzt und gleichermaßen der Komplexität der Aufgaben und den spezifischen Sicherheitsanforderungen Rechnung trägt. Im Ergebnis erfüllt das ACC-Steuergerät mit seiner Zwei-Prozessor-Struktur und der damit verbundenen internen Kommunikation die Sicherheitsanforderungen bezüglich redundanter Hardware-Strukturen und Überwachungseinheiten.

Das Überwachungskonzept des ACC-Steuergeräts gliedert sich in drei logische Ebenen, die in den beiden Controllereinheiten sowie den externen Partnersteuergeräten lokalisiert sind:

Ebene „Komponentenüberwachung“
Die Ebene der *Komponentenüberwachung* besteht aus zwei voneinander unabhängigen Teilen in den beiden Controllern. Sie beschränkt sich auf die Entdeckung von Fehlern in der Peripherie der Controller. Eine Überwachung der Rechenlogik ist hiermit nicht verbunden.

Beispiele für die Komponentenüberwachung sind:
- Überwachung des Radar-Transceivers,
- Erkennung von Sensordejustage,
- Erkennung von „Sensorblindheit“,
- Überwachung der Spannungsversorgung,
- Überwachung des CAN-Datenbusses,
- Überwachung der Linsenheizung.

Ebene „Funktionsüberwachung“
Die Ebene der *Funktionsüberwachung* ist ebenfalls unabhängig in beiden Controllern implementiert. Jeder Controller führt Tests seiner eigenen Rechenlogik durch.

Hinzu kommen außerhalb des ACC-Steuergeräts lokalisierte Tests, die von den Partnersteuergeräten ausgeführt werden. Dies geschieht, indem diese die ACC-Botschaften auf Konsistenz und Plausibilität überprüfen. Hierdurch werden Fehler der ACC-Funktion erkannt, die zu nicht plausiblen CAN-Signalen oder einem unregelmäßigen CAN-Sendezyklus führen.

Beispiele für die Funktionsüberwachung sind:
- prozessorinterne Hardware-Tests,
- prozessorinterne Checksummen-Tests,
- Prüfung von CAN-Checksummen,
- Prüfung von CAN-Botschaftszählern,
- CAN-„Timeout“-Überwachung.

Ebene „gegenseitige Kontrolle“
Die Ebene der *gegenseitigen Kontrolle* umfasst das Zusammenspiel beider Controller in einer gemeinsamen Überwachungsstruktur. Der wesentliche Unterschied zur Funktionsüberwachung besteht darin, dass die Überwachung und die zu überwachende Funktion nicht auf derselben Hardware laufen, sondern dass eine gegenseitige Kontrolle zwischen den beiden Controllern stattfindet.

Beispiele für die gegenseitige Kontrolle sind:
- Checksummenprüfung der internen Kommunikation,
- „Timing“-Überwachung der internen Kommunikation,
- Berechnung und gegenseitige Überprüfung von Testaufgaben.

Arbeitsweise des Sicherheitskonzepts
Die Fehlermeldungen der einzelnen Überwachungsmaßnahmen werden im Steuergerät zentral ausgewertet. Die Fehlerreaktion erfolgt differenziert nach der Schwere der aufgetretenen Fehler und nach der momentanen Fahrsituation.

Folgende Reaktionsmöglichkeiten gibt es:
- uneingeschränkte Fortführung der ACC-Regelung, keine Fehleranzeige, Fehlereintrag für Werkstattdiagnose,
- Beenden eines ACC-Verzögerungseingriffs, anschließend Fehleranzeige und Fehlereintrag für Werkstattdiagnose,
- unmittelbarer Abbruch der ACC-Regelung mit Fehleranzeige und Fehlereintrag für Werkstattdiagnose.

Des weiteren wird zwischen reversiblen und irreversiblen Fehlern unterschieden:
- reversible Fehler sperren die ACC-Regelung nur für die Dauer der Fehlerdetektion,
- irreversible Fehler sperren die ACC-Regelung für die Dauer des Fahrzyklus.

In allen Fehlerfällen ist ACC also wieder verfügbar, wenn nach dem nächsten „Zündung ein" kein Fehler mehr detektiert wird. Einzige Ausnahme: nach erkannter Sensordejustage muss die ACC-Funktion in der Werkstatt wieder freigeschaltet werden.

Die meisten für die Werkstattdiagnose hinterlegten Fehlereinträge lassen sich einer der folgenden Gruppen zuordnen:
- Steuergerätefehler (erfordern Austausch des Steuergeräts),
- Abweichung der Betriebsspannung,
- Übertemperatur,
- Sensordejustage,
- Hardwarefehler des CAN-Busses,
- Fehler in der Kommunikation mit den Partnersteuergeräten,
- Fehlersignal eines Partnersteuergeräts erhalten.

Im Falle einer ACC-Fehlerabschaltung kann das Fahrzeug ohne Einschränkung anderer Funktionen weiterbenutzt werden. Ein sofortiger Werkstattaufenthalt ist nicht erforderlich.

Nur wenige Ausfälle von Komponenten im ACC-Steuergerät sind prinzipiell nur durch eine einzige Überwachungsmaßnahme detektierbar. In den meisten Fällen können je nach Ausprägung eines Fehlers verschiedene Überwachungen ansprechen.

Am folgenden Beispiel wird verdeutlicht, wie sich die Überwachungsebenen gegenseitig ergänzen. Es wird ein Fehler in der Spannungsversorgung für die Controllereinheiten angenommen:
Die Komponentenüberwachung hält hierfür eine Spannungsprüfung bereit, indem die Spannung in einen Überwachungspfad eingespeist und mit Fehlerschwellen verglichen wird. Hierzu ist es jedoch erforderlich, dass der überwachende Controller trotz der angenommenen Spannungsabweichung noch korrekt arbeitet.

Führt der angenommene Fehler jedoch zu einer Fehlfunktion in einer der beiden Controllereinheiten, kann dies durch die gegenseitige Kontrolle der internen Kommunikation erkannt werden.

In diesem Beispiel am wahrscheinlichsten ist jedoch der Totalausfall beider Controller, was als CAN-„Timeout" von der Funktionsüberwachung in den Partnersteuergeräten erkannt wird.

Technik von den Tieren abgeschaut

Radar (**Ra**dio **D**etecting **a**nd **R**anging) ist ein funktechnisches Verfahren zur Ortung von Objekten, das traditionell hauptsächlich die Luftfahrt und Schifffahrt nutzt. Seit der Einführung der radargestützten Luftabwehr im Zweiten Weltkrieg wurde Radar auch ein Bestandteil der Waffentechnik. Neuere Anwendung gibt es bei der Raumfahrt, der Wettervorhersage und schließlich im Straßenverkehr für die Messung des Fahrzeugabstands mit ACC (**A**daptive **C**ruise **C**ontrol).

Vorbild für die Entwicklung des Radar war das Sonarsystem (**So**und **Na**vigation and **R**anging) verschiedener Tiere zum Navigieren und Bestimmen von Entfernungen. Allerdings erzeugen z. B. echoortende Fledermäuse Ortungslaute in Form schriller Pfeiftöne, die im *Ultraschallbereich* von 30...120 kHz liegen. Das Echo von Hindernissen oder der Beute nehmen sie dann mit ihren Ohren auf. Die darin enthaltenen Informationen nutzen sie für ihr weiteres Verhalten.

Radar funktioniert ähnlich, arbeitet jedoch nicht mit Schall- sondern mit *Funksignalen*. Die Abstandsmessung des Radar basiert auf einer Laufzeitmessung für die Zeitdauer zwischen dem Aussenden *elektromagnetischer Wellen* und dem Empfang des an einem Objekt reflektierten Signalechos.

Während z. B. Radarsysteme der Luft- und Schifffahrt im Frequenzbereich von 500 MHz bis 40 GHz arbeiten, ist das Frequenzband 76...77 GHz für ACC freigegeben.

Entwicklungsetappen zum Radar

Die Entwicklung elektromagnetischer Suchvorrichtungen mit großer Reichweite war eine große Herausforderung für die Konstrukteure. Die ursprünglich ausgesandte Energie wurde von einem Ziel nur zu einem kleinen Teil zurückgestrahlt. Deshalb muss sehr viel Energie ausgesandt werden, die auch noch in einem möglichst schmalen Strahlenbündel konzentriert ist. Dazu eignen sich nur sehr sensible Sender und Empfänger für Wellen, die kürzer als die Abmessungen des Zieles sind.

Die Entwicklung, die zur Radartechnik führte, ist durch folgende geschichtliche Etappen und Persönlichkeiten gekennzeichnet:

1837 Morse: Nachrichtenübermittlung über große Distanzen mithilfe elektrischer Ströme mit dem Telegrafen findet erstmals größere Verbreitung

1861/1876 Reis und **Bell:** Ablösung der Telegrafen durch das Telefon ermöglicht eine viel direktere und benutzerfreundlichere Art der Nachrichtenübertragung

1864 Maxwell, Hertz und **Marconi:** Existenz der „Radiowellen" theoretisch und experimentell sichergestellt. Funkwellen reflektieren an metallischen Gegenständen genau so wie die Lichtwellen an einem Spiegel

1922 Marconi: Der Pionier des Radios regt an, frühere Forschungsansätze zur Funkmesstechnik weiter zu verfolgen

1925 Appleton und **Barnett:** Das Prinzip der Funkmesstechnik dient zur Erfassung leitender Schichten der Atmosphäre **Breit** und **Tuve:** Entwicklung der Impulsmodulation, die exakte Entfernungsmessungen gestattet

1935 Watson-Watt: Erfindung des Radars

1938 Ponte: Erfindung des Magnetrons (Laufzeitröhre zur Erzeugung hochfrequenter Schwingungen)

Bedienung und Anzeige

Aufgabe

Bedien- und Anzeigeelemente stellen die unmittelbare Schnittstelle von ACC zum Fahrer dar. Die Betätigung und die Interpretation sollen möglichst einfach, eindeutig und intuitiv sein (d.h. ein Sachverhalt oder Vorgang sollte unmittelbar erfassbar sein).

Aufbau und Arbeitsweise

Speziell bei den Bedien- und Anzeigeelementen im Fahrerinformationsbereich des Fahrzeugcockpits gibt es einen großen Gestaltungsfreiraum, den die Fahrzeughersteller unterschiedlich nutzen (Beispiel Bild 1).

Daher werden nachfolgend die typischen Elemente und deren Funktionen ohne Berücksichtigung einer bestimmten Ausgestaltung beschrieben. Da die Bedienung häufig mit einer Anzeigefunktion quittiert wird, werden Bedienung und Anzeige jeweils zusammengefasst.

Aktivierung

Obwohl ACC häufig genutzt wird, ist sie dennoch vom Fahrer aktiv einzuschalten. Bei einigen Fahrzeugmodellen ist sie zunächst erst einmal durch einen Hauptschalter freizuschalten. Bei anderen Modellen befindet sie sich gleich mit dem Drehen des Zündschlüssels in Position „Zündung an" im passiven Wartezustand.

Die Bedingungen für die Aktivierung sind u. a.:

- Fahrgeschwindigkeit größer als minimale Wunschgeschwindigkeit,
- Bremspedal nicht getreten,
- Handbremse gelöst,
- kein Fehler in ACC-SCU oder im ACC-System erkannt.

Sobald die Bedingungen für eine Aktivierung erfüllt sind und der Fahrer einen für die Aktivierung vorgesehenen Bedienknopf betätigt, beginnt ACC zu regeln.

Eine wichtige Voraussetzung für die Aufnahme dieser Regelung ist natürlich die für den Anfangszeitpunkt definierte „Wunschgeschwindigkeit" und „Wunschzeitlücke", damit der Fahrer sofort eine Rückmeldung über die eingestellten Wunschgrößen erhält und bei Bedarf noch modifizieren kann. Daher ist eine Anzeige dieser Werte zumindest bei der Aktivierung absolut notwendig.

Bild 1

1   Tachometer, Leuchtdioden für Anzeige der Wunschgeschwindigkeit („ACC aktiv")

2   relevantes Zielobjekt erkannt („ACC aktiv")

3   Anzeige „gewählter Sollabstand" mit Fahrzeugpiktos (leuchtet 6 s lang nach Aktivieren von ACC und nach Eingaben) oder Fehlermeldung „ACC inaktiv" oder Aufforderung zur Sensorreinigung „Clean sensor"

4   Betriebsbereitschaft („stand by")

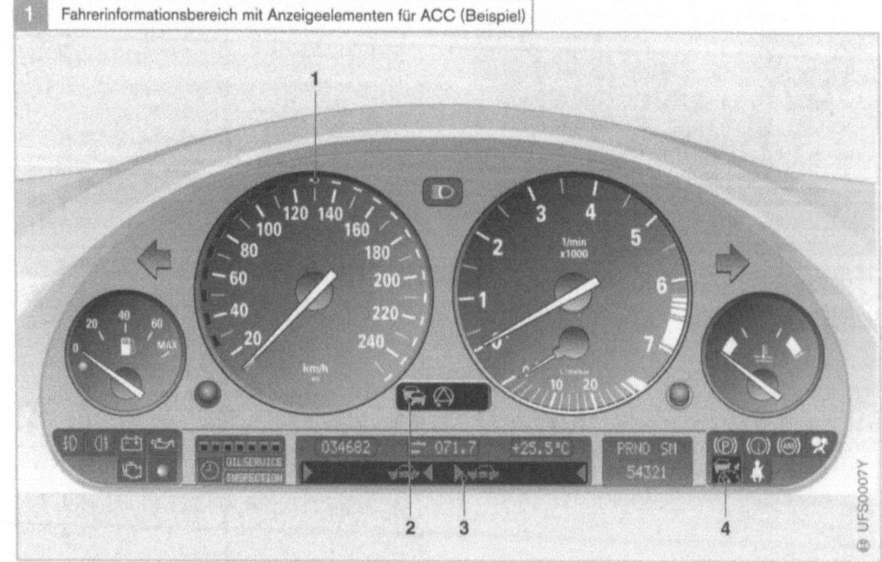

Zur eindeutigen Unterscheidung von anderen Funktionen wurde von der ISO (International Organization for Standardization) ein Symbol definiert (Bild 2). Dieses Symbol kann sowohl als Bereitschaftsanzeige als auch als Aktivierungsanzeige Verwendung finden.

Setzen und Anzeige „Wunschgeschwindigkeit"

Alle bisher bekannten Bedienkonzepte kombinieren das Aktivieren und Setzen der Wunschgeschwindigkeit, d. h. sobald der Fahrer das erste Mal aus dem Wartezustand heraus den Schalter für die Einstellung der Wunschgeschwindigkeit benutzt, wird ACC auch gleichzeitig aktiviert (Bild 3).

Obwohl oftmals die gleichen Schalter wie für den herkömmlichen Fahrgeschwindigkeitsregler verwendet werden, so unterscheidet sich die Einstellung doch erheblich. Insbesondere hat die Praxis gezeigt, dass für den Fahrer bei ACC eine gröbere Abstufung sinnvoll ist. Beispiel: statt einer Stufung von ca. 1 km/h beim herkömmlichen Fahrgeschwindigkeitsregler haben sich bei ACC Stufen von 5 oder 10 km/h bewährt.

Mit diesen gröberen Stufen fällt es leichter, die Wunschgeschwindigkeit über größere Geschwindigkeitsbereiche anzupassen, z. B. beim Wechsel von einem Baustellenbereich zur „freien" Fahrt auf der Autobahn und umgekehrt.

Für das Setzen gibt es vier Funktionen:

1. Übernahme der Ist-Geschwindigkeit als Wunschgeschwindigkeit (**Set**).

2. Übernahme der zur Ist-Geschwindigkeit nächst höheren Stufe (**Set +**).

3. Übernahme der zur Ist-Geschwindigkeit nächst niedrigeren Stufe (**Set −**).

4. Übernahme der gespeicherten Wunschgeschwindigkeit (Wiederaufnahme/ **R Resume**).

Bild 2
a   ACC-Funktion
b   ACC-Fehlfunktion

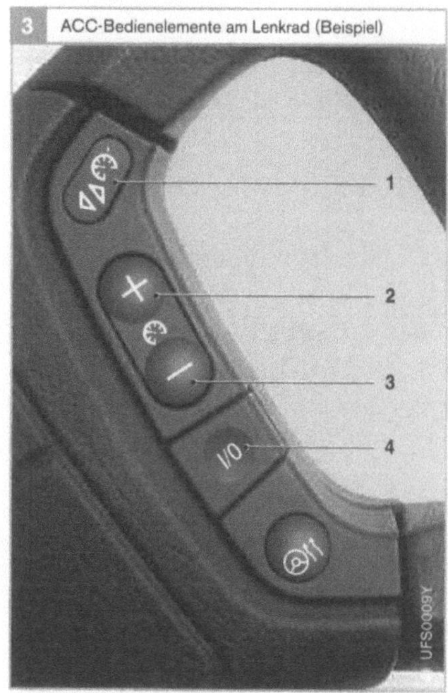

Bild 3
1   „Resume":
   Abruf der zuletzt
   gewählten Wunsch-
   geschwindigkeit
   („ACC passiv")
   Wahl und Anzeige
   des Sollabstands für
   drei Abstandsstufen
   („ACC aktiv")
2   Taste „+":
   Aktivieren der vom
   Tachometer ange-
   zeigten Geschwin-
   digkeit („ACC
   passiv")
   Wahl der Wunsch-
   geschwindigkeit
   in Schritten von
   10 km/h nach oben
   („ACC aktiv")
3   Taste „−":
   analoge Funktion
   wie Taste „+",
   jedoch Wahl der
   Wunschgeschwin-
   digkeit in Schritten
   von 10 km/h nach
   unten
4   Taste „I/O":
   Ein- und Aus-
   schalten des ACC-
   Systems im Zustand
   „Aus" und „ACC
   aktiv" Schalten zu
   „ACC passiv"

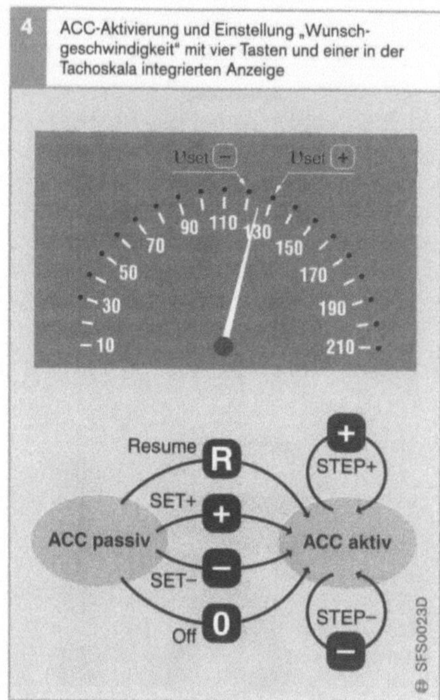

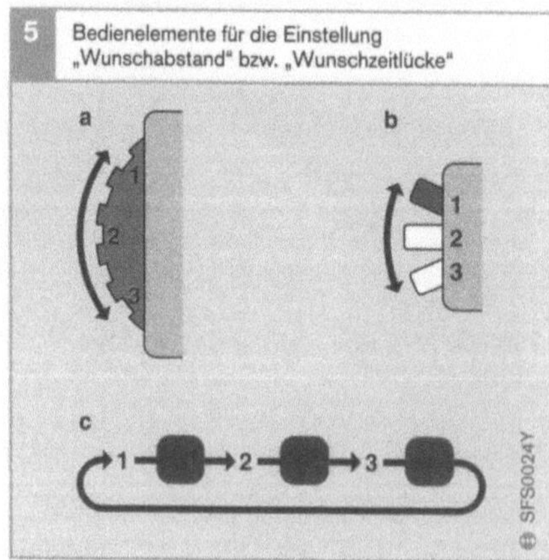

Bild 5
a Drehrädchen
b Stufenschalter
c Taster zum Durch-
  steppen einer Pro-
  grammsequenz

1 „grüner" Bereich,
  großer Abstand
2 „gelber" Bereich,
  mittlerer Abstand
3 „roter" Bereich,
  geringer Abstand

Je nach Bedienkonzept wird eine Teilmenge angeboten. Nach dem erstmaligen Setzen kann durch beständiges Drücken und/oder Tippen die Wunschgeschwindigkeit in den oben genannten Stufen erhöht/verringert werden (**Step +**)/(**Step −**).

Die Set- und Step-Funktionen werden miteinander kombiniert, allerdings oft auch unterschiedlich von Fahrzeughersteller zu Fahrzeughersteller (Bild 4).

Typische Kombinationen sind:

Step + mit **Set** oder mit **Set +**

Step − mit **Set, Set −** oder mit **Resume**

Die Anzeige erfolgt integriert mit der Tachoskala (Bild 4) oder in einem separierten Anzeigefeld als Digitalwert.

Setzen „Wunschabstand" bzw. „Wunschzeitlücke"

Der Wunschabstand bzw. die Wunschzeitlücke hängt von den persönlichen Vorlieben ab, aber auch von der Verkehrslage und den Wetterbedingungen. Für diese Variationsmöglichkeit bieten alle Hersteller mindestens drei verschiedene Einstellungen im Bereich 1,0...ca. 2,0 s (Zeitlücke).

Auch bei dieser Einstellmöglichkeit gibt es verschiedene Bedienphilosophien:
● Kontinuierliche Verstellung mit einem Drehrädchen (Bild 5a) oder
● Stufenschalter (Bild 5b) oder
● Taster zum Durchsteppen einer Programmsequenz, z. B. lang, mittel, kurz, lang, mittel, ...usw. (Bild 5c).

Bei einer Änderung der Zeitlücke erhält der Fahrer über die gewählte Einstellung eine Rückmeldung. Zwei Möglichkeiten der Darstellung sind in Bild 6 dargestellt.

Anzeige „Objekt erkannt"

Neben den absolut notwendigen Anzeigen für die „Wunschgeschwindigkeit" und des „Wunschabstands" hat sich die Anzeige für „Objekt erkannt" bewährt. Sie informiert den Fahrer darüber, ob der ACC-Sensor ein relevantes Objekt (z. B. ein vorausfahrendes Auto) erkannt hat.

Wenn ein erkanntes Objekt dann langsamer als die aktuelle gesetzte Wunschgeschwindigkeit ist, dann wird es als Regelobjekt eingestuft.

Beispiele für mögliche Ausführungsformen zeigt Bild 7.

Weitere Anzeigefunktionen

Eine eigentlich nicht gewünschte Anzeige ist die Fehlermeldung, die bei einer Funktionsabschaltung oder bei vergeblicher Aktivierung erscheint.

Neben Klartextmeldungen kann auch für diese Meldung das dafür von der ISO vorgesehene Symbol angezeigt werden.

Neben „echten" Fehlern in den verschiedenen im ACC-Verbund verwendeten Steuergeräten können auch vorübergehende Fehler zu einer Abschaltung führen.

Insbesondere wenn die Sensorsicht z. B. durch einen dicken Nassschneebelag beeinträchtig ist, erfolgt eine Abschaltung mit dem Hinweis auf die Beeinträchtigung.

Deaktivierung

Die Deaktivierung erfolgt ähnlich wie beim herkömmlichen Fahrgeschwindigkeitsregler durch das Betätigen eines Ausschalters oder des Bremspedals. Weitere Bedingungen für eine Deaktivierung sind unzulässige Betriebszustände des Fahrzeugs und das Unterschreiten der minimalen Regelgeschwindigkeit.

Eine Teildeaktivierung ist nach Eingriffen der Schlupfregelsysteme von ASR bzw. ESP vorgesehen. Dabei wird nur noch die Bremse angesteuert, und eine Beschleunigung findet nicht statt. So bleibt die Möglichkeit offen, ein Verzögerungsmanöver abzuschließen. Für eine Fortsetzung der Folgefahrt muss der Fahrer die volle Funktionalität manuell reaktivieren.

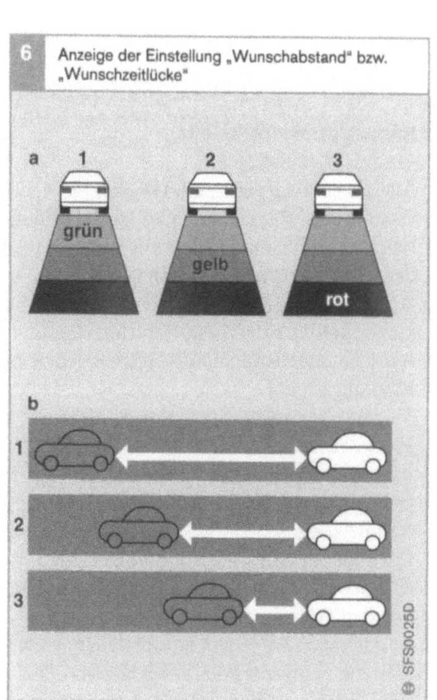

Bild 6

a Perspektivische Darstellung in Fahrtrichtung
b seitliche Darstellung

1 „grüner" Bereich, großer Abstand
2 „gelber" Bereich, mittlerer Abstand
3 „roter" Bereich, geringer Abstand

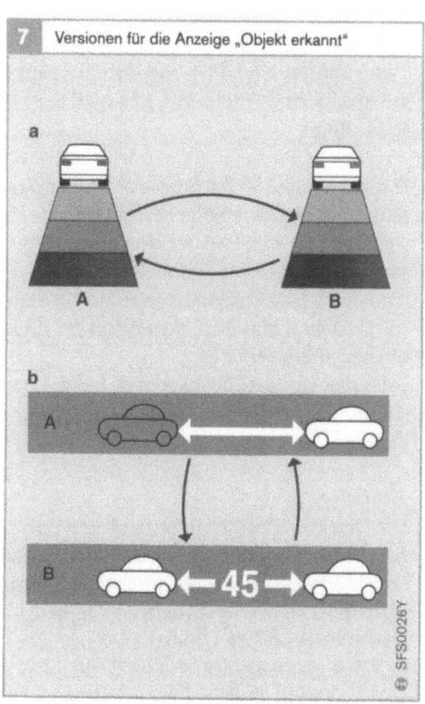

Bild 7

a Perspektivische Darstellung in Fahrtrichtung
b seitliche Darstellung

A Kein relevantes Objekt
B relevantes Objekt erkannt

Detektion und Objektauswahl

Radarsignalverarbeitung

Fourier-Transformation

Alle gleichzeitig georteten Objekte (z. B. verschiedene Fahrzeuge) erzeugen charakteristische Signalanteile, deren Frequenzen aus dem Abstand und der Relativgeschwindigkeit und deren Amplitude aus den Reflexionseigenschaften dieser Objekte resultieren. Alle Signalanteile überlagert ergeben das Empfangssignal.

Nach der Analog-/Digital-Wandlung der Empfangssignale erfolgt zunächst eine Spektralanalyse zur Bestimmung von Abstand und Relativgeschwindigkeit der Objekte. Dazu gibt es einen leistungsfähigen Algorithmus (Rechenvorgang), der als FFT (Fast Fourier Transformation) bekannt ist. Er wandelt eine Folge von äquidistant (gleiche Abstände aufweisenden) abgetasteten Zeitsignalwerten in eine Folge von spektralen (vielfältigen) Leistungsdichtewerten und zwar mit äquidistanten Frequenzintervallen.
Beim klassischen FFT-Algorithmus muss die Anzahl eine Potenz von 2 sein (z. B. 512, 1024, 2048).

Das berechnete Spektrum weist bei den Frequenzen besonders hohe Leistungsdichtewerte auf, die den Radar-Echos zugeordnet sind. Darüber hinaus beinhaltet das Spektrum auch Rauschsignalanteile, die im Sensor entstehen und dem Nutzsignal der Zielobjekte überlagert sind.
Die spektrale Auflösung ist durch die Anzahl der Abtastwerte und der Abtastrate definiert.

Detektion

Die Detektion ist die Suche nach den charakteristischen Frequenzsignalen der Radar-Objekte. Wegen der stark unterschiedlichen Signalstärken der verschiedenen Objekte, aber auch desselben Objekts zu verschiedenen Zeiten, wird ein spezieller Detektor verwendet. Dieser Detektor muss einerseits möglichst alle von realen Objekten stammenden Signalspitzen finden. Andererseits muss er aber auch unempfindlich gegen Signalanteile sein, die durch Rauschen oder Störsignale entstanden sind. So ist z. B. das im Radar selbst entstehende Rauschsignal im Spektrum nicht konstant, sondern frequenz- und zeitabhängig.

Für jedes Spektrum wird zunächst eine Rauschanalyse durchgeführt. Abhängig von der spektralen Verteilung der Rauschleistung wird eine Schwellwertkurve festgelegt. Nur Signalspitzenwerte, die oberhalb dieser Schwelle liegen, werden als Zielfrequenzen interpretiert.

Objekterkennung

Die Echosignale in den einzelnen Modulationszyklen beinhalten zwar die Information über Abstand und Relativgeschwindigkeit der Objekte, sind aber nicht eindeutig den Objekten zuordenbar. Erst durch die Verknüpfung der Detektionsergebnisse der Modulationszyklen ergeben sich die Ergebnisse für Abstand und Relativgeschwindigkeit der Objekte.

Eine gefundene Zielfrequenz setzt sich aus einem vom Abstand abhängigen und einem von der Relativgeschwindigkeit abhängigen Anteil zusammen. Um also Abstand und Relativgeschwindigkeit ermitteln zu können, müssen Zielfrequenzen aus mehreren Modulationsrampen zueinander passen.
Für das „Mehrrampen-FMCW-Messprinzip" muss für ein physikalisch vorhandenes Radar-Objekt in jeder Modulationsrampe eine Zielfrequenz gefunden worden sein, die sich aus dem Abstand und der Relativgeschwindigkeit des Objekts ergeben muss (vgl. Kapitel „Abstandsradar").
Die Zuordnung wird schwierig, wenn sehr viele Zielfrequenzen in den Spektren enthalten sind.

Die Winkellage eines Radar-Ziels zur Achse des Radar wird aus dem Vergleich der Amplitudenwerte, die sich für dasselbe

Objekt in den drei benachbarten Radar-Strahlen ergeben, ermittelt.

Tracking

Mit dem Tracking werden die Messdaten der aktuell detektierten Objekte mit den Messdaten aus der vorherigen Messung verglichen.

Ein Objekt, das bei der letzten Messung im Abstand d mit einer Relativgeschwindigkeit v_r gemessen wurde, hat sich in der Zeit Δt zwischen der vorherigen Messung und einer neuen Messung fortbewegt und sollte jetzt im erwarteten Abstand

$$d_e = d + v_r \cdot \Delta t$$

gemessen werden. Wird der Umstand berücksichtigt, dass das gemessene Objekt auch beschleunigen oder verzögern kann, gibt es einen Unsicherheitsbereich um den Abstand d_e, in dem der neu gemessene Abstandswert erwartet werden darf.

Wird bei der neuen Messung tatsächlich ein Objekt im Erwartungsbereich für Abstand und Relativgeschwindigkeit gefunden, so lässt sich daraus schließen, dass es sich um dasselbe Fahrzeug handelt. Da damit also das bereits zuvor gemessene Objekt in der aktuellen Messung wieder gefunden wurde, werden die Messdaten unter Berücksichtigung der „historischen" Messdaten gefiltert.

Wird jedoch ein zuvor gemessenes Objekt in der aktuellen Messung *nicht mehr* wieder gefunden (z. B. weil es sich außerhalb des Radar-Strahls befindet oder ein zu geringes Signalecho erzeugt), werden die prädizierten Objektdaten weiterverwendet.

Zusätzliche Maßnahmen bei der Objektverfolgung sind erforderlich, wenn von einem Objekt mehrere Echosignale aus verschiedenen Abständen entstehen. Typischerweise ist das bei Lkw der Fall. Diese Fahrzeuge müssen zu *einem* Objekt zusammengefasst werden.

Die Signalechos werden darüber hinaus im Hinblick auf ein Erkennen von „Blindheit" sowie von Fehlfunktionen der Radar-Komponenten analysiert.

Objektauswahl

Für die Auswahl der bedeutsamen Objekte wird in einem *ersten Schritt* die laterale (seitliche) Position d_{yc} (*Kursversatz*) relativ zum vorhergesagten Kurs des eigenen Fahrzeugs bestimmt. Sie ergibt sich entsprechend Bild 1 einerseits aus dem Lateralversatz d_{yv} bezogen auf die Fahrzeugachse. Hierbei werden die vom Radarsensor bestimmten Lateralversätze relativ zur Sensorachse x_S über den *Sensorversatz* $d_{ySensor}$ auf die Fahrzeugmittenachse x_F transformiert.

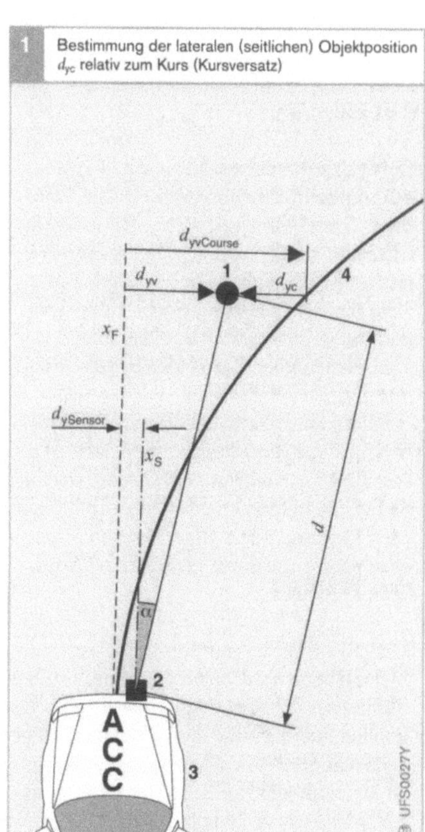

Bild 1
1   Objekt
2   Sensor
3   ACC-Fahrzeug
4   Kurs

d_{yv} Lateralversatz
d_{yc} Kursversatz
$d_{yvCourse} = k_y \cdot d^2/2$
        vorhergesagter
        Kurs mit
        d Messabstand
        zum Objekt
k_y aktuelle Krümmung
$d_{ySensor}$ Sensorversatz
x_F Fahrzeug-
        mittenachse
x_S Sensorachse
α Winkel der
        Abweichung des
        Objekts von der
        Sensorachse

Über eine Beschreibung des vorhergesagten Kurses $d_{yvCourse} = k_y \cdot d^2/2$ (z. B. über einen Parabelansatz als Kreisbogenannäherung) ergibt sich andererseits der Kursversatz zu

$$d_{yc} = d_{yv} - d_{yvCourse}$$

Die Bestimmung von d_{yc} hängt somit von der Art der Beschreibung des eigenen Kurses ab, für die es unterschiedliche Verfahren gibt, auf die in der Folge teilweise eingegangen wird.

In einem *zweiten Schritt* wird für jeden Messzyklus eine Spurwahrscheinlichkeit *„spw"* berechnet. Sie gibt die Wahrscheinlichkeit an, mit der sich das vorausliegende Radar-Objekt auf der eigenen Spur befindet. Die eigene Spur wird hierbei über geometrische Ansätze beschrieben, die sowohl der „Fahrspurbreite" als auch Größen wie der „Ungenauigkeit der Kursbestimmung" Rechnung tragen.

Die Spurwahrscheinlichkeit *„spw"* ist Eingangsgröße für die integrale Größe „Plausibilität" eines Objekts *„plaus"*. Diese Größe bestimmt als Kennzahl die Relevanz des Objekts in Abhängigkeit von Häufigkeit und Sicherheit der Messung. Sie berücksichtigt auch die Eigenschaften der Sensoren wie z. B. „Genauigkeit der Winkelbestimmung" und „Detektionsfähigkeit".

Sofern eine positive Spurwahrscheinlichkeit für die eigene Spur vorliegt, lässt sich somit die Größe *„plaus"* (Plausibilität) aufbauen. Liegt dagegen das Objekt in der aktuellen Messung nicht in der eigenen Spur oder wird es gar nicht gemessen, so wird *„plaus"* reduziert.

Das Objekt findet nur dann Eingang in die Zielobjektauswahl, wenn eine Mindestplausibilität für die eigene Spur gewährleistet ist. In Übereinstimmung damit berücksichtigen die bekannten ACC-Systeme *nur bewegte* Objekte mit gleicher Fahrtrichtung. Wegen der Gefahr von Fehldetektionen und derzeit nicht möglicher Objektklassifikation (z. B.

ob es sich um eine Getränkedose oder um ein stehendes Fahrzeug handelt) *ignoriert* ACC dagegen *stehende Objekte*.

Kursprädiktion

Regelqualität

Die Kursprädiktion (Kursvorhersage) spielt für die Zuordnung der detektierten vorausfahrenden Fahrzeuge zum eigenen Kurs die entscheidende Rolle und beeinflusst damit besonders stark die Regelqualität von ACC.

In dem in Bild 2 dargestellten Beispiel richtet sich die Regelung eines auf der linken Spur fahrenden ACC-Fahrzeugs bei einer stationären Kurvenfahrt mit dem gekrümmten *Kurs A* nach dem vorausfahrenden *Objekt 1*. Dies führt zu dem vom Fahrer gewünschten Folgefahren.

Der dargestellte gerade *Kurs B* berücksichtigt dagegen fälschlicherweise ein langsameres *Objekt 2* auf der rechten Spur z. B. vor einem Kurvenbeginn. Dies führt für den Fahrer des ACC-Fahrzeugs zu einem un-

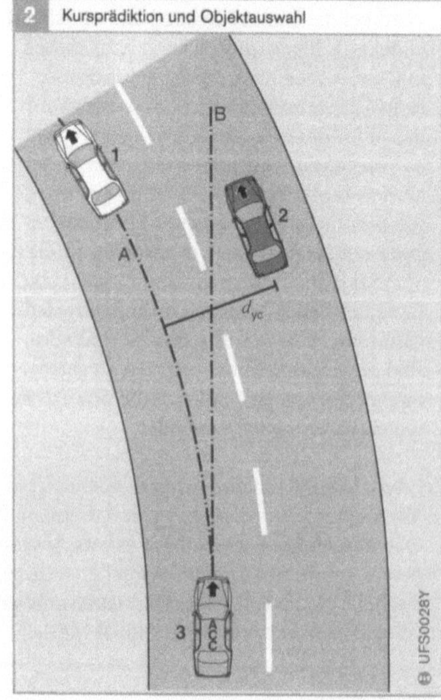

komfortablen und unplausiblem Verzögern des eigenen Fahrzeugs.

Um das Risiko einer falschen Objektauswahl gemäß diesem Beispiel zu reduzieren, ist somit eine zuverlässige Kurvenvorhersage von großem Vorteil.

Basisgröße für die Bestimmung des Kurses bildet zunächst die „Trajektorienkrümmung". Sie beschreibt die Richtungsänderung des ACC-Fahrzeugs als Funktion des zurückgelegten Wegs. Ergänzend zu dieser Information können die aktuellen und vergangenen Positionen fahrender oder stehender Objekte für die Bestimmung des zukünftigen Kurses herangezogen werden.

Künftige ACC-Systeme werden neben Navigationssystemen auch Videosysteme mit Bildverarbeitung zur Krümmungsbestimmung nutzen.

Krümmungsbestimmung

Die Krümmung k beschreibt die Richtungsänderung eines Fahrzeug in Abhängigkeit vom zurückgelegten Weg. Sie ergibt sich als:

$$R = 1/k$$

Die Krümmung der Fahrzeugtrajektorie lässt sich über verschiedene fahrzeugseitige Sensoren bestimmen, wobei bei allen Berechnungen vorausgesetzt wird, dass sie außerhalb fahrdynamischer Grenzbereiche verwendet werden. Sie gelten also nicht für Situationen beim Schleudern oder beim Auftreten eines größeren Radschlupfes.

Für die Kursbestimmung wird bei den derzeit bekannten ACC-Systemen eine offsetkorrigierte Gierrate benötigt. Diese wird entweder direkt vom ESP-System aus den Signalen des Lenkradwinkelsensors, Querbeschleunigungssensors, Raddrehzahlsensors und Drehratensensors gewonnen oder vom ACC-System selbst über eine Offsetkorrektur bestimmt.

Die Gierrate $d\psi/dt$ als Drehung des Fahrzeugs um seine Hochachse beschreibt die aktuelle Krümmung k_y der Fahrtrajektorie mit der Fahrgeschwindigkeit v_x:

$$k_y = (d\psi/dt) / v_x$$

Die Trajektorienkrümmung wird im Allgemeinen gemittelt, z. B. über eine einfache Tiefpassfilterung.

ESP-Sensordaten für Berechnung der Krümmung

In bekannten ESP-Systemen sind neben dem Gierratensensor drei weitere Sensoren vorhanden, welche die folgende Krümmungsberechnung ermöglichen:

Für die Berechnung der Krümmung k_s aus dem Lenkradwinkel δ werden mit der Lenkgetriebeübersetzung i_{sg} und dem Radstand d_{ax} zwei weitere Fahrzeugparameter benötigt. Mit ihnen ergibt sich k_s in sehr guter Näherung unter den für ACC typischen Bedingungen:

$$k_s = \delta /(i_{sg} \cdot d_{ax})$$

Auch für die Berechnung der Krümmung k_a aus der Querbeschleunigung a_y wird die Fahrgeschwindigkeit v_x herangezogen:

$$k_a = a_y/v_x^2$$

Für die Krümmung k_v aus den Radgeschwindigkeiten werden die relative Differenz der Radgeschwindigkeiten $\Delta v/v_x$ und die Spurweite d_{ay} benötigt. Um Antriebseinflüsse gering zu halten, werden auch die Differenz $\Delta v = (v_l - v_r)$ und die Fahrgeschwindigkeit an der nicht angetriebenen Achse ermittelt.

$$k_v = \Delta v/(v_x \cdot d_{ay})$$

Obwohl alle genannten Verfahren zu einer Krümmungsbestimmung herangezogen werden können, besitzen sie doch eine unterschiedliche Eignung bei verschiedenen Betriebsbedingungen. Sie unterscheiden sich vor allem bei Seitenwind, Straßenquerneigung, Toleranzen des Radradius und hinsichtlich der Messempfindlichkeit in verschiedenen Geschwindigkeitsbereichen.

Wie die Tabelle 1 zeigt (Raster), eignet sich die Krümmung k_y aus der Gierrate für die Gesamtheit der Verfahren am besten.

Allerdings ergibt sich eine weitere Verbesserung der Signalqualität, wenn mehrere oder alle Signale zum gegenseitigen Abgleich verwendet werden. Dies ist insbesondere dann möglich, wenn das ACC-Fahrzeug mit einer Fahrdynamikregelung (z. B. Elektronisches Stabilitäts-Programm, ESP) ausgerüstet ist. Dann sind alle oben genannten Sensoren Bestandteile des Systems.

Kurvenvorhersage

Bei Fahrstrecken mit starken Krümmungsänderungen (z. B. kurvenreiche Autobahnen) resultieren aus der ESP-gestützten Krümmungsbestimmung, welche die aktuelle Trajektorie des Fahrzeugs beschreibt, eine potenziell falsche Objektauswahl. Eine prädiktive Bestimmung der Krümmung in einem Abstand ist über die folgenden Ansätze prinzipiell möglich:

Vorhersage durch Radardaten
Bei der Nutzung von Radardaten sind zwei unterschiedliche Verfahren denkbar:
1. *Die Analyse der Querbewegung vorausfahrender Fahrzeug als Basis für die Vorhersage einer Kurve.*
Hierbei ist eine kollektive Querbewegung mehrerer vorausfahrender Fahrzeuge ein Indiz für einen vorausliegenden Kurvenbeginn. Entsprechende Fehlinterpretationen, verursacht durch spurwechselnde Fahrzeuge, müssen dabei vermieden werden.

2. *Die Analyse von stehenden Objekten am Fahrbahnrand für die Beschreibung des zukünftigen Fahrbahnverlaufs.*
Hierbei können Approximationsverfahren (Näherungsverfahren) Anwendung finden, wobei weiter vom Straßenrand entfernt stehende Objekte sicher ignoriert werden müssen.

Navigationssysteme
Prädiktive (vorhergesagte) Krümmungsinformationen in definierten Abständen (entweder Zeit- oder Entfernungsabstände) lassen sich prinzipiell im Voraus bestimmen, wenn sie auf der Basis von digitalen Karten mit entlang der Strecke vorliegenden Stützstellen (Stützpunkte in der digitalisierten Straßenkarte) in Abständen von maximal 100 m gewonnen werden. Die Krümmung ergibt sich hierbei z. B. 50 m vor Kurvenbeginn über Interpolationsverfahren mit Rückgriff auf die vorhandenen Stützstellen.

Prinzipbedingte Probleme verursachen z. B. Ungenauigkeiten in den digitalen Karten selbst oder aber nicht dem aktuellen Straßenverlauf entsprechende Karten. Weitere Informationen (z. B. die Anzahl der Spuren oder der Straßentyp) ermöglichen in Zukunft weitere Anwendungen.

Videobildverarbeitung
Ein leistungsfähiges, allerdings auch teures Verfahren ist die Spuridentifikation mithilfe einer Videokamera und der Bildverarbeitung. Diese Technik wurde beim ersten ACC-System auf dem japanischen Markt zu Hilfe genommen. Seither sind aber keine weiteren ACC-Systeme bekannt, die eine zusätzliche Sensorik mit Video vorsehen.

1 Vergleich der verschiedenen Verfahren zur Krümmungsbestimmung

Verfahren	Krümmung			
	aus Lenkradwinkel k_s	aus Gierrate k_y	aus Querbeschleunigung k_a	aus Radgeschwindigkeiten k_v
Robustheit gegen Seitenwind	– –	+	+	+
Robustheit gegen Straßenquerneigung	– –	+	– –	+
Robustheit gegen Radradius-Toleranzen	o	+	+	–
Messempfindlichkeit bei niedrigen Geschwindigkeiten	+ +	o	– –	–
Messempfindlichkeit bei hohen Geschwindigkeiten	–	o	+ +	–
Eignung der jeweiligen Krümmung	+ + sehr gut geeignet, + gut geeignet, o mittelmäßig geeignet, – wenig geeignet, – – nicht geeignet			

Tabelle 1

4 Versuchsaufbau in der Bosch-Forschung: Erfassung von beweglichen Objekten mithilfe der Radarsensorik

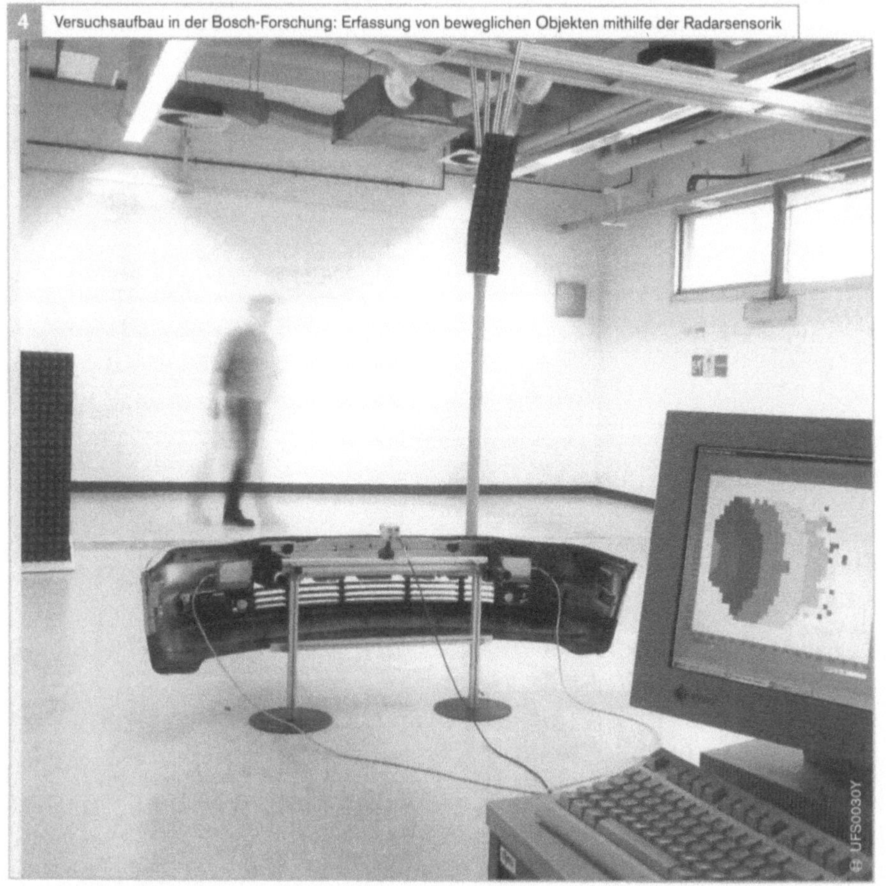

ACC-Regelung

Reglerstruktur

Die Grundstruktur des ACC-Reglers zeigt
Bild 1 in einem Schema. Die Ebenen 1 bis 3
wurden schon im Kapitel „Detektion und
Objektauswahl" eingehend beschrieben.
Dieses Kapitel „ACC-Regelung" stellt insbesondere die Ebenen 4 bis 6 in den Vordergrund (Bild 1):

Ebene 1

In dieser obersten Ebene der Signalverarbeitung (Funktionsebene) werden zunächst
verfügbare physikalische Größen gemessen
(z. B. Frequenzen, Echolaufzeiten, Amplituden usw.).

ACC misst diese Sensorinformationen
teilweise selbst (z. B. Radardaten) oder es
verwendet teilweise die Sensorwerte externer
Sensoren (z. B. Werte der Raddrehzahlsensoren des Elektronischen Stabilitäts-Programms ESP für die Fahrdynamikregelung).

Ebene 2

In dieser Ebene (Plausibilisierungsebene)
werden die zuvor gemessenen physikalischen Größen schon bezogen auf die Anwendung im betreffenden Fahrzeug weiterverarbeitet. So ergibt sich eine erste Liste der
für die ACC-Regelung interessanten Radar-
Objekte mit den Attributen „Abstand",
„Relativgeschwindigkeit" und „Laterale
Position".

Zur Bestimmung der Kurskrümmung
wertet diese Ebene auch die fahrdynamischen Sensoren bezüglich der „Trajektorienkrümmung" aus.

Ebene 3

In diesem nächsten Verarbeitungsprozess-
schritt (Kontrollebene) gilt es, aus den interessanten Objekten das für die Regelung bedeutsame Objekt auszuwählen. Dies ist in
der Regel das „Zielfahrzeug". In fast allen
Fällen ist dieses Zielfahrzeug das aktuell
nächste Fahrzeug in der Fahrspur des ACC-

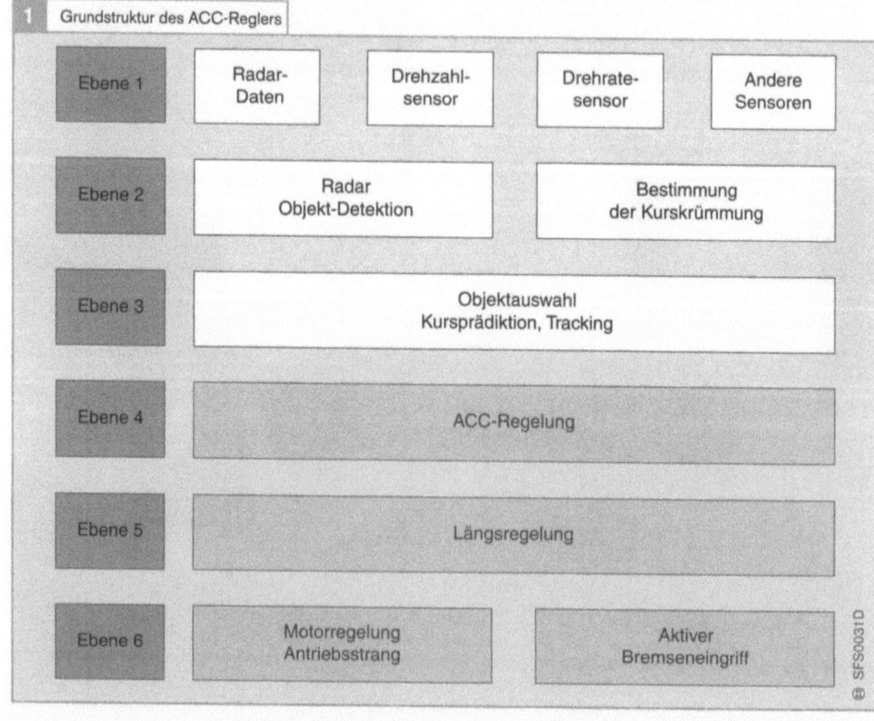

1   Grundstruktur des ACC-Reglers

Fahrzeugs. Ausnahmen von dieser Regel liegen vor allem bei Spurwechseln sowohl der vorausfahrenden Fahrzeuge als auch des eigenen vor. Für diese bietet sich eine Liste mit mehr als einem möglichen Zielobjekt an.

Die Entscheidung wird dann in die nächste Ebene verlagert. Für die korrekte Auswahl des oder der Zielfahrzeuge ist eine leistungsfähige „Kursprädiktion" und gutes „Tracking" unabdingbar (siehe auch Kapitel „Detektion und Objektauswahl").

Ebene 4

Nach der Auswahl des Zielobjekts findet in dieser Ebene die eigentliche ACC-Regelung statt. Das Resultat ist eine „Fahrzeugsollbeschleunigung".

Sollten nach der Klassifizierung in Ebene 3 noch mehr als *ein* Zielfahrzeug in der Liste stehen, so können die Regelalgorithmen für mehrere potenzielle Zielobjekte berechnet und danach bewertet werden. In diesem Verarbeitungsschritt können auch die Fahrgeschwindigkeitsregelung und die Kurvenregelung durchlaufen werden.

Ebene 5

Die Ausgangsgröße „Fahrzeugsollbeschleunigung" aus dem vierten Verarbeitungsschritt gilt es nun in dieser Ebene 5 mit der Längsregelung umzusetzen. Dazu wird zunächst derjenige Zweig ausgewählt, der die gewünschte Beschleunigung einstellen kann. Bei positiven und leicht negativen Beschleunigungen ist dies der Antriebsstrang.

Sollte die durch das Motorschleppmoment erzielte Verzögerung nicht ausreichen, wird auf den Zweig der Verzögerungsregelung umgeschaltet, die sich dann einer aktiven Bremsmomenterzeugung bedient.

In beiden Zweigen werden Störgrößen ausgeregelt, die von geänderten Fahrwiderständen (insbesondere durch veränderliche Fahrbahnsteigungen) verursacht werden.

Ebene 6

Diese letzte Ebene der Verarbeitungsschritte nimmt sich der Erzeugung und Modulation der Radkräfte an. Im Antriebszweig betrifft dies vor allem die Motorregelung, wobei eine vom Getriebe (Antriebsstrang) ausgehende Modulation ebenfalls möglich ist.

Pneumatische oder hydraulische Stellsysteme bewirken hauptsächlich die Verzögerung. Sie bauen aktiv, also ohne Zutun des Fahrers, eine Bremskraft auf (aktiver Bremseneingriff).

Reglerfunktionen

Der ACC-Regler (Bild 2, nächste Seite) umfasst folgende Reglerfunktionen, die im Einzelnen beschrieben werden:
- Fahrgeschwindigkeitsregelung,
- Folgeregelung,
- Kurvenregelung und
- Beschleunigungsregelung.

Die Ausgabe der Stellsignale an die Aktorsysteme erfolgt über eine Momenten- bzw. eine Beschleunigungsschnittstelle.

Fahrgeschwindigkeitsregelung

Der Fahrer stellt an den Bedienelementen eine gewünschte Fahrzeuggeschwindigkeit ein. Daraufhin berechnet die Regelung im ersten Schritt einen Sollwert, um die momentane Fahrzeuggeschwindigkeit an diese Wunschgeschwindigkeit anzugleichen. Dabei ist zu beachten, dass die im Anzeigeinstrument angezeigte Geschwindigkeit der tatsächlichen Geschwindigkeit voreilt.

Das Anzeige- und Bedienkonzept der zurzeit in den Fahrzeugen eingebauten ACC-Systeme bringt es mit sich, dass es folgende zwei Situationen gibt, in denen eine (vom Fahrer nicht beabsichtigte) große Differenz zwischen der aktuellen Fahrzeuggeschwindigkeit und der gewünschten Setzgeschwindigkeit auftreten kann:
- Eine Wiederaufnahme der Fahrgeschwindigkeitsregelung mit der Taste „Resume" (Resume-Funktion) aktiviert die zuletzt gesetzte Wunschgeschwindigkeit als aktuelle Wunschgeschwindigkeit. Unter Um-

ständen kann der Fahrer durch eigenes Gasgeben eine weit höhere Geschwindigkeit als die Setzgeschwindigkeit erreichen, bevor er mit der Taste „Resume" den ACC-Betrieb wieder aufnimmt.

- Im laufenden ACC-Betrieb kann der Fahrer durch eigenes Gasgeben die ACC-Regelung aussetzen. Er kann damit eine weit höhere Geschwindigkeit als die gesetzte Wunschgeschwindigkeit erzielen.

In beiden Situationen ist sich der Fahrer unter Umständen nicht der großen Differenz zwischen Ist- und Setzgeschwindigkeit bewusst. Die ACC-Fahrgeschwindigkeitsregelung unterstützt den Fahrer in diesen Situationen durch eine moderate Regelreaktion.

Folgeregelung

Im zweiten Schritt gilt es, das für die Messung in Frage kommende vorausfahrende Fahrzeug auszuwählen. Dazu werden die Objektdaten mit der Geometrie des prädizierten (vorbestimmten) eigenen Kurses verglichen. Befinden sich mehrere Fahrzeuge im Bereich dieses prädizierten Kurses, so ist meistens das nächste vorausfahrende Fahrzeug für die Regelung maßgebend.

Ideal ist die Auswahl desjenigen Fahrzeugs, das die niedrigste Sollbeschleunigung am Reglerausgang liefert. Dazu ist allerdings eine Rückkopplung des Reglerwerts auf die Zielfahrzeugauswahl notwendig. Ist das Zielfahrzeug ausgewählt, so wird auf Basis des Abstands und der Relativgeschwindigkeit eine Sollbeschleunigung berechnet. Der Sollabstand ergibt sich dabei aus der vom Fahrer eingestellten Wunsch- bzw. Sollzeitlücke τ_{Set}:

$$d_{Set} = \tau_{Set} \cdot v_F$$

Die Sollzeitlücke liegt meist im Bereich von 1 bis 2 s mit einer Tendenz zu größeren Werten bei kleineren Geschwindigkeiten.

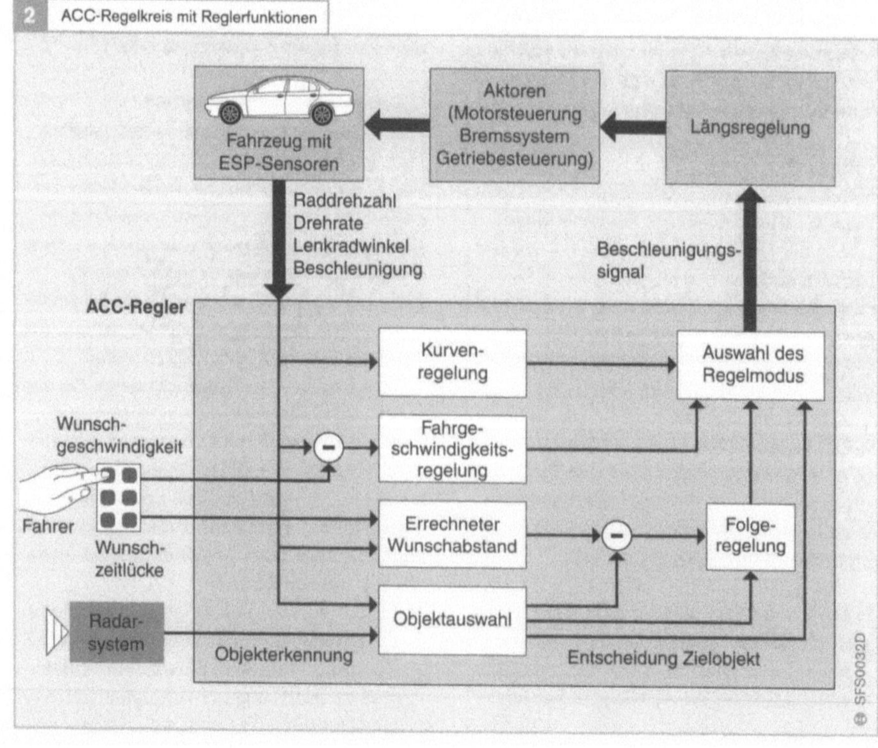

Dieser Bereich lässt sich mit drei Stufen sinnvoll unterteilen, sodass für den Fahrer drei Zeitlückenprogramme
- „Nah",
- „Mittel" und
- „Fern"

angeboten werden, wie sie in Bild 3 beispielhaft dargestellt sind.

Die Wahl der Reglerparameter stellen einen Kompromiss zweier entgegenlaufender Optimierungsrichtungen dar:

Die eine Optimierung besteht in einer möglichst schnellen Ausregelung der Abweichungen vom Sollwert, der von der Relativgeschwindigkeit $v_{rel} = 0$ und dem Sollabstand vorgegeben ist.

Die andere Optimierung gilt dem Komfort, weswegen das System auf kleine Abweichungen vom Abstand und auf Geschwindigkeitsänderung des vorausfahrenden Fahrzeugs möglichst träge reagieren soll.

Ein nicht linearer Regleransatz löst dieses Optimierungsproblem, wobei Änderungen der Relativgeschwindigkeit sensibler erfolgen als Änderungen des Abstands. Als Faustregel gilt, dass eine Relativgeschwindigkeit von 1 m/s etwa die gleiche Sollbeschleunigung auslöst wie eine Abweichung von 5...10 m vom Sollabstand.

Kurvenregelung

Obwohl das ACC-System hauptsächlich für den Einsatz auf Autobahnen (mit relativ großen Kurvenradien) entwickelt wurde, lässt es sich auch auf anderen kurvigen Strecken einsetzen. Dabei sind allerdings einige Besonderheiten zu beachten:
- Als Komfortsystem darf ACC den Fahrer nicht durch unkomfortable Längsbeschleunigungen im Kurvenbereich überraschen.
- Wegen des eingeschränkten Winkelbereichs des Radarsensors (Bild 4) passt ACC die mögliche Beschleunigung des Systems an die begrenzte Sichtweite in engen Kurven an.

- Der begrenzte Sichtbereich des Sensors führt in engen Kurven auch zu Situationen, in denen die Folgeregelung ein ausgewähltes Zielfahrzeug nicht mehr erfassen kann. In dieser Situation verhindert die Kurvenregelung des ACC eine sofortige Wiederbeschleunigung.

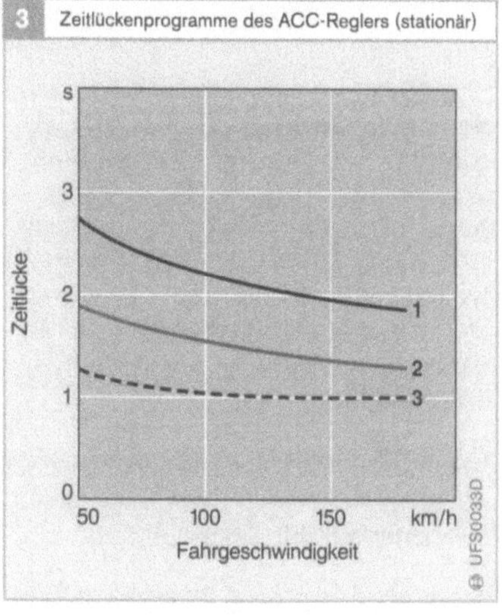

Bild 3
Zeitlückenprogramme:
1   „Fern"
2   „Mittel"
3   „Nah"

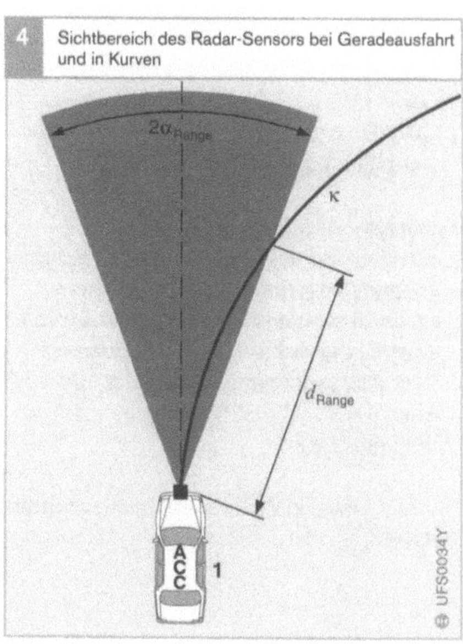

Bild 4
1   ACC-Fahrzeug
k Kurvenkrümmung
$2\alpha_{Range}$ Radar-Sichtfeld
$d_{Range} \cong 2\alpha_{Range}/k$

Auswahl des Regelmodus

Parallel zur Berechnung des Sollwerts für die Folgeregelung erfolgt die Berechnung des Sollwerts für die Wunschgeschwindigkeit und die Berechnung des Sollwerts für die Kurvenregelung. Eine anschließende Minimalauswahl verarbeitet die Sollwerte und führt dazu, dass ein ACC-Fahrzeug einem anderen Fahrzeug nie schneller folgt, als mit der vom Fahrer eingestellten Wunschgeschwindigkeit.

Längsregelung

Der ACC-Regler berechnet einen Sollwert auf der Basis von Beschleunigungen. Eine getrennte Beschleunigungsregelung setzt diesen Sollwert in die tatsächliche Fahrzeugbeschleunigung um. Dazu wird zunächst der geeignete Zweig der Aktorik – nämlich der Antriebsstrang oder das Bremssystem – in Abhängigkeit vom Sollwert und vom Istzustand gewählt.

Anschließend berechnen diese Aktorsysteme (Stellsysteme) die dem Beschleunigungssollwert entsprechenden Aktorsollwerte.

Hauptanforderungen an die Längsregelung sind
- weiche Übergänge beim Wechsel zwischen Antrieb und Bremse (und umgekehrt) sowie
- die Ausregelung von Störgrößen, insbesondere bei Steigung oder Gefälle.

Schnittstellen zu Aktorsystemen

Am einfachsten wäre es, wenn der Beschleunigungssollwert des ACC-Reglers direkt an die Aktorsysteme weitergegeben werden könnte. Dies erfordert jedoch eine unterlagerte Beschleunigungsregelung in den Aktorsystemen, die nicht in jedem Fall zur Verfügung steht.

In der Praxis gibt es vor allem zwei Schnittstellen:

Momentenschnittstelle

Die meisten Systeme zur Motorsteuerung arbeiten auf Basis von Motormomenten. Sie behandeln ACC auf die gleiche Weise wie die konventionelle Fahrgeschwindigkeitsregelung. Deshalb sind nur geringe Anpassungen in der Motorsteuerung notwendig, um ein extern von ACC vorgegebenes Sollmoment umzusetzen.

Innerhalb ACC muss jedoch die Sollbeschleunigung in ein Sollmoment umgewandelt werden. Dazu ist es notwendig, die Kräfte im Antriebsstrang zu berechnen und die Steigung bzw. das Gefälle der Fahrbahn abzuschätzen oder eine unterlagerte Momentenregelung innerhalb des ACC durchzuführen.

Die Momentenschnittstelle ist nur dann sinnvoll, wenn ein Aktor das angeforderte Moment auch zuverlässig umsetzen kann.

Beschleunigungsschnittstelle

Die meisten gängigen Bremssysteme (Smart Booster, Hydraulischer Bremseingriff im ESP, SBC) unterstützen die Beschleunigungsschnittstelle.

Funktionsgrenzen

Geschwindigkeitsbereich

Ein ACC-System ist hauptsächlich für die Fahrt auf Autobahnen und schnellen Landstraßen vorgesehen. Die derzeit verwendeten Sensoren decken den Bereich der eigenen Fahrbahn auf gerader Strecke erst ab ca. 40 m ab, sodass vorausfahrende Fahrzeuge auf Straßen mit engen Kurven und im Stadtverkehr nur eingeschränkt erkannt werden können.

Aus diesem Grund liegt die untere Geschwindigkeitsgrenze von ACC-Systemen (je nach Systemauslegung) im Bereich von 30...50 km/h (siehe auch Bild 4 auf der vorherigen Seite).

Wegen der Komfortauslegung gängiger ACC-Systeme liegt die obere Geschwindigkeitsgrenze im Bereich von 160...200 km/h.

Längsdynamik

Da eine absolut richtige Reglerreaktion nicht garantiert werden kann, gilt es, die Auswirkungen der Regelung (d. h. die Fahrzeugbeschleunigung und Fahrzeugverzögerung) zu begrenzen. Diese Begrenzung kann sich sowohl auf die absolute Beschleunigung als auch deren zeitliche Änderung beziehen.

Während sich die oberen Beschleunigungsgrenzen auf Werte beziehen, die auch bei konventioneller Fahrgeschwindigkeitsregelung üblich sind (ca. 0,6…1,0 m/s²), liegt für ACC mit aktiver Bremsung ein Verzögerungsgrenzwert von typisch 2,5 m/s² fest. Dieser Wert reicht in vielen Fällen für die Geschwindigkeitsänderung. Die dabei vom Fahrer deutlich wahrnehmbare Verzögerung beträgt aber trotzdem nur ein Viertel der maximal möglichen Verzögerung auf einer trockenen Straße.

Allerdings resultiert aus der begrenzten Verzögerungsfähigkeit unter Berücksichtigung der ebenfalls begrenzten Reichweite des Radar-Sensors eine maximale Differenzgeschwindigkeit, die ACC ohne Eingreifen des Fahrers noch ausgleichen kann (Tabelle 1). Die scheinbar daraus abzuleitende Forderung nach einer größeren Reichweite zum Erreichen eines früheren Reaktionsbeginns lässt sich aus folgenden Gründen nicht realisieren:
- Die Sicherheit für die richtige Spurzuordnung sinkt stark mit steigendem Abstand.
- Die Wahrscheinlichkeit eines Überholmanövers steigt mit höherer Differenzgeschwindigkeit und kann erst in unmittelbarer Nähe zum Zielobjekt eindeutig bestätigt werden.
Dadurch entsteht ein Zielkonflikt: bei hoher Differenzgeschwindigkeit ist einerseits eine frühe Reaktion notwendig, andererseits ist gerade in diesem Fall die Überholwahrscheinlichkeit recht hoch und damit eine frühe Verzögerung unerwünscht.

- Durch den Spurwechsel der vorausfahrenden Fahrzeuge oder des ACC-Fahrzeugs wird der Reaktionsbeginn nicht allein durch eine Entfernung, sondern auch durch den Beginn der Objektzuordnung zur eigenen Spur festgelegt. Deshalb muss der Fahrer auch bei Spurwechsel damit rechnen, dass die Geschwindigkeitsdifferenz nicht von ACC ausgeglichen werden kann.
- In Kurven mit einem Radius unterhalb von 1000 m kann die Sicht für den ACC-Sensor durch Randbebauungen und Fahrzeuge auf der Nachbarspur eingeschränkt sein, sodass zwar noch ein Folgen in der Kurve möglich ist, aber die Vorausschauweite für eine frühzeitige Reaktion beim Annähern an ein neu auftauchendes Fahrzeug nicht ausreicht.

Zwar lässt sich in dem einen oder anderen Fall eine höhere Aussagequalität erreichen, dies geht aber häufig zu Lasten der Transparenz und kann damit die Einschätzbarkeit durch den Fahrer vermindern.

Stehende Objekte

Grundsätzlich ist ACC in der Lage, stehende Objekte von fahrenden Objekten zu unterscheiden. Das Radarsystem misst die Relativgeschwindigkeit $v_{rel,j}$ eines Objekts, und der Vergleich mit der Eigengeschwindigkeit v_F des ACC-Fahrzeugs ergibt die Absolutgeschwindigkeit v_j des Objekts:

$$v_j = v_F + v_{rel,j}$$

Stehende Objekte werden aber von der ACC-Folgeregelung generell ausgeschlossen.

Dafür gibt es vor allem zwei Gründe:
- ACC ist ein Komfortsystem. Die Verzögerungsfähigkeit ist deshalb nicht dazu ausgelegt, das Fahrzeug rechtzeitig vor stehenden Objekten abzubremsen.

- Es ist derzeit technisch nicht möglich, eine ausreichend genaue Entscheidung darüber zu treffen, ob ein Objekt sich in der eigenen Fahrspur befindet oder nicht. Bei der Vielzahl stehender Objekte am Fahrbahnrand wäre es deshalb sehr wahrscheinlich, dass ACC auf ein solches Objekt unberechtigterweise reagiert.

Aus diesen Gründen arbeitet das Bosch ACC-System nach folgender Strategie:

- Stehende Objekte werden von der Sensorik nur im niedrigen Geschwindigkeitsbereich berücksichtigt und ausgewertet.
- Nur fahrende oder angehaltene Objekte werden für die Folgeregelung berücksichtigt. Damit ist eine unberechtigte Verzögerung wegen eines stehenden Objekts am Fahrbahnrand nahezu ausgeschlossen.
- ACC verhindert das Beschleunigen des Fahrzeugs, wenn es stehende Objekte in der eigenen Fahrspur erkennt.

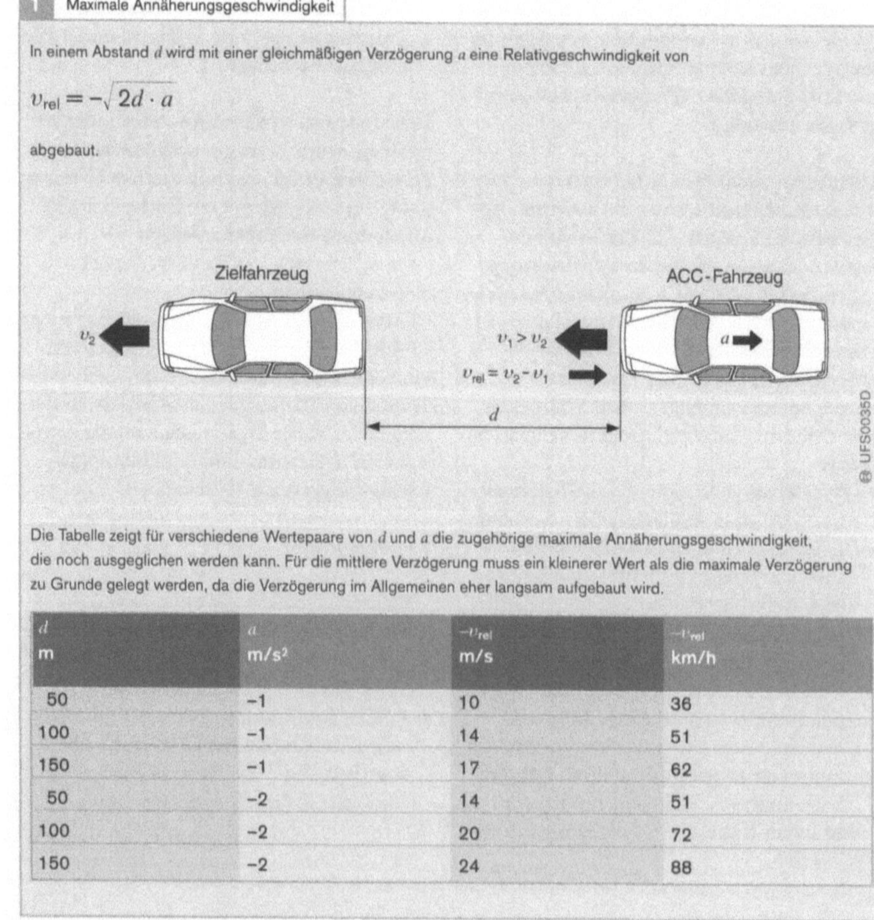

d m	a m/s²	$-v_{rel}$ m/s	$-v_{rel}$ km/h
50	−1	10	36
100	−1	14	51
150	−1	17	62
50	−2	14	51
100	−2	20	72
150	−2	24	88

Tabelle 1

Weiterentwicklungen

Sensorik

Im Vordergrund der Weiterentwicklung der
ACC-Sensorik steht die Vorbereitung auf
einen höheren Verbreitungsgrad von ACC-
Systemen.

In Großserie herstellbare Komponenten, besonders für die Hochfrequenz-Schaltungs-
teile des Radar-Sensors, waren bislang vor
allem in Luftfahrt-, Militär- oder Richtfunk-
anwendungen mit kleinen Stückzahlen und
zu hohen Kosten verbreitet. Ihre Weiter-
wicklung ist besonders wichtig, um ACC für
viele Autofahrer erschwinglich werden zu
lassen. Dieses Ziel wird mit der zweiten
ACC-Generation mit folgenden Maßnahmen erreicht werden:

● Reduzierung der Außenabmessungen der
Sensor & Control Unit: Eine Verkleinerung der Baugröße auf weniger als die
Hälfte des jetzigen Einbauraums ist notwendig, da das Gerät in vielen Fällen nur
schwierig im Frontbereich der Fahrzeuge
unterzubringen ist. Fortschritte auf dem
Gebiet der elektronischen Bauelemente
erlauben eine noch kompaktere und
höher integrierte Einheit.

● Ausweitung des Detektionsbereichs:
Für den Einsatz von ACC auch auf Landstraßen mit engeren Kurven wird eine
Erweiterung des auswertbaren Winkelbereichs der Sensorik auf etwa das Doppelte (16°) vorgenommen. Dies wird
durch Verkleinerung der Linsenantenne
und durch Erhöhung der Anzahl der
Radar-Keulen von drei auf vier erreicht.
Eine solche Sichtfelderweiterung bedeutet
eine Streuung der Radarenergie in ein
größeres Raumsegment. Um eine daraus
bedingte unerwünschte Reduzierung der
Reichweite zu vermeiden, wird die Schaltung zur Erhöhung der Signalgüte verbessert; so kann die Reichweite sogar noch
erhöht werden.

Neben diesen Weiterentwicklungen auf dem
Gebiet der ACC-Sensorik arbeitet Bosch an
der Entwicklung von neuen, zusätzlichen
Umfeldsensoren für den Einsatz in zukünftigen Fahrerassistenzsystemen (Bild 1,
nächste Seite).

Funktion

Perfektionierung des jetzigen Funktionsumfangs

Mit der Perfektionierung des jetzigen
Funktionsumfangs werden die zukünftigen
Systeme eine höhere Zuverlässigkeit bei der
Zielauswahl und eine noch bessere Adapti-
vität der Regelung zeigen. Letzteres wird sich
vor allem in harmonischerem Regelverhalten bei Spurwechselsituationen und in Kurven zeigen.

Künftig wird ACC auch bei Fahrgeschwindigkeiten unter 30 Kilometern pro Stunde
bis hin zum Stillstand des Fahrzeugs funk-
tionieren und dem Fahrer darüber hinaus
auch beim Wiederanfahren automatische
Unterstützung anbieten. Damit entlastet
ACC den Fahrer auch bei sehr dichtem
Verkehr – bis hin zum Stau.

ACCplus für den gesamten Geschwindigkeitsbereich

Bei zähfließendem Verkehr mit Geschwindigkeiten unter 30 Kilometern pro Stunde
schaltete sich ACC bisher ab. Hier setzt die
Neuentwicklung ACCplus an: Das System
regelt den Abstand zum vorausfahrenden
Fahrzeug variabel zur Geschwindigkeit bis
zum Stillstand. Fährt das vordere Fahrzeug
wieder an, wird der Fahrer visuell und – je
nach Applikation – auch akustisch darauf
aufmerksam gemacht.

Die Entscheidung, ob das Fahrzeug nach
dem Halt wieder anfährt oder nicht, bleibt
aber nach wie vor beim Fahrer. Wenn er
dem vorausfahrenden Auto folgen will,
genügt eine kurze Betätigung des ACC-Be-
dienelements am Lenkrad oder ein leichtes
Drücken des Gaspedals. Damit unterstützt
ACCplus den Fahrer besonders wirksam in

Bild 1
Assistenzsysteme mit
Multisensoren halten
Einzug in das Kraftfahr-
zeug

a   Messfahrt mit
    Videosensorik, die
    Verkehrszeichen
    erkennt
b   Folgefahren auf
    Autobahnen oder im
    städtischen „Stop-
    and-Go"-Verkehr.

1   Fernbereich:
    das 77-GHz-Radar
    hält den Kontakt
    zum vorausfahren-
    den Fahrzeug auf
    der Spur; es erfasst
    Abstand und Relativ-
    geschwindigkeit als
    Grundfunktion für
    das Folgefahren
    (Reichweite 150 m,
    Winkelerfassung
    ±8°)
2   Nahbereich:
    ein oder mehrere
    Nahbereichsensoren
    (erweiterte Ultra-
    schallsensoren,
    Radar, Lidar) ver-
    messen das breite
    Fahrzeugvorfeld;
    knappe Einscher-
    vorgänge können
    damit gut erkannt
    werden
3   Mittlerer Bereich:
    eine Kamera vermisst
    den Spurverlauf vor
    dem Auto für das
    Folgefahren; sie er-
    kennt auch Verkehrs-
    zeichen und erfasst
    Objektdimensionen

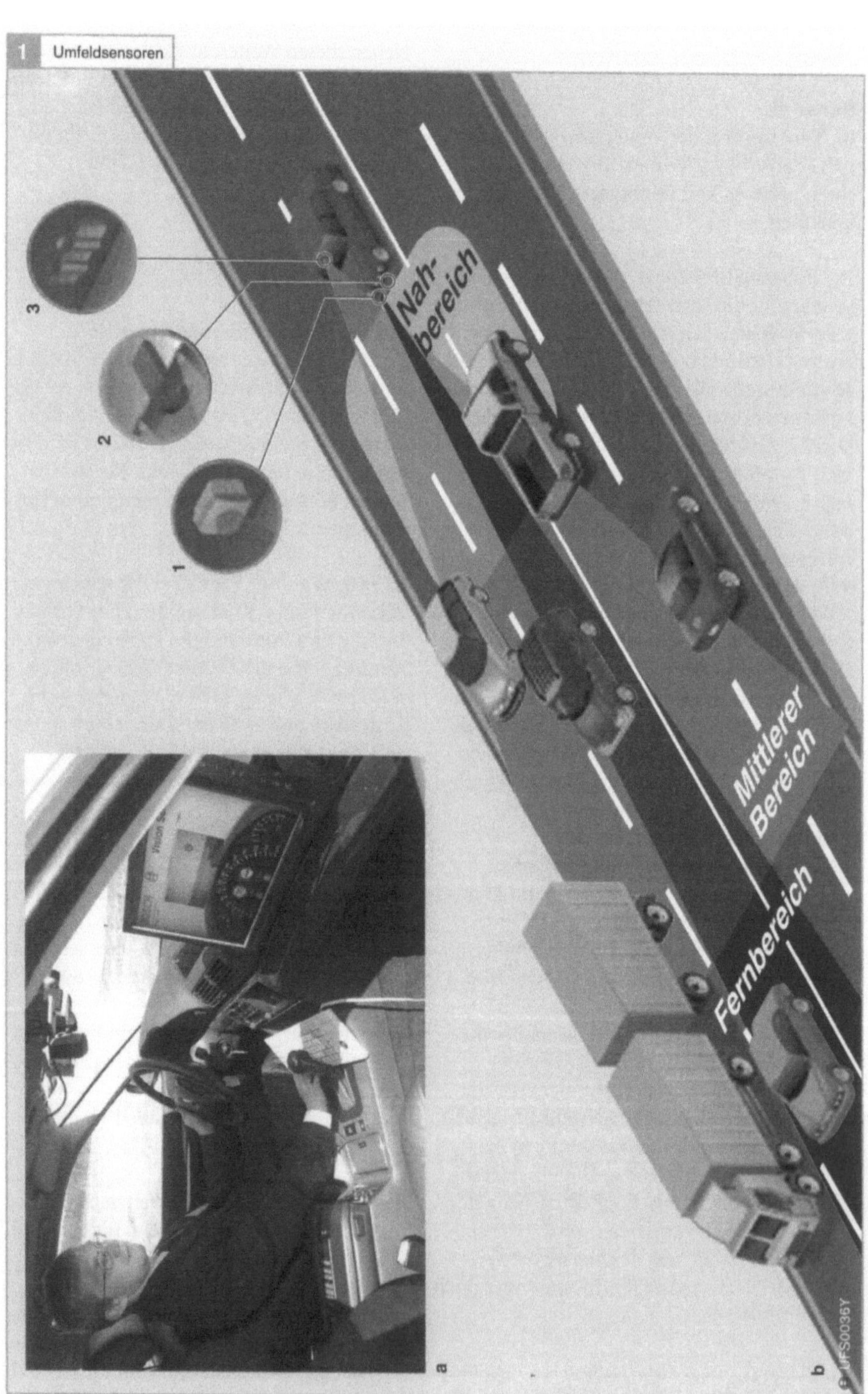

zähfließendem Verkehr bis hinunter zum Stillstand. Selbstverständlich kann der Fahrer jederzeit in das System eingreifen und – je nach Bedarf – sein Fahrzeug selbst beschleunigen oder abbremsen.

Diese Eingriffsmöglichkeiten für den Fahrer haben alle ACC-Systeme gemeinsam, denn ACC soll den Fahrer entlasten und nicht bevormunden.

Vollkommen automatisches Anfahren mit ACC Full Speed Range (FSR)

Noch weiter in die Zukunft als ACCplus weist das ACC Full Speed Range (FSR) von Bosch. Zusätzlich zu den Signalen des Long-Range-Radars verarbeitet das System die Informationen von Videokamera und eventuell Nahbereichsensorik.

Das System erkennt Hindernisse, insbesondere im Nahbereich, vor dem eigenen Fahrzeug noch schneller als ACCplus. ACC FSR eignet sich damit noch besser für den Stop-and-go-Verkehr auch auf innerstädtischen Durchgangsstraßen.

Die mit dem Videosystem zusätzlich verfügbaren Informationen ermöglichen auch das vollkommen automatische Anfahren ohne Fahrerbestätigung, wenn der Vordermann wieder anfährt. Diese Funktion wird aus rechtlichen Gründen jedoch auf einen relativ kurzen Zeitraum – bis etwa zehn Sekunden nach dem Stillstand des Fahrzeugs – beschränkt bleiben. Danach muss der Fahrer wieder selbst ohne Assistenzunterstützung anfahren.

Insbesondere durch den erweiterten Funktionsumfang und den Sicherheitsgewinn wird sich ACC weiter im Markt durchsetzen. Dabei verbreitert sich auch die Spanne der ausgerüsteten Fahrzeugklassen immer weiter: Nach dem Start in der Oberklasse ist ACC heute schon in Modellen der oberen Mittelklasse verfügbar und wird in Kürze in der Kompaktklasse Einzug halten.

Prädiktive Sicherheitsfunktionen

ACC2 stellt den Kern für zukünftige vorausschauende Sicherheitssysteme (**Predictive Safety Systems, PSS**) dar. Erkennt ACC in der ersten Stufe (PSS1) eine kritische Verkehrssituation, werden die Bremsbeläge an die Bremsscheiben angelegt und der Bremsassistent auf eine eventuelle Notbremsung eingestellt. Betätigt der Fahrer die Bremsen, können so wichtige Sekundenbruchteile bis zur vollen Verzögerungswirkung gewonnen werden.

Weitere Ausbaustufen des Predictive Safety Systems werden Funktionen zur Warnung des Fahrers vor drohenden Kollisionen durch einen kurzen, heftigen Bremsimpuls enthalten (PSS2) und automatische Notbremseingriffe ermöglichen, um die Schwere unvermeidbarer Unfälle zu reduzieren (PSS3).

Elektronische Getriebesteuerung

Getriebe wandeln das vom Motor erzeugte Drehmoment und die Motordrehzahl entsprechend dem Zugkraftbedarf des Fahrzeugs und ermöglichen die für die Vorwärts- und Rückwärtsfahrt notwendige Drehrichtungsumschaltung. Ein automatisches Getriebe mit elektronischer Getriebesteuerung macht das Fahren durch die selbstständige Auswahl der jeweils optimalen Gangstufe wirtschaftlicher und unterstützt den Fahrer in unübersichtlichen Verkehrssituationen, in fremder Umgebung oder bei schlechten Witterungsverhältnissen. Es erleichtert bei stockendem Verkehr mit „Stop and go" das Fahren erheblich.

Getriebe für Kraftfahrzeuge

Ein Verbrennungsmotor hat über seinen gesamten Drehzahlbereich keinen konstanten Drehmoment- und Leistungsverlauf. Der optimale „elastische" Drehzahlbereich liegt zwischen höchstem Drehmoment und höchster Leistung. Das Getriebe dient als Drehzahl-Drehmoment-Wandler, der das Motordrehmoment zum Befahren von Steigungen und für starke Beschleunigungen entsprechend übersetzt. Das Getriebe trägt so zur optimalen Ausnutzung der Motorleistung und zur Optimierung des Kraftstoffverbrauchs bei. Am Getriebe befindet sich das Anfahrelement (Bild 1), das erforderlich ist, damit der Motor das Fahrzeug aus dem Stillstand heraus in Bewegung setzen kann.

Getriebe beeinflussen maßgeblich die Effektivität des Antriebsstrangs (Bild 3). Ein Fahrzeuggetriebe verursacht in seinem optimalen Betriebspunkt Verluste von ca. 1,5 %. Im täglichen Fahrbetrieb ändert sich jedoch die Höhe der Verluste aufgrund der verschiedenen Fahrzustände, in denen das Fahrzeug betrieben wird. Die Getriebeverluste steigen dabei auf ca. 8 %. Die elektronische Getriebesteuerung trägt zur Minimierung dieser Verluste durch die selbstständige Auswahl des jeweils optimalen Ganges bei.

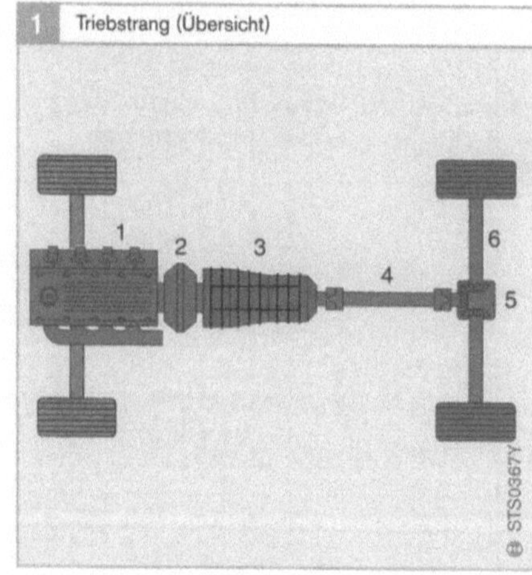

Bild 1
1 Motor
2 Anfahrelement
  (Kupplung)
3 Wechselgetriebe
4 Kardanwelle
5 Ausgleichsgetriebe
  (Differenzial)
6 Antriebswelle

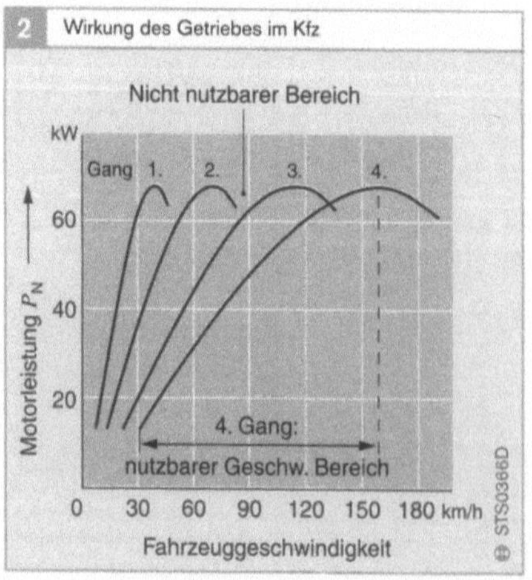

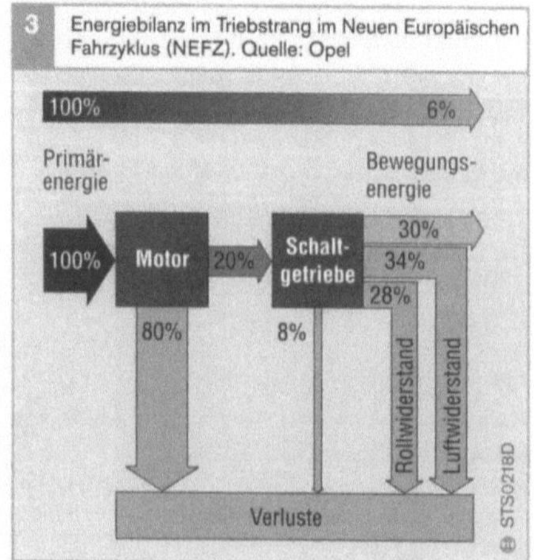

Anforderungen an Getriebe

Jedes Kraftfahrzeug stellt ganz bestimmte
Anforderungen an das Getriebe. Dement-
sprechend unterscheiden sich die jeweiligen
Getriebeausführungen in ihrem Aufbau und
den damit verbundenen Eigenschaften von-
einander. Die Zielrichtungen bzw. Schwer-
punkte bei der Entwicklung von Getrieben
lassen sich gliedern in:
- Komfort,
- Kraftstoffverbrauch,
- Fahrbarkeit,
- Bauraum und
- Herstellkosten.

Komfort
Wichtige Anforderungen an den Komfort
sind:
- Ruckfreier Gangwechsel ohne Drehzahl-
  sprünge,
- komfortable Schaltungen unabhängig von
  Motorlast und Betriebsbedingungen,
- niedriges Geräuschniveau und
- kein Komfortverlust über die gesamte
  Lebensdauer.

Kraftstoffverbrauch
Folgende Merkmale eines Getriebes sind
Voraussetzung für einen möglichst geringen
Kraftstoffverbrauch:
- Hohe Spreizung des Übersetzungs-
  bereichs,
- hoher mechanischer Wirkungsgrad,
- „intelligente" Schaltstrategie,
- geringe Leistung für Steuerung,
- geringes Gewicht,
- Stand-by Control,
- Wandlerkupplung,
- geringe Planschverluste (Widerstand des
  Getriebeöls beim Durchziehen der Zahnräder) usw.

Fahrbarkeit
Folgende Getriebefunktionen gewährleisten
eine gute Fahrbarkeit:
- An die jeweilige Fahrsituation angepasste
  Schaltpunkte,
- Fahrsituations- und Fahrertyperkennung,

- hohes Beschleunigungsvermögen,
- Motorbremswirkung bei Bergabfahrt,
- Unterdrücken des Gangwechsels bei
  schneller Kurvenfahrt und
- Erkennen von winterlichen Straßen-
  bedingungen.

Bauraum
Je nach Ausführung des Antriebs gibt es
unterschiedliche Vorgaben für den verfügbaren Bauraum. So soll das Getriebe für
den Heckantrieb einen möglichst geringen
Durchmesser und für den Frontantrieb eine
möglichst geringe Baulänge aufweisen. Zudem gibt es genau definierte Vorgaben zum
Erfüllen der Anforderungen bei einem
Crashtest.

Herstellkosten
Voraussetzungen für möglichst geringe
Herstellkosten sind:
- Produktion in hohen Stückzahlen,
- einfacher Aufbau der Steuerung und
- automatisierbare Montage.

Getriebeausführungen

Handschaltgetriebe

Handschaltgetriebe sind die einfachsten und für den Autofahrer preiswertesten Getriebe. Sie sind deshalb in Europa noch immer am weitesten verbreitet.

Wegen steigender Motorleistungen und höherer Fahrzeuggewichte bei gleichzeitig sinkenden c_w-Werten lösten seit Beginn der 1980er-Jahre 5-Gang- die bis dahin dominierenden 4-Gang-Handschaltgetriebe ab. Diese Maßnahme ermöglichte einerseits ein sichereres Anfahren und eine bessere Beschleunigung, andererseits auch niedrigere Motordrehzahlen bei höheren Geschwindigkeiten und damit einen geringeren Kraftstoffverbrauch.

Aufbau

Der Aufbau eines Handschaltgetriebes (Bild 1) gliedert sich in:
- Zahnräder gelagert auf zwei Wellen,
- Einscheiben-Trockenkupplung als Anfahrelement und zur Kraftflussunterbrechung bei Gangwechseln,
- formschlüssige Kupplungen als Schaltelemente, betätigt über Sperrsynchronisierung.

Eigenschaften

Vorteile des Handschaltgetriebes sind:
- Hoher Wirkungsgrad,
- kompakte und leichte Bauweise,
- kostengünstige Herstellung.

Nachteile sind:
- keine komfortable Bedienung (Kupplungspedal, manuelle Gangwechsel),
- vom Fahrer abhängige Schaltstrategie,
- Zugkraftunterbrechung beim Schalten.

Automatisierte Schaltgetriebe AST

Automatisierte Schaltgetriebe (engl.: Automatic Step Transmission [AST] oder auch Automatic Manual Transmission [AMT]) tragen zur Vereinfachung der Getriebebedienung und zur Erhöhung der Wirtschaftlichkeit bei. Die zuvor manuellen Schaltvor-

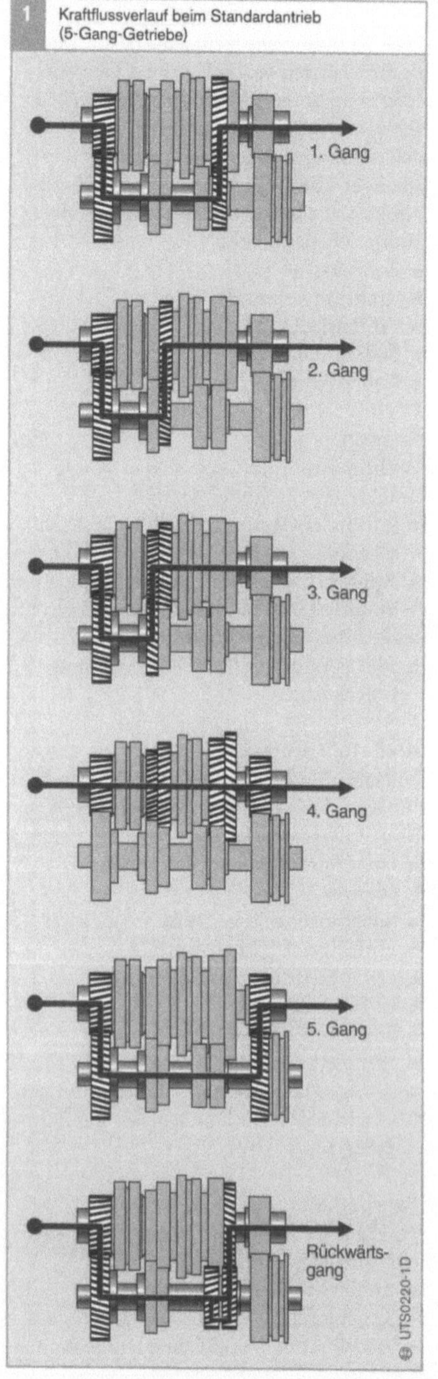

gänge erfolgen nun pneumatisch, hydraulisch oder elektrisch.

Aufbau und Arbeitsweise

Der Realisierung des AST dient ein Elektronisches Kupplungsmanagement (EKM), ergänzt um zwei Stellmotoren für das Wählen und Schalten. Mit den elektromotorischen Stellern des AST-Konzepts lässt sich ohne großen Aufwand eine Automatisierung und damit verbunden eine Komfortsteigerung erreichen. Die dafür notwendigen elektrischen Steuersignale können dabei je nach System direkt von einem vom Fahrer betätigten Schalthebel oder von einer zwischengeschalteten Elektroniksteuerung ausgehen.

Beim einfachsten System ersetzt eine Fernschaltung lediglich das mechanische Gestänge. Der Schalthebel (Tipphebel oder Schalter mit H-Schaltschema) gibt nur noch elektrische Signale ab. Anfahrvorgang und Kuppeln erfolgen wie beim Handschaltgetriebe, teilweise gekoppelt mit einer Schaltempfehlung.

Bei vollautomatischen Systemen sind Getriebe und Anfahrelement automatisiert. Ein Hebel- oder Tastschalter bildet das Bedienelement für den Fahrer. Um ein mehrgängiges Getriebe automatisch zu steuern, bedarf es einer komplexen Schaltstrategie, die auch den aktuellen Fahrwiderstand (bestimmt durch Beladung und Straßenprofil) berück-

sichtigt. Zur Unterstützung des Synchronisationsvorgangs bei der Zugkraftunterbrechung während des Schaltens nimmt eine elektronische Motorregelung (je nach Schaltungsart) automatisch kurzzeitig Gas weg.

Charakteristische Merkmale des Aufbaus automatisierter Schaltgetriebe sind:
- Prinzipieller Aufbau wie bei Handschaltgetrieben,
- Kupplungsbetätigung und Gangwechsel erfolgen durch Steller (pneumatisch, hydraulisch oder elektromotorisch) und elektronische Steuerung.

Eigenschaften

Vorteile des AST sind:
- Hoher Wirkungsgrad,
- kompakte Bauweise,
- Möglichkeit der Anpassung an vorhandene Getriebe,
- vereinfachte Bedienung,
- geeignete Schaltstrategien, um einen optimalen Kraftstoffverbrauch bzw. beste Verbrauchswerte zu erzielen,
- kostengünstiger als Stufenautomaten oder stufenlose CVT-Getriebe.

Ein Nachteil ist auch hier die Zugkraftunterbrechung beim Schalten.

Doppelkupplungsgetriebe DKG

Doppelkupplungsgetriebe (DKG) werden als Weiterentwicklung der Automatisierten Schaltgetriebe (AST) betrachtet. Sie arbeiten ohne Zugkraftunterbrechung, einem Hauptnachteil der AST. Hauptvorteil von DKG ist der gegenüber den AST geringere Kraftstoffverbrauch. Das Anforderungsprofil entspricht in den Punkten „Komfort" und „Funktionalität" dem des Stufenautomaten. Demzufolge kommen DKG überwiegend in den gehobenen Fahrzeugklassen zum Einsatz.

DKG entsprechen ebenfalls dem Wunsch der Fahrzeughersteller nach modularen Konzepten, bei denen neben dem Handschaltgetriebe auch automatisierte Getriebe über die gleiche Produktionslinie gefertigt werden können.

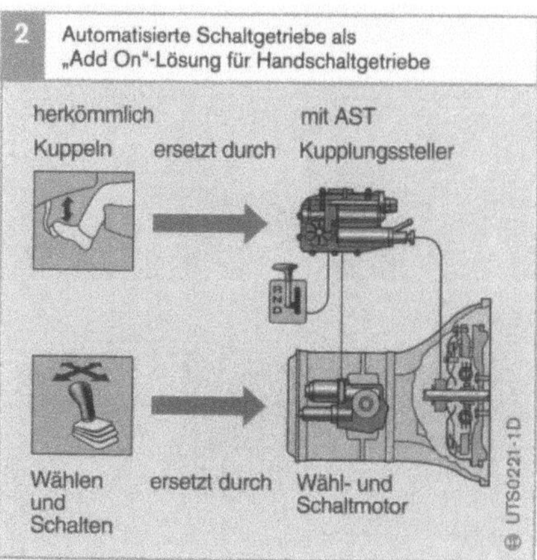

Aufbau

Folgende Merkmale charakterisieren den
Aufbau von Doppelkupplungsgetrieben:

- Gleicher prinzipieller Aufbau wie bei
  Handschaltgetrieben,
- Zahnräder gelagert auf drei Wellen,
- zwei Kupplungen,
- Betätigung von Kupplung und Schalt-
  elementen über Getriebesteuerung und
  Aktoren.

Arbeitsweise

Die den Gangstufen zugeordneten Zahnräder sind in Gruppen von geraden und unge-
raden Gängen getrennt. Obwohl der Grund-
anordnung eines herkömmlichen Vorgelege-
Schaltgetriebes ähnlich, besteht ein
entscheidender Unterschied: auch die
Hauptwelle ist geteilt und zwar in eine Voll-
welle und eine umfassende Hohlwelle, gekoppelt jeweils mit einem Zahnradsatz.

Jeder Teilwelle ist am Getriebeeingang eine
eigene Kupplung zugeordnet. Da jetzt beim
Gangwechsel zwei Gänge eingelegt sind (sowohl der aktive als auch der benachbarte,
vorgewählte Gang), ist damit ein schneller
Wechsel zwischen den Gängen, ähnlich wie
beim Automatikgetriebe, ohne Zugkraftunterbrechung möglich.

Eigenschaften

Vorteile des DKG sind:

- guter Wirkungsgrad,
- ähnlicher Komfort wie beim Automatikgetriebe,
- keine Zugkraftunterbrechung beim Schalten,
- Überspringen eines Ganges möglich.

Nachteile sind:

- größerer Bauraum als bei AST nötig,
- hohe Lagerkräfte und massive Bauweise.

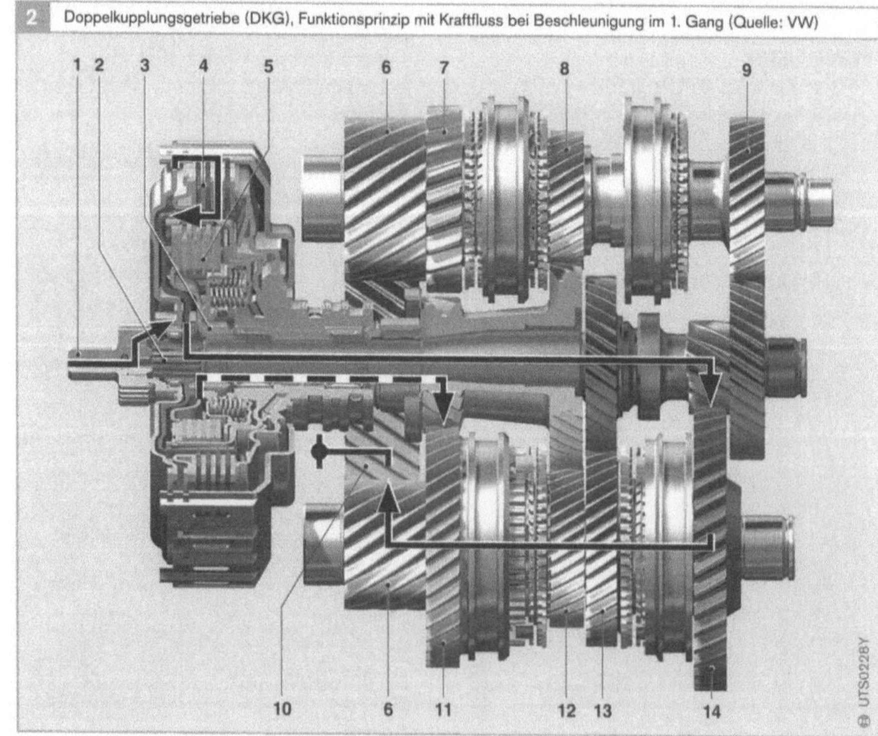

Bild 2

1 Motorantrieb
2 Eingangswelle 1
3 Eingangswelle 2
4 Kupplung 1 (zu)
5 Kupplung 2 (auf)
6 Abtrieb zum
   Differenzial
7 Rückwärtsgang
8 6. Gang
9 5. Gang
10 Differenzial
11 2. Gang
   (vorgewählt)
12 4. Gang
13 3. Gang (aktiv)
14 1. Gang (aktiv)

Automatische Getriebe AT

Automatische Schaltgetriebe (Stufenautomaten, engl.: Automatic Transmission AT) übernehmen das Anfahren, die Auswahl der Übersetzungen und die Gangschaltung selbsttätig. Sie ermöglichen es, mit einfachen Schaltungen auch Gänge durch Zuschalten eines Schaltelements und Abschalten eines anderen zu überspringen. Als Anfahrelement dient ein hydrodynamischer Wandler.

Aufbau und Arbeitsweise

Das als Ravigneaux-Satz bekannte vierwellige Planetengetriebe ist Basis für viele 4-Gang-Automaten. Mehr als vier Vorwärtsgänge sind damit allerdings nicht schaltbar. Ein Automatikgetriebe mit fünf Gängen benötigt demnach entweder ein anderes Basisgetriebe oder eine Nach- oder Vorschaltstufe zur Erweiterung. Einen eleganteren Weg zur Schaltung von fünf und mehr Gängen fand der französische Ingenieur Lepelletier. Er erweiterte den Ravigneaux-Satz um ein Vorschaltgetriebe für nur zwei Wellen des Ravigneaux-Satzes, um diese mit anderen als der Antriebsdrehzahl anzutreiben. Die Zahl der Schaltelemente bleibt gleich, sie werden für die zusätzlichen Gänge nur mehrfach genutzt. Diese Lösung bietet daher Vorteile bezüglich Bauraum, Gewicht und Kosten. Der Lepelletier-Satz unterscheidet sich vom Ravigneaux-Satz nur durch das zusätzliche Planetengetriebe mit fester Übersetzung.

Drehmomentwandler

Der Drehmomentwandler ist eine Anfahrhilfe, die im Anfahrbereich als „zusätzlicher Gang" wirkt. In den meisten auf Komfort orientierten Automatikgetrieben übernimmt ein hydrodynamischer Wandler das Anfahren. Aufgrund seiner Wirkungsweise als Strömungsmaschine ist er ein ideales Anfahrelement. Außerdem dämpft er Schwingungen.

Um im Fahrbetrieb die Verluste des Wandlers zu minimieren, wird er (wenn möglich) mit einer Wandlerüberbrückungskupplung (WK) überbrückt, da sonst durch den Schlupf im Wandler Verlustleistung auftreten würde. Dies würde sich negativ auf den Kraftstoffverbrauch auswirken.

3 Automatikgetriebe ZF 6-Gang 6HP26 (Quelle: ZF Friedrichshafen)

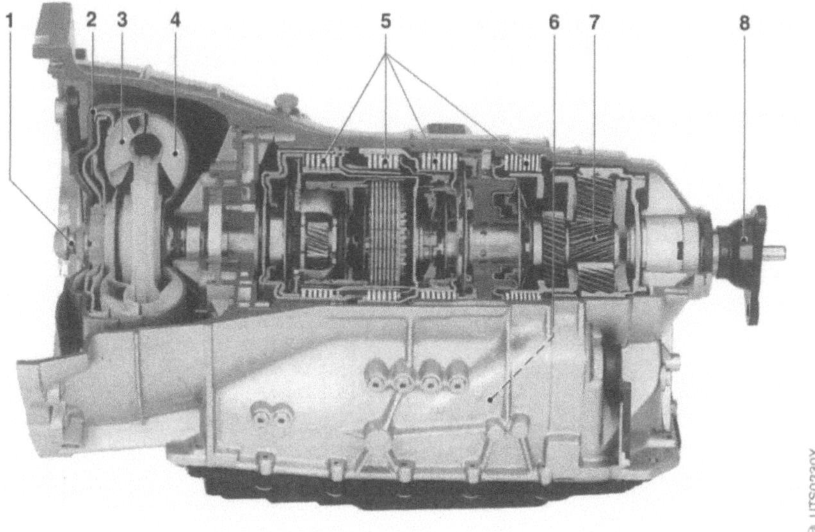

Bild 3

1 Getriebeeingang vom Motor
2 Wandlerkupplung
3 Turbine
4 Wandler
5 Lamellenkupplungen
6 Modul für Getriebesteuerung
7 Planetenradsatz
8 Getriebeausgang zur Antriebswelle

Zum Aufbau des erforderlichen Steuer-
drucks im Getriebe wird eine Ölpumpe
benötigt, die vom Motor angetrieben wird.

Lamellenkupplung

Lamellenkupplungen machen ein Schalten
ohne Zugkraftunterbrechung möglich und
stützen das Drehmoment in dem Gang ab,
in dem sie gerade betätigt sind. Die Belag-
und Stahllamellen der Kupplungen und
Bremsen übernehmen während der Schaltung das dynamische Drehmoment sowie
die Schaltenergie und nach der Schaltung
das zu übertragende Lastmoment.

Planetengetriebe

Das Planetengetriebe ist das Kernstück des
Automatikgetriebes. Es hat die Aufgabe, die
Übersetzungen einzustellen und den stän-
digen Kraftschluss zu gewährleisten. Ein
Planetengetriebe setzt sich aus folgenden
Bestandteilen zusammen:
- Ein zentral angeordnetes Zahnrad
  (Sonnenrad).
- Mehrere (in der Regel drei bis fünf)
  Planetenräder, die sich sowohl um ihre
  eigene Achse als auch um das Sonnenrad
  drehen können. Sie werden vom Planeten-
  träger gehalten, der um die Zentralachse
  rotieren kann.
- Ein innen verzahntes Hohlrad, das die
  Planetenräder von außen umfasst. Das
  Hohlrad kann ebenfalls um die Zentral-
  achse drehen.

- Simpson   (3-Gang, zwei Systeme),
- Ravigneaux   (4-Gang, zwei Systeme),
- Wilson   (5-Gang, drei Systeme).

Im Automatikgetriebebau haben sich zwei
Typen von Planetenkoppelgetrieben durch-
gesetzt:
- Ravigneaux-Satz: Zwei verschiedene
  Planetensätze und Sonnenräder arbeiten
  in einem Hohlrad.
- Simpson-Satz: Zwei Planetensätze und
  Hohlräder laufen auf einem gemeinsamen
  Sonnenrad.

Stufenlose Getriebe CVT

Antriebskonzepte mit stufenlosen Automatikgetrieben CVT (Continuously Variable
Transmission) zeichnen sich durch hohen
Fahrkomfort, hervorragende Fahreigenschaften und niedrigen Kraftstoffverbrauch
aus. CVT-Getriebe werden mit einem Schubgliederband oder einer Laschenkette betrieben. Die Hauptkomponenten eines CVT
lassen sich von einem elektrohydraulischen
Modul aus ansteuern.

Aufbau

Der Wandler oder die Lamellenkupplung
dienen als Anfahrelement. Der Rückwärtsgang wird über einen Planetenradsatz geschaltet. Die Verstellung der Übersetzung
erfolgt stufenlos mit Kegelscheiben
und einem Gliederband oder einer Kette -

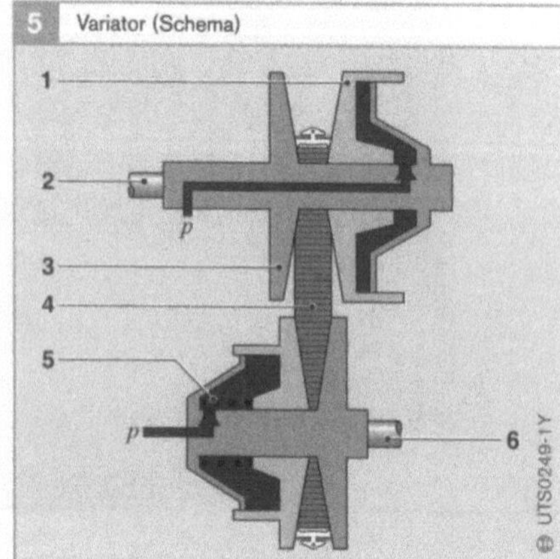

(Variator, Bild 1). Eine Hochdruckhydraulik (Hochdruckpumpe) sorgt für den nötigen Anpressdruck und die Verstellung des Variators. Die Steuerung aller Funktionen erfolgt mit der elektrohydraulischen Steuerung.

CVT-Komponenten

Die wichtigsten Komponenten des CVT-Getriebes sind:
- *Variator*, bestehend aus zwei Kegelscheiben, die sich gegeneinander verschieben lassen,
- *Schubgliederband* oder flexible *Stahl-Laschenkette*, zur Übertragung des Motordrehmoments und
- *CVT-Ölpumpe*.

Eigenschaften

Wesentliche Eigenschaften eines CVT-Getriebes sind:
- Keine Zugkraftunterbrechung bei Veränderung der Übersetzung,
- hoher Komfort,
- im gesamten Motorkennfeld auf optimalen Kraftstoffverbrauch bzw. höchste Beschleunigung abgestimmter Betrieb,
- hohe Übersetzungsspreizung möglich,
- befriedigender Gesamtwirkungsgrad, trotz hoher Antriebsleistung für die Hochdruckpumpe.

Toroidgetriebe

Das Toroidgetriebe kann als Sonderform eines stufenlosen Getriebes auch als Reibrad-CVT bezeichnet werden. Sein Aufbau ist gekennzeichnet durch:
- Wandler als Anfahrelement,
- stufenlose Übersetzungsänderung durch hydraulische Winkelverstellung der Zwischenrollen,
- Kraftübertragung über Torusscheiben mit Zwischenrollen,
- Rückwärtsgang über Planetenradsatz,
- Hochdruckhydraulik für die Vorspannung der Torusscheiben sowie
- elektrohydraulische Steuerung.

Eigenschaften

Wesentliche Eigenschaften eines Toroidgetriebes sind:
- keine Zugkraftunterbrechung,
- keine Schaltvorgänge (hoher Komfort),
- angepasster Betrieb im Motorkennfeld für optimalen Kraftstoffverbrauch bzw. höchste Beschleunigung,
- für hohe Drehmomente einsetzbar,
- schnelle Übersetzungsverstellung,
- hohe Antriebsleistung für die Hochdruckpumpe erforderlich (Gesamtwirkungsgrad deshalb nur befriedigend) und
- Spezial-Getriebeöl mit hoher Scherfestigkeit notwendig.

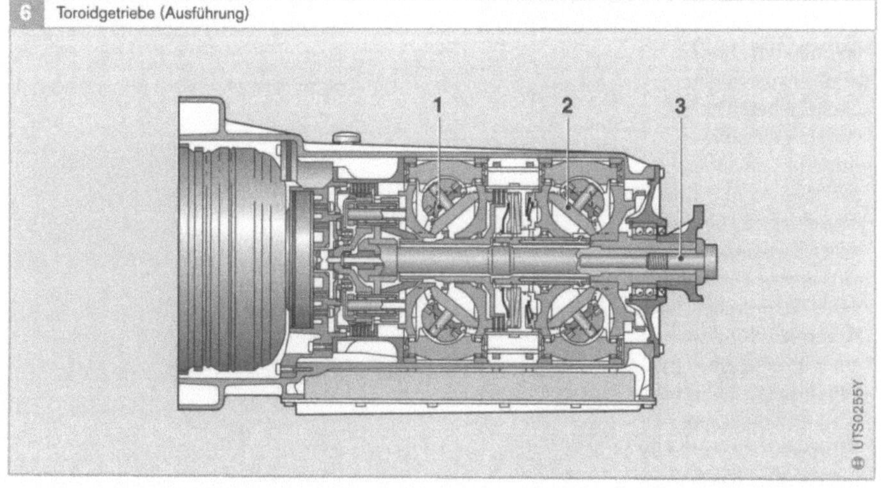

Bild 6
1   Eingangsscheibe
2   Variator
3   Abtrieb

Elektronische Getriebesteuerung

Bei unübersichtlichen Verkehrssituationen, in fremder Umgebung oder bei schlechten Witterungsverhältnissen (z. B. starker Regen, Schnee oder Nebel) kann manuelles Schalten den Autofahrer derart ablenken, dass schwer kontrollierbare Situationen entstehen. Ein automatisches Getriebe mit elektronischer Steuerung bietet dem Fahrer bei diesen und anderen Verkehrssituationen Unterstützung und Entlastung, sodass er sich voll auf das Verkehrsgeschehen konzentrieren kann.

Triebstrangmanagement

Mit der Anzahl der elektronischen Systeme im Fahrzeug wächst auch die Komplexität des Gesamtverbundes der verschiedenen Steuergeräte. Solche vernetzten Strukturen zu beherrschen, setzt hierarchische Ordnungskonzepte voraus, wie zum Beispiel die „Cartronic" von Bosch. Die koordinierte Triebstrangsteuerung ist als Teilstruktur in die „Cartronic" eingebunden und ermöglicht eine optimal abgestimmte Steuerung von Motor und Getriebe in den jeweiligen Betriebszuständen des Fahrzeugs.

Der Motor wird grundsätzlich so häufig wie möglich in den Kraftstoff sparenden Bereichen seines Kennfeldes betrieben. Bei sportlicher Fahrweise werden jedoch zunehmend die hohen, weniger sparsamen Drehzahlbereiche gefahren. Eine solche situationsabhängige Betriebsweise setzt voraus, dass einerseits der Fahrerwunsch erkannt, andererseits dessen Umsetzung der elektronischen Triebstrangsteuerung und einer übergeordneten Fahrstrategie überlassen wird. Die Betätigung des Fahrpedals („Gaspedals") interpretiert das System als „Beschleunigungsanforderung". Die Triebstrangsteuerung errechnet aus dieser Anforderung die Übersetzung in „Drehmoment" und „Drehzahl" und setzt diese auch um. Grundvoraussetzung für die Umsetzung einer solchen Strategie ist das Vorhandensein einer elektrisch betätigten Drosselklappe (Drive-by-wire).

Bild 1 zeigt die Organisationsstruktur der Triebstrangsteuerung als Teil der Fahrzeuggesamtstruktur. Der Fahrzeugkoordinator gibt die geforderte Vortriebsbewegung unter Berücksichtigung der Leistungsanforderungen anderer Fahrzeugsubsysteme (z. B. Karosserie- oder Bordnetzelektronik) an den Triebstrangkoordinator weiter. Dieser übernimmt die Aufteilung des Leistungswunsches auf Motor, Wandler und Getriebe. Die jeweiligen Koordinatoren haben dabei auch eventuell auftretende Interessenskonflikte nach definierten Prioritätskriterien zu lösen. Hierbei spielen die verschiedensten äußeren Einflüsse (wie Umwelt, Verkehrssituation, Betriebszustand des Fahrzeugs und Fahrertyp) eine Rolle.

Das Cartronic-Konzept basiert auf einer objektorientierten Softwarestruktur mit physikalischen Schnittstellen, z. B. dem Drehmoment als Schnittstellenparameter der Triebstrangsteuerung.

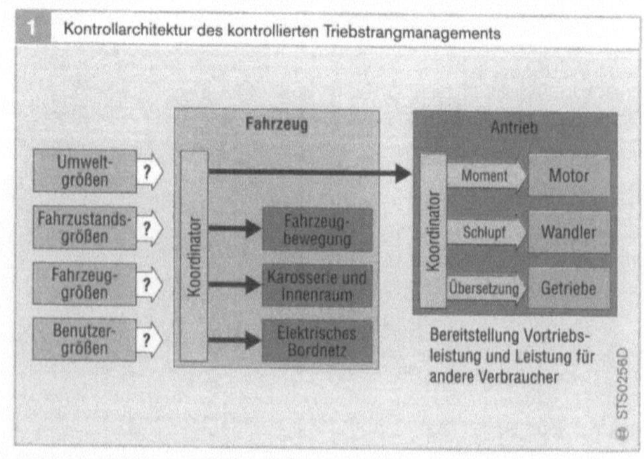

Markttrends

Die gesetzlichen Anforderungen bezüglich „Kraftstoffverbrauch" und „Abgasemission" werden die Entwicklung der Getriebe in den nächsten Jahren stark prägen. Hierzu seien die Forderungen der Hauptmärkte kurz gegenübergestellt.

ACEA, JAMA und KAMA

Die ACEA (Association des Constructeurs Européens d'Automobiles, d. h. Verband der europäischen Automobilhersteller) hat sich dazu bereit erklärt, den Flottendurchschnitt beim CO_2-Ausstoß in den Jahren 2002 bis 2008 von 170 mg CO_2 auf 140 mg CO_2 zu senken (Bild 1).

Die japanischen und koreanischen Herstellervereinigungen (JAMA und KAMA) haben die gleichen Grenzwerte für das Jahr 2009 übernommen. Um dieses Ziel zu erreichen, werden sich in den nächsten Jahren verstärkt Getriebeausführungen wie das 6-Gang-Getriebe, CVT (Continuously Variable Transmission, d. h. stufenloses Getriebe) und AST (Automatic Shift Transmission, d. h. Automatisiertes Schaltgetriebe, ASG) durchsetzen.

CAFE-Anforderungen

Im Gegensatz zu Europa haben sich in den USA, dem wichtigsten Markt für Automatikgetriebe, die Anforderungen an den Kraftstoffverbrauch CAFE (Corporate Average Fuel Efficiency) seit 1990 nicht mehr geändert (Bild 2). Sämtliche Vorstöße zum Herbeiführen einer Verschärfung hatten bisher keinen Erfolg.

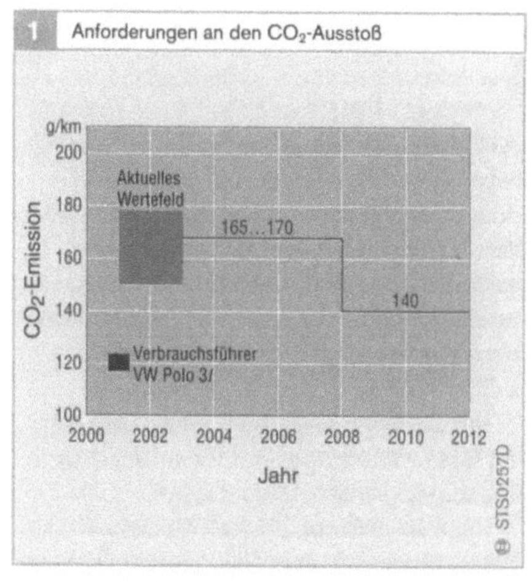

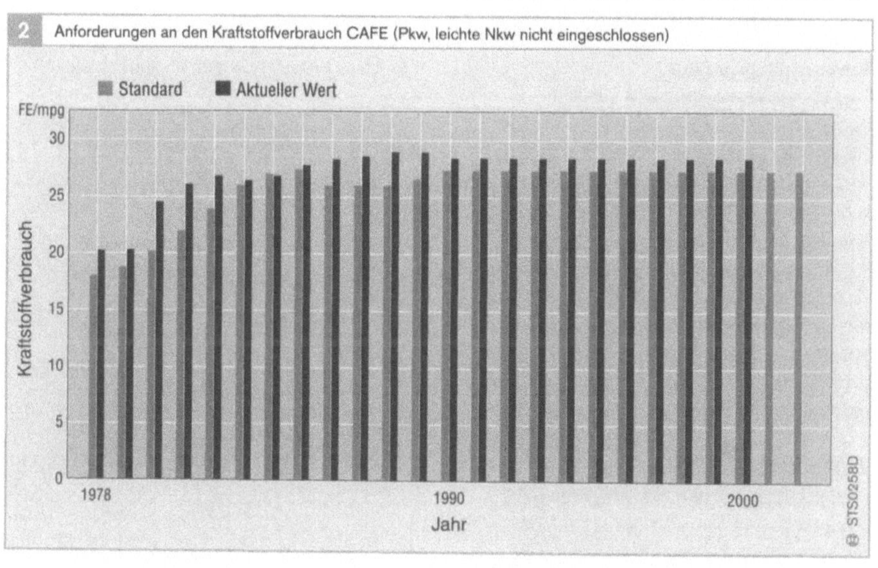

Steuerung automatisierter Schaltgetriebe AST

Anforderungen

Das aktuelle Marktgeschehen zeigt einen starken Trend zur Steigerung der Sicherheit und des Bedienkomforts im Auto. Damit geht eine Erhöhung der Fahrzeugmasse und letztendlich ein steigender Kraftstoffverbrauch einher. Die vom Gesetzgeber verordneten Emissionsrichtlinien (140 g/km CO_2 bis zum Jahr 2008) verschärfen die Situation zusätzlich.

Das Automatisierte Schaltgetriebe, ASG (bzw. engl.: Automated Shift Transmission, AST) stellt die Kombination der Vorteile des Schaltgetriebes mit den Funktionen des Automatikgetriebes dar. Die automatisierte Version des klassischen Schaltgetriebes zeichnet sich durch einen hohen Wirkungsgrad aus. Schlupfverluste wie beim konventionellen Wandlerautomaten treten nicht auf.

Der spezifische Kraftstoffverbrauch liegt im Automatikmodus unter dem niedrigen Niveau des Handschaltgetriebes.

Die Entwicklung des AST basiert auf den Erfahrungen mit dem Elektromotorischen Kupplungsmanagement (EKM).

Elektromotorisches Kupplungsmanagement EKM

Anwendung

Nach ersten Erfahrungen mit einem hydraulischen Kupplungsmanagement konzentrieren sich die Anwender nunmehr auf den Einsatz von Elektromotoren als Aktoren für Kupplungen im Segment der Kleinwagen. Diese Maßnahme ermöglicht Kosten- und Gewichtseinsparungen sowie eine höhere Integration. Entsprechende EKM-Systeme gibt es in der Mercedes-A-Klasse, im Fiat Seicento und im Hyundai Atoz.

Aufbau und Arbeitsweise

Der wichtigste Schritt zur Minimierung der Kosten war der Übergang vom hydraulischen zum elektromotorischen Aktor. Dadurch entfallen Pumpe, Speicher und Ventile. Gleichzeitig entfällt ein Wegsensor im Ausrücksystem. Anstelle dessen ist der Kupplungswegsensor im elektromotorischen Aktor integriert.

Im Vergleich zu einer Hydraulikpumpe mit Speicher bietet der kleine Elektromotor eine geringe Leistungsdichte. Deshalb ist der elektromotorische Aktor nur dann geeignet, wenn er hinreichend kurze Auskuppelzeiten für schnelle Schaltungen realisieren kann.

Schaltvorgang ohne Momentennachführung
Beim konventionellen System ohne Momentennachführung (Bild 1) liegt das Kupplungsmoment weit über dem Motormoment. Grund dafür ist, dass die Trockenkupplung, die ja unter allen extremen Bedingungen mindestens das Motormoment zu übertragen hat, im Normalfall 50 bis 150 % Reserve bietet. Will der Fahrer schalten und nimmt dabei den Fuß vom Fahrpedal, fällt das Motormoment. Das Betätigen des Schalthebels löst die Schaltabsicht aus, und die Kupplung muss nun von „ganz geschlossen" bis „ganz geöffnet" bewegt werden. Dies definiert die Auskuppelzeit.

Bei zu langer Auskuppelzeit überträgt die Kupplung während der Synchronisierung des nächsten Gangs noch Moment, was zum Ratschen oder zu Getriebeschäden führen kann.

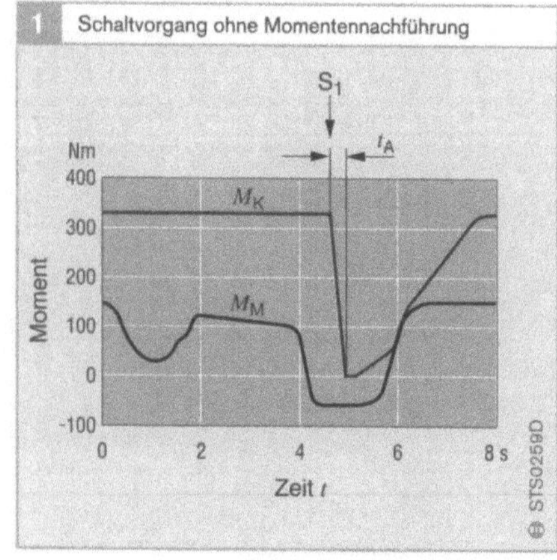

Schaltvorgang mit Momentennachführung
Die technisch anspruchsvollste Lösung zum
Vermeiden von Getriebeschäden ist die
Kombination einer kraftreduzierten Kupp-
lung mit einer „Momentennachführung".

Das Bild 2 veranschaulicht den Schaltvorgang mit Momentennachführung, bei dem
das Kupplungsmoment nur knapp über dem
Motormoment liegt. Geht dabei der Fahrer
zum Schalten vom Fahrpedal, sinkt mit dem
Motormoment auch das Kupplungsmoment.
Beim Auslösen der Schaltabsicht ist die
Kupplung somit schon beinahe geöffnet und
das restliche Auskuppeln erfolgt sehr schnell.

Das Bild 3 zeigt schematisch das Elektromotorische Kupplungsmanagement (EKM)
als Teilautomatisierung sowie das Automatisierte Schaltgetriebe (AST) als komplette
Automatisierung des Handschaltgetriebes,
beides als „Add on"-Systeme.

Elektromotorisch automatisiertes Schaltgetriebe AST
Anwendung

Das AST kommt gegenwärtig primär in den
unteren Drehmomentklassen (z. B. VW
Lupo, MCC Smart, Opel Corsa Easytronic,
siehe auch Kapitel „Getriebeausführungen")
zum Einsatz, wo es im Vergleich zum Voll-
automaten den Nachteil der Zugkraftunterbrechung durch den Kostenvorteil kompensieren kann.

Aufbau und Arbeitsweise
Das elektromotorische AST verfügt über
die automatisierte Kupplungsbetätigung des
EKM-Systems. Mit einem zusätzlichen
elektromotorischen Aktor für das Getriebe
kann der Fahrer ohne mechanische Verbindung zwischen Positionshebel und Getriebe
schalten („shift by wire").

Beim AST sollen sämtliche Modifikationen
am Getriebe vermieden werden. Damit kann
der Getriebehersteller in der Produktionslinie wahlweise Handschaltgetriebe oder
AST montieren. Bosch liefert als Hardware
für dieses System (z. B. für Opel Corsa
Easytronic) die E-Motoren für Kuppeln,
Schalten und Wählen (siehe Kapitel „Getriebe, Automatisierte Schaltgetriebe") sowie
das Steuergerät. Die Verwendung von Stan-
dardkomponenten bei allen AST-Anwen-
dungen ermöglicht eine automatisierte und
kostengünstige Großserienfertigung.

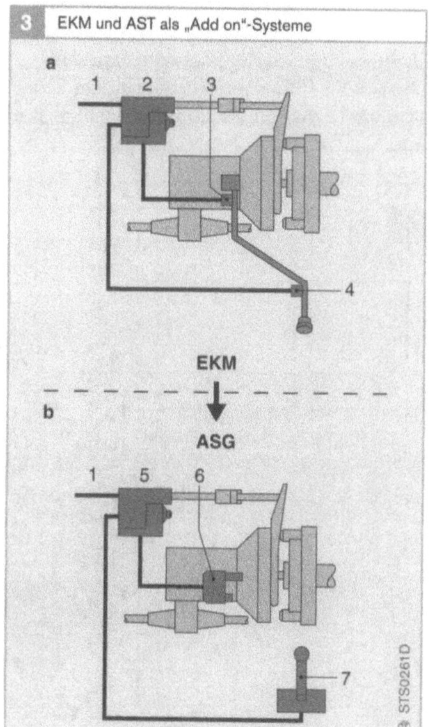

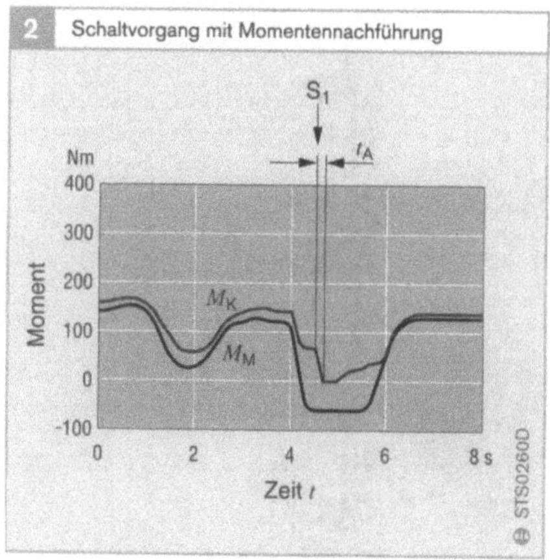

Bild 2
M_K Kupplungsmoment
M_M Motormoment
t_A Auskuppelzeit
S_1 Signal für Schalt-
       wunsch

Bild 3
a   EKM
b   AST

1   Vorhandene Signale
2   Kupplungsaktor
    mit integriertem
    EKM-Steuergerät
3   Gangerkennung
4   Schaltabsichts-
    erkennung am
    Schalthebel
5   Kupplungsaktor
    mit integriertem
    AST-Steuergerät
6   Getriebeaktor
7   Wählhebel

Softwaresharing

Bei der Software des AST teilen sich der Fahrzeughersteller (OEM), der Zulieferer und ggf. ein Systemintegrator die Aufgaben. Das Betriebssystem, die Signalaufbereitung sowie die hardwarespezifischen Routinen zur Ansteuerung der Aktoren kommen von Bosch. Außerdem gehen die Bosch-Erfahrungen aus dem Automatikgetriebebereich in die Zielgangbestimmung des AST ein. Dazu gehören u. a. Fahrererkennung, Bergerkennung, Kurvenerkennung und andere adaptive Funktionen (siehe auch Kapitel „Adaptive Getriebesteuerung, AGS").

Die Ansteuerung des Getriebes und die Koordination des Schaltablaufs (Kupplung, Verbrennungsmotor, Getriebe) liegen in Verantwortung des OEM beziehungsweise des Systemintegrators.

Gleiches gilt für die Kupplungssteuerung, die in wesentlichen Teilen vom EKM-System übernommen werden kann. Der jeweilige Fahrzeughersteller bringt seine markenspezifische Philosophie bezüglich der Schaltzeit bzw. Schaltpunkte und der Schaltabläufe ein.

Schaltvorgang und Zugkraftunterbrechung

Das Grundproblem beim AST ist die Zugkraftunterbrechung. Dies ist in Bild 4 die „Talsenke" der Fahrzeugbeschleunigung zwischen den beiden geschalteten Gängen. Diese Phasen des Schaltvorgangs lassen sich im Hinblick auf die Anforderungen an die Aktoren in zwei Blöcke unterteilen:
- Phasen, die sich auf die Fahrzeugbeschleunigung auswirken,
- Phasen, die reine „Tot"zeiten darstellen.

Bei den Phasen, die sich auf die Fahrzeugbeschleunigung auswirken, zeigt sich, dass eine Drosselung notwendig ist, weil zu schnelle Änderungen der Fahrzeugbeschleunigung als unangenehm empfunden werden. Die optimale Interaktion von Motor-, Kupplungs- und Getriebeeingriff führt zum bestmöglichen Verhalten.

Die Synchronisierung kann z. B. durch Zwischenkuppeln und Zwischengas unterstützt werden. In den „Tot"zeiten ist jedoch die maximale Geschwindigkeit der Aktoren gefordert. Dabei ist wichtig, dass die Synchronisierung nach dem Herausnehmen des Gangs und der folgenden schnellen Phase keinen zu harten Schlag erfährt.

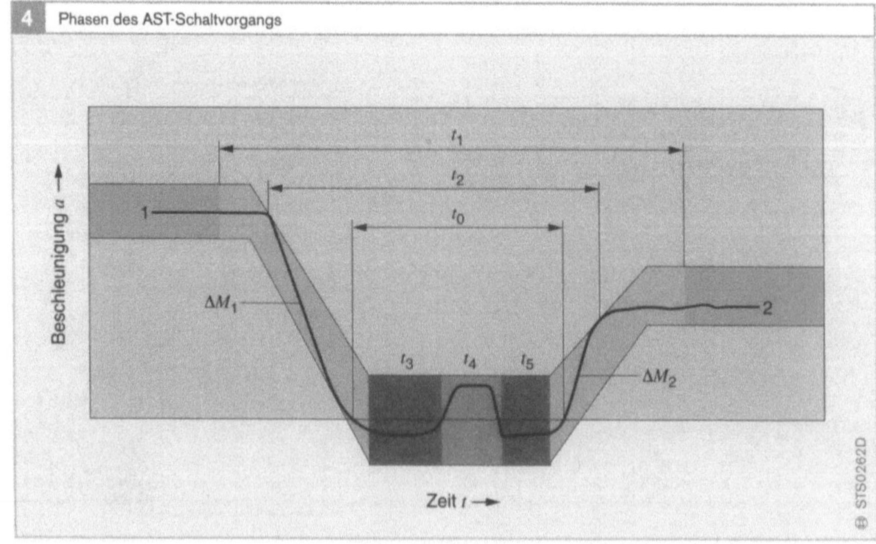

Bild 4
1   Aktueller Gang
2   nächster Gang

ΔM_1 Momentenabbau
ΔM_2 Momentenaufbau
t_0 Zugkraftunterbrechung
t_1 Schaltvorgang
t_2 Beschleunigungsvorgang
t_3 Gang herausnehmen und wählen
t_4 Synchronisierung
t_5 Gang durchschalten

Das Bild 5 zeigt einen Vergleich der erreichbaren Schaltzeiten mit einem hydraulischen und einem elektromotorischen System sowie die notwendige Schaltzeit für einen komfortablen Schaltvorgang. Die Balkenlängen entsprechen den benötigten Zeiten für die einzelnen Phasen, und es wird die gleiche Graustufung benutzt.

Bei maximaler Ausnutzung der Leistungsfähigkeit der Aktoren weist das elektromotorische System gegenüber dem hydraulischen lediglich bei der Kupplungsbetätigung einen Zeitnachteil auf. Dieser ließe sich insbesondere beim Momentenabbau durch eine

„intelligente" Steuerung wie die Momentennachführung bzw. die Interaktion von Verbrennungsmotor und Kupplung verringern.

Hervorzuheben ist, dass sich die Phasen der „Tot"zeit, „Gang herausnehmen" und „Gang einlegen" für beide Systeme kaum unterscheiden. Auch bei der komfortablen Schaltung verlängern sich die „Tot"zeiten praktisch nicht. Hingegen müssen die für die Beschleunigung relevanten Phasen jeweils zwei- bis viermal so lange wie im extremen Fall dauern, sowohl bei hydraulischer als auch bei elektromotorischer Aktorik.

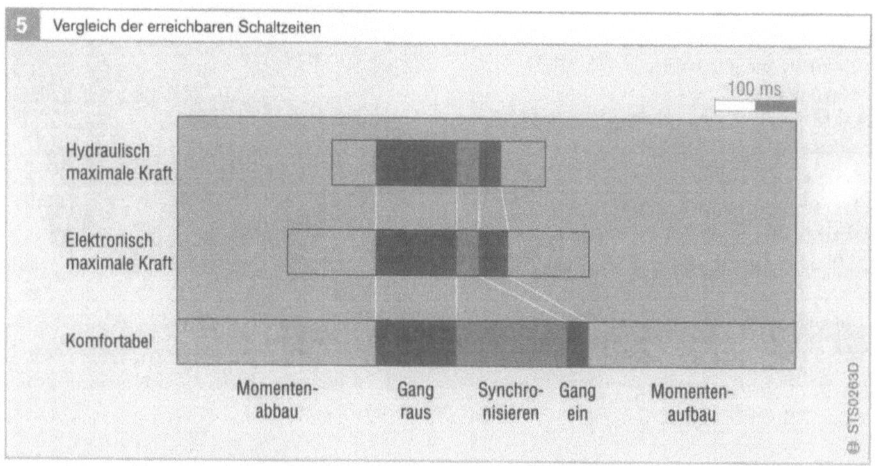

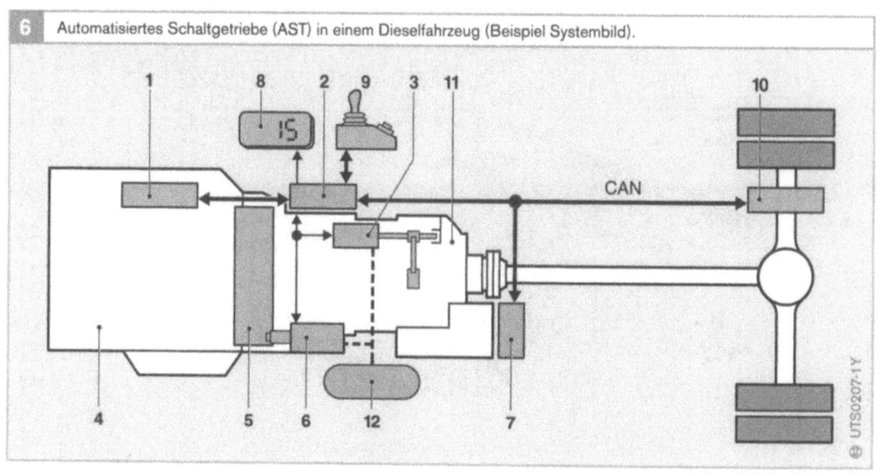

Bild 6
1   Motorelektronik (EDC)
2   Getriebeelektronik
3   Getriebesteller
4   Dieselmotor
5   Trocken-Trennkupplung
6   Kupplungssteller
7   Intarder-Elektronik
8   Display
9   Fahrschalter (Wählhebel)
10 ABS/ASR
11 Getriebe
12 Luftversorgung

—— Elektrik
···· Pneumatik
—— CAN-Kommunikation

Steuerung von Automatikgetrieben

Anforderungen

Die wesentlichen Anforderungen bzw. Aufgaben der Steuerung eines Automatikgetriebes sind:

- In Abhängigkeit von verschiedenen Einflussgrößen stets den richtigen Gang schalten bzw. die richtige Übersetzung einstellen,
- den Schaltvorgang durch angepasste Druckverläufe möglichst komfortabel ausführen,
- zusätzliche manuelle Eingriffe des Fahrers umsetzen,
- Fehlbedienungen abfangen, z. B. indem unzulässige Schaltungen verhindert werden, sowie
- ATF-Öl für Kühlung, Schmierung und Wandler bereitstellen.

Aktuelle Steuerungen werden ausschließlich elektrohydraulisch ausgeführt.

Hydraulische Steuerung

Hauptaufgabe der Hydrauliksteuerung (Bilder 1 und 2) ist es, hydraulische Drücke und Volumenströme zu regeln, zu verstärken und zu verteilen. Dazu zählen die Erzeugung der Kupplungsdrücke, Versorgung des Wandlers und Bereitstellung des Schmierdrucks. Die Gehäuse der hydraulischen Steuerung bestehen aus Alu-Druckguss und enthalten mehrere feinbearbeitete Schieberventile und elektrohydraulische Aktuatoren.

2 Hauptsteuerung mit Hydraulikventilen

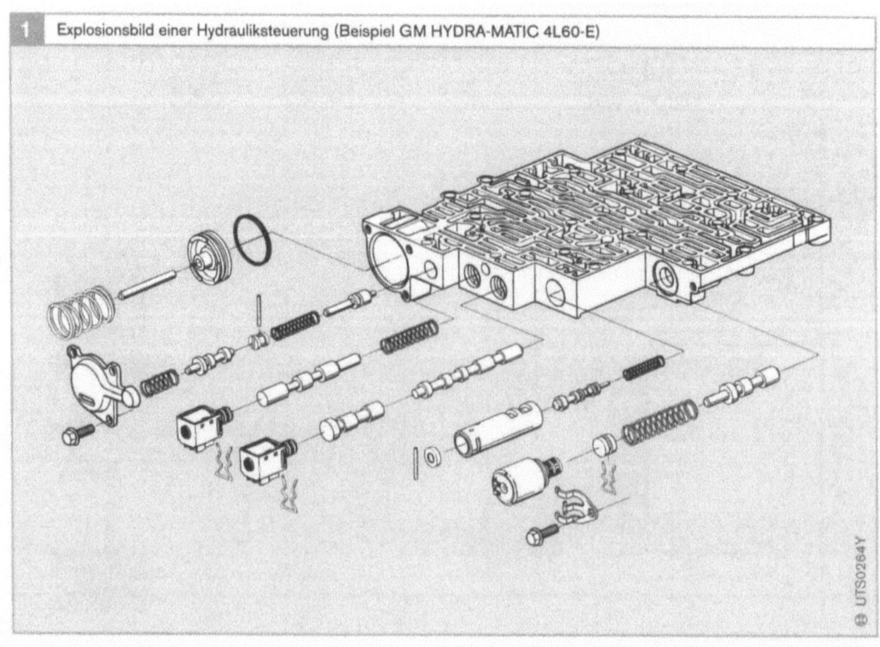

1 Explosionsbild einer Hydrauliksteuerung (Beispiel GM HYDRA-MATIC 4L60-E)

Elektrohydraulische Steuerung

Alle modernen Automatikgetriebe mit vier bis sechs Gängen sowie stufenlose Getriebe werden aufgrund ihrer umfangreichen Funktionen ausschließlich elektrohydraulisch gesteuert. Im Gegensatz zu früheren, rein hydraulischen Steuerungen mit Fliehkraftreglern, werden die Kupplungen individuell über Druckregler angesteuert, was eine präzise Modulation sowie die Realisierung geregelter Überschneidungsschaltungen (ohne Freilauf) ermöglicht.

Kupplungssteuerung

Die Kupplungssteuerung erfolgt grundsätzlich entweder mit vorgesteuertem oder mit direktgesteuertem Druck.

Vorsteuerung

Bei der Vorsteuerung wird der erforderliche Druck und Durchfluss zur schnellen Kupplungsbefüllung über ein Schieberventil im Steuergehäuse bereitgestellt. Die Druckregelung erfolgt durch einen Pilotdruck auf die Fühlfläche am Schieberventil. Ein Aktuator erzeugt diesen Pilotdruck (Bild 3).

Damit ergeben sich größere Freiheitsgrade beim „Packaging" sowie die Anwendung standardisierter Aktuatoren, hohe Dynamik und kleine Elektromagnete.

Direktsteuerung

Bei der Direktsteuerung werden der erforderliche Druck und der Durchfluss zur schnellen Kupplungsbefüllung direkt vom Aktuator bereitgestellt (Bild 4).

Es entsteht eine kompakte Kupplungssteuerung mit reduziertem Aufwand für die Hydraulik.

Schaltablaufsteuerung

Konventionelle Schaltablaufsteuerung

Die folgenden zwei Schaltfälle sind Beispiele für die konventionelle Steuerung eines einfachen 4-Gang-Automatikgetriebes mit Freiläufen (Bild 5).

Zughochschaltungen erfolgen beim Automatikgetriebe im Gegensatz zum Handschaltgetriebe ohne Zugkraftunterbrechung. Die Grafik in Bild 6 zeigt den zeitlichen Verlauf der charakteristischen Größen bei einer Hochschaltung in den direkten Gang (Übersetzung 1). Das Schalten beginnt zum Zeitpunkt t_0: Die Kupplung wird mit Öl gefüllt, und somit werden die Reibelemente aneinander gepresst. Vom Zeitpunkt t_1 an überträgt die Kupplung ein Moment. Mit dem Ansteigen des Kupplungsmoments fällt das am Freilauf abgestützte Moment ab. Bei

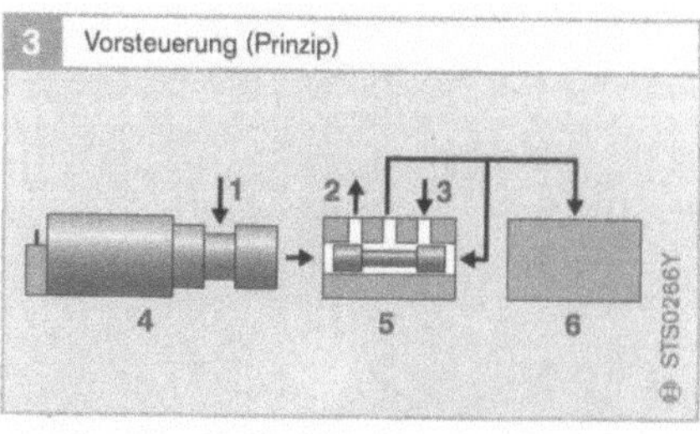

3 Vorsteuerung (Prinzip)

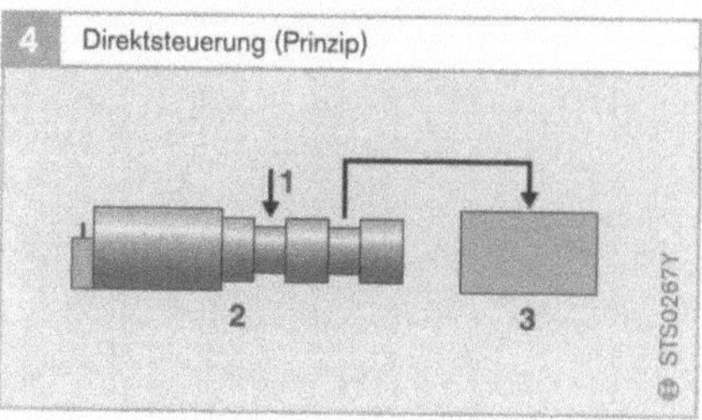

4 Direktsteuerung (Prinzip)

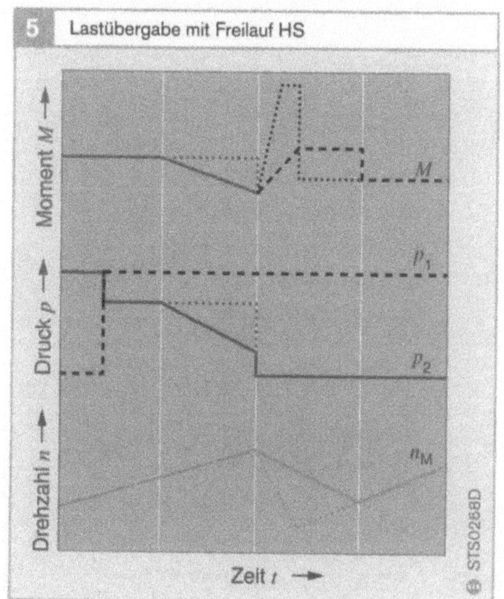

5 Lastübergabe mit Freilauf HS

Bild 3
1 Zulauf zum Aktuator
2 Ölsumpf
3 Zulauf zum Schieberventil
4 Aktuator
5 Schieberventil im Steuergehäuse
6 Kupplung

Bild 4
1 Zulauf zum Aktuator
2 Aktuator
3 Kupplung

Bild 5
p_1 Druck zuschaltende Kupplung
p_2 Druck abschaltende Kupplung
n_M Motordrehzahl
M Drehmoment

t_2 löst der Freilauf. Nun beginnt sich die Motordrehzahl zu ändern. Das Kupplungsmoment steigt bis t_3. Bis t_4 schleift die Kupplung, dann haftet sie. Nach dem Schaltende wird der Kupplungsdruck auf ein Sicherheitsniveau hochgesteuert.

Die nach t_4 verbleibende Drehzahldifferenz zwischen Motor und Getriebeausgangsdrehzahl verursacht der Wandler, der im nicht überbrückten Zustand stets mit Schlupf arbeitet.

Der Verlauf des Abtriebmomentes in der Phase $t_1...t_4$ bestimmt den Schaltkomfort. Für eine gute Schaltqualität muss der Kupplungsdruck so eingestellt sein, dass das Abtriebsmoment zwischen dem Niveau bei $t < t_1$ und dem Niveau bei $t > t_4$ liegt. Weiterhin soll der Momentensprung bei t_4 möglichst gering sein.

Die Belastung der Reibelemente ist durch das Kupplungsmoment und die Schleifzeit $(t_4 - t_1)$ bestimmt. Hier wird deutlich, dass die Steuerung des Schaltablaufs stets einen Kompromiss darstellt.

Rückschaltung unter Last

Im Gegensatz zu den Hochschaltungen erfolgen Rückschaltungen mit Zugkraftunterbrechung. Bild 7 zeigt den zeitlichen Ablauf.

Bei t_0 beginnt die Schaltung mit dem Entleeren der Kupplung. Von t_1 an wird kein Motormoment mehr übertragen, und der Motor beschleunigt hoch. Bei t_2 ist die Synchrondrehzahl des neuen Gangs erreicht, der Freilauf legt an; bis t_3 stellt sich der Wandlerschlupf entsprechend den Motormoment ein. Bei t_3 ist der Schaltvorgang beendet. Der Schaltkomfort wird durch den Momentenabfall in der Phase $t_0...t_1$ bestimmt und hängt ganz wesentlich vom Momentenanstieg zwischen t_2 und t_2 ab.

Die Steuerung aller vorkommenden Schaltfälle übernimmt weitgehend die Elektronik; der Hydraulik verbleibt vor allem die Leistungssteuerung der Kupplungen.

Bei allen neueren Getrieben (5- und 6-Gang) ersetzen aus Gewichtsgründen Kupplungen die Freiläufe. Sie benötigen aber während den Schaltungen eine „Überschneidungssteuerung" für die Kupplungen

---

Bild 6

p_K Kupplungsdruck
p_F Fülldruck
p_S Sicherheitsdruck
t_0 Schaltbeginn
t_1 Beginn der Momentenübertragung, Kupplungsmoment steigt, Freilaufmoment fällt
t_2 Freilauf gelöst
t_3 Kupplung schleift, Kupplungsmoment bleibt konstant
t_4 Kupplung haftet, Kupplungsmoment geht zurück, Wandler arbeitet mit Schlupf

1   Abtrieb
2   Freilauf
3   Kupplung
4   Motor
5   Getriebeausgang

Bild 7

p_K Kupplungsdruck
p_F Fülldruck
t_0 Schaltbeginn, Kupplung entleert sich
t_1 Ende der Momentenübertragung, Motor beschleunigt hoch
t_2 Synchrondrehzahl des neuen Gangs erreicht, Freilauf legt an, Wandler arbeitet mit Schlupf
t_3 Schaltvorgang beendet

1   Abtrieb
2   Freilauf
3   Kupplung
4   Motor
5   Getriebeausgang

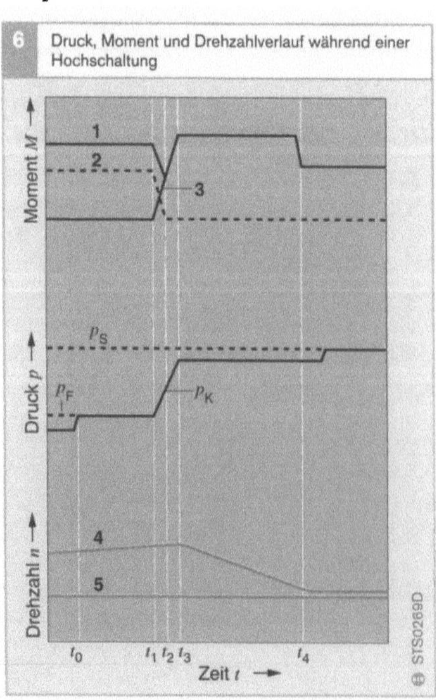

6 Druck, Moment und Drehzahlverlauf während einer Hochschaltung

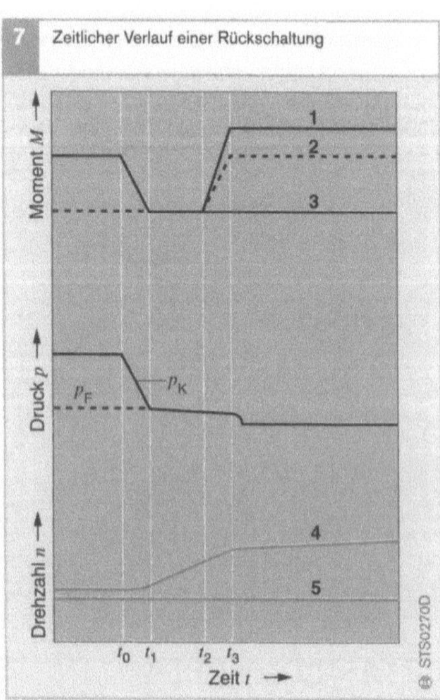

7 Zeitlicher Verlauf einer Rückschaltung

(Bild 8). Das heißt, während Kupplung 1 für Gang x öffnet, muss Kupplung 2 für Gang y schließen. Da diese Art der Steuerung sehr aufwändig und zeitkritisch ist, ist hierzu eine wesentlich höhere Rechenleistung im Steuergerät bereitzustellen als für die einfachen Schaltabläufe mit Freilaufschaltungen (siehe auch Kapitel „Steuergeräte").

Die wichtigsten Eigenschaften der Überschneidungssteuerung sind:
● geringer mechanischer Aufwand,
● wenig Bauraum,
● Mehrfachverwendung für verschiedene Gangstufen möglich,
● hohe Regelgenauigkeit für Lastübergabe notwendig,
● hoher Software-Aufwand für Momentenregelung,
● bei falscher Regelung: Drehzahlüberhöhung (Motor geht durch) bzw. Auftreten eines Bremsmoments (Extremfall: Blockieren des Getriebes).

Adaptive Drucksteuerung

Die adaptive Drucksteuerung hat die Aufgabe, über die gesamte Laufzeit des Getriebes und den damit einhergehenden Veränderungen der Reibkoeffizienten an den Kupplungsoberflächen eine gleich bleibend gute Schaltqualität zu erreichen. Außerdem kompensiert sie eine eventuelle Abweichung des berechneten bzw. des vom Motor übertragenen Drehmoments, das wegen Veränderungen am Motor oder durch Fertigungstoleranzen auftreten kann.

Eine wichtige Rolle spielt dabei die Druckadaption mithilfe der vom Hersteller applizierten Schaltzeiten. Hierzu werden die applizierten Schaltzeiten mit den real auftretenden Schaltzeiten verglichen. Liegen die Messungen mehrfach außerhalb eines vorgegebenen Toleranzbandes, werden die zu der Schaltung gehörenden Druckparameter inkrementell angepasst. Hierfür unterscheidet man zwischen der Füllzeit und der Schleifzeit der Kupplung.

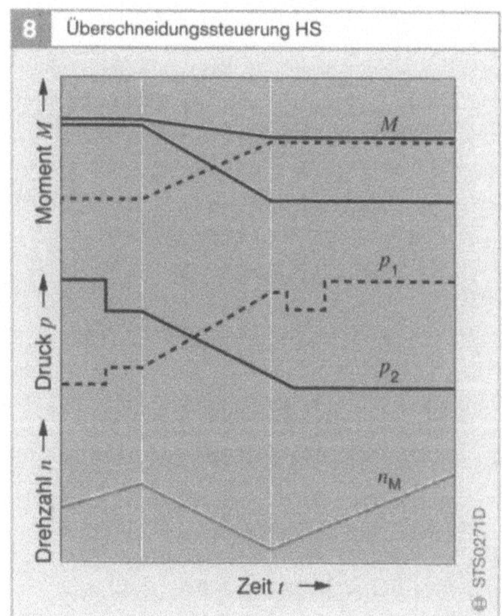

Bild 8
p_1 Druck zuschaltende Kupplung
p_2 Druck abschaltende Kupplung
n_M Motordrehzahl
M Drehmoment

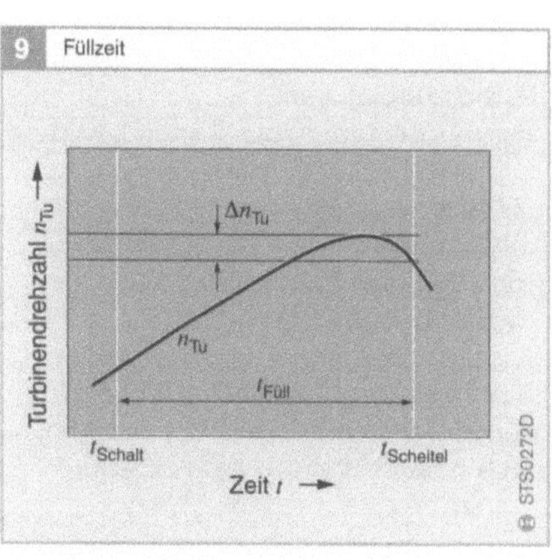

Füllzeitmessung
Die Füllzeit $t_\text{Füll}$ (Bild 9) ist die Zeit vom Beginn der Schaltung t_Schalt bis zum Beginn der Synchronisation (bei der Hochschaltung [HS] wird auf Drehzahlfall erkannt):

$$t_\text{Füll} = t_\text{Scheitel} - t_\text{Schalt}$$

Schleifzeitmessung
Die Schleifzeit t_Schleif (Bild 10) der Kupplung ist die Zeit vom Erkennen des Drehzahlscheitelpunktes (Synchronisationsbeginn) bis zur vollständigen Synchronisation der Drehzahl im neuen Gang.

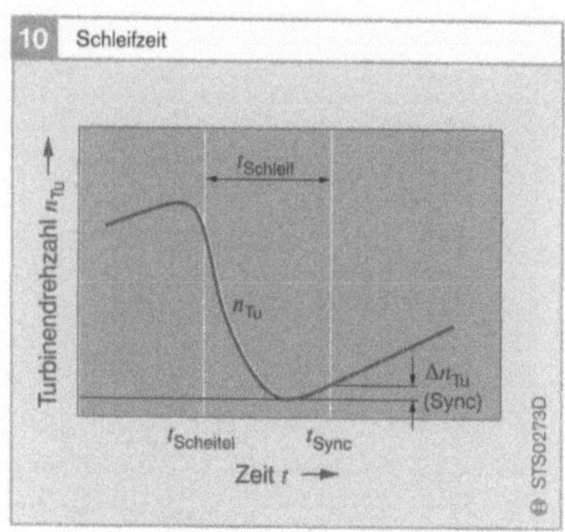

$$t_{Schleif} = t_{Sync} - t_{Scheitel}$$

Die für die Messung der Schleifzeit $t_{Schleif}$ (Bild 10) dienenden Drehzahlschwellen werden zu Schaltungsbeginn im Voraus berechnet, wobei folgender Zusammenhang für die Hochschaltungen gilt:
Beginn Füllzeitmessung = Beginn Schaltung

Scheitelpunkt: Es wird ein Absinken der Turbinendrehzahl n_{Tu} um mindestens n_{Tu} (Scheitel) Umdrehungen erkannt.

$$n_{Tu}\,(t-1) - n_{Tu}\,(t) > n_{Tu}\,(\text{Diff})$$

Synchronisationsdrehzahl: Es wird ein Anstieg der Turbinendrehzahl n_{tu} um mindestens n_{Tu} (Sync) Umdrehungen erkannt.

$$n_{Tu}\,(t) - n_{Tu}\,(t-1) > \Delta n_{Tu}\,(\text{Sync})$$

Druckkorrektur
Wegen der Betriebssicherheit ist die Druckadaption nur in bestimmten Grenzen erlaubt. Die typische Adaptionsbreite liegt im Bereich von ±10 % des für die Schaltung berechneten Modulationsdrucks. Außerdem werden die Korrekturwerte noch nach Drehzahlbändern unterschieden.

Die Adaptionswerte werden nichtflüchtig gespeichert, sodass bei Neustart des Fahrzeugs wieder der optimale Modulationsdruck eingesteuert werden kann. Das Gesamtbild der Druckadaption kann auch als Indiz für Veränderungen im Getriebe gewertet werden.

Schaltpunktauswahl

Konventionelle Schaltpunktauswahl

Bei den meisten gegenwärtig erhältlichen Automatikgetrieben geschieht die Wahl des Fahrprogramms über einen Wählschalter oder einen Taster. Dabei stehen i. A. folgende Fahrprogramme zur Verfügung:

- Economy (sehr sparsam),
- Sport oder
- Winter.

Die einzelnen Programme unterscheiden sich durch die Lage der Schaltpunkte in Bezug auf die Stellung des Fahrpedals und der Fahrgeschwindigkeit. Als Beispiele dafür dienen das Economy- und Sport-Schaltkennfeld eines 5-Gang-Getriebes (Bild 11).

Schneidet nun die aktuelle Fahrgeschwindigkeit oder die dem Fahrerwunsch entsprechende Fahrpedalstellung (Fahrpedalwert) die Schaltkennlinie, so wird eine Schaltung ausgelöst. Innerhalb einer bestimmten Zeit, die von der Hydraulik des Automatikgetriebes abhängt, kann eine angeforderte Schaltung entweder abgebrochen oder aber in eine Doppelschaltung umgewandelt werden.

Der Fahrer befindet sich zum Beispiel im fünften Gang auf der Autobahn und möchte überholen. Dazu tritt er das Fahrpedal durch, und es wird eine Rückschaltung angefordert.

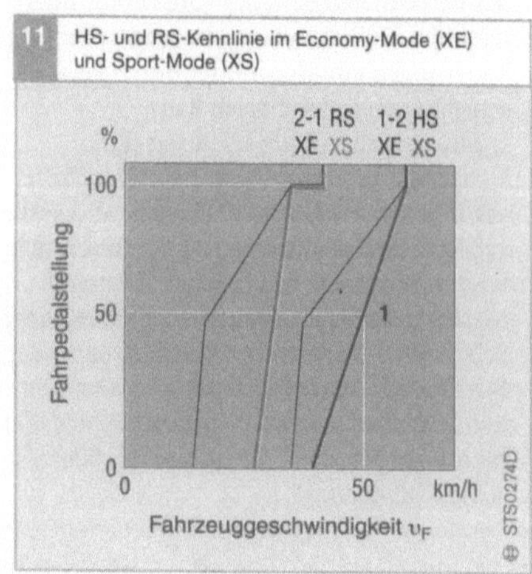

Beim starken Durchtreten des Fahrpedals wird nach der 5-4 RS- direkt auch die 4-3-RS-Schaltkennlinie geschnitten, und anstelle einer sequenziellen Rückschaltung wird eine 5-3-Doppelrückschaltung ausgeführt. Spezielle Schaltpunkte für Kickdown erlauben an dieser Stelle das Ausnützen der maximal möglichen Motorleistung.

Adaptive Getriebesteuerung AGS

Alle neueren Getriebesteuerungen besitzen anstelle der aktiven Fahrprogrammwahl durch den Fahrer eine Software, die es dem Fahrer erlaubt, sich den speziellen Umgebungsbedingungen während der Fahrt anzupassen. Dazu gehören in erster Linie die Fahrertyperkennung und die Fahrsituationserkennung. Umsetzungen hiervon sind die Adaptive Getriebesteuerung, AGS, von BMW bzw. das Dynamische Schaltprogramm, DSP, von Audi.

Fahrertyperkennung
Über eine Bewertung der vom Fahrer ausgeführten Aktionen lässt sich ein Fahrertyp erkennen. Dazu gehören:
- Betätigung Kickdown,
- Betätigung Bremse und
- Begrenzung über Positionshebel.

Die Kickdown-Bewertung zählt zum Beispiel, wie oft der Fahrer während einer einstellbaren Zeit den Kickdown betätigt. Kommt der Zähler über eine bestimmte Schwelle, so wählt die Fahrertyperkennung für eine gewisse Zeit das nächst sportlichere Fahrprogramm. Nach dieser Zeit schaltet es automatisch wieder auf ein sparsameres Fahrprogramm um.

Fahrsituationserkennung
Für die Fahrsituationserkennung werden verschiedene Eingangsgrößen der Getriebesteuerung zu Aussagen über den aktuellen Fahrzustand verknüpft. Folgende Situationen können i. A. erkannt werden:
- Bergauffahrt,
- Kurvenfahrt,
- Winterbetrieb und
- ASC-Betrieb.

Bergauffahrt
Das Erkennen einer Bergauffahrt mithilfe des Vergleichs der aktuellen Beschleunigung mit der angeforderten Beschleunigung über das Motormoment führt dazu, dass Hochschaltungen und Rückschaltungen bei höheren Drehzahlen ausgeführt werden und damit Pendelschaltungen verhindert werden.

Kurvenfahrt
Aus der Drehzahldifferenz der Raddrehzahlen wird errechnet, ob sich das Fahrzeug in einer Kurve befindet. Bei aktiver Kurvenerkennung werden dann angeforderte Schaltungen verzögert bzw. verboten, um die Fahrzeugstabilität zu erhöhen.

Wintererkennung
Basierend auf einer Schlupferkennung über die Raddrehzahlen wird ein Winterbetrieb erkannt. Dies dient im Wesentlichen dazu, um
- das Durchdrehenden der Räder zu verhindern und
- beim Anfahren einen höheren Gang auszuwählen, damit weniger Moment auf die Antriebsräder übertragen wird und damit ein frühzeitiges Durchdrehen der Räder verhindert wird.

ASC-Betrieb
Wird während der Fahrt erkannt, dass sich das ASC-Steuergerät (Anti-Slipping Control oder Antriebsschlupfregelung, ASR) im Regeleingriff befindet, werden angeforderte Schaltungen zur Unterstützung der ASC-Funktion unterdrückt.

Motoreingriff

Anwendung

Ein zeitlich exakt gesteuerter Verlauf des Motormoments während der Schaltvorgänge eines automatischen Getriebes bietet die Möglichkeiten, eine Getriebesteuerung im Hinblick auf Schaltkomfort, Lebensdauer der Kupplungen und übertragbare Leistung zu optimieren. Die Umsetzung des Momentenwunsches (Reduzierung) der Getriebesteuerung durch die Motorsteuerung erfolgt durch Spätverstellung des Zündzeitpunktes.

Die theoretischen Grundlagen, Verfahren und Messergebnisse werden beispielhaft am Motoreingriff über die Zündung dargestellt.

Formelzeichen und Abkürzungen

C	Federsteifigkeit des Antriebsstrangs
i	Übersetzungsverhältnis
J	Massenträgheitsmoment
k	Konstante
M	Motormoment
n	Drehzahl
q	spezifische Verlustarbeit
Q	Verlustarbeit
t	Zeit
W	Fahrwiderstand
x	Ortskoordinaxe
δ	Temperatur
ω	Winkelgeschwindigkeit
Φ	Drehwinkel
φ	Drehwinkel, linearisiert

Indizes

A	Abtrieb
F	Fahrzeug
$Grenz$	zulässiger Grenzwert
K	Kupplung (Reibelement)
kin	kinetischer Anteil
M	Motor (Getriebeeingang)
red	reduzierter Wert
s	Schleifzeit
Ver	Anteil aus Verbrennungsenergie (Motormoment)
$\bullet$	Bezugsgröße
1	Antriebsseite der Kupplung
2	Abtriebsseite der Kupplung

Anforderungen

Die Forderung nach immer sparsamerem Kraftstoffverbrauch der Kraftfahrzeuge bestimmt auch im Bereich der Automatikgetriebe maßgeblich die Entwicklungsziele. Neben den Maßnahmen zur Verbesserung des Wirkungsgrads am Getriebe selbst (wie etwa die Wandlerüberbrückungskupplung) gehört dazu die Einführung von Getrieben mit mehr Gängen. Zusätzliche Gangstufen bedingen jedoch zwangsläufig eine erhöhte Schalthäufigkeit. Hieraus resultieren erhöhte Anforderungen an den Schaltkomfort und an die Belastbarkeit der Reibelemente.

Der Motoreingriff trägt beiden Forderungen Rechnung und eröffnet einen zusätzlichen Freiheitsgrad zur Steuerung eines Automatikgetriebes. Unter „Motoreingriff" sind alle Maßnahmen zu verstehen, die es gestatten, während des Schaltvorgangs im Getriebe das durch den Verbrennungsvorgang erzeugte Motormoment gezielt zu beeinflussen, insbesondere zu reduzieren. Der Motoreingriff lässt sich sowohl bei Hochschaltungen als auch bei Rückschaltungen anwenden.

Primäres Ziel des Motoreingriffs bei Hochschaltungen ist es, die während des Schaltvorgangs in den Reibelementen erzeugte Verlustenergie zu verringern. Dies erfolgt durch Reduzierung des Motormoments während des Synchronisationsvorgangs ohne Unterbrechung der Zugkraft. Der hierdurch gewonnene Spielraum kann genutzt werden zur:

- Erhöhung der Lebensdauer durch die Verkürzung der Schleifzeit (wenn alle übrigen Betriebsparameter im Getriebe, wie Kupplungsdruck und Anzahl der Lamellen, unverändert bleiben).
- Verbesserung des Komforts durch Reduktion des Kupplungsmoments, bewirkt durch die Absenkung des Kupplungsdrucks während der Schleifphase.
- Übertragung einer höheren Leistung, soweit dies die mechanische Festigkeit des Getriebes zulässt; in vielen Fällen ist jedoch die Verlustleistung in den Kupplungen der begrenzende Faktor.

Selbstverständlich ist auch eine sinnvolle Kombination dieser Maßnahmen im Rahmen des vorgegebenen Spielraums möglich.

Ziel des Motoreingriffs bei Rückschaltungen ist es, den Ruck zu reduzieren, der beim Greifen des Freilaufs oder eines Reibelements am Ende des Synchronisationsvorgangs auftritt. Dies bewirkt
- eine Komfortverbesserung und
- eine Unterstützung und Verbesserung der Synchronisation bei Getrieben ohne Freilauf.

Eingriffe in den mechanischen Schaltablauf
Die folgenden Ausführungen zeigen auf, welche Möglichkeiten sich für den Eingriff in den mechanischen Schaltablauf bieten. Die einzelnen Phasen einer Hoch- und Rückschaltung sind im Abschnitt „Schaltablaufsteuerung" beschrieben.

Hochschaltungen
Der Motoreingriff wird beispielhaft an einer Hochschaltung vom direkten Gang ($i = 1$) in den Overdrive ($i < 1$) behandelt. Folgende Vereinfachungen dienen dazu, die physikalischen Zusammenhänge transparenter darzustellen:
- Der Einfluss des Drehmomentwandlers wird vernachlässigt.
- Es tritt keine Überschneidung von Reibelementen auf, d. h., nur *ein* Reibelement ist an der Schaltung beteiligt.
- Das Motormoment bleibt während der Schaltung konstant, und somit ergeben sich lineare Drehzahlverläufe.
- Die Fahrzeuggeschwindigkeit während der Schaltung wird als konstant angenommen.
- Die Erwärmung der Reibbeläge durch mehrere kurz aufeinander folgende Schaltvorgänge bleibt vernachlässigt.

Hochschaltungen laufen ohne Unterbrechung der Zugkraft ab. Die Synchronisation von Motor und Getriebe erfolgt über ein Reibelement im schleifenden Eingriff. Während der Schleifzeit stellt sich zwischen

An- und Abtriebsteil der Kupplung die Relativdrehzahl ein:

$$\Delta\omega = \omega_1 - \omega_2 \qquad (1)$$

Als Verlustenergie , die von den Reibelementen während des Schaltvorgangs aufgenommen oder weitergeleitet werden muss, gilt allgemein:

$$Q = \int_0^{t_s} M_K(t) \cdot \Delta\omega(t) \cdot dt \qquad (2)$$

Weiterhin gilt der Drallsatz sowohl für den An- als auch den Abtriebsteil der Kupplung. Für die Drehmassen der Antriebsseite lautet er:

$$J_1 \cdot \dot\omega_1 = M_M - M_K \qquad (3)$$

Unter den oben genannten Voraussetzungen ergibt sich:

$$\Delta\omega = \omega_A \cdot \frac{1-i}{i} + \frac{M_M - M_K}{J_M} \cdot t$$
oder

$$\Delta\omega = |\omega_M - \omega_A| = \omega_M(t=0) - \omega_A + \omega_M \cdot t$$

Somit ergibt sich aus (1), (2) und (3) bei zeitlich konstantem Kupplungsmoment die Verlustenergie in Abhängigkeit von den Parametern des Schaltablaufs zu

$$Q = M_K \left[\omega_A \cdot \frac{1-i}{i} \cdot t_s + \frac{M_M - M_K}{J_M} \cdot \frac{t_s^2}{2} \right]$$

Die Schleifzeit selbst hängt wiederum von den Kupplungs- und Motorparametern ab, und zwar ist

$$t_s = \frac{\omega_A}{|\dot\omega_M|} \cdot \frac{1-i}{i} = \omega_A \cdot \frac{1-i}{i} \cdot \frac{J_M}{|M_M - M_K|} \qquad (4)$$

Damit ergibt sich die vom Reibelement aufzunehmende Verlustenergie zu

$$Q = \frac{1}{2} \cdot \frac{M_K \cdot J_M}{M_M - M_K} \cdot \omega_A^2 \left(\frac{1-i}{i} \right)^2 \qquad (5)$$

d. h., die Verlustenergie hängt nur vom Kupplungs- und Motormoment, von der Fahrgeschwindigkeit und den Übersetzungsverhältnissen ab.

Beim Einsetzen des durch (4) bestimmten Kupplungsmoments in (5) ergibt sich die Verlustenergie als Summe eines Anteils aus der kinetischen Energie, die beim Abbremsen der Drehmassen auf die Synchrondrehzahl frei wird, und eines Anteils aus der Verbrennungsenergie des Motors:

$$Q = Q_{Kin} + Q_{Ver} = J_M \cdot \frac{\omega_A^2}{2} \cdot \left(\frac{1-i}{i}\right)^2 + M_M \cdot t_S \cdot \frac{\omega_A}{2} \cdot \frac{1-i}{i} \quad (6)$$

Diese beiden Anteile haben etwa die gleiche Größenordnung. Bei Drehzahlen von $n = 3000$ min^{-1} und typischen Werten für den Gangsprung und das Motorträgheitsmoment ($i = 0{,}8$, $J_M = 0{,}3$ kg $\cdot$ m^2, $M_M = 100$ Nm, $t_S = 500$ ms) ergibt sich:

$$Q_{Ver}/Q_{kin} \approx 1...4$$

Damit zeigen sich deutlich die Möglichkeiten eines Motoreingriffs zur Reduzierung der Verlustleistung in den Reibelementen.

Ein weiterer wesentlicher Aspekt ergibt sich aus (6): Nur der aus der Verbrennungsenergie stammende Anteil der Verlustenergie hängt von der Schleifzeit t_S ab. Maßgeblich ist das Produkt aus dem Motormoment und der Schleifzeit. Das bedeutet aber, dass sich die Schleifzeit bei Reduktion des Motormoments entsprechend verlängern lässt, ohne die Gesamtverlustenergie zu erhöhen. Tatsächlich nimmt der Verschleiß der Reibelemente bei konstant gehaltener Gesamtverlustenergie sogar ab, wenn die Schleifzeit verlängert wird. Die Temperatur der Reibbeläge entspricht der Belastung der Reibelemente.

Bild 12a stellt die vom Reibelement aufgenommene Verlustenergie in Abhängigkeit vom Motormoment und der Schleifzeit dar. Die maximal zulässige Verlustenergie Q_{Grenz} und das bei dieser Schaltung zu übertragende Motormoment legen die maximale Schleifzeit fest, etwa gemäß Punkt S. Der maximal zulässigen Energie Q_{Grenz} entspricht gemäß (5) das von der Schleifzeit bestimmte Kupplungsmoment M_{KGrenz} (Punkt 1 in Bild 12b).

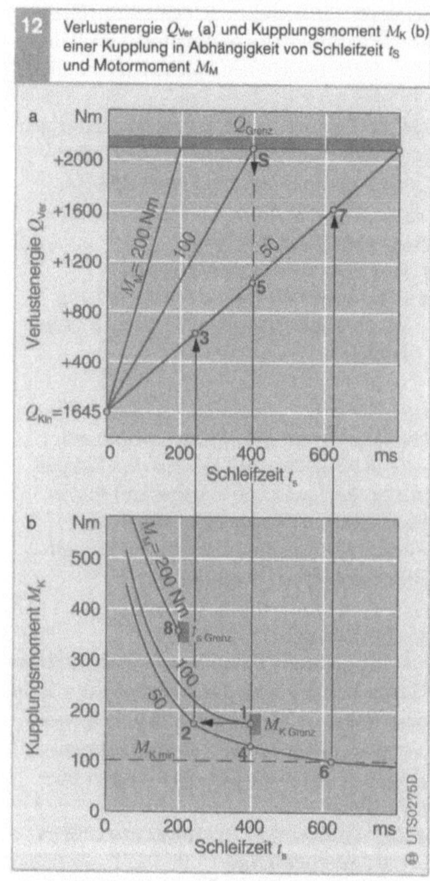

Bild 12

a Verlustenergie Q_{Ver}

b Kupplungsmoment M_K

M_{KGrenz} maximales Kupplungsmoment

M_{Kmin} minimales Kupplungsmoment

M_M Motormoment

Q_{Grenz} maximal zulässige Verlustenergie

Zur Verringerung der Verlustenergie müsste das Kupplungsmoment gegenüber Punkt S erhöht und damit die Schleifzeit verkürzt werden. Dies würde jedoch in gleichem Maß zu einer Minderung des Schaltkomforts führen. Eine Verringerung des Kupplungsdrucks ist in jedem Fall unzulässig, da ansonsten Q_{Grenz} überschritten wird.

Aus Bild 12 ist nun einfach abzulesen, welche Möglichkeiten der Motoreingriff bietet. Es sei angenommen, dass das zu übertragende Motormoment $M_M = 100$ Nm während der Schleifphase auf durchschnittlich 50 % reduziert werden kann. Betrachtet man zunächst den Fall mit konstant gehaltenem Kupplungsmoment (Schaltqualität), so führt die Reduzierung des Motormoments auf 50 Nm zu einer Verkürzung der Schleifzeit von 400 ms auf 245 ms (Punkt 1 → Punkt 2) bei gleichzeitiger Verminderung der Verlustenergie auf 61 % (Punkt 3). Hält man dagegen die Schleifzeit konstant, so kann das Kupplungsmoment von 179 Nm auf 128,5 Nm reduziert werden (Punkt 1 → Punkt 4) bei einer Verminderung der Verlustenergie auf 72 % (Punkt 5).

Die maximal sinnvolle Schleifzeit ist dann gegeben, wenn das minimale Kupplungsmoment M_{Kmin} während der Schaltung nicht kleiner als der Wert nach Schaltende wird. Einerseits würde ein kleineres Motormoment infolge des Momenteinbruchs zu einer Komfortverschlechterung führen, andererseits sollte das Kupplungsmoment aus Sicherheitsgründen auf jeden Fall so groß sein, dass das nicht reduzierte Motormoment nach Schaltende vom Reibelement übertragen werden kann.

In diesem Beispiel ist angenommen, dass das von der Kupplung mindestens zu übertragende Moment entsprechend dem Motormoment (direkter Gang) 100 Nm beträgt. Das bedeutet, dass die Schleifzeit von 400 ms auf maximal 625 ms (Punkt 6) ausgedehnt werden kann, wiederum bei gleichzeitiger Verminderung der Verlustenergie auf 88 % (Punkt 7).

Schließlich ist aus Bild 12 zu entnehmen, dass sogar ein Motormoment von 200 Nm, das ohne Eingriff eine maximale Schleifzeit von 200 ms bei einem minimalen Kupplungsmoment von 360 Nm erfordern würde (Punkt 8), auf das Beispiel mit dem Moment von 100 Nm (Punkt 1) zurückgeführt werden kann.

Die Ergebnisse dieser Betrachtung liegen insofern auf der sicheren Seite, weil die Verlängerung der Schleifzeit bei konstanter Verlustenergie zur Verringerung der Reiblagentemperatur und somit zur Schonung der Reibbeläge führt. Die Tabelle 1 enthält die Zahlenwerte zu diesen Beispielen.

1	Zahlenwerte zu Textbeispielen und Bild 12				
M_M	M_{redM}	M_K	M_M	t_0	Q/Q_{100}
Nm	Nm	Nm	Nm	ms	%
100	100	179	400	3740	100
100	50	179	245	2285	61
100	50	128,5	400	2693	72
100	50	100	628	3290	88
200	200	360	200	3740	100
200	100	179	400	3740	100

Tabelle 1

Rückschaltungen

Im Gegensatz zu Hochschaltungen erfolgen Rückschaltungen im Zugbetrieb (d. h. betätigtes Fahrpedal) mit Lastunterbrechung. Der Motor ist vom Antriebsstrang abgekoppelt und läuft durch das von ihm erzeugte Moment frei hoch bis zur Synchrondrehzahl. Erst nach dem Anlegen des Freilaufs oder dem Fassen des Reibelements ist der Kraftschluss wiederhergestellt. Die Momentenverhältnisse beim Erreichen der Synchrondrehzahl bestimmen wesentlich den Schaltkomfort.

Zum leichteren Verständnis der charakteristischen Zusammenhänge ist die Dämpfung im Antriebsstrang in der folgenden Betrachtung vernachlässigt. Sie gilt außerdem unter der Annahme, dass sich die gesamte Fahrzeugdynamik auf Motormasse, Steifigkeit der Antriebswelle und Fahrzeugträgheit reduzieren lässt.

Bei allen auf den Getriebeausgang bezogenen Trägheitsmomente gilt während der Zugkraftunterbrechung für Motor und Fahrzeug:

$$J_M \cdot \ddot{\Phi}_M = M_M, \quad J_F \cdot \ddot{\Phi}_F = -W \qquad (9)$$

Im Moment des Greifens des Freilaufs ist der Antriebsstrang ähnlich einem Torsionsschwinger (Bild 13, nächste Seite) aufgebaut, und die Bewegungsgleichungen lauten dann:

$$J_M \cdot \ddot{\Phi}_M = c(\ddot{\Phi}_F - \ddot{\Phi}_M) + M_M \qquad (10a)$$

$$J_F \cdot \ddot{\Phi}_F = c \cdot (\ddot{\Phi}_F - \ddot{\Phi}_M) - W \qquad (10b)$$

Da in diesem Fall nicht die absoluten Drehwinkel, sondern nur die Abweichungen von der Grunddrehung (also die Verdrehung der Antriebswelle) von Bedeutung sind, lassen sich diese beiden Gleichungen zusammenfassen. Nimmt man für die kurzen zu untersuchenden Zeitabschnitte die Fahrgeschwindigkeit v als konstant an, so ergibt sich mit

$$\Phi_M = \Phi_{Mo} + \varphi_M, \quad \Phi_F = \Phi_{Fo} + \varphi_F,$$
$$\dot{\Phi}_{Mo} = \dot{\Phi}_{Fo} = v = \text{const.}$$

und

$$\psi = \varphi_F - \varphi_M,$$

die Bewegungsgleichung

$$\ddot{\psi} + c \cdot \left(\frac{1}{J_M} + \frac{1}{J_F} \right) \cdot \psi = -M_M \qquad (11)$$

Die Eigenfrequenz ω_0 lautet für dieses System

$$\omega_0 = \sqrt{c \cdot \left(\frac{1}{J_M} + \frac{1}{J_F} \right)}$$

Aus der allgemeinen Lösung ergibt sich die auf den Fahrer wirkende Beschleunigung:

$$\psi = A \cdot (\sin \omega_0 \cdot t) + B \cdot \cos (\omega_0 \cdot t) \qquad (12)$$

Aus (9) ergibt sich als Endbedingung der Hochlaufphase des Motors:

$$\ddot{\psi}_M = \frac{M_M}{J_M} \text{ für } t < t_0 \qquad (13)$$

Die Energie, die hier nur zum Beschleunigen des Motors aufzubringen ist, geht beim Greifen des Freilaufs (zum Zeitpunkt t_0) sprungförmig in ein Drehmoment über, das zum Verdrehen der Antriebswelle führt:

$$\varphi_{Mo} = \frac{M}{c}$$

Aus (12) ergibt sich dann die relative Beschleunigung zu

$$\psi = \omega_0^2 \cdot \frac{M}{c} \cos (\omega_0 \cdot t)$$

und aus (10b) die Fahrzeugbeschleunigung zu

$$\ddot{\Phi}_F = \frac{M}{J_F} \cdot [1 + \cos (\omega_0 \cdot t)] \qquad (14)$$

Dies bedeutet, im Zeitpunkt t_0, in dem der Freilauf greift, tritt ein Beschleunigungssprung auf, und zwar

$$\text{von } \ddot{\Phi}_F = 0 \text{ für } t < t_0 \qquad (15)$$
$$\text{auf } \ddot{\Phi}_F = 2 \cdot \frac{M}{J_F} \text{ für } t = t_0$$

gefolgt von einer im realen Fahrzeug gedämpften Schwingung des Antriebsstrangs.

Ähnliche Verhältnisse liegen bei einer Schaltung von Reibelement zu Reibelement (Überschneidungsschaltung) vor, nur tritt dort das zusätzliche Problem auf, das Reibelement des neuen Gangs exakt bei Erreichen der Synchrondrehzahl zuzuschalten. Bei dieser Betrachtung sind zwar die dämpfenden Wirkungen des Drehmomentwandlers und des übrigen Antriebsstrangs vernachlässigt worden, umso deutlicher zeigt sich aber die Möglichkeit, die ein Motoreingriff bietet:

Die Anfangsbeschleunigung, die auf den Fahrer im Zeitpunkt t_0 wirkt, ist gemäß (13) dem Motormoment und somit der Motorbeschleunigung während der Hochlaufphase

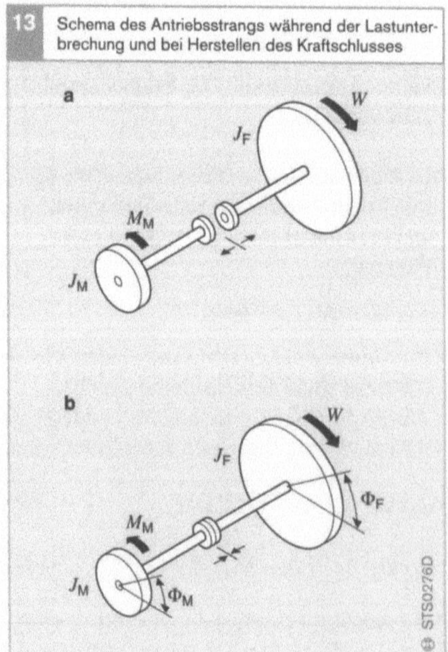

13 Schema des Antriebsstrangs während der Lastunterbrechung und bei Herstellen des Kraftschlusses

Bild 13

a   Lastunterbrechung

b   Kraftschluss

J_F Massenträgheitsmoment des Fahrzeugtriebstrangs

J_M Massenträgheitsmoment des Motors

M_M Motormoment

Φ_F Drehwinkel des Fahrzeugtriebstrangs

Φ_M Drehwinkel des Motors

W Fahrwiderstand

direkt proportional. Mit einer zeitlich präzisen Steuerung des Motormoments im Zeitabschnitt $t \leq t_0$ bis $t \gg t_0$ lässt sich ein quasi stetiger Übergang vom Bereich der Zugkraftunterbrechung in den Bereich der Zugkraftübertragung erzeugen.

Die Realisierung erfolgt durch ein starkes Reduzieren des Motormoments zum Zeitpunkt t_0 und einem anschließenden Wiederhochsteuern (Aufregelung) entsprechend einer Zeitfunktion. Mit dieser Aufregelung lässt sich der Komfort in weiten Grenzen variieren.

Ebenso offensichtlich besteht bei Schaltungen ohne Freilauf die Möglichkeit, die Motorbeschleunigung durch Steuerung des Motormoments im Zeitbereich $t \leq t_0$ zu beeinflussen und somit die zeitlichen Anforderungen an die Zuschaltgenauigkeit des Reibelements am Synchronpunkt zu reduzieren.

Ablaufsteuerung

Die Reduktion des Motormoments ist prinzipiell ein sehr einfacher Vorgang. Für eine wirkungsvolle Steuerung ist jedoch eine präzise Abstimmung erforderlich, da der gesamte Vorgang nur etwa 500 ms dauert.

Eine reine Zeitsteuerung des Motoreingriffs ist nicht praktikabel, weil verschiedene den Ablauf bestimmende Größen (wie Kupplungsfüllzeiten, Reibwerte der Lamellen u. Ä.) abhängig von der Temperatur und der Lebensdauer in weiten Grenzen schwanken.

Da der Motoreingriff direkt mit dem Schaltablauf verknüpft ist, bietet sich eine Drehzahlfolgesteuerung an. Die Kenngröße, die den Schaltablauf exakt charakterisiert, ist die Getriebeeingangsdrehzahl. Mit Einschränkungen eignet sich die Motordrehzahl auch bei Getrieben mit hydrodynamischen Wandlern als Steuergröße. Dies ist deshalb wesentlich, weil für die Erfassung der Getriebeeingangsdrehzahl ein separater Sensor benötigt wird, über den aus Kostengründen nicht jedes Getriebe verfügt.
Der Übersichtlichkeit halber wird nachfol-

gend die Steuerung mit der Getriebeeingangsdrehzahl als Kenngröße beschrieben und dort, wo es erforderlich ist, auf die Einschränkungen oder die Änderungen bei Verwendung der Motordrehzahl hingewiesen.

Hochschaltungen
Der zeitliche Verlauf der charakteristischen Größen bei einer Zughochschaltung zeigt Bild 14.

Bis zum Freilaufpunkt t_2 bleibt die Übersetzung des alten Gangs erhalten; erst danach ist nur noch eine schleifende Kupplung im Eingriff. Aus diesem Grund kann das Motormoment nicht vor dem Erreichen des Freilaufpunktes reduziert werden, andernfalls würde dies ein verstärkter Einbruch des Abtriebsmoments in der Phase $t_1 \ldots t_2$ nach sich ziehen.

Das Erkennen des Freilaufpunkts geschieht durch fortlaufende Überwachung der Getriebeeingangsdrehzahl in der Zeitphase nach t_0. Hierzu wird zum einen die Maximaldrehzahl in der Zeitphase $t_0 \ldots t_3$ ermittelt, zum anderen der Drehzahlgradient. Bei einer Verringerung des Gradienten um

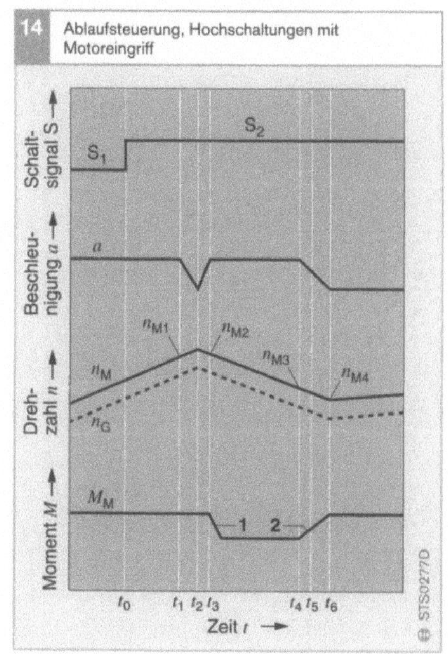

Bild 14
1 Abregelphase
2 Aufregelphase

a Beschleunigung
n_G Getriebeeingangsdrehzahl
n_M Motordrehzahl
M_M Motormoment
S Schaltsignal

mehr als einen vorgegebenen Schwellwert wird auf „Freilaufpunkt" erkannt, und die Steuerung des Motormoments beginnt mit der Abregelung auf einen vorgegebenen Wert entsprechend einer vorgegebenen Zeitfunktion.

Zur Bestimmung der Drehzahl n_3 bei Beginn der Aufregelung wird aus der Maximaldrehzahl n_1 am Freilaufpunkt und dem Übersetzungssprung i des vorzunehmenden Gangwechsels die Synchrondrehzahl $n_4 = n_1/i$ im neuen Gang berechnet. Zu dieser Synchrondrehzahl wird ein drehzahlabhängiger Anteil Δn addiert, um einen Vorhalt für die Aufregelung zu erhalten. Bei Erreichen der Drehzahl $n_3 = n_4 + \Delta n$ beginnt die Momentenaufregelung entsprechend einer vorgegebenen Zeitfunktion. Sobald der Wert des nicht korrigierten Moments erreicht ist, wird auf „Ende der Schaltung" erkannt.

Für Hochschaltungen im oberen Lastbereich (größer als Halblast), kommt die Motordrehzahl anstelle der Getriebeeingangsdrehzahl als Steuergröße zur Anwendung, da hier die Schaltpunkte bei so großen Motordrehzahlen liegen, dass der Wandler im Kupplungsbereich arbeitet und damit etwa konstanten Schlupf hat.

Schaltungen bei Teillast laufen hingegen im Wandlungsbereich ab. Das bedeutet, dass sich der Schlupf während einer Schaltung sehr stark ändern kann. Hier eignet sich die Motordrehzahl nicht mehr zur Bestimmung der Synchrondrehzahl. In diesem Fall eignet sich für den Teilbereich $t_3...t_4$ eine überlagerte Zeitsteuerung, die den Motoreingriff nach vorgegebener Zeit beendet.

Rückschaltungen
Bild 15 zeigt den zeitlichen Verlauf der charakteristischen Größen bei einer Rückschaltung. Entscheidend für den Motoreingriff bei Rückschaltungen ist die genaue Bestimmung und Erfassung der Synchrondrehzahl, weil

- eine zu frühe Verstellung des Zündwinkels in Richtung spät die Hochdrehphase des Motors und damit die Zeit der Zugkraftunterbrechung verlängert und
- ein Motoreingriff nach dem Fassen des Freilaufs keine Komfortverbesserung, sondern sogar eine Verschlechterung bringt, da ein Momenteneinbruch für die Dauer des Motoreingriffs verursacht wird.

Aus der Getriebeeingangsdrehzahl zu Beginn der Schaltung wird über den Gangsprung die Synchrondrehzahl berechnet. Etwa 200 min^{-1} vor Erreichen der Synchrondrehzahl wird das Motormoment schlagartig reduziert, bis die Synchrondrehzahl erreicht oder geringfügig überschritten ist. Danach wird das Motormoment wieder langsam hochgeregelt.

Infolge des Schlupfs am hydrodynamischen Drehmomentwandler kann die Synchrondrehzahl über die Motordrehzahl nicht direkt berechnet werden. Eine Berücksichtigung des Wandlerkennfeldes mit der erforderlichen Genauigkeit ist zu aufwändig (hoher Rechenaufwand im Mikrocontroller).

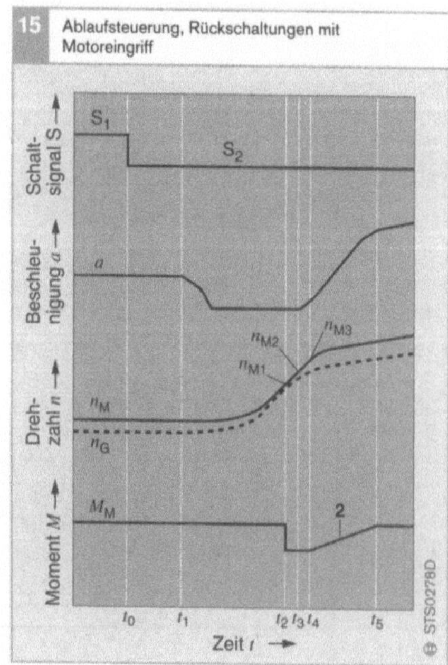

Bild 15
2   Aufregelphase
a Beschleunigung
n_G Getriebeeingangsdrehzahl
n_M Motordrehzahl
M_M Motormoment
S   Schaltsignal

Die Synchrondrehzahl kann jedoch aus der Getriebeausgangsdrehzahl durch Multiplikation mit dem entsprechenden Gangsprung ermittelt werden. Wann der Synchronpunkt erreicht ist, lässt sich nun über die Motordrehzahl erkennen, da die Drehzahldifferenz zwischen Motor und Turbine beim freien Hochdrehen des Motors (Zugkraftunterbrechung) bis zum Synchronpunkt annähernd null ist.

Die folgende Beschreibung befasst sich nun noch mit den verschiedenen Möglichkeiten der Momentenreduktion.

Verschiebung des Zündwinkels

Die älteste Version des Motoreingriffs ist der Eingriff über die Verschiebung des Zündwinkels. Dieser bietet folgende Vorteile:
- kontinuierliche Regelung des Motormoments in weiten Grenzen,
- kurze Reaktionszeit und
- Verfügbarkeit in allen Fahrzeugen mit Ottomotor.

Bild 16 zeigt schematisiert die Abhängigkeit des Motormoments vom Zündwinkel für verschiedene Lastzustände und Drehzahlen. Hieraus wird ersichtlich, dass zur Einstellung eines vorgegebenen Motormoments im Allgemeinen ein Zündwinkelkennfeld als Funktion von Motorlast und Motordrehzahl erforderlich ist.

Die Totzeit τ zwischen der Auslösung des Motoreingriffs und der beginnenden Reduktion des Motormoments ist gegeben durch den Zündwinkel, also

$$\tau \approx \cdot \frac{1}{(z/2) \cdot n_M}$$

Wobei z die Zylinderzahl und n_M die Motordrehzahl bedeuten. Im nutzbaren Drehzahlbereich $n \geq 2000$ min^{-1} liegt die maximale Verzögerung für einen 6-Zylinder-Motor bei 10 ms für das Einsetzen und 30 ms für die vollständige Reduktion des Motormoments.

Motormomentvorgabe

In den entsprechend ausgerüsteten Fahrzeugen mit ihrer CAN-Vernetzung aller Steuergeräte im Antriebsstrang (Bild 17) erfolgt die Momentenreduktion auf Basis einer Momentenschnittstelle zwischen Motorsteuerung (ME-Motronic) und Elektronischer Getriebesteuerung (EGS). Außerdem müssen die Momentenreduktionen der ABS- und ASR-Steuergeräte mit berücksichtigt werden.

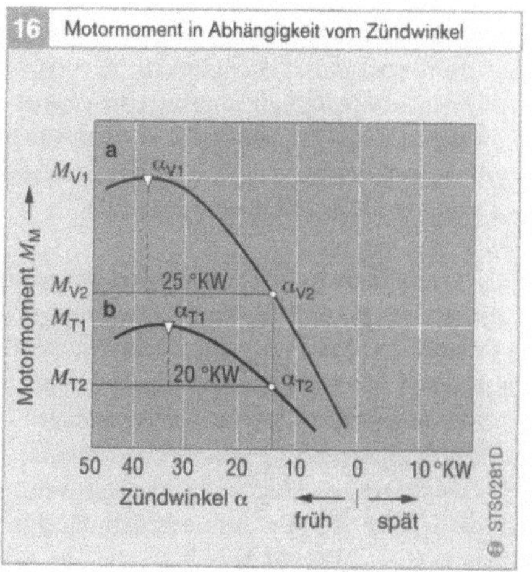

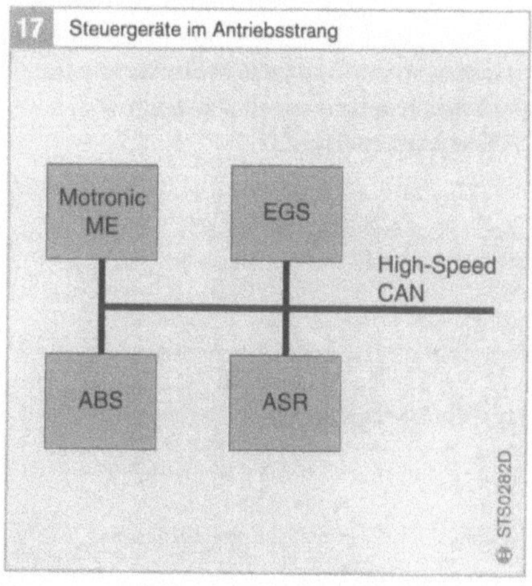

Bild 16
a   Volllast (Index V)
α_{V1}, M_{V1} Zündwinkel bzw. Motormoment ohne Motoreingriff
α_{V2}, M_{V2} reduzierter Zündwinkel bzw. Motormoment bei Motoreingriff
b   Teillast (Index T)
α_{T1}, M_{T1} Zündwinkel bzw. Motormoment ohne Motoreingriff
α_{T2}, M_{T2} reduzierter Zündwinkel bzw. Motormoment bei Motoreingriff

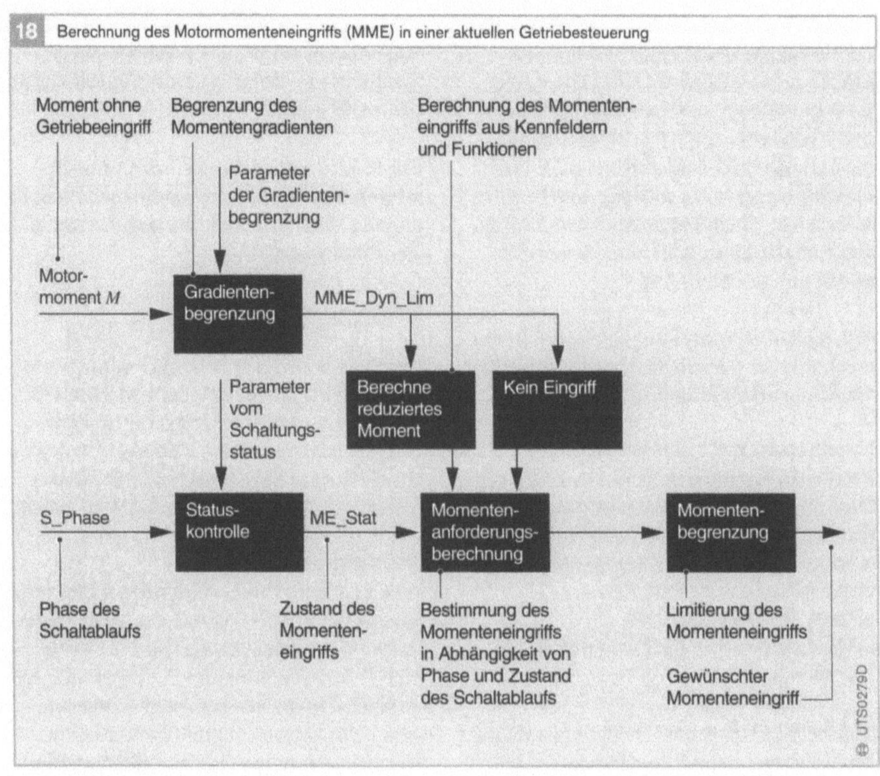

Bild 18 stellt dar, wie eine aktuelle Getriebesteuerung den gewünschten Motormomenteneingriff (MME_Egs) berechnet.

Die Ermittlung des nächsten Momenteneingriffs erfolgt in Abhängigkeit vom zur Verfügung stehenden Moment (Istmoment). Das Moment M ist das Motormoment der Motorsteuerung ohne den Eingriff der Getriebesteuerung.

Erläuterung zu Bild 18:
MME_Egs = f(MME_Dyn_Lim, ME_State)

mit
MME_EGS: Motormomentanforderung der
              Getriebesteuerung
MME_Dyn_Lim: Dynamiklimitiertes Motormoment
              (Reduzierung der Momenten-
              änderung im Motor, um Komfort zu
              gewährleisten)
ME_State: aktueller Status des Momenten-
              eingriffs

Wandlerüberbrückungskupplung

Anwendung und Arbeitsweise

Der hydrodynamische Wandler hat (bedingt durch sein Arbeitsprinzip) einen Schlupf, der insbesondere aus Komfortgründen beim Anfahren und in bestimmten Fahrsituationen zur Momentenverstärkung erforderlich ist. Da dieser Schlupf gleichzeitig eine Verlustleistung bedeutet, wurde die Wandlerüberbrückungskupplung (WK) entwickelt (siehe auch Kapitel „Drehmomentwandler").

Die Überbrückung des Wandlers ist erst ab einer bestimmten Drehzahl sinnvoll, da bei niedrigen Drehzahlen die Drehungleichförmigkeit des Motors den Antriebsstrang zu unkomfortablen Schwingungen anregen würde. Um auch diese Bereiche für eine Überbrückung nutzbar zu machen, wurde die **Geregelte Wandlerüberbrückungskupplung (GWK)** entwickelt.

Geregelte Wandlerüberbrückungskupplung

Die **Geregelte Wandlerüberbrückungs-kupplung** (GWK) stellt einen sehr kleinen Schlupf (40...50 min⁻¹) und damit einen quasi stationären Zustand ein. Damit hält sie die unerwünschten Schwingungen vom Antriebsstrang fern. Auf diese Weise ergeben sich drei Zustände der Wandlerüberbrückungskupplung:

- offen,
- geregelt und
- geschlossen.

Die Festlegung dieser Zustände erfolgt über Kennlinien, die wie Schaltkennlinien für jeden Gang über Drosselklappenöffnung und Fahrgeschwindigkeit aufgetragen sind (Bild 19). Ähnlich wie bei den Gangschaltkennlinien sind auch bei der Wandlerüberbrückungskupplung der Kraftstoffverbrauch und die Zugkraft entscheidende Kriterien.

Im schlupfend geregelten Betrieb muss die Differenzdrehzahl zwischen Pumpen- und Turbinenrad des Wandlers ständig auf einen kleinen Wert eingestellt werden. Ein geschlossener Regelkreis vergleicht ständig die Differenzdrehzahl mit einem vorgegebenen Sollwert und regelt den Druck ständig nach. Sonderfunktionen führen Übergänge zwischen den einzelnen Zuständen aus und ermöglichen ein komfortables Schaltverhalten.

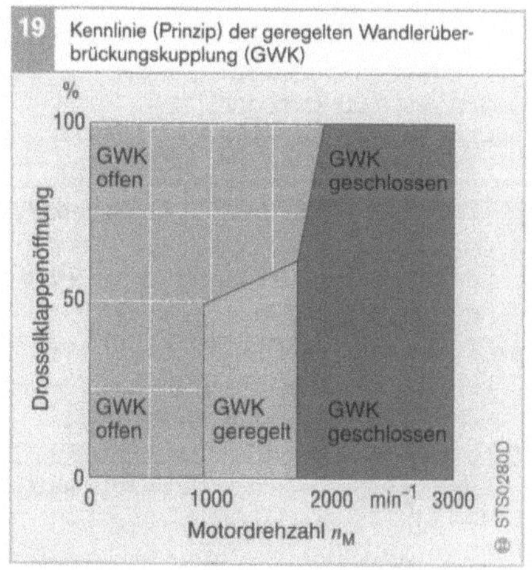

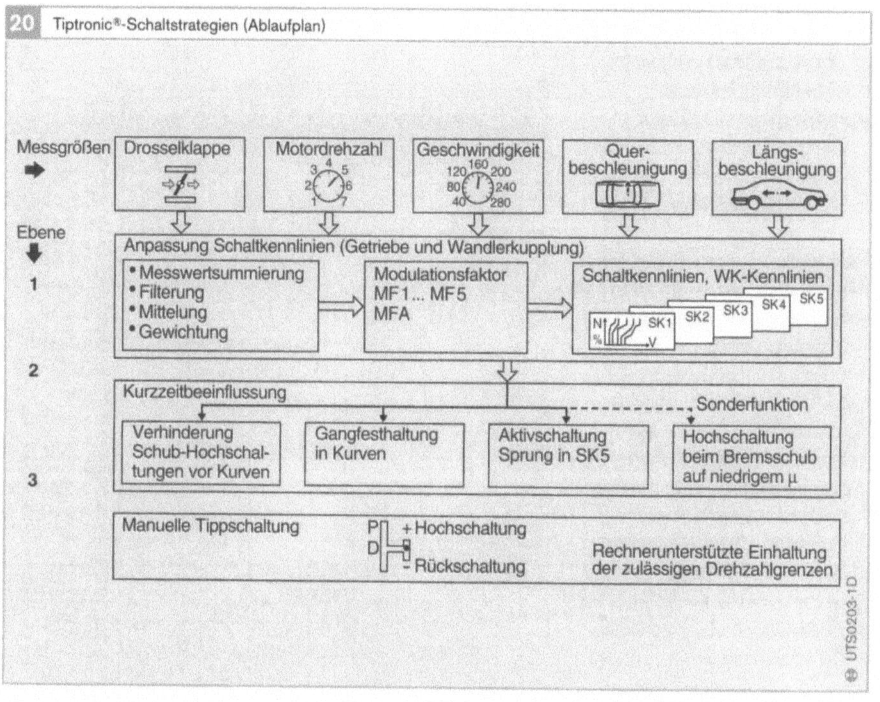

Steuerung stufenloser Getriebe

Anforderungen

Stufenlose Getriebe, die nach dem Umschlingungsprinzip arbeiten, unterscheiden sich durch eine Vielzahl von Ausstattungsvarianten (Tabelle 1). Für Fahrzeuge der Kompakt- und Mittelklasse sind folgende Ausstattungspakete weit verbreitet:

- Bei der Anwendung des „Master Slave"-Konzepts verfügt der Primärpulley (Getriebeeingangsseite) über die doppelte Fläche des Sekundärpulleys (Getriebeausgangsseite). Dadurch kann der Druck in der Primärkammer immer unterhalb des Sekundärdrucks liegen.
- Der Wandler mit Wandlerüberbrückungskupplung als Anfahrelement bietet einerseits sehr guten Anfahrkomfort und ermöglicht durch die Momentenüberhöhung ein gutes Anfahrverhalten, sodass die große Übersetzungsspreizung des CVT vollständig dem Overdrive-Bereich zugute kommt.
- Zwei Nasskupplungen für den Vorwärts- und den Rückwärtsgang.
- Verstellbare Pumpe.
- Komfortable „Fail Safe"-Strategie (Fehlerfolgeschutz) und „Limp Home"-Strategie (Notlauffunktion).

Bei einem eventuellen Ausfall der Steuerelektronik bestimmen die Anforderungen von „Fail Safe" und „Limp Home" teilweise das Hydraulikkonzept. Ein Überdrehen des Motors und damit verbunden ein hoher Umfangsschlupf an den Antriebsrädern ist unter allen Umständen zu vermeiden. Eine Verstellung in Richtung „Overdrive" würde diese Vorgabe zwar erfüllen, jedoch wäre ein Anfahren aus dem Stand nicht mehr möglich.

Steuer- und Regelfunktionen

Die zuvor beschriebene Getriebeausstattung benötigt folgende Steuer- und Regelfunktionen:

- Anpresskraftregelung,
- Übersetzungsregelung,
- Fahrprogramm,
- Kupplungsansteuerung,
- Ansteuerung für Wandler und Wandlerüberbrückungskupplung,
- Pumpenansteuerung,
- Rückwärtsgangsicherung und
- Deaktivierung der „Limp Home"-Funktion.

Anpresskraftregelung

Die Bandanpresskraft wird entsprechend der aktuellen Lastsituation mithilfe des gemessenen Sekundärdrucks eingestellt. Um einen hohen Wirkungsgrad zu erzielen, wird der Sekundärdruck so weit abgesenkt, dass das gerade aktuelle Motormoment noch ohne Durchrutschen des Bandes mit bestimmter Sicherheit übertragen werden kann.

1 Variantenvielfalt bei CVT nach dem Umschlingungsprinzip			
Baugruppe, Funktion	**Varianten**		
Umschlingungselement	Band	Kette	Riemen
Variatorprinzip	Master Slave	Partner-Prinzip	Partner-Prinzip
Wandler:	vorhanden	nicht vorhanden	nicht vorhanden
– Wandlerkupplung	Ja	Nein	Nein
– Schlupfdauer	kurzzeitig	ständig	ständig
Kupplung:			
– Typ	Reibflächen	Magnetpulver	Magnetpulver
– Drücke	niedrig	hoch	hoch
– Schlupfdauer	kurzzeitig	ständig	ständig
Pumpenverstellung	konstant	2-stufig	kontinuierlich
Limp Home	nicht möglich	eingeschränkt (Komfortverlust)	unbegrenzt (Erhöhung Kraftstoffverbrauch)
Fahrzeug:			
– Klasse	Klein- bis Mittelklasse	Kompaktklasse	Mittel- und Oberklasse
– Motorgröße	<3 l	<2 l	>2 l
– Antriebsart	Front quer	Front längs	Heck

Übersetzungsregelung

Die Übersetzung lässt sich über den Primärpulley verändern. Das eingeschlossene Ölvolumen bestimmt die axiale Lage des verschiebbaren Teils des Primärpulleys und
damit den Radius, auf dem das Band auf der
Scheibe umläuft. Der Primärdruck stellt sich
als Reaktion auf den Sekundärdruck ein.

Die Anforderungen an die Fahrbarkeit bestimmen die notwendige Verstellgeschwin-
digkeit. Zum Beispiel ist beim Kickdown
innerhalb von 1,5 s von „Overdrive" nach
„Low" umzusteuern. Andererseits begrenzt
die Pumpenförderung die Verstellgeschwin-
digkeit.

Fahrprogramm

Ein Fahrprogramm ermittelt die Soll-Über-
setzung. Neben verschiedenen Kennfeldern
für den Normalbetrieb, bei dem es eine
Wahlmöglichkeit zwischen ökonomischem
und sportlichem Betrieb gibt (siehe auch
Abschnitt „Adaptive Getriebesteuerung,
AGS"), lassen sich zusätzliche Sonderfunktionen wie „Kickdown", „Bergabfahrt" usw.
implementieren.

Auch die Simulation von Stufengetrieben
ist möglich, wobei zwischen der Nachbildung eines Handschaltgetriebes und
eines Stufen-Automatikgetriebes beliebige
Zwischenvarianten möglich sind (siehe auch
Kapitel „Getriebe für Kfz").

Kupplungsansteuerung

Die Trennkupplung zwischen Motor und
Antriebsstrang ist als Funktion der Position
des Schalthebels (P-R-N-D), der Motordrehzahl und der Motorlast ausgelegt.

Ansteuerung Wandler und Wandlerüberbrückungskupplung

Um eine möglichst hohe Effizienz zu erzielen, ist der Wandler möglichst frühzeitig zu
überbrücken. Abhängig von der Leistungs-
anforderung kommt die Momentenüberhöhung bis zu unterschiedlichen Geschwindigkeiten für den Beschleunigungsvorgang
zur Anwendung.

Pumpenansteuerung

Ein hoher Wirkungsgrad des Getriebes setzt
den Einsatz einer Verstellpumpe voraus. Mit
ihr lässt sich der Fördervolumenstrom bei
hohen Drehzahlen begrenzen.

Geeignete sauggedrosselte Pumpen, die
ohne zusätzliche Ansteuerung arbeiten, sind
seit Jahren in der Entwicklung, konnten sich
aber bisher noch nicht durchsetzen. Ein
erster Schritt in Richtung „Verstellpumpe"
wurde mit einer zweistufigen Version unter-
nommen, bei der in Abhängigkeit von der
aktuellen Anforderung das günstigere Fördervolumen gewählt werden kann.

Weitergehende Konzepte sind mit kontinuierlich verstellbaren Pumpen möglich,
bei denen die Sekundärdruckregelung und
die Pumpenverstellung zusammengefasst
werden.

Rückwärtsgangsicherung

Bei Vorwärtsfahrt mit Geschwindigkeiten
oberhalb einer zu definierenden Geschwindigkeitsgrenze (z. B. 7 km/h) wird das Einlegen des Rückwärtsgangs unterbunden.

Deaktivierung der „Limp Home"-Funktion

„Limp Home" ist eine Notlauffunktion, die
bei normalem Regelbetrieb außer Betrieb
gesetzt wird.

Funktion (Fehlerfolgeschutz), sodass auch
bei einem Teilausfall oder bei einem verspä-
tetem Erkennen von Teilausfällen ein Überdrehen des Motors vermieden wird.

Positionssensor für Getriebesteuerung

Anwendung

Der Positionssensor erfasst die Stellungen eines Stellgliedes innerhalb des Automatikgetriebes. Er befindet sich teilweise oder vollständig in verschmutztem Getriebeöl (ATF) und ist dadurch den im Innern des Getriebes vorherrschenden Umgebungsbedingungen, z. B. einer Betriebstemperatur von $-40...+150\,°C$, ausgesetzt.

Aufbau

Der Positionssensor (Bild 1) besteht aus vier digitalen Hall-Sensoren und einem linear verschiebbaren, multipolaren Dauermagneten. Der Magnet ist mit dem linear betätigten Wählschieber (Hydraulikschieber in der Getriebesteuerplatte) oder Parksperrenzylinder gekoppelt und steuert die Hall-Zellen an. Diese befinden sich in einem öldichten Gehäuse, das auch die Führung des Magneten übernimmt.

Arbeitsweise

Bei einem Automatikgetriebe mit manueller Schaltung, auch M-Schaltung genannt, erfasst der Positionssensor die Stellungen des Wählschiebers P, R, N, D, 4, 3, 2 sowie die Zwischenbereiche und gibt diese in Form eines 4-Bit-Codes an die Getriebesteuerung aus.

Bei einem Automatikgetriebe mit elektronischer Schaltung, auch E-Schaltung genannt, erfasst der Positionssensor nur die Stellungen des Parksperrenzylinders P_{Ein} und P_{Aus} sowie einen Zwischenbereich und gibt diese in Form eines 2-Bit-Codes an die Getriebesteuerung aus.

Aus Sicherheitsgründen ist die Codierung der Positionsstellung (Bild 2) so codiert, dass immer zwei Bitwechsel bis zum Erkennen einer neuen Position ausgeführt werden müssen.

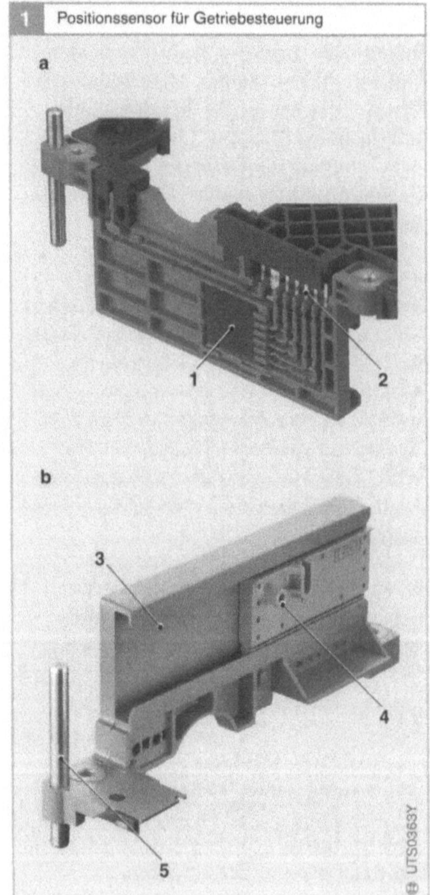

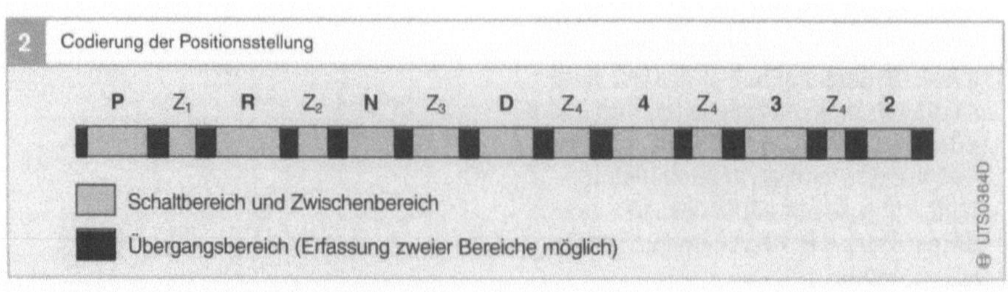

Getriebe-Drehzahlsensoren

Anwendung

Getriebe-Drehzahlsensoren RS (Rotational-Speed Sensor) sensieren die Drehzahl in AT-, ASG- und CVT-Getrieben. Die Sensoren sind für diesen Einsatz in ATF-Getriebeöl resistent ausgelegt. Das „Verpackungskonzept" sieht die Integration in das Getriebesteuermodul oder eine „stand alone"-Version vor. Die Versorgungsspannung U_V beträgt 4,5…16,5 V und der Betriebstemperaturbereich –40…+150 °C.

Aufbau und Arbeitsweise

Der aktive Drehzahlsensor besitzt einen differentiellen Hall-Effekt-IC mit 2-Draht-Stromschnittstelle. Er muss zum Betrieb an eine Spannungsquelle (Versorgungsspannung U_V) angeschlossen werden. Der Sensor kann das Drehzahlsignal von ferromagnetischen Zahnrädern, Stanzblechen oder von Rädern mit aufgebrachten Multipolen detektieren (Luftspaltbereich 0,1…2,5 mm), wobei er den Hall-Effekt ausnutzt und ein Signal mit einer von der Drehzahl unabhängigen konstanten Amplitude liefert. Dies ermöglicht eine Drehzahlerfassung bis nahe $n = 0$. Zur Signalabgabe wird der Versorgungsstrom im Rhythmus des Inkrementsignals moduliert. Die Strommodulation (Low: 7 mA, High: 14 mA) lässt sich dann im Steuergerät mit einem Messwiderstand R_M in eine Signalspannung U_{RM} umwandeln (Bild 1).

Getriebe-Drehzahlsensoren gibt es in zwei Ausführungen (Bild 2):

RS50

Datenprotokoll: Drehzahlinformation als Rechtecksignal.
Funktionsumfang: Ein der Impulsraddrehzahl proportionales Frequenzsignal, das das an der Sensorfläche vorbeilaufende Impulsrad auslöst.

RS51

Datenprotokoll: Drehzahlinformation als Rechtecksignal mit Zusatzinformationen, die im Pulsweitenmodulationsverfahren (PWM) übertragen werden.
Funktionsumfang: Drehzahlsignal, Stillstands-, Drehrichtungs-, Luftspaltreserve- und Einbaulageerkennung.

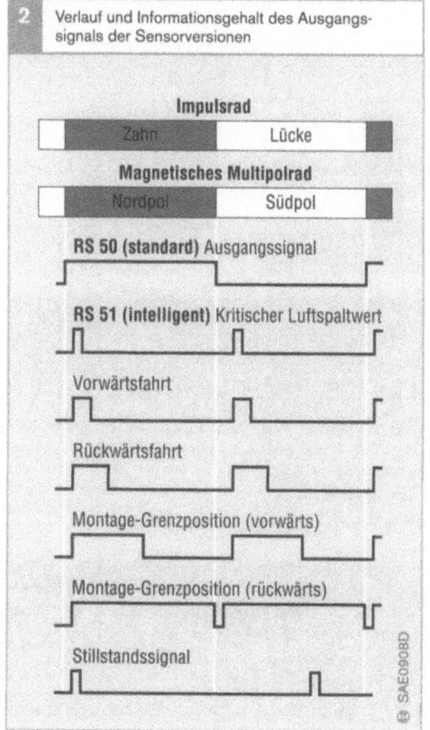

Bild 1
I_S Sensorstrom (Versorgung und Signal)
R_M Messwiderstand (im Steuergerät)
R_{RM} Signalspannung
U_V Versorgungsspannung
U_S Sensorspannung

Elektrohydraulische Aktuatoren für Getriebesteuerung

Elektrohydraulische Aktuatoren (auch Aktoren genannt) bilden die Schnittstelle zwischen der elektrischen Signalverarbeitung (Informationsverarbeitung) und dem Systemprozess (Mechanik). Sie setzen die Stellsignale geringer Leistung in eine Stellkraft mit der für den Prozess erforderlichen erhöhten Leistung um.

Anwendung und Aufgabe

Die gegenwärtig am meisten verbreiteten Getriebetypen (AT, CVT, AST) verfügen über Aktuatoren für die unterschiedlichsten Funktionen. Die Tabelle 1 gibt einen Überblick über die wichtigsten Einsatzfälle und zeigt die Verknüpfung zwischen den Getriebefunktionen und den einsetzbaren Aktuatortypen auf.

1   Getriebefunktionen und zugehörige Aktuatoren

Stufen-Automatikgetriebe (AT)

Funktion	Aktuatortyp			
	PWM	DR-F	DR-S	On/Off
● Hauptdruck regeln/steuern	X	X	X	
● Gangwechsel auslösen: 1-2-3-4-5-6		X		X
● Schaltdruck modulieren	X	X	X	
● Wandlerkupplung schalten/regeln	X	X		X
● Rückwärtsgangsperre				X
● Sicherheitsfunktionen		X		X

Stufenlose Automatikgetriebe (Pulley-CVT)

Funktion	Aktuatortyp			
	PWM	DR-F	DR-S	On/Off
● Übersetzung verstellen		X	X	
● Bandspannung regeln		X	X	
● Anfahrkupplung steuern	X	X	X	
● Rückwärtsgangsperre				X

Automatisiertes Schaltgetriebe (AST)

Übliche elektromotorische Betätigung:
- ● Gangwechsel auslösen
- ● Kupplung betätigen
- ● Sicherheitsfunktionen (fail-safe)

Die Aktuatoren sind wesentliche Schalt- und Steuerelemente der elektrohydraulischen Getriebesteuerung. Sie kontrollieren den Ölfluss und die Druckverläufe in der hydraulischen Steuerplatte. Man unterscheidet folgende Aktuatortypen:
1. **On-/Off-Magnetventile**   (On/Off, o/o)
2. **Pulsweitenmodulierte Magnetventile**   (PWM)
3. **Druckregler Schieber**   (DR-S)
4. **Druckregler Flachsitz**   (DR-F)

In den meisten Automatikgetrieben dienen diese Aktuatoren gegenwärtig als „Vorsteuerelemente", deren Ausgangsdruck bzw. Volumenstrom in der hydraulischen Steuerplatte verstärkt wird, bevor er die Kupplungen bedient. Demgegenüber können „Direktsteller" ohne diese Verstärkung die Kupplungen mit entsprechend hohem Druck und Volumenstrom versorgen.

Anforderungen

Aus dem Einbauort (am Getriebe innerhalb der Ölwanne) ergeben sich weitreichende Anforderungen und anspruchsvolle Einsatzbedingungen für die zur Anwendung kommenden Aktuatoren. Bild 1 fasst diese Anforderungen zusammen.

Da künftig immer mehr Getriebe über eine „lebenslange" Ölfüllung verfügen, also keinen Getriebeölwechsel benötigen, verbleiben Abrieb und Schmutzpartikel aus dem Einlaufvorgang während des gesamten Betriebs im Ölkreislauf. Auch zentrale Ansaugfilter und Einzelfilter auf den Aktuatoren können nur Partikel über einer bestimmten Größe zurückhalten. Zu feine Filter würden sich bald zusetzen.

Dazu kommt, dass die Laufleistung der Getriebe immer höher wird: 250 000 km sind für übliche Pkw mindestens vorauszusetzen, für Taxibetrieb und ähnliche Einsatzbedingungen weit mehr.

Im Unterschied zu vielen anderen Elektromagneten (z. B. in ABS-Ventilen) müssen Aktuatoren für die Getriebesteuerung im gesamten Temperaturbereich auf 100 % Einschaltdauer ausgelegt sein, da sie z. B. während des „Gang-Haltens" den Druck halten oder während der Fahrt eine Wandlerkupplung regeln müssen. Daraus leitet sich die Notwendigkeit zur Begrenzung der Verlustleistung und entsprechend groß dimensionierte Kupferwicklungen ab.

Fahrzeug- bzw. getriebespezifische Funktionscharakteristika (Schalt- bzw. Regelverhalten, technische Kenndaten), auf den Einsatzfall zugeschnittene elektrische und hydraulische Schnittstellen und der Zwang zu Miniaturisierung und Kostenreduzierung sind weitere Randbedingungen für die Entwicklung von Aktuatoren für die Getriebesteuerung.

Aufbau und Arbeitsweise

Automatikgetriebe benötigen *Schaltventile* für die einfachen Ein-Aus-Schaltvorgänge und/oder *Proportionalventile* für die stufenlose Druckregelung. Bild 2 zeigt verschiedene Möglichkeiten der Umsetzung eines Eingangssignals (Strom bzw. Spannung) in ein Ausgangssignal (Druck). Grundsätzlich lässt sich ein proportionales oder ein umgekehrt proportionales Verhalten der Aktuatoren realisieren.

Ein-Aus-Ventile werden in der Regel spannungsgesteuert betrieben, d. h. die Batteriespannung liegt an der Kupferwicklung an. Der Hydraulikteil des Ventils ist entweder als

Öffner (stromlos geschlossen, englisch: normally closed, n.c.) oder als Schließer (stromlos offen, englisch: normally open, n.o.) ausgeführt.

PWM-Schaltventile eignen sich wegen ihres pulsweitenmodulierten Eingangssignals (Strom mit konstanter Frequenz, variables Verhältnis von Ein- zu Ausschaltzeit) als Drucksteller, deren Ausgangsdruck proportional bzw. umgekehrt proportional zum „Tastverhältnis" verläuft. Man spricht von steigender oder fallender Kennlinie.

Druckregelventile schließlich werden mit einem geregelten Eingangsstrom betrieben und können ebenfalls mit steigender oder fallender Kennlinie ausgeführt sein. Hierbei handelt es sich um eine analoge Ansteuerung, während das PWM-Ventil digital angesteuert wird.

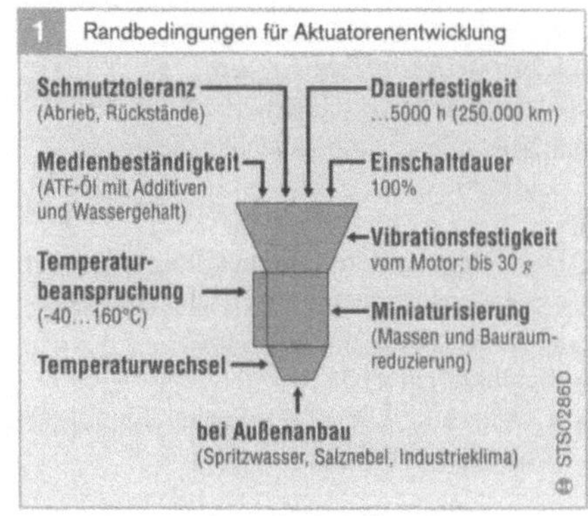

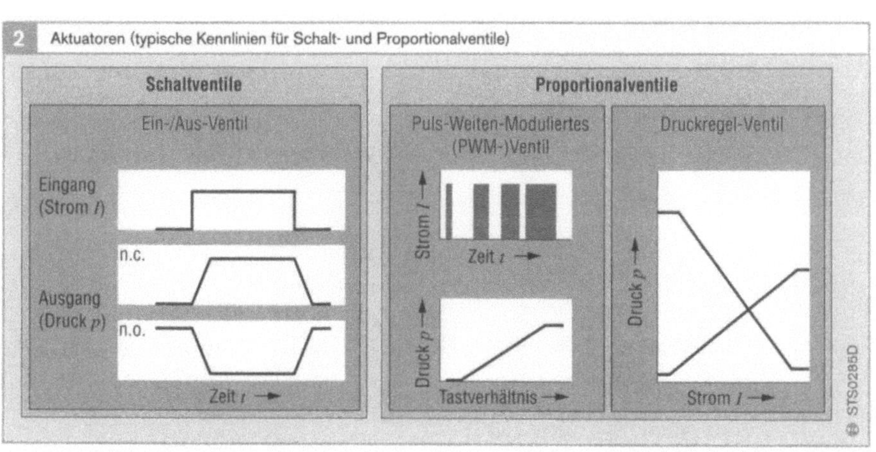

Aktuatorausführungen

Überblick

Die folgenden Ausführungen behandeln
Beispiele von gängigen Aktuatoren für die
Getriebesteuerung mit ihren Kennwerten
und Charakteristika (Übersicht Bild 1). Die
Beispiele beziehen sich auf Vorsteuerungs-
aktuatoren, die in einem Druckbereich von
400 bis ca. 1000 kPa arbeiten und auf ein
Verstärkungselement in der Hydrauliksteuerung des Getriebes wirken. Schieberkolben
innerhalb der Hydrauliksteuerung verstärken den Druck und/oder den Volumenstrom.

Die beschriebenen Aktuatoren können im
konkreten Anwendungsfall an ihren Schnittstellen entsprechend den Bedingungen im
Getriebe gestaltet sein, z. B.
- mechanisch (Befestigung),
- geometrisch (Einbauraum),
- elektrisch (Kontaktierung) oder
- hydraulisch (Schnittstelle zur Steuerplatte).

Die Funktionsdaten müssen konstruktiv an
die Anforderungen im Getriebe angepasst
sein, insbesondere hinsichtlich
- Zulaufdruck und
- Dynamik (d. h. Reaktionsgeschwindigkeit
  und Regelstabilität).

On-/Off-Magnetventile

On-/Off-Magnetventile (Bild 2) sind als einfache „3/2-Ventile" (3 Hydraulikanschlüsse/
2 Schaltstellungen) am weitesten verbreitet.
Sie sind, verglichen mit den in der Stationär-
hydraulik eher üblichen 4/3-Ventilen, deutlich einfacher aufgebaut und deshalb kostengünstig. Sie haben aber auch nicht die Nachteile der 2/2-Ventile (wie hohe Leckage oder
begrenzten Durchfluss, bedingt durch deren
Zusammenwirken mit einer externen
Blende).

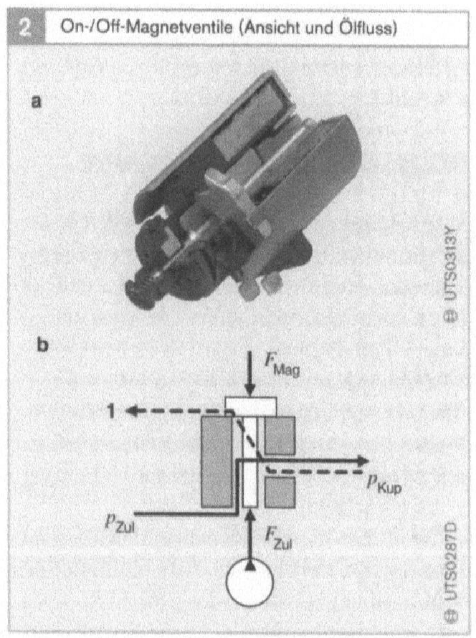

Bild 2
a   Ansicht als Schalt-
     ventil mit Kugelsitz
b   Ölfluss im Ventil
1   Rücklauf zum Tank
F_{Mag} Magnetkraft
F_{Zul} Zulaufdruckkraft
p_{Zul} Zulaufdruck
p_{Kup} Kupplungsdruck

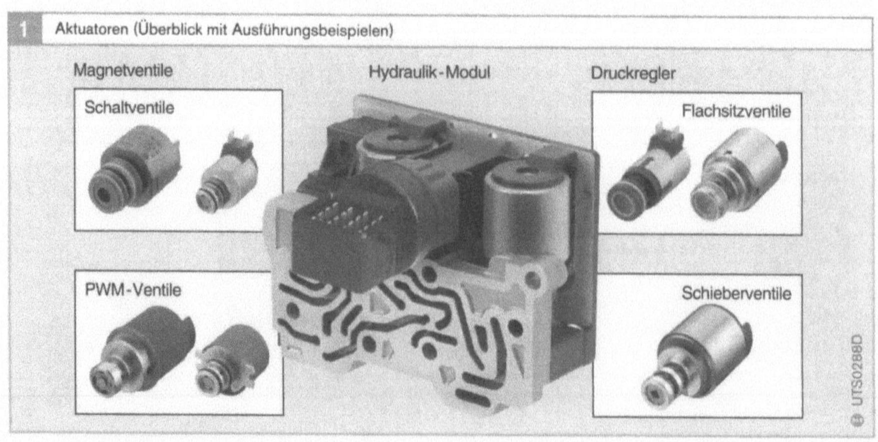

On-/Off-Magnetventile kommen hauptsächlich in den einfachen 3- oder 4-Gang-Getrieben ohne Überschneidungssteuerung zum Einsatz. Bei fortschrittlichen bzw. aufwändigen Getriebesteuerungen kommen sie jedoch immer weniger zum Einsatz (eventuell noch für Sicherheitsfunktionen). Ein Druckregler steuert die Gangwechsel.

Bei dem in Bild 3 gezeigten 3/2-Schaltventil (n.o.) steht der von der Getriebepumpe erzeugte Zulaufdruck p_{Zul} vor dem Flansch an (P) und schließt den Kugelsitz. Diese Eigenschaft wird als „selbstabdichtend" bezeichnet. Da stromlos im Arbeitsdruckkanal (A) kein Druck anliegt, handelt es sich um ein „stromlos geschlossenes" Ventil.

In diesem Zustand ist der Arbeitsdruck, der letztlich den Verbraucher (z. B. eine Kupplung) versorgt, direkt mit dem Rücklauf zum Tank (Ölwanne) verbunden, sodass sich ein dort anstehender Druck abbauen oder ein enthaltenes Ölvolumen entleeren kann.

Beim Anlegen von Strom an die Wicklung des Schaltventils reduziert die entstehende Magnetkraft den Arbeitsluftspalt, und der Anker bewegt sich samt dem mit ihm fest verbundenen Stößel in Richtung Kugel und öffnet diese. Das Öl fließt zum Verbraucher (von P nach A) und baut dort den Pumpendruck auf. Gleichzeitig schließt der Rücklauf zum Tank.

Bild 4 stellt die Kennlinie des 3/2-Schaltventils mit den Schaltzyklen des Drucks dar.

Ein Schaltventil diesen Typs bietet folgende Eigenschaften:
- geringe Kosten,
- unempfindlich gegenüber Schmutz,
- geringe Leckage und
- einfache Ansteuerelektronik.

Einsatzgebiete von On-/Off-Schaltventilen sind:

- **Gangwechsel**
  bei Mehrfachverwendung derselben Hauptdruckregler.

- **Sicherheitsfunktionen**
  z. B. hydraulisches Sperren des Rückwärtsgangs bei Vorwärtsfahrt.

- **Wandlerüberbrückungskupplung**
  Zu- und Abschalten (aus Wirtschaftlichkeits- und Komfortgründen oft mit PWM-Ventil oder Druckregler geregelt).

- **Umschalten Registerpumpe**
  für zwei verschiedene Durchflussbereiche über o/o gewählt (hauptsächlich bei CVT-Getrieben).

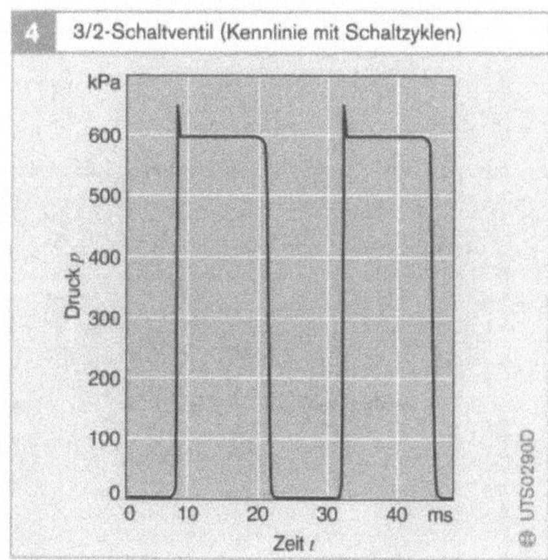

Bild 3   3/2-Schaltventil (Schnittbild)

Bild 4   3/2-Schaltventil (Kennlinie mit Schaltzyklen)

Bild 3
A   Arbeitsdruckkanal
P   Zulauf
T   Rücklauf zum Tank
p_{Zul} Zulaufdruck

Kenndaten
(typisches Beispiel):
Zulaufdruck   400...600 kPa
Durchfluss   > 2,5 $l \cdot min^{-1}$
Betriebsspannung   9...16 V
Widerstand   12,5 Ω
Zahl der Schaltspiele   2 · 10⁶

PWM-Ventile

Prinzipiell sind PWM-Ventile (Bild 5) genau so aufgebaut wie Schaltventile. Da sie mit einer Frequenz von 30...100 Hz arbeiten, müssen sie für eine höhere Schaltgeschwindigkeit (Dynamik) und höhere mechanische Beanspruchung (Verschleiß) ausgelegt sein. Letzteres gilt besonders dann, wenn ein PWM zur Hauptdruck-Steuerung eingesetzt und während der gesamten Fahrzeuglaufzeit betrieben wird.

5 PWM-Ventil (Ansicht und Ölfluss)

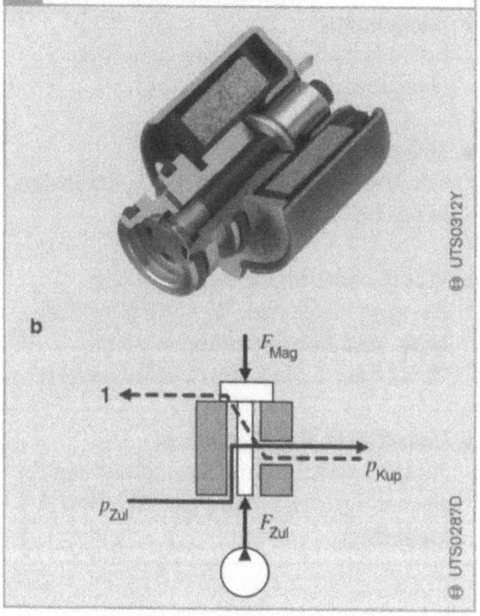

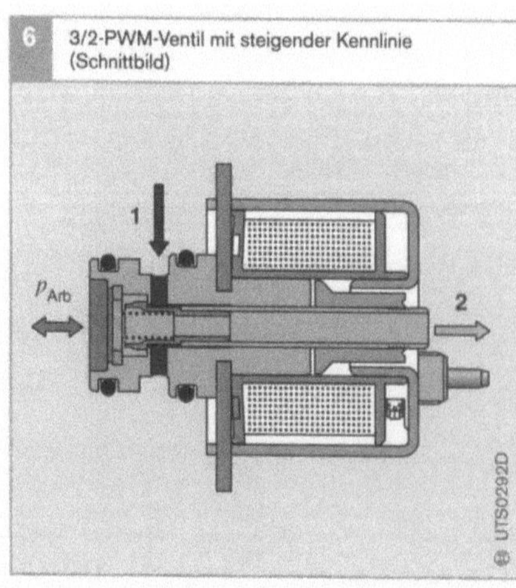

Bild 5
a Ansicht PWM-Ventil im Schnitt
b Ölfluss im Ventil
1 Rücklauf zum Tank

F_{Mag} Magnetkraft
F_{Zul} Zulaufdruckkraft
p_{Zul} Zulaufdruck
p_{Kup} Kupplungsdruck

Diese Anforderungen wirken sich auch auf die Konstruktion aus. Die Darstellung im Schnitt (Bild 6) zeigt die Ausbildung einer Krempe am Anker, die für eine hohe Magnetkraft und eine hohe hydraulische Dämpfung im Schließfall sorgt. Der relativ lange Stößel nimmt Impulskräfte auf. Ein ringförmiger Sitz dichtet den Zulaufdruck im dargestellten stromlosen Zustand zum Arbeitsdruckkanal hin ab.

Diese Ausführung hat im Vergleich zum Kugelsitz den Vorteil, dass der Zulaufdruck nur auf minimale Flächen wirkt. Diese Flächen sind außerdem noch zum größten Teil Druck-ausgeglichen. Das heißt, der anstehende Zulaufdruck wirkt öffnend und schließend, sodass im Wesentlichen die Druckfeder für ein sicheres Schließen sorgt. Dabei sind nur geringe Öffnungskräfte aufzubringen, was zu einer hohen Dynamik (Schaltgeschwindigkeit) führt und die Spulengröße und -induktivität gering hält.

Zusatzforderungen hinsichtlich der Genauigkeit der Kennlinien stellen höhere Anforderungen an die Präzision bei der Fertigung der Ventilbauteile und bei deren Montage als bei einem reinen Ein-/Aus-Schaltventil.

Insgesamt weisen PWM-Ventile folgende Eigenschaften auf:

6 3/2-PWM-Ventil mit steigender Kennlinie (Schnittbild)

Bild 6
1 Zulauf von Pumpe
2 Rücklauf zum Tank
p_{Arb} Arbeitsdruck

7 3/2-PWM-Ventil (mit steigender Kennlinie)

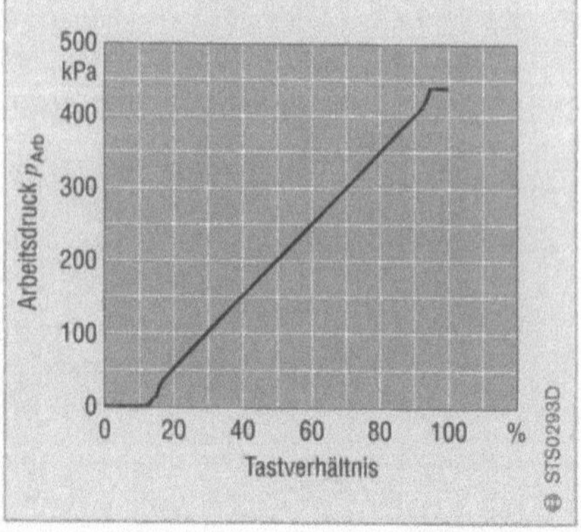

- geringe Kosten,
- unempfindlich gegenüber Schmutz,
- frei von Hysterese,
- geringe Leckage und
- einfache Ansteuerelektronik.

Von Nachteil sind dagegen
- Pulsation des Drucks und
- Abhängigkeit der Kennlinie vom Zulaufdruck.

Einsatzgebiete der nachfolgend beschriebenen PWM-Ventile mit steigender Kennlinie bzw. hohem Durchfluss sind:
- Steuerung der Wandlerüberbrückungskupplung,
- Kupplungssteuerung und
- Hauptdrucksteuerung.

3/2-PWM-Ventil mit steigender Kennlinie

Die Druck-ausgeglichene rohrförmige Konstruktion des Schließelements dieses PWM-Ventils (Bild 6) resultiert in geringen Massenkräften. Auch dieser Umstand kommt der Forderung nach schnellen Schaltzeiten, geringer Geräuschemission und Dauerhaltbarkeit entgegen. Die ausgeprägte Linearität der Kennlinie (Bild 7) in einem weiten Kennlinien- und Temperaturbereich ist ein wichtiger Vorteil für die Anwendung im Fahrzeug.

Die Kennlinien-Endbereiche lassen leichte Unstetigkeiten erkennen. Diese verursacht

der Übergang vom Betriebszustand „Schalten" in den Betriebszustand „Halten" (im geschlossenen bzw. geöffneten Zustand). In diesen eng begrenzten Bereichen ist diese Ungenauigkeit tolerierbar.

3/2-PWM-Ventil mit hohem Durchfluss

Das PWM-Ventil mit hohem Durchfluss hat prinzipiell den ähnlichen Aufbau wie das zuvor beschriebene Standard-PWM-Ventil, stellt jedoch größere Öffnungsquerschnitte bei größerem Durchmesser und längerem Öffnungshub des Schließelements bereit (Vergleich in Tabelle 1). Dieser Aufbau erfordert eine größere Kupferwicklung mit einer höheren Magnetkraft (Bilder 8 und 9).

1 Technische Daten der PWM-Ventile im Vergleich

PWM-Ventilbauart		Kennlinie steigend	Mit hohem Durchfluss
Zulaufdruck	kPa	300...800	400...1200
Durchfluss (bei 550 kPa)	$l\cdot min^{-1}$	> 1,5	> 3,9
Taktfrequenz	Hz	40...50	40...50
Spulenwiderstand	Ω	10	10
Abmessungen: Durchmesser	mm	25	30
freie Länge	mm	30	42

Tabelle 1

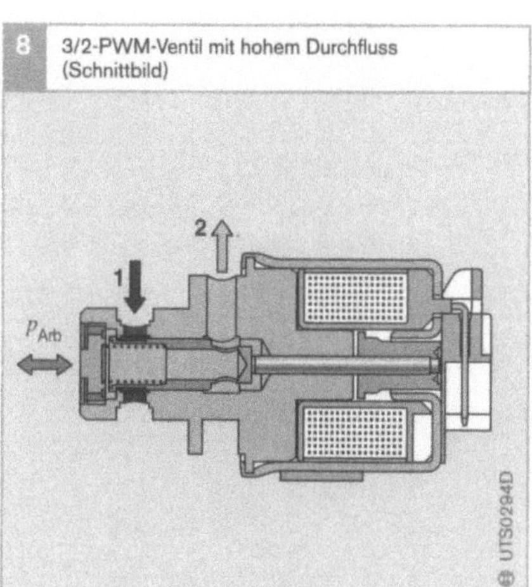

8 3/2-PWM-Ventil mit hohem Durchfluss (Schnittbild)

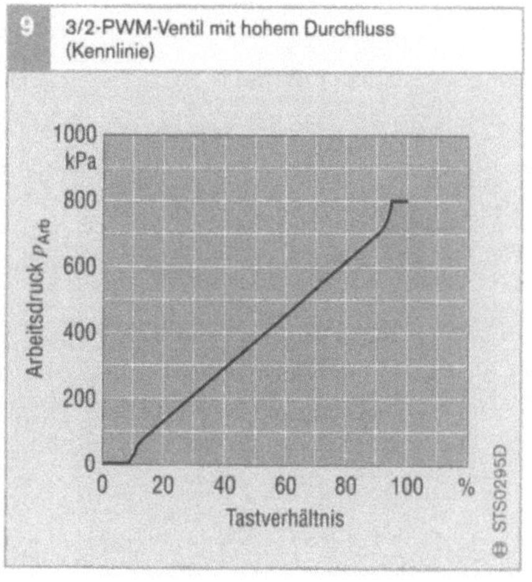

9 3/2-PWM-Ventil mit hohem Durchfluss (Kennlinie)

Bild 8
1   Zulauf von Pumpe
2   Rücklauf zum Tank
p_{Arb} Arbeitsdruck

Druckregler

Bei den Analogventilen zur Druckregelung kommen zwei Prinzipien zur Anwendung (Bild 10):

- Der Druckregler in *Schieberausführung* öffnet eine Steuerkante am Zulauf und schließt gleichzeitig eine Steuerkante zum Tankrücklauf (Zweikantenregler). Die Position des Reglerkolbens ergibt sich aus dem Kräftegleichgewicht, abhängig von der eingeprägten Magnetkraft, dem geregelten Druck und der Federkraft.
- Der Druckregler in *Flachsitzausführung* arbeitet als einstellbares Überdruckventil (Einkantenregler).

Bei beiden Prinzipien greift der geregelte Druck direkt in das Kräftegleichgewicht ein, weshalb vollständige Regelkreise vorliegen. Die folgende Beschreibung erläutert die Prinzipien „Flachsitz" und „Schieber" nun anhand von Ausführungsbeispielen.

Schieber-Druckregler DR-S

Der Schieber-Druckregler (Bilder 11 bis 13) arbeitet als Zweikantenregler. Der geregelte Druck wird zwischen Einlass- und Auslass-Steuerkante abgegriffen. Er ergibt sich in Abhängigkeit von deren Öffnungsverhältnis. Der Maximaldruck stellt sich bei geöffnetem Einlass und geschlossenem Auslass ein, der Null-Druck bei umgekehrten Verhältnissen. Dazwischen verändert dieser Druckregler seine Kolbenstellung im Kräftegleichgewicht zwischen Druckkraft, Federkraft und Magnetkraft proportional zum Strom, der durch die Spule fließt, und stellt dem entsprechend den Regeldruck ein.

Die Rückführung des geregelten Drucks auf die Stirnfläche des Reglerkolbens über einen Ölkanal in der Steuerplatte des Getriebes schließt den Regelkreis (äußere Rückführung). Der Regeldruck kann auch über einen gestuften Kolben oder andere Maßnahmen als resultierende Kraft in das Kräftegleichgewicht und somit in den Regelkreis einbezogen werden (interne Rückführung).

Bild 10

a   Schieberausführung
b   Flachsitzausführung
1   Zulauf von Pumpe
2   Rücklauf zum Tank
F_{Fed} Federkraft
F_{Hyd} Hydraulikdruckkraft
F_{Mag} Magnetkraft
p_{Reg} Regeldruck zur Kupplung
p_{Zul} Zulaufdruck von Pumpe

Bild 11

a   Ansicht SchieberDruckregler im Schnitt
b   Ölfluss im Ventil
1   Zulauf von Pumpe
2   Rücklauf zum Tank
p_{Reg} Regeldruck zur Kupplung
p_{Zul} Zulaufdruck von Pumpe

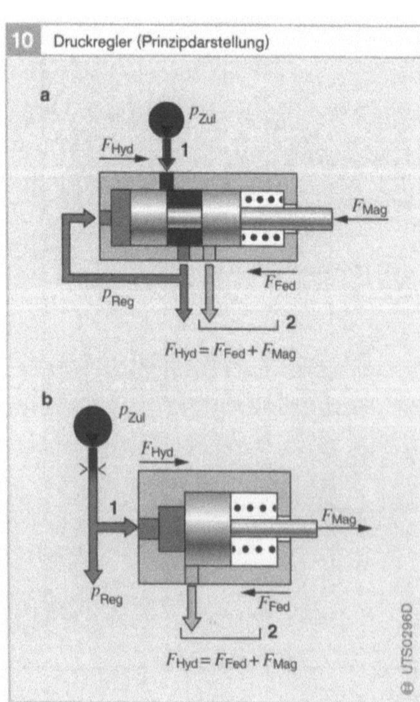

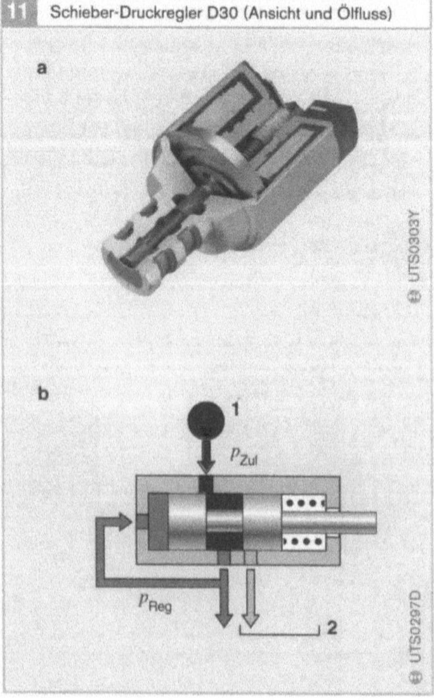

Vorteile des Schieber-Druckreglers sind:
- hohe Genauigkeit,
- unempfindlich gegenüber Störgrößen,
- geringer Temperaturgang,
- unempfindlich gegen Systemleckage,
- geringe Leckage und
- Null-Druck erreichbar.

Nachteile des Schieber-Druckreglers sind:
- Aufwändige Fertigung der Präzisionsteile und
- Präzisionselektronik erforderlich.

Dieser Druckregler ermöglicht durch die Kombination einer reibungsfreien Lagerung (Membranfeder) mit einem mit Teflon beschichteten Gleitlager geringste Hysterese und optimale Genauigkeit. Die Ausstattung mit einem Schieber macht ihn weitgehend unempfindlich gegenüber den Einflüssen von Systemleckage, Schwankungen des Zulaufdrucks oder Temperaturänderungen.

Der in den Bildern 11 und 12 gezeigte Druckregler in Schieberausführung mit den typischen technischen Daten gemäß Tabelle 2 weist nicht die Nachteile des nachfolgend beschriebenen „Flachsitz-Druckreglers" auf, ist aber aufgrund seiner hochwertigeren Einzelteile (aufwändiger Flansch, präzise bearbeiteter Reglerkolben) teurer als der Flachsitz-Druckregler.

Wie beim Flachsitz-Druckregler gibt es Ausführungen mit steigender und fallender Kennlinie (Bild 13).

Flachsitz-Druckregler DR-F

Wie beim „Schieber-Druckregler" handelt es sich auch beim Flachsitz-Druckregler um ein „Proportionalventil". Die Magnetkraft ist proportional zum Strom, der durch die Spule fließt. Der hydraulische Druck wirkt über die Fühlfläche auf das Kräftegleichgewicht ein. Um einen definierten Ausgangszustand zu erreichen, kann der Druckregler zusätzlich über eine Druckfeder verfügen. Der Regeldruck ergibt sich durch Druckabbau infolge des Abströmens von Öl über einen veränderlichen Querschnitt zurück zum Tank.

2	Technische Daten des Schieber-Druckreglers DR-S (typisch)		
Zulaufdruck	kPa	700…1600
geregelter Druck	kPa	typisch 600…0
Strombereich	mA	typisch 0…1000
Ansteuerfrequenz	Hz	≤ 600
Abmessungen		
Durchmesser	mm	32
freie Länge	mm	42

Tabelle 2

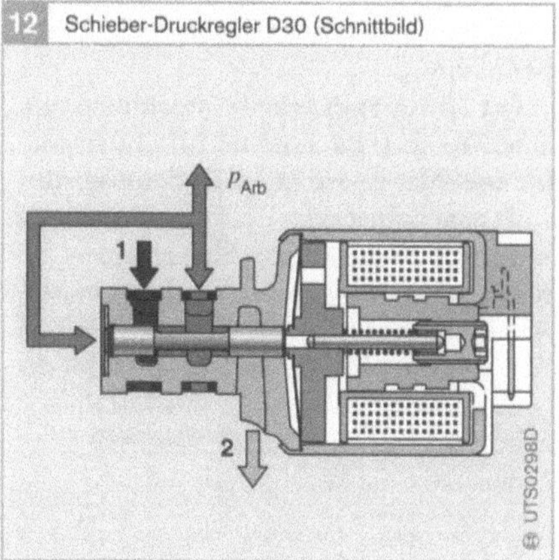

12   Schieber-Druckregler D30 (Schnittbild)

Bild 12
1   Zulauf von Pumpe
2   Rücklauf von Tank
p_{Arb} Arbeitsdruck

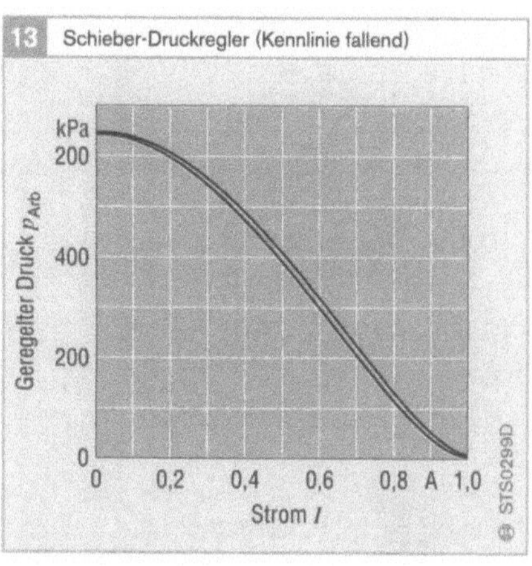

13   Schieber-Druckregler (Kennlinie fallend)

Beim Flachsitz-Druckregler handelt es sich also im Wesentlichen um ein einstellbares Druckbegrenzungsventil mit hydraulischer Regelfunktion.

Die wesentlichen Eigenschaften des Flachsitz-Druckreglers sind:
- hohe Genauigkeit,
- kostengünstig,

- unempfindlich gegenüber Störgrößen,
- unempfindlich gegenüber Schmutz,
- hohe Leckage,
- Restdruck vorhanden (abhängig von Temperatur) und
- aufwändige Elektronik.

Flachsitz-Druckregler, fallende Kennlinie
Die Bilder 14 bis 16 zeigen das Beispiel eines Flachsitz-Druckreglers D30 mit fallender Kennlinie.

Der Druckregler arbeitet zusammen mit einer Blende (Durchmesser 0,8...1,0 mm), die entweder extern in der Hydrauliksteuerung angeordnet oder direkt im Druckregler integriert ist. Die letztere Blendenausführung hat den Vorteil, dass eine genauere Abstimmung der Druckreglercharakteristik (der variablen Blende am Flachsitz) mit der vorgeschalteten Festblende erfolgen kann. Geeignete Maßnahmen können sogar eine gewisse Kompensation des Temperaturgangs ermöglichen.

Dieser beispielhaft beschriebene Druckregler ist besonders hinsichtlich geringer Hysterese und engem Toleranzband der Druck-Strom-Kennlinie optimiert. Diese Eigenschaften ergeben sich durch die Verwendung hochwertiger Magnetkreis-Materialien und moderner Fertigungsverfahren.

Da das Verhältnis der hydraulischen Widerstände beider Blenden nicht beliebig klein werden kann, weist die Druck-Strom-Kennlinie eines typischen Flachsitz-Druckreglers einen „Restdruck" auf, der mit sinkender Temperatur zunimmt. Die Hydrauliksteuerung des Getriebes muss diesem

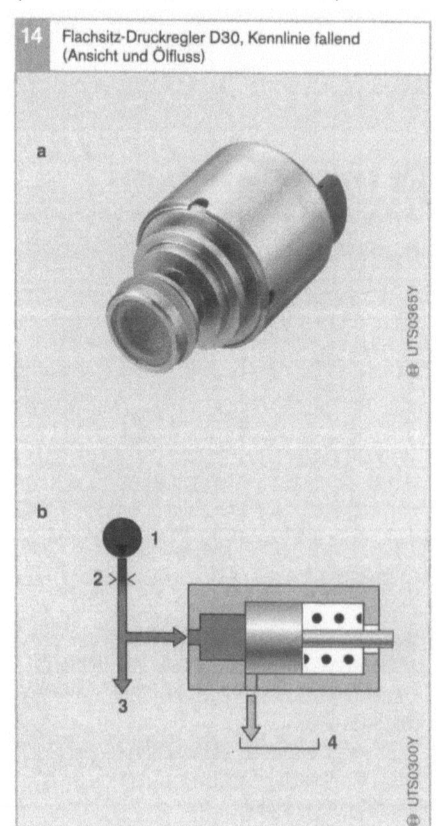

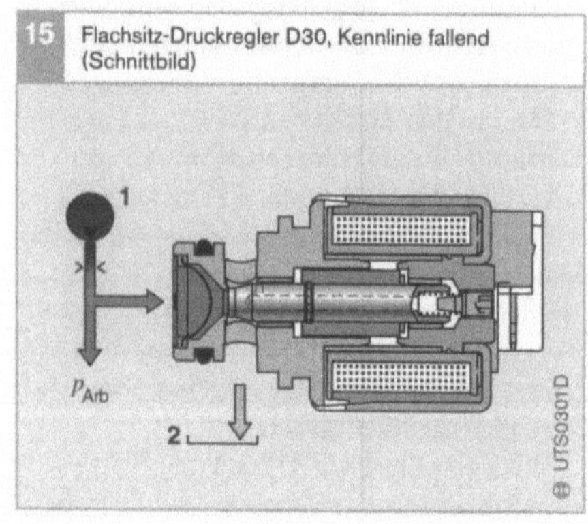

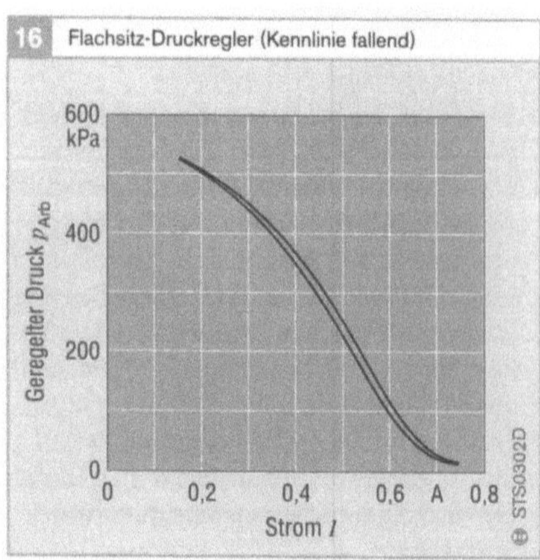

Bild 14
a Ansicht Flachsitz-Druckregler im Schnitt
b Ölfluss im Ventil
1 Zulauf von Pumpe
2 Blende
3 Kupplung
4 Rücklauf zum Tank

Bild 15
1 Zulauf von Pumpe
2 Rücklauf zum Tank
p_{Arb} Arbeitsdruck

Umstand Rechnung tragen: Der für die Regelung nutzbare Bereich beginnt demnach nicht bei 0 kPa, sondern bei einem entsprechend höheren Druck.

Ein weiterer Nachteil des Flachsitz-Druckreglers tritt besonders dann zutage, wenn in einem Getriebe mehrere solcher Druckregler zur Anwendung kommen: systembedingt tritt ein permanenter Ölstrom durch den geöffneten Druckregler zurück zum Ölsumpf auf, der zu Energieverlusten führt und unter Umständen den Einsatz einer Getriebeölpumpe mit höherem Volumenstrom erzwingt. Diese Nachteile lassen sich durch zusätzlichen Aufwand am Aktuator oder in der Hydrauliksteuerung vermeiden. Allerdings gehen dadurch die Hauptvorteile des Flachsitz-Druckreglers (einfacher Aufbau und niedrige Kosten) teilweise wieder verloren. Welche Möglichkeiten dabei die „Closed End"-Funktion bietet, wird nachfolgend behandelt.

Flachsitz-Druckregler, steigende Kennlinie (Miniaturausführung)
Der Flachsitz-Druckregler D20 (Bilder 17 bis 19) hat durch die Anwendung einer hochpräzisen Kunststofftechnik noch einmal eine deutliche Bauraum- und Kostenreduzierung erfahren.

Bei einem Durchmesser von wenig mehr als 20 mm erreicht er eine hohe Genauigkeit der Kennlinie bei geringstem Platzbedarf.

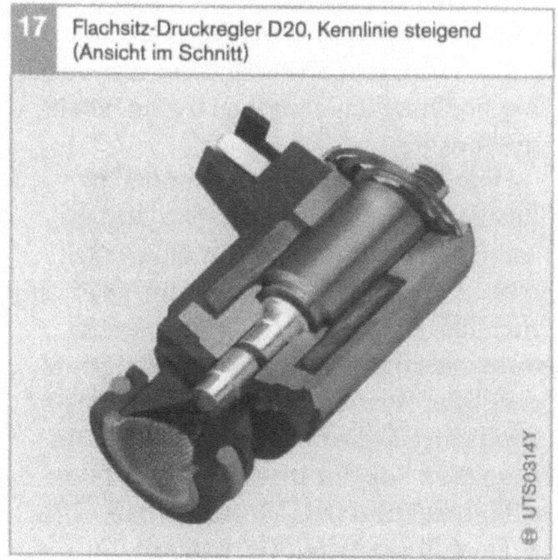

17 Flachsitz-Druckregler D20, Kennlinie steigend (Ansicht im Schnitt)

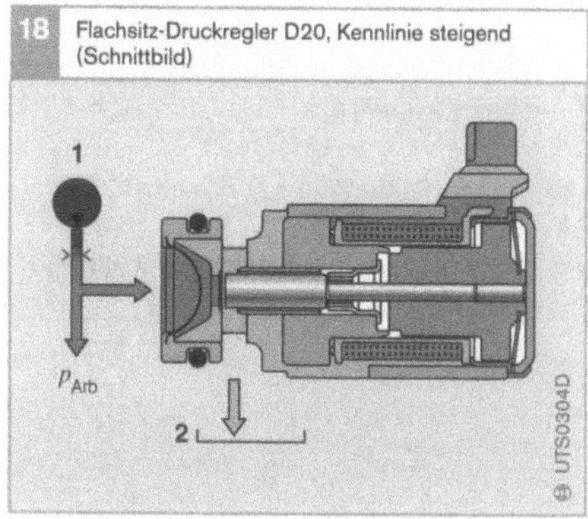

18 Flachsitz-Druckregler D20, Kennlinie steigend (Schnittbild)

Bild 18
1 Zulauf von Pumpe
2 Rücklauf zum Tank
p_{Arb} Arbeitsdruck

3 Technische Daten der Flachsitz-Druckregler im Vergleich

Druckregler-Bauart		D30 Kennlinie fallend	D20 Kennlinie steigend
Zulaufdruck	kPa	500...800	500...800
Geregelter Druck typisch	kPa	40...540	40...540
Strombereich typisch	mA	150...770	150...770
Ansteuerfrequenz	Hz	600...1000	
Chopper-Frequenz	Hz		600...1000
Abmessungen Durchmesser	mm	30	23
freie Länge	mm	33	42

Tabelle 3

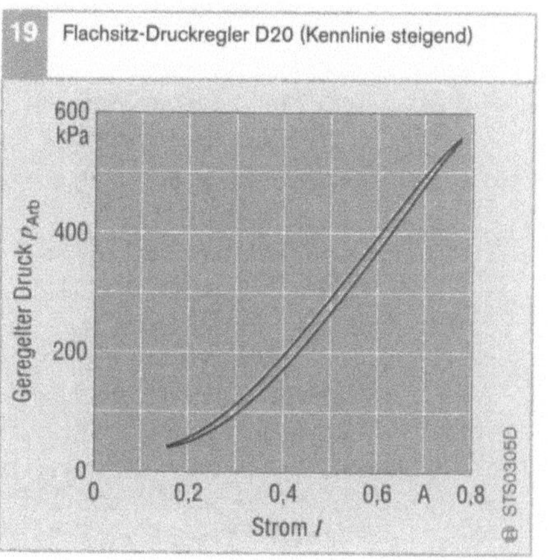

19 Flachsitz-Druckregler D20 (Kennlinie steigend)

Festlegung des Druckreglertyps

Die Entscheidung, ob ein Flachsitz-Druckregler, ein Schieber-Druckregler oder gar ein PWM-Ventil im Getriebe zur Anwendung kommt, hängt von vielen Aspekten ab. Einige technische Kriterien kamen bei der Beschreibung der einzelnen Typen bereits zur Sprache.

Diese Kriterien sind noch einmal in Tabelle 4 gegenübergestellt. Die darin genannten Zahlenwerte für Genauigkeiten gelten nicht absolut, sondern nur relativ zueinander. Sie geben grobe Anhaltswerte, wobei sich die Verhältnisse abhängig vom jeweiligen Fahrzeugtyp durchaus auch unterscheiden können, beispielsweise in Abhängigkeit von konstruktiven Details wie

● Einstellbarkeit des Kräftegleichgewichts,
● Einstellbarkeit der Magnetkraft,
● Verwendung von Spezialwerkstoffen im Magnetkreis,
● Abstand zwischen Zulaufdruck und maximalem Regeldruck

und systembedingten Kriterien wie
● Art der Steuerung,
● Dämpfungseigenschaften des Nachfolgesystems,

● Einbaulage (horizontal, vertikal),
● Einbauort (über oder unter Öl oder wechselnd),
● Abgleichbarkeit des Regelkreises („End of Line"-Programmierung) und
● Schmutzkonzentration und Schmutzzusammensetzung.

Nicht zu unterschätzen sind jedoch auch Auswahl-Kriterien wie
● Erfahrung des Anwenders mit einem bestimmten Typ (Vertrauensniveau, Risiko).
● Traditionen im Hause des Anwenders, die auch zu einem einseitigen Erfahrungsschatz führen können.
● Vorhandene Steuerungskonzepte, für die der Überarbeitungsaufwand beim Wechsel des Reglertyps als zu groß eingeschätzt wird.
● Eine Kostenbetrachtung erfolgt teilweise unter Gesichtspunkten „Reduzierung der Kosten für Fremdbezug". Eine Betrachtung der Gesamtkosten unter Einbeziehung z. B. des Aufwands in der Eigenfertigung der Steuerplattenbearbeitung ist für den Anwender schwierig (bestehende Einrichtungen …).

4   Kriterien für die Aktuatorauswahl

Kriterium	Schieber-Druckregler DR-S	Flachsitz-Druckregler DR-F	3/2-PWM-Ventil
Aufwand im Hydrauliksystem	unempfindlich gegenüber Schwankungen des Zulaufdrucks	konstanter Zulaufdruck Zulaufblende	konstanter Zulaufdruck Dämpfung

Genauigkeit:
    Vergleichswert
    (Exemplarstreuung)
	$\approx 7\,\%$ (Rückführung)
	$\pm 5 \ldots \pm 25$ kPa
	(abhängig von Kennlinienbereich)
		$\approx 11\,\%$
		$\pm 5 \ldots \pm 30$ kPa
		(abhängig von Kennlinienbereich)
			$\approx 13\,\%$ (Steuerung)
			± 20 kPa
			(konstant)

Einfluss des Zulaufdrucks bei $p_{zu} = 800 \pm 50$ kPa	$p_{C} = 400 \pm 0{,}2$ kPa	$\Delta p_{C} \approx 0{,}2 \cdot \Delta p_{zu}$	$\Delta p_{C} \sim \Delta p_{zu}$
Leckage	typ. $0{,}3\ l \cdot \text{min}^{-1}$	$0{,}3 \ldots 1{,}0\ (\ldots 0)\ l \cdot \text{min}^{-1}$	$0 \ldots 0{,}5 \ldots 0\ l \cdot \text{min}^{-1}$ (ohne Elastizität)
Geräusch	–	–	gegebenenfalls Dämpfung erforderlich
Kosten	Hoch	Mittel	Gering

Tabelle 4

Daimler-/Maybach-Stahlradwagen 1889 mit Viergang-Zahnradgetriebe

Eine Kraftübertragung im Automobil muss die Funktionen des Anfahrens sowie der Drehzahl- und Drehmomentwandlung für das Vorwärts- und Rückwärtsfahren gewährleisten. Dafür sind Stellglieder und Schaltelemente erforderlich, die in den Leistungsfluss eingreifen und die Wandlung vornehmen.

In den Anfängen der Automobilgeschichte brachten viele Fahrzeuge die Antriebskraft des Motors mit Riemen- und Kettenantrieben auf die Straße. Nur in der Endstufe, dem Achsantrieb, waren wegen der hohen Drehmomente schon bald Zahnrad- oder Kettentriebe in Gebrauch.

Der Stahlradwagen von Daimler und seinem Konstrukteur Maybach aus dem Jahr 1889 war das *erste Vierradfahrzeug* mit Verbrennungs- motor, das nicht mehr lediglich aus einer umge- bauten Kutsche bestand, sondern in seiner Ge- samtheit speziell für den motorisierten Straßen- verkehr konzipiert war. Der Kraftfluss seines aufrecht montierten Zweizylinder-V-Motors mit einer Leistung von 2 PS (1,45 kW) wurde bereits mit einer Kupplung und einem Viergang-Zahn- radschaltgetriebe samt Differenzialausgleich auf die Antriebsachse übertragen. Ein Zahnrad- getriebe konnte nämlich eine Drehzahl- und Drehmoment- sowie eine Drehsinnwandlung auf engstem Raum vornehmen.

Das mit zwei Schalthebeln zu bedienende Vier- gang-Getriebe bestand aus verschiedenen Zahnradpaaren mit gerader Verzahnung, von denen mithilfe von zwei Schieberadblöcken im- mer ein Paar in Eingriff gebracht werden konnte. Die erreichbare Geschwindigkeit lag zwischen 5 km/h (1. Gang) und 16 km/h (4. Gang). Zum Anfahren und Schalten ließ sich die Kraftüber- tragung vom Motor zum Getriebe mit einer Konuskupplung unterbrechen.

Trotz Einführung der Zahnradwechselgetriebe hielt sich der Riementrieb als Anfahreinheit im weiteren Verlauf der Fahrzeugentwicklung noch einige Zeit, weil er einen gewissen Anfahrschlupf sowie einen größeren Abstand zu den anderen Komponenten des Antriebsstrangs zuließ. Es gab auch Kombinationen aus Riementrieb, Zahn- radschaltgetriebe und Kettentrieb. Der Kettenan- trieb blieb für Pkw bis etwa 1910 in Anwendung. Doch mit der weiter zunehmenden Motorleistung führte wegen den auftretenden hohen Kräften kein Weg mehr am Zahnradwechselgetriebe mit Konuskupplung vorbei.

Nach 1920 wurde die formschlüssige Verbin- dung (bei ständig im Eingriff bleibenden Zahn- rädern) durch Verschieben von Klauenkupplun- gen mit geringem Verschiebeweg hergestellt. Danach wurden schräg verzahnte Zahnräder sowie die Synchronisierung zum Standard für Handschaltgetriebe. Schließlich folgte die Ein- führung der unter Last schaltenden Automatge- triebe, die wegen der hohen Leistungsdichte in der Regel mit Planetengetriebesätzen ausgeführt sind.

Daimler-/Maybach-Stahlradwagen von 1889 mit seinem Viergang-Getriebe
(Quelle: DaimlerChrysler Classic)

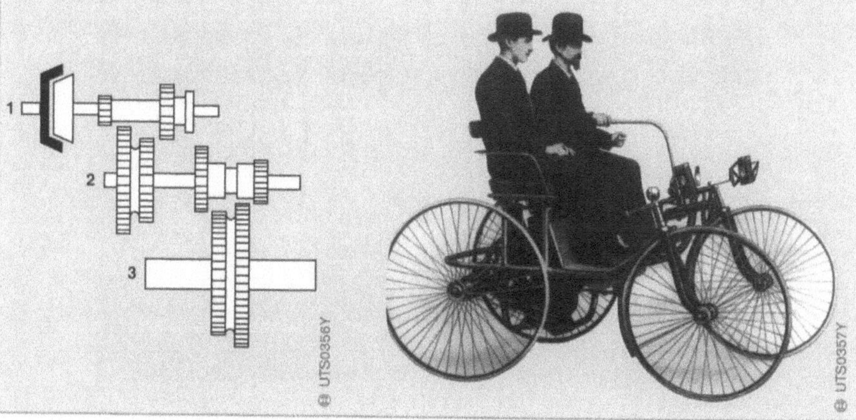

1 Getriebeeingang
    mit Konuskupplung
2 Schieberadblock 1
3 Schieberadblock 2

Module für Getriebesteuerung

Module sind kompakte Funktions- und Baueinheiten. Sie ermöglichen die Integration verschiedener standardisierter Bauelemente bei geringstem Bauteileaufwand und Bauraum sowie vereinfachten Schnittstellen. Je nach Grad der Integration gibt es hydraulische, elektrische oder elektrohydraulische Module.

Anwendung

Mechatronische Module

Da die Anzahl der Sensoren und Aktuatoren im Automatikgetriebe zunimmt, der zur Verfügung stehende Bauraum aber eher abnimmt, liegt der Schritt zur fortschreitenden Integration nicht nur aus Kostengründen nahe:

In „Mechatronischen Modulen" können verschiedene Aktuatoren und Sensoren, deren Kontaktierung und gegebenenfalls sogar ein Steuergerät unterschiedlich kombiniert und zu einem Steuerungssystem zusammengefasst sein. Der Integrationsgrad bzw. der Umfang eines mechatronischen Moduls hängt von den Anforderungen des jeweiligen Fahrzeugherstellers ab (Bild 1).

Verbesserungspotenzial

Die Modultechnik bietet gegenüber Einzelkomponenten ein umfangreiches Verbesserungspotenzial (Bild 2).

Die Module haben gegenüber Einzelkomponenten folgende Vorteile:
- reduzierter Bauraum,
- reduzierte Masse,
- weniger Einzelteile,
- erhöhte Zuverlässigkeit,
- Standardisierung der im Modul integrierten Bauteile und damit
- reduzierte Kosten.

Diese Vorteile ergeben sich im Wesentlichen durch Vereinfachungen an den mechanischen und elektrischen Schnittstellen zwischen den Einzelkomponenten und dem Getriebe. Auf diesem Gebiet bieten sich auch in Zukunft noch weitere Ansätze zur Kostenreduzierung.

Bei einer weiteren Steigerung des komplexen Aufbaus der Module könnten aber auch Nachteile auftreten; denn ein Hersteller der Module muss die Kompetenz für das Gesamtspektrum der darin enthaltenen Komponenten haben. Da die Trennbarkeit der Komponenten bei einem eventuellen Fehler erschwert ist, könnten erhöhte Folgekosten sowohl bei Montagefehlern als auch bei Reparaturen entstehen. Deshalb stellen mechatronische Systeme sehr hohe Anforderungen an die Qualität und Zuverlässigkeit bei der Fertigung und setzen geeignete Vorkehrungen für die Durchführbarkeit späterer Reparaturen voraus.

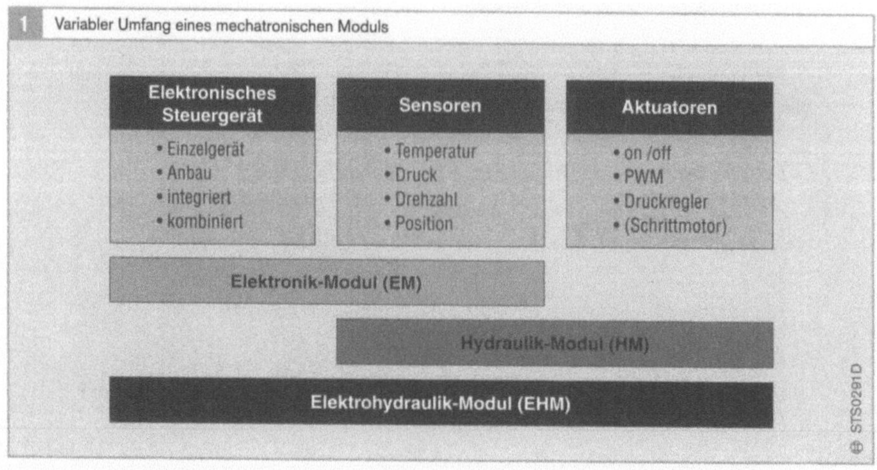

Modulausführungen

Hydraulikmodule HM

Das Hydraulikmodul (HM) (Beispiel Bild 3)
ist der erste Schritt zur vereinfachten Montage von Modulen. Es enthält folgende
Komponenten (im Wesentlichen Sensoren
und Aktuatoren):

- Druckregler (1),
- PWM-Ventil (2),
- integrierte Schaltventile (4),
- auf den Fahrzeugtyp abgestimmter Getriebestecker,
- Temperatursensor,
- elektrische Verbindungen
  und
- gemeinsame Filter-
  dichtung zwischen
  Modulgehäuse
  und Adapterplatte mit
- Hydraulikkanälen (5).

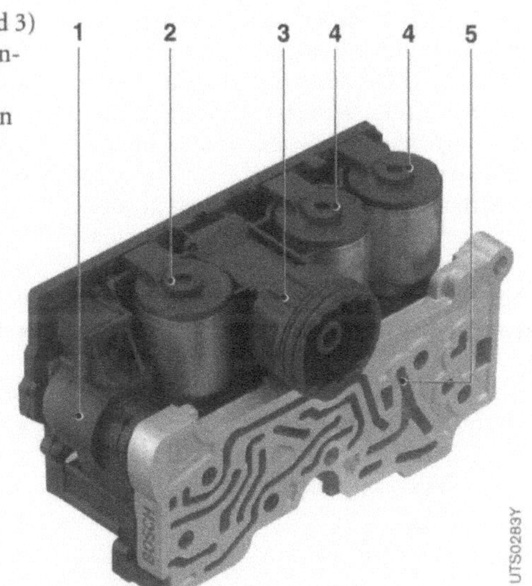

Bild 3
1   Druckregler
2   PWM-Ventil
3   Getriebestecker
4   integrierte
     Schaltventile
5   Adapterplatte mit
     Hydraulikkanälen

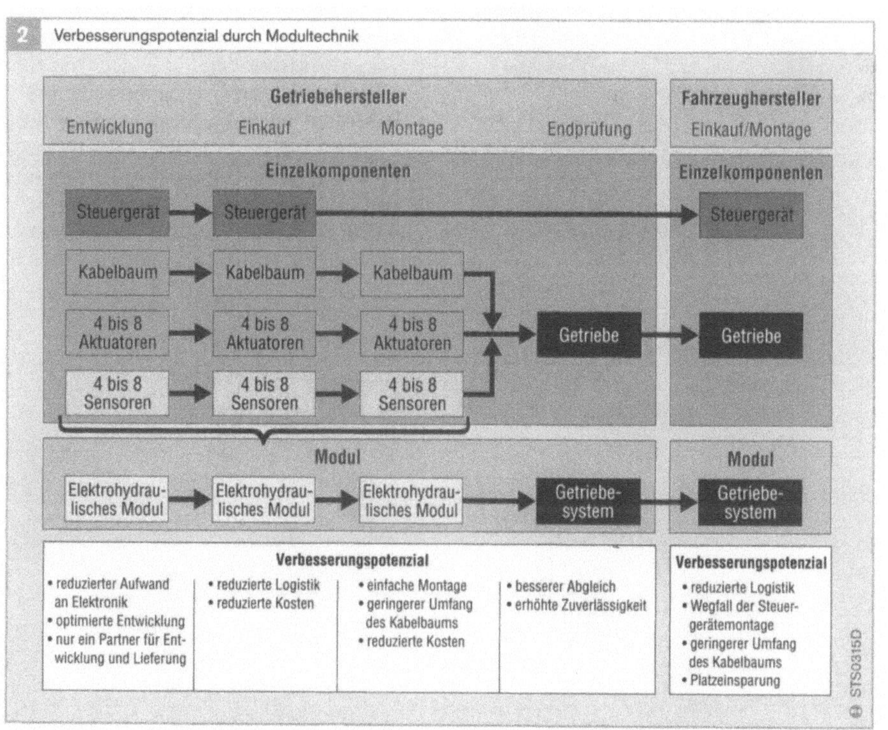

Elektronikmodule EM

Aufbau

In der nächsten Entwicklungsstufe erfolgt die Verschmelzung von Mechanik und Elektronik zum mechatronischen Elektronikmodul (EM), bestehend aus Sensoren und Steuergerät. Es bietet in vielen Fällen die Möglichkeit zur Systemvereinfachung und Kostenreduzierung.

Elektronikmodule gibt es bereits in verschiedenen Ausprägungen. Allen gemeinsam ist die optimale Anpassung an ihre Umgebung wie die Beispiele in den Bildern 4 bis 6 zeigen.

Modul von Bosch für ZF-Getriebe

Die hoch entwickelte Getriebefunktionalität mit Echtzeitberechnungen benötigt einen 32-Bit-Mikrocontroller (Motorola MPC555).

Das bedeutet, dass je nach Anwendung bis zu 250 Anschlüsse entflochten werden müssen. Neben der empfindlichen Signalaufbereitung benötigt die elektronische Getriebesteuerung eine

- Leistungselektronik mit einem hochgenauen Stromregler (1 A mit 1 % Genauigkeit) für die Druckregelung sowie
- Halbleiterrelais für Ströme bis 8 A.

Weitere Funktionen sind:
- Spannungsversorgung,
- Sicherheitsüberwachung und
- Bussystem CAN zur Datenübertragung.

Zum System gehören außerdem noch:
- elektrisch angesteuerte Druckregelventile und Magnetventile,
- Positionssensor,
- Drehzahlsensoren,
- Temperatursensor und
- Getriebestecker.

Die Umweltbedingungen, die auf das Getriebe einwirken, stellen eine besondere Herausforderung dar:

Die Temperatur erreicht zeitweilig 140 °C. Außerdem treten Beschleunigungswerte bis 30 g auf. Zudem ist die Elektronik vollständig vom Getriebeöl umgeben, das Schmutz, Abriebpartikel sowie chemische Additive enthält (siehe auch Kapitel „Automatische Getriebe AT" Abschnitt „Getriebeöl/ATF").

4 Elektronikmodul von Siemens-VDO

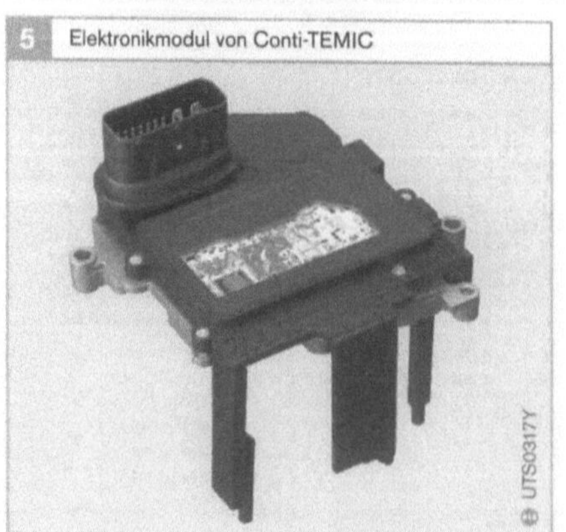

5 Elektronikmodul von Conti-TEMIC

6 Elektronikmodul von Bosch für ZF 6HP26

Elektrohydraulische Module EHM

Eine Erweiterung der Komponenten des Elektronikmoduls mit der zusätzlichen Integration von Aktuatoren führt zum Elektrohydraulischen Modul (EHM).

Ein elektrohydraulisches Modul besteht demnach aus
- Sensoren,
- Aktuatoren und
- Steuergerät.

Das Bild 7 zeigt ein elektrohydraulisches Modul:

Ein dreiteiliger Komponententräger aus Kunststoff hält die im Modul integrierten Komponenten. Ein Stanzgitter, das zum Schutz gegen Schmutz und Metallspäne zwischen den Kunststoffbauteilen liegt, enthält die elektrische Verdrahtung. Die Kontaktierung der Bauteile im Stanzgitter erfolgt durch Laserschweißung bzw. durch eine spezielle Schneid-Klemm-Verbindungstechnik.

7   Elektrohydraulisches Modul

Bild 7
1   Getriebestecker
2   Druckregelventile
3   Drehzahlsensor
4   Steuergerät in
    Mikrohybridtechnik
5   Positionssensor

UTS0223Y

Aktivlenkung

Die Entwicklung der Lenksysteme von Kraftfahrzeugen ist durch die konsequente Einführung der hydraulischen Servounterstützung und durch Ersetzen der Kugelmutterlenkung im Pkw durch die leichtere und preiswertere Zahnstangenlenkung gekennzeichnet. Elektromechanische Servolenkungen verdrängen neuerdings bei kleinen und leichten Pkw die hydraulische Servounterstützung. Die rein elektronische „steer by wire"-Technik ist vom Gesetzgeber für Kraftfahrzeuge jedoch noch nicht zugelassen. Sicherheitsvorschriften der EU fordern derzeit noch eine mechanische Verbindung zwischen Lenkrad und Rädern.

All diese Entwicklungen haben als Ziel, die Fahrzeugführung möglichst leicht zu gestalten und die Lenkkräfte auf ein sinnvolles Maß zu begrenzen. Eine möglichst gute Rückmeldung über die Kraftschlussverhältnisse zwischen Reifen und Fahrbahn soll sichergestellt werden. Sie hat entscheidenden Einfluss darauf, wie gut der Fahrer seine Aufgabe im Regelkreis Fahrer – Fahrzeug – Umwelt bewältigen kann.

Aufgabe

Die neu entwickelte Aktivlenkung kann die Lenkkräfte und den vom Fahrer vorgegebenen Lenkwinkel beeinflussen. Sie erfüllt den Wunsch nach einer direkten Lenkübersetzung zur Verbesserung der Handlichkeit bei niedrigen Geschwindigkeiten. Ebenso erfüllt sie die Forderungen bezüglich Sicherstellung von Komfort, Fahrbarkeit und Geradeauslauf im Hochgeschwindigkeitsbereich. Die Aktivlenkung ist ein erster Schritt zur „steer by wire"-Funktion. Sie ermöglicht zwar kein autonomes Fahren, wohl aber Korrekturfunktionen und mehr Komfort.

Aufbau

Der wesentliche Unterschied der Aktivlenkung (Active Steering) zum „steer by wire"-System ist der Erhalt des Lenkstrangs und damit der mechanische Durchgriff des Fahrers auf die gelenkten Vorderräder bei der Aktivlenkung.

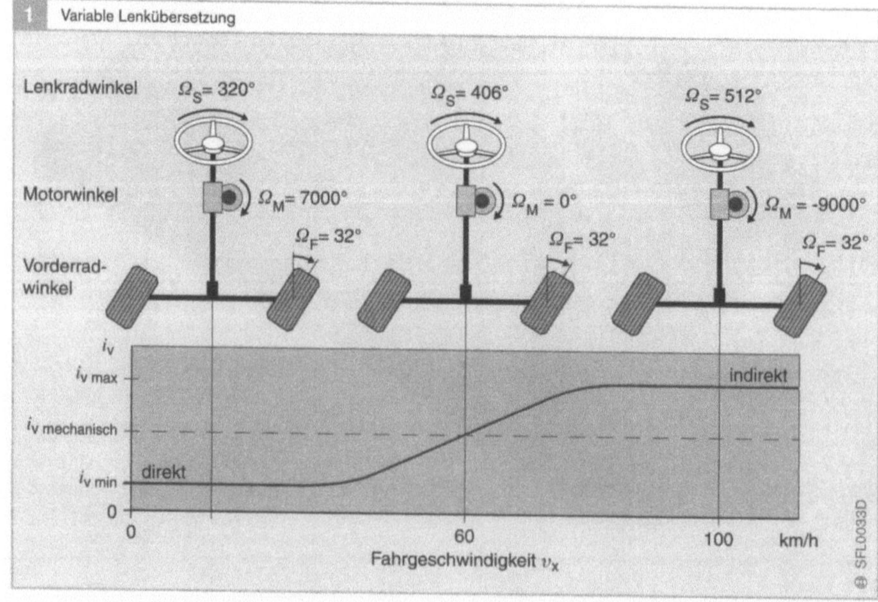

Bild 1
Veränderung des Verhältnisses zwischen dem Lenkradwinkel und dem mittleren Winkel der Vorderräder → Verringerung des Lenkaufwandes bei niederen und Stabilität bei hohen Geschwindigkeiten

Mechanik

Der Lenkstrang besteht weiterhin aus Lenkrad, Lenksäule, Lenkgetriebe und Spurstangen. Das Besondere der neuen Aktivlenkung ist ein Überlagerungsgetriebe (Bild 2). Hierzu ist im Lenkgetriebe ein Planetengetriebe (6) mit zwei Eingangswellen und einer Ausgangswelle integriert. Eine Eingangswelle ist mit dem Lenkrad verbunden, die andere treibt ein Elektromotor (4) über ein Schneckengetriebe (3) als Übersetzungsstufe an. Das dazugehörige Steuergerät verarbeitet die notwendigen Sensorsignale, steuert den Elektromotor und überwacht das gesamte Lenksystem.

Der Elektromotor und das Überlagerungsgetriebe ermöglichen einen fahrerunabhängigen Lenkeingriff an der Vorderachse. Bei niedrigen Geschwindigkeiten fällt der wirksame Lenkwinkel an den Rädern größer aus als der eingestellte Winkel am Lenkrad, da ein lenkwinkelproportionaler Anteil hinzugesteuert wird. Bei hohen Geschwindigkeiten wird ein entsprechender Anteil entgegengesteuert, sodass der Radwinkel kleiner ausfällt, als ihn der Fahrer am Lenkrad einstellt (Bild 1). Ruht der Elektromotor,

besteht wie bei konventionellen Lenkungen ein direkter Durchgriff vom Lenkrad auf die Räder.

Hydraulik

Das Prinzip der Überlagerungslenkung erfordert in der Regel eine hydraulische Servounterstützung, um die Handkräfte auf ein sinnvolles Maß zu beschränken. Ein an die höheren Leistungsanforderungen angepasstes „open center"-Lenkventil bewältigt das. Die vektorielle Überlagerung der Stellgeschwindigkeiten des Fahrers und des Motors kann in bestimmten Situationen zu deutlich höheren Zahnstangenverschiebegeschwindigkeiten als bei konventionellen Lenkungen führen. Das geometrische Fördervolumen der Flügelzellen-Lenkhilfpumpe mit Volumenstromregler ist auf die maximale theoretische Stellgeschwindigkeit ausgelegt. Die druckseitige Regelung stellt eine sehr dynamische und akustisch unauffällige Energieversorgung für die Aktivlenkung dar.

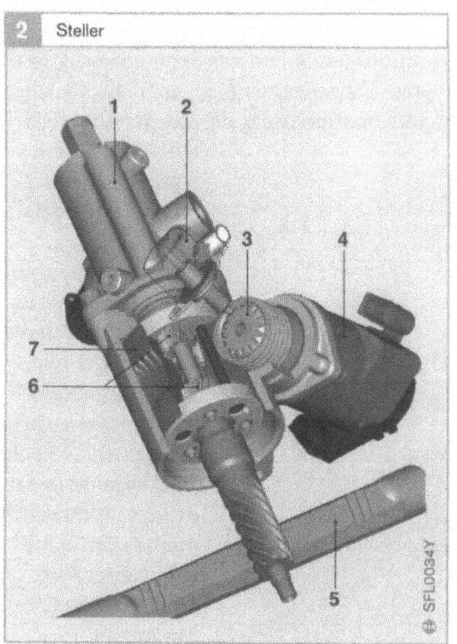

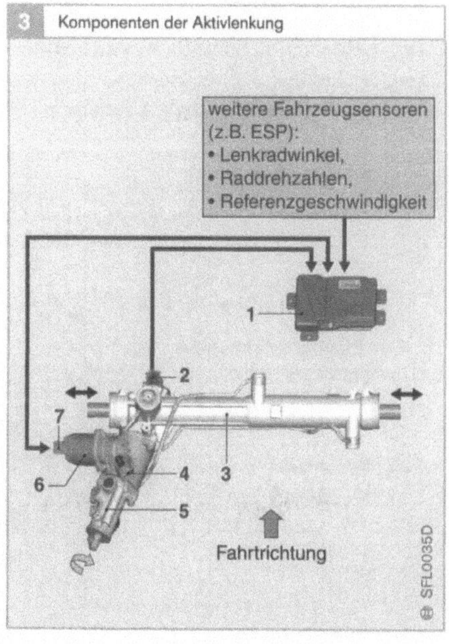

Bild 2

1 Servotronic-2-Ventil
2 Elektromagnetische Sperre
3 Schnecke
4 Elektromotor
5 Zahnstange
6 Planetenrad
7 Schneckenrad

Bild 3

1 Elektronisches Steuergerät
2 Ritzelwinkelsensor
3 Unterbau
4 Sperre
5 Servotronic-2-Ventil
6 Steller-Baugruppe
7 Motorwinkelsensor

Arbeitsweise

Ansteuerkonzept

Der fahrerunabhängige Stelleingriff an der
Vorderachse erfordert ein aufwändiges An-
steuerkonzept, das in einem Steuergerät mit
zwei Prozessoren, die miteinander kommunizieren, realisiert ist. Ein Prozessor ist für
die Ansteuerung des Stellmotors, der andere
für die Berechnung des korrekten Stell-
winkels zuständig. Beide Prozessoren überwachen sich gegenseitig bezüglich ord-
nungsgemäßer Funktion. Der Bewegungszustand des Lenkgetriebes wird durch je
einen Winkelsensor am Lenkritzel sowie am
Stellmotor sensiert. Hinzu kommt das Lenk-
radwinkelsignal als Sollvorgabe des Fahrers.
Sensoren für Giergeschwindigkeit, Querbeschleunigung und Raddrehzahl werden für
die Fahrstabilisierungssysteme (ESP) schon
benötigt und liefern weitere Eingangssignale
für die Aktivlenkung.

Die Systemvernetzung des Steuergeräts
erfolgt über Powertrain-CAN sowie über
den neuen Fahrwerk-CAN mit der erforderlichen hohen Datenrate (siehe Bild 3). Rund
100-mal in jeder Sekunde werden die nötigen Daten über Sensoren erfasst und vom
Steuergerät ausgewertet. Das Steuergerät
entscheidet dann, ob und um welchen Betrag der Lenkwinkel verändert werden muss.
Bei niederer Geschwindigkeit steuert es
einen lenkwinkelproportionalen Anteil
hinzu, bei hoher Geschwindigkeit steuert es
einen entsprechenden Anteil entgegen. Aus
Fahrersicht ergibt sich somit der Eindruck
einer über die Fahrgeschwindigkeit variablen Lenkübersetzung. Der Lenkaufwand
bleibt über einen weiten Geschwindigkeitsbereich weitgehend konstant. Oberhalb des
Rangierbereichs ist für alle Fahrsituationen
ein Lenkwinkel von deutlich weniger als
180° erforderlich.

Fahrstabilisierung

Zur Berechnung des stabilisierenden Lenk-
eingriffs werden die Fahrzeugbewegungs-
größen Gierwinkelbeschleunigung und
Querbeschleunigung zurückgeführt und im
Stabilisierungsregler mit der Sollvorgabe des
Fahrers – dargestellt durch Lenkradwinkel
und Fahrgeschwindigkeit – verglichen
(Bild 4).

Sollwert

Der im Steuergerät der Aktivlenkung gebildete Sollwert für den einzustellenden Stell-
winkel kann in einen gesteuerten sowie
einen geregelten Anteil aufgeteilt werden.
Der gesteuerte Anteil, vereinfacht als variable Lenkübersetzung bezeichnet, wird defi-
nitionsgemäß nur aus der Führungsgröße,
dem Fahrerlenkwinkel, gebildet. Zusätzliche
Informationen aus der Regelstrecke „Fahrzeug" liegen dem ge-
regelten Anteil zu-
grunde. Die Teilsoll-
werte werden an
einem Summenpunkt
zusammengeführt.
Sie modifizieren die
Reaktion der Regel-
strecke „Fahrzeug"
auf Lenkeingaben des
Fahrers. Diese Lenk-
eingriffe sind in der
Regel kontinuierlich
und werden somit
vom Fahrer nicht
als störend wahr-
genommen.

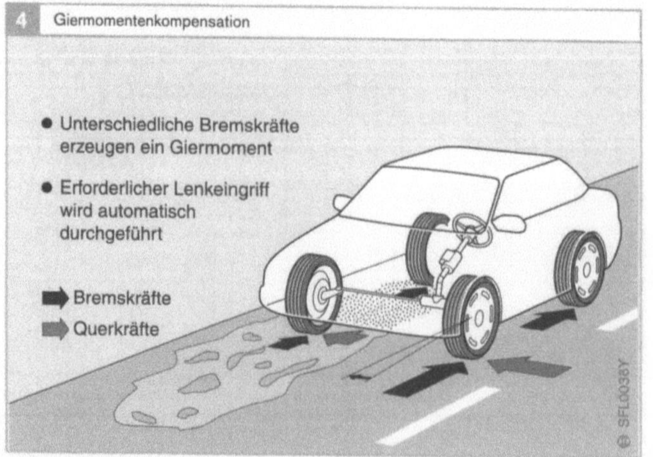

Bild 4
Beispiel: Bremsung auf
inhomogener Fahrbahn

Zusammenwirken mit
Fahrstabilisierungssystemen

Im Vergleich zur bekannten Fahrstabilisierung durch Radschlupfregelung weist die Fahrstabilisierung über den Lenkeingriff an der Vorderachse ein anderes Eigenschaftsprofil auf:

- Der Lenkeingriff ist für den Fahrer weniger bemerkbar als der auch akustisch deutlich wahrnehmbare Bremseingriff.
- Der Lenkeingriff ist schneller als ein radialer Bremseingriff, der eine gewisse Schwellzeit zum Druckaufbau benötigt.
- In der Stabilisierungsleistung ist der Bremseneingriff der Lenkung überlegen.

Durch die Kombination von Aktivlenkung (Lenkeingriff) und Radschlupfregelung (Bremseingriff) wird eine optimale Fahrstabilisierung erreicht.

Sicherheitskonzept

Muss der Stellmotor aufgrund eines Fehlers abgeschaltet werden, wird dieser Pfad mechanisch blockiert. Das Planetengetriebe wälzt dann intern bei blockiertem Schneckenrad ab, das Fahrzeug bleibt uneingeschränkt und mit einer konstanten Übersetzung lenkbar. Bei der Aktivlenkung ist somit bei einem Ausfall der mechanische „Durchgriff" möglich. Dies ist ein großer Vorteil zu reinen „steer by wire"-Systemen. Alle relevanten Eingangssignale werden bei der Aktivlenkung durch redundante Sensoren oder Messungen abgesichert. Die Berechnung des Sollsignals im Steuergerät erfolgt durch zwei verschiedene Prozessoren. Die Umsetzung des Sollsignals im elektromechanischen Wandler ist zwar nur einkanalig realisiert, durch die Wahl eines BLDC-Motors ist jedoch keine unerwünschte Stellbewegung in fahrdynamisch relevanter Größenordnung möglich.

Das Sicherheitskonzept wird durch ein angepasstes Abschaltkonzept ergänzt. Die Funktionsabschaltungen reichen von der temporären oder dauernden Ausblendung der Fahrstabilisierung über einen eingeschränkten Fahrbetrieb mit Ersatzwerten bis hin zur kompletten Abschaltung des gesamten Systems. Die Zustandsübergänge sind hier vergleichbar mit bekannten und beherrschbaren Störungen, wie etwa durch Seitenwind oder Spurrillen in der Fahrbahn.

Die Aktivlenkung bedarf keiner zusätzlicher Bedienelemente, da alle Teilfunktionen beim Motorstart automatisch aktiviert werden. Wenn der Verbrennungsmotor nicht arbeitet (beim Abschleppen), wird die Aktivlenkung analog zur konventionellen Servolenkung deaktiviert. Solche Situationen werden durch eine Kammerleuchte im Kombiinstrument angezeigt.

Nutzen der Aktivlenkung für den Fahrer

- Fahrfehler werden so ausgeglichen oder korrigiert, dass der Fahrer nicht von der Reaktion des Fahrzeugs überrascht wird.
- Die von der Fahrsituation abhängige Lenkübersetzung bringt Arbeitserleichterung beim Rangieren, da bei gleichem Kraftaufwand eine geringere Anzahl von Lenkradumdrehungen benötigt wird.
- Komfortgewinn bei hohen Geschwindigkeiten, da der Fahrer nicht mehr befürchten muss, durch versehentlich zu starke Lenkbewegung die Kontrolle über das Fahrzeug zu verlieren.
- Der Lenkvorhalt, Steering Lead genannt, ist ein weiteres Komfortmerkmal. Er ermöglicht ein agileres Ansprechen auf den Lenkbefehl.

Sicherheit am Kraftfahrzeug

Insassenschutzsysteme sollen die bei einem Unfall auf die Passagiere wirkenden Beschleunigungen und Kräfte niedrig halten und die Unfallfolgen vermindern.

Sicherheitsgurte, Gurtstraffer

Aktive Sicherheitssysteme helfen, Unfälle zu vermeiden und tragen damit vorbeugend zur Sicherheit im Straßenverkehr bei. Ein Beispiel für die aktive Fahrsicherheit ist das Antiblockiersystem (ABS) mit Elektronischem Stabilitäts-Programm (ESP) von Bosch, das das Fahrzeug auch in kritischen Bremssituationen stabilisiert und die Lenkbarkeit dabei aufrechterhält.

Passive Sicherheitssysteme dienen dem Schutz der Insassen vor schweren oder gar tödlichen Verletzungen. Ein Beispiel für die passive Sicherheit sind die Airbags, die die Insassen schützen, wenn ein Aufprall nicht vermieden werden konnte.

Sicherheitsgurte, Gurtstraffer

Aufgabe
Sicherheitsgurte haben die Aufgabe, die Insassen eines Fahrzeugs im Sitz zurückzuhalten, wenn dieses auf ein Hindernis aufprallt.

Gurtstraffer verbessern die Rückhalteeigenschaften eines Dreipunkt-Automatikgurtes und erhöhen den Schutz vor Verletzungen. Sie ziehen bei einem Frontalaufprall die Sicherheitsgurte enger an den Körper und halten den Oberkörper damit möglichst dicht an der Sitzlehne. So wird eine zu weite, durch die Massenträgheit verursachte Vorverlagerung der Insassen verhindert (Bild 1).

Arbeitsweise
Bei einem Frontalaufprall auf ein festes Hindernis mit 50 km/h müssen die Gurte eine Energie absorbieren, die der Wucht vergleichbar ist, die ein Mensch beim freien Fall aus dem 4. Stockwerk eines Hauses erreicht. Aufgrund eines lockeren Gurtes („Gurtlose"), der Gurtdehnung und des Filmspuleneffekts haben Dreipunkt-Automatikgurte beim Frontalaufprall mit Geschwindigkeiten von über 40 km/h gegen feste Hindernisse nur eine begrenzte Schutzwirkung, da sie ein Auftreffen von Kopf und Körper auf das Lenkrad bzw. auf das Instrumentenbrett nicht mehr sicher verhindern können. Ein Insasse erfährt ohne Rückhaltesysteme eine sehr große Vorverlagerung (Bild 2).

Der *Schultergurtstraffer* beseitigt bei einem Aufprall die „Gurtlose" und den „Filmspuleneffekt", indem er das Gurtband aufrollt und strafft. Seine volle Wirkung erreicht dieses System bei einem Aufprall mit einer Geschwindigkeit von 50 km/h innerhalb der ersten 20 ms nach Aufprallbeginn; es unterstützt damit den nach ca. 40 ms voll aufgeblasenen Airbag. Danach bewegt sich ein Insasse noch etwas nach vorn und drückt dabei Füllgas (N_2) aus dem Airbag, wodurch ein relativ sanfter Abbau seiner Bewegungsenergie

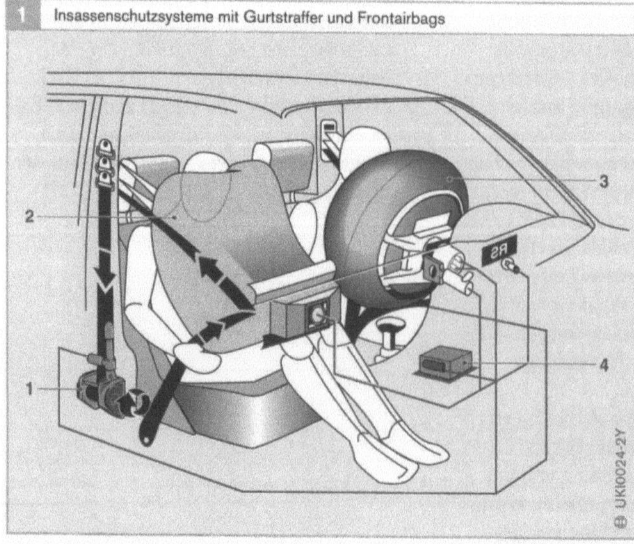

Bild 1
1   Gurtstraffer
2   Frontairbag für Beifahrer
3   Frontairbag für Fahrer
4   Steuergerät

erfolgt. Dies schützt den Insassen vor Verletzungen, da er nicht auf harte Fahrzeugstrukturen prallt.

Für die optimale Schutzwirkung müssen die Fahrzeuginsassen nach möglichst geringer Vorverlagerung aus den Sitzen an der Fahrzeugverzögerung teilnehmen. Die Aktivierung der Gurtstraffer sorgt bereits kurz nach Aufprallbeginn dafür und stellt damit die frühest mögliche Rückhaltung der Insassen sicher. Die maximale Vorverlagerung bei gestrafften Gurten beträgt ca. 2 cm, und die mechanische Straffungsdauer liegt bei 5...10 ms.

Bei der Aktivierung zündet das System elektrisch einen pyrotechnischen Treibsatz. Der ansteigende Druck wirkt auf einen Kolben, der über ein Stahlseil die Gurtrolle so dreht, dass sich der Gurt straff an den Körper anlegt (Bild 3).

Varianten

Neben den beschriebenen Schultergurtstraffern zum Rückwärtsdrehen der Gurtaufrollerwelle gibt es Varianten, die das Gurtschloss nach hinten ziehen (Schlossstraffer) und dadurch gleichzeitig Schulter- und Beckengurt straffen. *Schlossstraffer* verbessern die Rückhaltewirkung und den Schutz davor, unter dem Gurt hindurchzurutschen („Submarining Effect"), noch weiter. Die Straffung geht bei beiden Systemen in der gleichen Zeit wie bei Schultergurtstraffern vonstatten.

Einen größeren Strafferweg zum Erzielen einer besseren Rückhaltewirkung bietet die Kombination von zwei Gurtstraffern pro (Front-)Sitz, die z. B. beim Renault Laguna aus einem Schultergurtstraffer und einem *Gurtbeschlagstraffer* besteht. Die Aktivierung des Gurtbeschlagstraffers erfolgt entweder erst ab einer gewissen Crash-Schwere oder aber mit einer bestimmten Zeitverzögerung (z. B. ca. 7 ms) nach der Auslösung des Schultergurtstraffers.

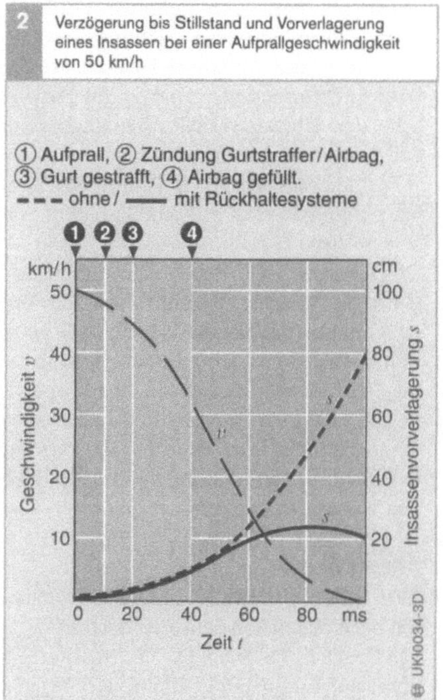

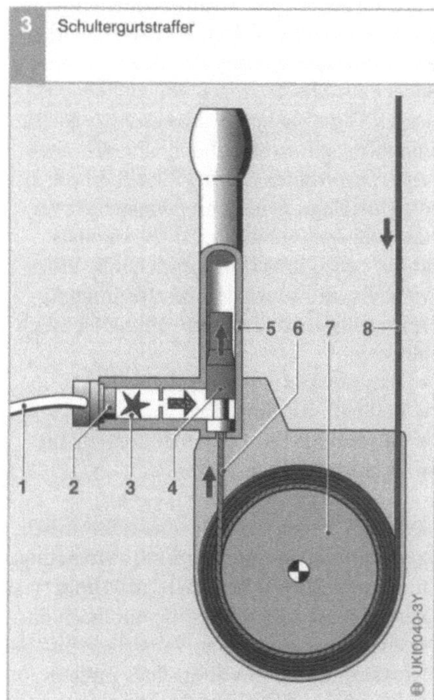

Bild 2
① Aufprall
② Zündung Gurtstraffer/Airbag
③ Gurt gestrafft
④ Airbag gefüllt
– – ohne Rückhaltesystemen
—— mit Rückhaltesystemen

Bild 3
1 Zündleitung
2 Zündelement
3 Treibladung
4 Kolben
5 Zylinder
6 Drahtseil
7 Gurtrolle
8 Gurtband

Neben pyrotechnisch angetriebenen gibt es auch noch mechanische Gurtstraffer. Hierbei entriegelt ein mechanischer oder elektrischer Sensor eine vorgespannte Feder, die das Gurtschloss zurückzieht. Der einzige Vorteil dieser Systeme liegt in den geringeren Kosten. Sie haben aber ein nicht so gut auf den Airbag-Auslösezeitpunkt abgestimmtes Auslöseverhalten wie pyrotechnische Gurtstraffer, die ja dieselbe elektronische Crash-Sensierung wie die Frontairbags haben.

Um eine optimale Schutzwirkung zu erzielen, muss das Verhalten aller Komponenten des gesamten Insassenschutzsystems „Gurtstraffer plus Airbags für Frontaufpralle" aufeinander abgestimmt sein. „Gurte plus Straffer" stellen den größten Teil der Schutzwirkung dar, da sie allein 50...60 % der Crash-Energie aufnehmen. Mit Frontairbag beträgt die Energieabsorption ca. 70 % bei optimaler Abstimmung der Auslösezeitpunkte.

Eine weitere Verbesserung und vor allem eine Vermeidung von Schlüsselbein- oder Rippenbrüchen mit resultierenden inneren Verletzungen bei älteren Insassen bewirkt ein *Gurtkraftbegrenzer*. Bei dieser Variante ziehen die Straffer zuerst voll an (z. B. mit ca. 4 kN) und halten den Insassen zunächst möglichst gut zurück. Beim Überschreiten einer bestimmten Gurtbandkraft erhöht sich die Gurtlänge, woraus ein längerer Vorverlagerungsweg resultiert. Die Bewegungsenergie wird in Verformungsenergie umgewandelt, und so werden Beschleunigungsspitzen abgebaut. Als Verformungselemente gibt es
- Torsionsstab (Gurtaufrollerwelle),
- Reißnaht im Gurt,
- Gurtschloss mit Deformationselement,
- Zerspanungselement.

DaimlerChrysler hat z. B. eine elektronisch gesteuerte, einstufige Gurtkraftbegrenzung, die eine definierte Zeit nach Auslösung der zweiten Frontairbagstufe und nach Erreichen einer definierten Vorverlagerung die Gurtkraft durch Zündung eines Zündelements auf 1...2 kN reduziert.

Weiterentwicklung
Die Straffungsleistung pyrotechnischer Gurtstraffer wird ständig weiter verbessert: „Hochleistungsstraffer" sind in der Lage, ca. 15 cm Gurtauszugslänge in ca. 5 ms zurückzuziehen. Zukünftig gibt es auch zweistufige Gurtkraftbegrenzungen, realisiert durch zwei Torsionsstäbe mit zeitversetztem Eingriff oder einen Torsionsstab plus zusätzlichem Biegeblech im Retraktor.

Frontairbag

Aufgabe
Frontairbags haben die Aufgabe, mit je einem Airbag den Fahrer und den Beifahrer vor Kopf- und Brustverletzungen bei einem Fahrzeugaufprall auf feste Hindernisse mit Geschwindigkeiten bis zu 60 km/h zu schützen. Bei einem Frontalaufprall zwischen zwei Fahrzeugen schützen die Frontairbags bis zu Relativgeschwindigkeiten von 100 km/h. Ein Gurtstraffer allein kann bei einem schweren Aufprall das Aufschlagen des Kopfes auf das Lenkrad nicht verhindern. Airbags haben zur Erfüllung dieser Aufgabe je nach Einbauort, Fahrzeugart und Strukturdeformationsverhalten unterschiedliche, den Fahrzeugverhältnissen angepasste Füllmengen und Formen.

Frontairbags arbeiten in einigen wenigen Fahrzeugtypen auch mit „aufblasbaren Kniepolstern" zusammen, die den „Ride Down Benefit", d. h. den Geschwindigkeitsabbau der Insassen zusammen mit dem Geschwindigkeitsabbau der Fahrgastzelle gewährleisten. Somit wird die rotationsförmige Vorwärtsbewegung von Oberkörper und Kopf, die für einen optimalen Airbagschutz benötigt wird, sichergestellt. Dies ist vor allem für Länder ohne Anschnallpflicht von Vorteil.

Arbeitsweise
Zum Schutz von Fahrer und Beifahrer blasen nach einem von Sensoren erkannten Fahrzeugaufprall je ein pyrotechnischer Gasgenerator Fahrer- und Beifahrerairbag pyrotechnisch hochdynamisch auf. Um für einen

betroffenen Insassen die maximale Schutzwirkung zu erhalten, muss ein Airbag ganz
gefüllt sein, bevor der Insasse ihn berührt.
Durch das Auftreffen des Oberkörpers wird
das Luftkissen teilweise wieder entleert und
dabei die Energie, mit der die zu schützende
Person auftrifft, mit verletzungsunkritischen
Flächenpressungs- und Verzögerungswerten
„sanft" absorbiert. Verletzungen an Kopf
und Brust werden so deutlich gemildert
oder gar verhindert.

Die maximal zulässige Vorverlagerung, bis
der Airbag auf der Fahrerseite gefüllt ist, beträgt ca. 12,5 cm, was einer Zeit von ca. 10 ms
+ 30 ms = 40 ms nach Aufprallbeginn (bei einem Aufprall mit 50 km/h auf ein hartes Hindernis) entspricht (Bild 2). 10 ms dauert es
bis zur elektronischen Zündung, 30 ms beträgt die Aufblasdauer für den Airbag (Bild 4).
   Der Airbag ist bei einem 50 km/h-Crash
nach ca. 40 ms voll aufgeblasen und entleert
sich nach weiteren 80...100 ms durch die
Abströmöffnungen. Der gesamte Vorgang
dauert somit nur etwas mehr als eine Zehn-
telsekunde, d. h. als ein Wimpernschlag.

Aufprallerkennung
Die bestmögliche Insassenschutzwirkung bei
einem Front-, Offset-, Schräg- oder Pfahl-
aufprall bewirkt – wie bereits erwähnt – ein
abgestimmtes Zusammenspiel von pyrotechnischen, elektronisch gezündeten Frontairbags und Gurtstraffern. Um die Wirkung
beider Schutzeinrichtungen zu maximieren,
werden sie von einem gemeinsamen, in der
Fahrgastzelle eingebauten, elektronischen
Steuergerät (Auslösegerät) zeitoptimiert
aktiviert. Hierbei misst das elektronische
Steuergerät mit einem (oder zwei) in Richtung der Fahrzeuglängsachse messenden
elektronischen Beschleunigungssensor(en)
die beim Aufprall entstehende Verzögerung
und errechnet daraus die Geschwindigkeitsänderung. Zum besseren Erkennen von
Schräg- und Offset-Crashs kann der Auslösealgorithmus auch das Signal des in Fahr-
zeug-Querrichtung messenden Beschleunigungssensors mit verwenden.

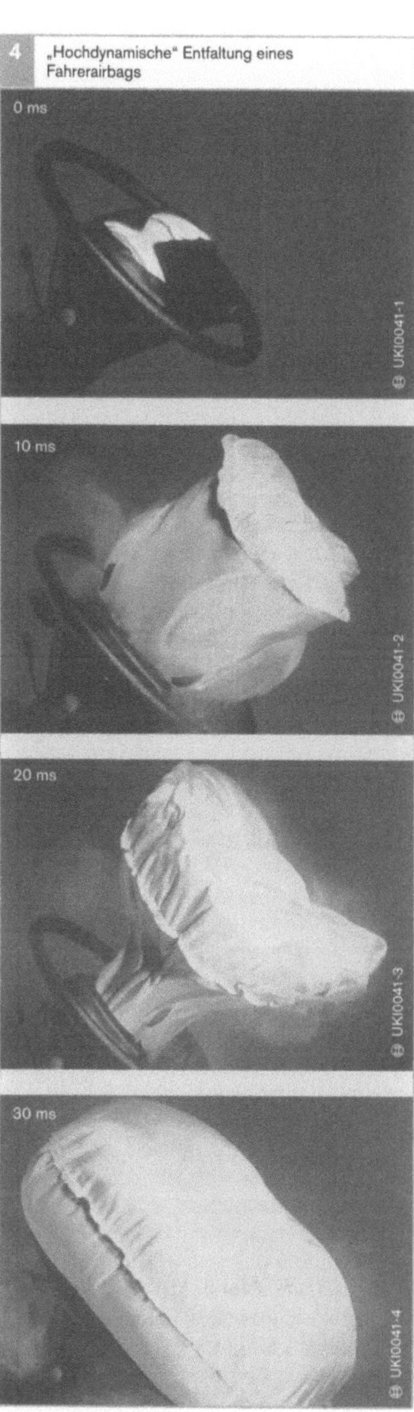

4   „Hochdynamische" Entfaltung eines Fahrerairbags

Zusätzlich muss der Aufprall bewertet werden. Ein Hammerschlag in der Werkstatt, leichte Rempler, Aufsetzer, Fahren über die Bordsteinkante oder über ein Schlagloch dürfen den Airbag nicht auslösen. Die Sensorsignale werden dazu in digitalen Auswertealgorithmen verarbeitet, deren Empfindlichkeitsparameter mithilfe von Crashdatensimulationen optimiert wurden. Die erste Gurtstraffer-Auslöseschwelle wird je nach Aufprallart innerhalb von 8...30 ms erreicht, die erste Frontairbag-Auslöseschwelle nach ca. 10...50 ms.

Die z. B. durch die Ausstattung und das Deformationsverhalten der Karosserie beeinflussten Beschleunigungssignale sind für jedes Fahrzeug anders. Sie bestimmen die Einstellparameter, die für die Empfindlichkeit beim Auslösealgorithmus (Rechenvorgang) und schließlich für die Airbag- und Gurtstrafferzündung maßgebend sind. Je nach Fertigungskonzept des Fahrzeugherstellers können die Auslöseparameter und der Fahrzeugausrüstungsgrad auch am Ende des Montagebandes in das Steuergerät programmiert werden („Bandendeprogrammierung").

Zur Vermeidung airbagbedingter Verletzungen oder Tötungen „Out of Position" befindlicher Insassen oder von Kleinkindern in Reboard-Kindersitzen muss die Auslösung des Frontairbags und dessen Befüllung situationsangepasst erfolgen. Zu diesem Zwecke gibt es folgende Verbesserungsmaßnahmen:
1. *Deaktivierungsschalter.* Mit ihnen können der Fahrer- oder der Beifahrerairbag außer Funktion gesetzt werden. Die Funktionszustände des Airbags werden über extra Lampen angezeigt.
2. In den USA, wo es zurzeit ca. 160 airbagbedingte Todesfälle gibt, wird versucht, die Aufblasaggressivität mit der Einführung von *„Depowered Airbags"* zu reduzieren. Dies sind Airbags mit um 20...30 % reduzierter Gasgeneratorleistung, durch die die Aufblasgeschwindigkeit und Aufblashärte reduziert und die Verletzungsgefahr „Out of Position" befindlicher Insassen verringert werden. „Depowered Airbags" können von großen und schweren Insassen dadurch auch leichter durchgedrückt werden, d. h. sie haben ein reduziertes Energieabsorptionsvermögen und erfordern – vor allem bei harten Frontalaufprallen – angeschnallte Insassen. In den USA bevorzugt man gegenwärtig die „Low Risk"-Deployment-Methode. Dabei wird in „Out of Position"-Situationen nur die erste Frontairbagstufe gezündet. Bei schweren Aufprallen lässt sich dann durch Auslösung beider Generatorstufen immer noch die volle Gasgeneratorleistung zur Wirkung bringen. Eine andere Realisierung des „Low Risk"-Deployments bei einstufigen Generatoren und steuerbarer Abströmöffnung ist das ständige Offenhalten des Abströmventils.
3. *„Intelligente Airbagsysteme".* Das Verletzungsrisiko soll durch verbesserte und zusätzliche Sensierungsfunktionen und Steuermöglichkeiten des Airbagaufblasvorgangs bei gleichzeitiger Verbesserung der Schutzwirkung Schritt für Schritt verkleinert werden. Derartige Funktionsverbesserungen sind:
- Aufprallschwereerkennung durch Verbesserung des Auslösealgorithmus, bzw. durch Verwendung von ein oder zwei Upfrontsensoren, siehe „Restraint System Electronics", RSE (Bild 5). Letzteres sind in der Knautschzone (z. B. auf dem Kühlerquerträger) eingebaute Beschleunigungssensoren, die eine frühzeitige Erkennung schwierig zentral zu sensierender Aufpralle, z. B. ODB (Offset Deformable Barrier Crashs, Offset gegen weiche Barrieren), Pfahl- oder Unterfahraufpralle, ermöglichen. Sie erlauben auch eine Abschätzung der Aufprallenergie.
- Gurtbenutzungserkennung.
- Insassenpräsenz-, Positions- und Gewichtserkennung.
- Sitzpositions- und Lehnenneigungserkennung.
- Verwendung von Frontairbags mit zweistufigen Gasgeneratoren oder mit ein-

stufigem Gasgenerator und pyrotechnisch aktivierbarem Gasauslassventil, siehe auch „Low Risk"-Deployment-Methode.
– Verwendung von Gurtstraffern mit vom Insassengewicht abhängiger Gurtkraftbegrenzung.
– CAN-Busvernetzung des Insassenschutzsystems zur Kommunikation und synergetischen Nutzung von Daten „langsamer" Sensoren (Schalter) anderer Systeme (Fahrgeschwindigkeits-, Bremsbetätigungs-, Gurtschlossschalter- und Türkontaktinformationen) sowie zur Ansteuerung der Warnlampen und Übertragung von Diagnose-Informationen.

Zur Absetzung von Notrufen nach einem Aufprall und zur Aktivierung „Sekundärer Sicherheitssysteme" (Warnblinker, Öffnen der Zentralverriegelung, Abschalten der Kraftstoffpumpe, Abtrennen der Batterie usw.) wird der „Crash-Ausgang" verwendet (Bild 6).

Seitenairbag

Aufgabe

Der Anteil der seitlichen Kollisionen am gesamten Unfallgeschehen beträgt etwa 30 %. Damit ist die Seitenkollision nach dem Frontalaufprall die zweithäufigste Aufprallart. Deshalb werden immer mehr Fahrzeuge zusätzlich zu Gurtstraffern und Frontairbags auch mit Seitenairbags ausgestattet. Seitenairbags, die sich zum Kopfschutz entlang des Dachausschnitts (z. B. Inflatable Tubular Systems, Window Bags, Inflatable Curtains) bzw. aus der Tür oder der Sitzlehne (Thoraxbags, Oberkörperschutz) entfalten, sollen die Insassen weich abfangen und sie so vor Verletzungen beim Seitenaufprall schützen.

Arbeitsweise

Ein rechtzeitiges Entfalten der Seitenairbags gestaltet sich wegen der fehlenden Knautschzone und dem kleinen Abstand zwischen den Insassen und den seitlichen Fahrzeugstrukturteilen besonders schwierig. Die Zeit für die Aufprallerkennung und Aktivierung der Seitenairbags muss deshalb bei harten Seitenaufprallen bei ca. 5...10 ms liegen, und die Aufblasdauer der ca. 12 l großen Thoraxbags darf maximal 10 ms betragen.

Bosch bietet folgende Möglichkeit zur Erfüllung oben stehender Anforderungen: Ein Kombisteuergerät, das die Eingangssignale peripherer (an geeigneten Stellen der Karosserie liegender), lateral (seitlich) messender Beschleunigungssensoren verarbeitet und zusätzlich zu den Gurtstraffern und den Frontairbags auch Seitenairbags auslösen kann.

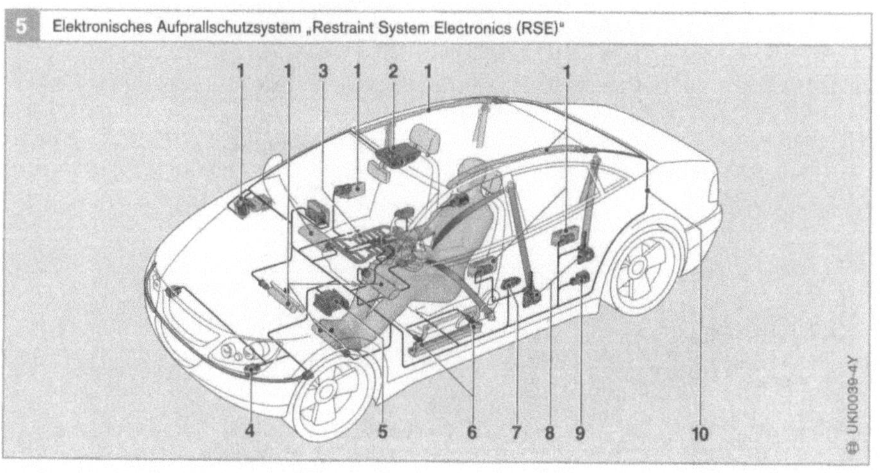

Bild 5
1   Airbag mit Gasgenerator
2   Innenraumkamera iVision™
3   OC-Matte
4   Upfront-Sensor
5   zentrales Steuergerät mit integriertem Überrollsensor
6   iBolt™
7   peripherer Drucksensor PPS (Peripheral Pressure Sensor)
8   Gurtstraffer mit Treibsatz
9   peripherer Beschleunigungssensor PAS (Peripheral Acceleration Sensor)
10 Bus-Architektur (CAN)

Komponenten

Beschleunigungssensoren

Beschleunigungssensoren zur Aufprallerkennung sind direkt im Steuergerät integriert (Gurtstraffer, Frontairbag), an ausgewählten Stellen der rechten und linken Seite des Fahrzeugs an tragenden Strukturteilen wie Sitzquerträger, Schweller, B- und C-Säule (Seitenairbag) oder im Verformungsbereich des Fahrzeugvorderteils (Upfrontsensoren für „Intelligente Airbagsysteme") angebracht. Ihre Präzision ist lebenswichtig. Bei diesen Beschleunigungssensoren handelt es sich gegenwärtig um oberflächenmikromechanische Sensoren, die aus feststehenden und beweglichen Fingerstrukturen und Federstegen bestehen. Das „Feder-Masse-System" ist mit einem speziellen Verfahren auf die Oberfläche eines Siliziumwafers aufgebracht. Da die Sensoren nur kleine Arbeitskapazitäten haben ($\approx 1\,\text{pF}$), muss die Auswertelektronik wegen Vermeidung von Streukapazitäts- und anderen Störeinflüssen im gleichen Gehäuse in unmittelbarer Nähe des Sensorelements untergebracht werden.

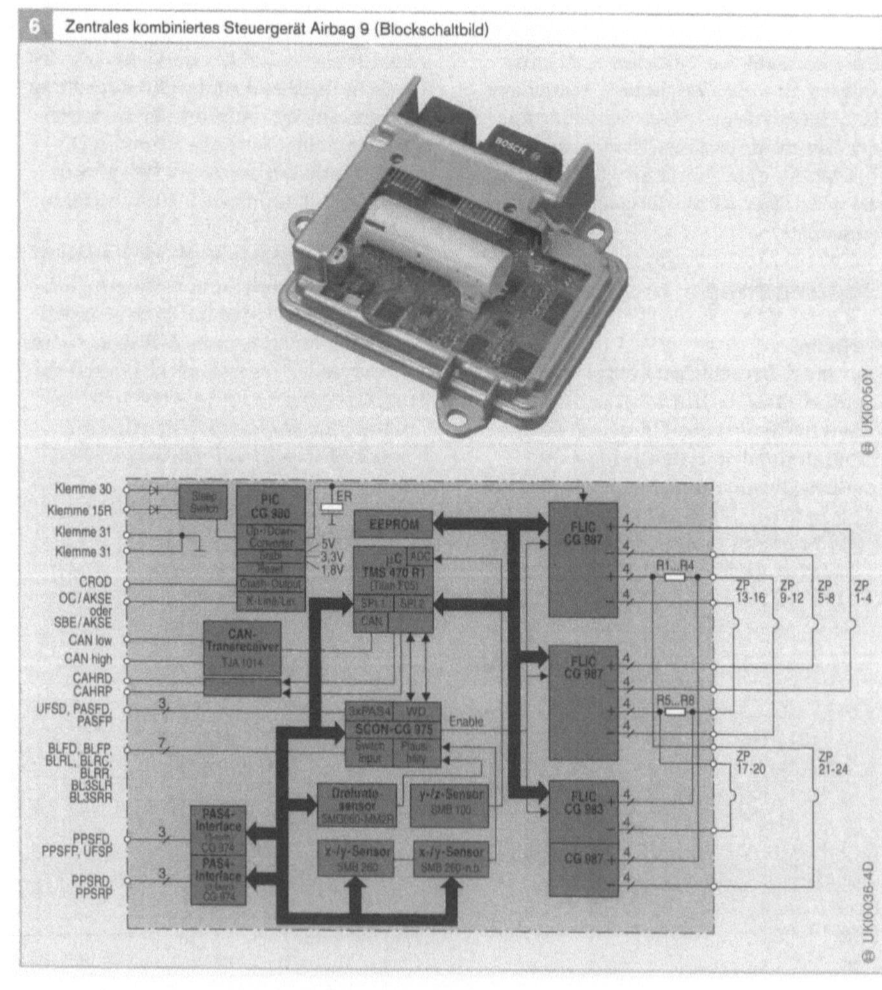

6   Zentrales kombiniertes Steuergerät Airbag 9 (Blockschaltbild)

Kombinierte Steuergeräte für Gurtstraffer, Front- und Seitenairbags sowie Überrollschutzeinrichtungen

Im zentralen elektronischen Steuergerät, auch Auslösegerät genannt, sind folgende Funktionen integriert (aktueller Stand):

- Aufprallerkennung durch Beschleunigungssensor und Sicherheitsschalter oder durch zwei Beschleunigungssensoren ohne Sicherheitsschalter (redundante, vollelektronische Sensierung).
- Überrollerkennung durch Drehrate- und Nieder-g-y- und z-Beschleunigungssensoren (s. Abschnitt „Überrollsensierung").
- Zeitrichtige Ansteuerung von Frontairbags und Gurtstraffern bei unterschiedlichen Aufprallarten in Fahrzeuglängsrichtung (z. B. Front, Schräg, Offset, Pfahl, Heck).
- Ansteuerung von Überrollschutzeinrichtungen.
- Für die Seitenairbags arbeitet das Steuergerät mit einem zentralen Quer- und zwei bzw. vier peripheren Beschleunigungssensoren zusammen. Die peripheren Beschleunigungssensoren (PAS, Peripheral Acceleration Sensor) übertragen den Auslösebefehl an das zentrale Steuergerät über eine digitale Schnittstelle. Das zentrale Steuergerät löst die Seitenairbags aus, sofern der interne Quersensor durch eine Plausibilitätskontrolle einen Seitenaufprall bestätigt hat. Da die zentrale Plausibilität bei Aufprallen in die Tür oder bei Schwellerüberfahrten zu spät kommt, werden zukünftig im Türhohlraum mit einem Drucksensor (PPS, Peripheral Pressure Sensor) die durch die Türdeformation hervorgerufenen adiabatischen Druckänderungen gemessen. Daraus resultiert eine schnelle Türaufprallerkennung. Die Ermittlung „Plausibilität" erfolgt jetzt mit an tragenden, peripheren Strukturteilen montierten PAS. Sie ergibt sich jetzt eindeutig schneller als mit den zentralen Querbeschleunigungssensoren.
- Spannungswandler und Energiespeicher für den Fall, dass die Versorgung durch die Fahrzeugbatterie verloren geht.
- Selektive Auslösung der Gurtstraffer, abhängig von den Gurtschlossabfragen: Zündung nur bei gestecktem Zündschloss. Gegenwärtig kommen meist kontaktlose Gurtschlossschalter, d. h. Hall-IC-basierte Schalter zur Anwendung, die die Magnetfeldänderung infolge des Einsteckens der Gurtzunge ins Gurtschloss erkennen.
- Einstellung von mehreren Auslöseschwellen für zweistufige Gurtstraffer und zweistufige Frontairbags abhängig vom Gurtbenutzungs- und Sitzbelegungszustand.
- Watchdog (WD): Airbag-Auslösegeräte müssen hohen Sicherheitsanforderungen hinsichtlich Fehlauslösung und korrekter Auslösung im Bedarfsfall (Crash) genügen. Deshalb wurden bei der im Jahr 2003 anlaufenden Airbag-9-Auslösegeneration (AB 9) drei unabhängige, intensiv überwachende Hardware-Watchdogs (WD) integriert:

WD1 überwacht mit einem eigenen, unabhängigen Oszillator den 2-MHz-System-eClock.

WD2 überwacht die Realtime-Prozesse (Zeitraster 500 µs) auf komplette, richtige Abfolge. Hierzu sendet der Sicherheitscontroller (SCON, Safety Controller, s. AB 9-Blockschaltbild) dem Mikrocomputer 8 digitale Botschaften, die dieser dem SCON in Form von 8 Antworten innerhalb eines Zeitfensters von (1 ± 0,3) ms richtig beantworten muss.

WD3 überwacht die „Background"-Prozesse, wie z. B. ob die „Built in Selftest"-Routinen des ARM-Cores alle fehlerfrei laufen. Die Antwort vom Mikrocomputer an den SCON muss hier innerhalb einer Zeit von 100 ms erfolgen.

Bei AB 9 sind Sensoren, Auswertebausteine und Endstufen über zwei SPI-Schnittstellen (Serial Peripheral Interface) verbunden. Die Sensoren haben digitale Ausgänge, deren Signale direkt über SPI übertragen werden können. Damit lassen sich Signalveränderungen durch Nebenschlüsse auf der Leiterplatte erkennen, bzw. sie wirken sich nicht aus und es ergibt sich ein hohes Maß an Funktionssicherheit. Eine Auslösung wird nur freigegeben, wenn auch ein unabhängiger Hardware-Plausibilitätspfad auf Crash erkennt und die Endstufen für eine begrenzte Zeit freigibt (enabled).

- Diagnose geräteinterner und -externer Funktionen bzw. Systemkomponenten.
- Abspeicherung von Fehlerarten und -dauern mit Crashrecorder; Auslesen über die Diagnose- bzw. CAN-Busschnittstelle.
- Warnlampenansteuerung.

Gasgeneratoren

Die pyrotechnischen Treibladungen der Gasgeneratoren zur Erzeugung des Airbagfüllgases (in erster Linie Stickstoff) und zur Gurtstrafferbetätigung werden von einem elektrisch gezündeten Anzündelement aktiviert.

Der betreffende Gasgenerator füllt den Airbag mit Stickstoff. Der in der Lenkradnabe eingebaute Fahrerairbag (Volumen ca. 60 l) bzw. der an der Stelle des Handschuhfachs eingebaute Beifahrerairbag (ca. 120 l) ist ca. 30 ms nach der Zündung gefüllt.

Wechselstromzündung

Um unerwünschte Auslösungen durch einen Kontakt des Anzündelements mit der Bordnetzspannung (z. B. fehlerhafte Isolation im Kabelbaum) zu vermeiden, erfolgt bei der Wechselstromzündung („AC-Firing") die Zündung durch Wechselstromimpulse mit ca. 80 kHz. Ein in den Zündkreis eingefügter kleiner Zündkondensator von 470 nF im Zündelementestecker trennt den Anzünder galvanisch von Gleichstrom. Diese Trennung von der Bordnetzspannung verhindert eine ungewollte Auslösung, selbst wenn nach einem Unfall ohne Airbagauslösung die Insassen mit der Rettungsschere aus der deformierten Fahrgastzelle befreit und dabei die im Lenksäulen-Kabelbaum vorhandenen Zündleitungen durchtrennt und nach Plus und Masse kurzgeschlossen werden.

Innenraumsensierung

Mit *Insassen-Klassifizierungsmatten* („OC-Mats"), die das Druckprofil auf dem Sitz messen, wird die Sitzbelegung durch einen Menschen von der Belegung durch einen Gegenstand unterschieden. Außerdem lassen die Druckverteilung und der Beckenknochenabstand auf die Insassengröße und damit indirekt auf das Insassengewicht schließen. Die Matten bestehen aus einzeln adressierbaren Kraftmesspunkten, die ihren Widerstand nach dem FSR-Prinzip (Force Sensing Resistor) mit zunehmenden Druck verringern.

Darüber hinaus wird eine *Absolutgewichtsmessung* mit vier piezoresistiven oder Dehnungsmessstreifen-Sensoren am Sitzgestell entwickelt. Anstelle der Verwendung von Biegeelementen sieht die Bosch-Strategie zur Gewichtsmessung die Verwendung von „iBolts" („intelligenten" Bolzen) zur Befestigung des Sitzrahmens (Sitzschwinge) am Gleitschlitten vor. Diese Kraft messenden „iBolts" (Bilder 5 und 7) ersetzen die sonst verwendeten vier Befestigungsschrauben. Sie messen die vom Gewicht abhängige Abstandsänderung zwischen ihrer Hülse (Topf) und der mit dem Gleitschlitten verbundenen Innenschraube mit einem Hall-Element.

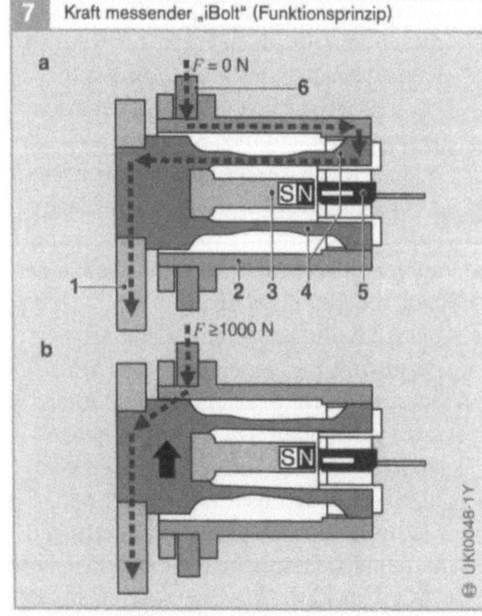

Bild 7

a   Ruhestellung
b   in Funktion, d. h. im Überlastanschlag

1   Gleitschlitten
2   Hülse
3   Magnethalter
4   Doppelbiegebalken (Feder)
5   Hall-IC
6   Sitzrahmen

Zur „Out of Position"-Erkennung werden verschiedene Konzepte erwogen:

- Ermittlung der Insassen-Schwerpunktsposition aus der von den vier Gewichtssensoren gemessenen Gewichtsverteilung auf dem Sitz.
- Anwendung folgender optischer Verfahren:
  - „Time of Flight"(TOF)-Prinzip. Das System sendet Infrarot-Lichtimpulse aus und misst die vom Abstand der Insassen abhängige Zeit bis zum Wiedereintreffen ihrer Reflexion. Es handelt sich dabei um Messzeiten im Picosekunden-Bereich!
  - „Photonic Mixer Device"(PMD)-Verfahren. Ein derartiger Bildsensor sendet „Ultraschalllicht" aus und ermöglicht räumliches Sehen und Triangulation.
  - Stereo-Video-Innenraumkamera „iVision" in CMOS-Technik (von Bosch favorisiert, s. Systembild „Restraint System Electronics, RSE"). Sie erkennt die Insassenposition, -größe und -haltung und kann auch Komfortfunktionen (Sitz-, Spiegel-, Radio-Einstellungen), angepasst an den jeweiligen Insassen, steuern.

Ein einheitlicher Standard für die Innenraumsensierung konnte sich noch nicht durchsetzen. Es gibt z. B. bei Jaguar Insassen-Klassifizierungsmatten kombiniert mit Ultraschallsensoren.

Überrollschutzsysteme

Aufgabe

Bei offenen Kraftfahrzeugen wie Cabriolets, Geländewagen u. Ä. fehlt bei einem Unfall mit Überschlag die schützende und abstützende Dachstruktur der geschlossenen Fahrzeuge. Deshalb gab es Überrollsensierungs- und Schutzsysteme zunächst nur für Cabriolets und Roadster ohne fest installierte Schutzbügel (Bild 8).

Nun wird die Überrollsensierung auch für den Einsatz in Pkw entwickelt. Bei Überschlag besteht die Gefahr, dass nicht angeschnallte Insassen vorwiegend durch die

Bild 8
a Überschlag beginnt
b Auslösen der Kopfstützen
c Überschlag erfolgt
d Fahrzeug trifft wieder auf
(Quelle: Mercedes-Benz)

Seitenfenster herausgeschleudert und vom eigenen Fahrzeug überrollt oder dass Körperteile angeschnallter Insassen wie Arme, Kopf und Oberkörper aus dem Fahrzeug ragen und schwer verletzt werden.

Zum Schutz davor werden ohnehin schon vorhandene Rückhalteeinrichtungen wie Gurtstraffer und Kopfairbags aktiviert. In Cabriolets werden zusätzlich die ausfahrbaren Überrollbügel oder Kassetten (hochfahrbare Kopfstützen) angesteuert.

Arbeitsweise

Bei den früheren Sensierungskonzepten (Serie ab Mitte 1989) ging man von einer omnidirektionalen Sensierungsaufgabe aus. Das heißt, Überschläge sollten in jeder Richtung in der Horizontalen zu erkennen sein. Dazu wurden rundum sensierende Beschleunigungssensoren, die mit einem omnidirektionalen Kippsensor UND-verknüpft waren, oder aber Libellen- (Wasserwaagenprinzip) und Gravitationssensoren (Sensor schließt einen „Reedkontakt" federunterstützt, wenn der Bodenkontakt verloren gegangen ist) verwendet.

Aktuelle Sensierungskonzepte lösen nicht mehr bei einer festen, sondern bei einer situationskonformen Schwelle und nur bei einem Fahrzeugüberrollen, d. h. einem Überschlag um die Längsachse, der weitaus am häufigsten vorkommt, aus. Die Sensierung geschieht beim Bosch-Konzept mit einem oberflächenmikromechanischen Drehratesensor und hochauflösenden Beschleunigungssensoren in Fahrzeugquer- und -hochrichtung (y- und z-Achse).

Der Drehratesensor ist der Hauptsensor, die y- und z-Beschleunigungssensoren dienen sowohl der Plausibilitätsüberprüfung als auch dem Erkennen der Überrollart (Böschungs-, Abhangs-, Bordsteinanprall- oder Bodenverhakungs- bzw. „Soil Trip"-Überschlag). Diese Sensoren sind bei Bosch mit in das Airbag-Auslösegerät integriert.

Je nach Überrollsituation, Drehrate und Querbeschleunigung werden die Insassenschutzeinrichtungen an die Situation angepasst, d. h. unter automatischer Wahl und

Anwendung des für den entsprechenden Überrollvorgang passenden Algorithmusmoduls nach 30...3000 ms ausgelöst.

Ausblick

Neben der Frontairbag-Abschaltung mit Deaktivierungsschaltern wird es zunehmend Kindersitze mit genormten Verankerungen („ISOFIX-Kindersitze") geben. In den zwei Verankerungsschlössern eingebaute Schalter bewirken automatisch eine Beifahrerairbag-Abschaltung, die über eine spezielle Lampe angezeigt werden muss.

Zur weiteren Verbesserung der Auslösefunktion und für eine bessere Früherkennung der Aufprallart („Precrash"-Erken-nung) sollen Relativgeschwindigkeit, Abstand und Aufprallwinkel bei einem Frontalaufprall mit Mikrowellenradar-, Ultraschall- oder LIDAR-Sensoren (optisches Verfahren mit Laserlicht) aufgenommen werden (Bild 9).

Im Zusammenhang mit Precrash-Sensierung werden wiederverwendbare Gurtstraffer („Reversible Seatbelt Pretensioners") entwickelt. Sie sind elektromechanisch betätigt, d. h. sie haben eine längere Straffungszeit und müssen früher, d. h. 150 ms vor Aufprallbeginn, alleine durch die Precrash-Sensierung ausgelöst werden (Prefire-Funktion).

Für eine weitere Verbesserung der Rückhaltewirkung wird es im Thoraxteil des Gurtes integrierte Airbags geben („Air Belts", „Inflatable Tubular Torso Restraints" oder „Bag in Belt"-Systeme), die die Gefahr von Rippenbrüchen bei älteren Insassen verringern werden.

In die gleiche Richtung der Schutzfunktionsverbesserung geht die Entwicklung von „Inflatable Headrests" (Vermeidung des Schleudertraumas und von Halswirbelverletzungen durch adaptive Kopfstützen), von „Inflatable Carpets" (Vermeidung von Fuß- und Knöchelverletzungen), von zweistufigen Gurtstraffern und „Active Seats". Dabei wird ein aus dünnem Stahlblech (!) bestehender Airbag aufgeblasen, um das Nach-vorne-Gleiten („Submarining Effect") des Insassen zu erschweren.

Zur Verringerung der Kabelbaumdicke und -komplexität wird die Zündkreisvernetzung entwickelt. In diesem Zusammenhang gibt es den „Safe by Wire"-Bus (ursprünglich von Philips entwickelt). Inzwischen hat sich ein Konsortium verschiedener Firmen gebildet, in dem Bosch auch Mitglied ist, die den „Safe by Wire"-Zündbus in Serie bringen wollen. Die heutige Bezeichnung für den „Safe by Wire"-Bus lautet „ASRB2.0"-Bus, d. h. „Automotive Safety Restraints Bus 2.0". Weiterhin existiert noch der DSI-Bus (von Motorola für TRW entwickelt). Es ist jedoch noch völlig offen, ob sich ein Zündbuskonzept durchsetzen wird.

Signale „langsamer" Sensoren oder Schalter (z. B. der Gurtschloss- oder der ISOFIX-Schalter) sind auch mit dem Zündbus übertragbar. Zurzeit laufen in den USA Bemühungen, das „ASRB2.0"-Buskonzept zu standardisieren. Zur Marktdurchdringung und wegen der Verwendbarkeit einheitlicher Zündelemente mit einheitlicher Busteilnehmerelektronik ist eine Standardisierung unabdingbar. Bemühungen sind im Gang, die Empfängerelektronik ohne Durchmesservergrößerung und mit einer maximalen Hütchenverlängerung von 5 mm in die Zündelemente zu integrieren. Dies würde die weitere Verwendbarkeit von Standardgasgeneratoren ermöglichen.

Neben dem „Firing Bus" wird es einen „Sensoren-Bus" zur Vernetzung der Signale „schneller" Sensoren geben, womit es möglich sein wird, z. B. Inertial-Sensoren in einem „Sensor Cluster" zusammenzufassen. Das damit erfassbare Komplettbild der Fahrzeugdynamik lässt sich dann z. B. über CAN von den Auswertegeräten verschiedener Bordsysteme nutzen. Denkbare Sensorbusse sind TT-CAN (Time Triggered CAN), TTP (Time Triggered Protocol) oder FlexRay, der von Bosch zurzeit favorisiert wird. Die Anforderungen an einen Sensorbus sind hinsichtlich Übertragungssicherheit und -schnelligkeit sehr hoch.

Ab 2005 ist mit einer ersten Stufe des gesetzlich vorgeschriebenen Fußgängerschutzes zu rechnen. Die OEM brauchen daher zwingend Lösungen für ihre neuen Baureihen zur Erfüllung der dann gültigen Fußgänger-Belastungsgrenzwerte, die in den meisten Fällen zunächst durch passive Maßnahmen (Formgebung der Fahrzeugfront, Verwendung dämpfender Materialien) erreichbar sind. Das In-Kraft-Treten der

Bild 10

150 ms vor Aufprall: „Prefire" (Auslösen reversibler Gurtstraffer) 10 ms vor Aufprall: „Preset" (Festlegen der Auslöseschwellen der Airbags)

2. Stufe des Gesetzes (ca. 2010) mit noch geringeren Belastungswerten erfordert dann aktive Schutzmaßnahmen, d. h., der Fußgängeraufprall muss sensiert und Schutzaktoren müssen aktiviert werden.

Die *Fußgängeraufprallsensierung* erfolgt zunächst mit *Verformungs- oder Kraftsensoren* in der Stoßstange und eventuell am vorderen Motorhaubenende, z. B. in Form von

- Lichtleitern, die den „Micro-Bending"-Effekt ausnutzen,
- Foliendrucksensoren (wie bei der Insassen-Klassifizierungsmatte) sowie
- Beschleunigungssensoren oder Klopfsensoren an den Stoßstangenträgern.

Später werden auch kontaktlose Sensoren zur sichereren Unterscheidung eines Fußgängers von einem Gegenstand hinzukommen. Solche können z. B. sein:

- Ultraschallsensoren sowie
- Stereo-Video-Außenkamera.

Die *Schutzaktoren* bestehen aus A-Säulen-Airbags und ca. 10 cm hochstellbaren Fronthauben, die der Fußgängerkopf beim Aufprall wegen des größeren Abstands nicht bis auf die harten Motorstrukturen durchdrücken kann und deshalb keine so hohen Beschleunigungswerte erfährt.

In Europa werden 7000 Fußgänger pro Jahr getötet. Dies entspricht 20 % aller Verkehrstoten. In Japan sind es z. B. 17 000 getötete Fußgänger pro Jahr. Deshalb werden auch in Japan Überlegungen angestellt, den Fußgängerschutz wie in Europa gesetzlich zu fordern.

Folgende weitere Verbesserungen zum sanfteren Abfangen der Insassen deuten sich an:

1. Airbag mit aktivem Ventilationssystem: Dieser Airbag verfügt über eine regelbare Abströmöffnung, mit der sich der Airbag-Innenraumdruck auch bei „hineinfallendem" Insassen konstant und so die Insassenbelastung möglichst gering halten lässt. Eine einfachere Version ist ein Airbag mit „Intelligent Vents". Diese Ventile bleiben so lange geschlossen (und der Luftsack entleert sich noch nicht), bis sie sich infolge des durch den Insassenaufprall verursachten Druckanstiegs öffnen und Füllgas abströmen lassen. Hiermit bleibt die Kapazität der Energieaufnahme des Airbags bis zum Beginn seiner Dämpfungswirkung erhalten.

2. Adaptive, pyrotechnisch gesteuerte Lenksäulen-Entriegelung. Damit kann sich das Lenkrad bei einem harten Crash nach vorn bewegen, sodass sich der Insasse auf einem längeren Abbremsweg sanfter abfangen lässt.

3. Verknüpfung von passiver und aktiver Sicherheit. Das erste Beispiel für eine synergetische Nutzung von Sensoren verschiedener Sicherheitssysteme wird es bei ROSE II (Überrollsensierung II) geben. ROSE II soll zur besseren Erkennung von Bodenverhakungs-Überrollvorgängen („Soil Trip Rollovers") über CAN die Signale des zu ESP gehörenden Schwimmwinkelsensors („Speed Vector Sensor"), mit dem die Abweichung des Fahrzeugbewegungsvektors von der Fahrzeuglängsachse gemessen werden kann, ausnutzen. ESP kann Signale der ROSE-II-Nieder-g-Beschleunigungssensoren (y- und z-Richtung) zur besseren Erkennung instabiler Fahrzustände ausnutzen.

Piezoelektrische Beschleunigungssensoren

Anwendung

Piezoelektrische Bimorph-Biegeelemente bzw. Zweischicht-Piezokeramik eignen sich als Beschleunigungssensoren für Rückhaltesysteme zum Auslösen der Gurtstraffer, der Airbags und des Überrollbügels.

Aufbau und Arbeitsweise

Kern des Beschleunigungssensors ist ein Piezo-Biegeelement („Biegebalken"). Es besteht aus einem Klebeverbund von zwei gegensinnig polarisierten piezoelektrischen Schichten („Bimorph-Biegeelemente"). Eine darauf einwirkende Beschleunigung dehnt die eine Hälfte und staucht die andere Hälfte, wodurch eine mechanische Biegespannung verursacht wird (Bild 1).

An den äußeren Metallisierungsschichten des Biegeelements sitzen Elektroden, an denen die aus der Biegung resultierende Spannung abgegriffen wird.

Die Sensormesszelle selbst sitzt, manchmal durch ein Gel mechanisch geschützt, zusammen mit einer ersten Signalverstärkerstufe in einem hermetisch dichten Gehäuse.

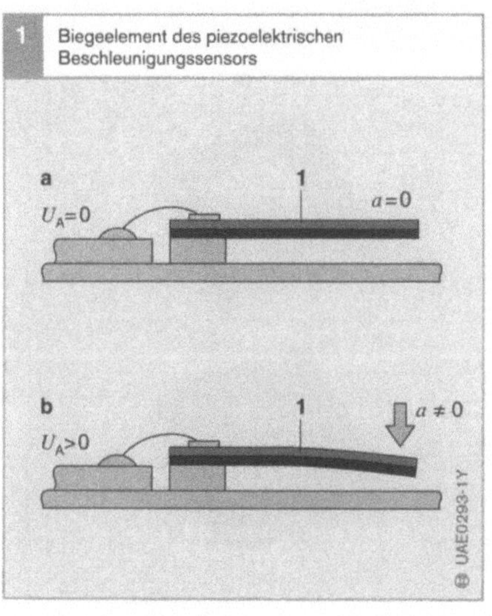

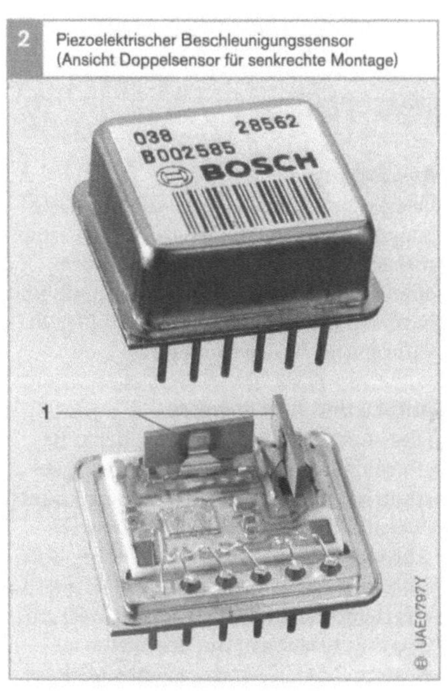

Bild 2
1   Biegeelemente

Zur Signalaufbereitung enthält der Beschleunigungssensor eine Hybridschaltung, die aus einem Impedanzwandler, einem Filter und einem Verstärker besteht. Dadurch sind Empfindlichkeit und nutzbarer Frequenzbereich festgelegt. Das Filter blendet hochfrequente Signalanteile aus. Piezo-Biegeelemente verbiegen sich schon auf Grund ihrer Eigenmasse bei Beschleunigungseinwirkung so weit, dass sie ein gut auswertbares dynamisches (kein gleichspannungsmäßiges) Signal abgeben (Grenzfrequenz typisch 10 kHz).

Das Sensorprinzip lässt sich auch aktorisch umkehren: Mit einer zusätzlichen Aktorelektrode kann der Sensor z. B. im Rahmen einer „On-Board-Diagnose" leicht überprüft werden.

Je nach Einbaulage und Richtung der Beschleunigung gibt es Einfach- oder Doppelsensoren (Bild 2) bzw. Sensoren für senkrechte (Bild 2) oder waagrechte Montage.

Bild 1
a   Im Ruhezustand
b   bei Beschleunigung a

1   Piezokeramisches
     Bimorph-Biege-
     element

U_A Messspannung

Oberflächenmikromechanische Beschleunigungssensoren

Anwendung
Oberflächenmikromechanische Beschleunigungssensoren von Insassen-Rückhaltesystemen erfassen die Beschleunigungswerte eines frontalen oder seitlichen Aufpralls und bewirken das Auslösen der Gurtstraffer, der Airbags und des Überrollbügels.

Aufbau und Arbeitsweise
Diese zunächst für den Bereich hoher Beschleunigungen (50...100 g) für Passagierschutzsysteme verwendeten Sensoren eignen sich auch für den Bereich niedrigerer Beschleunigungen. Sie haben gegenüber BulkSilizium-Sensoren weit geringere Abmessungen (Kantenlänge typisch ca. 100...500 µm) und sind zusammen mit der Auswerteelektronik (ASIC) in einem wasserdichten Gehäuse untergebracht (Bild 1). Ihr FederMasse-System ist mit einem additiven Verfahren auf der Oberfläche des Siliziumwafers aufgebaut.

In der Messzelle ist die seismische Masse mit ihren kammförmigen Elektroden (Bilder 2 und 3, Pos. 1) federnd aufgehängt. Zu beiden Seiten dieser beweglichen Elektroden stehen auf dem Chip feste, ebenfalls kammförmige Elektroden (3, 6). Diese Anordnung von fest stehenden und beweglichen Elektroden entspricht einer Reihenschaltung von zwei Differenzial-Kondensatoren (Kapazität der Kammstruktur ca. 1 pF). An ihren Anschlüssen C_1 und C_2 werden phasenmäßig entgegengesetzte Wechselspannungen eingespeist, deren Überlagerung zwischen den Kondensatoren an C_M (Messkapazität), also an der seismischen Masse, abgegriffen wird.

Da die seismische Masse in Federn (2) gelagert ist, bewirkt eine lineare Beschleunigung a in Sensierrichtung eine Änderung des Abstands zwischen den beweglichen und festen Elektroden und damit auch eine Kapazitätsänderung in den Kondensatoren C_1 und C_2. Diese Kapazitätsänderung führt zu einer Veränderung des elektrischen Signals, das in der Auswerteelektronik verstärkt, gefiltert und für die Versendung an das Airbagsteuergerät digitalisiert wird. Wegen der

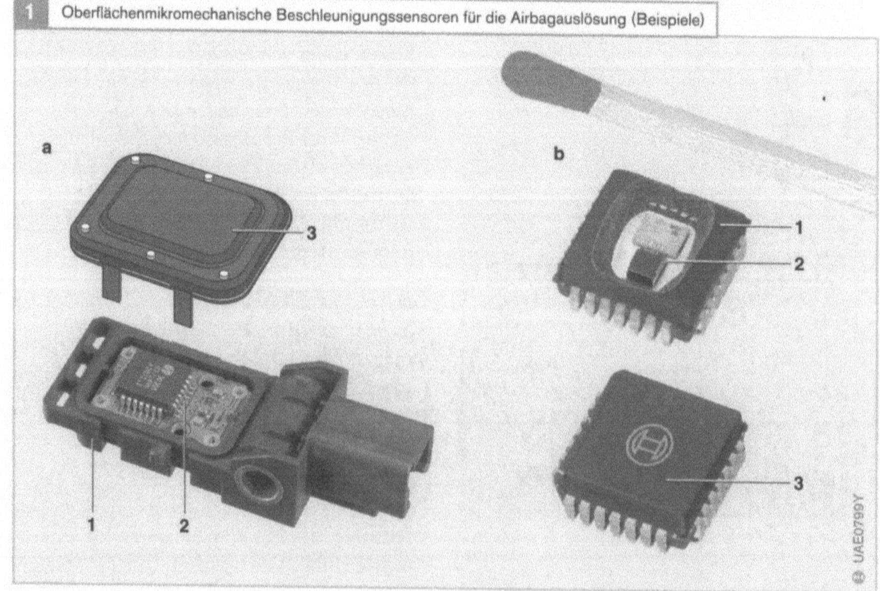

Bild 1

a   Seitenairbagsensor
b   Frontairbagsensor

1   Gehäuse
2   Sensor und Auswertechip
3   Kappe

geringen Kapazität von ca. 1 pF ist die Auswerteelektronik vor Ort zusammen mit dem Sensor auf dem gleichen Chip integriert oder sehr eng mit ihm verbunden. Lagegeregelte Systeme mit elektrostatischer Rückstellung sind möglich.

Die Auswerteschaltung beinhaltet auch die Kompensation für Sensorabweichungen und eine Eigendiagnose während der Anlaufphase. Bei der Eigendiagnose lenken elektrostatische Kräfte die Kammstruktur aus und simulieren so den Vorgang während der Beschleunigung im Fahrzeug.

Mikromechanische Sensoren gibt es z. B. für das Elektronische Stabilitäts-Programm (ESP) zur Fahrdynamikregelung auch als „Doppelsensoren" (Bild 4): Sie bestehen im Grunde genommen aus zwei einzelnen Sensoren. Dabei bilden ein mikromechanischer Drehratesensor und ein mikromechanischer Beschleunigungssensor eine Baueinheit. Damit verringert sich die Anzahl der Komponenten und der Signalleitungen. Außerdem sind innerhalb des Fahrzeugs weniger Befestigungen und weniger Bauraum nötig.

2 Kammstruktur der Sensormesszelle

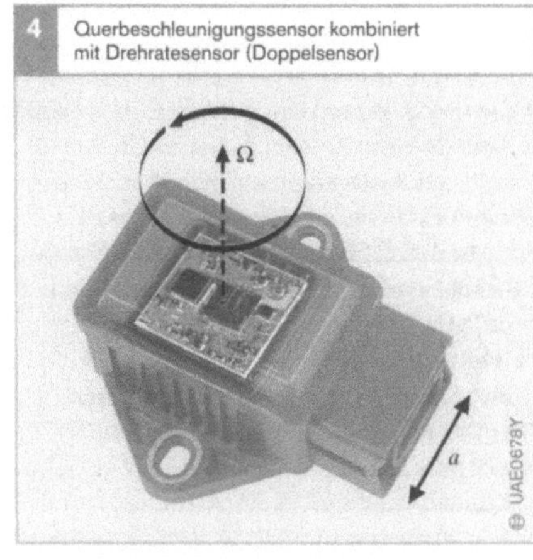

4 Querbeschleunigungssensor kombiniert mit Drehratesensor (Doppelsensor)

Bild 2

1　Federnde seismische Masse mit Elektrode
2　Feder
3　feste Elektroden

Bild 4

a　Beschleunigung in Sensierrichtung
Ω　Drehrate

3 Oberflächenmikromechanischer Beschleunigungssensor mit kapazitivem Abgriff (Schema)

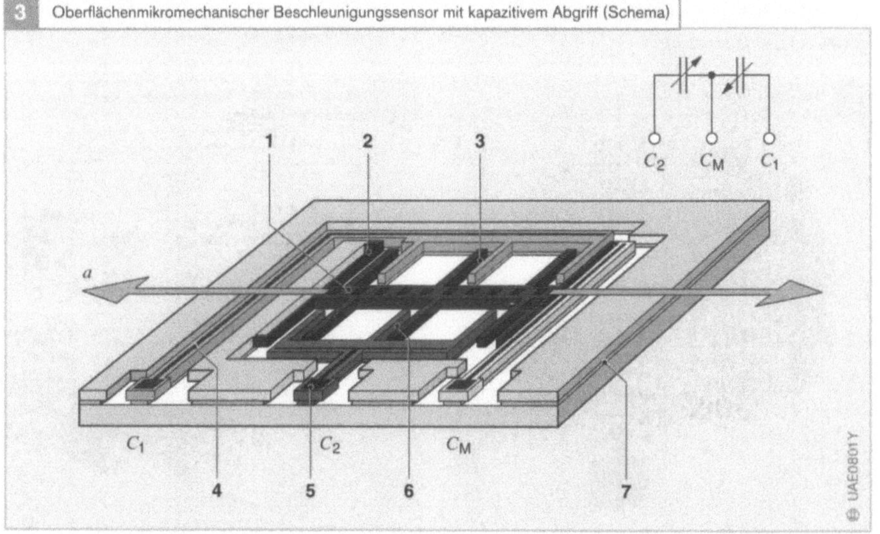

Bild 3

1　Federnde seismische Masse mit Elektroden
2　Feder
3　feste Elektroden mit Kapazität C_1
4　Al-Leiterbahn
5　Bondpad
6　feste Elektroden mit Kapazität C_2
7　Siliziumoxid

a　Beschleunigung in Sensierrichtung
C_M　Messkapazität

Sitzbelegungserkennung

Aufgabe

Nach Einführung des Beifahrerairbags wurde es aus sicherheits- und versicherungstechnischen Gründen notwendig zu erkennen, ob ein Beifahrersitz mit einer Person besetzt ist oder nicht. Da bei einem Unfall und nicht belegtem Beifahrersitz kein Insasse zu schützen ist, würden beim Öffnen des Airbags unnötige Reparaturkosten entstehen.

Mit der Entwicklung von „Smartbags" sind die Anforderungen an eine Belegungserkennung des Beifahrer- und Fahrersitzes gestiegen. Der Smartbag soll, angepasst an die jeweilige Person und Situation, in seinem Aufblasverhalten variabel sein. Die Auslösung des Airbags muss verhindert werden, wenn sich die Entfaltung des Airbags in bestimmten Situationen zum Nachteil des Insassen auswirkt (z. B. wenn ein Kind auf dem Beifahrersitz sitzt oder ein Kindersitz vorhanden ist). Deshalb wurde die „einfache" Sitzbelegungserkennung zu einer „intelligenten" Insassenklassifizierung OC (Occupant Classification) weiterentwickelt. Zusätzlich ist die AKSE (Automatische - Kindersitzerkennung) als weitere Sensorik integriert. Sie kann erkennen, ob die mit Transpondern ausgerüsteten Kindersitze besetzt sind oder nicht.

Aufbau

Eine in den Vordersitzen des Fahrzeugs eingelassene Sensormatte mit Steuergerät (Bilder 1 und 2) erfasst die Informationen über die darauf sitzende Person und liefert die Daten an das Airbagsteuergerät. Diese Daten werden dann zur angepassten Auslösung der Rückhaltesysteme herangezogen.

Arbeitsweise

Messprinzip

Das Messprinzip beruht darauf, Personen bezogen auf ihre körperlichen Eigenschaften (Gewicht, Größe usw.) zu klassifizieren und so eine optimierte Airbagauslösung zu ermöglichen. An Stelle einer direkten Gewichtsmessung des Insassen nutzt das OC-System vorrangig den Zusammenhang zwischen den anthropometrischen[1] Eigenschaften (z. B. Hüftknochenabstand) und dem Gewicht. Dazu misst die OC-Sensormatte das Druckprofil auf der Sitzfläche. Die Auswertung zeigt zunächst, ob ein Sitz belegt oder nicht belegt ist. Durch die weitere Analyse lässt sich die Person einer definierten Klasse zuordnen (Bild 3).

---

[1] Anthropometrie: Wissenschaft von den menschlichen Körper- und Skelettmerkmalen.

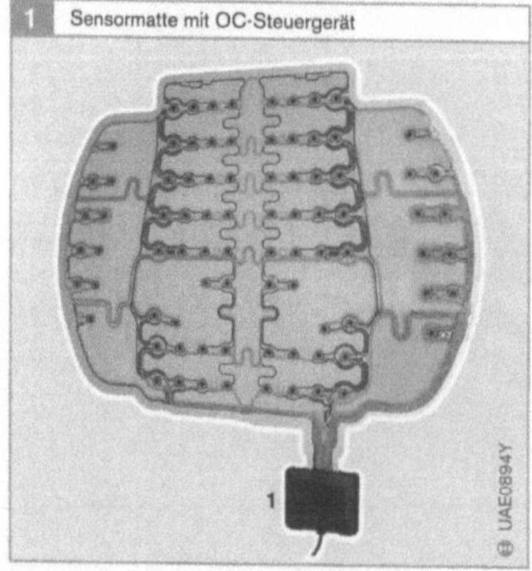

Bild 1

1   Steuergerät

Bild 2

1   OC-Steuergerät

2   Airbagsteuergerät

Sensorik

Die OC-Sensormatte besteht hauptsächlich aus einer Anordnung von druckabhängigen Widerstandselementen (FSR-Elementen: Force Sensitive Resistance), deren Informationen selektiv auswertbar sind. Bei zunehmender mechanischer Belastung eines Sensorelements sinkt der elektrische Widerstand. Dieser Effekt wird durch Einspeisen eines Messstroms erfasst. Eine Analyse aller Sensorpunkte ermöglicht eine Aussage über die Größe der belegten Fläche sowie die Verteilung der lokalen Schwerpunkte des Profils.

Eine eigenständige Sendeantenne und zwei Empfangsantennen in der OC-Sensormatte realisieren die AKSE-Funktion. Transponder in den dafür ausgestatteten Kindersitzen werden beim Aufbau eines Sendefeldes dazu angeregt, dem Feld eine Codierung aufzumodulieren. Aus den durch die Empfangsantennen erfassten und von der Elektronik ausgewerteten Daten werden der Kindersitztyp und die Kindersitzorientierung detektiert.

Steuergerät

Das Steuergerät speist Messströme in die Matte ein und wertet die Sensorsignale mithilfe eines im Mikrocontroller ablaufenden Algorithmusprogramms aus. Die daraus errechneten Klassifizierungsdaten und AKSE-Informationen werden in einem zyklischen Protokoll an das Airbagsteuergerät gesendet und dort über eine Entscheidungstabelle in das Auslöseverhalten mit eingebracht.

Algorithmus

Folgende Entscheidungskriterien dienen u. a. der Analyse des Profilabdrucks:

Abstand der Hüftknochen:
Ein typisches Sitzprofil hat zwei Schwerpunkte, die dem Hüftknochenabstand des Insassen entsprechen.

Belegte Fläche:
Auch für die Größe der belegten Fläche besteht eine Wechselbeziehung mit dem Körpergewicht.

Kohärenz des Profils:
Betrachtung der Struktur des Profils.

Dynamik:
Änderungen des Profils über die Zeit.

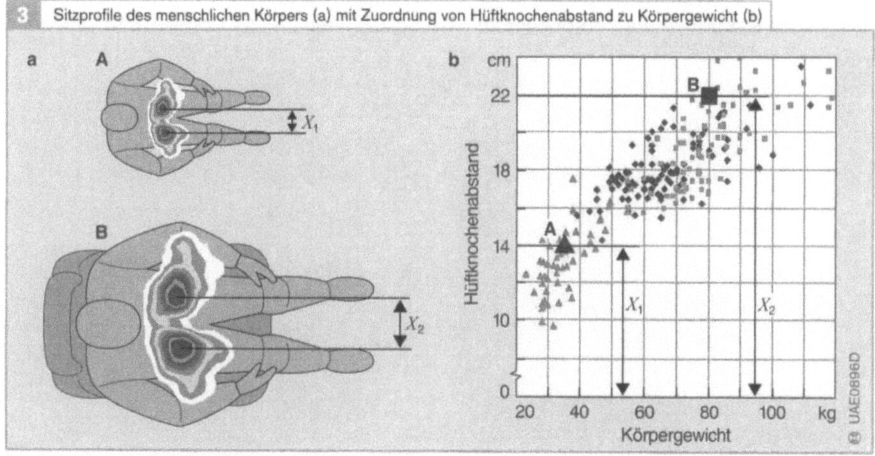

Bild 3
a   Sitzprofile
b   Diagramm
A   Kind mit Hüftknochenabstand X_1
B   Erwachsener mit Hüftknochenabstand X_2

Fahrerassistenzsysteme

Im statistischen Mittel stirbt jede Minute ein Mensch auf der Welt an den Folgen eines Verkehrsunfalls. Bosch verfolgt das Ziel, mit der Entwicklung von aktiven und passiven Fahrerassistenzsystemen der Unfallhäufigkeit und der Unfallschwere entgegenzuwirken.

Kritische Fahrsituationen

Die Fahrerassistenzsysteme sollen das Fahrzeug in die Lage versetzen, seine Umgebung wahrzunehmen und zu interpretieren, gefährliche Situationen zu erkennen und den Fahrer bei seinen Fahrmanövern zu unterstützen. Ziel dabei ist es, Unfälle im besten Fall ganz zu vermeiden oder zumindest aber die Unfallfolgen für die Betroffenen so gering wie möglich zu halten.

In kritischen Fahrsituationen entscheiden häufig lediglich Bruchteile von Sekunden, ob es zu einem Unfall kommt oder nicht. Gemäß Studien wären ca. 60 % der Auffahrunfälle und nahezu ein Drittel der Frontalzusammenstöße vermeidbar, wenn der Fahrer nur eine halbe Sekunde früher reagieren könnte. Jeder zweite Unfall auf Kreuzungen ließe sich durch eine schnellere Reaktion verhindern.

Ende der 1980er-Jahre, als innerhalb des Förderprojektes „Prometheus" die Vision eines hoch effizienten und in Teilen automatisch ablaufenden Straßenverkehrs demonstriert wurde, gab es noch keine dafür geeigneten elektronischen Komponenten.

Die in der Zwischenzeit verfügbaren hochempfindlichen Sensoren und extrem leistungsfähigen Mikrorechner rücken die Realisierung des „sensitiven" Fahrzeugs in greifbare Nähe: Sensoren ertasten die Fahrzeugumgebung; aus den ermittelten Objekten leitet das System Warnungen ab oder führt unmittelbar die notwendigen Fahrmanöver aus. Dies alles geschieht um die entscheidenden Sekundenbruchteile schneller, als selbst ein sehr aufmerksamer und geübter Fahrer dazu in der Lage wäre.

Unfallursachen, Maßnahmen

Im Jahr 2001 wurden mehr als 96 000 Personen in der Triade (Europa, USA und Japan) im Straßenverkehr getötet. Dies führte zu einem volkswirtschaftlichen Schaden von mehr als 400 Mrd. Euro (Bild 1). Dass viele Autofahrer mit der komplexen Verkehrssituation überfordert sind, belegen aktuelle Statistiken: Im Jahr 2001 beispielsweise ereigneten sich in Deutschland 2,37 Millionen Verkehrsunfälle – 375 345 davon mit Personenschaden. In neun von zehn Fällen war menschliches Fehlverhalten die Ursache.

Eine statistische Analyse der Unfallursachen außerhalb geschlossener Ortschaften in Deutschland (Bild 2) zeigt, dass mehr als ein Drittel aller Unfälle durch Spurwechsel und durch unbeabsichtigtes Verlassen der Fahrspur verursacht ist. Systeme, die Einblick in den toten Winkel eröffnen, und Spurver-

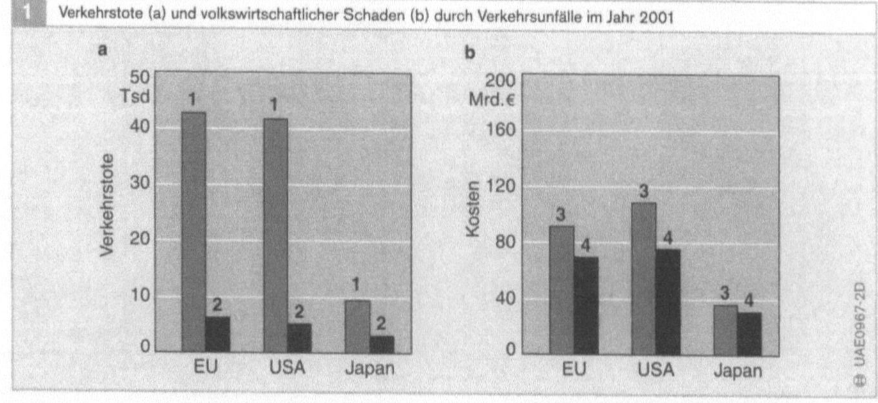

Bild 1
1 Getötete gesamt
   (in Tausend)
2 Anteil Fußgänger
3 Personenschäden
4 Sachschäden

lassenswarner bieten sich zur Verringerung dieser Unfallursachen an. Etwa ein weiteres Drittel der Unfälle ist durch Auffahren und durch Frontalzusammenstöße verursacht.

Kollisionswarnungssysteme können diesen Unfällen in einer ersten Stufe entgegenwirken. In einer weiteren Stufe verhindern Kollisionsvermeidungssysteme den Unfall durch aktiven Eingriff in das Fahrzeug. Ein erster Schritt in diese Richtung wurde mit dem Adaptiven Fahrgeschwindigkeitsregler ACC (Adaptive Cruise Control) bereits getan.

Eine hohe Komplexität weisen Unfälle mit Fußgängern und Zusammenstöße an Kreuzungen auf. Nur vernetzte Sensorsysteme mit Szeneninterpretationen können solche komplizierte Unfallsituationen bewältigen. Damit beschäftigt sich gegenwärtig die Forschung.

Einsatzgebiete

Fahrerassistenzsysteme mit vielfältigen Einsatzgebieten (Bild 3) gliedern sich in:
- Sicherheitssysteme mit dem Ziel der Unfallvermeidung und in
- Komfortsysteme mit dem Fernziel „Semiautonomes Autofahren".

Weiter wird differenziert nach:
- aktiven Systemen, die in die Fahrzeugdynamik eingreifen und nach
- passiven, d. h. informierenden Systemen ohne Fahrzeugeingriff.

Sicherheit und Komfort

Die *Passive Sicherheit* (Bild 3, Quadrant links unten) beinhaltet die Maßnahmen zur Milderung von Unfallfolgen, wie Precrash-Maßnahmen und die Funktionen zum Fußgängerschutz.

Systeme zur *Fahrerunterstützung* ohne Fahrzeugeingriff (Quadrant, rechts unten), gelten als Vorstufe zur Fahrzeugführung. Diese Systeme warnen den Fahrer lediglich oder geben ihm Empfehlungen für Fahrmanöver. Beispiele: Der *Einparkassistent* misst in einer ersten Stufe die Länge der Parklücke aus und gibt dem Fahrer Hinweise, ob er komfortabel oder eher knapp einparken kann oder ob die Parklücke zu

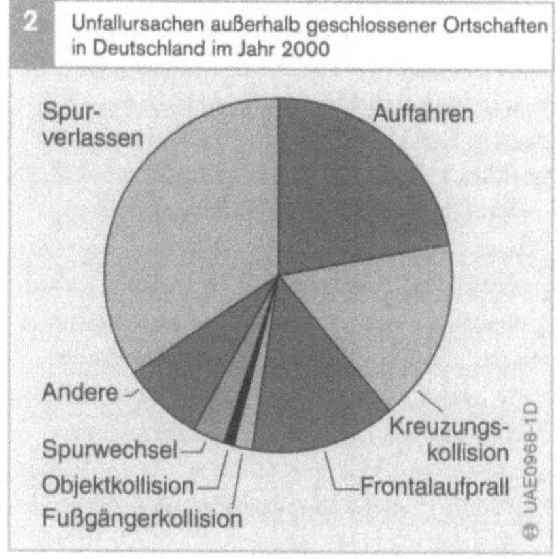

Bild 2
1 Spurwechsel
2 Spur verlassen
3 Auffahren
4 Frontalaufprall
5 Objektkollision
6 Fußgängerkollision
7 Kreuzungskollision
8 Andere

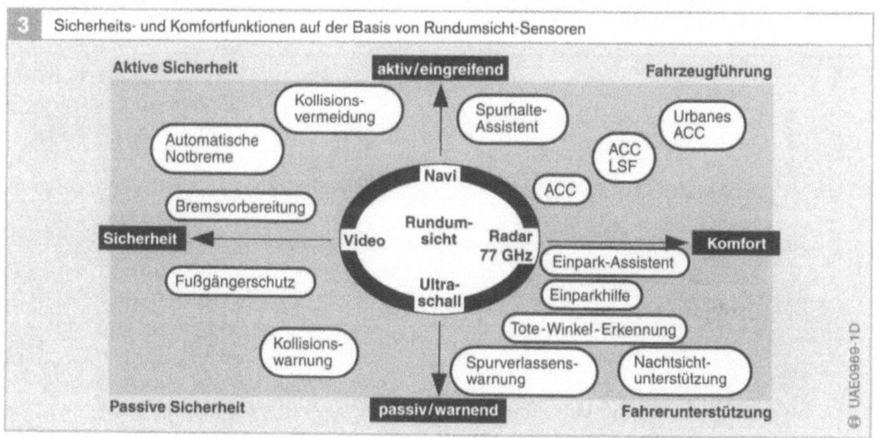

kurz ist. In einer zweiten Stufe gibt das System dem Fahrer während des Einparkvorgangs Empfehlungen für Lenkmanöver zum optimalen Einparken in die zuvor ausgemessene Parklücke. Das Fernziel von Bosch bei der Entwicklung von Einparksystemen ist der autonome Parkassistent – also ein System, das aktiv in die Fahrzeugführung eingreift und das Fahrzeug automatisch in eine Parklücke manövriert. Eine Detektion von potenziell gefährlichen Objekten im toten Winkel erfolgt durch Nahbereichssensoren (Ultraschall-Sensoren, Radar-Sensoren oder Lidar-Sensoren), während sich die *Videosensorik* zur Verbesserung der Fahrersicht bei Nachtfahrten vorteilhaft einsetzen lässt. Beim *Spurverlassenswarner* extrahiert eine Videokamera den Spurverlauf vor dem Fahrzeug und warnt den Fahrer bei einem Spurwechsel ohne gesetzten Blinker. Die Warnung kann über die Lautsprecher des Autoradios akustisch oder in Form eines leichten Lenkmoments mechanisch erfolgen.

Zu den Systemen der *Fahrzeugführung* (Quadrant, rechts oben) gehört das bereits in Fahrzeugen eingebaute ACC. Eine weiterentwickelte Variante dieses Systems soll den Fahrer auch bei langsamem Kolonnenverkehr entlasten – in einer ersten Stufe im Kolonnenverkehr mit vollständigem Abbremsen und Wiederanfahren bei niedrigen Fahrzeuggeschwindiggkeiten (ACC LSF: **ACC Low Speed Following**).

Ein weiterer Entwicklungsschritt soll durch das Zusammenspiel mehrerer verschiedener Sensoren eine vollständige Längsführung auch in urbanen Bereichen (ACC Stop & Go) und bei hohen Fahrzeuggeschwindigkeiten ermöglichen. Grundlage dafür ist eine komplexe Datenfusion von Radar- und Videodaten. Mit der um ein (ebenfalls Videobasiertes) System zur Querführung (Spurhalteassistent) ergänzte Längsführung ist eine autonome Fahrzeugführung im Prinzip denkbar. Der Spurhalteassistent ist eine Weiterentwicklung der Spurverlassenswarnung.

Die Funktionen der *Aktiven Sicherheit* (Quadrant, links oben) umfassen alle Maßnahmen zur Vorbeugung von Unfällen. Die an sie gestellten höchsten Anforderungen bezüglich Funktionalität und Zuverlässigkeit reichen von der einfachen Einparkbremse, die das Fahrzeug beim Einparken vor einem Hindernis automatisch abbremst, bis hin zur Rechner-gestützten Durchführung von Fahrmanövern zur Kollisionsvermeidung. Zwischenschritte werden durch „Prädiktive Sicherheits-Systeme" (PSS) gebildet. Sie reichen von einem Vorbefüllen der Bremse bei erkannter Gefahr über ein kurzes, heftiges Anbremsen bis zur automatischen Notbremse, die immer dann eine Vollbremsung auslöst, wenn der Fahrzeugrechner erkennt, dass eine Kollision nicht mehr vermeidbar ist.

Bild 4

1 77 GHz Long
   Range Radar
   Fernbereich ≥150 m
   horizontaler
   Öffnungswinkel: ±8°

2 Ifrarot
   Nachtsichtbereich
   ≤150 m
   horizontaler
   Öffnungswinkel:
   ±10°

3 Video
   Mittelbereich ≤80 m
   horizontaler
   Öffnungswinkel:
   ±22°

4 Ultraschall
   Ultranahbereich ≤3 m
   horizontaler
   Öffnungswinkel:
   ±60°
   (Einzelsensor)

5 Video
   Heckbereich
   horizontaler
   Öffnungswinkel:
   ±60°

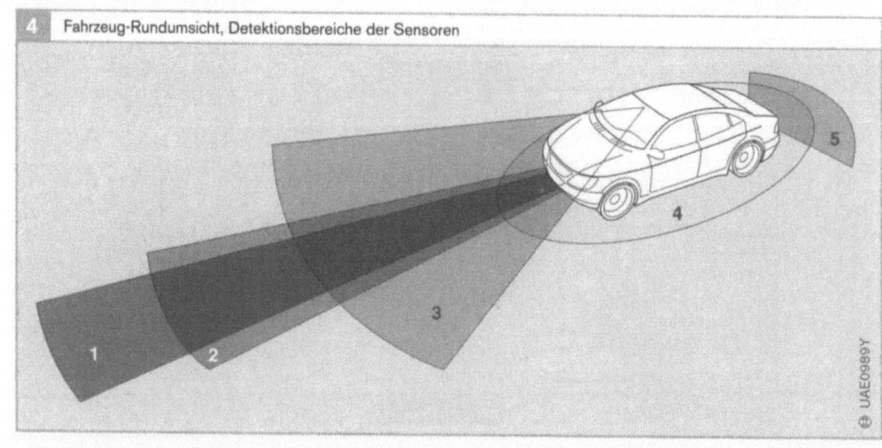

Komfortsysteme und Systeme zur Fahrerunterstützung (wie der „Parkpilot" und die automatische Abstandsregelung ACC) sind die Grundlage für diese Sicherheitssysteme, die Bosch in den nächsten Jahren zur Serienreife entwickelt. Mittelfristig soll damit die Unfallschwere reduziert und längerfristig Unfälle ganz vermieden werden.

Elektronische Rundumsicht

Mit einer „elektronischen Rundumsicht" lassen sich zahlreiche Fahrerassistenzsysteme realisieren – sowohl für *warnende* als auch für *aktiv eingreifende* Systeme. Bild 4 zeigt die Absicherungsbereiche gegenwärtiger und künftiger Rundumsicht-Sensoren.

Nahbereich

Wegen der eingeschränkten Verfügbarkeit von Sensoren konnten sich bisher nur wenige Fahrerassistenzsysteme am Markt etablieren. Eines davon ist der „Parkpilot", der mithilfe der Ultraschalltechnik den Nahbereich überwacht. In den Stoßfänger des Fahrzeugs integrierte Sensoren in Ultraschalltechnik sorgen beim Annähern des Fahrzeugs an ein Hindernis dafür, dass der Fahrer eine akustische oder optische Warnung erhält. Die Sensoren besitzen eine Reichweite von $\leq 1{,}5$ m. Die nächste (vierte) Generation von Ultraschallsensoren wird eine Reichweite von $\approx 2{,}5$ m besitzen. Diese Sensoren eignen sich dann für die anspruchsvolleren, künftigen Funktionserweiterungen *Parklückenvermessung* und *Einparkassistent.*

Das System für den Nahbereich ist mittlerweile weit verbreitet, hat eine hohe Akzeptanz bei den Anwendern gefunden und gehört in einigen Fahrzeugmodellen bereits zur Serienausstattung.

Fernbereich

Für den Fernbereich kommen bereits ACC-Systeme mit Long-Range-Radar-Sensoren (LRR) zum Einsatz. Sie nutzen die Arbeitsfrequenz von 76,5 GHz bei einer Reichweite von ≈ 120 m. Dabei tastet eine sehr schmale Radarkeule den Raum vor dem Fahrzeug ab, um den Abstand zu vorausfahrenden Fahrzeugen zu ermitteln. Der Fahrer gibt die angestrebte Geschwindigkeit und den gewünschten Sicherheitsabstand vor. Wird ein langsam vorherfahrendes Fahrzeug durch die umgebungserfassende Sensorik erkannt, bremst ACC das Fahrzeug automatisch ab und hält einen vom Fahrer vorher festgelegten Abstand. Sobald sich im Messbereich kein Fahrzeug mehr befindet, beschleunigt ACC wieder auf die vorgewählte Geschwindigkeit. Auf diese Weise integriert sich das Fahrzeug harmonisch in den Verkehrsfluss. Es lässt den Fahrer nicht nur entspannter ans Ziel kommen, sondern erhöht auch seine Aufmerksamkeit für das aktuelle Verkehrsgeschehen. Die Information des ACC kann auch dazu benutzt werden, den Fahrer bei zu dichtem Auffahren zu warnen.

Die aktuelle ACC-Version von Bosch hält diese Vorgaben ein, indem sie bei Geschwindigkeiten von > 30 km/h selbstständig in das Bremssystem und in das Motormanagement eingreift. Bei niedrigeren Geschwindigkeiten schaltet das System ab.

Die zweite Generation (ACC2, ab 2004) zeichnet sich durch eine Verdopplung des horizontalen Erfassungsbereichs auf $\pm 8°$ und durch eine erhebliche Reduzierung der Baugröße aus. Das Gerät ist dann das kleinste Abstandswarnradar mit integriertem Steuergerät.

ACC ist das erste Fahrerassistenzsystem, das den Fahrer nicht nur warnt, sondern aktiv in die Fahrzeugdynamik eingreift. Die aktuelle ACC-Version ist insbesondere auf den Einsatz auf Autobahnen und Schnellstraßen abgestimmt. Durch den vergrößerten Erfassungswinkel kann ACC2 künftig insbesondere in Kurven und beim Einscheren die aktuelle Verkehrssituation noch besser erfassen und auch auf Landstraßen mit engem Kurvenverlauf genutzt werden.

Virtueller Sicherheitsgürtel

Ultraschallsensoren mit erweitertem Erfassungsbereich oder Short-Range-Sensoren können einen „virtuellen Sicherheitsgürtel" um das Fahrzeug bilden, mit dem sich mehrere Funktionen realisieren lassen. Die Signale dieses Sicherheitsgürtels warnen zum einen den Fahrer vor Gefahrensituationen und dienen zum anderen als Datenbasis für Sicherheits- und Komfortsysteme. Auch die für den Autofahrer „toten" Blickwinkel lassen sich mit solchen Sensoren überwachen.

Videosensorik

Videosensoren spielen für Fahrerassistenzsysteme eine zentrale Rolle, da sie die Interpretation visueller Informationen (Objektklassifikation, Bild 5) gezielt unterstützen. In naher Zukunft wird Bosch sie für den Einsatz in Fahrzeugen anbieten können und eine Vielzahl neuer Funktionen erschließen.

Im *Heckbereich* kann die Videosensorik (in der einfachsten Variante) den Ultraschall-basierten Parkpiloten bei *Einpark- und Rangiervorgängen* unterstützen.

Einen höheren Nutzen bietet eine *Heckkamera*, wenn die erfassten Objekte per Bildverarbeitung interpretiert werden und der Fahrer in kritischen Situationen gewarnt wird. Dies ist z. B. der Fall, wenn ein beabsichtigter Spurwechsel wegen eines auf der Überholspur sich rasch nähernden Fahrzeugs gefährlich werden könnte.

Der Einsatz einer *Frontkamera* ist notwendig, um beispielsweise Funktionen zur *Nachtsichtverbesserung* zu realisieren. Dazu leuchtet das System die vorausliegende Fahrbahn mit Infrarotstrahlung aus. Ein Display zeigt das von einer infrarotempfindlichen Kamera aufgenomme Bild an. Ohne Blendwirkung für den Gegenverkehr vergrößert sich damit das Sichtfeld für den Fahrer, der Hindernisse und Gefahren in der Dunkelheit früher erkennen kann.

Eine *tages- und nachtsensitive Kamera* im *Frontbereich* lässt sich für mehrere Assistenzfunktionen einsetzen. Zum Beispiel entwickelt Bosch derzeit Systeme für die Spur- und Verkehrszeichenerkennung auf dieser Basis.

Bei der „*Spurerkennung*" werden die Begrenzungen und der Verlauf der Fahrspur detektiert. Droht das Fahrzeug unbeabsichtigt die Fahrspur zu verlassen, warnt das System den Fahrer. In einer späteren Ausbaustufe plant Bosch, die Spurerkennung zum *Spurhalteassistenten* zu erweitern, der das Fahrzeug durch einen aktiven Lenkeingriff in die Fahrspur zurückführen kann. Zusammen mit ACC ist dies das ideale System zur Entlastung des Fahrers im Stop-and-go-Verkehr.

Eine weitere Funktion, die auf Daten des Videosensors zurückgreift, ist die „*Verkehrszeichenerkennung*". Sie registriert Verkehrszeichen (z. B. Geschwindigkeitsbegrenzungen oder Überholverbote). Das Kombiinstrument zeigt das zuletzt an der Straße erfasste Verkehrszeichen an. Die Frontkamera dient auch zur Unterstützung des ACC-Sensors, um nicht nur die Entfernung zu einem Objekt zu messen, sondern dieses zusätzlich zu klassifizieren. Die Verbindung des Videosystems mit dem Long-Range-Radar schafft Synergieeffekte: Der Sichtbereich des ACC-Systems wird wesentlich erweitert und die Objekterkennung noch sicherer.

Die Videotechnik wird zunächst bei informierenden Fahrerassistenzsystemen zum Einsatz kommen. Aktuelle Videosensoren sind bezüglich Auflösung, Empfindlichkeit und Helligkeitsdynamik noch weit von der Leistungsfähigkeit des menschlichen Sehapparats entfernt, aber fortschrittliche Methoden der Bildverarbeitung zusammen mit neu entwickelten hochdynamischen Bildsensoren lassen bereits jetzt das enorme Potenzial dieser Sensorik erkennen.

Die CMOS-Technologie mit nicht linearer Luminanzkonversion wird einen sehr großen Helligkeits-Dynamikbereich abdecken und damit herkömmlichen CCD-Sensoren weit überlegen sein. Da die Helligkeit von Bildszenen im automotiven Umfeld nicht kontrollierbar ist, reicht der Dynamikbereich herkömmlicher Bildsensoren nicht aus; daher werden hochdynamische Imager benötigt.

Die Bildsignale der Kamera eines Video-systems werden einem Bildverarbeitungs-rechner zugeführt, der einzelne Bildmerk-male extrahiert (Bild 5). Diese Informa-tionen können z. B. über einen Bus anderen Steuergeräten oder Informationseinheiten (HMI: Human Machine Interface) zuge-führt werden und lassen sich dort zur Erzeu-gung von Fahrzeugeingriffen oder Infor-mationen für den Fahrer verwenden.

Sensordatenfusion

Damit die Assistenzfunktionen gegenüber Störungen robust sind und gleichzeitig mehrere Objekte detektiert und klassifiziert werden können, müssen die Signale mehrerer Sensoren kombiniert und ausgewertet werden. Die Sensordatenfusion erlaubt es den Systemen, sich ein realitätsnahes und gesamtheitliches Bild von der Fahrzeugum-gebung zu machen. Auf diese Weise ergeben sich wesentlich zuverlässigere Informationen über das Fahrzeugumfeld, als dies mit einzelnen Sensoren möglich wäre.

Künftige Fahrerassistenzsysteme werden immer mehr Sensoren und Aktoren in ihre Funktionen einbeziehen und umfang-reichere Verbindungen zu anderen Fahr-zeugsystemen aufweisen. Bosch entwickelt alle Komponenten und Funktionen auf der Grundlage der Systemarchitektur „Cartronic", die der Vernetzung aller Steuerungs- und Regelaufgaben im Fahrzeug dient. Sie besteht aus einer klar gegliederten Funktions-architektur sowie modularer Software mit offenen, einheitlichen Schnittstellen.

Zusammenfassung und Ausblick

Die Entwicklung von Sensoren zum Erfassen des Fahrzeugumfelds geht in großen Schrit-ten voran. Neue Funktionen werden wegen ihrer hohen Relevanz für Sicherheit und Komfort rasch integriert.

Die Short-Range-Sensorik markiert den nächsten Meilenstein in dieser Entwicklung. Sie wird den virtuellen „Sicherheitsgürtel" um das Fahrzeug bilden, dessen Signale zum einen den Fahrer vor Gefahrensituationen warnen und zum anderen als Datenbasis für aktive Sicherheits- und Komfortsysteme dienen. Parallel dazu (wenn Sensorchips mit hoher Leistungsfähigkeit für die Großserie verfügbar sind) wird auch die Videosensorik mit ihren vielfältigen Möglichkeiten Einzug ins Automobil halten. Auf der Basis hoch-komplexer Bildauswertung mit Hochleis-tungsrechnern lässt sich ein Informations-paket schnüren, das von mehreren Fahrer-assistenzsystemen als Datenquelle genutzt werden kann.

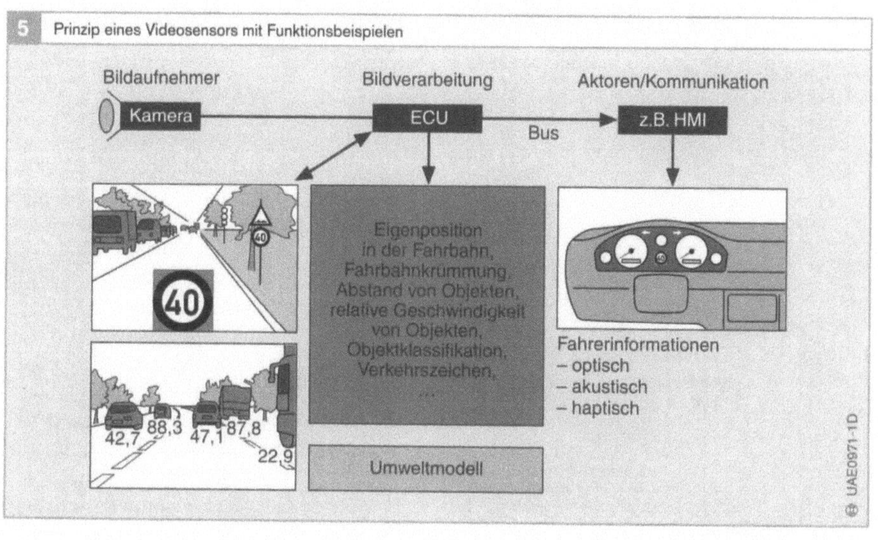

Einparksysteme

Bei nahezu allen Fahrzeugen werden die Karosserien so entwickelt, dass möglichst kleine Luftwiderstandsbeiwerte erreicht werden, um den Kraftstoffverbrauch zu reduzieren. In der Regel entsteht dadurch eine leichte Keilform, die die Sicht beim Rangieren stark einschränkt. Vorhandene Hindernisse sind nur schlecht – wenn überhaupt – erkennbar.

Einparkhilfe mit Ultraschallsensoren

Anwendung

Einparkhilfen mit Ultraschallsensoren liefern eine wirkungsvolle Unterstützung des Einparkvorgangs. Sie überwachen einen Bereich von ca. 30...150 cm hinter oder vor dem Fahrzeug (Bild 1). Hindernisse werden erkannt und durch optische und/oder akustische Mittel zur Anzeige gebracht.

System

Das System besteht aus den Komponenten Steuergerät, Warnelement und Ultraschallsensoren.

Fahrzeuge mit reiner Heckabsicherung verfügen in der Regel über 4 Ultraschallsensoren in den hinteren Stoßfängern. Eine zusätzliche Frontabsicherung ergibt sich mit 4...6 weiteren Ultraschallsensoren in den vorderen Stoßfänger (Bild 3).

Die Aktivierung des Systems erfolgt selbsttätig mit dem Einlegen des Rückwärtsgangs bzw. bei Systemen mit zusätzlicher Frontabsicherung mit dem Unterschreiten einer Geschwindigkeitsschwelle von ca. 15 km/h. Während des Betriebes gewährleistet die Selbsttestfunktionalität eine permanente Überwachung aller Systemkomponenten.

Ultraschallsensor

Analog zum Echolotverfahren senden die Sensoren Ultraschallimpulse mit einer Frequenz von ca. 40 kHz aus und detektieren die Zeitdauer bis zum Eintreffen der von Hindernissen reflektierten Echoimpulse. Der Abstand des Fahrzeugs zum nächstgelegenen Hindernis ergibt sich aus der Laufzeit des zuerst eintreffenden Echoimpulses entsprechend der Formel:

$$a = 0{,}5 \cdot t_e \cdot c$$

t_e Laufzeit des Ultraschallsignals (s)
c Schallgeschwindigkeit in Luft (ca. 340 m/s).

Ein weiteres Beispiel für die Abstandsrechnung zeigt Bild 2.

Die Sensoren selbst bestehen aus einem Kunststoffgehäuse mit integrierter Steckverbindung, einer Aluminiummembran, auf deren Innenseite eine Piezokeramikscheibe eingeklebt ist, und einer Leiterplatte mit Sende- und Auswerteelektronik (Bild 4). Der elektrische Anschluss am Steuergerät erfolgt über drei Leitungen, von denen zwei der Spannungsversorgung dienen. Über die dritte, bidirektionale Signalleitung wird die Sendefunktion eingeschaltet und das ausgewertete Empfangssignal an das Steuergerät zurückgeliefert. Empfängt der Sensor vom Steuergerät einen digitalen Sendeimpuls, regt die elektronische Schaltung die Alumi-

niummembran mit Rechteckimpulsen in
der Resonanzfrequenz zum Schwingen an –
Ultraschall wird ausgesendet. Der vom
Hindernis reflektierte Schall versetzt die inzwischen beruhigte Membran wiederum in
Schwingungen. Diese werden durch die Piezokeramik in ein analoges elektrisches Signal
gewandelt. Die Sensorelektronik verstärkt
und wandelt es in ein digitales Signal um.

Um einen möglichst großen Bereich erfassen zu können, muss die Detektionscharak-
teristik spezielle Anforderungen erfüllen
(Bilder 5 und 6). Im horizontalen Bereich ist
ein großer Erfassungswinkel erwünscht. Im
vertikalen Bereich ist dagegen ein kleinerer
Winkel erforderlich, um störende Bodenre-
flexionen zu vermeiden. Hier ist ein Kom-

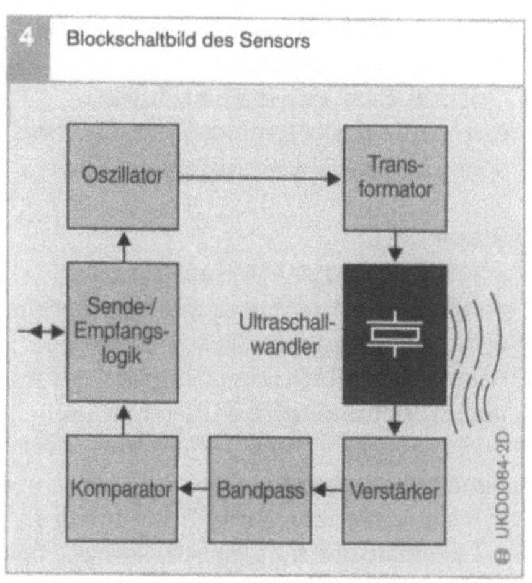

4 Blockschaltbild des Sensors

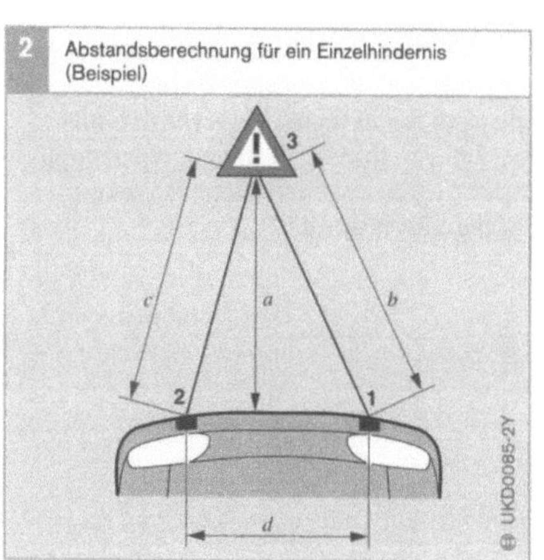

2 Abstandsberechnung für ein Einzelhindernis (Beispiel)

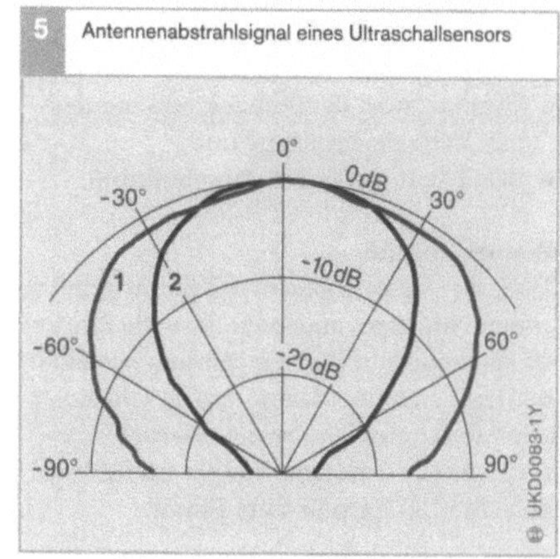

5 Antennenabstrahlsignal eines Ultraschallsensors

Bild 5
1   Horizontal
2   vertikal

Bild 2
a Abstand Stoßfänger/
     Hindernis
b Abstand Sensor 1/
     Hindernis
c Abstand Sensor 2/
     Hindernis
d Abstand Sensor 1/
     Sensor 2
1   Sende- und
    Empfangssensor
2   Empfangssensor
3   Hindernis

$$a = \sqrt{c^2 - \frac{(d^2 + c^2 - b^2)^2}{4d^2}}$$

Bild 3
1   Sensor
2   Entkopplungsring
3   Einbaugehäuse
4   Stoßfänger

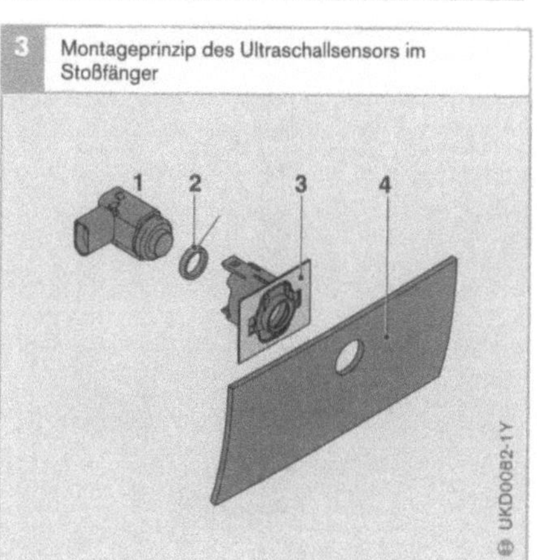

3 Montageprinzip des Ultraschallsensors im Stoßfänger

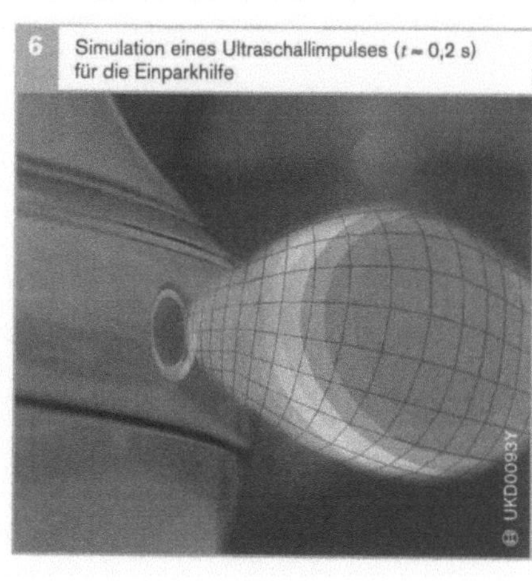

6 Simulation eines Ultraschallimpulses ($t \approx 0{,}2$ s) für die Einparkhilfe

promiss erforderlich, um vorhandene Hindernisse sicher zu erkennen.

Spezifisch angepasste Einbauhalter fixieren die Sensoren an den jeweiligen Positionen innerhalb des Stoßfängers (Bild 3).

Steuergerät

Das Steuergerät enthält eine Spannungsstabilisierung für die Sensoren und den eingebauten Mikroprozessor (µC) sowie alle erforderlichen Interfaceschaltungen zur Anpassung der unterschiedlichen Ein- und Ausgangssignale (Bild 7). Die Software übernimmt die Aufgaben:

- Sensoransteuerung und Echoempfang,
- Laufzeitauswertung und Berechnung des Hindernisabstandes,
- Ansteuerung der Warnelemente,
- Auswertung der Eingangssignale vom Fahrzeug,
- Überwachung der Systemkomponenten inkl. Fehlerspeicherung und
- Bereitstellung der Diagnosefunktion.

Warnelemente

Über die Warnelemente wird der Abstand zu einem Hindernis angezeigt. Ihre Ausführung ist fahrzeugspezifisch geprägt und besteht in der Regel aus einer Kombination von akustischer und optischer Anzeige. Aktuell kommen optische Anzeigen sowohl mit LED- als auch in LCD-Technik zum Einsatz.

In dem hier gezeigten Beispiel eines Warnelements ist die Anzeige des Abstandes zum Hindernis in 4 Hauptbereiche eingeteilt (siehe Bild 8 und Tabelle).

Absicherungsbereich

Der Absicherungsbereich ist bestimmt durch die Reichweite und die Anzahl der Sensoren sowie deren Abstrahlcharakteristik.

Die bisherige Erfahrung hat gezeigt, dass für die Heckabsicherung 4 Sensoren und für die Frontabsicherung 4...6 Sensoren ausreichen. Die Sensoren sind in die Stoßfänger integriert, womit der Abstand zum Boden fest vorgegeben ist (Bilder 9 und 10).

Der Einbauwinkel und die Abstände der Sensoren werden Fahrzeug-spezifisch ermittelt. Diese Daten sind in den Berechnungsalgorithmen des Steuergeräts berücksichtigt. Bis zum Redaktionsschluss wurden mehr als 200 verschiedene Fahrzeugtypen appliziert. So können auch ältere Fahrzeuge nachgerüstet werden.

Bereich	Abstand	optische Anzeige LED	akustische Anzeige
I	< 1,5 m	grün	Intervallton
II	< 1,0 m	grün + gelb	Intervallton
III	< 0,5 m	grün + gelb + rot	Dauerton
IV	< 0,3 m	alle LEDs blinken	Dauerton

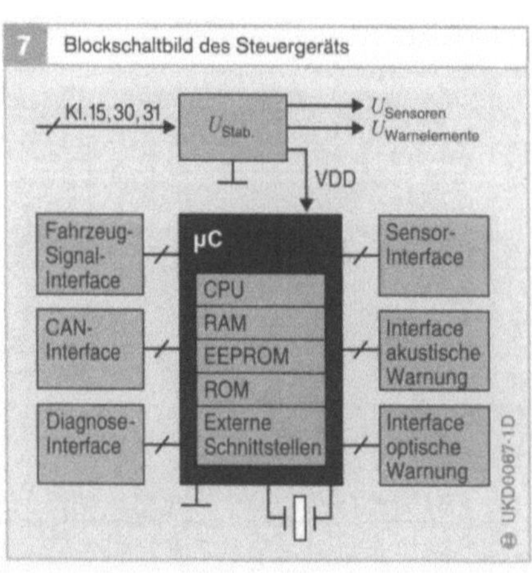

Bild 7 — Blockschaltbild des Steuergeräts

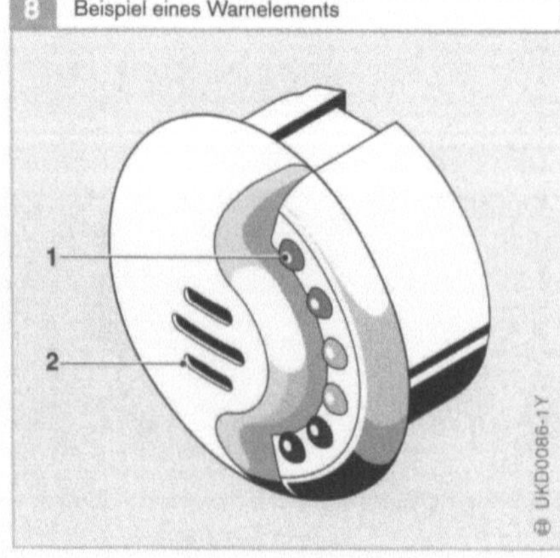

Bild 8 — Beispiel eines Warnelements

Bild 8
1   LED-Warnleuchte
2   Austrittsöffnung
    Tonsignal

9 Heckabsicherung eines Pkw (Beispiel)

10 Heckabsicherung eines Busses (Beispiel)

Weitere Entwicklungsschritte

Erweiterte Reichweite

Die derzeitige Reichweite der Sensoren von
etwa 150 cm wird von routiniert einparken-
den Autofahrern manchmal als zu gering
empfunden. Daher wird gegenwärtig ein
neuer Sensor mit einer Reichweite bis zu
250 cm entwickelt. Durch Höherintegration
der Elektronik ist er zudem deutlich kompakter als der momentan gefertigte Stand.
Dies kommt insbesondere den erhöhten Anforderungen an den Schutz der Fußgänger
im Bereich der Stoßfänger entgegen.

Parklückenvermessung

Eine weitere Anwendung des Ultraschallsensors kommt für eine Parklückenvermessung infrage.

Nach Aktivierung des Systems durch den
Fahrer misst ein seitlich am Fahrzeug ange-
brachter Sensor die Länge der Parklücke aus.
Nach einem Vergleich des Messwertes mit
den Signalen des Radimpulszählers zur
Plausibilisierung gibt das System ein Signal
an den Fahrer ob die Parklücke ausreichend
lang ist (Bild 11).

In einem weiteren Entwicklungsschritt
kann während des Einparkvorgangs eine
Empfehlung an den Fahrer ausgegeben werden, wie er das Lenkrad optimal einschlagen
sollte, um möglichst elegant in die Lücke
einzuparken. Auch an Systemen mit elektrischer Lenkungsbetätigung wird gearbeitet.

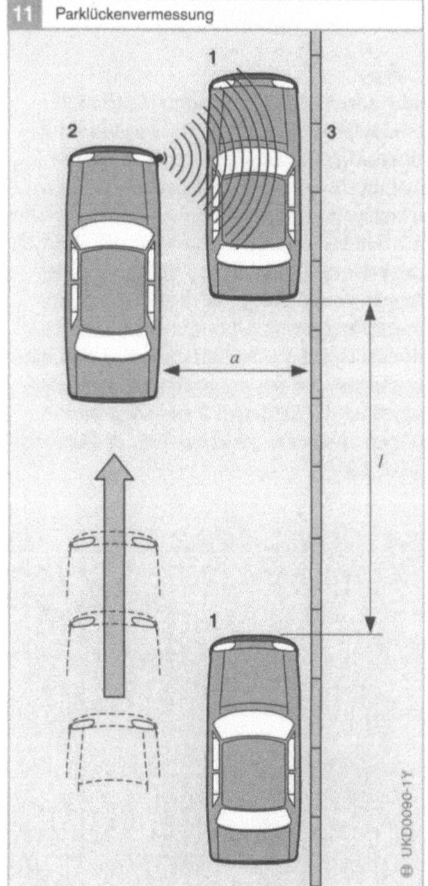

11 Parklückenvermessung

Der Fahrer muss sich dann nur noch um die
Längsführung des Fahrzeugs kümmern.

Bild 11
1 Geparkte Fahrzeuge
2 einparkendes
   Fahrzeug
3 Parkfront

a gemessener
   Abstand
l Länge der Parklücke

Ultraschallsensoren

Anwendung

Ultraschallsensoren sind zur Ermittlung von Abständen zu Hindernissen und zur Überwachung eines Raumes z. B. beim Ein- und Ausparken bzw. Rangieren in den Stoßfängern von Kraftfahrzeugen integriert. Mit dem großen Erfassungswinkel, der sich bei der Nutzung mehrerer Sensoren ergibt (Heck 4 Sensoren, Front 4 … 6 Sensoren), können mithilfe der „Triangulation" Entfernung und Winkel zum Hindernis bestimmt werden. Der Detektionsbereich eines solchen Systems reicht von ca. 0,25 bis 2,5 m (4. Generation).

Aufbau

Ein Sensor besteht aus einem Kunststoffgehäuse mit integrierter Steckverbindung, einem Ultraschallwandler (Aluminiummembran, auf deren Innenseite eine Piezoscheibe eingeklebt ist) und einer Leiterplatte mit Sende- und Auswerteelektronik (Bild 1). Zwei der drei elektrischen Verbindungsleitungen zum Steuergerät dienen der Spannungsversorgung. Über die dritte, bidirektionale Leitung wird die Sendefunktion eingeschaltet und das ausgewertete Empfangssignal an das Steuergerät zurückgemeldet (Open-Collector-Anschluss mit Ruhepotenzial „High").

Arbeitsweise

Der Ultraschallsensor arbeitet nach dem Puls-Echo-Prinzip in Verbindung mit der Triangulation. Empfängt er vom Steuergerät einen digitalen Sendeimpuls, regt die elektronische Schaltung die Aluminiummembran mit Rechteckimpulsen bei der Resonanzfrequenz in typisch ca. 300 μs zum Schwingen bzw. zum Aussenden von Ultraschall an: Der vom Hindernis reflektierte Schall versetzt die inzwischen beruhigte Membran wiederum in Schwingungen (während Abklingdauer von ca. 900 μs kein Empfang möglich). Diese Schwingungen werden von der Piezokeramik als analoges elektrisches Signal ausgegeben und von der Sensorelektronik verstärkt und in ein digitales Signal umgewandelt (Bild 2). Der Sensor hat Priorität gegenüber dem Steuergerät und schaltet den Signalanschluss bei Detektion eines Echosignals auf „Low" (<0,5 V). Liegt ein Echosignal auf der Leitung, kann das Sendesignal nicht verarbeitet werden. Das Steuergerät regt den Sensor beim Unterschreiten einer Schaltschwelle von 1,5 V auf der Signalleitung zum Senden an.

Um einen möglichst großen Bereich erfassen zu können, ist der Erfassungswinkel im horizontalen Bereich groß. Im vertikalen Bereich ist dagegen ein kleiner Winkel erforderlich, um störende Bodenreflektionen zu vermeiden.

Bild 1

1 Piezokeramik
2 Entkopplungsring
3 Gehäuse mit Stecker
4 ASIC-Baustein
5 Leiterplatte
6 Übertrager
7 Bonddraht
8 Membran

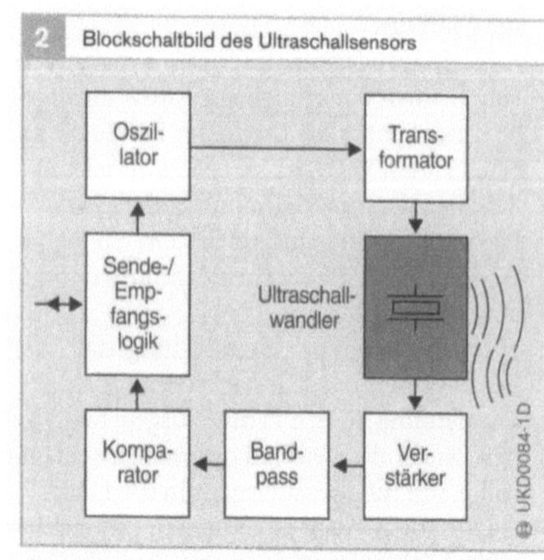

Geschichte des Sicherheitsgurtes

Als sich der Amerikaner Walter C. Baker aus Ohio 1902 mit seinem Elektroauto überschlug, war er wohl der erste Rennfahrer, dem ein „Sicherheitsgurt" das Leben rettete.

Der Gurt – zu Bakers Zeiten ein einfacher Lederriemen, mit dem vor allem Rennfahrer sich regelrecht am Fahrzeug festbanden – wurde im Laufe von hundert Jahren konsequent weiterentwickelt. Das Ziel war stets, den Gurt sicherer und seine Bedienung komfortabler zu machen.

Die ersten in Pkw eingesetzten Beckengurte hielten die Insassen zwar auf ihrem Sitz, doch Kopf und Oberkörper waren nicht gegen einen Aufprall auf dem Lenkrad gesichert. Zur Vermeidung dieses „Klappmessereffekts" wurden schon früh „Hosenträgergurte" oder über der Brust gekreuzte Gurte verwendet. Diese waren jedoch nicht nur unbequem in der Handhabung, sondern ließen mitunter den Insassen beim Aufprall unter dem Gurt hindurchrutschen.

Abhilfe in beiderlei Hinsicht brachte der 1958 patentierte Dreipunktgurt, der bis heute die Grundlage für alle modernen Gurtsysteme ist.

Bereits in den 1960er-Jahren wiesen Untersuchungen den Nutzen des Sicherheitsgurtes nach. Zudem ermöglichte die Erfindung der Aufrollautomatik dem Insassen, sich in Sekundenschnelle anzuschnallen. Doch trotzdem legte auch nach Einführung der Anschnallpflicht 1976 in Deutschland nur jeder zweite Passagier auf den Vordersitzen den Gurt an. Erst als 1984 ein Verwarnungsgeld Fahrer und Beifahrer nachdrücklich an den Nutzen des Gurtes erinnern sollte, stieg die Anschnallquote auf über 90 %.

Meilensteine der Entwicklung von Sicherheitsgurten

1903
Der Franzose Lebeau erhält das erste Patent auf einen Sicherheitsgurt für Auto- und Flugzeuginsassen.

1949
Der amerikanische Hersteller Nash rüstet sein Modell Ambassador serienmäßig mit Beckengurten für die Vordersitze aus.

1953
Der Sicherheitsgurt kommt nach Europa: Das spanische Sportcoupé Pegaso Z-102 wird mit Zweipunktgurt ausgestattet.

1956
Der Gurt erreicht Deutschland: Porsche bietet das Modell 356A mit Beckengurt als Sonderausstattung an.

1958
Der Schwede Nils Bohlin, „Ingenieur für Sicherheit im Auto" bei Volvo, lässt den Dreipunktgurt patentieren.

1959
Volvo bringt das Modell P 121 „Amazon" serienmäßig mit statischen Dreipunktgurten auf den Markt.

1969
Der Gurt wird komfortabler: Volvo präsentiert den Dreipunkt-Sicherheitsgurt mit Aufrollautomatik für die Vordersitze.

1979
Die Gurte der Mercedes-Benz S-Klasse lassen sich stufenweise in der Höhe verstellen.

1980
Mercedes-Benz bietet den Lenkrad-Airbag für den Fahrer und den Gurt mit Gurtstraffer für den Beifahrer an.

1995
Gurtkraftbegrenzer in ersten Modellen von Mercedes-Benz verringern das Risiko, durch den Gurt verletzt zu werden.

Antriebs- und Verstellsysteme

Fensterantriebe

Anwendung

Bei fremdkraftbetätigten Fenstern handelt es sich um elektromotorisch angetriebene Anlagen. Dabei unterscheidet man zwischen zwei Systemen (Bild 1). Die Wahl der einzelnen Systeme hängt neben anderen Kriterien sehr stark von dem zur Verfügung stehenden Einbauraum ab.

- *Gelenkgetriebe* (Ritzelheber): Der Antriebsmotor treibt über ein Ritzel ein Zahnsegment an, das mit einem Gelenkgetriebe verbunden ist. Der Einsatz dieser Fensterhebersysteme ist rückläufig.
- *Seilzuggetriebe* (Seilheber): Der Antriebsmotor treibt über eine Seiltrommel ein Seilzuggetriebe an.

Fensterantriebsmotoren

Die Platzverhältnisse in den Türen zwingen zu einer flachen Bauweise (Flachmotoren, Bild 2). Das Untersetzungsgetriebe ist ein Schneckengetriebe, das selbsthemmend ausgeführt ist. Damit wird ein selbstständiges, ungewolltes und gewaltsames Öffnen des Fensters verhindert.

Für ein gutes Dämpfungsverhalten in den Endpositionen sorgen Dämpfungselemente, die im Getriebe integriert sind.

Fensterantriebssteuerung

Der manuelle Betrieb erfolgt mithilfe eines Wippenschalters. Zur Erhöhung des Komforts können Fensterantriebe mit einer zentralen oder dezentralen Schließanlage gekoppelt sein, bei denen die Fenster beim Verlassen des Fahrzeugs automatisch geschlossen bzw. in eine Lüftungsstellung gefahren werden.

Beim Schließen ist eine Kraftbegrenzung, auch Schließkraftbegrenzung (SKB) genannt, vorgesehen. Dadurch soll ein Einklemmen von Körperteilen vermieden werden. Nach § 30 StVZO (für Deutschland) muss bei der Aufwärtsbewegung des Fensters im Verstellbereich 200...4 mm (von der oberen lichten Fensteröffnung gemessen) die Schließkraftbegrenzung wirksam sein.

Im Fensterantrieb integrierte Hall-Sensoren überwachen während des Betriebs die Motordrehzahl. Wird eine Drehzahlverzögerung erkannt, so erfolgt sofort eine Umkehr der Motordrehrichtung. Die Schließkraft darf 100 N bei einer Federrate von 10 N/mm nicht überschreiten. Um das Fenster jedoch bei jeder Aufwärtsbewegung schließen zu

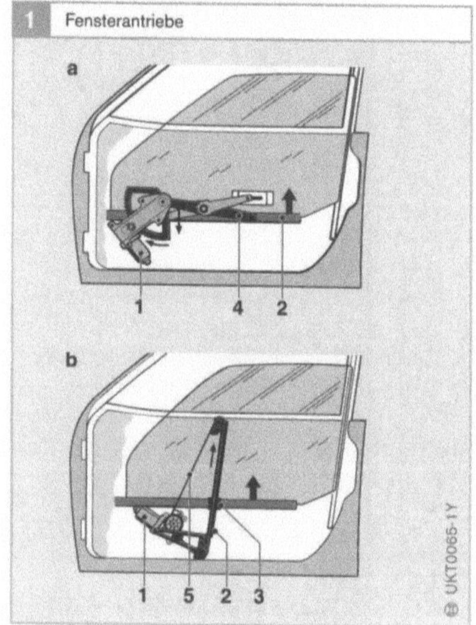

1 Fensterantriebe

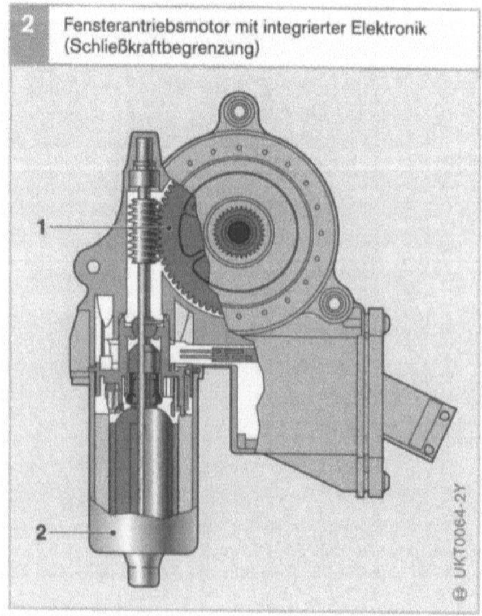

2 Fensterantriebsmotor mit integrierter Elektronik (Schließkraftbegrenzung)

können, wird vor dem Einfahren in die Tür-
dichtung die Schließkraftbegrenzung automatisch abgeschaltet und der Motor bis in die
Blockierung gefahren. Die Fensterposition
wird über den gesamten Verstellweg erfasst.

Die elektronische Steuerung (Bild 3) kann in
einem zentralen Steuergerät zusammengefasst oder – um den Verkabelungsaufwand
zu minimieren – dezentral in den Fenster-
hebermotoren integriert sein. Zukünftige
dezentrale Elektroniken werden über Bus-
Schnittstellen vernetzt (LIN-, CAN-Bus).
Vorteile sind eine Fehlerdiagnose der
Elektronik und weitere Reduzierung der
Verkabelung.

Dachantriebe

Anwendung
Dachantriebe vereinigen die Funktionen
eines Hebe- und Schiebedaches. Hierfür

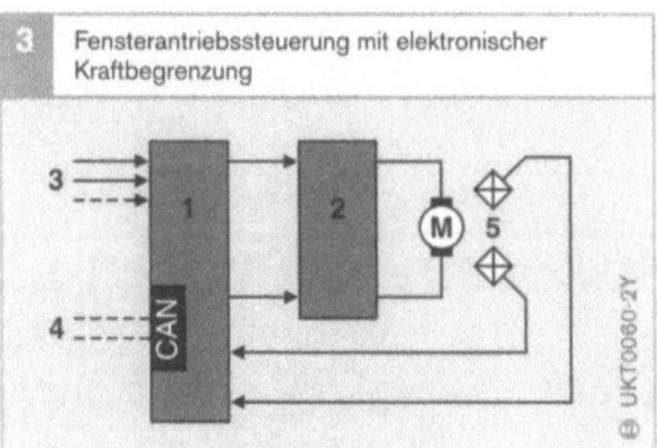
3 Fensterantriebssteuerung mit elektronischer Kraftbegrenzung

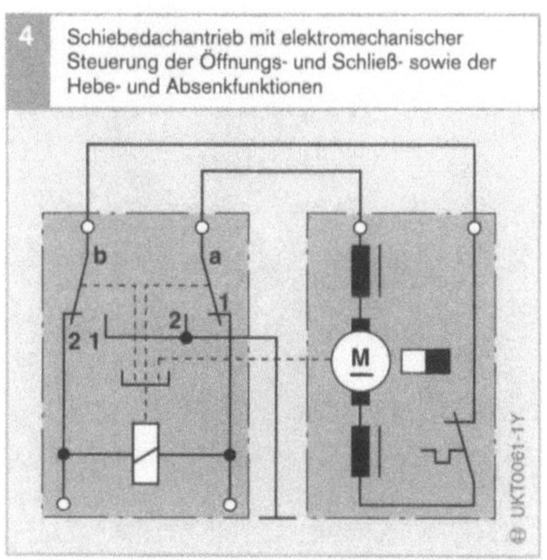
4 Schiebedachantrieb mit elektromechanischer Steuerung der Öffnungs- und Schließ- sowie der Hebe- und Absenkfunktionen

sind spezielle Steuerungen erforderlich, die
entweder elektronisch oder elektromechanisch ausgeführt sein können.

Steuerung
Bei der elektromechanischen Steuerung
(Bild 4) sorgt eine mechanische Verriegelung
der Endschalter a und b dafür, dass aus der
geschlossenen Dachposition je nach Polarität an den Klemmen 1 und 2 das Dach entweder geöffnet oder angehoben werden
kann. Ein Polaritätswechsel bei geöffnetem
bzw. angehobenem Dach leitet jeweils den
Schließ- bzw. Absenkvorgang ein. Soll das
Hebe- und Schiebedach an eine zentrale
Schließanlage angeschlossen werden, bietet
eine elektronische Steuerung mit integrierter
Kraftbegrenzung Vorteile. Die elektronische
Steuerung ist mit einem Mikrocomputer
ausgestattet, der die Signaleingänge auswer-
tet und die Position des Schiebedaches überwacht. Die Nullstellung und Endstellung
des Schiebedaches werden mithilfe von
Mikroschaltern oder Hall-Sensoren kontrolliert. Mögliche Zusatzfunktionen sind
• vorwählbare Positionssteuerung,
• Schließen durch Regensensor,
• Motordrehzahlsteuerung und
• elektronischer Motorschutz.

Antriebssysteme
Der Antrieb des Daches erfolgt über Seilzüge
oder zug- und drucksteife Bedienungskabel.
Der Antriebsmotor ist vorwiegend im Dach
direkt oder im Heckbereich des Fahrzeugs
(z. B. im Kofferraum) untergebracht. Als
Antriebsmotoren dienen permanent erregte
Schneckengetriebemotoren mit einer
Abgabeleistung von ca. 30 W. Die Motoren
sind durch einen Thermoschutzschalter
(rückläufig) oder Software-Thermoschutz
(hauptsächlich) vor thermischer Überlas-
tung gesichert.

Bei Ausfall der elektrischen Anlage muss
sichergestellt sein, dass sich das Dach mit
einfachen Bordwerkzeugen (z. B. Kurbel)
schließen lässt.

Bild 3
1   Mikrocomputer
2   Relais-Endstufe
3   Stellbefehle
4   Multiplexbus
5   Hall-Sensoren

Sitz- und Lenkradverstellung

Anwendung

Die elektrische Sitzverstellung (Bild 1) ist noch vorwiegend in Pkw der Ober- und Mittelklasse eingebaut. Der Einsatz erfolgt unter dem Hauptaspekt Komfortsteigerung, bei den vielen Verstellebenen verstärkt auch wegen Platzbedarf oder erschwerter Zugänglichkeit einer mechanischen Betätigung. Bis zu sieben Motoren führen folgende Funktionen aus:

- Höhenverstellung Sitzfläche vorn/hinten,
- Längsverstellung Sitz,
- Verstellung Sitzkissentiefe,
- Neigungsverstellung Rückenlehne,
- Lordosenverstellung Höhe/Wölbung,
- Lehnenknickung (oberes Lehnendrittel),
- Höhenverstellung Kopfstütze.

Verstellsysteme

Ein gebräuchliches Sitzuntergestell hat vier Motoren, die ein Höhenverstell- und ein kombiniertes Längs-/Höhenverstellgetriebe antreiben. Die Einheit zur Sitzkissentiefenverstellung fehlt bei einfachen Sitzen. Ein weiteres System besteht aus drei gleichen Getriebemotoren mit vier Höhen- und zwei Längsverstellgetrieben. Die Getriebe werden von den Getriebemotoren mit biegsamen Wellen angetrieben. Dieses System ist sehr universell und an keine spezielle Sitzkonstruktion gebunden.

Bei modernen Sitzkonzepten (insbesondere für Sportwagen) ist nicht nur der Beckengurt am Sitzgestell, sondern auch der Schultergurt einschließlich Höhenverstellung, Gurtaufroller und Gurtstraffer an der Sitzlehne befestigt. Dieser Sitzaufbau gewährleistet einen optimalen Gurtverlauf sowohl für unterschiedliche Insassengrößen als auch für alle einstellbaren Sitzpositionen und bildet einen wesentlichen Beitrag zur Insassensicherheit. Dieses Konzept verlangt eine Versteifung des Sitzgestells und eine Verstärkung der Getriebekomponenten einschließlich der Verbindung zum Sitzgestell.

Die programmierbare elektrische Sitzverstellung als Ausbaustufe ermöglicht die Wiederholung mehrerer zuvor eingestellter Sitzpositionen. Die Positionsrückmeldung erfolgt über Potenziometer oder Hall-Sensor. Als Einstiegshilfe kann der Sitz bei zweitürigen Fahrzeugen für den Einstieg zum Rücksitz vollständig vorgefahren werden.

Zur weiteren Erhöhung des Sitzkomforts haben Pkw zunehmend elektrisch verstellbare Lenksäulen. Die Verstelleinrichtung, bestehend aus je einem selbsthemmenden Getriebe mit Elektromotor pro Verstellebene, ist in der Lenksäule integriert. Die gesamten auf die Lenksäule wirkenden „Crashkräfte" müssen von dem Längsverstellgetriebe abgefangen werden. Die Verstellung erfolgt wahlweise durch manuelle Betätigung eines Positionsschalters oder durch Kopplung mit der programmierbaren Sitzverstellung. Als Hilfe zum Ein- und Aussteigen kann bei ausgeschalteter Zündung die Lenksäule hochgeschwenkt werden.

Bild 1

Stelleinheiten für

1 Wölbung der Rückenlehne

2 Winkelverstellung der Rückenlehne

3 Tiefenverstellung der Sitzkissen

4 Höhenverstellung der Kopfstütze

5 Höhenverstellung des Sitzes

6 Längsverstellung des Sitzes

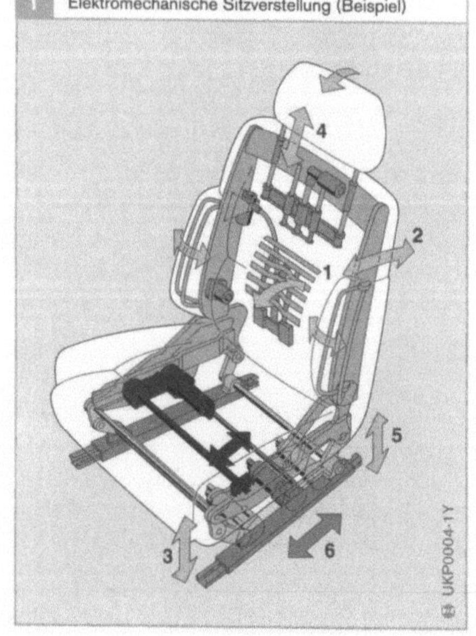

Heizung und Klimatisierung

Die Anlagen zur Heizung und Klimatisierung eines Fahrzeugs (Klimaanlage) haben folgende Aufgaben:
- ein behagliches Klima für alle Insassen bei unterschiedlichen Außentemperaturen zu schaffen (Bild 1),
- gute Sicht durch alle Scheiben sicherzustellen,
- dem Fahrer ein belastungs- und ermüdungsfreies Umfeld zu bieten,
- die Klimatisierungsluft durch Filter von Partikeln (Pollen, Stäube) und sogar Gerüchen zu reinigen.

Elektronisch geregelte Klimaanlage

Aufgabe
Die Funktion der Heizung, besonders in Verbindung mit dem Freihalten der Scheiben von Beschlag und Eis, ist in vielen Staaten gesetzlich geregelt (z. B. im Bereich der EU durch die Richtlinie EWG 78/317, in den USA durch die Sicherheitsnorm MVSS 103).

Arbeitsweise
Wechselnde Außentemperatur und wechselnde Fahrgeschwindigkeit verursachen Temperaturschwankungen im Innenraum, die bei ungeregelten Anlagen ein ständiges Nachregulieren von Hand erforderlich

machen. Die elektronische Heizungsregelung hingegen hält die gewünschte und eingestellte Temperatur des Fahrzeuginnenraums weitgehend konstant.

Bei wasserseitig geregelten Heizungen messen Temperatursensoren die Temperatur des Fahrzeuginnenraums und der austretenden Luft. Die Ergebnisse werden bewertet und vom Regler mit dem eingestellten Sollwert verglichen. Der Regler gibt in regelmäßigem Rhythmus Impulse an ein im Kühlmittelkreislauf liegendes Magnetventil, das dadurch mit einer bestimmten Taktfrequenz öffnet und schließt. Die Veränderung des Öffnungsanteils innerhalb gleich bleibender Taktdauer ermöglicht die Regelung des Durchflusses von null bis zum Maximum.

In luftseitig geregelten Anlagen wird die Temperatur-Mischklappe meist über einen elektrischen Getriebemotor (seltener auch über pneumatische Linearantriebe) stufenlos verstellt. Für besondere Ansprüche gibt es Anlagen, die eine getrennte Regelung für den rechten und den linken Fahrzeugbereich ermöglichen.

Elektronisch geregelte Klimaanlage

Aufgabe
Die Heizung kann die Aufgabe, Behaglichkeit zu erzeugen, nur zum Teil erfüllen. Bei Außentemperaturen über 20 °C lassen sich die erforderlichen Innentemperaturen nur durch Kühlung der Luft mithilfe von Kompressionskälteanlagen und dem Kältemittel R 134 a erzeugen (Bild 2, nächste Seite). Der gekühlten Luft wird außerdem die mitgeführte Feuchtigkeit als Kondenswasser entzogen und so die gewünschte Trocknung erreicht.

Besonders bei Fahrzeugen mit Heiz- und Kälteanlagen ist eine Klimaautomatik vorteilhaft, denn für die Insassen ist es sehr schwierig, alle erforderlichen Einstellmaßnahmen für ein angenehmes Klima zu erkennen und vorzunehmen. Das gilt besonders für Busfahrer, die selbst nur die Temperatur im Frontbereich des Fahrzeugs empfinden.

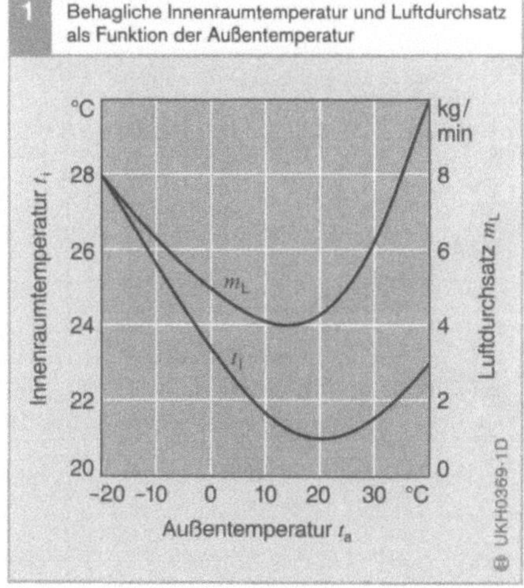

Automatische Regelungen mit Programmwahl haben die Aufgabe, selbsttätig für richtige Innentemperatur, Luftmenge und Luftverteilung zu sorgen. Diese Größen sind stets miteinander verknüpft und nicht frei veränderbar.

Arbeitsweise

Der vom Motor angetriebene Kompressor (Bild 2, Pos.1) verdichtet und erhitzt das dampfförmige Kühlmittel. Es kühlt anschließend im Kondensator (3) ab und verflüssigt sich. Die anfallende Wärme wird an die Umgebung abgeführt. Ein Expansionsventil (14) spritzt das abgekühlte Kältemittel in den Verdampfer (11) ein, wo es verdampft und der eintretenden Frischluft die erforderliche Verdampfungswärme entzieht. Der gekühlten Luft wird die mitgeführte Feuchtigkeit als Kondenswasser entzogen, sodass sie trocknet.

Ein Temperaturregelkreis für die Innenraumtemperatur bildet das Herzstück der Anlage. Der zu ermittelnde Sollwert der Temperatur (wie bei „Elektronische Heizungsregelung" beschrieben) wird durch luftseitige Regelung oder durch wasserseitige Regelung (Bild 3) erreicht. Die vom Gebläse (Pos. 1) angesaugte Frischluft (a) wird je nach Temperaturlage vom Verdampfer (2) gekühlt oder vom Heizkörper (4) erwärmt und gelangt dann je nach Klappenstellung in die gewünschten Bereiche des Innenraums (b, c, f).

Das elektronische Steuergerät (8) erfasst über verschiedene Temperatursensoren (3, 5, 7) sowohl alle wichtigen Einfluss- und Störgrößen als auch die von den Insassen am Sollwertsteller (6) gewählte Temperatur und bildet daraus laufend den Sollwert. Dieser Sollwert wird mit der Isttemperatur verglichen, und die festgestellte Differenz erzeugt im Steuergerät Führungsgrößen für die Heizungs- (4, 11), Kühlungs- (2, 10) und Luftmengenregelung (1). Eine weitere Funktion aktiviert die Klappensteuerung für die Luftverteilung (b, c, d, e, f) – abhängig vom Programm, das die Insassen eingestellt haben. Alle Regelkreise lassen sich über Handeingabe beeinflussen.

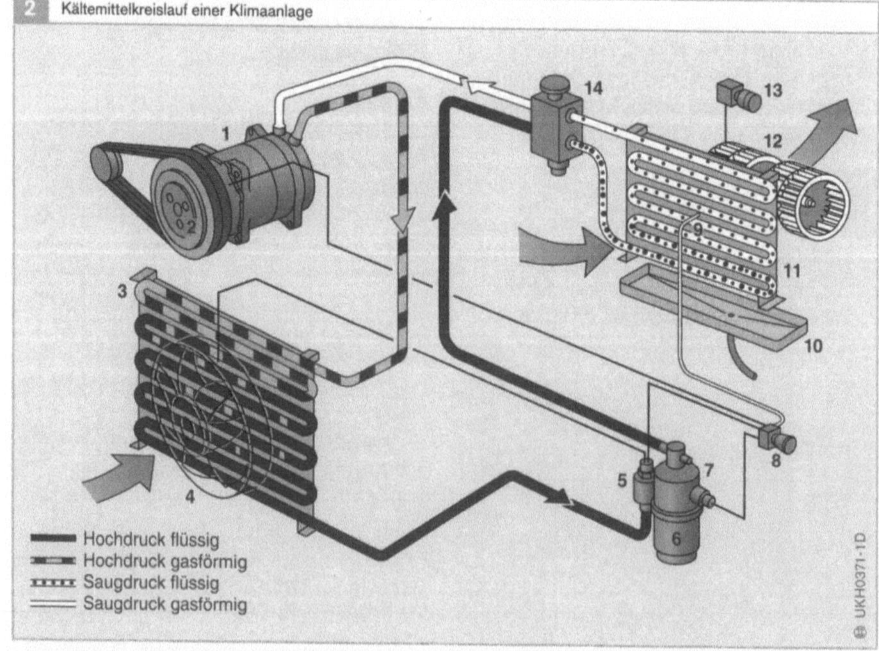

Bild 2

1 Kompressor
2 Elektrokupplung (für Kompressor ein/aus)
3 Kondensator
4 Zusatzgebläse
5 Hochdruckschalter
6 Flüssigkeitsbehälter mit Trocknereinsatz
7 Niederdruckschalter
8 Temperaturschalter bzw. Zweipunktregelung (für Kompressor ein/aus)
9 Temperatursensor
10 Kondenswasserwanne
11 Verdampfer
12 Verdampfergebläse
13 Gebläseschalter
14 Expansionsventil

Die Luftmenge kann durch Einstellung verschiedener Gebläsestufen oder stufenlos auf den Sollwert gebracht werden. Im Allgemeinen handelt es sich um eine Steuerung ohne Istwert-Verarbeitung.

Bei hohen Fahrgeschwindigkeiten reicht diese Einrichtung nicht aus, weil der dabei auftretende Staudruck die Fördermenge erhöht. Eine spezielle Steuerung kann mit zunehmender Fahrgeschwindigkeit zunächst die Gebläsedrehzahl bis zum Stillstand verringern und bei noch weiter steigendem Staudruck den eintretenden Luftstrom über eine Drosselklappe begrenzen. Die Luftverteilung über die drei Ebenen der Entfroster- (b), Mittel- (c) und Fußraumdüsen (f) wird entweder manuell, programmiert oder vollautomatisch vorgenommen. Sehr verbreitet

sind programmierte Bedienschalter, mit denen sich jeweils durch einen Tastendruck bestimmte Aufteilungen der Luft auf die drei Ebenen einstellen lassen.

Ein Sonderfall ist der Entfrostungsbetrieb (Einstellung „DEF"). Um beschlagene oder vereiste Scheiben möglichst schnell frei zu bekommen, muss der Temperaturregler auf höchste Heizleistung, das Gebläse auf höchste Drehzahl und die Luftverteilung auf „oben" verstellt werden. Bei Programmschaltern und Vollautomatik geschieht dies durch einen einzigen Tastendruck, wobei bei Temperaturen über 0 °C zur Trocknung der Luft auch die Kälteanlage mitläuft. Um bei Kaltstart im Winter Zugerscheinungen durch die noch ungeheizte Luft zu vermeiden, wird das Gebläse durch elektronische Verriegelung bis zum Erreichen mittlerer Kühlmitteltemperaturen angehalten, ausgenommen bei Einstellung „DEF" und Kühlung.

Die beschriebenen Ausführungen gelten sowohl für Pkw als auch für Lkw. Besonders aufwändig ist die Klimaregelung für Busse. Der Innenraum dieser Fahrzeuge kann in Regelzonen aufgeteilt sein, deren Temperatur getrennt durch elektronische Drehzahlregelung der jeweils zugeordneten Wasserpumpe beeinflussbar ist.

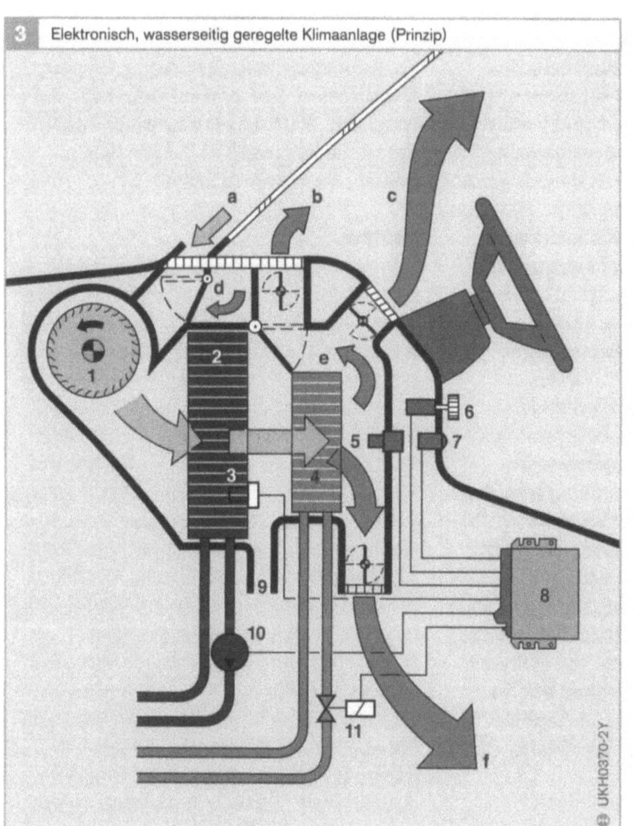

Bild 3
1 Gebläse
2 Verdampfer
3 Verdampfer-
  temperatursensor
4 Heizkörper
5 Ausblas-
  temperatursensor
6 Sollwertsteller
7 Innenfühler (belüftet)
8 elektronisches
  Steuergerät
9 Entwässerung
10 Kompressor
11 Magnetventil

a Frischluft
b Entfrostung
c Belüftung
d Umluft
e Bypass
f Fußraum

Fahrzeugsicherungssysteme

Akustische Signalgeräte

Anwendung

Die international gültige ECE-Regelung Nr. 28 schreibt vor, dass Schallzeichen in Kraftfahrzeugen einen gleichförmigen und gleich bleibenden Klang abgeben müssen, dessen akustisches Spektrum während des Betriebes sich nicht merklich ändern darf. Das Betätigen ist nur zur Warnung vor Gefahren zulässig. In Ländern ohne diese Vorschrift ist das Signalgerät ein stark belastetes Verschleißteil. Der Einsatz von Sirenen, Läutwerken o. Ä. ist unzulässig, ebenso das Abspielen von Melodien durch zeitlich nacheinander angesteuerte Schallgeber. Signalgeräte müssen nach vorne gerichtet im Fahrzeug eingebaut sein und im Abstand von 2 m noch eine ausreichende Lautstärke aufweisen. Sie sind Temperaturen von −40 °C bis +90 °C ausgesetzt und müssen beständig gegen Feuchtigkeit, Salzsprühnebel sowie mechanische Schocks und Vibrationen sein. Elektrisch betriebene Hörner und Fanfaren müssen durch eine federnde Aufhängung von der Karosserie entkoppelt sein, da sonst mitschwingende Karosserieteile die Tonreinheit und Lautstärke durch Rückwirkung beeinträchtigen. Hörner und Fanfaren sind empfindlich gegen Vorwiderstände in den Zuleitungen. Beim paarweisen Einbau sollte die Steuerung über zwischengeschaltete Relais erfolgen. Bei häufigem Fahren auf Überlandstrecken mit Lkw-Verkehr sind Aufschlaghörner wegen der besseren Warnwirkung den Fanfaren vorzuziehen. Im Stadtverkehr sind jedoch Fanfaren besser geeignet, denn der Klang der Hörner wird von Fußgängern oft als zu laut und belästigend empfunden. Für diese unterschiedlichen Anforderungen können beide Systeme mit Umschalter für Stadt- und Überlandfahrt eingebaut werden. Die Frequenzen von Hörnern und Fanfaren sind standardisiert. Die Kombination von Hochton- und Tieftonhorn ergibt einen harmonischen Zweiklang.

Horn

Beim *Normaltonhorn* bildet die Masse des Ankers zusammen mit der federnden Membran ein schwingfähiges System. Beim Anlegen von Spannung an die über den Unterbrecher gesteuerte Magnetspule schlägt der Anker mit der Grundfrequenz des Horns auf den Magnetkern auf. Durch diese starken periodischen Stöße wird der mit dem Anker starr verbundene Schwingteller zum Abstrahlen von Oberwellen angeregt, deren höchste Schallenergie gesetzlichen Vorschriften entsprechend im Frequenzband zwischen 1,8 und 3,55 kHz liegt. Daraus erklärt sich der verhältnismäßig harte Klang der Hörner, der vorwiegend in der Hornachse nach vorne abgestrahlt wird, sowie das gute Durchdringen des Verkehrslärms auf große Entfernung. Die Größe eines Horns ist mitentscheidend für Grundfrequenz und Lautstärke.

Starktonhörner besitzen neben größerem Durchmesser eine stärkere elektrische Leistung. Ihre Warnsignale sind deshalb unter Extrembedingungen (z. B. Lkw-Fahrerkabine) noch wahrnehmbar.

Fanfare

Die elektropneumatische Fanfare besitzt das gleiche Funktionssystem wie das Horn, jedoch schwingt der Anker ohne Aufschlag frei vor dem Magnetsystem. Die schwingende Membran bringt in einem Rohr eine Luftsäule zum Schwingen. Die Resonanzfrequenz der Membran und der Luftsäule sind aufeinander abgestimmt. Sie bestimmen die Tonhöhe des Signals. Zur Erzielung eines günstigen Wirkungsgrades beim Abstrahlen des Tones erweitert sich das Rohr an seinem Ende trichterförmig. Um kleine Baugrößen zu erhalten, ist das Trichterrohr meist schneckenförmig aufgewickelt.

Das Vorhandensein vieler Obertöne im unteren Bereich des Frequenzspektrums gibt der Fanfare einen vollen, melodischen Klang. Die Durchdringungsfähigkeit ist wegen der gleichmäßigen Verteilung der Schallenergie auf ein breites Spektrum geringer als die des Horns.

Zentralverriegelung

Anwendung

Die zentrale Ver- und Entriegelung der
Fahrzeugtüren, des Gepäckraums und der
Tankverschlussabdeckung sind Bestandteil
des Komfortsystems eines Kraftfahrzeugs.
Die Betätigung der Mechanik in den einzelnen Verriegelungsvorrichtungen wird mittels elektrischen oder pneumatischen Aktoren vollzogen.

Verriegelungssysteme

Bei pneumatischen Systemen sorgt eine
zentrale elektrische Bidruckpumpe (Unter-
druck/Überdruck) über formstabile Leitungen an die Membranen der einzelnen Stellelemente für die Bewegung der Schließvorrichtung zum Öffnen und Schließen.

Die elektromechanische Zentralverriegelung (Bild 1) hat zum Antrieb der
Schließvorrichtung an jeder zu sichernden
Vorrichtung einen elektrischen Stellmotor.
Dieser Elektromotor mit Untersetzungsgetriebe treibt über eine mechanische Verbindung (Stange, Hebel), die Schließvorrichtung an (Bild 2).

Steuerung

Grundsätzlich haben Zentralverriegelungs-
systeme ein Steuergerät zur Signalverarbeitung. Das Steuergerät ist bei pneumatischen
Bidruckpumpen im Gehäuse integriert. Bei
elektromechanischen Systemen ist es zentral,
oder um den Verkabelungsaufwand zu mini-

mieren dezentral in Türmodulen unter Einsatz von Multiplexsystemen untergebracht.
Bei dezentralen Tür-Multiplexsystemen wird
die Mehrfachausnutzung der Leitungen für
Fensterantriebe und Außenspiegelverstellun-
gen angewendet. Angesteuert werden elektromechanische sowie pneumatische Zentral-
verriegelungen über elektrische Kontakt-
schalter in den Stellelementen oder
Schließzylinder der Fahrertür, Beifahrertür,
Kofferraumdeckel und Bedienschalter im
Innenraum. Infrarot- oder Funkfernbedie-
nungen erhöhen den Bedienungskomfort.

Bei neueren Komfortsystemen wird bei
Fahrtantritt (Tachosignal) zum Schutz vor
unberechtigtem Öffnen von außen das
Schließen der Zentralverriegelung vorgenommen sowie bei einem Unfall (Crash-
sensor) wieder geöffnet.

Es wird unterschieden in Öffnen,
Schließen und Sichern. Bei Öffnen und

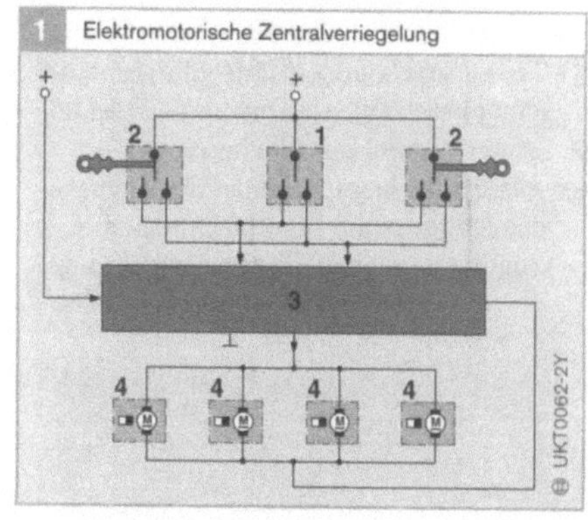

Bild 1

1   Zentraler Schalter
2   Kontakte in den
    Türschlössern
3   Steuereinheit
4   Stellmotoren

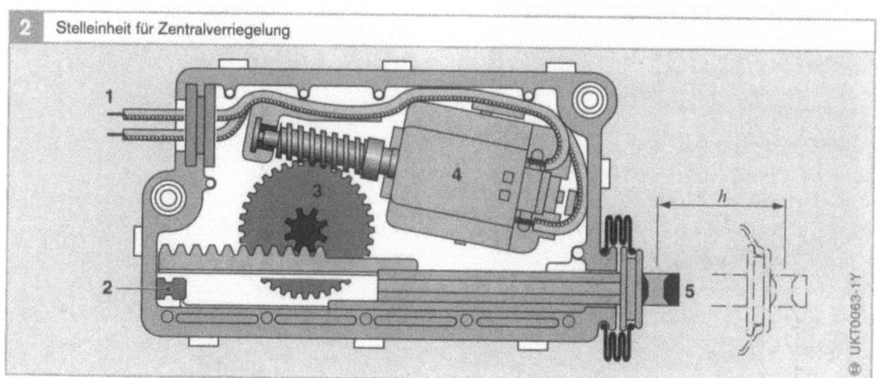

Bild 2

1   Kabelanschluss
2   elastische
    Endlagenkupplung
3   Getriebe
4   Elektromotor
5   Verstellhebel
h   Hub

Schließen kann jederzeit eine manuelle Bedienung von innen (z. B. Insassen) vorgenommen werden. Beim Sichern wird die Schließmechanik als Diebstahlschutz blockiert und kann nur mit dem Fahrzeugschüssel von außen oder einer Fernbedienung bedient werden.

Schließsysteme

Anwendung

Schließsysteme haben die Aufgabe, die Zugangsberechtigung jederzeit sicherzustellen. Obwohl ein Kraftfahrzeugschloss über Jahre hinweg erheblichen Belastungen aus Kälte, Nässe und Schmutz ausgesetzt ist, soll es doch Fahrzeug und Insassen zuverlässig schützen und leichtgängig zu bedienen sein.

Struktur

Die Struktur eines Schließsystems weist folgende Bestandteile auf (Bild 1):

- Schließbügel an den Karosseriesäulen,
- Seitentüren mit den Türschlössern und den übrigen mechanischen und elektrischen Systembestandteilen sowie
- elektrische Komponenten der Zugangsberechtigung und Funkfernbedienung (häufig dem Schließsystem zugeordnet).

Abhängig vom Einbauort unterscheiden sich des Weiteren folgende Baugruppen (mit unterschiedlichem Funktionsumfang):

- Baugruppe Seitentür,
- Baugruppe Gepäckraum und
- Baugruppe Motorhaube.

Die wichtigste Komponente des Schließsystems ist das Türschloss (Bild 2). Seine Hauptfunktionen sind:

- Übertragung der Strukturkräfte zwischen der Tür und der Karosserie,
- zuverlässiges Schließen bzw. Öffnen des Sperrwerks,
- Auswertung der mechanischen bzw. elektrischen Befehle und
- Speicherung der logischen Zustände (mechanischer Computer).

Arbeitsweise

Entsprechend dieser Unterteilung ist das Schloss in Baugruppen gegliedert, die folgende Funktionen ausführen:

Das Sperrwerk sorgt für die Kraftleitung bzw. das Öffnen und das Schließen. Es besteht aus Drehriegel, Sperrklinke und Fanglager.

1 Struktur (Beispiel Seitentür)

Bild 1
▬ mechanische Verbindung
— elektrische Signale

2 Mechanisches Türschloss

Bild 2
1 Rückblech mit Sperrwerk
2 Drehriegel
3 Elektrische Schnittstelle
4 Bowdenzug zum Innengriff

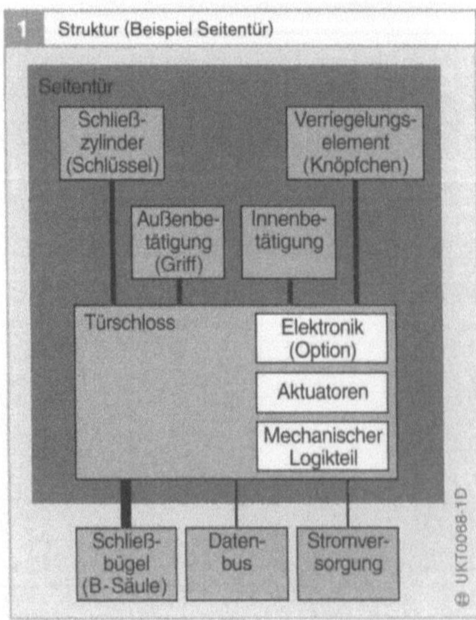

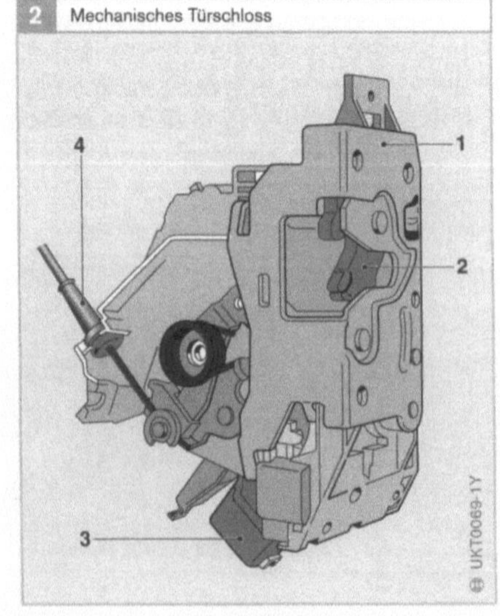

Der zugehörige Schließkeil ist an der Karosseriesäule befestigt. Beim Schließvorgang läuft der Schließkeil in das Fanglager des Schlosses ein, zentriert somit die Tür und wird abschließend vom Drehriegel in der geschlossenen Position gehalten (Hauptraste). Der Drehriegel ist dann mithilfe der Sperrklinke formschlüssig fixiert.

Beim Öffnungsvorgang ist zunächst diese Sperrung aufzuheben. Die Bedienkräfte des Türinnen- bzw. Türaußengriffs werden hierzu auf die Sperrklinke geleitet. Gibt nun die Sperrklinke den Drehriegel frei, lässt sich die Tür aufschwenken. Der Schließkeil ist fix, der Drehriegel schwenkt in seine Offenstellung.

Mechanisches Schließsystem

Logische Zustände des Schlosses

Der Logikteil des Schlosses ermöglicht es, den Türaußengriff, den Innenöffner und das Verriegelungselement mechanisch abzukoppeln. So zieht der Türaußengriff bei verriegeltem Schloss ins Leere, sodass das Öffnen von außen nicht möglich ist.

Bei der Diebstahlsicherung sind zusätzlich der Innenöffner (Öffnen von innen) und das Verriegelungselement (Entriegeln von innen) ohne Funktion.

Bei eingelegter Kindersicherung lassen sich die Fondschlösser von innen nicht öffnen. Der Insasse kann aber wohl von innen entriegeln, um z. B. eine Hilfsperson die Tür von außen öffnen zu lassen. (Der Unterschied zur Diebstahlsicherung ist dabei zu beachten!) Die folgende Zustandsmatrix (Tabelle 1) zeigt die Grundfunktionen einer Hintertürvariante.

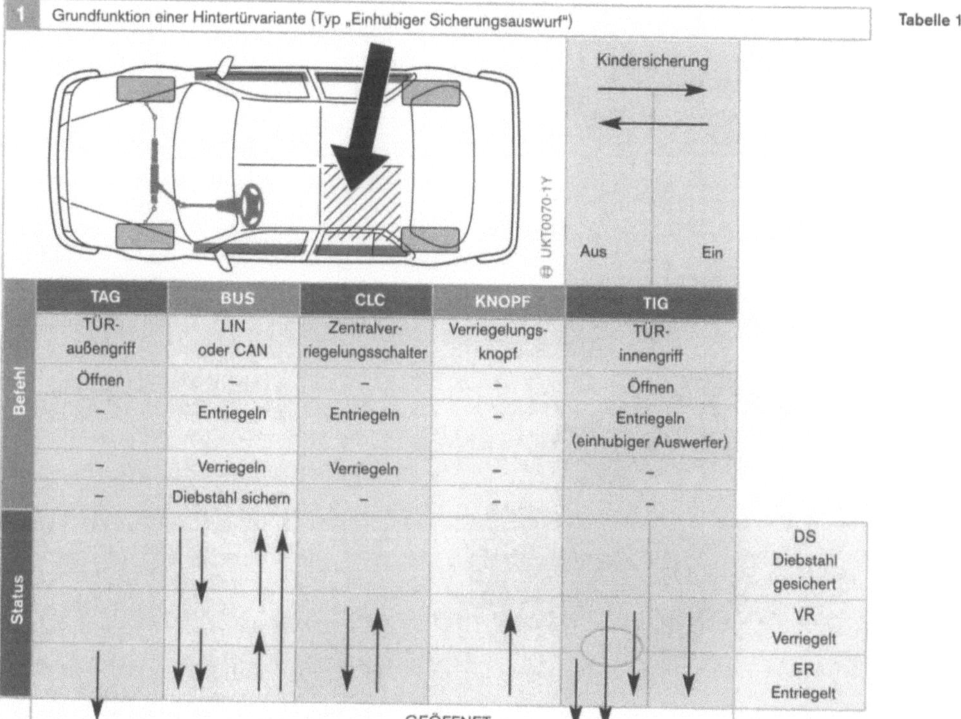

Tabelle 1

	TAG	BUS	CLC	KNOPF	TIG
Befehl	TÜR-außengriff	LIN oder CAN	Zentralver-riegelungsschalter	Verriegelungs-knopf	TÜR-innengriff
	Öffnen	–	–	–	Öffnen
	–	Entriegeln	Entriegeln	–	Entriegeln (einhubiger Auswerfer)
	–	Verriegeln	Verriegeln	–	–
	–	Diebstahl sichern	–	–	–

Status					
DS Diebstahl gesichert					
VR Verriegelt					
ER Entriegelt					

GEÖFFNET

Konstruktive Merkmale

Der Einbauort des Schlosses befindet sich im Nassraum der Innentür. Die Einwirkung von Wasser und Staub, erhebliche Stoßbelastungen beim Zuschlagen der Tür und nicht zuletzt die Anforderungen an den Diebstahlschutz erfordern eine robuste konstruktive Gestaltung.

Die typischen Sperrteile und Hebelwerke (Bild 3) bestehen gegenwärtig aus Stahlwerkstoffen (Feinstanzteile, Federn, Niettechnik). Zunehmend gelangen auch Kunststoffbauteile zum Einsatz, die jedoch ihre Funktion auch nach einem Seitencrash oder bei Fahrzeugbrand erfüllen müssen. Korrosion, Reibung und Verschleiß bedingen eine aufwändige Oberflächenbehandlung an den metallischen Bauteilen (Trowalisieren, Galvanisieren, Coatings).

Um den hohen Anforderungen an das Schließgeräusch zu entsprechen, sind die Sperrteile von hochdämpfenden Kunststoffen ummantelt. Umfangreiche Dämpfungsmaßnahmen in den Hebelmechanismen und an den Aktoren sind bei höherwertigen Schlössern üblich.

Historisch bedingt arbeiteten Automobilschlösser zunächst rein mechanisch. Die Zentralverriegelung wurde dann mithilfe angeflanschter Verriegelungsaktoren realisiert (elektrische und pneumatische Stellelemente).

Bei neueren Schlössern sind diese Aktoren in das Schlossgehäuse integriert. Kleinstmotoren setzen die elektrischen Befehle der Zugangsberechtigung in mechanische Stellbewegungen um. Der Verriegelungszustand ist in den Hebelwerken mechanisch gespeichert.

Die Wandlung der hochtourigen Antriebe übernehmen Schneckengetriebe, mehrstufige Stirnradgetriebe oder Umlaufgetriebe (Kunststoffwerkstoffe). Auch Spindeltriebe sind im Einsatz.

Sensoren im Schloss erlauben die elektrische Auswertung des Schlosszustandes. Dafür haben sich Hall-Sensoren und Mikroschalter durchgesetzt.

Open by wire

Mit der Verbreitung elektrischer Lösungen im Automobil wurde zunächst die Zentralverriegelung ermöglicht. Die Diebstahlsicherung und die Funkfernbedienung kamen hinzu. Auch die Kindersicherung lässt sich bereits elektrisch schalten. Zum Schließen der Tür gibt es Lösungen, die den Drehriegel oder den Schließkeil motorisch zuführen (Servoschließung).

So liegt es nahe, zuletzt auch noch die Öffnungsfunktion, d. h. das Wegschwenken der Sperrklinke, elektromotorisch zu realisieren („Open by wire", Bild 4).

Beim Schloss setzt sich damit der Entwicklungstrend „x-by wire" konsequent fort.

Der wesentliche Vorteil der „Open by wire"-Funktion liegt im Zusammenwirken mit der Zugangsberechtigung – dann, wenn „Passive Entry"-Systeme zum Einsatz kommen. Denn diese erfordern entweder sehr schnelle Entriegelungsaktoren oder „überholende" Lösungen.

Beim „Überholprinzip" beginnt der Aktor den Öffnungsvorgang am Sperrwerk, obwohl die Entriegelung der Schlosslogik noch

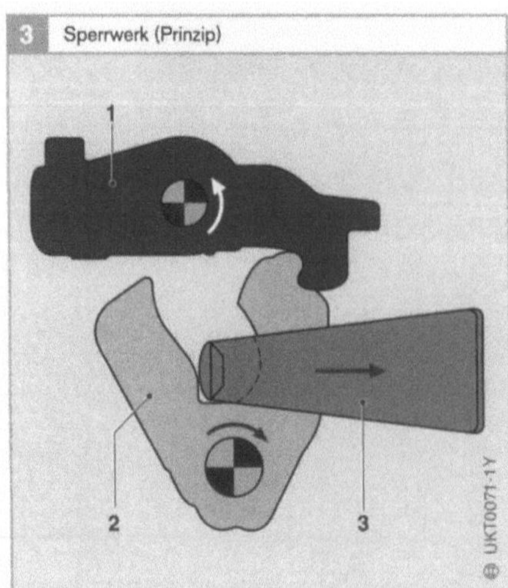

Bild 3
1   Sperrklinke
2   Drehriegel im Schloss
3   Schließkeil an der B- oder C-Säule

nicht vollständig beendet ist. Wartezeiten für den Benutzer lassen sich auf diese Weise vermeiden. Das „Selbsteinsperren" wird durch konstruktive Maßnahmen zuverlässig verhindert.

Elektrisches Schließsystem

Die Anforderungen an die Qualität und die Zuverlässigkeit sowie der Kostendruck zwingen dazu, die Anzahl der mechanischen Komponenten des Schließsystems künftig auf ein Minimum zu reduzieren und durch elektrische Bauteile zu ersetzen. Am Ende dieser Entwicklung steht schließlich das elektrische Schließsystem (Bild 5).

Das Schloss besteht hierbei nur noch aus Sperrwerk, Öffnungsaktor und Elektronik. Die Türgriffe und die übrigen Bedienteile sind mit Sensoren bestückt. Elektrische Leitungen ersetzen die mechanischen Verbindungen zum Schloss.

Die Vorteile eines elektrischen Schließsystems sind erheblich:
- geringe Baugröße und Gewicht des Schlosses,
- symmetrische Bauform,
- nur eine Schlossvariante pro Fahrzeug (Variantencodierung am Ende des Montagebandes),
- Griffe nicht mehr beweglich (bzw. Griffe können ganz entfallen).

Zusatzfunktionen wie Innenraumbeleuchtung, Zustandsanzeige und vieles mehr sind mit elektrischen Schließsystemen dann leicht zu realisieren, denn das Schloss ist mit Elektronik bestückt, welche diese Funktionen ausführen kann.

Die Kommunikation der Schlösser, der Zugangsberechtigung und der Energieversorgung erfolgt über Datenbus-Schnittstellen. Fehlerbaumprognosen zeigen, dass das elektrische Schließsystem mindestens ebenso zuverlässig ist, wie konventionelle Systeme. Spätestens mit Etablierung des 42-V-Bordnetzes (aktive redundante Energieversorgung) ist mit wirtschaftlichen Systemen zu rechnen.

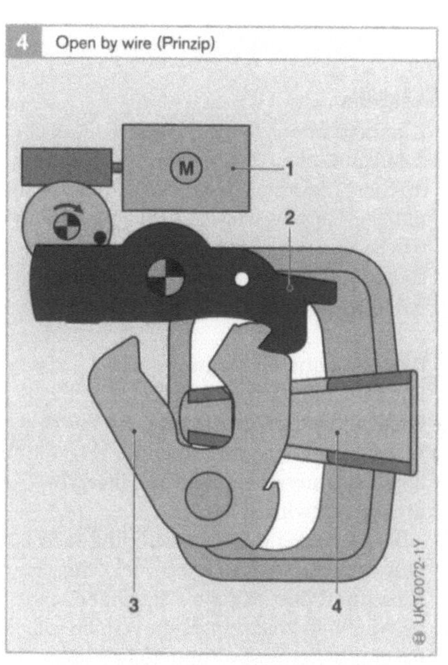

Bild 4
1 Elektromotor
2 Sperrklinke
3 Drehriegel
4 Schließkeil

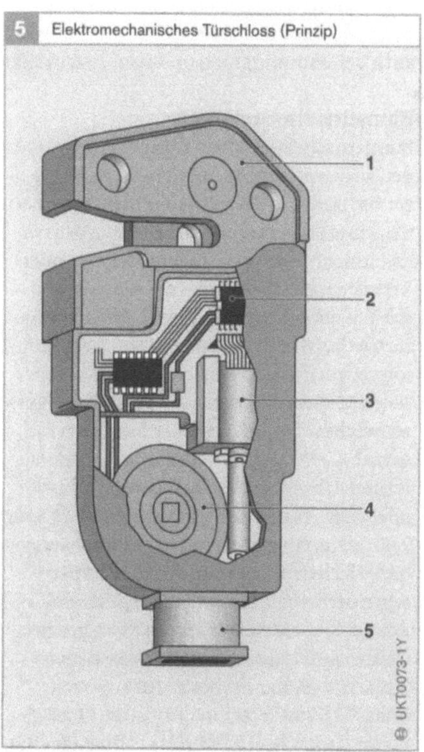

Bild 5
1 Sperrwerk
2 Elektronik
3 Elektromotor
4 Getriebe
5 elektrische Schnittstelle

Biometrische Systeme

Aufgabe

„Biometrische Systeme" haben die Aufgabe, die Identität von Personen mithilfe „biometrischer" Merkmale festzustellen oder zu bestätigen. Gegenwärtig sind etwa zehn biometrische Verfahren bekannt, wie z. B. Fingerabdruckerkennung, Gesichtserkennung, Iriserkennung und Sprechererkennung.

Biometrische Systeme im Kfz

Für das Kraftfahrzeug etabliert sich die Fingerabdruckerkennung, da sich aus der Kriminalistik ein grundlegendes Verständnis über die Unterscheidung von Fingerabdrücken entwickelt hat.

Da die Fingerabdruckerkennung auch als Passwortersatz bei Rechnern, bei Zeiterfassungs- und Zutrittskontrollsystemen sowie bei Mobiltelefonen eingesetzt werden soll, hat eine breite Sensor- und Algorithmenentwicklung stattgefunden. Im Fahrzeug ist aufgrund der beschränkten Platzverhältnisse auch der Bauraum für den Sensor beschränkt.

Biometrische Merkmale

Biometrische Merkmale sind personengebunden, d. h. untrennbar mit der Person des Nutzers verbunden. Biometrische Merkmale können entweder physiologische Merkmale (wie das Linienmuster des Fingerabdrucks) oder Verhaltensmerkmale (wie die Art zu gehen oder zu unterschreiben) sein. Der Vorteil biometrischer Systeme liegt zum einen im Komfortgewinn für den Nutzer. Da die biometrischen Merkmale fest mit der Person des Nutzers verbunden sind, führt er diese stets mit sich, d. h., er kann sie weder vergessen noch verlieren. Er muss deshalb keinen Schlüssel oder keine Transponderkarte mit sich führen. Zum anderen liegt der Vorteil in einem erzielbaren Sicherheitsgewinn. Da die biometrischen Merkmale personengebunden sind, können sie weder willentlich weitergegeben werden noch lassen sie sich im klassischen Sinne entwenden. Es besteht also ein sehr hohes Maß an Vertrauen darin, dass tatsächlich ein bekannter Fahrer das Fahrzeug nutzt.

Enrollment

Um einen Nutzer erkennen zu können, muss das biometrische System zunächst einmal die Fingerabdruckmuster dieses Nutzers lernen. Dieser Vorgang heißt „Enrollment". Dazu legt der Nutzer seinen Finger auf einen Fingerabdrucksensor auf, der ein Grauwertbild liefert (typische Größe: 64 000...96 000 Bildpunkte mit einer Auflösung von 8 Bit/Pixel, Bild 1).

Mithilfe von Signalverarbeitungsalgorithmen berechnet ein Prozessor in diesem Bild charakteristische Merkmale, z. B. Verzweigungen oder Endpunkte im Linienmuster. Das biometrische System speichert dann diese Merkmale – nicht jedoch das Fingerabdruckmuster selbst – in einer permanenten Datenbasis, typischerweise in einem EEPROM-Speicher (Speicherbedarf: 250 bis 600 Bytes pro Fingerabdruck).

Erfasst das biometrische System später das Fingerabdruckmuster einer Person, so berechnet es wiederum die Merkmale im Fingerabdruck und durchsucht die Datenbasis nach einem übereinstimmenden Merkmalsatz. Findet es einen solchen, so ist die Person als berechtigter Nutzer erkannt.

Anwendungsbeispiele

Viele Fahrzeuge verfügen bereits über eine programmierbare Sitzverstellung. Im Bedienteil gibt es dafür typischerweise drei nummerierte Speichertasten, die drei verschiedenen Fahrern zugeordnet werden können, sowie eine Lerntaste. Die Fahrer des Fahrzeugs müssen sich über die Zuordnung „Speichertaste – Fahrer" verständigen und sich diese merken. Die Anzahl der Fahrer, die das System nutzen können, ist durch die Anzahl der Speichertasten beschränkt.

Mit dem Einsatz eines biometrischen Systems lässt sich der Komfort bei der Personalisierung wesentlich steigern. Dazu ersetzt ein Fingerabdrucksensor die Speichertasten der programmierbaren Sitzverstellung (Bild 2). Der Fahrer legt zum Abspeichern oder Abrufen einen Finger auf den Sensor auf, statt eine Speichertaste zu betätigen. Da biometrische Merkmale personengebunden sind, kann das biometrische System immer eindeutig auf die Person des Fahrers schließen und damit die richtigen Einstellungen verwenden.

Präsentiert ein Fahrer erstmalig seinen Finger zum Speichern der Einstellungen, so führt das biometrische System automatisch ein Enrollment durch und übernimmt die gegenwärtigen Einstellungen. Ist ein Fahrer erst einmal dem biometrischen System bekannt, so werden nur noch die aktuellen Einstellungen beim Speichern übernommen.

Der Vorteil für die Nutzer liegt in der vereinfachten Mensch-Maschine-Schnittstelle. Die Nutzer müssen sich nicht mehr über die Verwendung der Speichertasten verständigen und sich auch nicht mehr eine ihnen zugeordnete Speichertaste merken. Auch stellt die Anzahl vorhandener Speichertasten keine Begrenzung der maximalen Anzahl von Nutzern dar. Letztendlich ist die Anzahl der Nutzer wegen der Speicherkapazität des biometrischen Systems und die Speicherkapazität für Einstellungen begrenzt.

Die Personalisierung lässt sich über die Anwendungen „Sitzverstellung", „Spiegelverstellung" und „Lenkradverstellung" hinaus erweitern. Prinzipiell lassen sich alle konfigurierbaren Systeme im Fahrzeug an das biometrische Personalisierungssystem anschließen. Denkbar ist die Einstellung der Klimaanlage und des Verhaltens des Automatikgetriebes (sportlich/ökonomisch). Für das Autoradio können die persönliche Sendertabelle und die Klangcharakteristik ausgewählt werden und für die Navigation persönliche Ziellisten. Ebenso können bei Verfügbarkeit konfigurierbarer Displays die nach persönlichen Präferenzen konfigurierte Anzeigeelemente abgerufen werden.

Bei selbstlernenden Assistenzsystemen, die sich an das Verhalten des Fahrers adaptieren, kann der letzte „Kenntnisstand" bezüglich des Fahrerverhaltens über das Personalisierungssystem sofort bei Fahrtbeginn abgerufen werden.

Biometrische Systeme können im Kraftfahrzeug auch für den Motorstart zur Realisierung einer Wegfahrsperre und für den Fahrzeugzugang eingesetzt werden. Derart ausgestattete Fahrzeuge lassen sich dann völlig schlüssellos betreiben. Für den Einsatz als Wegfahrsperre steht noch der Nachweis aus, dass die gleiche Sicherheit wie bei den aktuellen transponderbasierten Ausführungen erzielbar ist.

Für den Fahrzeugzugang muss die Sensorik zur Erfassung der Fingerabdruckmuster in der Außenhaut des Fahrzeugs untergebracht sein. Die technische Herausforderung besteht darin, eine ausreichend robuste Sensorik so gegen Verschmutzung geschützt zu integrieren, dass eine komfortable Nutzung – auch im Winter – gewährleistet ist.

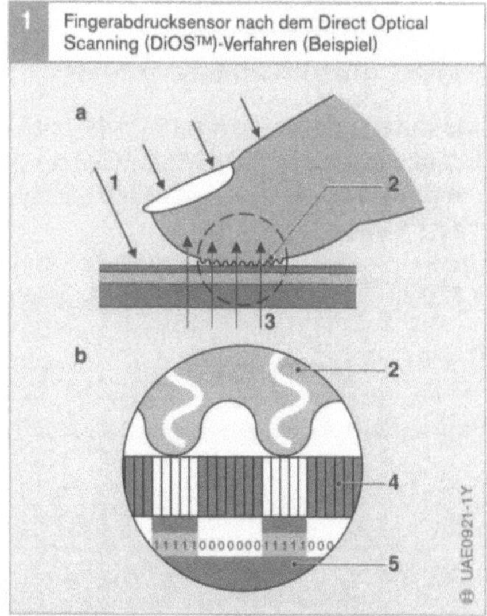

1 Fingerabdrucksensor nach dem Direct Optical Scanning (DiOS™)-Verfahren (Beispiel)

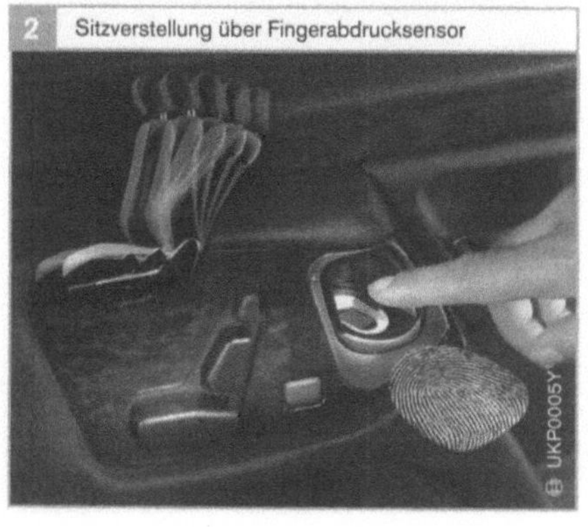

2 Sitzverstellung über Fingerabdrucksensor

Instrumentierung

Der Autofahrer muss eine ständig wachsende Flut von Informationen verarbeiten, die vom eigenen und von fremden Fahrzeug(en), von der Straße und über Telekommunikationseinrichtungen auf ihn einwirken. Diese Informationen müssen ihm in den Informations- und Kommunikationsbereichen des Fahrzeugs mit geeigneten Anzeigemedien und unter Beachtung ergonomischer Erfordernisse übermittelt werden. Neben Autoradio und Fahrzeugüberwachung werden in Zukunft auch Autotelefone, Navigationssysteme und Abstandswarnsysteme häufiger zur Serienausstattung gehören.

Informations- und Kommunikationsbereiche

Im Fahrzeug gibt es vier Informations- bzw. Kommunikationsbereiche mit unterschiedlichen Anforderungen an die Eigenschaften der jeweiligen Anzeige:

- das Kombiinstrument (KI),
- die Windschutzscheibe,
- die Mittelkonsole und
- der Fahrzeugfond.

Das verfügbare Informationsangebot und die für den jeweiligen Insassen notwendige, zweckmäßige oder wünschenswerte Information bestimmen ihre Eigenschaften.

1. Dynamische Informationen und Überwachungsinformationen (z. B. Tankanzeige), auf die der Fahrer reagieren soll, stellt das *Kombiinstrument* (KI) also möglichst nahe des primären Sichtfelds dar.

2. Um eine besonders hohe Aufmerksamkeit zu erregen (z. B. bei Warnungen aus einem Abstandswarnradar oder Wegleithinweise), eignet sich die Darstellung mithilfe eines **Head up** Displays (HUD), das die Information in die *Windschutzscheibe* einspiegelt. Eine akustische Ergänzung bildet die Sprachausgabe.

3. Statusinformationen oder Bediendialoge mit Aufforderungscharakter werden vorzugsweise in der Nähe der Bedieneinheit in der *Mittelkonsole* dargestellt.

4. Unterhaltende Information gehört, fern vom primären Sichtbereich, in den *Fahrzeugfond*. Dort ist auch der ideale Ort für das mobile Büro. Die Rückenlehne des Beifahrersitzes ist ein geeigneter Einbauort für Display und Bedienteil eines Laptops.

Fahrerinformationssysteme

Der Fahrerinformationsbereich im Fahrzeugcockpit und die angewandten Anzeigetechnologien haben folgende Entwicklungsstufen durchlaufen (Bild 1):

Einzelne und kombinierte Instrumente
Herkömmliche Einzelinstrumente für die optische Ausgabe von Information wurden zunächst durch kostengünstigere Kombiinstrumente (Zusammenfassung mehrerer

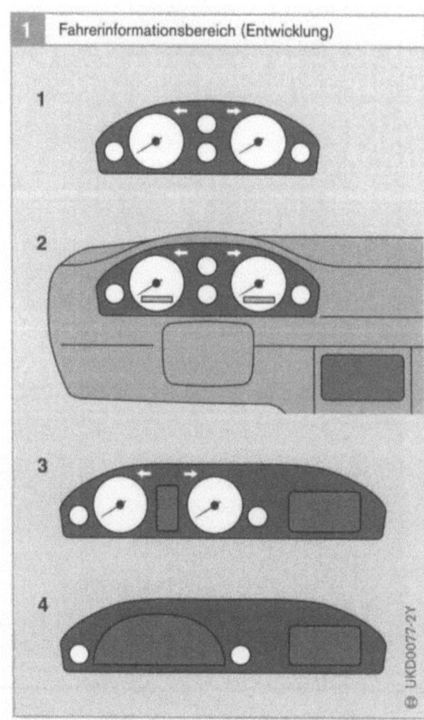

Bild 1
1   Zeigerinstrument
2   Zeigerinstrument mit TN-LCD und separatem AMLCD in Mittelkonsole
3   Zeigerinstrument mit (D)STN und integriertem AMLCD
4   freiprogrammierbares Instrument mit zwei AMLCD-Komponenten

Informationseinheiten in einem Gehäuse) mit
guter Beleuchtung und Entspiegelung verdrängt. Mit der Zeit entstand im vorhandenen
Bauraum bei ständigem Informationszu-
wachs das moderne Kombiinstrument (KI)
mit mehreren Zeigerinstrumenten und zahlreichen Kontrollleuchten (Bild 1, Pos. 1).

Digitale Anzeigen
Digitalinstrumente
Die bis in die 1990er-Jahre teilweise eingesetzten Digitalinstrumente mit Informa-
tionsdarstellung in Vakuumfluoreszenztech-
nik (VFD), später in Flüssigkristalltechnik
(LCD), sind weitgehend wieder verschwun-
den. Stattdessen werden konventionelle
Zeigerinstrumente in Kombination mit
Displays eingesetzt. Dabei nehmen Fläche,
Auflösung und Farbdarstellung der Displays
ständig zu.

Zentrale Anzeige- und Bedieneinheit in der Mittelkonsole
Mit den Kfz-Informations-, Navigations-
und Telematiksystemen etablierten sich auch
Bildschirm und Tastatur in der Mittelkonsole. Solche Systeme vereinen alle Zusatz-
information aus Funktionseinheiten und
Informationskomponenten (z. B. auch
Autotelefon, Autoradio/CD, Bedienelemente
für Heizung/Klimatisierung und – wichtig
für Japan – die Funktion „Fernsehen“) in
einer zentralen Anzeige- und Bedieneinheit. Die Komponenten sind untereinander vernetzt und dialogfähig.

Die Anordnung dieses für Fahrer und
Beifahrer universell nutzbaren Terminals in
der Mittelkonsole ist aus ergonomischer und
technischer Sicht zweckmäßig und notwendig. Die optische Information erscheint auf
einer grafikfähigen Anzeige. Die Anforderungen der Fernsehwiedergabe und des
Navigationssystems an die Bild-/Landkar-
tendarstellung bestimmen deren Auflösung
und Farbwiedergabe (Bild 1, Pos. 2).

Grafikmodule
Die Serienausstattung der Fahrzeuge mit
Airbag und Servolenkung hat eine kleinere

Durchblicköffnung durch die obere Lenk-
radhälfte zur Folge. Gleichzeitig wächst die
im vorhandenen Einbauraum darzustellende
Informationsmenge. Dies erfordert zusätzliche grafikfähige Anzeigemodule, deren Anzeigeflächen beliebige Informationen, flexibel und nach Prioritäten geordnet, darstellen
können.

Diese Tendenz führt zur Instrumentie-
rung mit klassischem Zeigerinstrument,
aber ergänzt mit einer Grafikanzeige. Auch
der Zentralbildschirm befindet sich auf der
Höhe des KI (Bild 1, Pos. 3). Wichtig für
alle optischen Darstellungen ist, dass sie im
primären Blickfeld des Fahrers oder dessen
Nähe leicht ablesbar sind, ohne lange Blickabwendung wie z. B. bei der Anordnung im
unteren Bereich der Mittelkonsole.

Die Grafikmodule im KI gestatten vorzugsweise die Darstellung von fahrer- und
fahrzeugrelevanten Funktionen wie z. B.
Service-Intervalle, Check-Funktionen über
den Betriebszustand des Kfz oder auch Fahrzeugdiagnose für die Werkstatt. Sie können
auch Wegleitinformationen aus dem Navigationssystem darstellen (keine digitalisierten Kartenausschnitte, nur Wegleitsymbole
wie Pfeile als Abbiegehinweis oder Kreu-
zungssymbole). Den zunächst monochrom
ausgeführten Modulen folgen inzwischen
bei höherwertigen Fahrzeugausstattungen
auch Farbdisplays (meist in TFT-Technik),
deren Ablesegeschwindigkeit und -sicherheit
durch die Farbdarstellung höher sind.

Beim zentralen Bildschirm mit integriertem Informationssystem geht die Tendenz
vom Bildschirm mit einem Seitenverhältnis
4:3 zu einem breiteren Format mit Seitenverhältnis 16:9 (Kinofilmformat), das neben
der Landkarte noch die Darstellung zusätzlicher Wegleitsymbole zulässt.

Einzelmodul mit Computerbildschirm
Ab etwa 2006 werden auch erstmals TFT-
Displays für die Darstellung analoger
Instrumente genutzt werden (Bild 1, Pos. 4).
Diese Technik wird die konventionellen An-
zeigen aus Kostengründen allerdings nur
langsam verdrängen.

Kombiinstrumente KI

Aufbau

Die Mikrocontroller-Technologie und die fortschreitende Vernetzung im Kfz haben Kombiinstrumente inzwischen von feinmechanischen zu elektronisch dominierten Geräten gewandelt. Ein typisches KI (LED-beleuchtet, mit leitgummikontaktierten Segment-LCDs in TN-Technik, Bild 1) ist sehr flach gebaut (Elektronik, flache Schrittmotoren), und fast alle Bauelemente (überwiegend SMT) sind direkt auf eine Leiterplatte kontaktiert.

Arbeitsweise

Während die Grundfunktionen in den meisten KI ähnlich ablaufen (Bild 2), unterscheidet sich die Partitionierung der Funktionsblöcke in (teils anwendungsspezifische) Mikrocontroller, ASICs und Standard-Peripherie teilweise erheblich (Produktspektrum, Anzeigeumfang, Display-Typen).

Elektronische Kombiinstrumente zeigen Messgrößen dank Schrittmotor-Technik sehr genau an und übernehmen zusätzlich noch „intelligente" Funktionen wie drehzahlabhängige Öldruckwarnung, prioritätsgesteuerte Fehleranzeige auf Matrix-Displays oder Serviceintervall-Anzeige. Auch Online-Diagnosefunktionen sind üblich und belegen einen beträchtlichen Teil des Programmspeichers.

Bild 1
1 Kontrollleuchte
2 Leiterplatte
3 Schrittmotor
4 Reflektor
5 Deckscheibe
6 Zeiger
7 LED
8 Zifferblatt
9 Lichtleiter
10 LCD

Da Kombiinstrumente zur Grundausstattung aller Fahrzeugvarianten gehören und ohnehin alle Bussysteme hier zusammenlaufen, beinhalten sie teilweise auch Gateway-Funktionen; sie dienen also als Brücken zwischen verschiedenen Bussystemen im Kfz (z. B. Motor-CAN, Karosserie-CAN und Diagnosebus).

Messwerke

Der überwiegende Anteil der Instrumente arbeitet mit mechanischem Zeiger und Zifferblatt, wobei zunächst das kompakte, elektronisch ansteuerbare Drehmagnetquotienten-

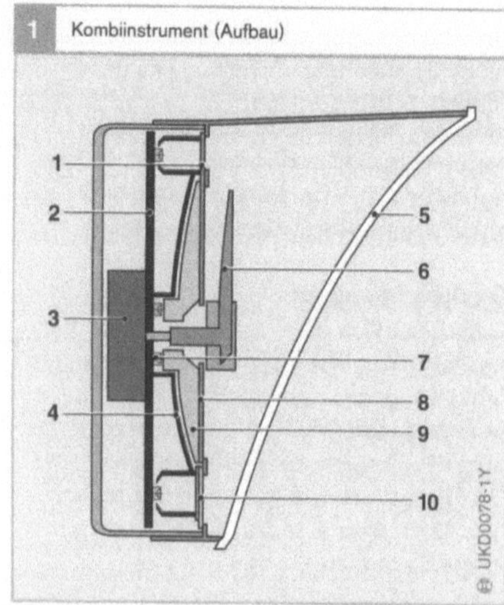

1 Kombiinstrument (Aufbau)

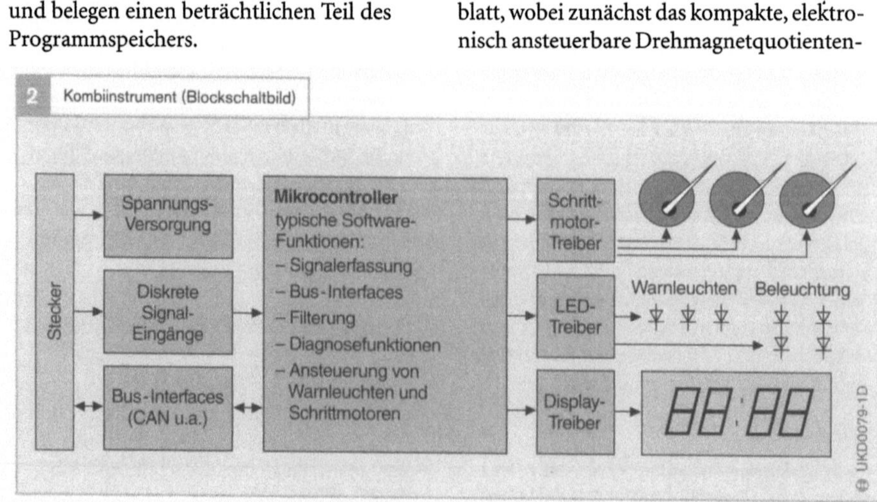

2 Kombiinstrument (Blockschaltbild)

messwerk den voluminösen Wirbelstrom-tachometer ersetzte. Inzwischen dominieren robustere Getriebe-Schrittmotoren mit sehr geringer Bautiefe. Sie erlauben dank kompaktem Magnetkreis und (meist) 2-stufigem Getriebe mit nur etwa 100 mW Leistung eine schnelle und sehr präzise Zeigerpositionierung.

Beleuchtung

Ursprünglich wurden Kombiinstrumente in *Auflichttechnik* mit *Glühlampen* beleuchtet. Inzwischen hat sich die *Durchlichttechnik* wegen des ansprechenden Erscheinungsbildes weitgehend durchgesetzt. Glühlampen wurden von *Leuchtdioden* (LED) mit hoher Lebensdauer verdrängt. LED eignen sich auch für Warnleuchten und für die Hinterleuchtung von Skalen, Displays und (über Kunststoff-Lichtleiter) Zeigern (Tabelle 1 „Übersicht Leuchtmittel").

In den Farben Gelb, Orange und Rot sind die effizienten AlInGaP-LEDs inzwischen weit verbreitet. Die neuere InGaN-Technologie führte zu erheblichen Effizienzsteigerungen bei den Farben Grün, Blau und Weiß. Dabei wird die Farbe Weiß durch die Kombination eines blauen LED-Chips mit einem orangefarbig emittierenden Leuchtstoff (Yttrium-Aluminium-Granulat) erzielt.

Für spezielle Gestaltungsformen werden jedoch auch spezielle Techniken eingesetzt:

- *CCFL (Kaltkathoden-Fluoreszenz-Lampen):* hauptsächlich für „Black-Screen"-Instrumente, die im ausgeschalteten Zustand schwarz erscheinen. Die Kombination einer getönten Deckscheibe (z. B. 25 % Transmission) mit diesen sehr hellen Lampen (hohe Leuchtdichte, Hochspannung) ergibt ein brillantes Erscheinungsbild mit ausgezeichnetem Kontrast. Auch für die Hinterleuchtung von Farb-LCDs sind wegen deren geringer Transmission (typisch ca. 6 %) zur Erzielung eines guten Kontrastes auch bei Tageslicht zwingend CCFLs erforderlich.
- *EL-(Elektrolumineszenz-)Folien:* die mit Wechselspannung zum Leuchten gebrachten flachen Folien mit sehr gleichmäßiger Lichtverteilung sind erst seit etwa 2000 automobiltauglich. Sie bieten große Gestaltungsfreiheit für Farbkombinationen bzw. Überlagerung von Display-Flächen mit Zifferblatt-Bereichen.

1 Übersicht Leuchtmittel

Tabelle 1

Leucht-mittel	Mögliche Farben	Typische Daten[1]	Eignung technisch für	Konventionelle KI	Black-Screen-Instrumente	Lebens-dauer[2] in h	Ansteuerung
Glühlampe	Weiß (mit Filter jede Farbe möglich)	2 lm/W 65 mA 14 V	Zifferblatt Zeiger Display	+ o o	– – –	$B_3 \approx 4500$	Keine spezielle Ansteuerung erforderlich
SMD-LED Lumineszenzdiode	Rot, Orange, Gelb (AlInGaP)	8 lm/W 25 mA 2 V	Zifferblatt Zeiger Display	+ + +	o + –	$B_3 \geqslant 10\,000$	Vorwiderstände bzw. Regelung erforderlich
	Blau, Grün (InGaN), Weiß (mit Konverter)	3...12 lm/W 15 mA 3,6 V	Zifferblatt Zeiger Display	+ + o	o + –	$B_3 > 10\,000$	
EL-Folie Elektrolumineszenz	Blau, Violett, Gelb, Grün, Orange, Weiß	2 lm/W 100 V~ 400 Hz	Zifferblatt Zeiger Display	+ – o	– – –	ca. 10 000	Hochspannung erforderlich
CCFL Kaltkathodenlampe	Weiß (je nach Leuchtstoff jede Farbe möglich)	25 lm/W 2 kV~ 50...100 kHz	Zifferblatt Zeiger Display	+ – +	+ o +	$B_3 > 10\,000$	Hochspannung erforderlich

[1] Effizienz in lm/W (Lumen pro Watt), Strom in mA, Spannung in V bzw. kV, Ansteuerfrequenz in kHz. [2] B_3 Zeitpunkt, bei dem 3 % der Bauelemente ausgefallen sein dürfen. Eignung: + bevorzugt, o bedingt, – keine Anwendung.

Display-Ausführungen

TN-LCD

Die TN-LCD-Technik („Twisted Nematic-Liquid Crystal Display") ist bei hohem Entwicklungsstand am weitesten verbreitet. Der Begriff stammt von der verdrillten Anordnung der länglichen Flüssigkristallmoleküle zwischen den begrenzenden Glasplatten mit transparenten Elektroden. Eine solche Schicht bildet ein „Lichtventil", indem es polarisiertes Licht sperrt oder durchlässt, je nachdem ob Spannung anliegt oder nicht. Der Einsatzbereich ist −40 °C...+85 °C. Bedingt durch die hohe Viskosität des Flüssigkristallmaterials sind die Schaltzeiten bei tiefen Temperaturen relativ lang.

Das TN-LCD kann im Positivkontrast (dunkle Zeichen im hellen Umfeld) oder Negativkontrast (helle Zeichen im dunklen Umfeld) betrieben werden. Positivkontrastzellen eignen sich für Auflicht- und Durchlichtbetrieb, Negativkontrastzellen lassen sich nur mit kräftiger Beleuchtung von hinten mit zufrieden stellendem Kontrast ablesen. Die TN-Technik eignet sich im Kombiinstrument nicht nur für kleinere Anzeigemodule, sondern auch für größere Anzeigeflächen, modular aufgebaute oder sogar ganzflächig realisierte LCD-Kombiinstrumente.

Grafikanzeigen für KI

Beliebig darstellbare Information erfordert grafikfähige Punktrasteranzeigen. Sie werden zeilenweise angesteuert, benötigen also Multiplexeigenschaften. Bei den Bedingungen im Kfz sind mit konventionellen TN-LCD Multiplexraten bis 1:4 mit gutem Kontrast und bis 1:8 mit mäßigem Kontrast realisierbar. Für höhere Multiplexraten sind andere LCD-Anzeigetechnologien erforderlich. Für Module mit mittlerer Auflösung kommen die STN- und die DSTN-Technik zum Einsatz. Die DSTN-Technik kann monochrom oder mehrfarbig realisiert werden.

STN-LCD und DSTN-LCD

Die Molekülstruktur der STN-(Super Twisted Nematic-)Anzeige ist im Zellinneren stärker verdrillt als bei der konventionellen TN-Anzeige. *STN-LCD* gestatten nur eine monochrome Bilddarstellung; gewöhnlich im Kontrast blau-gelb. Farbneutralität ist bei aufgebrachter „Retarderfolie" erreichbar, allerdings nicht im gesamten Temperaturbereich des Kfz. Wesentliche bessere Eigenschaften zeigt das *DSTN-LCD* (Doppelschicht-STN), das eine farbneutrale Schwarz-Weiß-Wiedergabe über weite Temperaturbereiche mit Negativ- und Positivdarstellung ermöglicht. Farbe entsteht durch Hinterleuchten mit farbigen Leuchtdioden. Mehrfarbigkeit entsteht durch Einbringen von roten, grünen und blauen Farbfiltern in Dünnschichttechnik auf eines der beiden Glassubstrate. Graustufen sind unter den Bedingungen im Kfz nur sehr eingeschränkt möglich, sodass sich der Farbumfang auf Schwarz, Weiß, die reinen Farben Rot, Grün und Blau sowie deren Mischfarben Gelb, Cyan und Magenta beschränkt.

AMLCD

Für die optisch anspruchsvolle und zeitlich rasch veränderliche Darstellung komplexer Information im Bereich des KI und der Mittelkonsole mit hochauflösenden, videofähigen Flüssigkristall-Bildschirmen eignet sich nur die *AMLCD* (aktiv adressierte Flüssigkristallanzeige). Am höchsten entwickelt und am weitesten verbreitet sind die mit Dünnfilmtransistoren adressierten TFT-LCD (Thin Film Transistor-LCD). Für Kfz sind Bildschirme mit Diagonalen von 4"...7" im Mittelkonsolenbereich und erweitertem

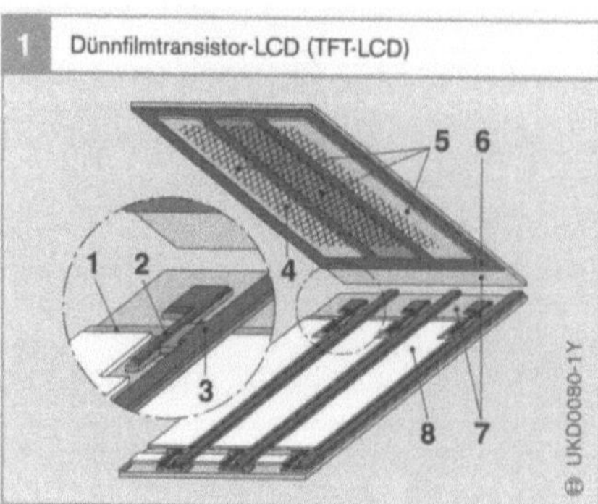

Bild 1

1   Zeilenleitung
2   Dünnschichttransistor
3   Spaltenleitung
4   Frontplane-Elektrode
5   Farbschichten
6   Black Matrix
7   Glassubstrat
8   Bildpunktelektrode

Temperaturbereich (−25 °C…+85 °C) verfügbar. Für das frei programmierbare Kombiinstrument (FPK) sind Formate von 10″…14″ mit noch weiterem Temperaturbereich (−40 °C…+95 °C) vorgesehen.

TFT-LCD bestehen aus dem „Aktiven" Glassubstrat und der Gegenplatte mit den Farbfilterstrukturen. Auf dem aktiven Substrat befinden sich die Bildpunktelektroden aus Zinn-Indium-Oxid, die metallischen Zeilen- und Spaltenleitungen und die Halbleiterstrukturen. An jedem Kreuzungspunkt von Zeilen- und Spaltenleitung befindet sich ein Feldeffekttransistor, der in mehreren Maskenschritten aus einer zuvor aufgebrachten Schichtenfolge herausgeätzt ist. Ebenso wird an jedem Bildpunkt auch ein Kondensator erzeugt (Bild 1). Auf der gegenüberliegenden Glasplatte befinden sich die Farbfilter und eine „Black Matrix"-Struktur, die zu einer Verbesserung des Kontrastes der Anzeige führt. Diese Strukturen sind in einer Abfolge fotolithografischer Prozesse auf das Glas aufgebracht. Darüber liegt eine durchgehende Gegenelektrode für alle Bildpunkte. Die Farbfilter sind entweder in Form durchgehender Streifen (gute Wiedergabe von Grafikinformation) oder als Mosaikfilter aufgebracht (besonders geeignet für Videobilder).

Head up Display HUD
Herkömmliche KI haben einen Betrachtungsabstand von 0,8…1,2 m. Zum Ablesen einer Information im Bereich des KI muss der Fahrer seine Augen von unendlich (Beobachtung der Straßenszene) auf den kurzen Betrachtungsabstand für das Instrument akkomodieren. Dieser Akkomodationsprozess dauert gewöhnlich 0,3 … 0,5 s. Für die ältere Autofahrergeneration ist er anstrengend, je nach Konstitution mitunter sogar unmöglich. *HUD*, eine Projektionstechnik, kann diesen Mangel beheben. Sein optisches System erzeugt ein virtuelles Bild in einem so großen Betrachtungsabstand, dass das menschliche Auge auf unendlich akkomodiert bleiben kann. Dieser Abstand beginnt bei etwa 2 m. Außerdem ist die Information

ohne Blickabwendung zum Kombiinstrument mit geringer Ablenkung ablesbar.

Aufbau
Das HUD (Bild 2) enthält ein Display mit Ansteuerung zur Bilderzeugung, eine Beleuchtung, eine Abbildungsoptik und einen „Combiner", an dem das Bild in das Auge des Betrachters reflektiert wird. An die Stelle des Combiners kann auch die unbehandelte Windschutzscheibe treten. Als Displays für HUD mit geringem Informationsgehalt werden meist grüne VFDs (Vakuumfluoreszenzdisplays) eingesetzt, für höherwertige Anzeigen TFTs in Polysilizium-Technik. Auch Projektionssysteme sind in Entwicklung, die einen größeren Blickwinkel und damit einen Schritt in Richtung kontaktanaloge Darstellung ermöglichen – also z. B. die Warnung vor einem Hindernis unter dem Blickwinkel, unter dem der Fahrer auch das Hindernis sehen würde.

Darstellung der HUD-Information
Das virtuelle Bild soll die Straßenszene nicht überdecken, um Ablenkung vom Verkehrsgeschehen zu vermeiden. Es wird deshalb in einer Region mit niedrigem Informationsgehalt dargestellt. Um eine Reizüberflutung im primären Blickfeld zu vermeiden, darf das HUD nicht mit Information überladen werden und ist daher kein Ersatz für das konventionelle Kombiinstrument. Seine Darstellung eignet sich aber sehr gut für sicherheitsrelevante Informationen wie Warnanzeigen, die Anzeige des Sicherheitsabstandes oder von Wegleitinformationen.

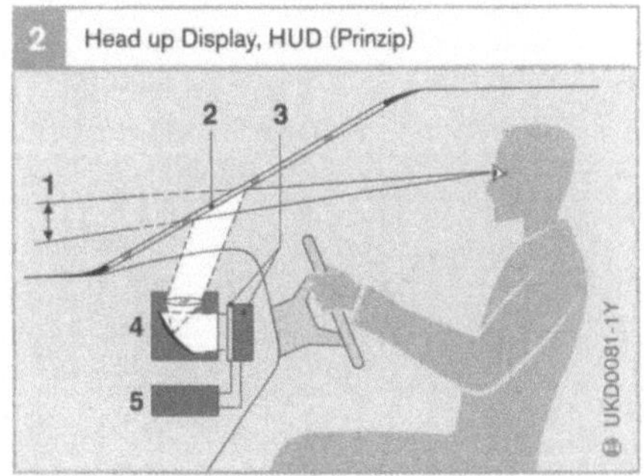

Bild 2
1   Virtuelles Bild
2   Reflexion in Windschutzscheibe
3   LCD und Beleuchtung (oder CRT, VFD)
4   optisches System
5   Elektronik

Analoge Signalübertragung

Mit der konventionellen elektrischen Übertragungstechnik wurde es erstmals möglich, große Bevölkerungsgruppen gleichzeitig mit Informationen zu versorgen. Trotz des starken Anstiegs der digitalen Übertragungstechnik kommt der konventionellen analogen Übertragungstechnik immer noch eine sehr große Bedeutung zu, beispielsweise in Rundfunk und Fernsehen. Die hier dargestellten Grundlagen gelten so prinzipiell auch in der digitalen Übertragungstechnik.

Analoge Rundfunksysteme

Die analoge Signalübertragung wird in den gängigen Radio- und Fernsehgeräten zur terrestrischen Versorgung verwendet. Hierbei wird das zu übertragende Signal, im Falle des Radios das Audiosignal (Musik oder Sprache), in seiner analogen Form auf einen hochfrequenten Träger moduliert und dann drahtlos an einen Empfänger übertragen. Der Empfänger führt die umgekehrten Schritte durch: Das empfangene Signal wird von seinem Träger getrennt, wieder in den ursprünglichen niederfrequenten Frequenzbereich gebracht und nach entsprechender Verstärkung und Klangbearbeitung auf den Lautsprecher gegeben.

Größen und Einheiten

Schwingungen

Schwingungen sind zeitlich sich regelmäßig wiederholende Zustandsänderungen. Der Verlauf einer Schwingung kann verschieden sein. Bei der einfachen „Sinusschwingung" (Bild 1) steigt die schwingende Größe (z. B. elektrische Spannung) von einem Ausgangswert Null bis zu einem bestimmten positiven Maximalwert an, geht dann auf Null zurück, erreicht einen negativen Maximalwert und schließlich wieder den Wert Null. Pflanzt sich eine Schwingung z. B. in Luft, Wasser u. a. fort, so spricht man von einer Welle. Entsprechende Vorgänge gibt es auch in der Elektrotechnik. Beispiel: bei Wechselstromquellen für die öffentliche Stromversorgung schwingt die Wechselspannung 50 mal in der Sekunde.

Frequenz

Die Frequenz (Bild 1) ist die Anzahl der Schwingungen (Perioden) in einer Sekunde, ausgedrückt in Hertz (Hz):

1 Hertz = 1 Hz = 1 Schwingung je Sekunde
= 1 /s (auch s^{-1} geschrieben), wobei
1000 Hz = 1 kHz (Kilo-Hertz)
= 1000 Schwingungen je Sekunde und
1000 kHz = 1 MHz (Mega-Hertz)
= 1 Million Schwingungen je Sekunde.

In der Akustik reicht z. B. der Bereich der für das menschliche Ohr hörbaren Schallschwingungen bis maximal 20 000 Hertz. Die in der Elektrotechnik und Funktechnik gebräuchlichen Frequenzen umfassen einen wesentlich größeren Bereich: von den niederen Frequenzen (z. B. 50-Hz-Wechselstromnetz) bis weit über den in der Tabelle 1 angegebenen Frequenzbereich. Dabei ist von Bedeutung, dass bei höheren Frequenzen (einige Tausend Hertz) die von einer Wechselstromquelle erzeugten Schwingungen über die angeschlossenen Leitungen abgestrahlt werden können und sich dann frei im Raum ausbreiten.

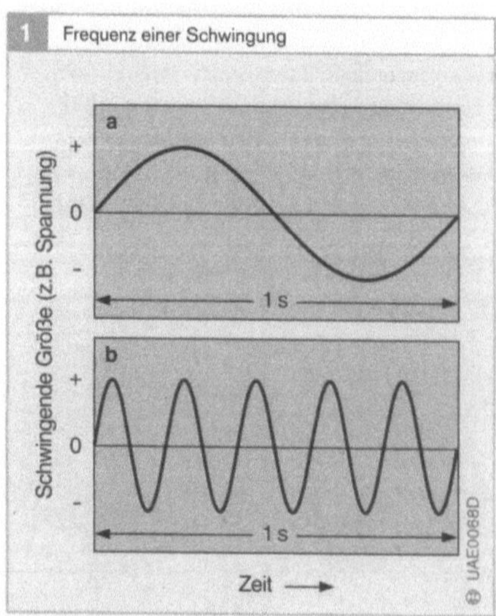

Bild 1
a f = 1 Hz
b f = 5 Hz

1 Frequenzbereiche (ähnlich DIN 40 015)			
Wellenbereiche	**Einstufung**	**Frequenz f** **MHz**	**Wellenlänge λ** **m**
Langwellen LW	Tonrundfunk	0,1…0,3	3000…1000
Mittelwellen MW		0,3…3,0	1000…100
Kurzwellen KW		3,0…30	100…10
Ultrakurzwellen UKW	VHF	30…300	10…1
Band 1 (Fernsehen)		41…68	
Band 2 (UKW-Rundfunk)		87,5…108	
Band 3 (Fernsehen)		175…239	
Dezimeterwellen	UHF	300…3000	1…0,1
Band 4 (Fernsehen)		470…582	
Band 5 (Fernsehen)		610…960	
D-Netz (Mobilfunk)		880…960	
L-Band		1453…1491	
E-Netz (Mobilfunk)		1710…1880	
Zentimeterwellen (z. B. Richtfunk)	SHF	3000…30000	0,1…0,01

Tabelle 1

Wellenlänge

Unter Wellenlänge versteht man den Abstand zweier Punkte in einem Schwingungsfeld, die sich im gleichen Schwingungszustand befinden (z. B. Abstand zwischen zwei benachbarten Wellenbergen oder Wellentälern, Bild 2), angegeben in Metern:

$$\lambda = c/f$$

λ Wellenlänge in Meter (m), c Fortpflanzungsgeschwindigkeit der elektromagnetischen Welle in Meter je Sekunde (m/s), Lichtgeschwindigkeit $\approx$ 300 000 000 m/s, f Frequenz in Hertz (Hz) 1 Hz = 1 s^{-1}

Je höher also die Frequenz, desto kürzer ist die Wellenlänge. Tabelle 1 zeigt die wichtigsten Frequenzbereiche für die Nachrichtenübermittlung.

Amplitude

Die Amplitude ist die Schwingungsweite. Sie gibt die Stärke (Intensität) der Schwingung an, wie z. B. die Intensität
- einer Wechselspannung,
- eines Wechselstroms,
- eines Schwingungsfeldes (Feldstärke),
- einer Schallschwingung (Lautstärke: Ton bei kleiner Amplitude leiser als bei großer Amplitude, Bild 3).

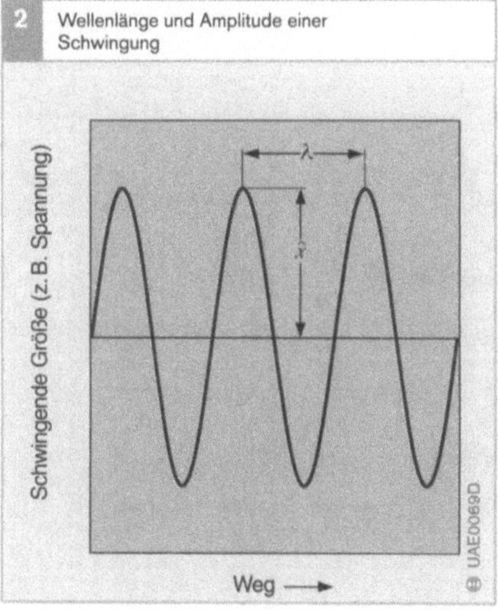

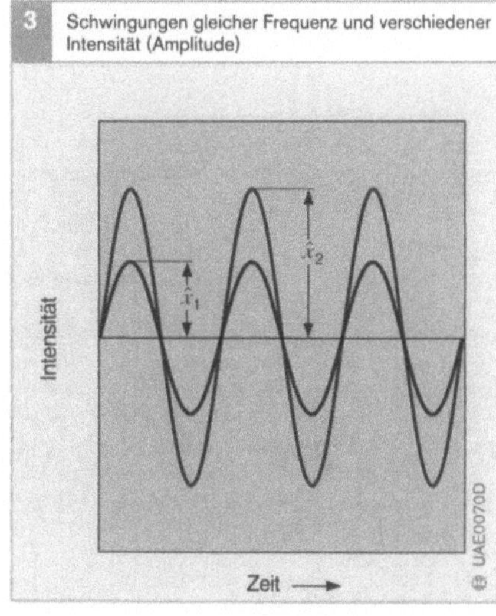

Bild 2
λ Wellenlänge
$\hat{x}$ Amplitude

Bild 3
$\hat{x}_1$ Ton leise
$\hat{x}_2$ Ton lauter

Nachrichtenübermittlung mit Hochfrequenzwellen

Durch Verändern (Modulation) einer Hochfrequenzwelle mit einem Nutzsignal lassen sich Nachrichten vom Sende- zum Empfangsort übertragen.

Hochfrequente Wellen (in der Nachrichtentechnik von besonderen Sendern erzeugt) breiten sich in Luft mit Lichtgeschwindigkeit aus. Ihre Reichweite und die Empfangsbedingungen sind u. a. von der Frequenz abhängig.

So haben z. B. Kurz- und Langwellen eine große (z. T. interkontinentale) Reichweite, während sich der Empfangsbereich von Ultrakurzwellen kaum weiter als die freie Sicht erstreckt.

Erzeugung, Modulation

Hochfrequenzwellen werden in verschiedenen Anlagen und Geräten erzeugt. Dabei ist zu unterscheiden zwischen

- beabsichtigter Ausstrahlung elektromagnetischer Wellen (z. B. von Rundfunk- und Fernsehsendern, Mobiltelefonen, der Mikrowelle für die Küche, Geräten für medizinische, wissenschaftliche und industrielle Zwecke) und

- unbeabsichtigter Ausstrahlung elektromagnetischer Wellen (z. B. Zündanlage von Ottomotoren, elektrische Schalter, Dimmer, elektrische Bohrmaschinen).

Im ersten Fall handelt es sich um Sender, die elektromagnetische Wellen von einem ganz bestimmten, eng begrenzten Frequenzbereich ausstrahlen. Bei Nachrichtensendungen muss der Empfänger auf diesen Frequenzbereich eingestellt werden, um die gewünschte Sendung aufnehmen zu können.

Die von einem Sender ausgestrahlte Hochfrequenzwelle dient als Träger (Trägerwelle) für die zu übermittelnde Information (Musik, Sprache u. a.).

Eine musikalische Darbietung zum Beispiel setzt sich aus Schallschwingungen (Tonfrequenzen) verschiedener Schwingungszahl zusammen. Im Gegensatz zu den hochfrequenten Schwingungen der Trägerwelle handelt es sich bei den Schallschwingungen um niederfrequente Schwingungen (Frequenzbereich bis ca. 20 000 Hz).

Diese niederfrequenten Schallschwingungen (Luftschwingungen) werden durch Mikrofone in elektrische Schwingungen umgewandelt, verstärkt und im Sender auf die Trägerwelle übertragen, d. h. die Trägerwelle

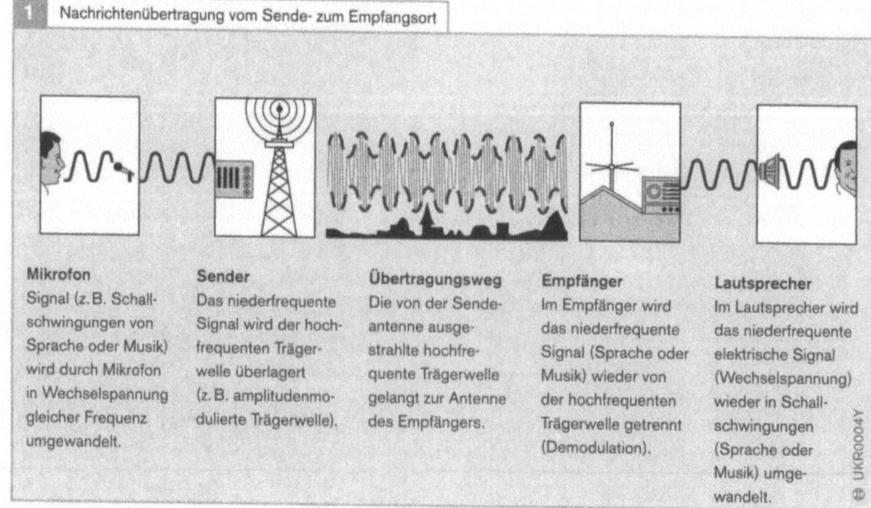

1   Nachrichtenübertragung vom Sende- zum Empfangsort

Mikrofon
Signal (z. B. Schallschwingungen von Sprache oder Musik) wird durch Mikrofon in Wechselspannung gleicher Frequenz umgewandelt.

Sender
Das niederfrequente Signal wird der hochfrequenten Trägerwelle überlagert (z. B. amplitudenmodulierte Trägerwelle).

Übertragungsweg
Die von der Sendeantenne ausgestrahlte hochfrequente Trägerwelle gelangt zur Antenne des Empfängers.

Empfänger
Im Empfänger wird das niederfrequente Signal (Sprache oder Musik) wieder von der hochfrequenten Trägerwelle getrennt (Demodulation).

Lautsprecher
Im Lautsprecher wird das niederfrequente elektrische Signal (Wechselspannung) wieder in Schallschwingungen (Sprache oder Musik) umgewandelt.

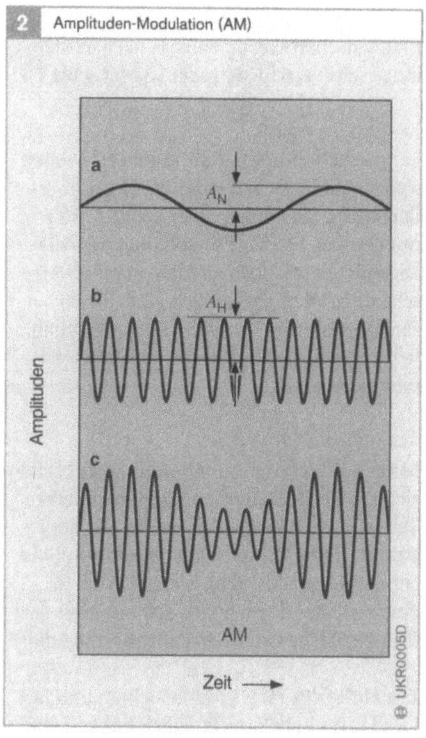

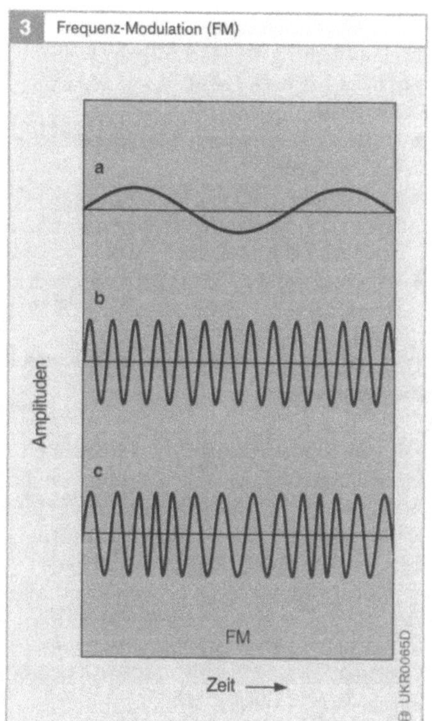

Bilder 2 und 3

a Niederfrequenz-
   schwingung mit der
   Amplitude A_N und
   der Frequenz f_N
b Hochfrequenz-
   schwingung (nicht
   moduliert) mit der
   Amplitude A_H und
   der Frequenz f_H
c Hochfrequenz-
   schwingung
   moduliert

wird in einem Modulator mit den niederfrequenten Schwingungen moduliert (Bild 1). Die modulierte Trägerwelle wird über eine Sendeantenne ausgestrahlt und auf die Empfangsseite übertragen.

Auf der Empfangsseite findet dann der umgekehrte Vorgang statt: Demodulation in einem Hochfrequenz-Gleichrichter sowie Umwandlung der sich dabei ergebenden niederfrequenten elektrischen Schwingungen in Schallschwingungen durch einen Lautsprecher.

Man unterscheidet verschiedene Modulationsarten, z. B.:

Amplituden-Modulation (AM)

Bei der Amplituden-Modulation (AM) wird die Amplitude A_H der Hochfrequenzschwingung mit der Frequenz f_H im Rhythmus der niederfrequenten Schwingung (A_N, f_N) ge-

ändert (Bild 2). Amplituden-Modulation wird z. B. im Kurz-, Mittel- und Langwellenbereich angewandt.

Frequenz-Modulation (FM)

Bei der Frequenz-Modulation (FM) wird die Frequenz f_H der Hochfrequenzschwingung im Rhythmus der niederfrequenten Schwingung geändert, d. h. die ursprünglich konstante Frequenz der Trägerwelle wird durch die Modulation innerhalb eines bestimmten engen Bereichs nach oben und nach unten verändert (Bild 3). Frequenz-Modulation wird z. B. für UKW-Funk und für den Tonteil der Fernseheinrichtungen verwendet.

Die Übertragungen frequenzmodulierter Sender sind durch amplitudenmodulierte Störungen (z. B. verursacht durch die Zündfunken der Zündanlage oder durch Gewitter) weniger stark beeinträchtigt als die Übertragungen amplitudenmodulierter Sender.

Ausbreitungsverhalten

Die Ausbreitung der Hochfrequenzwellen geschieht – je nach Frequenz – in verschiedener Weise:

- als Bodenwelle entlang der Erdoberfläche bei Langwellen (LW),
- als Raumwelle (Reflexion in der Ionosphäre) bei Kurzwellen (KW) und zum Teil auch bei Mittelwellen (MW),
- nahezu geradlinig (keine Reflexion in der Ionosphäre) bei Ultrakurzwellen (UKW) und kürzeren Wellenlängen.

Dementsprechend unterscheiden sich auch die Reichweiten.

Die vom Sender erzeugten hochfrequenten elektromagnetischen Wellen werden von der Sendeantenne ausgestrahlt und breiten sich im Raume nach allen Richtungen aus (sofern sie nicht durch besondere Antennen mit Richtwirkung, wie z. B. beim Richtfunk der Telecom, in eine bevorzugte Richtung abgestrahlt werden). Sie sind jedoch – im Gegensatz zu Schallwellen – nicht an irgendwelche Stoffe (Materie) gebunden. Schallwellen brauchen zu ihrer Fortpflanzung einen gasförmigen, flüssigen oder festen Stoff (im leeren Raum gibt es keine Schallwellen). Elektromagnetische Wellen dagegen können sich auch im leeren Raum ausbreiten (Satellitenfunk).

Das Ausbreitungsverhalten der elektromagnetischen Wellen kann je nach Wellenlänge sehr verschieden sein (Bilder 4 bis 7):

Langwellen (LW)

Langwellen (amplitudenmoduliert) breiten sich als Bodenwellen entlang der Erdoberfläche aus. Sie können über große Entfernungen (ca. 600 km) unabhängig von der Tageszeit empfangen werden. Atmosphärische oder lokale Störungen (z. B. durch Elektromotoren, Kraftfahrzeuge, Stadtbahnen) wirken sich in diesem Wellenbereich sehr stark aus.

Mittelwellen (MW)

Mittelwellen (amplitudenmoduliert) breiten sich z.T. als Bodenwellen aus. Ein anderer Teil wird als Raumwelle vom Sender abgestrahlt. Dabei kann diese in der Ionosphäre (in den Heaviside-Schichten, die sich in einem Abstand von 80 bis 400 km über der Erdoberfläche befinden) reflektiert werden.

Die Höhe der Heaviside-Schichten und der Grad ihrer Reflexionsfähigkeit hängen von atmosphärischen Verhältnissen, im besonderen Maße aber von der Sonneneinstrahlung, ab. So hat man z. B. in den Dämmerungs- oder Nachtstunden einen besseren Fernempfang als bei Tag.

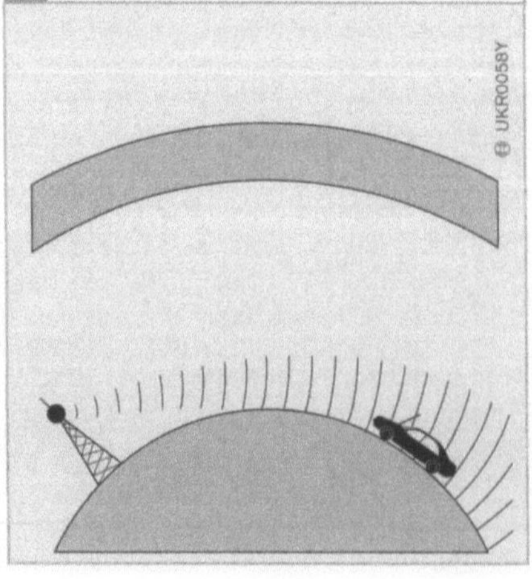

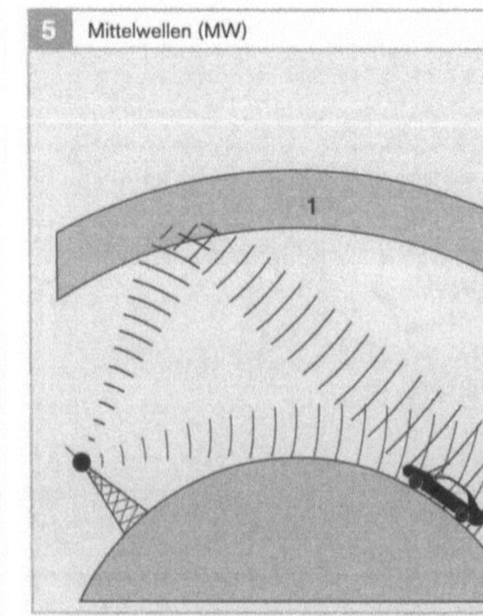

Bild 4

Ausbreitung als Bodenwelle.
Große Reichweite (ca. 600 km)

Bild 5

Ausbreitung teils als Bodenwelle, teils als Raumwelle, die an der Heaviside-Schicht (1) reflektiert.
Reichweite mehrere hundert Kilometer (je nach Tageszeit)

Bei Mittelwellen-Empfang können unter ungünstigen Umständen im Empfänger Schwankungen („Fading" oder „Empfangsschwund") auftreten, wenn sich Raum- und Bodenwelle gegenseitig verstärken oder schwächen.

Kurzwellen (KW)

Kurzwellen (amplitudenmoduliert) werden von der Erdoberfläche stärker absorbiert als Mittelwellen. Auf größere Entfernungen können daher nur Raumwellen empfangen werden. Diese können allerdings sehr große Entfernungen überbrücken. Die Empfangsverhältnisse sind hierbei infolge der sich ändernden Reflexionsfähigkeit der Heaviside-Schichten sehr wechselnd. Auch gibt es Zonen, in denen überhaupt kein Empfang möglich ist, da die Raumwellen nur innerhalb bestimmter Grenzwinkel reflektiert werden.

Ultrakurzwellen (UKW)

Ultrakurzwellen (frequenzmoduliert) breiten sich nahezu geradlinig aus, folgen etwas der Erdkrümmung und können an Gebäuden und Geländeerhebungen gebrochen oder reflektiert werden. Fernempfang durch Reflexionen an den Heaviside-Schichten ist nicht möglich; ebenfalls scheidet der Empfang mit einer Bodenwelle wegen der starken

Dämpfung durch das Erdreich aus. Ihre Reichweite erstreckt sich bei ebenem Gelände nicht viel weiter als die freie Sicht (bis ca. 100 km).

Empfangseigenschaften

Aufgrund des Ausbreitungsverhaltens, der Senderkonstellation und Sendereigenschaften sowie der Umgebung ergeben sich folgende Empfangsbeeinträchtigungen:

Empfangsschwund (engl. Fading)

Empfangsschwund entsteht durch Schwankungen des Empfangspegels infolge von Abschattung durch Tunnel, Hochhäuser, Gebirge usw., da die Reichweite des Senders beispielsweise bei UKW auf die Sichtweite begrenzt ist. Deshalb kann man in bergigem Gelände oft einen verhältnismäßig nahe gelegenen UKW-Sender nicht empfangen, während in offenem Gelände ein sehr viel weiter entfernter Sender noch gut zu empfangen ist. Auf der Sendeseite versuchen Funkbetreiber häufig, diese Funklöcher durch Füllsender zu schließen. Auf der Empfängerseite helfen hochempfindliche Empfänger, diese Funklöcher zu verkleinern, soweit dies physikalisch möglich ist.

Bei MW und LW kann die Feldstärke des Senders durch ungünstige Geländeverhältnisse so sehr geschwächt sein, dass selbst

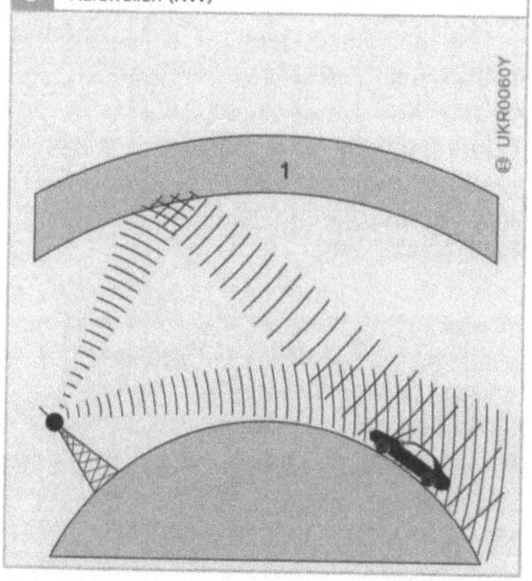

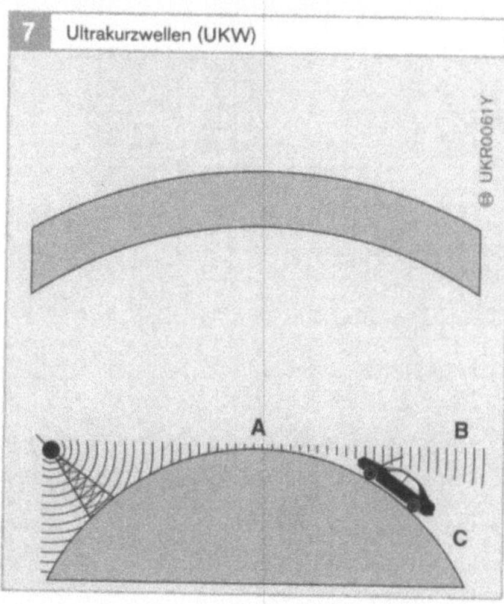

Bild 6

Ausbreitung vorwiegend als Raumwelle.
Sehr große Reichweite (abhängig von der Reflexionsfähigkeit der Heaviside-Schicht 1)

Bild 7

Ausbreitung nahezu geradlinig.
Kleine Reichweite (bis etwa 100 km).

A   Sichtreichweite

B   Schattenreichweite (Beugungsbereich)

C   Abschattung (kein Empfang)

starke Sender am Empfangsort nur geringe Nutzfeldstärken ergeben.

Mehrwegeempfang
(engl. Multipath Reception)

Beim Mehrwegeempfang entstehen Störungen durch Reflexionen an Gebäuden (Bild 8), Wasser oder im Gebirge. Es kommt zur Auslöschung von hin- und zurücklaufender Welle. Innerhalb weniger Zentimeter kann sich der Empfangspegel leicht auf 1/30 reduzieren. Deshalb können beim Radio Tonstörungen oder beim Fernsehen „Geisterbilder" neben dem Hauptbild auftreten. Insbesondere bei bewegten Sendern oder Empfängern (z. B. Autoradio oder Handy im Auto oder in der Bahn) stellen sich schnell ändernde Empfangs- oder Sendesituationen die Empfänger vor besondere Herausforderungen.

Weit verbreitet ist das „Verstecken" der Störungen im Empfänger durch kurzzeitiges Stummschalten, kurzzeitiges Absenken der Höhen oder kurzzeitiges Begrenzen des Empfangs auf Mono.

Da der Mehrwegeempfang stark von der Frequenz abhängig ist, kann häufig ein Frequenzwechsel (auf einen Sender mit gleichem Sendeinhalt) eine Störung vermeiden. Hier hilft das von Blaupunkt mitentwickelte RDS (**Radio Data System**), das dem Empfänger Alternativfrequenzen anbietet. Der Empfänger mit RDS wechselt stets auf die am wenigsten gestörte Frequenz (Frequency Diversity).

Außerdem ist der Mehrwegeempfang stark ortsabhängig, weshalb durch Umschalten zwischen Antennen, die an verschiedenen Orten positioniert sind, ebenfalls eine Verringerung von Mehrwegestörungen erzielt werden kann (Scanning Diversity). Da hierbei nicht alle Antennen gleichzeitig beobachtet werden können, treten jedoch Umschaltstörungen auf.

Abhilfe schafft hier die Blaupunkt-Erfindung DDA (**Digital Directional Antenna**), bei der stets zwei Antennen beobachtet werden und dann das optimale Summensignal weiter verarbeitet wird (Space Diversity). Hierdurch lässt sich eine Richtcharakteristik der Antennen erzeugen, und die störende Reflexion wird somit ausgeblendet.

Nachbarkanal (engl. Adjacent Channel)

Eine Nachbarkanalstörung entsteht dadurch, dass dicht neben der gehörten Frequenz ein weiterer Sender vorhanden ist. Ist der Nachbarkanalsender im Pegel genügend hoch, so kann er auf dem Nutzkanal durch Zischen hörbar werden. Bei sehr großen Pegelunterschieden kann unter Umständen der gewünschte Nutzsender völlig verschwinden und nur noch der unerwünschte Nachbarkanal hörbar sein.

Moderne Empfänger erhöhen ihre Selektion gegenüber dem Nachbarkanalsender in solchen Empfangssituationen. Praktisch wird dieser Vorgang durch die dynamische Änderung der Hochfrequenz-Bandbreite des Empfangszweiges erreicht (die Blaupunkt-Version heißt SHARX). Die Bandbreite muss sich dynamisch anpassen, weil mit der Ver-

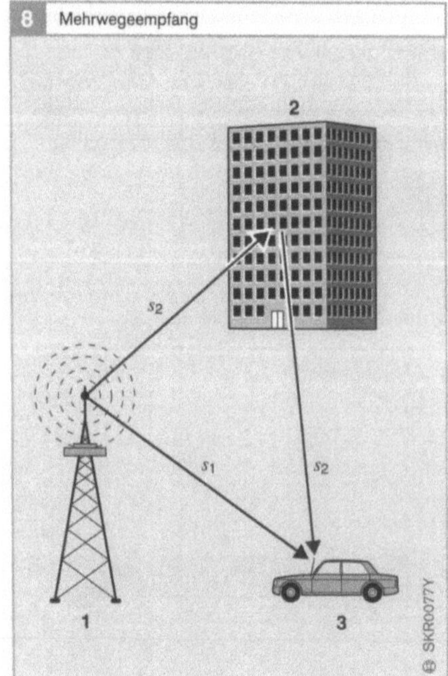

Bild 8
1   Sender
2   Gebäude
3   Empfänger
s_1 Direkter Weg
s_2 Reflexion

ringerung der Bandbreite ein Ansteigen des
Klirrfaktors und somit ebenfalls Verzerrungen einher gehen. Der Empfänger optimiert
somit zwischen Nachbarkanalstörungen und
unerwünschten Nutzsignalverzerrungen.

Großsignalstörungen

Großsignalstörungen treten ausschließlich
in Sendernähe auf. Sie äußern sich beispielsweise darin, dass eine gehörte relativ
schwache Sendestation plötzlich über eine
längere Strecke leiser wird. Die Ursache ist
die Anwesenheit eines sehr starken Senders,
der den schwächeren Sender immer stärker
unterdrückt. Der Empfänger schützt in
Sendernähe seinen Eingang vor zu großen
Signalen, wodurch jedoch auch schwache
Sender stärker unterdrückt werden. Die
optimale Auslegung des Empfängers kann
diesen Effekt minimieren, jedoch nicht vollständig vermeiden.

Übermodulation

Übermodulation ist ein Effekt der Sender
selbst. Dabei wird das Maß, in dem die Nachricht auf die Hochfrequenzwelle moduliert
wird, in die Höhe getrieben. Dies führt im
Empfänger zu einer größeren Lautstärke.
Außerdem kann er Signale aus größerer Entfernung empfangen. Erkauft werden diese
Vorteile durch eine größere Anfälligkeit gegenüber Mehrwegestörungen und dem Klirrfaktor, der eine größere Bandbreite erfordert,
die dann Nachbarkanalprobleme hervorrufen kann.

Auch in dieser Empfangssituation findet
der Empfänger mit der dynamischen Selektion (SHARX) die optimale Einstellung.

Zündstörungen

Hochfrequente Störwellen werden z. B. von
den als Störsender wirkenden Funken der
Zündkerzen und des Zündverteilers eines
Ottomotors, beim Betätigen eines Schalters
oder bei den Schaltvorgängen am Kommu-
tator einer elektrischen Maschine ausgelöst.
Diese raschen Stromänderungen (Impulse)
stören den Empfang benachbarter Funk-
empfänger, und zwar hängt die Störwirkung

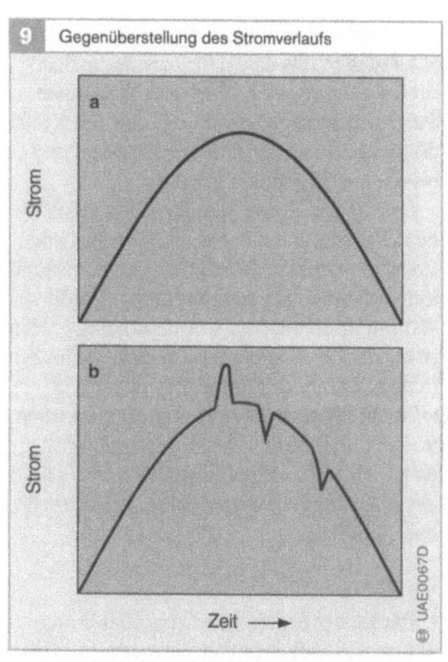

Bild 9
a Reine Sinus-
   schwingung
b Sinusschwingung
   mit überlagerten
   Störimpulsen

u. a. von der Steilheit des Impulsanstiegs
(Anstiegsflanke) und von der Amplitude des
Impulses ab. Bei raschen Stromänderungen
mit steiler Anstiegflanke und großer Amplitude ist die Störwirkung besonders groß.

Bild 9 zeigt den Stromverlauf bei einer rein
sinusförmigen Schwingung (a), wie sie ein
Rundfunksender (Trägerwelle) erzeugt, und
im Vergleich dazu eine Schwingung mit
unregelmäßigen Störimpulsen (b). Die von
solchen Impulsen ausgehenden Störwellen
stören infolge dessen den Funkempfang auf
allen Frequenzbereichen. Funkstörungen
als Folge der erwähnten steil ansteigenden
Stromimpulse lassen sich durch Entstör-
mittel abschwächen bzw. durch EMV-Maßnahmen (Elektromagnetische Verträglichkeit) vermeiden.

Außerdem hat die Empfängerausführung
Einfluss auf die Empfangsgüte. Neben
metallischer Schirmung (Verhinderung
direkter Einstrahlung von Störungen) und
netzseitiger Siebung (stördichtes Gerät)
haben bestimmte Empfänger im UKW-Be-

reich und neuerdings auch im AM-Bereich Schaltungen mit ASU (Automatische Störunterdrückung). Sie vermeidet Störungen durch Störquellen sowohl des eigenen Kraftfahrzeugs als auch fremder Fahrzeuge und beruht auf folgendem Prinzip:

Das demodulierte Signal enthält außer dem Nutzsignal (z. B. Musik, Sprache) auch Impulsstörungen. Störsignal und Nutzsignal unterscheiden sich u. a. dadurch, dass der Spannungsanstieg der Impulsstörung größer ist als der des Nutzsignals. In dem Moment, in dem eine steile Störamplitude auftritt, wird der Signalweg kurzzeitig unterbrochen und der Störimpuls elektronisch „ausgetastet" (Bild 10). Gute Empfänger versuchen das ursprüngliche Signal dieser Austastlücke nachzubilden.

Störsignale

Unter Funkstörungen versteht man unerwünschte Hochfrequenzwellen, die zusammen mit dem gewünschten Signal (z. B. Radio- oder Fernsehsendung) dem Empfangsgerät zugeleitet werden und den Empfang störend beeinflussen (gilt sinngemäß auch für kombinierte Sende- und Empfangsgeräte, z. B. Sprechfunkgeräte).

Allgemein trifft für die Ausbreitung der elektromagnetischen Wellen auch noch zu, dass Leiter im Strahlungsfeld des Senders (Stahlträger, Stahlmaste, Installationsleitungen), benachbarte Wälder, Häuser sowie Lagen in tiefen Tälern den Empfang beeinträchtigen. Das zuvor nur kurz charakterisierte Ausbreitungsverhalten der Wellen ist für eine wirksame Entstörung im Kraftfahrzeug insofern von Bedeutung, als bei allzu schwach einfallenden Sendern (auch bei großem Entstöraufwand) ein störungsfreier Empfang nicht möglich ist.

So kann z. B. der zuvor völlig störungsfreie Empfang eines Senders nach der Einfahrt in einen Tunnel plötzlich durch starke (von der eigenen oder von einer fremden elektrischen Fahrzeuganlage verursachte) Geräusche gestört sein, weil durch die abschirmende Wirkung der Stahlbetonwände die Nutzfeldstärke des eingestellten Rundfunksenders verringert wird (wogegen die restliche Störfeldstärke noch ungeschwächt vorhanden ist). Unter Umständen kann der Sender überhaupt nicht mehr empfangen werden. Ähnliche Erscheinungen treten auch bei Fahrten im Gebirge oder in Großstädten (Hochhäuser!) auf.

Störabstand

Die Güte des Empfangs hängt vom Verhältnis der Stärke des vom Sender erzeugten elektromagnetischen Feldes (Nutzfeldstärke) am Empfangsort zur Stärke des von der Störquelle erzeugten Feldes (Störfeldstärke) bzw. der Stärke des natürlichen Rauschens ab. Je größer dieser „Störabstand" (Verhältnis von Nutz- zu Störfeldstärke) ist, umso besser ist der Empfang. Das bedeutet, dass

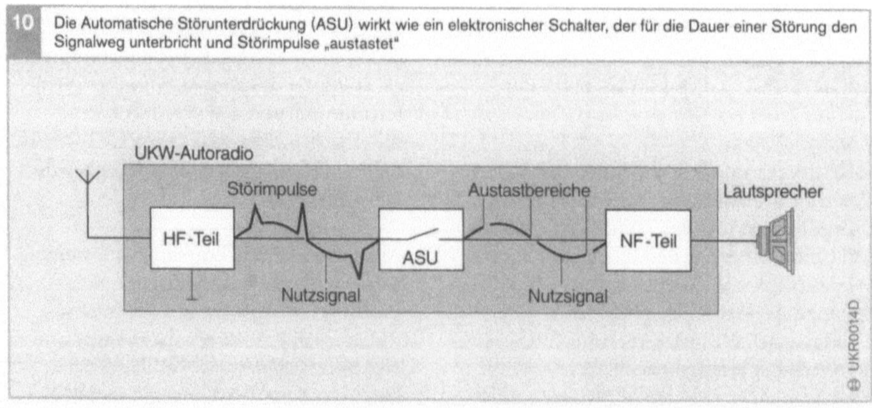

10 Die Automatische Störunterdrückung (ASU) wirkt wie ein elektronischer Schalter, der für die Dauer einer Störung den Signalweg unterbricht und Störimpulse „austastet"

sich Störquellen möglichst weit entfernt vom Empfänger befinden sollten.

Ein Empfänger, der in der Nähe einer Störquelle arbeitet, empfängt sowohl die hochfrequenten elektromagnetischen Wellen des gewünschten (eingestellten) Senders als auch die von einer Störquelle ausgehenden unerwünschten hochfrequenten elektromagnetischen Störwellen. Der Empfänger kann das Nutzsignal von den Störungen normalerweise nicht trennen, da beide die gleiche Frequenz haben. Dennoch ist ein guter Empfang möglich, vorausgesetzt, dass am Empfangsort die Feldstärke des gewünschten Senders sehr groß ist im Vergleich zur Stärke des von der Störquelle erzeugten elektromagnetischen Feldes. Es kommt also darauf an, dass das Verhältnis von Nutz- zu Störfeldstärke (Störabstand) möglichst groß ist.

Die Nutzfeldstärke hängt von der Senderleistung, von der Senderfrequenz, vom räumlichen Abstand Sender – Empfänger und von den zuvor bereits beschriebenen Ausbreitungsverhältnissen der elektromagnetischen Wellen ab.

Bei Empfangsgeräten in Kraftfahrzeugen können sich außerdem wegen der geringen wirksamen Antennenhöhe nur verhältnismäßig geringe Nutzspannungen am Empfängereingang ergeben. Auf der Empfängerseite sind demnach die Möglichkeiten, das Verhältnis Nutz- zu Störspannung zu verbessern, sehr beschränkt. Eine (unter den am Empfangsort gegebenen Feldverhältnissen mögliche) optimale Nutzspannung kann durch Verwendung einer geeigneten Antennenausführung und durch günstige Anordnung der Antenne im Kraftfahrzeug begünstigt werden.

Auch mit günstigen Antennenabmessungen und -anordnungen lässt sich die am Empfängereingang vorhandene Nutzspannung erhöhen und somit den für die Empfangsgüte ausschlaggebenden Störabstand verbessern.

Elektromagnetische Verträglichkeit EMV

Um beim Empfang schwach einfallender Sender einen genügend großen Störabstand zu erzielen, ist es notwendig, den Störpegel herabzusetzen, d. h. einerseits die Energie der Störwellen an ihrem Entstehungsort (Störquelle) zu verringern und andererseits dafür zu sorgen, dass der Einfluss des Störkreises auf den Empfängerkreis möglichst klein ist (z. B. entsprechend großer Abstand zwischen den störungsbehafteten Leitungen und dem Antennenkreis des Empfängers: „Entkopplung"). Dies ist Aufgabe der Funkentstörung bzw. entsprechender EMV-Maßnahmen (Elektromagnetische Verträglichkeit).

Eine metallische Schirmung (Verhindern direkter Einstrahlung von Störungen) und die netzseitige Siebung (stördichtes Gerät) tragen zur Verbesserung des Störabstands bei.

Satellitengestützte Nachrichtenübermittlung

Die satellitengestützte Nachrichtenübermittlung findet überall dort Anwendung, wo sehr große Flächen mit Nachrichten versorgt werden sollen. Die Übertragung findet dabei in einem Frequenzbereich statt, in dem die Ausbreitungseigenschaften der Hochfrequenzwellen wesentlich durch Abschattung bestimmt werden. Dadurch können im Wald, in Großstädten oder im Gebirge Empfangsprobleme auftreten.

Wegen der begrenzten Energieversorgung des Satelliten muss auch die Sendeleistung auf ein Minimum reduziert werden. Daher können Dämpfungsverluste (z. B. durch Blätterdach) kaum noch ausgeglichen werden.

Diese Technik wird überwiegend in der Telekommunikation (Daten, Sprache), Fernsehtechnik und Erdbeobachtung eingesetzt.

Digitale Signalübertragung

Neue Techniken in der Signalverarbeitung und digitalen Signal- bzw. Datenübertragung führen zu einem schnellen Wandel von mobilen Kommunikationssystemen und immer neuen Anwendungen. Dieser Trend vollzieht sich mit der Bereitstellung digitaler Rundfunksysteme, die in Zukunft den klassischen analogen Rundfunk ersetzen werden. Sie eröffnen die preiswerte, breitbandige Datenübertragung an alle mobilen Teilnehmer – ob sie nun als Fußgänger, im Auto oder im ICE (Intercityexpress) unterwegs sind.

Digitale Rundfunksysteme

Die digitale Rundfunkübertragung unterscheidet sich wesentlich vom analogen Rundfunk. Das Quellsignal (z. B. Musik) wird digitalisiert und danach zwei Verarbeitungsschritten unterworfen, die bei der analogen Datenübertragung nicht existieren. Dabei handelt es sich zum einen um die „Quellcodierung", zum anderen um die „Kanalcodierung".

Bei der *Quellcodierung* wird die Datenmenge mithilfe moderner mathematischer Verfahren reduziert, indem redundante oder für den Empfänger irrelevante (d. h. weniger wichtige) Informationen im Quellsignal entfernt werden.

Die *Kanalcodierung* setzt spezielle mathematische Verfahren ein, um den zu übertragenden Datenstrom so aufzubereiten, dass er eine minimale Störung durch den in der Praxis immer stark gestörten Übertragungskanal erfährt.

Erst nach Quellcodierung und Kanalcodierung wird das Signal auf den Träger aufmoduliert und zum Empfänger geschickt. Dort folgt der umgekehrte Prozess (Bild 1).

Aufgrund dieses Verfahrens ist die digitale Datenübertragung bandbreiteeffizienter, störsicherer und energieeffizienter als analoge Übertragungsverfahren.

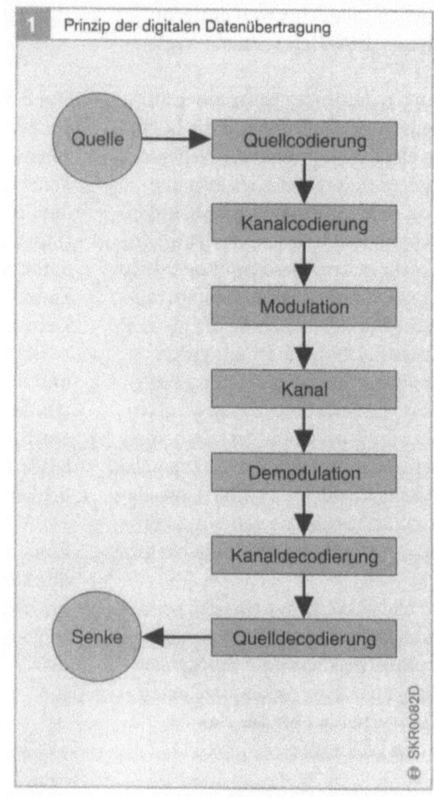

Digitale Rundfunkverfahren befinden sich derzeit in der Einführung. Sie werden z. B. bei Satellitenrundfunk (Satellitenfernsehen) schon eingesetzt. Auch die Umstellung des analogen Hörrundfunks auf ein digitales Verfahren DAB (Digital Audio Broadcasting) hat begonnen:

- In nordeuropäischen Ländern (England, Skandinavien) liegen bereits 60 bis 80 % der Hörer im Erfassungsbereich digitaler Rundfunkdienste.
- In Zentraleuropa (Deutschland, Frankreich) werden ca. 30 % erreicht.
- In Süd- und Osteuropa ist die Einführung am wenigsten fortgeschritten.

Die von den bereits arbeitenden Sendern ausgestrahlten Dienste beschränken sich dabei nicht auf Audiodienste wie der Begriff „Digital Audio Broadcasting" nahe legen mag. Es werden auch schon vielfältige Datendienste angeboten, wie z. B. Nachrichten, Verkehrsmeldungen, Börseninformationen (Textdienste). Auch grafische Dienste wie Staukarten, CD-Covers, Parkplatzinformation in Kartenform befinden sich darunter.

Die grafischen Dienste und Textdienste können genutzt werden, wenn das „Radio" mit einem entsprechenden Display ausgestattet ist.

Radio Data System (Rundfunkzusatzdienst)

Merkmale

RDS (Radio Data System) ist ein digitales Datenübertragungssystem für analoge UKW-Rundfunksender als Service der Rundfunkanstalten.

Das Format des RDS-„Datentelegrammes" für programmbegleitende Informationsdienste liegt in Europa einheitlich fest. Dabei verfügt der klassische UKW-Sender (mit seinem analogen Audiodienst) über einen sehr schmalbandigen, digitalen Datenkanal. Da das UKW-Radio ein analoges System ist und die zur Verfügung stehende Bandbreite durch das Audiosignal voll genutzt wird, kann der hinzugefügte digitale RDS-Datenkanal deshalb nur sehr schmalbandig ausgeführt sein (in der Größenordnung von 100 Bit/s).

Neben den herkömmlichen Musik- und Sprachbeiträgen werden über den RDS-Datenkanal folgende Zusatzinformationen in Form verschlüsselter Datensignale ausgesendet, die Autoradios (oder auch Heimempfänger) mit RDS-Decoder auswerten können:

RDS-Dienste

PS-Code (Program Service)
Der PS-Code teilt dem Empfänger den Sendernamen mit (z. B. „BAYERN 3" oder „BBC 1"), der bis zu 8 Digits (Zeichen) lang sein kann. Dieser erscheint als Anzeige auf dem Display des Radios.

AF-Code (Alternative Frequency)
Für den Fahrer nicht erkennbar überträgt das System eine Liste Alternativer Frequenzen (AF-Code), auf denen das gerade empfangene Programm ebenfalls ausgestrahlt wird. Verschlechtert sich die Empfangsqualität der bisherigen Frequenz, springt der RDS-Empfänger versuchsweise auf eine der Alternativfrequenzen der AF-Liste. Ist diese Frequenz besser zu empfangen, dann bleibt er dort. Ist sie schlechter, versucht er es mit einer anderen Alternativfrequenz.

PI-Code (Program Identity)
Zur Kontrolle hat jedes Programm eine Programm-Identifikationsnummer (PI-Code) zur Senderidentifizierung. Der bisher empfangene und nach Frequenzwechsel empfangene PI-Code müssen übereinstimmen. Andernfalls liegt ein unzulässiger Programmwechsel vor.

TP-/TA-Code (Traffic Program/Traffic Announcement)
TP- und TA-Code dienen der Verkehrsfunk-Programmkennung und der Durchsagekennung. Der RDS-Empfänger wertet TP und TA vergleichbar ARI-SK und ARI-DK aus.

Da in den meisten europäischen Ländern bislang kein Verkehrsfunksystem installiert war, lag die Einbeziehung bei RDS nahe. Das bisherige ARI-System in Deutschland, Österreich, Luxemburg und in der Schweiz bleibt jedoch parallel zu RDS noch bis voraussichtlich 2005 bestehen. In allen nord-, süd- und westeuropäischen Ländern sind Programme der nationalen Sendeanstalten und der meisten Privatsender mit den zuvor genannten RDS-Diensten zu empfangen.

Optionen

Das RDS-Format enthält folgende weitere Optionen, z. B.:

PTY-Code (Program Type)
Der PTY-Code kennzeichnet bis zu 16 verschiedene Programmarten, z. B. Nachrichten, klassische E-Musik und Sport.

„PTY RT" (Radio Text)
Radiotext RT umfasst Zusatzinformationen
des Senders über das ausgestrahlte Programm, z. B. Titel der Sendung, Name des
Musikinterpreten.

„PTY 31"
„PTY 31" ist das Steuersignal für die Auf-
schaltung von Warnmeldungen für die Be-
völkerung (ähnlich TA). Die PTY 31-Funk-
tion ist nicht deaktivierbar.

EON-Code (Enhanced Other Networks)
Der Empfänger erfährt durch „EON", wenn
auf einem Parallelprogramm einer Sender-
kette eine Verkehrsnachricht durchgegeben
wird und kann für die Dauer dieser Durchsage auf das Parallelprogramm wechseln.

TMC-Code (Traffic Message Channel)
TMC ist ein digitaler Verkehrsfunk-Datenkanal mit ständig aktualisierten Daten zur
Verkehrslage. Der TMC-Code dient der
Übertragung formalisierter Standardinfor-
mationen (z. B. Staumeldungen). Diese lassen sich per Sprachgenerator (in beliebiger
Landessprache) jederzeit abrufen. In Navigationssystemen können die Meldungen von
Hindernissen zur Neuberechnung einer op-
tionalen Wegstrecke umgehend berücksichtigt werden.

CT-Code (Clock/Time)
Der CT-Code übermittelt die aktuelle Uhrzeit und das aktuelle Datum.

RT-Code (Radio Text)
Der RT-Code dient der Textübertragung
für Empfänger mit geeignetem Display, z. B.
zur Anzeige des laufenden Musiktitels.

M/S-Code (Music/Speech)
Code diverser Sendeanstalten für Empfänger
zur Unterscheidung zwischen Musik- und
Sprachbeiträgen. Für Sprachbeiträge können
(über DSC) Bässe und Höhen für eine separate Klangeinstellung abgesenkt werden.

Digital Audio Broadcasting DAB

Merkmale

Das digitale Rundfunksystem DAB (Digital
Audio Broadcasting) ist die entscheidende
Weiterentwicklung der Rundfunktechnik
im Rahmen des europäischen Projekts
EUREKA 147 seit der Einführung von FM.
Es bietet folgende Eigenschaften:
- Sicherer und störungsfreier Empfang
  sowohl mobil als auch portabel,
- mit CD vergleichbare Tonqualität,
- frequenzoptimiert durch Tondatenreduktion und Gleichwellennetze,
- leistungsoptimiert durch geeignetes Übertragungsverfahren und Kodierung,
- Eignung für internationalen, nationalen,
  regionalen und lokalen Rundfunk und
- zukunftssicher durch Multimedia-Taug-
  lichkeit.

Das vom EUREKA 147-DAB-Projekt entwickelte und durch das Europäische Institut
für Fernmeldenormen ETSI (European
Telecommunications Standards Institute)
standardisierte System ist bislang das einzige, das diese Anforderungen erfüllt und für
das die Internationale Fernmeldeunion ITU
(International Telecommunications Union)
eine Empfehlung ausgesprochen hat.

Typischerweise werden 5 bis 7 Hörfunkprogramme und einige Datenkanäle zu einem
Ensemble zusammengefasst. Ein Programm-
ensemble, z. B. alle Programme einer deutschen ARD-Rundfunkanstalt (z. B. BR,
WDR), werden landesweit in einem Gleich-
wellennetz ausgestrahlt, sodass die Sender
überall auf der gleichen Frequenz empfangen werden können.

Für die überregionale Ausstrahlung ist
das Band III (175...239 MHz) vorgesehen,
während im L-Band (1453...1491 MHz)
lokaler Rundfunk geplant ist.

Komponenten des EUREKA 147-DAB-Systems

Das DAB-System beruht im Wesentlichen auf drei Komponenten:

- Dem Tondatenreduktionsverfahren nach MPEG-1 (ISO 11 172-3) bzw. MPEG-2 (ISO 13 818-3), jeweils Layer II,
- dem Übertragungsverfahren COFDM (Coded Orthogonal Frequency Division Multiplexing) und
- einer flexiblen Aufteilung der Übertragungskapazität auf eine Vielzahl von Teilkanälen, die unabhängig voneinander Ton- und Datenprogramme unterschiedlicher Datenrate und mit unterschiedlich starkem Fehlerschutz übertragen können (DAB-Multiplex).

Der Aufbau und das Zusammenspiel der verschiedenen Komponenten des DAB-Systems sind aus dem Blockschaltbild (Bild 1) ersichtlich. Es zeigt schematisch, wie das DAB-Signal erzeugt wird.

Arbeitsweise

Die einzelnen Hörfunkprogramme werden mit „Audio-Kodern" datenreduziert. Dann wird mit der Kanalkodierung die für die Fehlerkorrektur im Empfänger benötigte Redundanz hinzugefügt. Mehrere Datendienste können in einem Paket-Multiplexer zusammengeführt werden. Dieser Paket-Multiplex wird dann ebenfalls der Kanalkodierung zugeführt.

Die kanalkodierten Daten der Teilkanäle werden mit den FIC-Daten (Fast Information Channel), die den Aufbau des Multiplex und zusätzliche Programminformationen enthalten, zusammengeführt und COFDM-moduliert. Dies erfolgt in der Regel digital durch eine FFT (Fast Fourier Transformation).

Das Signal wird digital/analog gewandelt, auf die entsprechende Sendefrequenz gemischt, verstärkt, gefiltert und abgestrahlt (die Verarbeitung der DAB-Signale im digitalen Empfangsgerät wird im Kapitel „Audioanlagen" beschrieben).

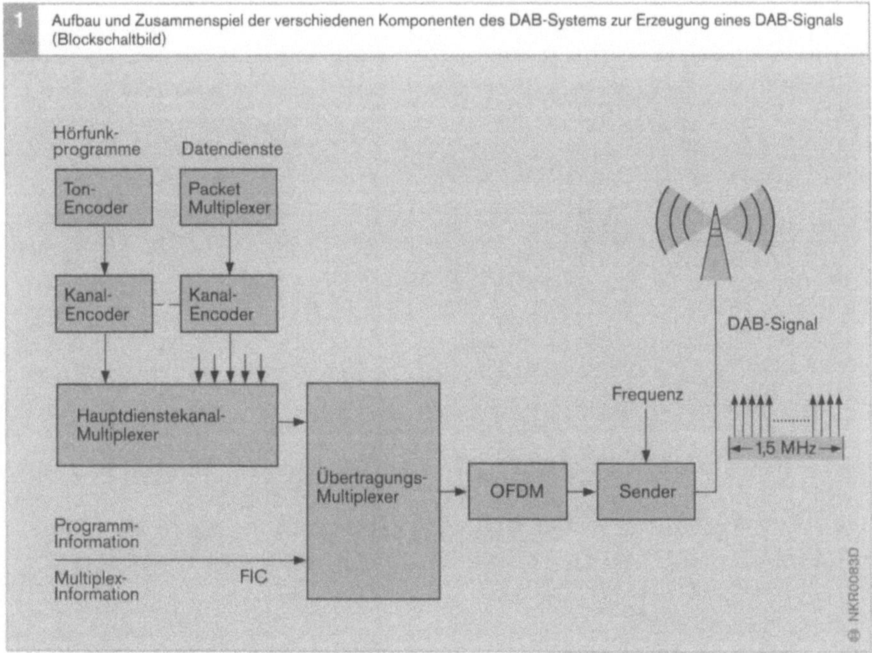

1 Aufbau und Zusammenspiel der verschiedenen Komponenten des DAB-Systems zur Erzeugung eines DAB-Signals (Blockschaltbild)

Für die Tondatenreduktion hat sich EURE-KA 147 für das Verfahren nach MPEG-1 Layer II und einige Erweiterungen aus dem Folgestandard MPEG-2 Layer II entschieden, das auch manchmal (nicht ganz korrekt) als „Musicam-Verfahren" bezeichnet wird. Dieses Verfahren bietet den Vorteil, dass es bei überschaubarer Komplexität und relativ kurzer Verzögerungszeit bei der Kodierung und Dekodierung einen hohen Kompressionsfaktor ermöglicht. Für eine Stereo-Übertragung bietet es bei Datenraten von 160...256 kBit/s eine mit CD vergleichbare Qualität.

Das COFDM-Verfahren ist besonders gut geeignet, um sicheren Empfang bei Mehrwegempfang und Gleichwellenbetrieb von Sendernetzen zu ermöglichen. Die Idee des Verfahrens besteht darin, den gesamten Datenstrom auf viele Teildatenströme aufzuteilen (192...1536). Jeder Teildatenstrom wird jeweils auf einem Unterträger mit geringer Datenrate und damit langer Symboldauer (Größenordnung 100 µs... 1 ms) übertragen. Die Symboldauer ist also bei COFDM wesentlich größer als die typischen Laufzeitdifferenzen der empfangenen Signalanteile (Größenordnung 10 ... 100 µs).

Dadurch und durch das zusätzlich vorhandene Schutzintervall kann Intersymbolinterferenz sogar ganz vermieden werden. Zur Beseitigung verbliebener Bitfehler wird eine Fehlerschutzkodierung verwendet.

Für DAB wurde eine Bandbreite von 1,536 MHz gewählt. Es gibt vier Parametersätze für das COFDM-Verfahren, um sowohl terrestrische (auf der Erde ausgestrahlte) Gleichwellennetze im Band III und L-Band, als auch Satellitenausstrahlung bis 3 GHz realisieren zu können. Die Anzahl der COFDM-Unterträger beträgt dabei 1536, 768, 384 bzw. 192 und der Trägerabstand dementsprechend 1, 2, 4 bzw. 8 kHz.

Durch die Wahl der Bandbreite bietet das DAB-System eine erheblich höhere Datenrate, als für die Übertragung eines Hörfunkprogramms erforderlich ist. Daher werden mehrere Programme und Datendienste zu einem *Multiplex* zusammengefasst, der dann übertragen wird. Die Gesamtheit der auf einem DAB-Multiplex übertragenen Programme nennt man *Ensemble* (Bild 2). Der Ensemble-Multiplex ist flexibel, und zwar sowohl im Hinblick auf die Anzahl und

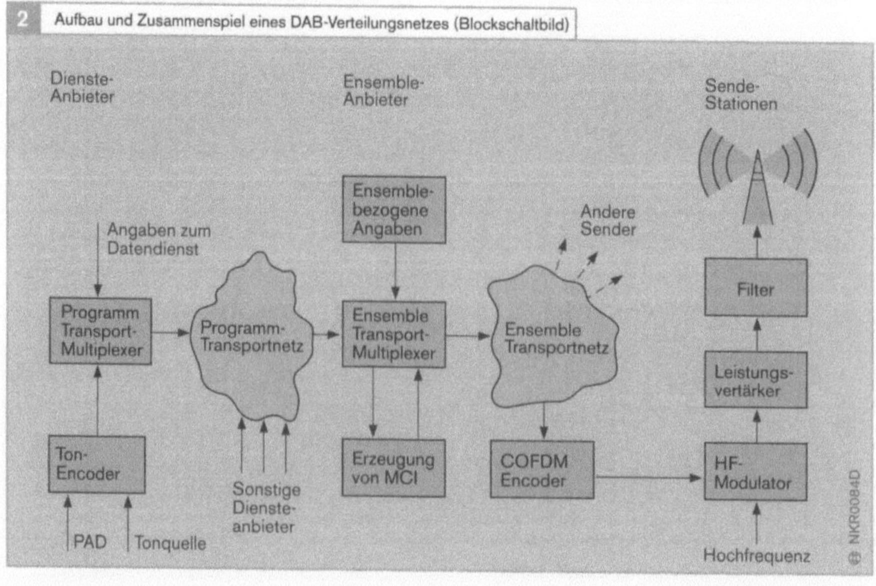

Datenrate der einzelnen Teilkanäle als auch im Hinblick auf ihren Fehlerschutz, d. h. die für die Übertragung hinzugefügte Redundanz. Mit geringster Redundanz kann die Übertragungsrate des DAB-Systems bis zu 1,84 MBit/s betragen, für den Mobilempfang kann man von ca. 1,2 MBit/s ausgehen.

Da der Multiplex flexibel ist, muss den Empfängern mitgeteilt werden, wie der Multiplex des gerade empfangenen DAB-Ensembles konfiguriert ist bzw. wann und wie er umkonfiguriert wird. Dies geschieht im FIC (Fast Information Channel). Dort werden auch alle sonstige Daten übertragen, die für die Bedienung und Steuerung des Empfängers erforderlich sind (z. B. Sendernamen und alternative Frequenzen).

Die Schnittstelle zwischen Ensemble-Anbieter und Sendernetz trägt die Bezeichnung ETI (Ensemble Transport Interface). Sie gestattet die effektive Verteilung der Signale vom Multiplexer des DAB-Ensembles zu den COFDM-Generatoren des Sendernetzes (z. B. eines Gleichwellennetzes).

Die beschriebene Kombination von Tondatenreduktion, COFDM und flexiblem Multiplex macht aus DAB ein vielseitig verwendbares System, dessen Anwendungen weit über den klassischen Hörfunk hinausgehen können und letztlich zum digitalen Multimedia-Rundfunk führen werden, der auch im Auto und mit tragbaren Geräten empfangen werden kann.

Digital Multimedia Broadcasting DMB

Durch die flexible Aufteilung eines DAB-Ensembles ist es möglich, statt der Hörfunkprogramme andere Daten (z. B. Video/Fernsehen oder Internet-Seiten) zu übertragen. Diese Anwendungen des DAB-Systems sind unter dem Begriff DMB (Digital Multimedia Broadcasting) eingeführt. Durch die Kombination von Mobilfunk und DAB wachsen mit DMB z. B. zwei Techniken zusammen:

Die guten mobilen Empfangseigenschaften machen es möglich, „intelligente" Telematikdienste DAB/ITS (Intelligent Telematic Services) für den Autofahrer anzubieten und seine gewachsenen Ansprüche an die Kommunikationstechnik im Kraftfahrzeug zu erfüllen. Mithilfe eines Rückkanals wie z. B. GSM (Globaler Standard der Mobiltelefonie für digitale Sende- und Empfangseinrichtungen) entsteht ein interaktives Medium. Damit ist der Zugang zum Internet oder anderen Datendiensten mit hoher Datenrate und interaktiver Bedienung durch den Nutzer möglich.

Dabei dient der schmalbandige GSM-Kanal zur Dienstanforderung (z. B. durch Angabe der Adresse einer Web-Page im Internet), das breitbandige Broadcast-Medium zur Lieferung der Daten (z. B. grafische Web-Page im HTML-Format mit eingebetteten JPEG-Bildern).

Die zusätzlichen Datendienste können über einen oder mehrere Service-Provider iDMB (Interactive Digital Multimedia Broadcasting) angeboten werden. (Details siehe Abschnitt „Mobiles Internet" im Kapitel „Multimedia-Systeme".)

Digital Radio Mondial DRM

DRM (Digital Radio Mondial) ist ein neuer Rundfunkstandard für die Lang-, Mittel- und Kurzwelle, der zur Zeit das Standardisierungsverfahren durchläuft.

Durch ähnliche Verfahren wie bei DAB wird die Übertragung von Signalen auch für diese Bänder weitgehend störungsfrei gestaltet und durch den Einsatz neuester Audiokompressionsverfahren eine gute Qualität für Musik und Sprachprogramme sichergestellt.

Hierdurch wird es möglich, die Vorteile der großen Reichweite zu nutzen und gleichzeitig Hörer durch gute Qualität zu gewinnen.

Orientierungsmethoden

**Für das Verständnis der Ortsbestimmung
und Zielfindung im Straßenverkehr durch
Satellitenortung und Fahrzeugnavigation
werden zunächst einige wichtige Grundlagen der Orientierungsmethoden wie
Ortung und Navigation sowie das Satellitenortungssystem GPS behandelt.**

Orientierung

Orientierung, abgeleitet vom lateinischen
Wort „oriens" (aufgehende [Sonne]),
ist das Navigieren mithilfe der Himmels-
richtungen.

Ortung

Aufgabe

Ortung dient der Bestimmung des eigenen
Standorts und/oder eines gesuchten Zieles
durch optisches Messen, durch Peilen oder
mithilfe der Funkmesstechnik.

Bezugssysteme

Bei großräumigen Zusammenhängen lassen
sich *Richtungen und Orte* nur mithilfe eines
Bezugssystems, das geeignete, reproduzier-
bare Bezugsrichtungen aufweist, bestimmen
(z. B. der Sternenhimmel und die Richtung
zur Sonne oder zu einem weithin sichtbaren
Berggipfel).

Das *Bezugssystem der Richtungen* muss nach
einer Hauptrichtung festgelegt sein (z. B. der
Norden, der durch den Polarstern gut be-
stimmbar ist). Für die Angabe einer beliebi-
gen Richtung genügt ein Name oder eine
Zahl.

Das *Bezugssystem zur Angabe und Festlegung
von Orten* stützt sich für die Bestimmung
eines Ortes auf mindestens zwei als Paar zu-
sammengehörende Zahlen. Außerdem
benötigt man einen Ausgangs- und Null-
punkt des Systems und dazu eine Hauptrichtung. Dies ist in der Praxis durch die Anwendung von Koordinatensystemen realisiert. Eines dieser Systeme ist das recht-

winklige, geradlinige kartesische Koordinatensystem, wie es von Karten und Stadtplä-
nen allgemein bekannt ist.

Für die großräumige Ortsbestimmung auf
der kugelförmigen Erde lassen sich die Orte
jedoch nicht mehr durch kartesische Koordinaten bestimmen. Geeignet ist *ein geografisches Koordinatensystem* mit einem Netz
von kreisförmigen Linien:

Die Koordinatenlinien in Nord-Süd-Rich-
tung, die sich alle in den beiden Polen
schneiden, heißen „Meridiane". Sie sind am
Äquator nach dem Winkelabstand in öst-
liche und westliche Längengrade eingeteilt
(Nullmeridian geht durch Greenwich bei
London). Die zweite Gruppe von Koordinatenlinien verläuft in Ost-West-Richtung und
schneidet alle Meridiane im rechten Winkel.
Der Äquator bildet den Anfangspunkt der
Zählung in nördliche und südliche Breitengrade.

Etwas modifiziert gelten diese Koordinatenlinien auch auf dem tatsächlichen Erd-
körper. Nur sind sie keine Kreise mehr,
sondern komplizierte Kurven. Mit diesen
Kurven ist jeder Punkt auf der Erde eindeutig mit zwei Zahlen beschreibbar.

Navigation

Anwendung

Navigation dient der ständigen Orts- und
Kursbestimmung, um ein gewünschtes Ziel
anzusteuern. Die Ortsbestimmung ist ein so
wesentlicher Teil der Navigation, dass man
im Sprachgebrauch oft keinen Unterschied
macht und anstatt von Ortung nur von
Navigation spricht, obwohl Navigation über
die Ortung hinausgeht.

Für das Navigieren ist es u. a. notwendig,
die Erde in verkleinertem Maßstab abzubil-
den und einzelne Orte in ihrer gegenseitigen
Lage übersichtlich darzustellen. Ein Globus
ist allerdings gegenüber einer Karte zum
Einzeichnen von Strecken, Richtungen und
Entfernungen viel zu unhandlich. Das Problem ist nur, dass sich kugelähnliche Flächen
nicht ohne die Verzerrung der Längenver-

hältnisse auf eine ebene Unterlage abbilden lassen.

Koordinatensysteme

Für eine praktikable Abbildung von Bereichen der Erdoberfläche auf Karten gibt es geeignete Koordinatensysteme, wie z. B. die Mercator-Projektion und das darauf beruhende UTM-System (Universale transversale Mercator-Projektion), vor allem für die Landnavigation. Bei diesen Verfahren bilden Projektionsstrahlen aus dem Mittelpunkt des Globus jeden Punkt der kugelförmigen Erdoberfläche auf einem zylinderförmigen Mantel ab – im einen Fall an den Äquator angelegt, im anderen Fall um 90° gedreht an einen Meridian angelegt (Bilder 1 und 2). Die unvermeidlichen Verzerrungen werden bei der weiteren Berechnung mit einem Verzerrungsfaktor berücksichtigt.

Der abgewickelte Mantel ergibt dann ein ebenes Kartenblatt. Um die beschriebenen Ortsangaben (mit Koordinatensystemen in geeigneten Karten) in einem Fahrzeug während der Fahrt zu bestimmen, sind weitere Verfahren erforderlich.

Koppelnavigation

Die Koppelnavigation wird angewandt, wenn Landmarken fehlen und die Ortsbestimmung nach astronomischen Verfahren nicht dauernd durchführbar ist (Bild 3). Wenn man die Fahrtrichtung z. B. mit einem Kompass bestimmen und die Länge der zurückgelegten Strecke messen kann, dann lässt sich die „Koppelrechnung" anwenden. Die Koppelrechnung ist die Grundlage aller eigenständigen oder autonomen Navigationsverfahren: Ein zurückgelegtes Wegstück, das so klein ist, dass das Fahrzeug seine Richtung nicht merklich geändert hat, wird als gerichtetes Streckenelement (Pfeil oder Vektor) angesehen. Werden viele dieser Streckenelemente, beginnend mit den Koordinaten des Ausgangsortes bis hin zu den Koordinaten des gegenwärtigen Standortes, durch Rechnung (oder in einer Zeichnung) ständig aneinandergesetzt, dann hat man den Standort „angekoppelt".

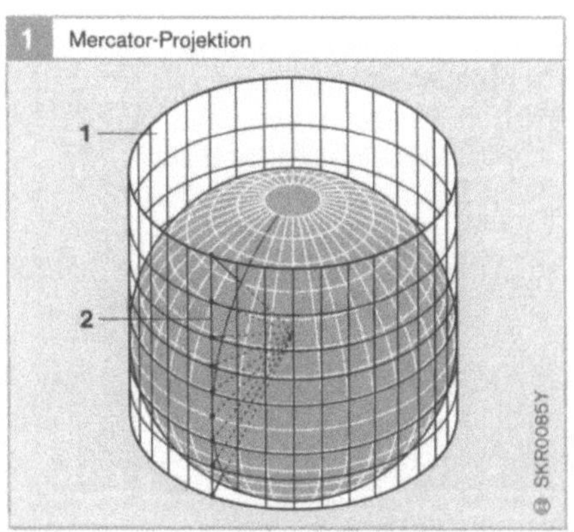

Bild 1
1 Projektionszylinder (am Äquator angelegt)
2 Projektionsstrahlen

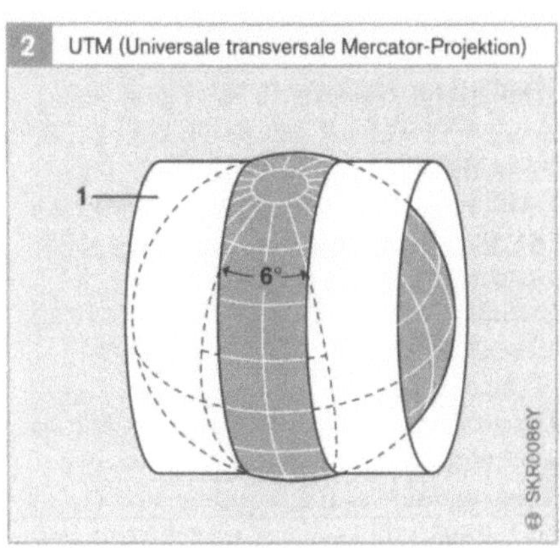

Bild 2
1 Projektionszylinder (an einem Meridian angelegt)

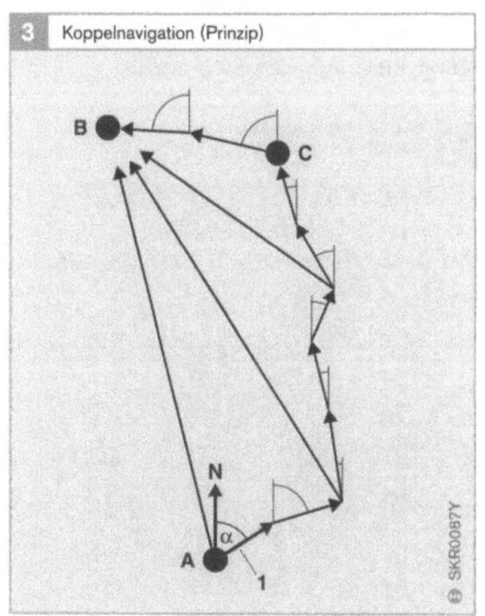

Bild 3
A Bekannter Startpunkt
B Ziel
C gegenwärtiger Standort (berechnete Position)
N Nordachse
1 gerichtetes Streckenelement (Abweichung von Nordachse im Winkel a)

Bei diesem schon alten Verfahren übernehmen heute Rechenanlagen diese Arbeit elektronisch. Die unvermeidlichen Fehler bei der Richtungsbestimmung und der Wegmessung führen allerdings dazu, dass der so berechnete Standort allmählich mit einem immer größeren Fehler behaftet ist. Deshalb muss man von Zeit zu Zeit eine Korrektur vornehmen, d. h. einen Wegpunkt identifizieren und dem Rechner oder dem System dessen Koordinaten eingeben. Durch diesen ständigen Vergleich der Position mit dem Straßenverlauf einer digitalen Karte (Map Matching) werden die akkumulierten Fehler kompensiert.

Beim Navigationssystem eines Kraftfahrzeugs bestimmt der Navigationsrechner die zurückgelegte Wegstrecke sowie die Änderungen der Fahrtrichtung aus den Signalen des Tacho- oder Radsensors und des Drehwinkelsensors und leitet daraus den Streckenverlauf ab. Aus diesem Zusammenspiel ergibt sich die Koppelnavigation. Mehrmals pro Sekunde führt der Navigationsrechner ein „Map Matching" durch: die auf einer CD-ROM gespeicherte Straßenkarte wird mit dem gefahrenen Streckenverlauf verglichen. Dadurch wird die Genauigkeit innerhalb von digitalisierten Ortschaften bis auf ± 5 m und auf Landstraßen oder Autobahnen bis auf ± 50 m erhöht.

In nicht digitalisierten Gebieten ist ein Map Matching nicht möglich. Die Navigation erfolgt ausschließlich über Satellitendaten; die Entfernung wird in Luftlinienentfernung und Richtung zum Ziel angezeigt. Im Display erscheint die Anzeige „OFF-ROAD" (abseits der digitalisierten Straße).

Satellitenortungssystem GPS

Das Satellitenortungssystem GPS (Global Positioning System) dient derzeit allen Navigationssystemen für die Positionsbestimmung des Kraftfahrzeugs. Es beruht auf einem Netz von 24 zusammenwirkenden militärischen US-Satelliten, die weltweit für diesen Zweck genutzt werden können (Bild 4).

Ihre gleichmäßig verteilte Position liegt in einer Höhe von ca. 20 000 km. Sie umrunden die Erde auf sechs verschiedenen Umlaufbahnen jeweils im 12-Stunden-Takt und senden 50 mal pro Sekunde spezielle Positions-, Identifikations- und Zeitsignale aus. Seit Mai 2000 können auch zivile Anwender eine Genauigkeit von etwa 10 m nutzen.

Die Satellitensignale treffen von den verschiedenen Satelliten wegen der unterschiedlichen Laufzeiten zeitversetzt beim Fahrzeug ein. Wenn die Signale von mindestens drei Satelliten eintreffen, kann der Rechner des Navigationssystems seine eigene geografische Position zumindest zweidimensional berechnen.

Treffen die Signale von mindestens vier Satelliten ein, ist eine dreidimensionale Positionsberechnung möglich. Je nach Stellung der Satelliten kann ein Navigationssystem gleichzeitig die Signale von bis zu acht Satelliten empfangen.

Der Empfang von GPS-Signalen kann allerdings durch folgende Einflüsse gestört oder gar unterbrochen werden:
- Ionosphärische und atmosphärische Störungen,
- Fehlanpassung der Kombiantenne für GPS und Telefon,

- Signalabschattung durch Täler, Häuser, Bäume, Tunnel, Parkhäuser usw. (Bild 5),
- Mehrwegeempfang wegen verlängerter Laufzeit reflektierter Signale,
- Beeinflussung der Satellitenuhren.

Alle diese Störungen können wohl zu Ungenauigkeiten bei der Positionsberechnung führen. Doch die fahrzeugeigenen Informationsgeber können trotzdem die Position bestimmen.

Fahrzeugnavigation

Da sowohl die Koppelortung als auch das Satellitenortungssystem Vor- und Nachteile aufweisen, wird im Fahrzeug eine Kombination beider Verfahren angewandt (Bild 6).

Bei der von der Infrastruktur unabhängigen *Koppelortung* akkumulieren sich Messfehler durch Addition der zurückgelegten Wegstrecken, und die Unsicherheit der Positionsbestimmung wächst mit der Zeit. Diese Fehler müssen durch Kartenvergleich auf der CD-ROM und durch Kontrolle der Koppelortung mithilfe der ermittelten GPS-Position korrigiert werden.

Auch bei längeren Fahrten in nichtdigitalisierten Gebieten addieren sich die Fehler der Fahrzeugsensoren auf, sodass ein Map Matching nicht möglich ist. Der GPS-Empfänger liefert dem Navigationsrechner aber die Position mit Angabe der Längen- und Breitengrade.

Nach Wiedereintritt in ein digitalisiertes Gebiet wird wegen der weltweiten Empfangsmöglichkeit des GPS-Signals dafür gesorgt, dass die entsprechenden Daten der Kartenausschnitte von der Navigations-CD-ROM in den Navigationsrechner eingelesen werden (gilt auch für erste Inbetriebnahme und Fahrten mit dem Autoreisezug oder einer Autofähre). Somit ist ein Map Matching wieder möglich und die Anfangsposition wird schnell gefunden.

Obwohl die *Satellitenortung* weltweit verfügbar und sehr genau ist, kann es doch auch vorkommen, dass wegen Empfangsstörungen immer wieder Lücken in der Positionsbestimmung auftreten. In diesem Fall kann wiederum die Koppelortung die GPS-Empfangsstörungen überbrücken, indem die Informationen der Fahrzeugsensoren zur Verbesserung der Genauigkeit bei der Positionsbestimmung beitragen.

Somit sorgt bei Bedarf im einen Fall die Koppelortung für die Überbrückung von GPS-Empfangsstörungen und im anderen Fall die GPS-Position für die Kontrolle der Koppelortung.

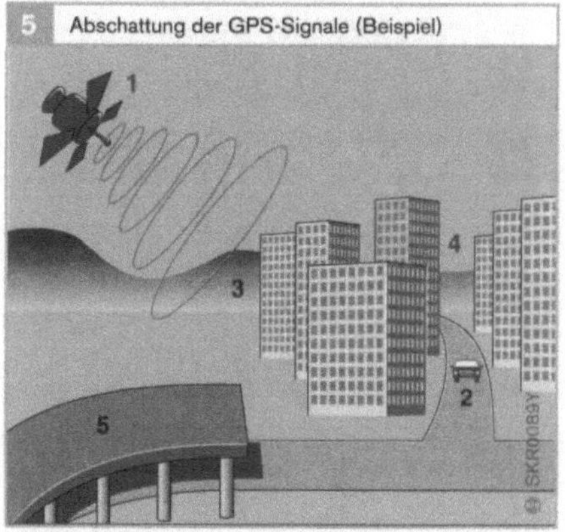

Bild 5
1 GPS-Satellit
2 Fahrzeug
3 Täler
4 Häuserschluchten
5 Tunnel und Tiefgaragen

Mobil- und Datenfunk

Der Mobil- und Datenfunk ermöglicht die Übertragung von Gesprächen, Nachrichten und Daten zwischen Mobilgeräten untereinander oder Mobilgeräten und ortsfesten Endgeräten oder Netzwerken.

Telekommunikationsnetze

Telekommunikationsnetze bestehen aus Endgeräten und einer Infrastruktur. Eine Einordnung der Mobilfunknetze in die Telekommunikationsnetze lässt sich mithilfe der Kriterien für die Mobilität der Endgeräte und der Zugriffsart dieser Geräte auf die Infrastruktur vornehmen (Tabelle 1).

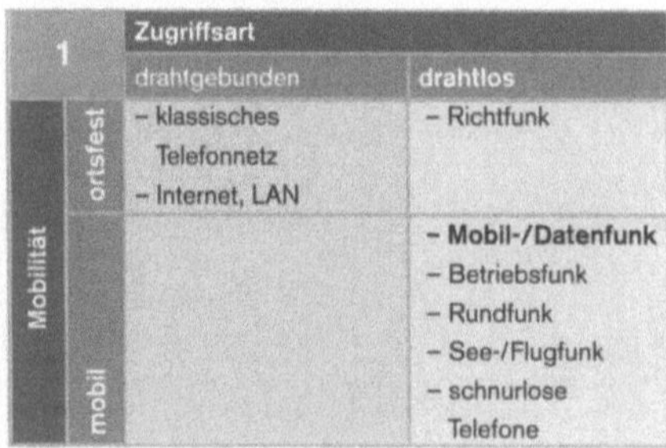

Tabelle 1

Komponenten und Struktur

Mobilfunknetze gliedern sich in die Mobilgeräte und die Infrastruktur.

Mobilgeräte

Zu den *Mobilgeräten* zählen Funktelefone (Handys) und Kfz-Funkgeräte. Ein Mobilgerät setzt sich aus drei Funktionskomponenten zusammen:
- Bedienteil (Mikrofon und Lautsprecher, Display und Tastatur),
- Funkmodem (Modem, **Mod**ulator/**Dem**odulator) zur Umwandlung der Sprach-/Datensignale in elektrische Signale und
- Funk-Sende-/Funk-Empfangsteil.

Datenendgeräte ohne Funkteil, wie Laptop oder PDA (Personal Digital Assistant), können über ein internes oder extern angeschlossenes Funkmodem mit einem Mobilfunksystem kommunizieren.

Mobilfunkinfrastruktur

Die *Mobilfunkinfrastruktur* setzt sich aus den ortsfesten Funkstellen und der Funksystemsteuerung zusammen (Bild 1). Eine Funkstelle besteht aus der Basisstation, die die funkmäßige Gebietsabdeckung gewährleistet, sowie der Basisstationssteuerung. Die Anordnung der Funkstellen richtet sich u. a. nach topographischen Erfordernissen und dem zu erwarteten Funk-Verkehrsaufkommen (maximale Teilnehmerkapazität). Eine zellulare Funknetzstruktur lässt die Wiederverwendung der knappen Funkfrequenzen in den Nachbarzellen zu.

Funksystemsteuerung

Die *Mobilfunkvermittlung* steuert die Gesprächsverbindung zwischen Mobilgeräten, die sich in derselben bzw. in verschiedenen Funkzellen aufhalten. Ebenso steuert die Mobilfunkvermittlung eine Gesprächsüberleitung in das drahtgebundene Telefonnetz. Um eine automatische Verbindungssteuerung herstellen zu können, muss die Mobilfunkvermittlung ständig den Aufenthaltsort sämtlicher Mobilgeräte in den Funkzellen kennen. Ein kontinuierlicher Austausch eines Identifikationssignals zwischen den Mobilgeräten und den Basisstationen macht dies möglich. Die Basisstation kann den Wechsel eines Mobilgeräts in eine benach-

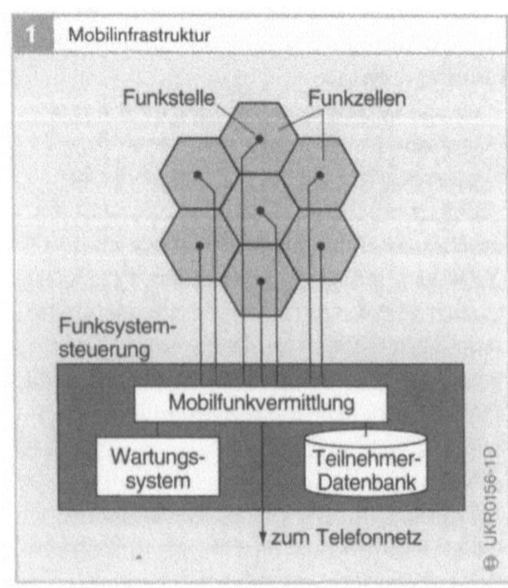

barte Funkzelle an einer verringerten Empfangsfeldstärke bzw. verringerten Qualität des Empfangssignals erkennen.

Die *Teilnehmerdatenbank* führt u. a. die Authentifizierung der Teilnehmer durch und speichert den jeweiligen Aufenthaltsort in den Funkzellen.

Ein *Wartungs- und Steuerungssystem* überwacht den fortlaufenden Betrieb.

Mobilfunknetze

GSM- und DCS 1800-Mobilfunknetz

Das einheitliche digitale Mobilfunksystem der europäischen Länder GSM (**G**lobal **S**ystem for **M**obile **C**ommunication) ist seit 1992 in Betrieb. Im Gegensatz zu den analogen Funknetzen überträgt es die Sprache und die Steuerinformationen digital. Die GSM-Funknetze arbeiten im 900-MHz-Bereich und umfassen jeweils eine Teilnehmerkapazität von etwa 2 Mio. Das ähnliche Funksystem DCS 1800 (**D**igital **C**ellular **S**ystem) arbeitet auf gleicher technischer Basis seit 1994 im 1800-MHz-Bereich. Jede Funkzelle verfügt über mehrere Hochfrequenzkanäle mit einer Bandbreite von je 200 kHz. Jeder Hochfrequenzkanal überträgt innerhalb eines Zeitabschnitts (Zeitrahmen) in kurzen Zeitschlitzen nacheinander sieben Sprachkanäle (Verkehrskanäle) und einen Steuerkanal. Bei einer Verbindung steht der Hochfrequenzkanal jedem Mobilgerät alle 4,6 ms für die Dauer des Zeitschlitzes zur Verfügung (Zeitmultiplexverfahren, Bild 2). Die Zeitverzögerung von 4,6 ms zwischen zwei hintereinander folgenden gleichen Zeitschlitzen ist dabei so kurz, dass eine einwandfreie Sprachqualität gewährleistet ist.

Jeder Verkehrskanal kann maximal einen Datenstrom von brutto 22,8 kBit/s übertragen. Zum Kompensieren von Störungen bei der Funkübertragung überträgt er die digitalisierte Sprache nur mit einer Datengeschwindigkeit von netto 9,6 kBit/s. Die Differenz zu 22,8 kBit/s dient zur Fehlerkorrektur. Statt Sprache lassen sich über einen Verkehrskanal auch Daten (z. B. ein Fax) senden.

Für die Dauer einer Mobilfunkverbindung ist ein Zeitschlitz zwischen den Geräten fest reserviert (leitungsorientierte Verbindung), egal ob Sprache oder Daten über diese Verbindung übertragen werden.

Kurznachrichtendienst SMS

Der Kurznachrichtendienst SMS (**S**hort **M**essage **S**ervice) bietet in den GSM-Mobilfunknetzen eine kostengünstige Datenübertragung von 160 Zeichen pro Sendung. Die Zeichen der SMS-Nachricht werden ohne gesonderte Belegung eines Sprachkanals durch Nutzung freier Kapazitäten der Steuerkanäle übertragen. Die SMS-Nachrichten können von Mobilgerät zu Mobilgerät oder von einem PC über das Internet zum Mobilgerät ausgesendet werden (Bild 3). Nach der Absendung einer SMS-Nachricht wird sie im Mobilfunknetz zwischengespeichert und nach dem Einschalten des Empfangsmobilgeräts automatisch ausgesendet („Store and Forward"-Prinzip).

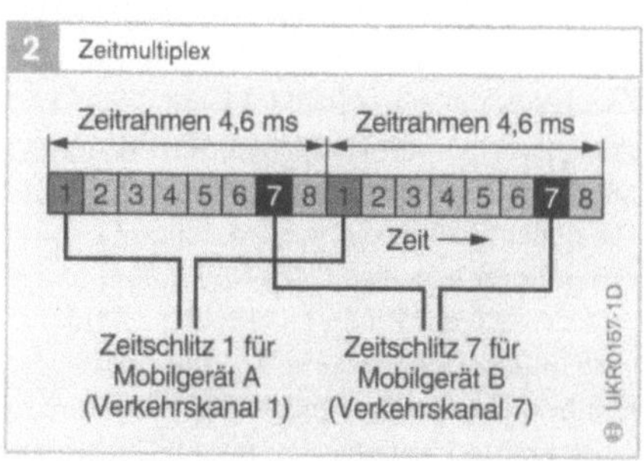

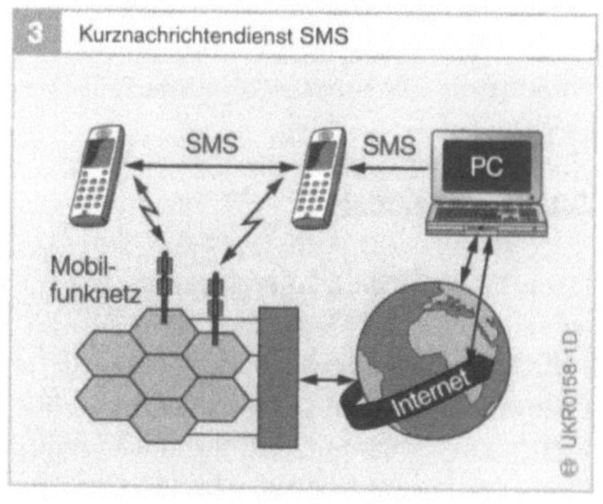

Datenübertragungsverfahren HSCSD

Beim Datenübertragungsverfahren HSCSD (High Speed Circuit Switched Data) fassen die GSM-Netze bis zu vier nebeneinander liegende Verkehrskanäle für eine Datenübertragung zusammen (leitungsorientierte Verbindung). Bei einer Übertragungsrate von netto 14,4 kBit/s je Verkehrskanal ergibt diese Kanalbündelung eine Datengeschwindigkeit von 57,6 kBit/s. Die Kosten einer HSCSD-Verbindung berechnen sich nach der Verbindungszeit und der Anzahl der benutzten Verkehrskanäle.

Datenübertragungsverfahren GPRS

2001 wurde das paketorientierte Datenübertragungsverfahren GPRS (General Packet Radio Service) zur Ergänzung des GSM-Funknetzes eingeführt. GPRS-Datenkanäle und normale Sprachkanäle nutzen gemeinsam die Zeitschlitze eines Zeitrahmens. Die Belegung der GPRS-Datenkanäle erfolgt dabei dynamisch in Abhängigkeit der vorrangigen Sprachkanäle. In den Übertragungspausen der GPRS-Verbindungen können andere GPRS-Verbindungen diese zeitweise „unbenutzten" Zeitschlitze nutzen. Anders als bei der HSCSD-Technik wird ein zu übertragender Datenstrom in einzelne durchnummerierte Datenpakete aufgeteilt. Die Datenpakete werden unabhängig voneinander ausgesendet. Im Mobilgerät werden die einzelnen Datenpakete anhand der Nummerierung wieder in die richtige Reihenfolge zusammengesetzt. Die Übertragungskosten basieren auf dem übertragenen Datenvolumen. Ein mit einem GPRS-Modul ausgestattetes Mobilgerät kann eine Verbindung in Datennetze (z. B. Internet) herstellen.

WAP-Datendienst

Der WAP-Dienst (Wireless Application Protocol) in den GSM-Funknetzen basiert auf einem speziellen Datenübertragungsprotokoll, das sich an das weit verbreitete Internetprotokoll anlehnt. Dieser Dienst wurde unabhängig von einem Mobilfunkstandard festgelegt. Er lässt sich so nicht nur in den GSM-Netzen, sondern auch im zukünftigen UMTS-Funknetz einsetzen. Ein im Mobilgerät integrierter Mikrobrowser kann auf die Daten des Internets (World Wide Web, E-Mail usw.) zugreifen. Der Zugriff auf die gespeicherten Daten/Nachrichten (WAP-Seiten oder E-Mails) im Internet erfolgt hier, anders als bei den SMS-/MMS-Diensten, aktiv durch den Benutzer („Store and Retrieve"-Prinzip). Um die WAP-Seiten auf einem kleinen Handy- oder PDA-Display darstellen zu können, sind sie auf das spezielle, kleine Displayformat angepasst und werden häufig parallel zu den üblichen Web-Seiten im Internet gespeichert. Typische Anwendungen sind die Übermittlung von Nachrichten (E-Mail), Wetter-, Verkehrs-, Börsendaten usw.

i-mode-Datendienst

Der i-mode-Datendienst (i steht für Internet, Interaktiv) ist in Europa im DC 1800-Mobilfunknetz und mit sehr großem Erfolg in Japan eine Alternative zum WAP-Dienst. Beide Dienste nutzen die GPRS-Übertragungstechnik.

MMS-Datendienst

Mit dem Multimediadienst MMS (Multimedia Messaging Service) lassen sich Bilder, Grafiken, Videos, Audiodateien usw. von oder zu einem Mobilgerät senden. Der MMS-Dienst wurde zur Übertragung der MMS-Nachrichten in den GSM-Funknetzen auf der Basis der GPRS-/WAP-Technik und im UMTS-Funktnetz festgelegt. Vor der Übertragung der Multimedia-Elemente zum Mobilgerät muss das Anzeigeformat angepasst werden. Dazu konfigurieren spezielle Rechner des Mobilfunknetzes die Multimediadaten. Einzelne Multimedia-Elemente lassen sich auch beliebig zusammenstellen und nach einem definierten Zeitplan auf dem Mobilgerät wiedergeben. Neben „Spaßanwendungen" (Fotos live vom Urlaubsort) kann z. B. der Außendienstmitarbeiter einer Firma auf diese Weise Präsentationen, Produktdaten und Anfahrtskizzen auf seinem Mobilgerät erhalten.

UMTS-Mobilfunknetz

Das zukünftige Mobilfunknetz UMTS (Universal Mobile Telecommunication System) ist eine Weiterentwicklung des GSM-Netzes. Die Funkschnittstelle ist für Multimediaanwendungen wie Sprache, Daten, Musik, Bilder, Video, Spiele usw. und einer paketorientierten Datenübertragung optimiert. Das UMTS-Funknetz arbeitet in Europa im Frequenzbereich 1,9...2,2 GHz. Die Funk-Infrastruktur gliedert sich in drei Ebenen auf:

1. Das Makrozellennetz als oberste Netzebene besteht aus Funkstellen mit einer Funkzellengröße von jeweils ca. 2 km. Es sorgt für eine landesweite Gebietsversorgung. Die maximale Datenübertragung beträgt 144 kBit/s.
2. Das Mikrozellennetz als mittlere Netzebene versorgt geringere Flächen (Funkzellengröße ca. 1 km, vorwiegend für Ballungsgebiete). Die Datenübertragung beträgt max. 384 kBit/s.
3. Das Pikozellennetz (Funkzellengröße ca. 60 m, Datenübertragung max. 2 MBit/s) versorgt vorwiegend Gebäude (z. B. Flughäfen).

Im Gegensatz zum GSM-Zeitmultiplexverfahren überträgt es alle Daten innerhalb einer Funkzelle zeitgleich auf demselben Funkkanal.

WCDMA-Codes (Wideband Code Division Multiplexing Access) trennen die Daten verschiedener Mobilgeräte auf einem Hochfrequenzkanal. Basisstation und Mobilgerät handeln diese Codes miteinander aus. Das WCDMA-Verfahren ermöglicht gegenüber der GSM-Technik eine effektivere Nutzung der Funkkanäle. So lässt sich z. B. die Datenübertragungskapazität für eine Verbindung flexibel an den genutzten Dienst anpassen. So benötigt z. B. die Sprachübertragung eine geringere Datenübertragungsrate als die Übertragung von Multimediaanwendungen wie Bilder und Videos.

Datenfunknetze

Spezielle Datenfunknetze wie Bluetooth oder WLAN bieten eine Datenverbindung mobiler Endgeräte untereinander oder in ein Datennetz wie z. B. das Internet.

Bluetooth

Bluetooth ist eine Alternative zu Infrarot-Verbindungen und wird zur drahtlosen PC-Anbindung von externen Geräten wie z. B. Druckern, digitalen Kameras usw. (Bilder 4 und 5) eingesetzt.

4 Drahtlose Verbindung vom Handy zum Headset mit Kurzstreckenfunk Bluetooth

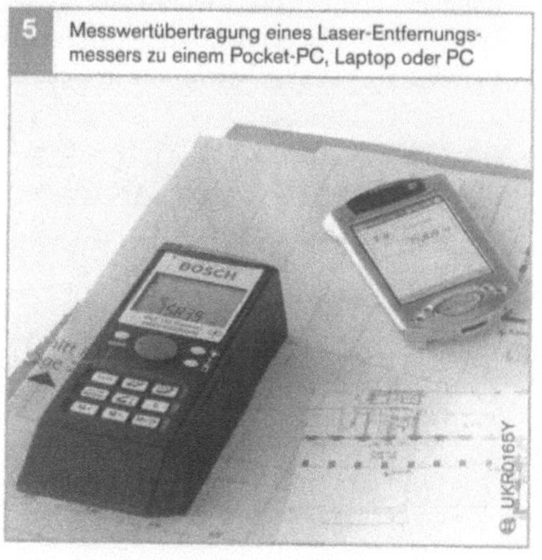

5 Messwertübertragung eines Laser-Entfernungsmessers zu einem Pocket-PC, Laptop oder PC

Das Bluetooth-Netz arbeitet im lizenzfreien Frequenzbereich von 2,4 GHz (wie z. B. Mikrowellenherde). „Bluetooth" steht für den Namen des dänischen Wikingerkönigs Harald Blåtand („Blauzahn") als Anerkennung der maßgeblich an der Entwicklung dieser Technik beteiligten skandinavischen Firmen. Die Sendeleistung beträgt 1 mW für eine Reichweite von ca. 10 m. Für eine möglichst störungsfreie Funkverbindung erfolgt 1600-mal pro Sekunde ein Frequenzwechsel (Frequency Hopping, Bild 6).

Die einzelnen Teilfrequenzen übertragen die Daten nacheinander als Datenpakete. Erfährt eine Teilfrequenz während der Datenübertragung eine Störung, kann ein Fehlerkorrekturverfahren eine Teilfrequenz auf der Empfangsseite vollständig wiederherstellen.
   Die Datenübertragungsrate beträgt max. 721 kBit/s. In den Bluetooth-Netzen wird kein besonderes Verfahren zur Datenverschlüsselung angewandt. Die Datensicherheit beschränkt sich lediglich auf das Synchronisieren des „Frequency Hopping"-Verfahrens der Geräte untereinander.

WLAN
WLAN-Netze (Wireless Local Area Network) bieten Mobilgeräten im Frequenzbereich von 2,4 GHz ebenso wie Bluetooth-Netze eine drahtlose Verbindung in Computernetzwerke. Im Gegensatz zu Bluetooth findet ein Frequenzwechsel nur alle 2,5 Sekunden statt. Die Sendeleistung beträgt bis zu 100 mW, was eine Reichweite in Gebäu-

den bis zu 100 m erlaubt. Mit WLAN lassen sich mit geringen Investitionskosten Datenverbindungen mit einer maximalen Datenübertragungsrate von 11 MBit/s in das Internet realisieren. Anders als bei Bluetooth wird in den WLAN-Funknetzen eine wirksame zusätzliche Datenverschlüsselung eingesetzt.

Als Endgeräte kommen mit einem entsprechenden Funk-LAN-Schnittstellenmodul ausgestattete Laptops bzw. PDAs zum Einsatz. WLANs ersetzten oder ergänzen z. B. kabelgestützte LANs in Firmen, auf dem Campus einer Hochschule, in Flughäfen usw. Um in den öffentlichen WLAN-Bereichen (Flughäfen, Bahnhöfe usw.) eine Kostenabrechnung zu ermöglichen, müssen sich die Mobilgeräte mit einem SIM (Security Identify Module) identifizieren.

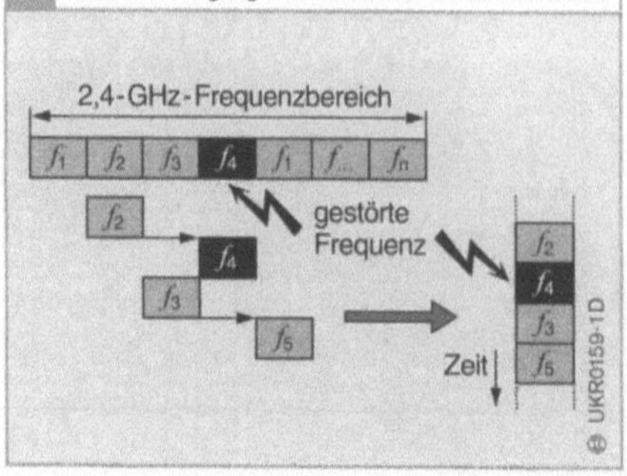

Der blaue Punkt: Autoradio-Geschichte(n)

1930 begann Bosch mit der Lieferung von Radioteilen an die Berliner Ideal-Werke. Noch im gleichen Jahr wurde er auch Teilhaber des Berliner Radioherstellers und erwarb schließlich Anfang 1932 dessen Anteilsmehrheit. Das einstige Gütezeichen der Produkte aus dem Hause Ideal, der blaue Punkt, wurde zum Markennamen und stand von da an für technisch hochentwickelte Radiogeräte.

Noch im selben Jahr 1932 kam das erste serienmäßige Autoradio Europas als Schlager der Funkausstellung auf den Markt. Mit der Vorentwicklung dieses bahnbrechenden Gerätes hatten Bosch-Entwicklungsingenieure bereits 1931 begonnen.

Das „Autosuper AS 5" war ausgestattet mit fünf Röhren, wog stattliche 12 kg bei rund zehn Liter Rauminhalt und kostete 465 Reichsmark – rund ein Drittel vom Preis eines Kleinwagens. Dieses voluminöse zweiteilige Gerät für Mittel- und Langwelle musste wegen seines Platzbedarfs unter dem Armaturenbrett angebracht werden. Zur komfortablen Handhabung gab es dazu ein handliches Bedienteil, das an der Lenksäule befestigt werden konnte. Es war ein klug ersonnener Urahn heutiger Fernbedienungen. Und damit nicht genug: Man konnte an das AS 5 – das für Automobile wie für Motorboote angeboten wurde – einen Plattenspieler anschließen.

Auch spezielle Autoantennen gab es noch nicht. Man griff zur üblichen Antennenlitze und spannte sie unter das Wagendach oder die damals noch vorhandenen Trittbretter.

Mit der Idee dieses AS 5 begann der Weg der Marke Blaupunkt zum europäischen Marktführer in der Sparte der tönenden Beifahrer: Ob es der Einzug der Transistoren ins Autoradio (1957) war, das erste Tonbandlaufwerk im Auto (1965), der erste Verkehrsfunkdecoder (1974), das erste CD-Laufwerk im Auto (1983), das erste Navigationssystem (1989) oder das erste dynamische Zielführungssystem und Kommunikation mit dem Telematik-Endgerät (1998), immer setzte Blaupunkt in der mobilen Unterhaltungs- und Informationstechnik technologische Maßstäbe und innovative Akzente.

Faltblatt für Blaupunkt-Autoradio, 1939

Audioanlagen

Audioanlagen – und damit auch die Unterhaltung und die Information über die Verkehrssituation – sind heute längst zur Selbstverständlichkeit geworden und nicht zuletzt die Basis mobiler Kommunikation. Doch die Entwicklung bleibt nicht stehen. Digitale Anlagen mit DAB-Empfängern bieten erheblich verbesserte Audio-Eigenschaften gegenüber der etablierten UKW-Übertragung. Vor allem im mobilen Einsatz gibt es keine Störungen durch Mehrwegeempfang oder schwankende Feldstärken.

Autoradio

Aufgabe und Anwendung

1932 wurde das erste Blaupunkt-Autoradio in ein Auto eingebaut. Damals gehört das Autoradio noch zu den „Luxusartikeln" und diente ausschließlich dem (nicht ungetrübten) Empfang von Radiosendungen zur Unterhaltung. Außerdem hatten die Röhrengeräte aus jener Zeit einen hohen Energieverbrauch und waren recht schwer und voluminös (Bild 1).

Bis heute haben sich die Schwerpunkte verschoben. Mit der Halbleitertechnik wurden die Röhren durch Transistoren ersetzt. Die Geräte wurden bei deutlich gesenktem Energieverbrauch komfortabel, kleiner, leichter und billiger (Bild 2). Damit ist das Autoradio zu einem selbstverständlichen Bestandteil des Autos geworden, besonders für die vielen Vielfahrer auf den Fernstraßen.

Die Möglichkeiten der Unterhaltung haben sich mithilfe besserer Empfangssysteme (und insbesondere dank des digitalen Radios und dem dafür geeigneten Übertragungssystem DAB, d. h. Digital Audio Broadcasting) oder Zusatzfunktionen wie z. B. Laufwerke für verschiedene Tonträgersysteme bei besserer Qualität wesentlich ausgeweitet.

Aber neben die reine Unterhaltung ist auch der Empfang wichtiger Informationen zu Verkehrsverhältnissen und zum Straßenzustand getreten, bei entsprechender Ausrüstung zur Verkehrsführung vom Ausgangs- zum Zielort mit der Meidung bzw. Umfahrung von Verkehrsstaus.

> **1**   Blaupunkt-Autoradio aus dem Jahr 1936

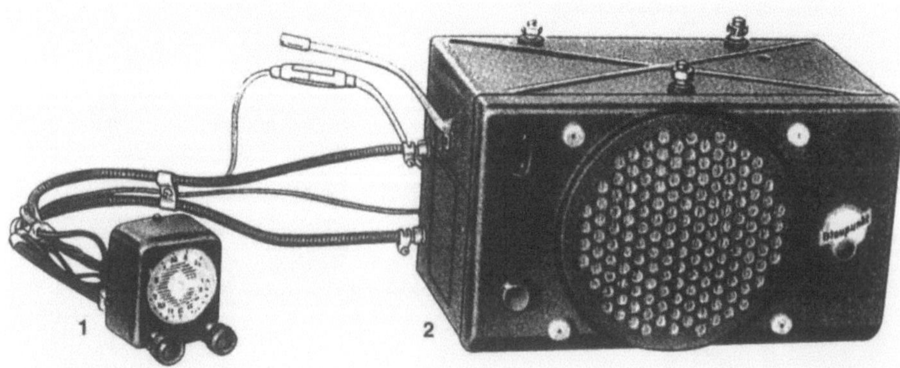

Bild 1

1   Bedienteil zum Anbau
    an der Lenksäule
2   Auto-Super 7A 78
    zum Einbau unter
    dem Armaturenbrett

UKR0091Y

Radioempfang, Fachbegriffe

Empfangsbedingungen

Kritische Empfangslagen treten bei UKW
z. B. bei kurzzeitiger „Abschattung" des Sen-
dersignals durch Berge oder Gebäude
(Folge: Aufrauschen) oder bei zeitverzöger-
tem Empfang von Senderwellen auf, die von
diesen Hindernissen reflektiert werden
(Folge: Verzerrungen). Weitere Störfaktoren
sind:
- Übersprechen von starken Nachbarkanal-
  sendern und
- Intermodulationsprodukte aus zwei
  starken Sendern auf einer dritten (dann
  gestörten) Frequenz.

Ausgangsleistung

Die Ausgangsleistung ist die nach verschiedenen Messnormen gemessene Verstärker-
leistung, die ein Autoradio oder ein zusätzlicher Verstärker (Amplifier, Booster) an die
Lautsprecher abgibt:

Dauerleistung mit Sinuston, gemessen bei
10 % Klirrfaktor (DIN 45 324) für Autoradios bzw. 1 % Klirrfaktor (DIN 45 500) für
Amplifier oder einem anderen, dann angegebenen Klirrgrad.

Dauerleistung mit komplexem Musiksignal
in Watt bei 10 % Klirrfaktor (DIN 45 324)
für Autoradios bzw. 1 % Klirrfaktor
(DIN 45 500) für Amplifier oder einem
anderen, dann angegebenen Klirrgrad.

Max. Power

Beim Vergleich von Geräten im Markt wird
in der Regel „Max. Power" als kurzfristige
maximale Ausgangsleistung angegeben
(wichtig für extreme Pegelspitzen).

Zwischen „Lautstärke" und „Leistung"
besteht ein exponentieller Zusammenhang.
Eine Verdoppelung der Leistung führt lediglich zu einer gerade wahrnehmbaren Laut-
stärkeerhöhung (3 dB). Entscheidender ist
der Wirkungsgrad der Lautsprecher (Pegel
in dB bei 1 W Input, gemessen in 1 m Abstand).

Während „Leistungsunterschiede in Watt"
für die Praxis eine untergeordnete Rolle
spielen, kann die Installation besonders leis-
tungsstarker Systeme im Interesse verzer-
rungsfreier Tiefenwiedergabe durchaus technisch sinnvoll sein (siehe „Autolautsprecher,
Subwoofer").

Klirrfaktor

Der Klirrfaktor ist ein Maß für Verzerrungen,
die den Anteil der im Originalsignal nicht
enthaltenen harmonischen Oberwellen bezeichnet. Faustregel: Geringere Werte sind bei
gleicher Leistungsabgabe in der Regel ein
Zeichen für höhere Klangqualität.

Signal-/Rauschabstand S/N

Maximal möglicher Abstand des Musik-
signals zum Grundrauschen, angegeben
in dB. Je höher der Wert ist, desto besser ist
das Gerät.

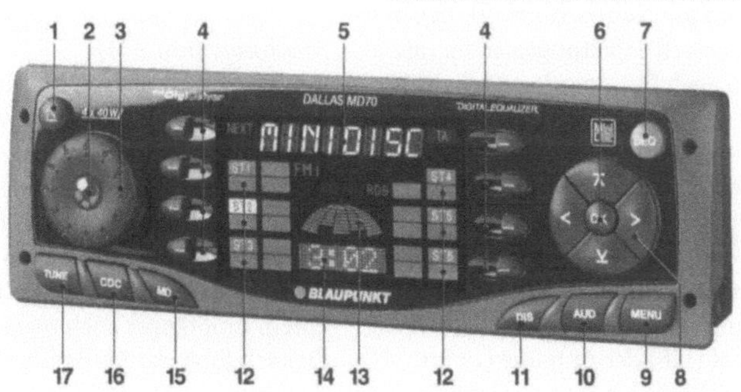

Bild 2

1 Taste (Öffnen des
  Bedienteils)
2 Taste (Ein-/Aus- und
  Stummschalten des
  Geräts)
3 Lautstärkeregler
4 Softkeys (Funktion
  hängt vom jeweiligen
  Inhalt des Displays
  ab)
5 Leitzeile (z. B. für
  Sendername, Ton-
  träger)
6 OK-Taste (Bestätigen
  von Einträgen und
  Verlassen des
  Menüs)
7 DEQ-Taste (Aufrufen
  des Equalizer-Menüs)
8 Multifunktionswippe
9 MENU-Taste (Auf-
  rufen des Menüs für
  Grundeinstellungen)
10 AUD-Taste (Einstellen
  von Bässen, Höhen,
  Balance, Fader und
  Loudness)
11 DIS-Taste (Display-
  Inhalte wechseln)
12 Softkey-
  Beschriftungen
13 Equalizer-Einstell-
  hilfe und Spektrum-
  Anzeige
14 Uhrzeit und Zusatz-
  information
15 MD-Taste (Starten
  der MiniDisc-Wieder-
  gabe)
16 CDC-Taste (Starten
  der CD-Wechsler-
  Wiedergabe oder
  Wiedergabe einer ex-
  ternen Audioquelle)
17 TUNE-Taste (Starten
  des Radiobetriebs
  bzw. Aufruf des
  Radio-Funktions-
  menüs im Radio-
  betrieb)

UKR0092Y

Konventionelle Empfänger (Receiver)

Signalverarbeitung

Die Antenne nimmt das vielfältige Signalgemisch ihres Empfangsbereichs auf, sowohl die hochfrequenten amplidutenmodulierten KW-, MW-, LW-Trägerwellen als auch die frequenzmodulierten UKW-Trägerwellen der verschiedenen Sender. Sie erzeugen (induzieren) in der Empfangsantenne genau entsprechende hochfrequente Wechselspannungen.

Es gilt nun, den gewünschten Sender aus diesem Frequenzgemisch in der Eingangsstufe des Empfängers hervorzuheben und die Signale anderer Sender abzuschwächen (Selektion). Da die von der Antenne aufgenommenen Trägerwellen wegen des großen Abstandes zwischen Sender und Empfänger zudem sehr schwach sind, müssen die Signale im Empfänger des Autoradios auch noch verstärkt werden.

Empfangsteil für AM und FM

Die meisten Autoradios besitzen eine AM- und eine FM-Empfangseinrichtung, um sowohl amplitudenmodulierte Sender (AM) im MW- und LW-Bereich als auch frequenzmodulierte Sender (FM) im UKW-Bereich zu empfangen (der KW-Bereich wird in Autoradios meist nicht mehr genutzt).

Der Empfang im UKW-Bereich ist qualitativ besser und Störungen sind leichter zu begrenzen. Neben weiteren Vorteilen ist z. B. auch der größere Dynamikumfang (Maß für das Verhältnis zwischen größter und kleinster Lautstärke) der FM gegenüber der AM zu nennen. Bild 3 zeigt das vereinfachte Blockschaltbild solch eines konventionellen Empfängers, dessen Schaltungsprinzip im Wesentlichen auch für integrierte Schaltungen gilt.

Der Empfangsteil besteht aus einzelnen Stufen, die folgende Aufgaben haben:

Eingangsstufe (nur AM)

Ein abstimmbarer Bandpass (Bild 3, Pos. 2) nimmt das amplitudenmodulierte Hochfrequenzsignal (HF) der Antenne (1) im LW- und MW-Bereich auf und selektiert die Eingangsfrequenz f_E, die ein eventuell nachgeschalteter HF-Verstärker (3) verstärken kann. Für die Abstimmung auf den gewünschten Sender kommen Kapazitätsdioden (früher Drehkondensatoren), betätigt durch einen Drehknopf, Taster oder automatischen Suchlauf, zur Anwendung. Sie ändern gleichmäßig die Resonanzfrequenz des Eingangskreises.

UKW-Tuner (nur FM)

Für den UKW-Empfang kommt eine zum LW- und MW-Empfang getrennte Eingangsstufe mit Bandpass (2) zur Selektion der Eingangsfrequenz, HF-Verstärker (3), Oszillator (5) und Mischstufe (4) zur Anwendung.

Manche Geräte (z. B. Blaupunkt New York) verfügen über zwei Tuner mit einer entsprechend höheren Leistungsfähigkeit. TMC-Tuner sind für den Empfang des TMC-Verkehrsfunks (siehe Kapitel „Verkehrsfunksysteme") ausgestattet.

Oszillator (nur AM)

Der Oszillator (HF-Generator, 5) erzeugt eine Spannung mit konstanter Amplitude und einer Frequenz (Oszillatorfrequenz f_O), die um die konstante Zwischenfrequenz f_Z (ca. 460 kHz) höher liegt als die Eingangsfrequenz f_E. Das heißt, wird die Senderabstimmung der Eingangsstufe z. B. auf eine höhere Empfangs- bzw. Eingangsfrequenz eingestellt, dann schwingt auch der Oszillator im LW-, MW- und KW-Bereich auf einer entsprechend höheren Frequenz als die Eingangsfrequenz.

Mischstufe (nur AM)

Die Mischstufe (6) mischt für jede Sendereinstellung das Eingangssignal (Eingangsfrequenz f_E) mit der Oszillatorspannung (Oszillatorfrequenz f_O). Es entsteht eine Spannung mit der konstanten Zwischenfrequenz f_Z (Differenz zwischen Oszillator- und Eingangsfrequenz). Die Mischung kann in einem Empfänger auch mehrmals erfolgen. Danach folgt ein ZF-Bandpass (Filter, 7).

ZF-Verstärker (nur FM)
Die Mischstufe (6) für den AM-Bereich
arbeitet im FM-Bereich als ZF-Verstärker.

ZF-Verstärker
Der nachfolgende ZF-Verstärker (8) verstärkt
die Spannungen der amplitudenmodulierten
Signale mit der konstanten Zwischenfrequenz von $f_Z \approx 460$ kHz. Er verstärkt aber
auch die Spannungen der frequenzmodulierten Signale mit der konstanten Zwischenfrequenz von $f_Z \approx 10{,}7$ MHz. Dies geschieht
mit der notwendigen Bandbreite und steilen
Flanken an den Bandgrenzen.

Demodulator
Der Demodulator (Empfangsgleichrichter,
9) trennt die niederfrequenten Schwingungen des Nachrichtensignals von der hochfrequenten Trägerschwingung. Die resultierende elektrische Wechselspannung entspricht der Spannung, die das Mikrofon auf
der Senderseite geliefert hat.

Der Demodulator nimmt die Demodulation
für den FM-Bereich getrennt vom AM-
Bereich in einer eigenständigen Stufe vor.

Regelstufe für Verstärkungsregelung
Die zum Empfänger gelangenden Signale
sind unterschiedlich stark und hätten eine
sich ständig ändernde Lautstärke zur Folge.
Eine etwa gleich bleibende Lautstärke lässt
sich durch ein Anheben der Grundverstär-
kung erzielen, sodass schwache Sender noch
ausreichend empfangen werden können. Bei
stark einfallenden Sendern wird die Verstärkung herabgesetzt.

Die automatische Lautstärke- bzw. Verstärkungsregelung (10) regelt mit der
„Rückwärtsregelung" (10a) die Verstärkung
der HF-, Misch- oder ZF-Stufe und mit der
„Vorwärtsregelung" (10b) die Verstärkung
der NF-Vorstufe.

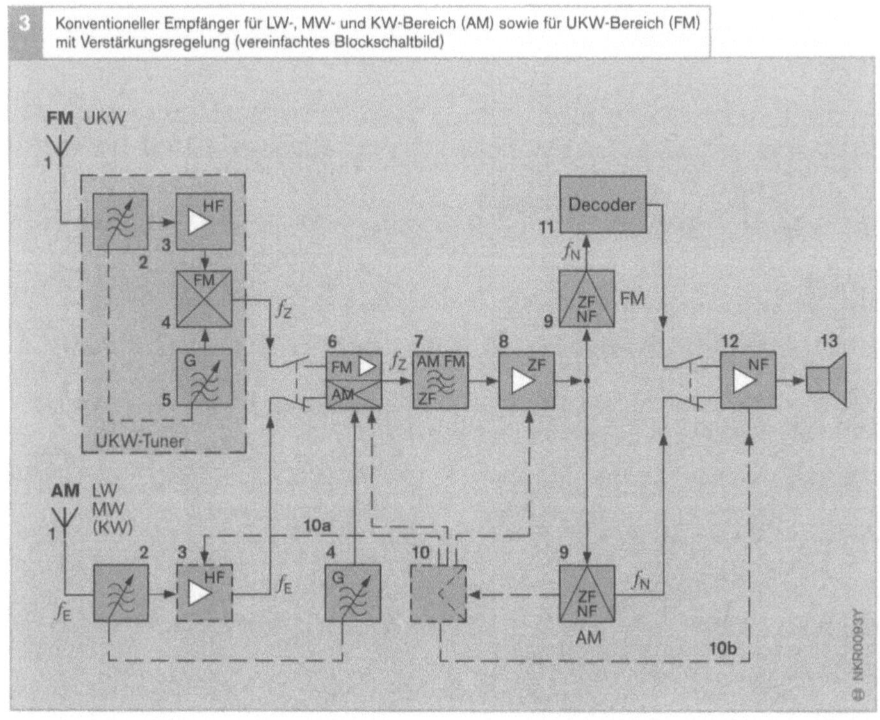

3 Konventioneller Empfänger für LW-, MW- und KW-Bereich (AM) sowie für UKW-Bereich (FM) mit Verstärkungsregelung (vereinfachtes Blockschaltbild)

Bild 3
1 Antenne
2 abstimmbarer Band-
   pass
3 HF-Verstärker
4 Mischstufe (FM)
5 Oszillator
6 Mischstufe (AM)
   ZF-Verstärker (FM)
7 ZF-Bandpass (Filter)
8 ZF-Verstärker
   (AM: 460 kHz,
   FM: 10,7 MHz)
9 Demodulator
10 Regelstufe
10a Rückwärtsregelung
10b Vorwärtsregelung
11 Decoder
12 NF-Verstärker
13 Lautsprecher

NF Niederfrequenz
ZF Zwischenfrequenz
HF Hochfrequenz

Decoder
Der Decoder (11) ist eine Einrichtung zum
Entschlüsseln einer kodierten Nachricht
(z. B. Code für Stereo oder Verkehrsfunk). Er
gibt für jedes Eingangssignal ein bestimmtes
Ausgangs(Steuer-)signal ab. Zur Wiedergabe
von Stereosendungen ist ein Empfänger
mit einem zweiten Empfangskanal und zugehörigen Lautsprechern ausgerüstet.

Weitere Komponenten

NF-Verstärker (Vorstufe, Vorverstärker)
Der NF-Verstärker (12) wird für den AM-
und FM-Bereich gemeinsam genutzt. Er verstärkt die nach der Demodulation übrig-
gebliebene niederfrequente Signalspannung
nochmals weiter für die Übergabe an die
Endstufe oder für die Ausgabe an die folgenden separaten Ausgänge:

Sub Out mit vorgeschaltetem Low-Pass;
Preamp Out
Zur Ansteuerung eines externen Amplifiers
(bei Blaupunkt grundsätzlich mit vier
Kanälen, Output: Standard ≤ 2 V,
Skyline ≤ 4 V).

Lautstärke-, Tiefen- und Höhenregler
Mit diesen Bedienelementen (ausgebildet als
Drehknopf, Wippe, Schieber usw.) lässt sich
die gewünschte Lautstärke bzw. Klangfarbe
(tiefer oder höher) einstellen.

Endstufe
Die Endstufe bereitet die in der Vorstufe
verstärkten Signale für die Ausgabe an die
Lautsprecher auf, um sie dort hörbar zu
machen. NF-Vorverstärker und Endstufe
sind oft in einem Gerät integriert.

High-Power-Endstufen sind mit speziellen
Hochleistungs-Transistoren ausgerüstet, die
20...25 W Sinus bzw. 25...40 W pro Kanal
max. Power erzeugen.

Frequenzweichen
Mit nur einem Lautsprecher lassen sich die
hohen Anforderungen an die Wiedergabequalität nicht erfüllen. Frequenzweichen

(Kondensatoren und Drosseln) teilen das
Frequenzband zur gleichmäßigeren Abstrahlung des gesamten Frequenzbereichs in zwei
oder mehrere Bereiche auf und führen diese
getrennt den einzelnen Lautsprechersystemen (z. B. mit Hochtönern oder Bässen) zu.

Sub-X-Over ist z. B. eine Subwoofer-Fre-
quenzweiche, die es in folgenden zwei Ausführungen gibt:

Low-Pass ist eine aktive Frequenzweiche, die
das Musiksignal zur Ansteuerung von Subwoofern oberhalb einer wählbaren Frequenz
ausblendet.

High-Pass ist eine aktive Frequenzweiche,
die das Musiksignal zur Ansteuerung von
Subwoofern unterhalb einer wählbaren
Frequenz ausblendet.

Lautsprecher
Im Lautsprecher (13) werden die übertragenen Audiosignale für das menschliche Ohr
hörbar gemacht (Näheres siehe Abschnitt
„Autolautsprecher“).

Tonträger-Abspielmedien (Laufwerke)
Viele Autoradiogeräte sind zusätzlich mit
einem Kassetten-Laufwerk (Kassetten-
Tuner) und einem Rauschunterdrückungs-
system zur Erweiterung des Dynamikbe-
reichs von Kassettenbändern (Dolby(r) B
und C) sowie den dafür notwendigen Bedienelementen ausgestattet.

Inzwischen verbreiten sich Autoradios mit
CD-Laufwerken (CD-Tuner) sehr stark und
lösen zunehmend die Geräte mit Kassetten-
laufwerken ab.

Ein weiteres Abspielmedium ist die Mini-
Disc, die bisher jedoch nur eine untergeordnete Rolle spielt.

Digitale Empfänger

DigiCeiver

Der DigiCeiver (**Digital Receiver**) ist ein hochintegrierter Empfängerbaustein. Er wandelt das vom Tuner empfangene Zwischenfrequenzsignal mithilfe eines Analog-Digital-Wandlers (Zwischenfrequenzwandler) in ein digitales Signal. Alle weiteren Verarbeitungsschritte erfolgen auf der digitalen Ebene. Damit sind Verarbeitungen möglich, die analog nicht oder nur sehr aufwändig realisierbar sind. So lässt sich z. B. ein linearphasiges ZF-Filter realisieren, das außergewöhnlich gute Klirrfaktorwerte gestattet. Weiter sind zahlreiche Möglichkeiten gegeben, das empfangene Signal bei Empfangsstörungen so zu beeinflussen, dass die Störungen kaschiert werden. Die Realisierbarkeit digitaler Audiofilter lässt eine weitreichende Klangbeeinflussung zu.

Die DigiCeiver-Technik zeichnet sich außerdem durch eine reduzierte Anzahl an Bauteilen bzw. Baugruppen (Bilder 4 und 6) im Vergleich zu analogen Konzepten und dadurch erhöhte Zuverlässigkeit aus (das CD-Laufwerk benötigt z. B. keinen eigenen D/A-Wandler). Die folgenden Funktionen sind mit dem DigiCeiver realisierbar.

SHARX

Als SHARX wird eine Funktion bezeichnet, welche die Zwischenfrequenzfilter-Bandbreite bei FM-Empfang automatisch der Empfangssituation anpasst. Bei Sendern mit dicht beieinander liegenden Frequenzen wird die Bandbreite reduziert, sodass eine hohe Trennschärfe des UKW-Empfängers erzielt wird und somit störungsfreier Empfang möglich ist.

Liegt keine Störung durch Nachbarkanalstationen vor, wird eine große Bandbreite gewählt, um den Klirrfaktor zu minimieren (Bild 5).

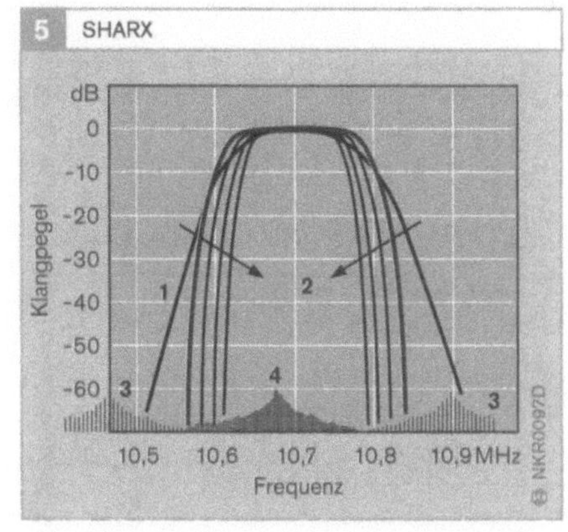

Bild 5
1 Konventionelle Einstellung
2 dynamische Bandbreitenregulierung
3 störender Sender
4 gewählter Sender

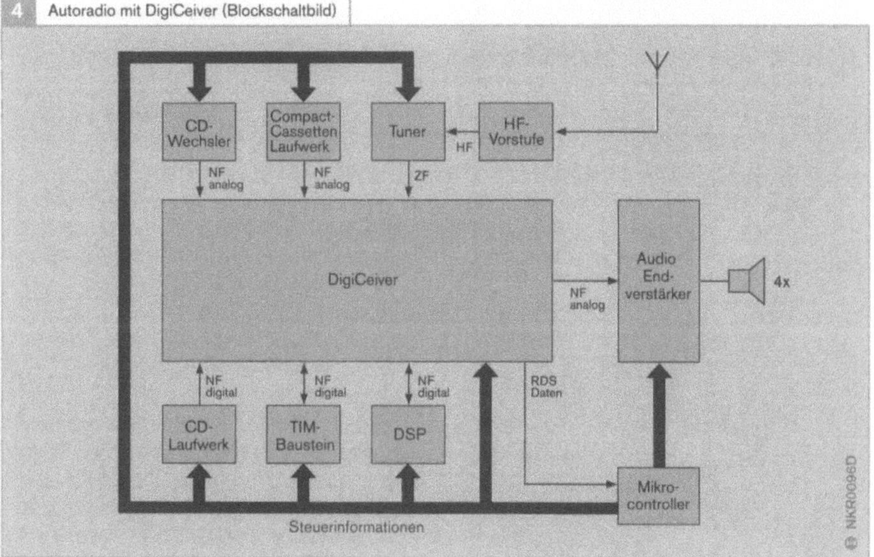

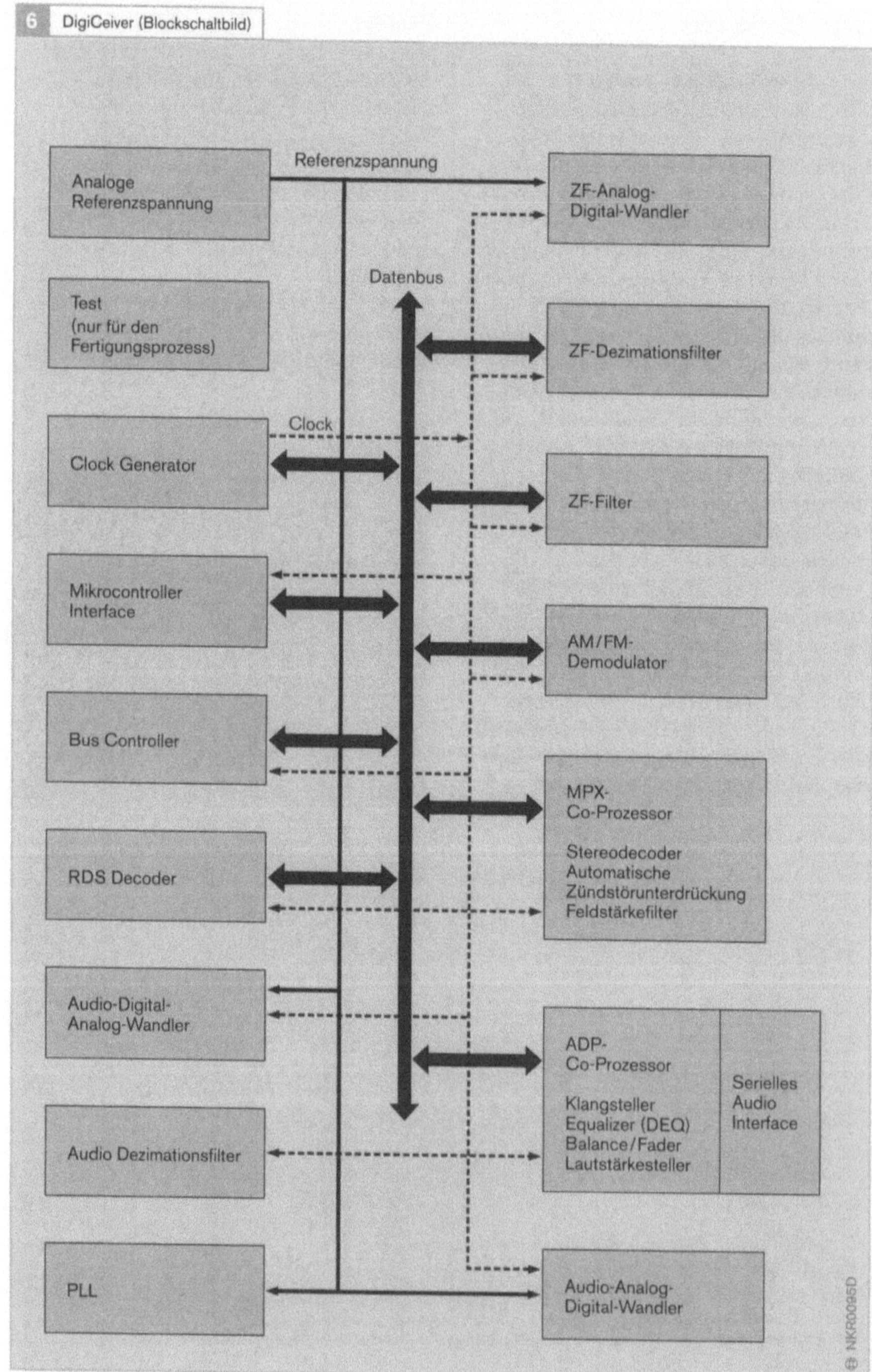

6   DigiCeiver (Blockschaltbild)
Analoge Referenzspannung
Referenzspannung
ZF-Analog-Digital-Wandler
Test (nur für den Fertigungsprozess)
Datenbus
ZF-Dezimationsfilter
Clock
Clock Generator
ZF-Filter
Mikrocontroller Interface
AM/FM-Demodulator
Bus Controller
MPX-Co-Prozessor
Stereodecoder
Automatische Zündstörunterdrückung
Feldstärkefilter
RDS Decoder
Audio-Digital-Analog-Wandler
ADP-Co-Prozessor
Klangsteller
Equalizer (DEQ)
Balance/Fader
Lautstärkesteller
Serielles Audio Interface
Audio Dezimationsfilter
PLL
Audio-Analog-Digital-Wandler

DEQ

Der DEQ (**Digitaler Equalizer**) besteht aus einem zwei-, drei- oder fünfbandigen parametrischen Equalizer, bei dem die Mittenfrequenz und die Anhebung bzw. die Absenkung der einzelnen Filter getrennt voneinander einstellbar sind. In einigen Gerätemodellen ist zusätzlich noch die Güte der jeweiligen Filter wählbar (Bild 7).

Der DEQ optimiert den Klang im Fahrzeug, indem er wirkungsvoll unerwünschte Raumresonanzen unterdrückt bzw. Frequenzgangeinbrüche von Lautsprechern linearisiert. Schon mit zwei einstellbaren Equalizerbändern wird eine effiziente Klangbearbeitung erreicht. Bei einigen Gerätemodellen sind darüber hinaus noch Voreinstellungen der Equalizerfilter nach Musikart (Jazz, Pop, Vocal usw.) oder nach Fahrzeugtyp (Van, Mini, Limousine usw.) abrufbar.

DSA und DNC

DSA (**Digital Sound Adjustment**) ist ein System für die automatische digitale Frequenzgangmessung und -korrektur im Fahrzeug. Ein Mikrofon misst das über die Lautsprecher generierte Rauschsignal, das der integrierte DSP (Digitale Signal Prozessor) analysiert. Er berechnet die optimale Klangkurve, die er mithilfe eines digitalen 7- oder 9-Band-Equalizers spezifisch für jedes Fahrzeug einstellt.

DNC (**Dynamic Noise Covering**) misst und analysiert während der Fahrt permanent über ein externes Mikrofon das Fahrgeräuschspektrum (Störsignale wie Motor-, Wind- und Abrollgeräusche), das die Musikwiedergabe speziell in tiefen Frequenzlagen überdeckt und den Klangeindruck einschränkt. DNC kompensiert die Störung durch gezieltes Anheben des Audiosignals in den entsprechenden Frequenzen. Mit dieser „Geräuschmaskierung" bleiben Lautstärkeeindruck und Klang unabhängig von der gefahrenen Geschwindigkeit und Straßenbeschaffenheit stets konstant.

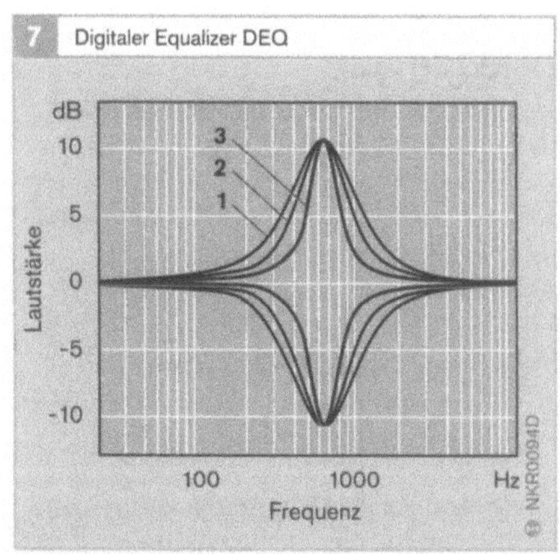

Bild 7
1 Güte 1,0
2 Güte 1,5
3 Güte 2,8

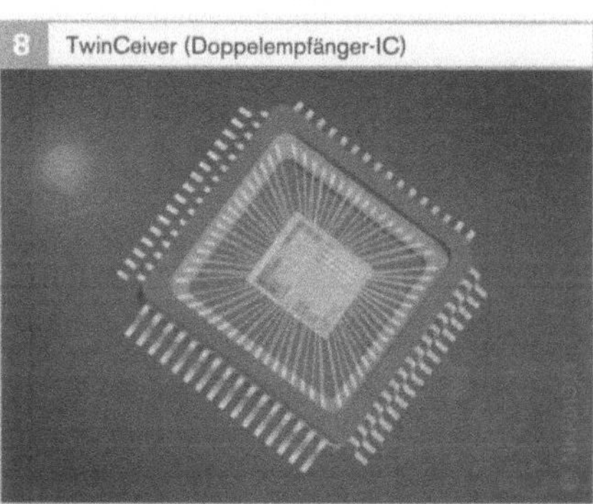

Bild 8
Kleinster Doppelempfänger-IC für Autoradios mit ca. 1,6 Millionen Transistoren auf einer Fläche von 3 mm²

TwinCeiver

Der hohe Integrationsgrad kennzeichnet den Fortschritt der jüngsten Generation der digitalen Autoradio-Empfänger von Blaupunkt. Auf einem einzigen Stück Silizium sind nun zwei digitale Empfängerpfade und zwei Zwischenfrequenzwandler untergebracht. Dafür kommt die modernste Halbleitertechnologie für Autoradios mit nur 0,28 mm Strukturbreite und Mixed-Signal-Technik zur Anwendung. Das Ergebnis ist der TwinCeiver, zur Zeit der Welt kleinster Doppelempfänger-IC für Autoradios (Bild 8).

Außerdem verfügt der TwinCeiver über DDA (**Digital Directional Antenna**), das einer virtuellen Richtantenne vergleichbar ist. Diese ist dauernd so eingestellt, dass die Empfangsstörungen durch Mehrwegeempfang minimiert werden.

DAB-Empfänger

Empfangsqualität

Das digitale Radio DAB setzt höchste Standards in Klangqualität, Empfang und Programmangebot. Wo durch Mehrwegeempfang und Reflexionen eine Beeinträchtigung des Hörgenusses wegen kurzen Pausen, Knistern oder Verzerrungen nicht immer verhindert werden kann, hat ein DAB-Empfänger im versorgten Gebiet immer den vollen Datenstrom zur Verfügung und bietet kristallklaren, störungsfreien Empfang.

Ohne Sendersuchlauf steht das ganze Angebot auf Knopfdruck zur Verfügung, und die logische Menüfolge führt sicher durch das Angebot des Senders. Schon jetzt ist DAB in weiten Teilen Europas auf Sendung, und die Netze werden zügig ausgebaut.

Signalverarbeitung

Das Blockschaltbild eines digitalen Empfängers (Bild 9) zeigt, wie das empfangene DAB-Signal verarbeitet wird:

Das DAB-Antennensignal wird im analogen Tuner (Hochfrequenzteil) ausgewählt, in die Zwischenfrequenzlage gebracht, gefiltert und digitalisiert.

Dann wird das digitalisierte Ausgangssignal zum COFDM-Demodulator (Coded Orthogonal Frequency Division Multiplexing) und Kanaldecoder geleitet, um Übertragungsfehler zu korrigieren. Die Informationen werden auf den einzelnen COFDM-Trägern zurückgewonnen (in der Regel wie beim Erzeugen des DAB-Signals durch eine Fast Fourier Transformation FFT, siehe Kapitel „Digitale Übertragungstechnik"). Hier braucht im Prinzip nur der Teil der Daten ausgewertet werden, der die gewünschten Programme enthält.

Nach der Fehlerkorrektur (im Allgemeinen durch Viterbi-Decodierung) werden die MSC-Daten entweder an den Hörfunk (Audio)-Decoder als Digital-Analog-Wandler weitergeleitet (der daraus die linken und rechten Tonsignale wiedergewinnt) oder aber über eine geeignete Datenschnittstelle zur weiteren Nutzung in einem Datenrekorder (Packet-Demultiplexer) weiterverarbeitet.

Die im FIC (Fast Information Channel) enthaltenen Informationen werden an die Benutzeroberfläche weitergeleitet und dort zur Steuerung und Bedienung des Empfängers (Programmwahl) genutzt.

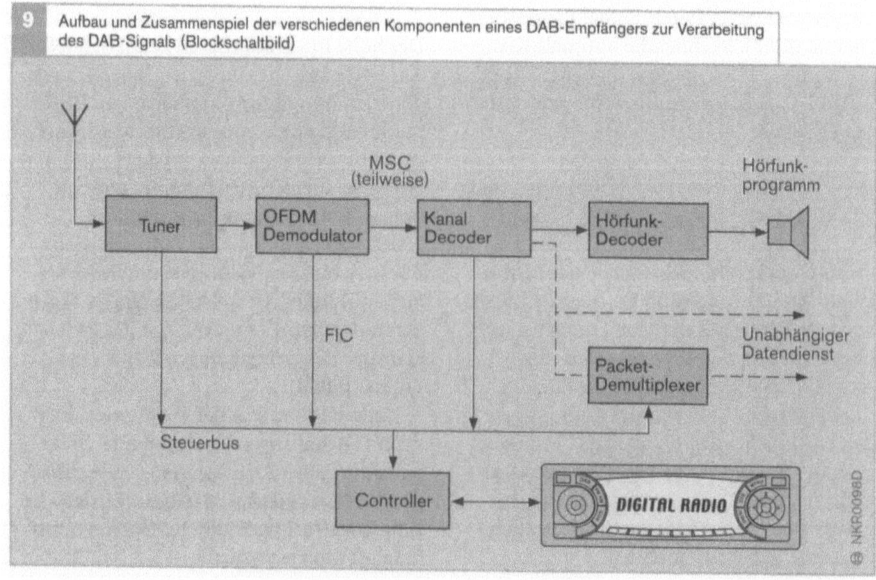

9 Aufbau und Zusammenspiel der verschiedenen Komponenten eines DAB-Empfängers zur Verarbeitung des DAB-Signals (Blockschaltbild)

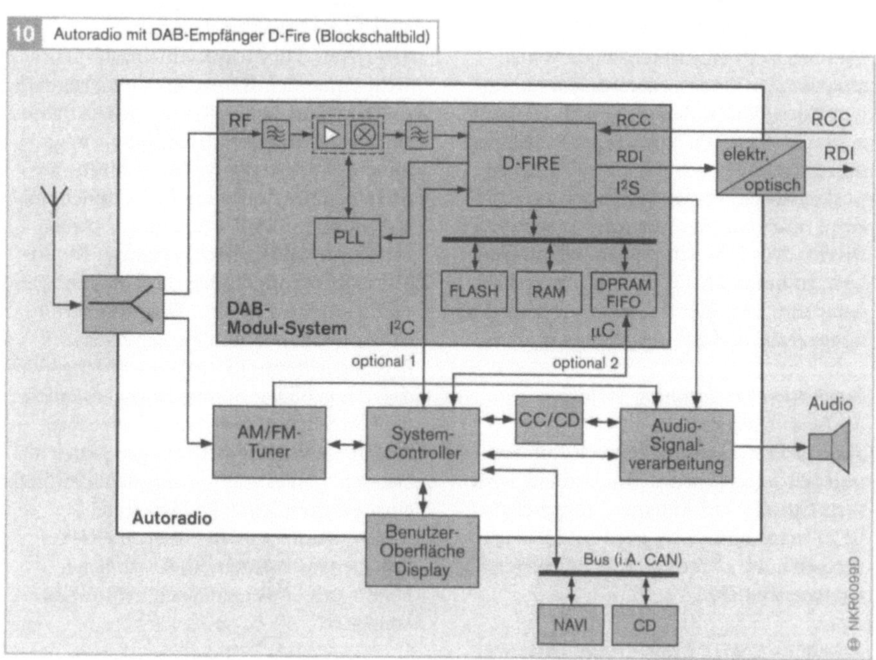

D-Fire

D-Fire (**D**igital **F**ully **I**ntegrated **R**eceiver) ist ein besonders kompakter DAB-Empfänger (voll digital). Kombiniert mit einem der Top-Steuergeräte (z. B. Stockholm, Sydney, Toronto und Woodstock) und einer darauf abgestimmten Antenne bietet er einen Radioempfang in digitaler Qualität, ohne Umschaltpause, Rauschen und Störungen (Bild 10).

Weitere Systeme und Radiofunktionen (Auswahl)

Je nach Geräteausführung bietet ein Autoradio verschiedene nützliche Systeme und Funktionen, die der Verbesserung des Empfangs, des Klangs, der Bedienbarkeit während der Fahrt oder der Sicherheit dienen. Die folgenden Abschnitte führen einige markante Beispiele dafür auf:

Bass Logic

Bass Logic ist ein steilflankiger Bassfilter mit frei wählbarer Einsatzfrequenz und Filter-stärke, mit dem sich zum Beispiel unerwünschte Raumresonanzen wirkungsvoll unterdrücken lassen oder der Basspegel weiter gesteigert werden kann.

Low-Pass/High-Pass

Aktive Frequenzweiche zur Ansteuerung von Subwoofer-Systemen, die das Musiksignal oberhalb bzw. unterhalb einer wählbaren Frequenz ausblendet.

CODEM

CODEM (**Co**incidence **Dem**odulator) sind Empfangskonzepte, die ohne die sonst übliche Höhenabsenkung bei schwachen Sendern einen weitestgehend störungsfreien Empfang ermöglichen. CODEM IV bietet gegenüber CODEM III/III+ ein nochmals verbessertes Verhalten bei Multipath-störungen.

Antennendiversity-Empfänger

Dieses Rundfunk-Empfängersystem mit mehreren, meist zwei Fahrzeugantennen (z. B. Scheibenantennen), dient primär zur

Verbesserung des Empfangsverhaltens bei Mehrwegeempfang durch Senderwellenreflexion. Da Reflexionsstörungen („Multipath") im lokalen Bereich von 50…100 cm zu starker Ortsabhängigkeit der Feldstärke führen, befindet sich (bei hinreichendem Abstand zwischen den Antennen am Fahrzeug) meist eine der Antennen im störfreien Bereich. Das Diversity-System schaltet jeweils automatisch auf die störärmere Antenne um. Dies lässt sich mit unterschiedlich hohem technischen Aufwand realisieren:

Konventionelles Scanning-Verfahren (1-Tuner-Diversity)
Sinkt die Empfangsqualität von Antenne 1 unter ein vorgegebenes Mindestmaß, wird versuchsweise auf Antenne 2 umgeschaltet. Ist „2" noch schlechter, wird auf „1" zurückgeschaltet. Ist „2" besser, wird „2" beibehalten usw. (Bild 11).

Auswahlverfahren (Mehr-Tuner-Diversity)
Jede Antenne arbeitet mit einem getrennten Tuner. Dadurch ist permanenter Qualitätsvergleich zwischen den Antennen möglich, und es kann die jeweils optimale Antenne ausgewählt werden.

ADA (Auto Directional Antenna)
ADA (Auto Directional Antenna) ist ein Mehr-Antennen-Empfangssystem, bei dem wie beim „Auswahlverfahren" jede Antenne mit separatem Tuner arbeitet. Es erfolgt jedoch keine alternative Umschaltung zwischen den Antennen, sondern vielmehr eine Aufsummierung aller (bis zu vier) Antennen-/Tunersignale nach geeigneter Modifikation ihrer Amplituden- und Phasenlagen.

Die Amplituden- und Phasensteuerung wird automatisch durch einen speziellen Regelalgorithmus in der Weise durchgeführt, dass das gebildete Summensignal möglichst frei von Störungen ist. Somit lassen sich bestimmte Empfangsrichtungen gezielt ausblenden, und es ergibt sich zudem der Effekt einer elektronischen Richtantenne.

ADA wurde für den Einsatz mehrerer Scheibenantennen und/oder einfacher Draht- bzw. Folienantennen in Stoßfängern konzipiert.

ASU

Die ASU (Automatische UKW-Störunterdrückung) in Autoradios zur Unterdrückung von Zündstörungen ist im UltrakurzwellenBereich (Frequenzmodulation) wirksam. Sie beruht auf folgendem Prinzip:

Das demodulierte Signal enthält außer dem Nutzsignal (z. B. Musik, Sprache) auch Impulsstörungen. Störsignal und Nutzsignal unterscheiden sich u. a. dadurch, dass der Spannungsanstieg der Impulsstörung größer ist als der des Nutzsignals. In dem Moment, in dem eine steile Störamplitude auftritt, wird das Signal elektronisch „ausgetastet" (siehe auch Kapitel „Analoge Signalübertragung").

Die automatische UKW-Störunterdrückung macht die (zum Teil gesetzlich vorgeschriebenen) Entstörmaßnahmen an den wichtigsten Störquellen nicht überflüssig. Sie hat jedoch den Vorteil, dass dadurch nicht nur Störungen durch Störquellen des eigenen Kraftfahrzeugs, sondern auch durch fremde Störquellen (z. B. durch störende fremde Kraftwagen und Motorräder) vermieden werden.

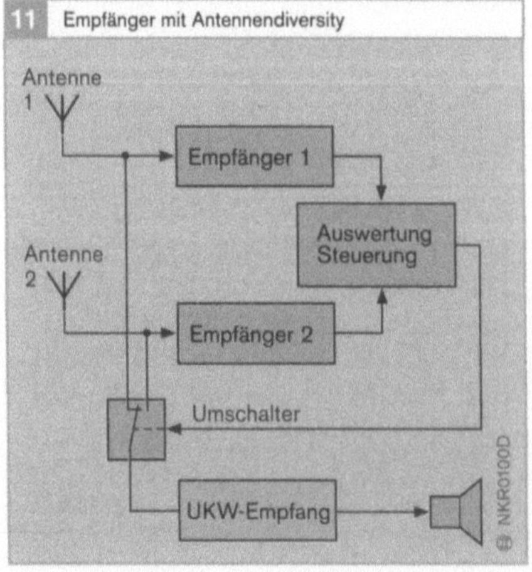

Diebstahlschutzsystem RP

RP (Release Panel) ist ein effektiver Diebstahlschutz für Autoradios. Beim Verlassen des Fahrzeugs wird die gesamte Front des Autoradios mitgenommen. Man unterscheidet elektronische RP (Display und Tastaturelektronik werden entnommen) von den weitaus billigeren mechanischen RP (Kunststoffkappe und Tastenstößel werden entnommen).

Diebstahlschutzsystem KeyCard

KeyCard ist ein komfortabler Diebstahlschutz in Scheckkartenformat. Das Autoradio funktioniert erst nach Einschub der zum Gerät passenden Karte. Beim Herausziehen der KeyCard wird der Diebstahlschutz aktiviert. Ein Blinksignal zeigt an, dass Diebstahl zwecklos ist. Optional kann eine zweite KeyCard erworben und mit verschiedenen Einstellungen, Funktionen und Anzeigen „angelernt" werden:
TOM: Turn On Message, ein bis 48 Zeichen umfassender Text, der stets beim Einschalten erscheint und
SAM: Short Additional Memory, ein bis 54 Zeichen umfassender, zusätzlich aufrufbarer Text.

Travelstore

Mit Travelstore lassen sich die stärksten UKW-Sender aus dem aktuellen Empfangsgebiet automatisch speichern. Anschließend wird der stärkste Sender wiedergegeben. Diese Möglichkeit ist besonders auf Reisen nützlich.

Senderabstimmung (Suchlauf)

Beim Antippen einer Wippe startet ein manueller oder automatischer Suchlauf innerhalb des gewählten Frequenzbandes.

Sender anspielen mit Scan

Mit *Scan* kann man alle empfangbaren Sender oder mit *Preset Scan* alle gespeicherten Sender des gewählten Wellenbereichs kurz anspielen und bei Bedarf weiterspielen lassen. Die Anspieldauer ist individuell einstellbar.

CD- & CD-Changerbetrieb

Mit dieser Funktion kann das Gerät CDs abspielen lassen. Ein angeschlossener CD-Changer (Wechsler) kann über das Steuergerät zum Übertragen des Audioprogramms bedient werden.

Audio-Einstellungen

Mit den Audio-Einstellungen lassen sich Höhen, Bässe, Klangverteilung hinten/vorn bzw. links/ rechts, die leisen tiefen Töne und der Ausgangspegel für einen angeschlossenen Subwoofer individuell an das Gehör anpassen.

Programmierung mit DSC

Mithilfe von DSC (Direct Software Control) kann das Autoradio in seinen Grundeinstellungen auf fahrzeugspezifische Gegebenheiten, individuelle Vorlieben und eine eventuell bereits vorhandene Car-Hifi-Anlage angepasst werden.

Loudness

Loudness ist die psychoakustisch gehörrichtige Anhebung der tiefen Frequenzen bei geringer Lautstärke, deren Wirkung bei allen Blaupunkt-Autoradios über DSC in sechs Stufen an die vorhandene Audioanlage (Amplifier, Lautsprecher) angepasst werden kann.

TIM

TIM (Traffic Information Memory) ist ein digitaler Speicher zum Speichern von Verkehrsfunkmeldungen (Näheres siehe Kapitel „Verkehrsfunksysteme").

RDS-TMC

Analog arbeitende UKW-Autoradios können mit dem digitalen Datenübertragungssystem RDS (Radio Data System) Rundfunkzusatzdienste der Rundfunkanstalten nutzen. TMC (Traffic Message Channel) ist ein kostenfreies RDS-Unterprogramm für aktuelle Verkehrsmeldungen. Zum Dekodieren benötigt der Empfänger einen Decoder (Sendereigenschaften siehe Kapitel „Digitale Übertragungstechnik" und Empfängereigenschaften siehe Kapitel „Verkehrsfunksysteme").

Zusatzeinrichtungen

Amplifier (Verstärker)

Der Amplifier ist ein separater Leistungsverstärker, der über den Vorverstärkeraus-
gang eines Autoradios angesteuert wird.
Die erheblich höhere Ausgangsleistung
bringt speziell im Bassbereich einen deutlichen Gewinn an Klang und Dynamik der
Musik.

Leistungsstarke 2-, 4-, 5- und 6-Kanal-
Amplifier (Bild 1), die auch für Stereo-
betrieb geeignet sind, werden besonders für
anspruchsvolle Audioanlagen mit separaten
Tiefbasslautsprechern benötigt, da für sie die
normale Ausgangsleistung des Autoradios
nicht mehr ausreicht.

Der Hochpegeleingang des Amplifiers,
an den per Adapter ein Autoradio ohne Vor-
verstärkerausgang (Preamp Out) über das
Signal der integrierten Endstufe angeschlossen werden kann, wird *High Input* genannt.

Equalizer

Der Equalizer ist ein Zusatzgerät für Stan-
dard-Autoradios, wird aber in der Regel als
digitaler Baustein in Top-Autoradios eingebaut (siehe Abschnitte DEQ „Digital Equalizer" und DSA „Digital Sound Adjustment"
im Kapitel „Autoradio").

Equalizer werden zur Klangbeeinflussung
eingesetzt, indem sie einzelne Tonlagen
(Frequenzbereiche) gezielt anheben oder
absenken. Die von den spezifischen akustischen Gegebenheiten des Fahrzeuginnenraums hervorgerufene Über- und Unterbe-
tonungen (Unlinearitäten) können daher
mit einem Equalizer ausgeglichen werden.

CD-Wechsler

Der CD-Wechsler ist ein Abspielgerät für
CD (Compact Disc) zur Montage im Kofferraum. CD-Wechsler werden mit Platten-
magazinen geladen, die sich in der Regel mit
bis zu zehn CD bestücken lassen.

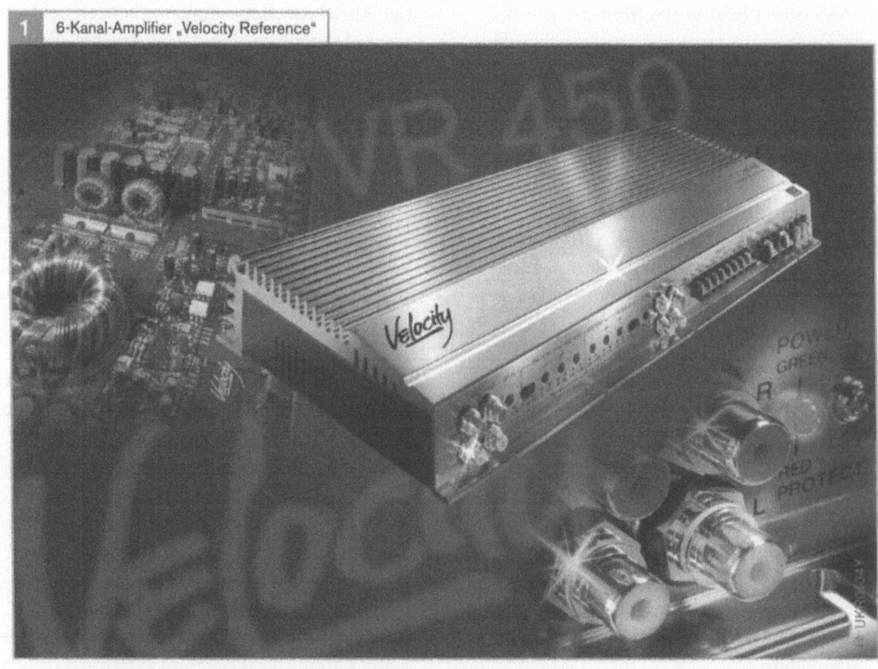

1   6-Kanal-Amplifier „Velocity Reference"

Die abzuspielenden CD und Titel werden über ein entsprechend eingerichtetes Autoradio oder über eine separate Wechsler-Fernbedienung ausgewählt.

Die Signalübertragung wird digital ohne D/A-Wandlung über alle Autoradios mit DMS (Disc Management System) bis zum zentralen Geräteprozessor gesteuert. Glasfaserkabel übertragen verlustfrei digitale Lichtsignale zwischen Wechsler und Autoradio. Damit ist High-End-Hi-Fi im Auto mit reinem digitalem Klang, höchster Dynamik und breitem Programm möglich.

IDC

Die Ausführung IDC (In Dash Changer) für bis zu 5 Discs eignet sich für den Einbau im Instrumentenfeld von Autos mit zwei DIN-Einbauschächten. Alternativ dazu gibt es einen Einbausatz mit Zubehör für die Installation im Kofferraum, im Handschuhfach, in der Mittelarmlehne, unter dem Sitz und an anderen Stellen.

CD

Die CD (Compact Disc) ist eine Scheibe mit einem Durchmesser von 12 cm oder 8 cm. Auf ihr sind Signale (u.a. Tonsignale) mit hoher Spieldauer (über 60 Minuten möglich) digital gespeichert.

Ein Laserstrahl tastet die Scheibe berührungslos optisch ab. Trifft der Strahl in der reflektierenden Informationsschicht auf eine Senke („pit"), wird der von einem Prisma aufgenommene Reflexionsstrahl gedämpft. Dies wird von einer Fotodiode registriert, die die derart ausgelesenen „Null-Eins-Informationen" an einen Digital-Analog-Wandler weitergibt. 44100 mal pro Sekunde wird ein neuer 16-Bit-Amplitudenwert gemeldet. Daraus setzt der D/A-Wandler das ursprüngliche Tonsignal „scheibchenweise" wieder zusammen.

FM-Modulator

Der FM-Modulator funktioniert wie ein kleiner Radiosender. Er wandelt eingehende Signale (z.B. von einem CD-Wechsler) in Radiowellen einer wählbaren Frequenz um.

Diese Signale werden durch einen zwischen Antenneneingang und Antennenstecker geschalteten Adapter in den Tuner des Autoradios gespeist. Auf diese Art kann ein CD-Wechsler an jedes beliebige Autoradio angeschlossen werden.

MP3-Abspielgerät

Das für die Anwendung im Auto geeignete Abspielgerät für MP3-Musikstücke liefert von seiner Mini-Festplatte Unterhaltung für bis zu 18 Stunden. Dieser sehr kleine *Compact Drive MP3* kann wie ein herkömmlicher CD-Wechsler an nahezu jedes Autoradio angeschlossen werden und benötigt nur einen minimalen Einbauplatz.

Anders als vergleichsweise voluminöse CD-Wechsler, die entweder (wenig komfortabel zugänglich) im Kofferraum oder unter dem Sitz verbaut werden müssen oder erheblichen Platz im Handschuhfach oder in der Mittelkonsole belegen, eröffnen die kompakten Außenmaße des MP3-Abspielgeräts ganz neue Einbauvarianten mit geringem Arbeits- und Kostenaufwand.

Zwei bedeutsame Entwicklungen eröffnen diesem „Musik-Lieferanten" den Zugang ins Auto:
- Auf der Softwareseite ist es das vom Fraunhofer-Institut entwickelte MP3-Komprimierungsverfahren, das Audiodaten ohne hörbaren Qualitätsverlust derart verdichtet, dass aktuelle Hits oder Live-Aufnahmen über das Internet auf den heimischen Computer geladen werden können.
- Und seitens der Hardware ist mit der „Microdrive-Festplatte" von IBM ein universelles Speichermedium verfügbar, das – im Format nur wenig größer als eine große Münze – die enorme Datenkapazität von derzeit einem Gigabyte bereithält. Das reicht in Verbindung mit dem Blaupunkt *Compact Drive MP3* für immerhin durchschnittlich 250 Musiktitel, was etwa der Spieldauer von 15 Compact Discs (CD) entspricht.

Die im *Compact Drive MP3* eingesetzte IBM „Microdrive-Festplatte" (geschützt von einer Acrylglas-Abdeckklappe, Bild 2) ist ein vergleichsweise teures, jedoch höchst variables und nahezu unbegrenzt wiederbespielbares Speichermedium. Möglich ist etwa die Mehrfachnutzung nicht nur als MP3-Speicher im Auto, sondern künftig auch in einer an die heimische Anlage angeschlossenen Dockingstation. Darüber hinaus ist auch der Einsatz in Digitalkameras möglich.

Blaupunkt bietet die Komponente komplett mit einer „Reader-/Writer"-Station zum Anschluss über den USB-Port (Universal Serial Bus) des Heimcomputers und mit einem umfangreichen Software-Paket an. Damit lassen sich bereits über das Internet heruntergeladene MP3-Files komfortabel zu einem individuellen Musikprogramm zusammenstellen und auf der Microdrive-Festplatte ablegen. Darüber hinaus lassen sich mit einem Konvertierungsprogramm auch eigene MP3-Dateien erzeugen, etwa von vorhandenen Compact Discs.

Digitaler Signalprozessor mit integriertem MP3-Wechsler

Der *Velocity VDP01-MP3* ist ein digital arbeitender Signalprozessor mit integrierter Abspielmöglichkeit von MP3-Musikfiles. Er lässt sich als optisch und technisch attraktive Komponente ganz einfach in den genormten DIN-Schacht einbauen und ist universell mit jedem Autoradio kombinierbar.

In Automobilen bilden installierte Mehrwege-Lautsprechersysteme zwar eine ideale Basis für ein verfärbungsarmes und räumlich stabiles Klangbild, akustisches „Feintuning" lässt sich jedoch nur mit elektronischem Aufwand erreichen. So können mit parametrischen Filtern im Autoradio beispielsweise die stärksten, den Klang verfärbenden Resonanzen unterdrückt werden; ihre auf den jeweiligen Fahrzeuginnenraum ausgelegte Abstimmung aber ist mit analogen Bauteilen nur sehr aufwändig zu realisieren.

Digitale Signalprozessoren indes sind für diesen Zweck weit flexibler und erschließen kostengünstig ein wesentliches Verbesse-

2 Abspielgerät „Compact Drive MP3" mit Microdrive-Festplatte

rungspotenzial. So übernimmt der *Velocity VDP01-MP3* umfassende Equalizer-Funktionen und ergänzt diese mit fest installierten Vorgaben für Pop bis Klassik. Die individuelle Einstellung einzelner Übernahmefrequenzen ist ebenso gut möglich, wie die Anpassung der „Loudness"-Anhebung.

Selbst eine Kompensation der Laufzeitunterschiede des Schalls einzelner Lautsprecher-Gruppen stellt den kompakten Signalprozessor vor keine unlösbare Aufgabe. So können erst mit der Nachrüstung des *Velocity VDP01-MP3* die Möglichkeiten einer Auto-Hi-Fi-Anlage voll genutzt werden.

Darüber hinaus wird der *VDP 01-MP3* mit der Option, MP3-Dateien direkt wieder in Musik umsetzen zu können, speziell bei der soundorientierten „Internetgeneration" auf nachhaltiges Interesse stoßen. Denn MP3 ist in der Musikszene etabliert und avancierte im Internet zum mittlerweile am häufigsten über Suchmaschinen angeforderten Begriff.

Der *Velocity VDP01-MP3* wird per Chipkarte mit den komprimierten MP3-Musikdaten geladen, wobei als Speichermedium die gängige MMC (MultiMediaCard) zur Anwendung kommt. Bis zu 64 MB fasst derzeit solch eine Speicherkarte, die nur wenig größer als die SIM-Karte eines Handys ist und auch in zahlreichen anderen MP3-Abspielgeräten verwendbar ist.

Zum Lieferumfang des Gerätes gehört eine 32-MB-Version für eine Spielzeit von ca. 40 Minuten. Es kann jedoch bis zu fünf Karten beliebiger Speicherkapazität von MP3-Hits gleichzeitig aufnehmen und variabel nach Track- oder Karten-Direktanwahl abspielen (Bild 3). Dies alles geschieht ohne Mechanik, ohne Verschleiß und ohne durch Fahrbahnstöße verursachte Aussetzer.

Die MMC lässt sich zudem über die optional lieferbare Ladestation *MMC-Driver 01* beliebig oft mit neuen Titeln bespielen. Sie wird einfach am heimischen Computer angeschlossen, und eine entsprechende Software macht das Handling mit den MP3-Dateien auf einfache Weise möglich.

3   Digitaler Signalprozessor „Velocity VDP 01-MP3" mit integriertem MP3-Wechsler für bis zu 5 MMC

Autolautsprecher

Aufgabe

Autolautsprecher haben die Aufgabe, die niederfrequenten elektrischen Signale (Wechselspannung), die der Empfänger nach der Demodulation bereitstellt, wieder in Schallschwingungen für den Wahrnehmungsbereich des menschlichen Ohrs umzuwandeln (Sprache oder Musik im Frequenzband von 30 bis 20 000 Hz).

Lautsprechersysteme haben damit hohe Anforderungen zu erfüllen, denn im Fahrzeuginnenraum herrschen spezielle Bedingungen. Für jedes Fahrzeug und für jedes Auto-Hi-Fi-System stellt Blaupunkt eine passende Lautsprecherkombination bereit. Eine besondere Herausforderung ist es, einen ausgewogenen Stereoklang zu erzielen.

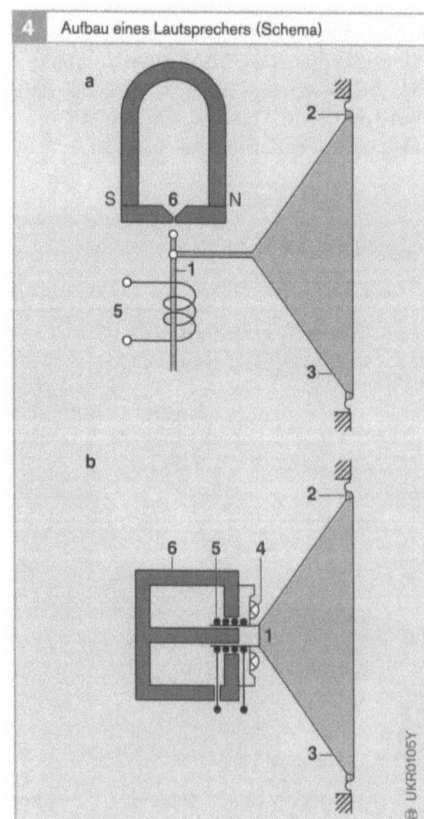

Bild 4
a   Freischwinger
b   dynamischer
    Lautsprecher

1   Anker
2   gewellter Rand
3   Konusmembran
4   Zentriermembran
5   Schwingspule
6   Dauermagnet

Aufbau und Arbeitsweise

Der Lautsprecher besteht aus einer Membran, die am äußeren Rand über eine nachgiebige Sicke beweglich aufgehängt ist und deren Spitze von der Schwingspule eines elektromagnetischen Antriebssystems hin und her bewegt wird. Für den Tief- und Mitteltonbereich werden in der Regel konusförmige, für den Hochtonbereich kalottenförmige Membranen verwendet. Sie bestehen aus hartem Papier bzw. bei hochwertigen Lautsprechersystemen vorwiegend aus Polypropylen[1]), SAC-Aluminium[2]) oder Keramik.

Die Ströme der Verstärkerendstufe bringen das Antriebssystem und damit auch die Membran in Schwingung, wodurch die Membran die elektrische Energie des Verstärkers in entsprechende Schallschwingungen (d. h. Töne) umsetzt. Um eine Schwächung der tiefen Töne durch akustischen Kurzschluss zu vermeiden, sitzt der Lautsprecher in einer Schallwand. Die Schallwand verhindert störende Resonanzen und Ausschwingvorgänge sowie einen akustischen Kurzschluss und hat häufig die Form eines geschlossenen Gehäuses (Lautsprecherbox), das mit schalldämpfendem Material (z. B. Glaswolle oder Styropor) ausgefüllt ist.

Lautsprechersysteme

Der nur noch vereinzelt angewendete *magnetische Lautsprecher* beruht auf der Anziehungskraft eines Elektromagneten. Er ist als „Freischwinger" ausgeführt, bei dem der Anker frei vor den Polen eines Dauermagneten schwingt (Bild 4a).

Der allgemein gebräuchliche *dynamische Lautsprecher* (Bild 4b) hat eine bessere Wiedergabequalität. Bei ihm wird die Ablenkung eines stromdurchflossenen Leiters in einem magnetischen Feld ausgenutzt. Er besteht aus einem Dauermagneten, in

---

[1]) Thermoplast mit hervorragenden Klangeigenschaften bei hoher Langzeitstabilität und Resistenz gegenüber Umwelteinflüssen.

[2]) SAC **S**pun **A**luminium **C**one: in einem speziellen Verfahren poliertes reines Aluminium.

dessen ringförmigem Luftspalt eine mit der Membran verbundene Spule schwingt.

Der *dynamische oder elektrostatische Lautsprecher* (Kondensator-Lautsprecher) für die hohen Töne über 5000 Hz beruht auf der elektrostatischen Anziehung zweier Metallflächen, die eine elektrische Spannung gegeneinander führen.

Beim *Kristall-Lautsprecher* wird der piezoelektrische Effekt ausgenutzt.

Beim *Ionen-Lautsprecher* werden statt einer Membran ionisierte Luftpartikel in Schwingung versetzt.

Je nach Frequenzbereich lassen sich Lautsprecher in folgende Kategorien einteilen:
- Hochtöner (Tweeter),
- Mitteltöner (Midwoofer),
- Tieftöner (Woofer) und
- externe Tieftöner (Subwoofer).

Einbau

Die akustischen Eigenschaften des Fahrzeuginnenraums und die Lautsprecher mit ihren Einbaubedingungen bestimmen die Wiedergabequalität. Je größer die Lautsprecher, desto besser die Basswiedergabe (z. B. vier 165-mm-Systeme).

Da sich mit einem einzigen Lautsprechersystem nicht alle Töne des gesamten Hörbereichs (ca. 30 bis 20 000 Hz) wiedergeben lassen (Bild 5), wird der ganze Frequenzbereich bei einer anspruchsvollen Anlage (Bild 6) über eine Lautsprecherweiche in Hochton-, Mittelton- und Tiefton-Lautsprecher aufgeteilt.

Für die Übertragung der tiefen Töne im unteren Frequenzbereich werden zunehmend Tiefbasslautsprecher (Subwoofer) eingesetzt. Sie werden z. B. verdeckt unter der Heckablage oder an der Trennwand zum Kofferraum installiert.

Voraussetzung für einen ausgewogenen Stereoklang ist eine Reihe speziell angeordneter Lautsprecher zusammen mit einem digitalen Klangprozessor (z. B. in Verbindung mit dem Soundsystem DREAMS). Sie lassen an jedem Punkt des Fahrzeuginnen-

raums ein plastisches Stereopanorama entstehen. Dabei scheint der hörbare Klangraum weit über den Fahrzeuginnenraum hinauszureichen.

Beim Einbau von Autolautsprechern kommt es auf Form, Größe und auf günstige akustische Voraussetzungen an. Lautsprecher-Einbausätze sorgen deshalb für passgenaue Verbindungen. Sie enthalten alle für den Einbau notwendigen Teile und eine präzise Anleitung.

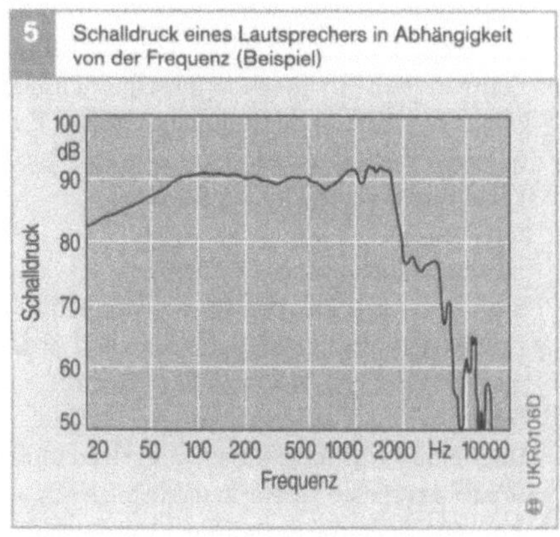

5 Schalldruck eines Lautsprechers in Abhängigkeit von der Frequenz (Beispiel)

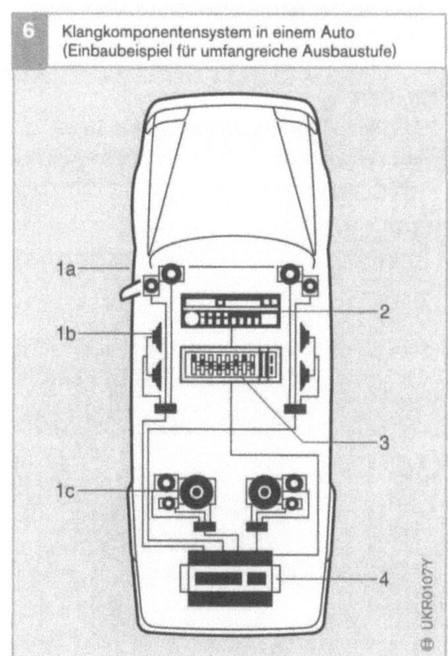

6 Klangkomponentensystem in einem Auto (Einbaubeispiel für umfangreiche Ausbaustufe)

Bild 6
1 Lautsprecher:
1a vorn
1b in der Türverkleidung
1c hinten (mit je 2 Tieftönern vorn und je 1 Tieftöner hinten pro Kanal)
2 Autoradio
3 Equalizer
4 Amplifier

Ausführungen

Neodym-Tweeter

Neodym-Tweeter sind Hochtonlautsprecher mit Neodym-Magneten, die eine erheblich höhere magnetische Feldstärke als herkömmliche Werkstoffe haben. Diese Magnete sind trotz ihrer geringen Größe sehr kraftvoll und verleihen den doch sehr kleinen Hochtonlautsprechern einen hervorragenden Klang (Bild 7a).

Dual Cone-Lautsprecher

Ein-Wege-Lautsprecher, bei dem ein im Zentrum der Membran aufgesetzter Papierkonus das Abstrahlverhalten bei hohen Frequenzen verbessert und ein harmonisches Klangbild erzeugt (InCar, Bild 7b).

Tiefbass-Lautsprecher (Subwoofer)

Subwoofer mit Polypropylen- oder Aluminium-Membranen werden zusätzlich für die getreue Wiedergabe der tiefen Töne im unteren Frequenzbereich eingesetzt und über einen (im Empfänger integrierten oder separaten) leistungsstarken Amplifier bzw. Booster (Leistungsverstärker) mit Low-Pass angesteuert (CMS-, SW-Serie, Velocity, Bild 7c).

Bass-Tube

Die Bass-Tube ist ein Subwoofer in meist rundem, akustisch abgestimmtem Gehäuse. Sie eignet sich besonders gut für Fahrzeuge mit einem zum Fahrgastraum offenen Kofferraum. Bei Transporten wird die Bass-Tube einfach aus dem Auto herausgenommen.

Coaxial-Lautsprecher

Zwei-Wege-Lautsprecher, bei dem der Hochtöner im Zentrum des Tieftöners auf einer Achse angeordnet ist (InCar, Velocity, GT-, CL-Line, Bild 7d).

Triaxial-Lautsprecher

Drei-Wege-Lautsprecher, bei dem der Mittel-Hochtöner im Zentrum des Tieftöners auf einer Achse angeordnet ist, der Hochtöner auf einer weiteren Achse daneben (GT-, TX-Line, Bild 7e).

Komponentensystem

Das Zwei-Wege-System besteht aus Tieftönern mit Polypropylen- oder Aluminium-Membranen für impulsfeste, druckvolle Bässe und Aluminium-, Titan- oder Seidenhöchtönern für eine breite Abstrahlcharakteristik und verfärbungsarmen Klang.

Das Komponentensystem bietet zur Optimierung des Klangs bzw. der Einbausituation die Möglichkeit, Hochtöner und Mittel-Tieftöner getrennt voneinander zu platzieren. Eine Frequenzweiche mit Tief- und Hochpass sorgt für die optimale Klangverteilung zwischen Hoch- und Tieftönern (XL-Serie, Velocity).

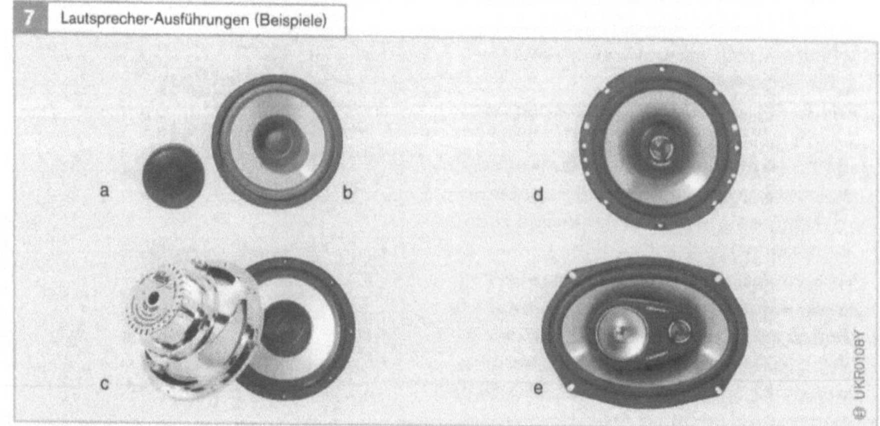

Bild 7

a Tweeter
b Dual-Cone-Lautsprecher
c Tiefbass-Lautsprecher
d Coaxial-Lautsprecher
e Triaxial-Lautsprecher

Mit Subwoofern ist eine Erweiterung zum Drei-Wege-System möglich.

Mit dem *CarMagic Modular System* kann aus einer Vielzahl von Lautsprecherkomponenten und Frequenzweichen eine auf den Fahrzeugtyp und den persönlichen Geschmack akustisch abgestimmte Hi-Fi-Anlage zusammengestellt werden.

Soundsysteme

In Pkw und Reisebussen war es bisher nahezu unmöglich, allen Passagieren gleichzeitig ein harmonisches Stereopanorama zu bieten. Mit punktförmig abstrahlenden Lautsprechern hängt der Höreindruck nämlich von der Position des Hörers zu den Lautsprechern ab. Meist ist die Verschiebung so stark, dass der Insasse kein zusammenhängendes Klangbild wahrnimmt, sondern einzelne Klangbestandteile aus verschiedenen Richtungen.

Das Soundsystem DREAMS (Digital Room Enlargement Automotive System, Bild 8) lässt jeden Fahrzeuginsassen ein ausgewogenes Stereopanorama erleben. Es verbessert die Wiedergabe von Sprache und Musik, sodass der Hörer auf jedem Platz eine plastische Abbildung der Aufnahme hört. Der Klang löst sich völlig von den Lautsprechern und steht frei im Raum.

DREAMS setzt keine speziell kodierten Aufnahmeverfahren voraus: Das System reproduziert Musik und Sprache von allen Quellen wie Rundfunk, Kassette oder CD.

Der **Digitale Signalprozessor (DSP)** von DREAMS erzeugt innerhalb der Hörzone ebene Wellenfelder mit je einer ebenen Welle für den linken und den rechten Kanal. Die Richtung der Wellen bestimmt die Stereo-Ortung, während der Winkel zwischen den Wellen den Raumeindruck definiert.

Die Mitte des Klangbildes befindet sich so für alle Sitzpositionen immer direkt vor dem Zuhörer. Und das Stereopanorama ragt gewissermaßen virtuell über den Fahrzeuginnenraum hinaus und zeigt akustisch eine verblüffend greifbare Gegenständlichkeit der Instrumente.

Der DSP erarbeitet aus den beiden Stereokanälen rechnerisch Signale und führt sie in zeitlich exakt definierter Abfolge den einzelnen Lautsprechern einer ganzen Reihe speziell angeordneter Lautsprecher zu. Jeder Lautsprecher erhält dabei gleichermaßen Signale sowohl vom linken wie auch vom rechten Kanal, wodurch sich erst die gewünschten ebenen Wellenfronten ausbilden. Wichtig ist jedoch die Abstimmung der Prozessroutine auf Ort und Anzahl der installierten Lautsprechersysteme.

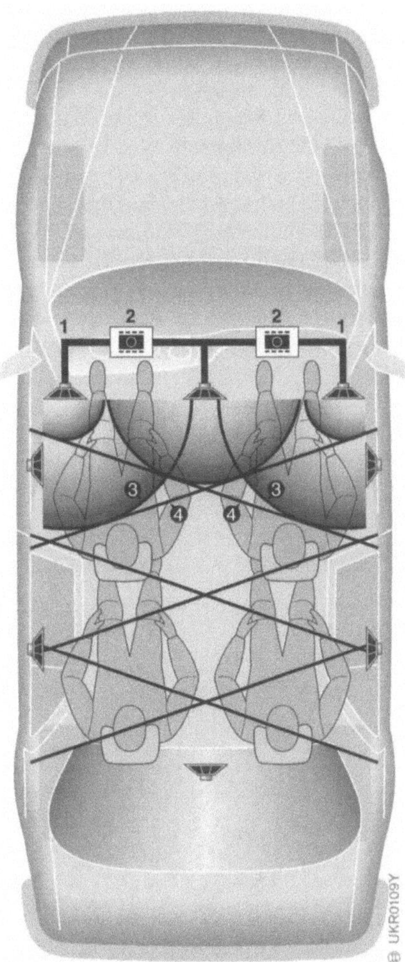

8   Soundsystem DREAMS (Schema)

Bild 8

❶ Die Signale des linken und rechten Stereokanals werden mit zeitlicher Verzögerung an die DREAMS-Lautsprecher weitergegeben.

❷ Die DREAMS-Elektronik steuert die Zeitverzögerung der Musiksignale.

❸ Die von den Lautsprechern abgestrahlten kugelförmigen Schallwellen addieren sich für jeden Stereokanal zu einer ebenen Wellenfront.

❹ Erst die ebenen Wellenfronten gewährleisten ein optimales, von den einzelnen Lautsprechern losgelöstes Stereopanorama – und dies auf jeder Sitzposition im Fahrzeug.

Autoantennen

**Der Radioempfang im Auto wurde längst
schon zur Selbstverständlichkeit und die
Empfangsantenne als Teleskop-, Motor-,
Dach- oder Scheibenantenne deshalb ein
Bestandteil des Fahrzeugdesigns.**

Aufgabe

Die Autoantenne hat die Aufgabe, die von
den Sendern ausgestrahlten hochfrequenten
Trägerwellen aufzufangen und an den Empfänger (Autoradio, Autotelefon oder Radio-
Navigationsgerät) zur Demodulation weiter-
zuleiten.

Neben dem rein passiven Radioempfang
haben sich in den letzten Jahre Mobilfunk-
dienste für eine aktive Kommunikation
etabliert. Damit reicht die Betriebsfrequenz
für Radio und Telefon von 150 kHz (LMK)
bis 1,9 GHz. Zur Nutzung dieses großen Frequenzbereichs wäre eine Vielzahl von Antennen erforderlich – jeweils abgestimmt auf
die speziellen Empfangsbedingungen. Weil
dies nicht möglich ist, geht der Trend zur
Kombiantenne (Multibandstrahler), mit der
sich mehrere Funkdienste empfangen lassen.
Die Anforderungen an eine solche Antenne
sind:
- Geeignetes Richtdiagramm,
- gute Anpassung,
- hohe Empfindlichkeit,
- geringe Abmessungen,
- geringes Gewicht,
- einfache Montage und
- frei von Windgeräuschen.

Radioantennen

Passive Radioantenne

Die Empfangsleistung einer Antenne in
einem Fahrzeug ist abhängig vom Einbauort. Nicht überall an der Fahrzeugkarosserie
sind die Empfangsbedingungen gleich gut;
nur der richtige Einbauort mit hohen Feldstärken gewährleistet einen guten Empfang.
Hohe Feldstärken treten z. B. an Kanten und
Spalten (z. B. Dach, vorderer und hinterer
Kotflügel, an den Seiten) auf, während unerwünschte niedrige Feldstärken an glatten
Metallflächen und Scheiben vorzufinden
sind (Bild 1).

Eine starke Ortsabhängigkeit ergibt sich
beim Mehrwegeempfang, der durch Reflexion an Bergen, Hauswänden usw. hervorgerufen wird. Der *Raum-Diversity-Empfang*
wirkt diesem Effekt entgegen. Dabei empfangen mehrere Antennen gleichzeitig das
einfallende Signal, wodurch die Wahrscheinlichkeit für den Empfang eines ungestörten
Signals steigt. Eine „intelligente" Auswertlogik (Entscheider) untersucht die eingehen-

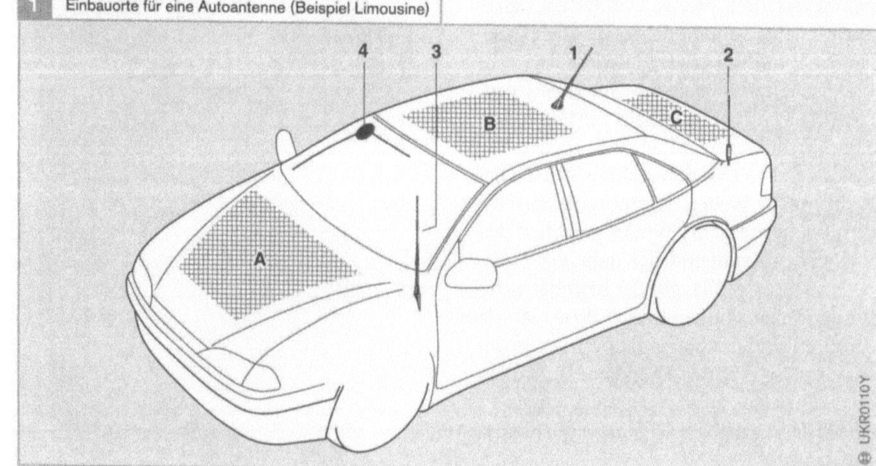

Bild 1

Geeignete Einbau-
stellen:

1 Hinterer Dachbereich
2 hinterer Kotflügel
3 vorderer Kotflügel
4 Scheibe (Ausnahme-
   fall mit Scheiben-
   antenne)

Ungünstige Einbau-
stellen:

A Motorhaube
B Dachfläche
C Kofferraumdeckel

den Signale und betätigt einen Schalter, der die Antenne mit dem momentan besten Empfang auswählt und mit dem Radio verbindet (Bild 2).

Aktive Radioantenne

Die Vorteile der aktiven Radioantenne kommen hauptsächlich dann zum Tragen, wenn der Empfänger weit entfernt von der Antenne eingebaut ist. Die lange Zuleitung verursacht zwangsläufig Verluste, und das empfangene Signal wird gedämpft. Die aktive Antenne erhöht die Empfangsleistung. Sie besteht aus dem passiven Empfangselement und dem im Antennenfuß eingebauten aktiven Verstärker (Bild 3). Dessen Spannungsversorgung kann über ein separates Kabel oder eine „Phantomspeisung" (HF-Signale *und* Versorgungsspannung über HF-Kabel der Antenne geleitet) erfolgen.

Radioantennen-Varianten

Stabantennen

Stabantennen sind besonders günstig: Sie ragen wegen ihrer Länge aus dem Störfeld des Kraftfahrzeugs heraus. Infolgedessen ergibt sich einerseits ein günstiges Verhältnis von Nutz- zu Störspannung. Andererseits treten hierbei praktisch auch keine Abschattungen (Abschirmung des Senderfeldes durch die Karosserie) auf, d. h. diese Antennen zeigen praktisch kaum eine Richtwirkung (gute Rundcharakteristik).

Stabantennen gibt es in verschiedenen Ausführungsvarianten, zum Beispiel als *Dachantennen* oder *passive und aktive Kurz-*

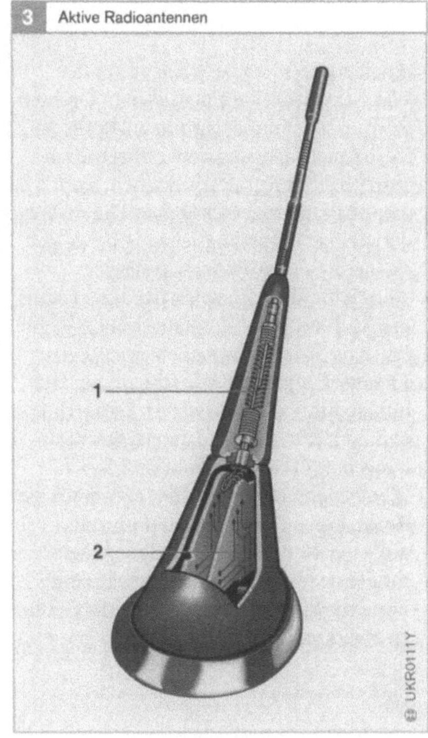

Bild 3

1 Hochflexibler, abrissgeschützter Stab
2 aktiver AM-/FM-Verstärker

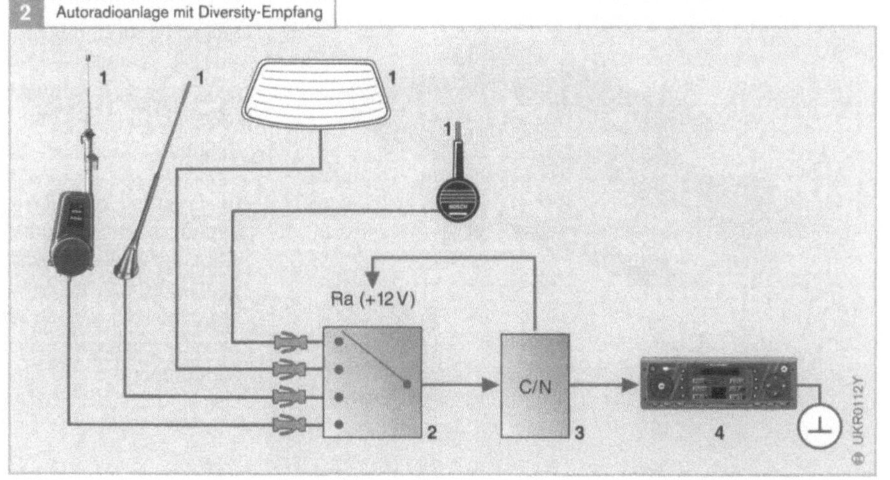

Bild 2

1 Diverse Antennen
2 Schalter
3 Auswertlogik (Entscheider)
4 Autoradio

stabantennen (jeweils zur Montage im Dachbereich), *Seitenantennen* oder als *Versenkantennen* (mit oder ohne Motorantrieb zur Montage im Kotflügelbereich), sodass – je nach den Anforderungen – jeweils die geeignete Lösung möglich ist.

Scheibenantennen

Scheibenantennen bestehen aus in der Windschutzscheibe eingelassenen Drähten bzw. aus einer aufgedampften Metallschicht. Sie liegen zwar etwas weiter oberhalb des Störnebels als Kurzstabantennen, jedoch immer noch niedriger als Stabantennen. Wegen der geringen Empfangsleistung benötigen sie meist einen Antennenverstärker.

Im UKW-Bereich spielt bei diesen Antennen auch noch die Empfangsrichtung eine Rolle, da Scheibenantennen eine gewisse Richtwirkung haben (Abschirmung nach hinten durch die Karosserie). Dadurch können im UKW-Bereich Lautstärkeschwankungen auftreten. Deshalb sind Bosch-Scheibenantennen mit einer automatischen Sendeanpassung ausgestattet und sind großsignalfest (Kreuzmodulation, keine Empfangsstörungen durch Scheinsender). Die exakte Signalverarbeitung erfolgt durch eine wirksame Verstärkertechnik.

Scheibenantennen sind gegen Feuchtigkeit weitgehend unempfindlich und haben eine hohe Lebensdauer. Allerdings ist die Montage an metallbedampften oder heizbaren Front- und Heckscheiben nicht möglich, da diese den Empfang stören.

Mobilfunkantennen

Anforderungen

Der Mobilfunk im D-Netz und E-Netz basiert auf zellularen Systemen (siehe auch Kapitel „Mobilfunk"). Ihr zu versorgender Bereich ist in mehrere Zellen aufgeteilt, die sich wabenartig aneinander fügen und einen ununterbrochenen Funkbereich für viele Teilnehmer ergeben.

Mittelpunkt einer Zelle ist eine Funkfeststation. Der Nutzer eines Funktelefons kann sich mit dem Auto frei bewegen. Er kann so lange telefonieren, wie er sich in Reichweite einer Funkstation befindet – auch wenn er dabei von einer zur anderen Zelle wechselt (Bild 4).

Ein Verbindungskanal besteht aus zwei abgestimmten HF-Frequenzen. Eine der Frequenzen überträgt die Signale vom Mobiltelefon über die Mobilfunkantenne des Autos zur Feststation. Die andere Frequenz überträgt die Signale von der Feststation über die Mobilfunkantenne zum Mobiltelefon. Damit ist eine gleichzeitige Übertragung in beide Richtungen möglich (Duplex-Übertragung).

Im Gegensatz zum herkömmlichen Rundfunkempfang werden die Daten digital übertragen. Mobilfunkantennen müssen auf diese Gegebenheiten abgestimmt sein.

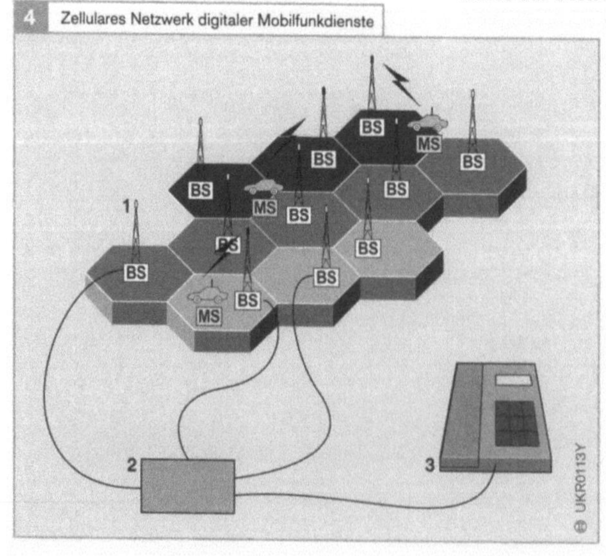

Bild 4
1 Netzwerkzellen mit
BS Funkfeststation
MS Mobilstation
(Auto mit Antenne
und Funktelefon)
2 mobile Vermittlungsstelle
3 öffentliches Fernsprechnetz

Mobilfunkantennen-Varianten

Stabantennen, Gewinnantennen

Die Leistung einer Antenne wird in Dezibel (dB) angegeben. Hierbei wird die Antenne mit einer Bezugsantenne unter gleichen Bedingungen verglichen. Als Bezug dient ein $\lambda/4$-Antennenstab, der auf der Mitte des Fahrzeugdachs montiert ist.

Die Stabantenne als $\lambda/4$-Strahler sowie einfach oder zweifach gestockte Antennen (mehrere Einzelantennen übereinander) sind die einfachste Bauform einer Antenne.

Die elektrisch kürzeste Länge einer Mobilfunkantenne für Kraftfahrzeuge sollte ein Viertel der Wellenlänge λ betragen. Der $\lambda/4$-Antennenstab (0 dB) bietet demnach aufgrund seiner Abstrahlcharakteristik eine gute Lösung.

Für schwach „ausgeleuchtete" Zellen und entlang von Autobahnen ist der $\lambda/4\text{-} + \lambda/2\text{-}$ oder der $\lambda/4\text{-} + 2 \times \lambda/2$-Antennenstab als Gewinnantenne die bessere Alternative. Eine Gewinnantenne erzeugt keine zusätzliche Sendeenergie. Sie gibt die ihr zugeführte Leistung lediglich in einer gebündelten Abstrahlcharakteristik ab. Dieser „Gewinn" ermöglicht eine größere Reichweite.

Kombiantennen

Kombiantennen kommen zum Einsatz, wenn möglichst viele Funkdienste über einen Antennenstab empfangen werden sollen. Dabei muss aber die Leistungsfähigkeit der einer Einzelantenne entsprechen. Eine Kombiantenne besteht daher aus mehreren Einzelantennen, die in ihrer Funktion voneinander entkoppelt sind. Mit der Anzahl der Einzelantennen steigt der Schwierigkeitsgrad, diese gegeneinander zu entkoppeln, da an jede Antenne die unterschiedlichsten Forderungen gestellt werden wie:

- Vertikale und horizontale Polarisation,
- unterschiedliche Frequenzbereiche,
- Signal aus unterschiedlichen Empfangsrichtungen,
- hohe Empfangsqualität im Rundfunkbereich und
- hohe Sendeleistung im Mobilfunkbereich.

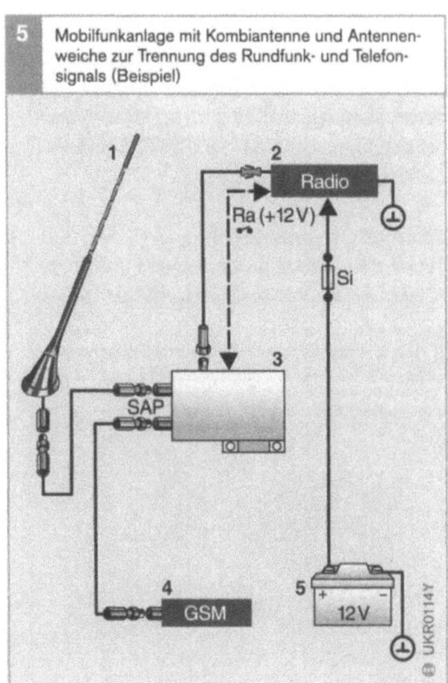

Bild 5
1 Kombiantenne
2 Autoradio
3 Antennenweiche
4 GSM-Mobiltelefon
5 Autobatterie (12-V-Spannungsquelle)

Diese Entkopplung gestaltet sich mit steigender Zahl der Funktionen zunehmend schwieriger. Die vom Antennenstab empfangenen Signale müssen getrennt und dem Empfängergerät zugeführt werden. Diese Trennung erfolgt in einer Antennenweiche, die im Antennenfuß oder extern platziert sein kann.

„On Glass"-Antennen

Einen einfachen und schnellen Einbau ohne Montagearbeiten an der Karosserie bieten „On Glass"-Antennen.

Die runden und flachen „On Glass"-Antennen für *Innenmontage* werden von innen auf die Front- oder Heckscheibe geklebt (Bild 6, nächste Seite). Das Signal wird durch die Glasscheibe empfangen (*nicht* geeignet für metallbedampfte Scheiben).

Bei „On Glass"-Antennen für die *Außenmontage* wird der Antennenfuß von außen und das Gegenstück von innen mit einem Klebstoff auf der Scheibe befestigt. Der Antennenstab wird in den Antennenfuß eingeschraubt. Dadurch ist der Einsatz von unterschiedlichen Antennenstäben möglich. Das Gegenstück bildet zusammen mit dem Antennenfuß einen Kondensator. Mithilfe dieser kapazitiven Kopplung gelangt das Signal durch die Scheibe. Ein Kabel leitet es dann zum Empfänger.

Fensterklemmantennen

Fensterklemmantennen werden auf eine Seitenscheibe gesteckt und mit dem Hoch-

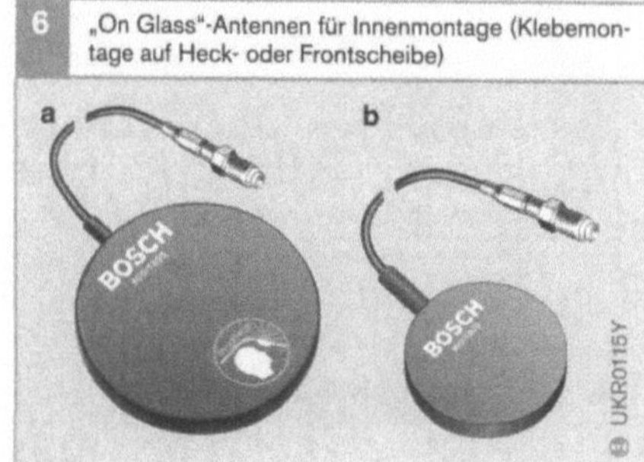

Bild 6
a Für Telefon D-Netz
b für Telefon E-Netz

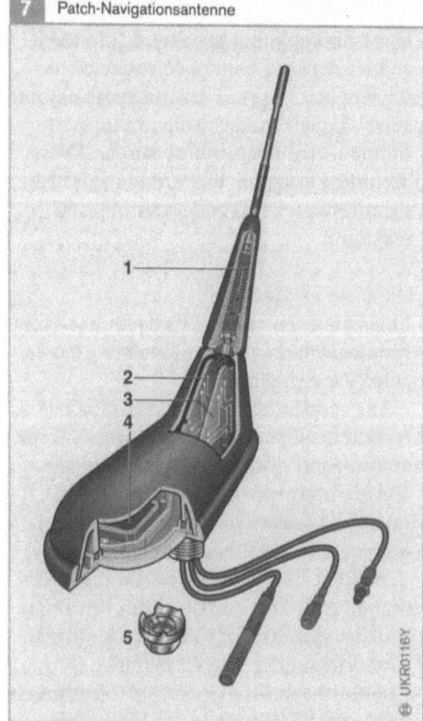

Bild 7
1 Hochflexibler, abrissgeschützter Stab
2 Diplexer
3 AM-/FM-Verstärker
4 GPS-Patch und Verstärker
5 Standardbefestigung

drehen der Scheibe am Fahrzeug befestigt. So eignen sie sich zum schnellen Umbau, wenn z. B. das Fahrzeug häufig gewechselt wird. Durch die Verlängerung des koaxialen Teils im Antennenfuß auf Dachhöhe und durch eine besondere interne Schaltung kann eine Verbesserung der Masseverhältnisse und somit ein besseres Strahlungsverhalten erreicht werden.

Antennenweichen

Antennenweichen werden aktiv zum Trennen des Rundfunk- und Telefonsignals verwendet (siehe auch Bild 5).

Navigationsantennen

Anforderungen

Die Satellitennavigation GPS (Global Positioning System) arbeitet nicht mit vertikal oder horizontal polarisierten Wellen. Die durch Satelliten gesendeten Signale sind zirkular polarisiert. Sie drehen sich stetig schraubenförmig rechts- oder linksherum in Senderichtung.

Bei Reflexion drehen zirkular polarisierte Wellen ihre Drehrichtung um. Aus diesem Grund kann im Reflexionsfall dieser Einfluss gut erkannt und im Empfänger verhindert werden. Eine Sendeleistung von ca. 50 W und ein geringer Bündelungsgrad der Wellen (bedingt durch die Notwendigkeit, damit den größtmöglichen Teil der Erdoberfläche zu erreichen) erschweren den Empfang der Satellitensignale.

Die GPS-Antenne sollte wegen des besseren Empfangs außen an der Fahrzeugkarosserie angebaut werden (Dach oder Kofferraumdeckel), in Ausnahmefällen auch in der Fahrgastzelle (Hutablage oder Ablage des Instrumentenfelds). Auf jeden Fall muss – um einen Empfangsverlust wegen Abschattung zu vermeiden – eine „Sichtverbindung" zum Himmel bestehen. Metallflächen, auch die Heizdrähte der Heckscheibe und nachträglich angebrachte Zubehörteile (z. B. ein Dachgepäckträger) stören den Empfang der Satellitensignale.

Navigationsantennen-Varianten

Als Empfangsantenne hat sich die horizontale Patch-Antenne (Engl. patch: Flicken, Flecken, Revier) durchgesetzt. Das Funktionsprinzip der Patch-Antenne eignet sich besonders gut für zirkular polarisierte Antennen. Zusätzlich besitzt die Patch-Antenne einen Verstärker, durch den der Radioempfang eine hohe Empfindlichkeit und eine Unempfindlichkeit gegenüber dem naheliegenden Funk-E-Netz sowie eine Verstärkung von ca. 30 dB erreicht (Bild 7).

Navigationsantenne für GPS-Empfang

Diese Antenne dient direkt dem GPS-Satellitenempfang und liegt dem TravelPilot DX-N als Zubehör bei. Sie wird auf dem Kofferraumdeckel oder dem Fahrzeugdach mit einem Magnet oder einer Verschraubung oder auf der Hutablage mit Klebstoff befestigt (Bild 8).

Kombiantennen

Kombiantennen gibt es in folgende Anwendungen:

- für GPS-Satellitenempfang, GSM-Mobiltelefonbetrieb und Autoradioempfang mit integrierter aktiver Antennenweiche für AM-/FM-Empfang (ohne oder mit Phantomspeisung, Bild 9),
- für GPS-Satellitenempfang, Funkbetrieb „2m" und Autoradioempfang (zusätzliche Weiche erforderlich),
- für GPS-Satellitenempfang und GSM-Mobiltelefonbetrieb,
- für GPS-Satellitenempfang bei Verwendung eines Telematik Radiophone (Gemini GPS 148) und eines TravelPilot-Navigationssystems; dabei ist zur Verteilung des von beiden Systemen benötigten GPS-Antennensignals eine Antennenweiche erforderlich.

Antennen-Zuleitungen

Die Antenne ist durch abgeschirmte Antennen-Zuleitungen mit dem Eingang des Empfängers verbunden, um Störeinstrahlungen zu verhindern oder zumindest zu verringern.

Die Abschirmung der Antennenzuleitung muss an Masse liegen. Ebenso müssen auch das Empfängergehäuse und das Fußpunktstück der Antenne am Kotflügel einwandfreie Masseverbindung haben.

Die Zuleitung der Antenne sollte in möglichst großem Abstand von dem im Fahrzeug verlegten Kabelbaum (insbesondere nicht parallel zu Zündleitungen) montiert sein. Ferner sollte zu Drahtzügen und Rohren, die in den Motorraum führen, genügend Abstand bestehen, da diese unter Umständen Störungen auf die Antenne und die Zuleitung der Antenne übertragen könnten.

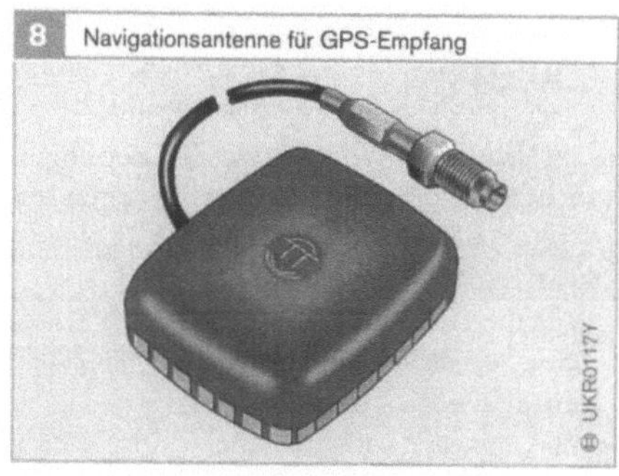

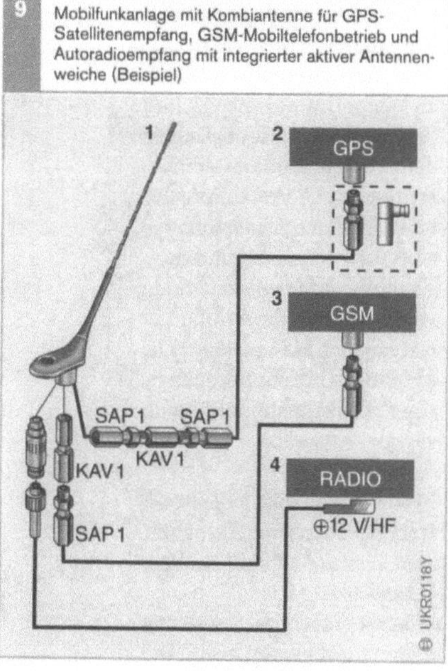

Bild 9
1 Kombiantenne
2 GPS-Satellitenempfang
3 GSM-Mobiltelefon
4 Autoradio mit 12-V-Phantomspeisung

Verkehrsfunksysteme

Verkehrsfunksysteme dienen dem Zweck, den Autofahrer rechtzeitig über Verkehrsbehinderungen zu unterrichten und ihm damit die Möglichkeit zu bieten, z. B. über alternative Strecken auszuweichen. Dadurch kann die Staugefahr gemindert und der sonst durch Staus verursachte erhöhte Zeitaufwand, verbunden mit unnötigem Kraftstoffverbrauch und damit auch erhöhtem Schadstoffausstoß, reduziert werden. Das ist allerdings nur möglich, wenn aus der Fülle der Informationen das Wesentliche herausgefiltert und dem Fahrer mit geringer Ablenkung vom Verkehrsgeschehen mitgeteilt wird.

Aufgabe

Das Verkehrsaufkommen und in der Folge dichter Verkehr und Staus mit längeren Reisezeiten nehmen ständig zu (Bild 1). Verkehrsfunksysteme haben die Aufgabe, den Autofahrer rechtzeitig vor Verkehrsbehinderungen, Staus, Sperrungen, unnötigen Umwegen und über alternative Umleitungsstrecken zu unterrichten und ihn mit den Mitteln der Verkehrsleittechnik über diese alternativen Routen zu leiten. Damit lassen sich die Verkehrswege selbst bei steigendem Verkehrsaufkommen besser nutzen. Die Verkehrssicherheit steigt, der Schadstoffausstoß wird reduziert, und der Zeitaufwand für private und gewerbliche Fahrten wird auf ein erträgliches Maß gesenkt. Die seit Jahren bekannteste Einrichtung des Verkehrsfunks bedient sich des Autoradios.

Verschiedene Probleme beeinträchtigen aber die Aktualität und Verständlichkeit des Verkehrsfunks (ARI):
- Verkehrsbehinderungen werden nur bekannt, wenn die Polizei vor Ort die Behinderung erkennt und die Information rechtzeitig an den Rundfunk weiterleitet.
- Zur Durchsage der Meldung muss das laufende Sendeprogramm unterbrochen werden. Das geschieht nur im Notfall (Falschfahrer), denn in der Regel werden Meldungen gesammelt und erst zur halben oder vollen Stunde ausgestrahlt.
- Das hohe Verkehrsaufkommen im Berufs- und Ferienverkehr bewirkt eine Vielzahl von Behinderungen und damit eine Vielzahl von Meldungen, die es dem Autofahrer erschweren, die für seine Fahrtroute zutreffende Meldung herauszufinden.

Zur Überwindung dieser Probleme wurden neue Meldesysteme geschaffen, die die Verkehrsmeldungen standardisieren, kodieren und digital parallel zum laufenden Programm übertragen.

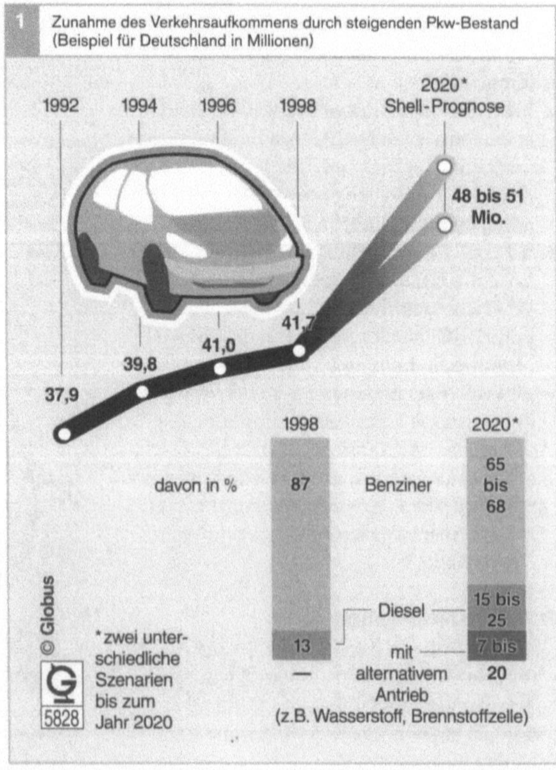

Verkehrsfunkkanäle

ARI

ARI (Autofahrer Rundfunk Information) ist
ein von Blaupunkt gemeinsam mit dem
ADAC (Allgemeiner Deutscher Automobil
Club) und den ARD-Rundfunkanstalten
entwickeltes Verkehrs-Informationssystem,
das in Deutschland, Österreich, Luxemburg
und in der Schweiz seit 1974 installiert ist
(Bild 2) und sich seither vielfach bewährt
hat.

Signalkennung

Die UKW-„Verkehrsfunksender" geben sich
dem mit ARI-Decoder ausgerüsteten Autoradio durch ein ständig ausgestrahltes Signal
(SK) zu erkennen. Ist die ARI-Taste gedrückt, hält der Sendersuchlauf des Radios
ausschließlich auf Verkehrsfunksendern.

Bereichskennung

Die zusätzlich ausgestrahlte
Bereichskennung (BK) kennzeichnet die Region, auf die sich
die Verkehrsnachrichten des
Senders beziehen. Bei Geräten
mit BK-Auswertung erscheint
ein entsprechender Bereichsbuchstabe („A" bis „F") auf
dem Display. Diese Buchstaben
erscheinen auch auf den blauen
Hinweisschildern, die an Fernstraßen installiert sind und dort
den Autofahrer auf die Verkehrsfunksender mit ihrer Frequenz und ihrem Sendebereich
aufmerksam machen (Bild 2).

Durchsagekennung

Ein drittes Signal, die Durchsagekennung (DK), wird dann
aufgeschaltet, wenn eine Ver-
kehrsdurchsage erfolgt. Die
Durchsagekennung sorgt dafür,
dass bei aktivierter Verkehrs-
funk-Funktion jede Verkehrs-
meldung in gut verständlicher
Lautstärke (einstellbar) zu

hören ist, unabhängig davon, ob das Radio
ganz leise gestellt ist oder ob gerade eine
Kassette oder CD abgespielt wird (Laufwerk
stoppt während der Durchsage).

TIM

TIM (Traffic Information Memory) ist
ein von Blaupunkt entwickeltes System mit
einem digitalen Sprachspeicher, der bis zu
vier aktuelle UKW-Verkehrsfunkmeldungen
mit einer Gesamtdauer von vier Minuten
aufzeichnen kann. Der TIM-Speicher aktualisiert sich ständig selbst. Das funktioniert
auch bei ausgeschaltetem Autoradio in
einem frei wählbaren Zeitfenster.

Der Abruf der gespeicherten Meldung erfolgt über eine spezielle (blaue) TIM-Taste,
wobei die zuletzt eingegangene Meldung
zuerst wiedergegeben wird.

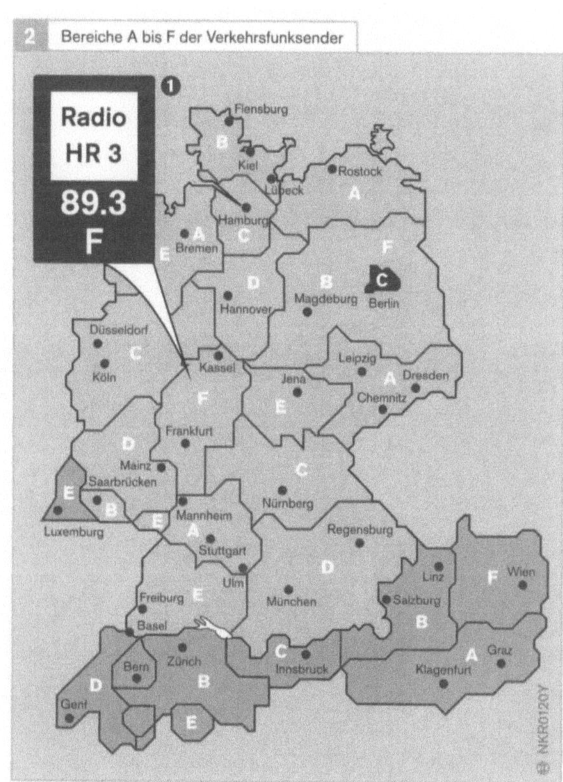

Bild 2

1 Hinweisschild für Ver-
kehrsfunksender
(Beispiel für Deutsch-
land):
Radio HR 3:
Hessischer Rundfunk
89,3:
Frequenz 89,3 MHz
F:
Bereichsbuchstabe
für die Region

RDS-TMC
Anwendung

Der herkömmliche Verkehrsfunk bringt Meldungen für ein großes Sendegebiet, oft nicht mehr aktuell und in einer Vielzahl – unabhängig davon, ob sie für die eigene Fahrtroute von Interesse sind oder nicht.

Diesem Zustand kann mit dem digitalen Verkehrsfunk-Datenkanal RDS-TMC (**Ra**dio **D**ata System-**T**raffic **M**essage **C**hannel) begegnet werden. Die vom Sender ausgestrahlten Daten kommen nicht hörbar und kurz nach der Erfassung aktuell ins Radio. Der Verkehrsteilnehmer kann sie dann selektiv und zeitlich unabhängig von den Sendezeiten für Verkehrsmeldungen abrufen. Er ist so sehr schnell über die aktuelle Verkehrssituation informiert. In Navigationssystemen (siehe Kapitel „Navigationssysteme") können die Meldungen von Hindernissen darüber hinaus zur Neuberechnung einer optimalen Wegstrecke umgehend berücksichtigt werden.

Dadurch steigt die Chance, Staus oder Unfällen rechtzeitig auszuweichen und trotz möglicherweise längerer Strecke rechtzeitig am Ziel zu sein. Im Gesamten verbessert sich der Verkehrsfluss, die Unfallzahlen sinken und die Umwelt wird von Schadstoffen entlastet.

Infrastruktur und Systemfunktion

Die Entwicklung von RDS wurde von der EBU (European Broadcasting Union) angestoßen. TMC (Traffic Message Channel) ist ein kostenfreies Unterprogramm von RDS (Radio Data System), das ca. 20 bis 30 aktuelle Verkehrsmeldungen je Minute in kodierter Form nach dem international standardisierten „Alert-C-Protokoll" aussenden kann. Die Kodierung setzt sich aus einer „Event list" (Liste der Ereignisse) und einem „Location table" (Liste aller nationalen Straßen und Ortspunkte) zusammen.

Die *im Gerät gespeicherte Liste (Event list)* beinhaltet alle möglichen Verkehrsvor-

Bild 3
1 Regionaler UKW-Sender
2 Verkehrszentrale
3 Wechselverkehrszeichen und Infrarotsender auf Brücken
4 Induktionsschleifen in der Fahrbahn
5 Polizei als Staumelder

kommnisse (z.B. Stau, Glatteis oder zäh-
fließender Verkehr). Die *auf der TMC-Chipkarte gespeicherte Liste (Location Table)* beinhaltet dagegen die Namen und Nummern
aller Autobahnen, Bundes- und Landstraßen. Mit dieser Kodierung hängt die
Ausgabesprache vom Empfangsgerät ab, sodass auch im Ausland empfangene RDS-
TMC-Verkehrsmeldungen geografisch unabhängig in der Heimatsprache des Autofahrers ausgegeben werden.

Diese multifunktionale Chipkarte *(Drive
Card)* für TMC und Diebstahlschutz ist
ISO 7816-kompatibel (ähnlich einer Tele-
fonkarte, allerdings um 0,15 mm dicker als
diese). Sie hat einen Speicher von 512 kB,
und ihr Chip beinhaltet drei IC, ein EPROM
(enthält den Keycode), ein PROM (enthält
die Datenbank mit den Locations) und ein
ASIC (für Protokollwandlung von I^2C in das
Datenbankformat). Ein erweiterter I^2C-Bus
sorgt für die Kommunikation.

Datenerfassung und Datenübermittlung
Induktionsschleifen in der Fahrbahn und
Infrarotsender auf Brücken (Bild 3) messen
die Verkehrsdichte und die Geschwindigkeit
der Fahrzeuge. Diese Daten und die einge-
henden Informationen von Staumeldern

(Polizei, ADAC, Straßen- und Autobahn-
meistereien) mit Angaben zu Ursache,
Streckenabschnitt und Staulänge werden an
die nächste Polizeidienststelle gemeldet.

Von dort aus gehen die Informationen
dann per Datenleitung an die Landes- und
Bundesmeldestellen, die durch Datenaustausch untereinander für einen Informati-
onsgleichstand sorgen. Die Landesmelde-
stellen verteilen diese Daten innerhalb von
Sekunden an die Verkehrssender. Dort können Moderatoren auf ihrem Bildschirm,
dessen Anzeige automatisch und permanent
erfolgt, immer den neuesten Stand der Verkehrslage verfolgen und eigene Meldungen
einarbeiten. Die so gewonnenen Informationen werden nun nach den zuvor beschriebenen Standards kodiert und im Hintergrund
zusammen mit dem Hörfunk nicht hörbar
ausgestrahlt.

Datenauswertung im Empfänger
Bis der mit einem RDS-TMC-Decoder ausgerüstete Rundfunkempfänger (z. B. Viking
TMC 148, Bild 4) die empfangenen Daten
decodieren und ausgeben kann, vergehen
weniger als 30 s. Der aktuelle Stand der
zyklisch wiederholten Meldungen wird im
Gerät zwischengespeichert.

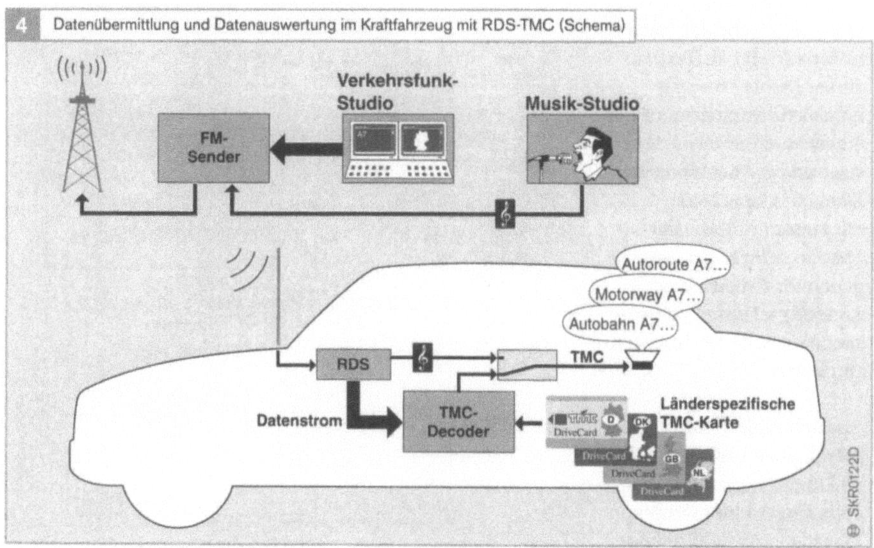

4 Datenübermittlung und Datenauswertung im Kraftfahrzeug mit RDS-TMC (Schema)

Nach dem Aktivieren von TMC und der Eingabe der Fahrroute (z. B. Nummern der Autobahnen und Bundesstraßen) oder eines Gebietes (Region) selektiert der TMC-Empfänger den Datenstrom hinsichtlich Fahrtrichtung, Verkehrsraum oder Straßenklasse, um die Verkehrsmeldungen einzugrenzen. So ist der Autofahrer *schon vor dem Antritt der Fahrt* über das aktuelle Geschehen auf den Straßen unterrichtet und kann seine geplante Route beibehalten oder auch ändern.

Zur Decodierung der TMC-Meldungen verfügt der Empfänger über die zuvor beschriebenen Code-Listen, wobei die Liste der Ortscodes mit den landesspezifischen Ortsangaben auf der einsteckbaren TMC-Chipkarte gespeichert ist.

RDS ermöglicht auch die Anzeige des Sendernamens, und teilweise nutzen die Radiostationen diesen PI-Code (**Programm Identifying**) zur Anzeige weiterer Informationen (z. B. Wettermeldungen). Auf Knopfdruck stehen damit jederzeit die neuesten Informationen für die eigenen Bedürfnisse gebührenfrei zur Verfügung.

Sprachwiedergabe
Die Wiedergabe der Nachrichten erfolgt als Text auf einem Display bzw. als natürliche Sprache über den eingebauten Sprachsynthesizer und die Lautsprecher. Dabei wird das Datentelegramm mithilfe der Sprachsynthese per Sprachgenerator (in beliebiger Landessprache) in zusammenhängende Nachrichten umgesetzt.

Verfügbarkeit
Der digitale Verkehrsfunk soll künftig überall in Europa eingerichtet werden. Da jedoch nicht alle Sender

über TMC verfügen, muss der Autofahrer ein Radioprogramm wählen, das diese Daten ausstrahlt (z. B. ist Deutschland in Selektionsbereiche unterteilt, die sich an den Wirtschaftsräumen orientieren, Bild 5).

Außerdem benötigt der Autofahrer für sein TIM-Radio eine landesspezifische Chipkarte. Auf dieser ist eine Liste mit den Ortsangaben des jeweiligen Landes mit den verschlüsselten *Location codes* gespeichert.

Auch in anderen Ländern Europas wird TMC bald Standard. Mit den dann angebotenen TMC-Chipkarten ist auch dort Verkehrsfunk in der jeweiligen Landessprache zu hören. Dann wird es sogar möglich sein, Verkehrsinformationen eines fremden Landes in der eigenen Sprache zu hören (z. B. französische Infos in deutscher Sprache).

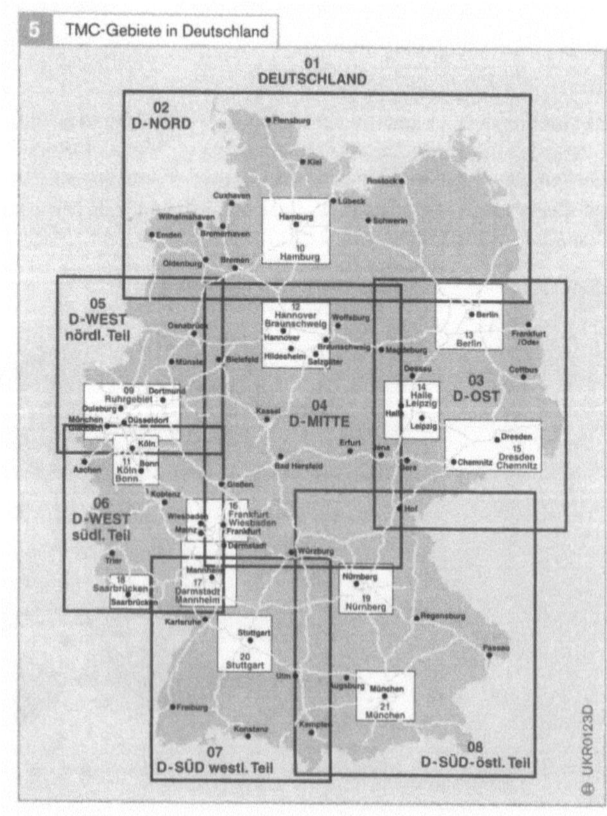

Zusätzlich zu den Anzeige- und Bedienelementen für überwiegend fahrzeugbezogene Funktionen nehmen Informations-, Kommunikations- und Komfortanwendungen im Fahrzeug immer mehr zu. Radio- und Audiofunktionen sind bereits Standardausrüstung. Telefon, Navigation, Telematikdienste und Multimediaanwendungen haben einen hohen Verbreitungsgrad. Jede dieser Funktionen benötigt vielfältige Bedienungs- und Anzeigeelemente. Sowohl aus ergonomischen als auch Sicherheitsaspekten werden deshalb viele dieser Bedienelemente und Anzeigen zu einem Informationssystem zusammengefasst, das den Nutzern (Fahrer und Beifahrer) eine einfache einheitliche Benutzeroberfläche bietet.

Bedienelemente und Anzeigen werden getrennt und im Fahrzeug an den optimalen Positionen platziert. Beispielsweise werden auf einem zentral im Fahrzeug angeordneten Monitor fast alle Informationen dargestellt, während die wenigen Bedienelemente griffgünstig auf der Mittelkonsole zwischen Fahrer- und Beifahrersitz angeordnet sind.

Während früher der Schwerpunkt auf der Erweiterung von Funktionalitäten im Fahrzeug lag, ist nun eine Konzentration auf Design, Ergonomie und Bedienbarkeit zu spüren.

LCD-Bildschirme mit einer Größe von bis zu 9 Zoll und Pixelauflösungen von 1200×800 Punkten erlauben das Darstellen von TV-Filmen und Videofilmen im Fahrzeug. Für speziell auf den Fahrer ausgerichtete Informationen werden Projektionsdisplays (Headup Displays) eingesetzt, die Bilder vor das Fahrzeug projizieren. Der Fahrer kann so die Informationen wahrnehmen, ohne seine Blickrichtung zu ändern. Beispiel dafür ist das Einblenden von Navigations-Fahrempfehlungen.

Eine immer größere Rolle spielen auch die Online-Dienste, die dem Fahrer vielfältige Informationen und Dienste anbieten wie z.B. Hotelbuchung, Auffinden der nächsten Werkstatt, Staumeldungen bis hin zu Börsennachrichten.

Eine Sprachausgabe kann die optische Anzeige ergänzen und den Fahrer entlasten. Eine weitere Steigerung des Bedienkomforts wird durch eine Spracheingabe für viele Funktionen erreicht. In Zukunft können Telefonnummern ebenso per Sprache eingegeben werden wie Navigationsziele, Radiosender oder auch Befehle wie z.B. Klimaverstellung.

Wegen der Vielzahl von Informationen und hohen Datenraten (z.B. Videobild) zwischen Informationsquellen (z.B. DVD-Laufwerk für Navigationskarten) und Anzeigen werden Hochgeschwindigkeits-Busverbindungen benötigt. Mit dem Serieneinsatz des MOST-Busses (**M**edia **O**riented **S**ystems **T**ransport) im Jahr 2002 stehen 22 Mbit/sec Bandbreite zur Verfügung. Es können damit gleichzeitig digitale Audio-, Video- und Steuerdaten zwischen den verschiedenen Geräten ausgetauscht werden. Ein Kfz-Informationssystem ist deshalb häufig ein komplexes System aus vielen vernetzten Einzelkomponenten.

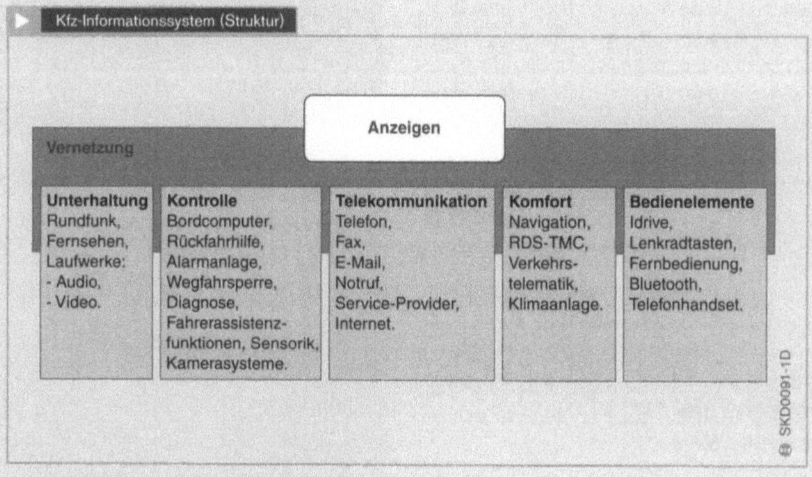

Navigationssysteme

Navigation ist die aktive Zielführung des Fahrers durch Bildschirmanzeige von Richtungspfeilen und Sprachausgabe. Die Routenführung erfolgt über eine digitalisierte Straßenkarte mithilfe von Ortungssatelliten. Die dynamische Navigation berücksichtigt dabei zusätzlich noch digital codierte Verkehrsmeldungen.

Aufgabe

Navigationssysteme für Kraftfahrzeuge haben die Aufgabe, dem Autofahrer ständig akustische und optische Fahrempfehlungen zu geben. Sie nutzen dabei die Daten der GPS-Ortungssatelliten, die Fahrgeschwindigkeit und die Fahrtrichtung, um den Fahrer per Symbole (Bild 1a) bzw. Karte (Bild 1b, c) sowie Sprachausgabe auf direktem Weg zum Ziel zu führen. Das dynamische Navigationssystem reagiert außerdem auf die Verkehrslage und berechnet automatisch die Route, die an der Störung vorbei am schnellsten zum Ziel führt.

Anwendung

Navigationssysteme haben in den letzten Jahren eine weite Verbreitung gefunden. Anstelle der anfänglich vorwiegend zur Nachrüstung verfügbaren Systeme haben sie sich inzwischen als Sonder- oder Serienausstattung bei Neuwagen etabliert. Die Integration in das Fahrzeug ermöglicht die Mehrfachnutzung von Sensoren für verschiedene Systeme sowie eine Vernetzung mit anderen Komponenten. Anzeigen im Kombiinstrument bringen auf diese Weise wichtige Informationen der Zielführung in das primäre Blickfeld des Fahrers.

Die Navigation wurde in zahlreichen Fahrzeugtypen Teil eines kompletten Fahrerinformationssystems mit Audio- und Telefonfunktionen. Dieser Trend wird sich weiter fortsetzen.

Arbeitsweise

Allen Systemen gemeinsam sind die Grundfunktionen „Ortung", „Zielauswahl", „Routenberechnung" und „Zielführung". Geräte des oberen Leistungsspektrums bieten zusätzlich eine farbige Kartendarstellung. Alle Funktionen benötigen eine digitale Karte des Straßennetzes, die allgemein auf einer CD-ROM oder DVD untergebracht ist.

Bild 1

a Große Piktogramme unterstützen die akustische Zielführung

b farbige Karten informieren über Parkplätze, Tankstellen, Sehenswürdigkeiten (POI) usw.

c Verkehrsinformationen (z. B. Stau) werden als Symbole in der Karte angezeigt und bei der Zielführung automatisch berücksichtigt

Ortung

Positionsbestimmung

Zur Positionsbestimmung wird die Koppelortung eingesetzt, bei der Wegelemente
zyklisch nach Betrag und Winkel addiert
(gekoppelt) werden. Hierdurch akkumulieren Fehler, die jedoch durch einen ständigen
Vergleich der Position mit dem Straßenverlauf der digitalen Karte (Map Matching,
Bild 2) kompensiert werden.

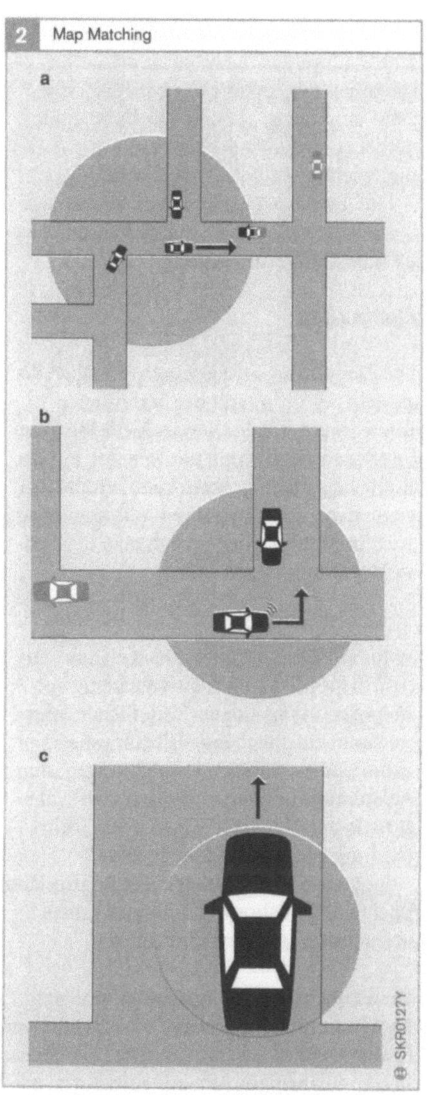

Das Satellitenortungssystem GPS (Global
Positioning System) hat an Bedeutung gewonnen, da die früher aus militärischen
Gründen herbeigeführte künstliche Verschlechterung des Signals inzwischen abgeschaltet wurde. GPS ermöglicht auch nach
vorübergehenden Fahrten außerhalb des
digitalisierten Straßennetzes oder nach dem
Transport des Fahrzeugs mit Schiff oder
Bahn eine problemlose Funktion der Systeme. Die erforderliche GPS-Antenne samt
Empfänger ist ein wesentlicher Bestandteil
des Navigationssystems.

Sensoren

Für die Ortung mit Navigationssystemen
der ersten Generation wurden häufig zwei
induktive *Raddrehzahlsensoren* zur Ermittlung des Weges und der Richtungsänderung
sowie eine *Erdmagnetfeldsonde* zur Bestimmung der absoluten Fahrtrichtung verwendet. GPS diente im Wesentlichen zur Korrektur starker Sensorstörungen oder um
nach Fahrten außerhalb der digitalen Karte
die Wiedereinfahrt in das gespeicherte
Straßennetz zu finden.

Aktuelle Systeme kommen mit einem einfachen Wegsignal eines elektronischen Tacho-
meters aus, wie es für die geschwindigkeits-
abhängige Lautstärkeregelung von Autoradios bereits häufig verfügbar ist. Dieser
Tachosensor liefert eine zur Fahrgeschwindigkeit proportionale Anzahl von Impulsen,
die der Navigationsrechner auswerten kann.

Die Richtungsänderung erfasst ein *Drehratesensor (Gyrometer)*. Er wandelt Veränderungen seiner Lage in eine Spannung um. Daraus kann der Rechner ermitteln, ob das
Fahrzeug beschleunigt, bremst oder abbiegt.
Sein Vorteil liegt in der geringen Baugröße
und der Unempfindlichkeit gegenüber den
im Pkw vorhandenen Störfeldern.
   Die Erdmagnetfeldsonde erübrigt sich,
da sich die absolute Fahrtrichtung über den
Dopplereffekt aus den GPS-Signalen bestimmen lässt.

Bild 2
a   Erste grobe Ortung
    durch GPS-System
b   nach wenigen Metern
    Identifikation der be-
    fahrenen Straße,
    Gyroskop registriert
    das Abbiegen
c   Position ist punkt-
    genau bestimmt und
    wird durch ständigen
    Abgleich der Sensor-
    daten mit der digita-
    len Karte auf aktuel-
    lem Stand gehalten

Auswahl der Fahrtziele

Verzeichnisse

Die digitale Karte der CD enthält Verzeichnisse, um ein Fahrtziel als Adresse eingeben zu können. Hierzu sind Listen aller verfügbaren Orte erforderlich. Zu allen Orten existieren wiederum Listen mit den Namen der gespeicherten Straßen. Zur weiteren Präzisierung von Zielen können dann auch Kreuzungen von Straßen oder Hausnummern ausgewählt werden.

Für Ziele wie Flughäfen, Bahnhöfe, Tankstellen, Parkhäuser und vieles mehr sind dem Fahrer in der Regel keine Adressen bekannt. Um ihr Auffinden zu erleichtern, gibt es daher thematische Verzeichnisse mit einer Auflistung dieser häufig auch als POI (Points of Interest) bezeichneten Ziele. Mit diesen Verzeichnissen lässt sich z. B. auch eine Tankstelle im Umkreis des Fahrzeugs finden (Bild 1b auf vorangehenden Seiten).

Das Markieren eines Zieles in der Kartenanzeige oder der Abruf von Zielen, die zuvor in einem Zielspeicher abgelegt wurden, sind weitere Auswahlmöglichkeiten.

Reiseführer

Als konsequente Weiterentwicklung der Auflistung von POIs sind Datenträger mit Reiseführern erhältlich, die in Kooperation zwischen Verlagen und den Herstellern der digitalen Karte entstehen. Hiermit lassen sich z. B. Hotels im Umkreis des Fahrtziels suchen. Informationen über Größe, Preise und Einrichtung der Points of Interest sind ebenfalls verfügbar (Bild 3).

Routenberechnung

Standardberechnung

Die Berechnung von Routen lässt sich den Wünschen des Fahrers anpassen. Einstellungen für die Optimierung der Route nach Fahrzeit oder Fahrstrecke gehören ebenso dazu wie das mögliche Meiden von Autobahnen, Fährverbindungen oder mautpflichtigen Straßen. Fahrempfehlungen entlang der Route werden in weniger als einer halben Minute nach Eingabe des Zieles erwartet.

Noch zeitkritischer ist die Neuberechnung, wenn der Fahrer die empfohlene Route verlässt. Denn noch vor Erreichen der nächsten Kreuzung müssen wieder erneute Fahrempfehlungen gegeben werden können. Eine „Stau"-Taste soll die Sperrung einer vorausliegenden Strecke und die Berechnung einer alternativen Route ermöglichen.

Dynamisierte Routen

Die Auswertung von RDS-TMC-codierten Verkehrsmeldungen macht eine automatische Stauumfahrung möglich. Diese Verkehrsmeldungen können über RDS oder GSM empfangen werden. Die hierfür erforderlichen TMC-Codes sind auf Autobahnen und wichtige Bundesstraßen beschränkt.

Eine Erweiterung der Möglichkeiten zur Dynamisierung durch neue Verfahren befindet sich in der Entwicklung.

Zielführung

Bestimmung der Route

Die Zielführung erfolgt durch Vergleich der aktuellen Position mit der berechneten Route. Aus der Folge des gerade befahrenen Straßenabschnitts und der weiteren auf der Route liegenden Strecken kann entschieden werden, ob der Fahrer einen Abbiegevorgang ausführen muss oder einfach dem Straßenverlauf weiter folgen kann.

Fahrtrichtungsempfehlung

Während der Fahrt gibt in erster Linie eine natürliche Stimme jeweils rechtzeitig vor Abbiegepunkten oder erforderlichen Spurwechseln entsprechende Fahrhinweise. Der Fahrer kann dann den Empfehlungen ohne Ablenkung vom Verkehr folgen. Zur Unterstützung erscheinen entsprechende Fahrtrichtungspfeile auf einem Display.

Einfache Grafiken, möglichst im primären Blickfeld des Fahrers (Kombiinstrument), unterstützen die Verständlichkeit.

Die Prägnanz dieser akustischen und grafischen Empfehlungen sind ausschlaggebend für die Qualität der Zielführung. Das Erkennen von Fahrmanövern aus einer Karte auf dem Display kommt wegen der Ablenkung des Fahrers vom Verkehr nicht als primäre Möglichkeit in Frage. Das System arbeitet „vorausschauend" und berücksichtigt je nach Fahrgeschwindigkeit eine ausreichende Reaktionszeit des Fahrers.

Dynamisierte Routen

Ausgewertete codierte Verkehrsmeldungen, die über den Traffic-Message-Channel des Radio-Data-Systems (RDS-TMC) parallel zum Rundfunk nicht hörbar übertragen werden, machen es möglich, einen Stau automatisch zu umfahren. Sie stehen bereits auch GSM-Diensten zur Verfügung.

Im Mittelpunkt der Routenberechnung steht immer die voraussichtliche durchschnittliche Fahrzeit für jeden Streckenabschnitt. Der Navigationscomputer ermittelt mithilfe der Verkehrsmeldungen, welche Straßenabschnitte von Behinderungen betroffen sind und berücksichtigt diese bei der automatischen Neuberechnung der Route. Dabei setzt es für Staustrecken je nach Grad der Behinderung eine entsprechend niedrigere Durchschnittsgeschwindigkeit an.

Wenn es bei einer Verkehrsbehinderung eine Zeit sparende Ausweichstrecke mit geringer Behinderung gibt, leitet die dynamische Navigation den Fahrer mit gesprochenen Hinweisen automatisch auf diese Strecke um.

Kartendarstellung

Die Darstellung der Karte auf einem Farbbildschirm kann je nach System über einen Maßstabsbereich von ca. 1 : 8 000 bis 1 : 16 Mio. erfolgen. Sie ist hilfreich, um je nach Maßstab einen Überblick über die Route im näheren oder weiteren Umfeld zu erhalten. Hintergrundinformationen wie Gewässer, bebaute Gebiete, Eisenbahnstrecken und Wälder erleichtern die Orientierung.

Straßenplanspeicher

Die CD ist als Straßenplanspeicher weit verbreitet. Die DVD mit einer mehr als siebenfachen Kapazität kann das Straßennetz weitaus größerer Gebiete aufnehmen und verdrängt deshalb die CD in zunehmendem Maß.

Die Strukturen der auf CD und DVD gespeicherten Daten sind herstellerspezifisches Know-how und beeinflussen Funktion und Leistungsfähigkeit der Systeme wesentlich. Aus diesem Grund sind CDs und DVDs für die Systeme der unterschiedlicher Hersteller meist nicht miteinander kompatibel.

Zukünftig werden fahrzeugtaugliche Harddiscs als Straßenplanspeicher neben höherer Kapazität eine fortlaufende Aktualisierung der Karte ermöglichen.

3 Reiseführer auf Datenträger (CD oder DVD) bieten sowohl Navigation als auch Reiseinformationen

Navigations-Software

Digitale Kartografie

Digitalisierung
Die Grundlage für die Digitalisierung bilden hochpräzise amtliche Karten, Satelliten- und Luftaufnahmen. Bei unzureichenden oder nicht aktuellen Vorlagen werden Vermessungen vor Ort durchgeführt. Die Digitalisierung wird in „Handarbeit" von geschultem Fachpersonal auf speziellen Digitalisierungscomputern durchgeführt. Anschließend werden Namen und Klassifikation der Objekte (z. B. Straßenzüge, Gewässer, Grenzen) in die Datenbasis integriert.

Feldbegehung
„Feldbegeher(innen)" erfassen zusätzliche „verkehrsrelevante Attribute" (z. B. Einbahnstraßen, Durchfahrtsbeschränkungen, Über- und Unterführungen, Brücken und Tunnel, Fahrbahnregelung an komplexen Kreuzungen) und prüfen vor Ort die Daten der Erstdigitalisierung (Bild 8).

Die Ergebnisse der Feldbegehung fließen in die Datenbasis mit ein und werden zur Anfertigung digitalisierter Landkarten im CD-Format verwendet.

Zusatzobjekte POI
POI (**Points of Interests**) sind Hotels, Restaurants, Sehenswürdigkeiten, öffentliche Einrichtungen usw., deren Namen oder Bezeichnungen bekannt ist, aber nicht deren Adressen. Diese Objekte umfassen sowohl den Bereich öffentlicher Einrichtungen als auch den touristisch-kulturellen Bereich und bilden die Grundlage für diverse Reise- und Spezialführer.

Qualitätsprüfung
Bei jedem Produktionsschritt wird anhand einer Prüfsoftware eine Qualitätsprüfung durchgeführt und eventuelle Erfassungsfehler sofort korrigiert. Zudem werden die Daten permanent anhand von Stichproben auf ihre geografische Genauigkeit, Richtigkeit und Aktualität vor Ort geprüft.

Datenformate
Das Datenformat ist eine Vorschrift zur Speicherung von Daten nach Ordnungskriterien, die deren Verarbeitung ermöglichen. Bei digital erfassten geografischen Daten unterscheidet man zwischen dem Erfassungsformat (standardisiertes Austauschformat wie GDF) und dem Anwendungsformat (z. B. TravelPilot-Format).

GDF

GDF (Geographic Data Files) ist ein standardisiertes internationales Austauschformat zur Abbildung geografischer Realitäten in Form von Vektoren (siehe „Vektorkarte"). Das GDF-Format sorgt u. a. dafür, dass das Fahrzeugnavigationsgerät trotz der Besonderheiten des Straßennetzes eines Landes die gewohnten Fahranweisungen gibt. An der Entwicklung des GDF-Formats hatte die Firma „Tele Atlas" maßgeblichen Anteil.

Vektorkarte

Die Vektorkarte bildet geografische Elemente durch eine Folge gerader Linien (Vektoren) ab. Jeder Vektor ist mit seinem Anfangs- und Endpunkt eindeutig durch geografische Koordinaten und durch Attribute (z. B. Name, Klassifizierung usw.) definiert. Nur mithilfe einer Vektorkarte können mathematische Routenberechnungen durchgeführt werden.

GIS

GIS (Geografisches Informationssystem) ist eine Softwareanwendung, in der geografische Informationen zu Analyse- und Planungszwecken benutzt werden. Beispielsweise ist die Berechnung von Funkzellen für Mobilfunknetze ohne GIS nicht denkbar.

Geo-Codierung

Bei der Geo-Codierung werden Zusatzobjekte in die digitale Karte durch Zuordnung eines Koordinatenpaares (Längen- und Breitengrad) eingebunden.

TravelPilot-Format

Das TravelPilot-Format ist ein Anwendungsformat der Navigations-CD für Navigationssysteme der Firma Bosch/Blaupunkt, gekennzeichnet durch das TravelPilot-Logo. Die Daten des Austauschformats GDF müssen durch Konvertierung in das TravelPilot-Format umgewandelt werden.

Basis-CD

Für viele europäische Länder gibt es in Zusammenarbeit von Blaupunkt und Tele Atlas Basis-CDs, die die Grundlage für die Navigation in der jeweiligen Region bilden. Sie enthalten das komplette digitale Straßennetz (Verbindungs- und Überlandstraßen) und alle verkehrsbezogenen Informationen wie Einbahnstraßen, Abbiegeverbote, Durchfahrtsbeschränkungen usw.

In den großen Wirtschaftsregionen und allen Städten Deutschlands mit mehr als 50 000 Einwohnern sind z. B. sämtliche Straßennamen und für die Städte Berlin, Hannover, München und Stuttgart sogar die einzelnen Hausnummern aufzufinden. Dazu kommen viele zusätzlich auswählbare Ziele wie Bahnhöfe, Flughäfen, Autovermietungen, Krankenhäuser, mehrere Urlaubsgebiete usw.

Reiseführer

Tele Atlas bietet in Verbindung mit Varta, Michelin, Merian scout, ANWB und De Agostini für verschiedene Länder und große Städte jeweils einen „Travel Guide", mit dem eine Selektion der Reiseführer-Ziele nach persönlichen Wünschen möglich ist.

Die Informationen sind in der Regel in Rubriken angelegt (z. B. Übernachtung, Essen und Trinken, Sport und Freizeit, Kunst, Architektur, Tourist-Info, Unterhaltung usw.). Sie geben Auskunft über Hotels, Restaurants (mit den speziellen Auszeichnungen, z. B. Sterne, Kochmützen) und Sehenswürdigkeiten und leiten auch den Fahrer zu diesen ausgewählten Zielen.

Spezialführer

Spezialführer beschränken sich auf eine spezielle touristische Besonderheit. Tele Atlas hat zusammen mit Merian scout z. B. einen Golfführer als „Special Guide" herausgegeben.

Piezoelektrischer Stimmgabel-Drehratesensor

Anwendung

Der Rechner von Fahrzeug-Navigationssystemen benötigt Informationen über die Fahrzeugbewegungen, damit er den gefahrenen Weg mithilfe einer auf CD-ROM gespeicherten digitalen Straßenkarte nachvollziehen kann (Koppelnavigation).

Der in die Navigationskomponente integrierte Drehratesensor erfasst bei Kurvenfahrten (z. B. in Kreuzungsbereichen) die Fahrzeugdrehungen um die Hochachse. Er erzeugt dabei ein Spannungssignal, aus dem der Navigationsrechner unter Berücksichtigung des Tacho- oder Radsensorsignals den Kurvenradius errechnet und daraus die Fahrtrichtungsänderung ableitet.

Für Navigationssysteme wird der Piezoelektrische Stimmgabel-Drehratesensor zunehmend vom Mikromechanischen Drehratesensor verdrängt (s. Kap. „Elektronisches Stabilitäts-Programm").

Aufbau

Der Drehratesensor (auch Gyrometer genannt) besteht aus einem stimmgabelförmigen Stahlkörper mit vier Piezoelementen (zwei unten- und zwei obenliegend, Bild 1) und einer Sensorelektronik. Dieser Sensor misst sehr genau und ist unempfindlich gegenüber magnetischen Störungen.

Arbeitsweise

Bei anliegender Spannung beginnen die unteren Piezoelemente zu vibrieren und regen die oberen Bereiche der Stimmgabel mit den oberen Piezoelementen zu gegenphasigen Schwingungen an.

Geradeausfahrt

Bei Geradeausfahrt wirkt keine Coriolisbeschleunigung auf die Stimmgabel. Da die oberen Piezoelemente immer gegenphasig schwingen und nur senkrecht zur Schwingrichtung sensitiv sind (Bild 1a), erzeugen sie keine Spannung.

Kurvenfahrt

Während einer Kurvenfahrt wird die bei einer Drehbewegung in Verbindung mit der Schwingbewegung (aber senkrecht dazu) auftretende Coriolis-Beschleunigung zur Messung ausgenutzt. So verursacht die Drehbewegung nun eine Auslenkung der oberen Stimmgabelbereiche aus der Schwingebene heraus (Bild 1b). Dadurch entsteht in den oberen Piezoelementen eine elektrische Wechselspannung, die über eine Elektronik im Sensorgehäuse zum Navigationsrechner gelangt. Die Amplitude des Spannungssignals hängt sowohl von der Dreh- als auch der Schwinggeschwindigkeit ab, ihr Vorzeichen vom Drehsinn der Kurvenfahrt.

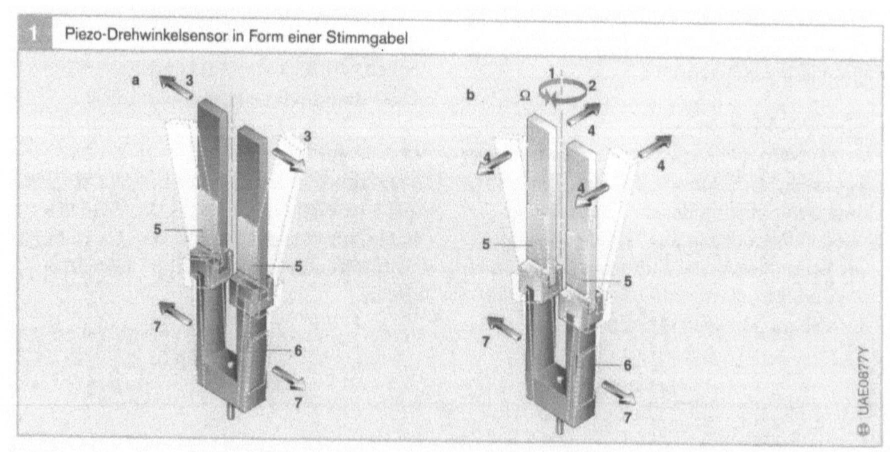

Als „Mikromechanik" bezeichnet man die Herstellung von mechanischen Bauelementen aus Halbleitern (im Regelfall aus Silizium) unter Zuhilfenahme von Halbleitertechniken. Neben den halbleitenden Eigenschaften werden auch die mechanischen Eigenschaften des Siliziums ausgenutzt. Damit lassen sich Sensorfunktionen auf kleinstem Raum ausführen. Folgende Techniken kommen zur Anwendung:

Bulk-Mikromechanik

Das Material des Silizium-Wafers wird mit anisotropem (alkalischem) Ätzen und mit oder ohne elektrochemischem Ätzstopp in der gesamten Tiefe bearbeitet. Dabei wird das Material von der Rückseite her im Innern der Siliziumschicht (Bild 1, Pos. 2) dort abgetragen, wo keine Ätzmaske (1) aufliegt. Mit diesem Verfahren werden sehr kleine Membranen (a) mit typischen Dicken zwischen 5 und 50 μm, Öffnungen (b) sowie Balken und Stege (c) z.B. für Druck- oder Beschleunigungssensoren hergestellt.

Oberflächen-Mikromechanik

Trägermaterial ist ein Silizium-Wafer, auf dessen Oberfläche sehr kleine mechanische Strukturen gebildet werden (Bild 2). Zunächst wird eine „Opferschicht" aufgebracht und mit Halbleiterprozessen (z.B. Ätzen) strukturiert (A). Darüber wird eine ca. 10 μm dicke Polysiliziumschicht abgeschieden (B) und deren gewünschte Struktur mithilfe einer Lackmaske senkrecht geätzt (C). Im letzten Prozessschritt wird die Opferoxidschicht unterhalb der Polysiliziumschicht mit gasförmigem Fluorwasserstoff entfernt (D). Damit werden Strukturen wie z.B. bewegliche Elektroden (Bild 3) für Beschleunigungssensoren freigelegt.

Wafer-Bonden

Beim anodisches Bonden und Sealglasbonden werden zwei Wafer unter Einwirkung von Spannung und Wärme bzw. Wärme und Druck fest miteinander verbunden, um z.B. ein Referenzvakuum hermetisch einzuschließen oder empfindliche Strukturen durch Aufbringen von Kappen zu schützen.

---

1 Mit der Bulk-Mikromechanik herstellbare Strukturen

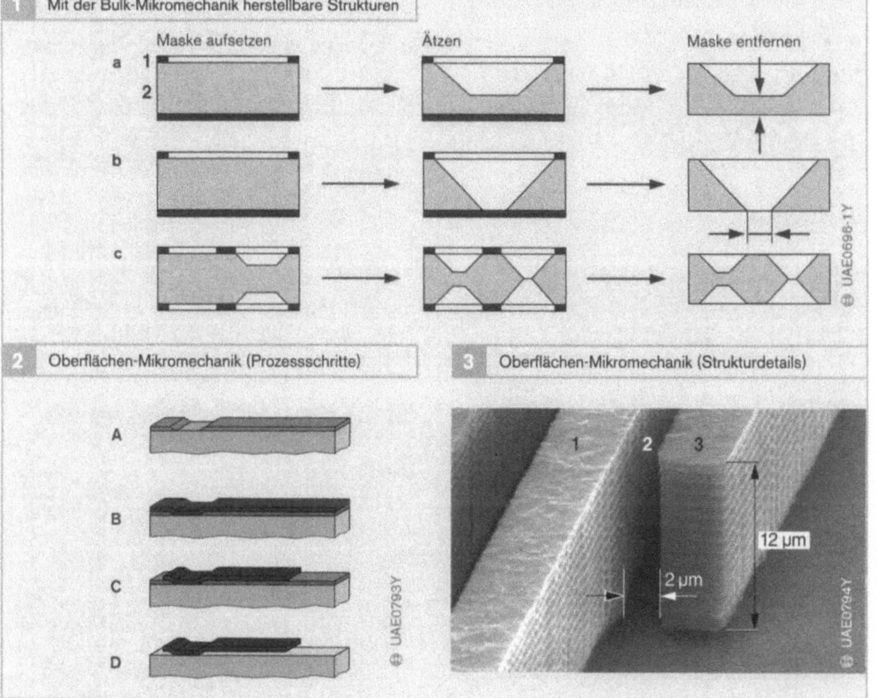

2 Oberflächen-Mikromechanik (Prozessschritte)

3 Oberflächen-Mikromechanik (Strukturdetails)

Bild 1
a   Herstellen einer Membran
b   Herstellen einer Öffnung
c   Herstellen von Balken und Stegen

1   Ätzmaske
2   Silizium

Bild 2
A   Abscheiden und Strukturieren der Opferschicht
B   Abscheiden des Polysiliziums
C   Strukturieren des Polysiliziums
D   Entfernen der Opferschicht

Bild 3
1   Feste Elektrode
2   Spalt
3   federnde Elektrode

Verkehrstelematik

Seit Jahrzehnten steigt die Mobilität und damit die Belastung der Verkehrswege. Die Telematik optimiert die Verkehrsströme im bestehenden Straßennetz und trägt damit zu einer besseren Straßenauslastung bei. Telematikdienste nutzen Telekommunikation und Informatik, um Informationen über die Verkehrssituation zu sammeln. Sie informieren den Fahrer über die individuelle Verkehrslage und machen Umleitungsempfehlungen, empfangen und verarbeiten aber auch Daten, die das Fahrzeug aussendet.

Definition

Das Wort „Telematik" entstand durch die Zusammenziehung der Wörter „Telekommunikation" und „Informatik". Unter dem Begriff „Verkehrstelematik" fasst man dementsprechend Anwendungen zur Übertragung verkehrsbezogener Informationen von und zu Fahrzeugen und deren nachfolgende meist automatische Auswertung zusammen.

Telematik verbindet, vermittelt, vernetzt und verarbeitet im virtuellen Zusammenspiel von Endgerät, GSM-Netz und Diensteangebot.

Aufgabe

Aufgabe der Verkehrstelematik ist es, die Mobilität im verfügbaren Straßennetz trotz ansteigendem Verkehrsaufkommen zu verbessern und dem Autofahrer weitere Serviceleistungen zur Verfügung zu stellen.

Ziel ist es u. a., die Verkehrsströme im bestehenden Straßennetz zu optimieren und eine erheblich bessere Straßenauslastung bei höheren Durchschnittsgeschwindigkeiten zu erzielen.

Schnittstelle für die *ein- und ausgehenden* Daten ist ein angeschlossenes Handy oder ein GSM-Funkmodul, mit dem auch ganz normale Telefongespräche geführt werden können.

Die Verkehrstelematik informiert dann den Fahrer wahlweise per Displaytext oder Sprache über die Verkehrssituation seiner individuellen Fahrroute und gibt neue Routenempfehlungen sowie nützliche Hinweise.

Die Verkehrstelematik sendet aber auch Not- und Pannenrufe, um über Telematikdienste Hilfeleistungen (z. B. Abschleppoder Rettungsfahrzeug) herbeizurufen.

Das Auto selbst sendet z. B. Daten aus der Fahrzeugelektronik, die den Pannendiensten eine Ferndiagnose ermöglichen. In Verbindung mit Crash-Sensoren können Unfallmeldungen vollautomatisch abgesetzt werden. In beiden Fällen kann das Fahrzeug durch GPS-Ortung seinen Standort an den Hilfsdienst übermitteln.

In ähnlicher Weise sind Diebstahlmeldungen mit ferngesteuertem Stillsetzen des Fahrzeugs (z. B. an Ländergrenzen) möglich.

Die Verkehrstelematik ist auch für das Transportwesen von großer Bedeutung. Zunehmendes Frachtaufkommen führt zu einer weiteren Verschärfung der Verkehrssituation. Staus und Unfälle verursachen Transportverzögerungen und -ausfälle. Alle Unternehmen, die Waren transportieren, haben sich mit ständigen Verzögerungen auseinander zu setzen.

Die Verkehrstelematik ist ein wertvolles Steuerungsinstrument für ein wirkungsvolles Flottenmanagement (siehe auch Kapitel „Flottenmanagement") mit effektiver Tourenplanung und gleichzeitig besserer Auslastung der Fahrzeuge.

Struktur und Arbeitsweise

Übertragungswege

Als Übertragungswege für die Telematikdienste stehen heute in erster Linie die Mobilfunknetze zur Verfügung (Bild 1).

Mit der Hilfe von GSM können Informationen zwischen Fahrzeugen und Zentralen von Diensteanbietern *in beiden Richtungen* ausgetauscht werden. Die Informationsmenge ist jeweils durch die Bandbreite der verfügbaren Übertragungskanäle begrenzt. Deshalb ist eine möglichst redundanzfreie Codierung standardisierter Nachrichteninhalte erforderlich.

Standardisierung

Die Standardisierung von Inhalten ermöglicht neben der bisher angestrebten kompakten Codierung auch die Verwendung von Informationen aus verschiedenen Quellen und durch unterschiedliche Endgeräte.

Die Standardisierung bezieht sich bei Meldungen von Verkehrsstörungen auf die Art der Störung (wie „Stau", „Vollsperrung"), auf Ursachen (wie „Unfall", „Glatteis"), auf die voraussichtliche Dauer sowie die Identifikation der betroffenen Straßenabschnitte.

Eine Codierung für geografische Regionen, längere Autobahnabschnitte (Segmente) und einzelne Verkehrsknoten (Locations) existiert bereits in etlichen Ländern für die Übertragung über den Traffic-Message-Channel, TMC, des Radio-Data-Systems, RDS (siehe Kapitel „Verkehrsfunksysteme).

Aber auch Diensteanbietern im GSM-Netz verwenden diese Codierung.

Der Global Automotive Telematics Standard, GATS, wird für Pannenruf, Notruf, Auskunftsdienste und Verkehrsdatenerfassung nach dem weiter unten beschriebenen Floating-Car-Data-Prinzip eingesetzt.

Referenzierung

Die Verwendung vordefinierter Knotenpunkte und Streckenabschnitte im Straßennetz setzt voraus, dass diese im fahrzeugseitigen Gerät bekannt sind. Sie ist bisher auf die Hauptverkehrswege (Autobahnen und Bundesstraßen) begrenzt. Das Verfahren verursacht außerdem erheblichen Aktualisierungsaufwand. Deshalb wurde in einem EU-weiten Projekt (AGORA) ein Verfahren entwickelt, das es ermöglicht, Meldungen für beliebige Straßen zu codieren, ohne versionsgleiche Referenztabellen bei Sender und Empfänger verwenden zu müssen.

Selektion

Die relevanten Meldungen werden durch das Endgerät anhand der Fahrzeugposition und gegebenenfalls entlang einer Route

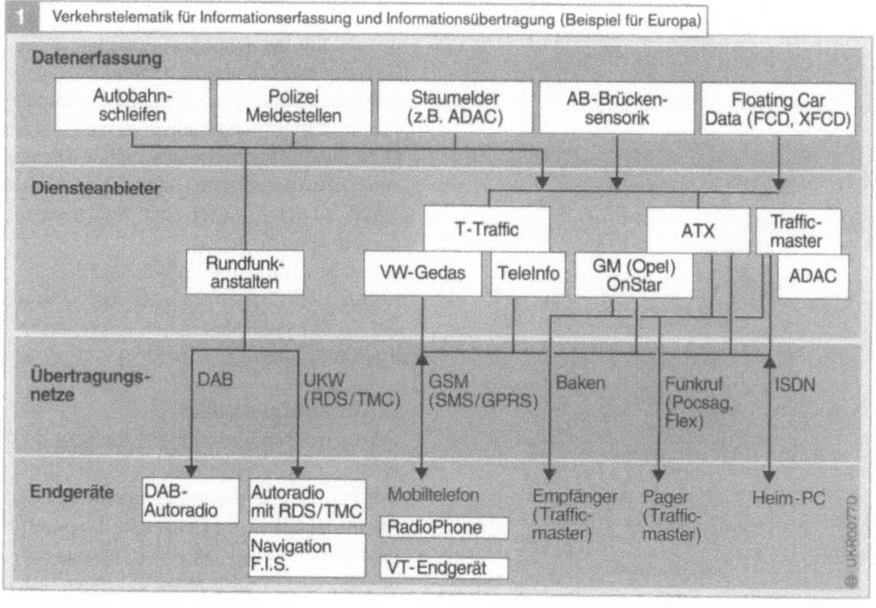

aus der Menge der verfügbaren Meldungen gefiltert.

Decodierung von Verkehrsmeldungen

Die Decodierung und Selektion TMC-codierter Verkehrsmeldungen ist bereits in 1-Block-Autoradios integriert. Ein Sprachausgabebaustein setzt Meldungen in hörbare Meldungen um. Da die Meldungen standardisiert sind, ist eine Umsetzung in verschiedene Sprachen kein Problem.

Telematikdienste

Für Verkehrstelematik ausgerüstete Geräte verfügen über ein GSM-Modul und einen Empfänger für GPS (Global Positioning System). Das GSM-Modul ermöglicht neben normalen Telefonfunktionen auch die *bidirektionale* Übertragung von Meldungen (also Hin- und Rückmeldungen) über SMS (Short Message Services) oder GPRS (General Packet Radio System).

Das GPS-Modul ermöglicht die Bestimmung der Fahrzeugposition mit ca. 100 m Genauigkeit. Mit solchen Geräten lassen sich Telematikdienste wie „Verkehrsinformation", „Pannenruf" und „Hilferuf" nutzen.

Verkehrsmeldungen können relativ zum eigenen Standort und zur Fahrtrichtung sowie durch Auswahl von Autobahnen und Bundesstraßen ausgewählt werden. Bei einer Panne baut sich auf Knopfdruck eine Telefonverbindung zur einer Zentrale auf. Parallel wird über SMS die Position des Fahrzeugs übertragen.

Für zukünftige GSM-Dienste kann die Funktion der Geräte durch Einspielen neuer Software erweitert werden.

Dynamische Zielführung

Die am weitesten automatisierte Auswertung von Verkehrsinformationen erfolgt in Verbindung mit der dynamischen Zielführung, obwohl es sich hierbei nicht um Telematik im eigentlichen Sinne handelt.

Die standardisierte Codierung von „Locations" (siehe „Standardisierung"), Ereignissen sowie deren örtliche Ausdehnung und voraussichtliche Dauer macht es Rechnern in Zielführungssystemen möglich, die Auswirkung einer Verkehrsstörung auf den Routenverlauf zu bewerten und dann zu berechnen, ob eine günstigere Alternativroute existiert.

In diesem Fall bekommt der Fahrer den Hinweis, dass die Route aufgrund von Verkehrsmeldungen neu berechnet wurde. Entsprechend der neuen Route folgen dann die weiteren Richtungsempfehlungen (Bild 2). Für die dynamische Zielführung ist auf den CDs, die üblicherweise die digitale Karte von Zielführungssystemen tragen, eine Referenztabelle zu den Locations der Verkehrsmeldungen erforderlich.

Systeme mit dynamischer Zielführung sind seit 1998 erhältlich und werden wegen des Komforts für den Fahrer schnelle Verbreitung finden.

Off-Board-Navigation

Off-Board-Navigation bietet Zielführung über einen Diensteanbieter im GSM-Netz. Das Fahrzeug benötigt nur noch eine Eingabemöglichkeit für Ziele, eine Ausgabe für Fahrempfehlungen und eine Ortungseinheit. Routen und Fahrempfehlungen werden

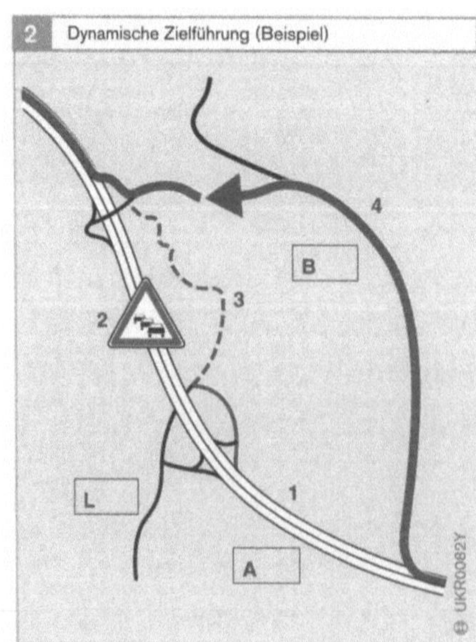

Bild 2
1   Ursprüngliche Hauptroute
2   Stau
3   vom Fahrer eingeschätzte Alternativroute
4   durch dynamische Zielführung automatisch berechnete günstigste Alternativroute
A   Autobahn
B   Bundesstraße
L   Landstraße

zentral bei einem Diensteanbieter berechnet und über GSM ins Fahrzeug übertragen. Zur Route gehört auch der Verlauf der zugehörigen Straßen, womit die Ortungsfunktion unterstützt werden kann. Eine CD oder ein sonstiger Speicher mit Straßendaten benötigt das Fahrzeug nicht.

Informationserfassung

Der Nutzen der Verkehrstelematik hängt von der Qualität und Aktualität der Meldungen ab.

Erfassung durch Infrastruktur an den Straßen

Informationen über den Verkehrsfluss auf wichtigen Straßenabschnitten werden bereits seit vielen Jahren durch Induktionsschleifen in den Fahrbahnen erfasst. Die Schleifen können die Anzahl und die Geschwindigkeit von Fahrzeugen messen und daraus Verkehrsdichte (Fahrzeug pro km) und Verkehrsstärke (Fahrzeug pro Stunde) berechnen. Die Installation solcher Schleifen wurde in den letzten Jahren intensiviert, ist aber aufwändig und teuer.

Zusätzlich installieren Diensteanbieter Sensoren an Autobahnbrücken, die mit Solarzellen betrieben werden und ihre Informationen drahtlos übertragen können (Bild 3). Sie sind leicht und kostengünstiger zu installieren; ihr Messprinzip beschränkt sie aber auf die Zählung von Fahrzeugen und eine grobe Geschwindigkeitseinstufung.

Floating Car Data, FCD

Eine weitere Möglichkeit der Erfassung von Verkehrsinformationen besteht im Floating-Car-Data-Prinzip (FCD).

Ein Auto „fließt" (floating car) im Verkehrsstrom mit und überträgt zyklisch seine Position, Fahrtrichtung, Fahrtstrecke und Geschwindigkeit in eine Zentrale. Dort können durch statistische Auswertung der individuell erfassten Daten aktuelle Meldungen über die Verkehrssituation generiert und in statistischen Prognosemodellen zur Vorhersage von Verkehrsstörungen genutzt werden. Die Teilnahme am FCD-System ist freiwillig und wird vom Diensteanbieter in der Regel mit einem Rabatt belohnt. Für diese Methode kommen alle Fahrzeuge mit einer entsprechenden Ortungs- und Sendevorrichtung (GSM – SMS) in Frage.

Voraussetzung für statistisch abgesicherte Meldungen ist jedoch eine ausreichend hohe Anzahl von entsprechend ausgerüsteten Fahrzeugen.

Bild 3
Mit Solarzellen betriebene Sensoren an Autobahnbrücken erfassen die Zahl und die Geschwindigkeit der durchfahrenden Fahrzeuge

Flottenmanagement

Klassische Logistik-Abläufe stoßen im Internet-Zeitalter an ihre Grenzen. Die ersten Flottenmanagement-Anwendungen wurden noch im Bündelfunk realisiert. Inzwischen findet der Datenaustausch zwischen den Fahrzeugen und den Dispositionszentralen im Short Message Service des GSM-Netzes mithilfe von Flottenmanagement-Geräten wie „FleetCommander GPS" und „TravelPilot DX-N Professional" statt. Zudem sind große Anbieter von Flottenmanagement-Software, ja sogar Intenet-Provider auf den Plan getreten, mit denen Systemlösungen für verschiedene Länder und Branchen realisiert werden.

Transporte und Dienstleistungen

Dokumente, Waren und Dienstleistungen müssen im Internet-Zeitalter rund um die Uhr abrufbar sein. Außerdem zwingt der Wettbewerbsdruck Paketdienste, Speditionen und Unternehmen für den Werksverkehr trotz steigendem Verkehrsaufkommen und vielen Staus dazu, alle Rationalisierungspotenziale bei der Zustellung und Abholung auszuschöpfen.

Auch die einzelnen Verbraucher folgen zunehmend den vielfältigen Angeboten, die Organisation des privaten Bedarfs bequem zu Hause am Bildschirm zu erledigen, z. B. die Bestellung von Waren, die Anforderung eines Handwerkers oder anderer Serviceleistungen wie Kurierdienste. Und was bestellt und möglicherweise bereits mit der Kreditkarte bezahlt ist, soll möglichst innerhalb von Stunden an der Haustür angeliefert werden.

Mit diesen veränderten Voraussetzungen stoßen klassische Logistikabläufe an ihre Grenzen. Deshalb ist es notwendig, Auftragsabwicklung, Disposition, Flottensteuerung, Kommunikation und Überwachung des Warenflusses in einem System zu integrieren.

Modernes Flottenmanagement mit optimalen Kommunikationsmöglichkeiten ist gefragt, wenn es um schnellstmögliches Erreichen der Kunden geht. Nur so sind kurze Reaktionszeiten und beispielsweise Korrekturen bei kurzfristiger Auftragsänderung möglich.

Allerdings muss die Flottenmanagement-Zentrale dazu zahlreiche Informationen verarbeiten sowie jederzeit und an jedem Ort eingreifen können.

Die Techniken dafür sind vorhanden: von der Standortbestimmung der Fahrzeuge mit dem Satelliten-Ortungssystem GPS (Global Positioning System) über die Abstimmung des Logistik-Programms in der Dispositionszentrale bis zum Informationsaustausch durch Datenkommunikation mit den Fahrern der Flotte über SMS (Short Message Service) des Mobiltelefonsystems GSM.

Je nach Organisationsform kann auch das Internet als Informationsoberfläche einbezogen sein.

Dass das Flottenmanagement nicht mit Fuhrparkmanagement durch Tankkartenausgabe, Verbrauchsermittlung, Instandhaltung sowie Leasing- oder Kaufoptimierung zu verwechseln ist, soll das folgende Beispiel veranschaulichen:

Für die am Abend nach Dienstschluss per Internet bestellten Waren wird der Auftrag am nächsten Morgen im Versand des Lieferanten bearbeitet. Mittags steht das Paket im Lager versandfertig bereit.

Am Nachmittag ist die Sendung in der Hand des Logistikunternehmens, das vertragsgemäß die Distribution für den Versender übernimmt. Vorsortiert nach Regionen übernimmt der Transporter die Ware.

Parallel dazu übermittelt der Rechner des Versenders die Daten der Einzelaufträge an die Zentrale des Logistikunternehmens. Hier kann der Disponent die weitere Verteilung planen.

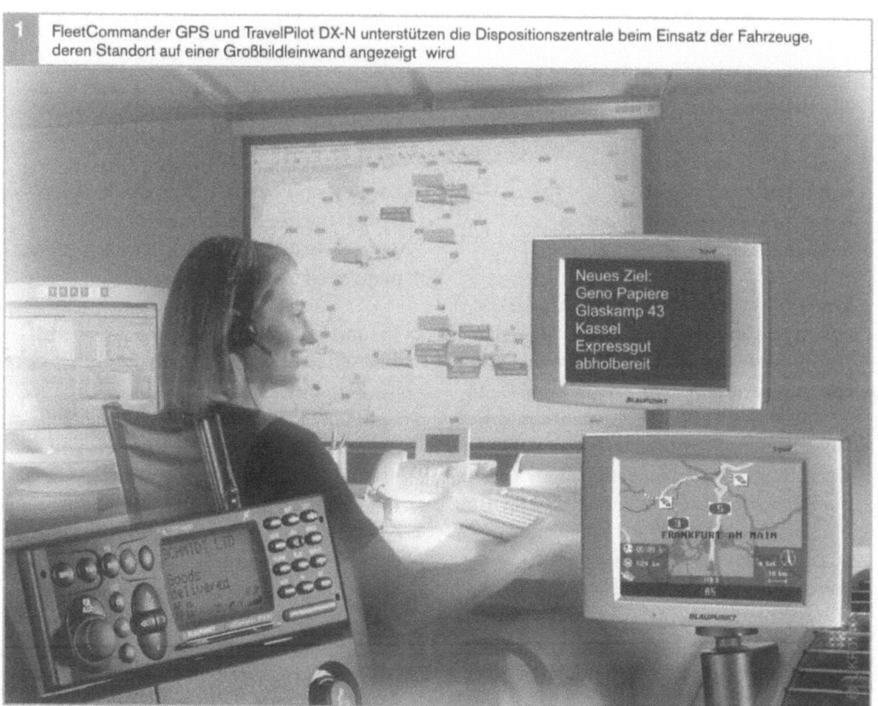

Bei Eintreffen des Transporters im Verteilzentrum ist bereits bekannt, wie viele Pakete für die einzelnen Auslieferungsbereiche vorliegen. Fällt in einem Bezirk besonders viel an, kann der Disponent zusätzliche Kapazität für die Auslieferung einplanen. Überblick verschafft ihm dabei ein Blick auf seinen Bildschirm, der ihm über Internet die Fahrzeuge des Fuhrparks auf einer Karte darstellt. Die Flotte ist dort mit ihrer aktuellen Position zu sehen.

In den Fahrzeugen des Logistikunternehmens sind entweder der kompakte *FleetCommander GPS 148* oder der *TravelPilot DX-N Professional* mit dynamischer Navigationsfunktion als Systeme für das Flottenmanagement installiert.

Sie senden in kurzen Intervallen ihre Position über SMS an den Internet-Dienst, der die Information in die Flottenmanagement-Zentrale des Unternehmens übermittelt. Der Disponent wählt das am günstigsten stationierte freie Fahrzeug und erteilt den Auftrag wiederum per SMS (Bild 1).

Der Weg des Fahrers führt am darauf folgenden Morgen zum Auftraggeber. Der quittiert das Paket, und der Fahrer meldet an die Zentrale, dass der Auftrag erledigt ist.

Eine vergleichbare Flexibilität und Geschwindigkeit lässt sich – trotz knapper Termine zur Zufriedenheit der Kunden – ohne ein Flottenmanagementsystem nicht erreichen.

Mit den von Blaupunkt eingeführten Fahrzeug-Systemen und dem weiter entwickelten Datenübertragungsverfahren „FleetDirect", das als Industriestandard bereits weit verbreitet und mit den gängigen Softwareprodukten der Branche kompatibel ist, lässt sich die Leistungsfähigkeit von Fahrzeugflotten entscheidend verbessern.

Unterhaltung und Information in Bussen

Um das Reisen für Fahrer und Fahrgäste angenehm zu machen, verfügen „Coach-Systeme" für Reisebusse über:

- Navigationssysteme,
- TV- und Videosysteme sowie
- Audiosysteme.

Wichtigste Voraussetzung für das Reisen ist, auf ausgewählten Routen sicher und schnell am Bestimmungsort anzukommen. Das präzise Navigationssystem *TravelPilot DX-N Coach* leitet den Fahrer entspannt und sicher auf zielgenauen Routen – trotz möglichen Umleitungen oder Änderungen im Tourenplan. Es garantiert ihm damit ein Höchstmaß an Flexibilität. Der TMC-Tuner sucht automatisch alle verfügbaren TMC-Verkehrssender auf der Reiseroute und leitet eingehende Meldungen permanent an den TravelPilot weiter. Dieser analysiert und berechnet anhand von Staupunkt, Staulänge und zu erwartender Durchschnittsgeschwindigkeit die Route neu und bietet sofort (wenn sinnvoll) eine Alternative, die dem Fahrer auf einem großen Monitor angezeigt wird. Ähnliches gilt für alternative Restaurants oder Hotels. Die Travel Guide-CDs halten eine Fülle von Alternativen bereit – mit Angeboten, Preisen, Adressen, Telefonnummern und dem Weg zum Ziel.

Die Reisegäste können auf dem Bordmonitor die Reise genau verfolgen. Eine Kartendarstellung mit Städten und Flüssen, Straßen und Landschaften macht den Reiseverlauf plastisch und interessant. Sogar Sehenswürdigkeiten oder der nächste Rastplatz werden darauf dargestellt.

In modernen Reisebussen sorgen Videoanlagen für visuelle Unterhaltung. Speziell für Reisebusse konzipierte Monitore sind Bestandteil der Kabinengestaltung (Bild 2). Ebenfalls für den mobilen Einsatz konzipierte Videoplayer unterhalten die Fahrgäste mit aktuellen Filmen und Informationen während der Fahrt.

Noch mehr Filme und Informationen bietet ein TV-Tuner für mobilen Fernsehempfang, damit die Passagiere auch auf Reisen über aktuelle Ereignisse (z. B. Fußball-Länderspiele oder Formel-1-Rennen) informiert sind.

Schließlich gibt es noch einen mobilen DVD-Video-Player für beste Bildwiedergabe in DVD-Qualität. Mit ihm können neben DVD-Videos auch Video-CDs und Musik-CDs abgespielt werden.

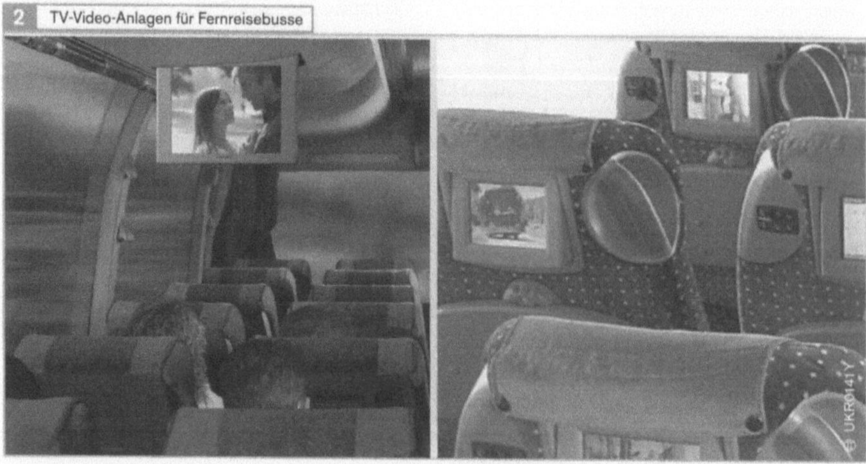

InCar-Video bildet zusammen mit seinen Komponenten ein System für die Unterhaltung im Automobil. Kern der Anlage ist ein Signalkonverter, der bis zu vier Flachbildschirme mit unterschiedlichen Programmquellen versorgen kann: vom mobilen TV-Empfänger über den DVD-Player oder die Wiedergabe von Videospielen bis hin zur Kartendarstellung des Navigationssystems.

InCar-Video hat bereits eine lange Tradition bei Video- und TV-Anlagen für Reisebusse, Trucks und Bahnen (z.B. im ICE der Deutschen Bahn AG). Einen weiteren Schritt bieten die Komponenten zur Nachrüstung in Pkw und Freizeitfahrzeugen. Sie befriedigen die vielfältige Anforderungen einer wachsenden Zielgruppe. Zu dieser gehören sowohl technikorientierte Kunden, die ihr im Fahrzeug integriertes Navigationssystem aufrüsten möchten als auch Familienväter, die ihren Kindern auf den Fondplätzen über lange Fahrstrecken entsprechende Kurzweil bieten wollen oder Geschäftsreisende, die auch unterwegs die Übertragung bewegter Bilder nutzen möchten.

Selbstverständlich ist mit InCar-Video auf allen Plätzen die Einbindung einer Audioanlage ebenso möglich wie der Abruf der Anzeige des Fahrzeug-Navigationssystems.

Zahlreiche Unterhaltungsmöglichkeiten bietet schon die Basis-Konfiguration, bei der ein 7-Zoll-TFT-Monitor im 16:9-Format (z.B. integriert in der Kopfstütze des Vordersitzes) mit einem DVD-Player kombiniert ist.

Der *DVD-Player* passt komplett in den genormten Einbauschacht im Cockpit oder in die Mittelkonsole. Er verarbeitet alle gängigen Audio- und Video-Disc-Formate, ebenso wie selbst gebrannte CD-R und CD-RW (einfach und mehrfach beschreibbare **C**ompact **D**isc), die VCD (**V**ideo-**CD**) oder die DVD (**D**igital **V**ersatile **D**isc). Und selbst CDs mit MP3-Musikfiles können stundenlange Musikunterhaltung sicherstellen.

Der *Signal Converter* kann gleich mehrere Plätze im Fahrzeug mit individuellen Unterhaltungsprogrammen versorgen. Er verteilt über den marktüblichen Übertragungsstandard „Composite Video" und über entsprechende Audio-Anschlüsse die Signale von bis zu vier Programmquellen an maximal vier nachgeschaltete Monitore. Programmquellen können der genannte DVD-Player sein, ein TV-Tuner in Blackbox-Bauweise, ein herkömmlicher Video-Player oder über den AUX-Eingang ein Video-Spiel von der Playstation. Die Programmauswahl selbst erfolgt direkt an jedem Monitor, über separat angebrachte Bedienelemente oder über „Remote Control".

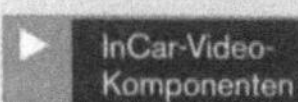

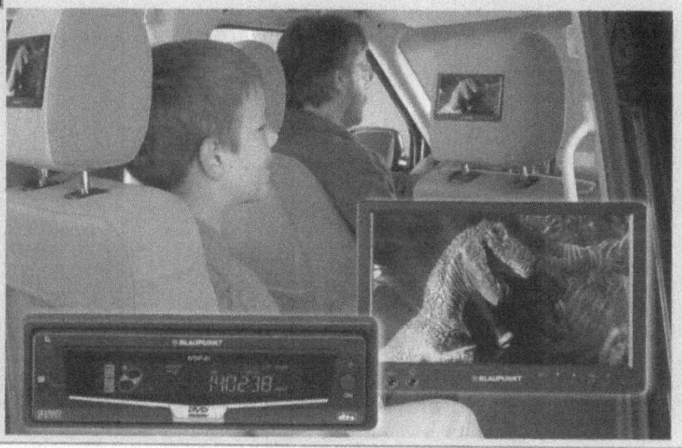

Werkstatt-Technik

Mehr als 30 000 Kfz-Werkstätten in aller Welt sind mit Werkstatt-Technik, d. h. Prüftechnik und Werkstatt-Software von Bosch, ausgestattet. Der Werkstatt-Technik kommt dabei eine wachsende Bedeutung zu, denn sie leitet und unterstützt bei Diagnose und Fehlersuche.

Werkstattgeschäft

Trends
Viele Faktoren beeinflussen das Werkstattgeschäft. Aktuelle Trends sind z. B.:
- Der Anteil an Diesel-Pkw steigt.
- Längere Serviceintervalle und längere Lebensdauer der Kfz-Teile haben zur Folge, dass Fahrzeuge seltener in die Werkstätten kommen.
- Die Werkstattauslastung im Gesamtmarkt wird in den kommenden Jahren weiter sinken.
- Der Elektronikanteil im Fahrzeug nimmt zu, aus Fahrzeugen werden „fahrende Computer".
- Die Vernetzung der elektronischen Systeme untereinander nimmt zu, Diagnosen und Reparaturen beziehen sich auf im gesamten Fahrzeug verbaute und verbundene Systeme.
- Nur der Einsatz von moderner Prüftechnik, Computern und Diagnosesoftware sichert das Geschäft auch in der Zukunft.

Anforderungen
Werkstätten müssen sich auf die Trends einstellen, um auch künftig ihre Leistungen erfolgreich am Markt anbieten zu können. Die Konsequenzen dafür lassen sich direkt aus den Trends ableiten:
- Eine professionelle Fehlerdiagnose ist der Schlüssel zur qualifizierten Reparatur.
- Technische Informationen werden zur entscheidenden Voraussetzung für die Fahrzeugreparatur.
- Die schnelle Verfügbarkeit von umfassenden technischen Informationen sichert die Rentabilität.

1　Diagnose an einem Fahrzeug mit einem Diagnosetester

- Der Qualifikationsbedarf bei Werkstatt-mitarbeitern nimmt stark zu.
- Investitionen der Werkstätten in Diagnose, technische Information und Schulung sind notwendig.

Mess- und Prüftechnik

Der entscheidende Schritt für die Werkstätten besteht darin, in die richtige Prüftechnik, Diagnosesoftware, technische Information und technische Schulung zu investieren, um für die Arbeiten im Werkstattprozess bestmögliche Unterstützung zu erhalten.

Werkstattprozesse

Die grundsätzlichen Arbeiten, die in der Werkstatt anfallen, lassen sich in Prozessen darstellen. Für die Abwicklung rund um Service und Reparatur können zwei Teilprozesse unterschieden werden. Der erste Teilprozess umfasst die überwiegend ablauforganisatorisch geprägte Aktivität *Auftragsannahme*, der zweite die überwiegend technisch orientierten Arbeitsschritte bei *Service* und *Reparaturdurchführung*.

Auftragsannahme

Bereits bei der Anmeldung in der Werkstatt ruft das EDV-Auftragsannahmesystem alle verfügbaren Informationen über das Fahrzeug aus einer Datenbank ab. Somit steht bei der Annahme die Historie des Fahrzeugs mit allen in der Vergangenheit durchgeführten Wartungsarbeiten und Reparaturen zur Verfügung. Weiterhin wird in diesem Ablauf der Kundenwunsch, dessen grundsätzliche Machbarkeit, die terminliche Einplanung, die Sicherstellung von Ressourcen, Teilen und Betriebsmitteln sowie eine erste Untersuchung von Aufgabenstellung und Arbeitsumfang erledigt. Im Rahmen des Prozesses *Serviceannahme* werden je nach Prozessziel alle Teilfunktionalitäten des Produktes ESI[tronic] genutzt.

Service- und Reparaturdurchführung

Hier werden die im Rahmen der Auftragsannahme festgelegten Arbeiten ausgeführt. Ist die Erledigung der Arbeitsaufgabe nicht in einem Prozessdurchlauf darstellbar, so sind entsprechende Wiederholungsschleifen vorgesehen, bis das angestrebte Prozessergebnis erreicht ist. Im Rahmen des Prozesses Service- und Reparaturdurchführung werden je nach Prozessziel alle Teilfunktionalitäten des Produktes ESI[tronic] genutzt.

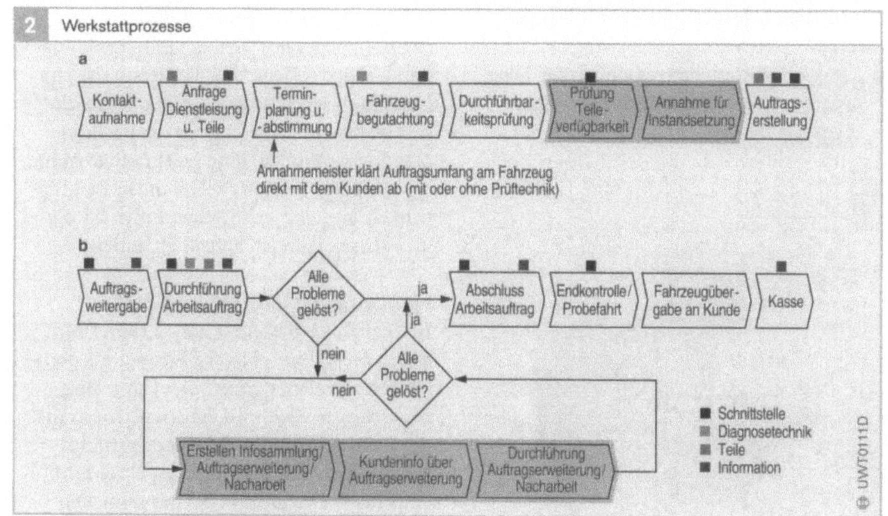

Bild 2

a Auftragsannahme
b Service- und Reparaturdurchführung

Elektronische Service-Information ESI[tronic]

Systemfunktionalitäten zur Unterstützung des Werkstattprozesses

ESI[tronic] ist ein modular aufgebautes Softwareprodukt für den Kraftfahrzeugtechnik-Handel. Die einzelnen Module beinhalten folgende Informationen:

- Technische Informationen zu Ersatzteilen und Kfz-Ausrüstung,
- Explosionszeichnungen und Stücklisten für Ersatzteile und Aggregate,
- technische Daten und Einstellwerte,
- Arbeitswerte und -zeiten für Arbeiten am Fahrzeug,
- Fahrzeugdiagnose und Fahrzeugsystemdiagnose,
- Fehlersuchanleitungen für unterschiedliche Fahrzeugsysteme,
- Reparaturanleitungen für Fahrzeugkomponenten, z. B. Dieselaggregate,
- Elektronikschaltpläne,
- Wartungspläne und -schaubilder,
- Prüf- und Einstellwerte für Aggregate,
- Daten zur Kalkulation von Wartungs-, Reparatur- und Servicearbeiten.

Anwendung

Die Hauptnutzer für ESI[tronic] sind Kfz-Werkstätten, Aggregate-Instandsetzer und der Kfz-Teilegroßhandel. Sie nutzen die technischen Informationen für folgende Zwecke:

- Kfz-Werkstätten: hauptsächlich für Diagnose, Service und Reparatur von Fahrzeugsystemen,

- Aggregate-Instandsetzer: hauptsächlich zur Prüfung, Einstellung und Reparatur von Aggregaten,
- Kfz-Teilegroßhändler: hauptsächlich zur Teileinformation.

Kfz-Werkstätten und Aggregate-Instandsetzer nutzen diese Teileinformationen ergänzend zu Diagnose, Reparatur und Serviceinformationen. Produktschnittstellen erlauben es, ESI[tronic] mit anderer (insbesondere kaufmännischer) Software im Kfz-Werkstattumfeld und Kfz-Teilegroßhandel zu vernetzen, um z. B. Daten mit dem Warenwirtschaftssystem der Buchhaltung zu tauschen.

Anwendernutzen von ESI[tronic]

Der Nutzen von ESI[tronic] besteht darin, dass das System einen Großteil der Informationen liefert, die zur Erledigung und Sicherung des Geschäfts von Kfz-Werkstätten benötigt werden. Dies wird durch das breit angelegte und modular aufgebaute Produktprogramm von ESI[tronic] ermöglicht. Die Informationen werden in einer Oberfläche mit einheitlicher Systematik über alle Fahrzeugmarken angeboten.

Für das Werkstattgeschäft ist eine umfassende Fahrzeugabdeckung wichtig, um die benötigten Informationen stets verfügbar zu haben. Dies wird bei ESI[tronic] dadurch sichergestellt, dass länderspezifische Fahrzeug-Datenbanken sowie Informationen über neue Fahrzeuge in die Produktplanung einfließen. Eine regelmäßige Aktualisierung der Software bietet die beste Möglichkeit, mit der technischen Entwicklung im Fahrzeugbereich Schritt zu halten.

Fahrzeug-System-Analyse FSA

Die Fahrzeug-System-Analyse (FSA) von Bosch bietet eine einfache Lösung für die komplexe Fahrzeugdiagnose. Dank Diagnoseschnittstellen und Fehlerspeichern in der Bordelektronik moderner Kraftfahrzeuge lassen sich die Ursachen eines Problems rasch eingrenzen. Bei der schnellen

Lokalisierung eines Fehlers ist die von Bosch entwickelte *Komponentenprüfung* der FSA sehr hilfreich: Messtechnik und Anzeige der FSA lassen sich auf die jeweilige Komponente einstellen. So kann diese im eingebauten Zustand geprüft werden.

Messmittel

Für die Diagnose stehen der Werkstatt zur Fehlersuche verschiedene Möglichkeiten zur Verfügung: das tragbare leistungsfähige System-Testgerät KTS 650 oder die werkstatttauglichen KTS-Module KTS 520 und KTS 550 in Verbindung mit einem handelsüblichen PC oder Laptop. Die Module haben ein Multimeter integriert, KTS 550 und KTS 650 enthalten außerdem noch ein 2-Kanal-Oszilloskop. Für die Arbeiten am Fahrzeug ist die ESI[tronic] im KTS 650 bzw. auf dem PC installiert.

Beispiel für den Ablauf in der Werkstatt

Das Softwarepaket ESI[tronic] begleitet die Arbeiten in der Werkstatt während der gesamten Fahrzeugreparatur. Über die Diagnoseschnittstelle kommuniziert ESI[tronic] mit den elektronischen Systemen im Fahrzeug, z. B. dem ESP-Steuergerät. Damit

kann vom PC aus nach Aufrufen der SIS-Fehlersuchanleitung (Service-Informations-System) die Steuergeräte-Diagnose eingeleitet und der Fehlerspeicher im Steuergerät ausgelesen werden.

Am Diagnosetester lassen sich die gemessenen Werte ohne zusätzliche Eingaben unmittelbar mit den Sollwerten vergleichen. Die Ergebnisse der Diagnose werden direkt in die Reparaturanleitung in ESI[tronic] übernommen. Außerdem können zusätzliche Informationen, wie z. B. Einbaulage der Komponenten, Explosionszeichnungen, Schalt- und Verschlauchungspläne, angezeigt werden. Aus den Explosionszeichnungen kann der Kundendienst unmittelbar am PC auf Ersatzteillisten mit Bestellnummern für die Ersatzteilbestellung umschalten. Alle durchgeführten Arbeiten werden zusammen mit den benötigten Ersatzteilen automatisch für die Rechnungserstellung erfasst. Nach der abschließenden Testfahrt kann so die Rechnung mit wenigen Tastendrücken erstellt werden. Zudem druckt das System die Ergebnisse der Fahrzeugdiagnose übersichtlich aus. Der Kunde erhält damit ein vollständiges Protokoll aller durchgeführten Arbeiten und Materialaufwendungen.

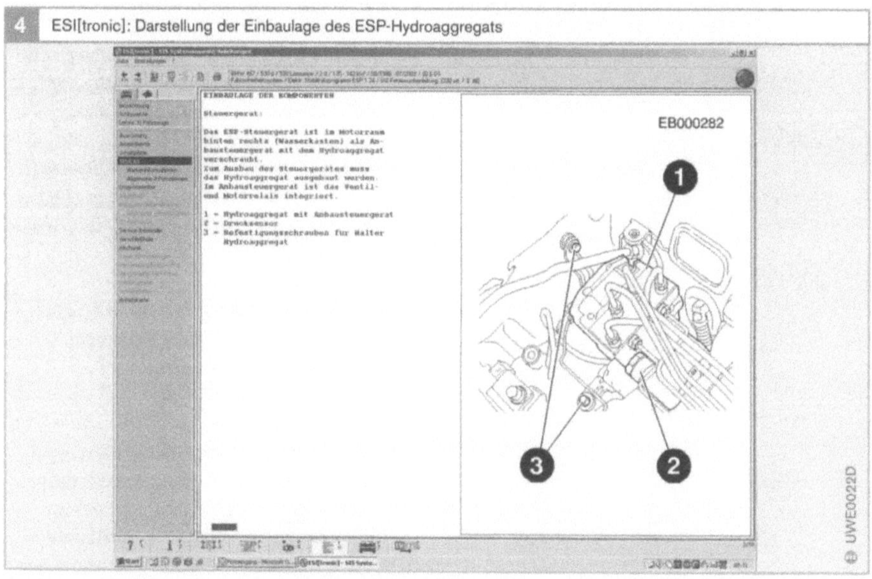

4   ESI[tronic]: Darstellung der Einbaulage des ESP-Hydroaggregats

Diagnose in der Werkstatt

Auslesen der Fehlerspeichereinträge
und sichere Identifikation der fehlerhaften
kleinsten tauschbaren Einheit. Dabei werden
die Onboard-Informationen und Offboard-
Prüfmethoden und -Prüfgeräte in der geführten Fehlersuche verknüpft. Hilfestellung
dabei gibt die Elektronische Service-
Information (ESI[tronic]). Sie enthält für
viele möglichen Probleme (z. B. ESP greift
zu früh ein aufgrund falscher Variantencodierung) und Fehler (z. B. Drehzahlsensor
liefert kein Signal) Anleitungen für die
weitere Fehlersuche.

Geführte Fehlersuche
Wesentliches Element ist die geführte
Fehlersuche. Der Werkstattmitarbeiter wird
– ausgehend vom Symptom (Fahrzeug-
symptom oder Fehlerspeichereintrag) – mit-

hilfe eines symptomabhängigen, ergebnis-
gesteuerten Ablaufs geführt. Genutzt werden
Onboard- (Fehlerspeichereinträge) sowie
Offboard-Möglichkeiten (Stellglieddiagnose
und Offboard-Prüfgeräte).

Die geführte Fehlersuche, Auslesen des
Fehlerspeichers, Werkstatt-Diagnosefunktionen und die elektrische Kommunikation
mit Offboard-Prüfgeräten erfolgen mithilfe
von i. A. PC-basierten Diagnosetestern. Das
kann ein spezifischer Werkstatt-Tester des
Fahrzeugherstellers oder ein universeller
Tester (z. B. KTS 650 von Bosch) sein.

Auslesen der Fehlerspeichereinträge
Die während des Fahrbetriebs abgespeicher-
ten Fehlerinformationen (Fehlerspeichereinträge) werden bei der Fahrzeuginspektion
oder -reparatur in der Kundendienstwerk-
statt über eine serielle Schnittstelle ausgelesen.

Das Auslesen der Fehlereinträge kann
mithilfe des Diagnosetesters durchgeführt
werden. Der Werkstattmitarbeiter erhält
Angaben über:
- Fehlfunktion (z. B. Motortemperatur-
  sensor),
- Fehlercode (z. B. Kurzschluss nach Masse,
  Signal nicht plausibel, Fehler statisch vor-
  handen),
- Umweltbedingungen (Messwerte zum
  Zeitpunkt der Fehlerspeicherung, z. B.
  Drehzahl, Motortemperatur usw.).

Nach dem Auslesen des Fehlerspeichers in
der Werkstatt und der Fehlerbehebung kann
der Fehlerspeicher mit dem Testgerät wieder
gelöscht werden.

Für die Kommunikation zwischen Steuergerät und Tester muss eine geeignete
Schnittstelle definiert sein.

Stellglied-Diagnose
Um in den Kundendienstwerkstätten einzelne Stellglieder (Aktoren) gezielt aktivieren und deren Funktionalität prüfen zu
können, ist im Steuergerät eine Stellglied-
Diagnose enthalten. Dieser Testmodus wird

---

1 Ablauf einer geführten Fehlersuche mit CAS[plus]

Identifikation

Fehlersuche
nach Kundenbeanstandung

Fehlerspeicher auslesen
und anzeigen

Komponentenprüfung
aus Fehlercodeanzeige starten

SD-Istwerte und Multimeter-Istwerte
in der Komponentenprüfung anzeigen

Soll-/Istwerte-Vergleich ermöglicht
Fehlerbestimmung

Reparatur durchführen,
Teilebestimmung,
Schaltpläne usw. in ESI[tronic]

Defektes Teil austauschen

Fehlerspeicher löschen

Bild 1
Das System CAS[plus]
(Computer Aided
Service) verknüpft die
Steuergeräte-Diagnose
mit der SIS-Fehlersuch-
anleitung für eine noch
effektivere Fehlersuche.
Die für Diagnose und
Reparatur entscheiden-
den Werte erscheinen
dabei sofort auf einer
Bildschirmansicht.

mit dem Diagnosetester eingeleitet und funktioniert nur bei stehendem Fahrzeug unterhalb einer bestimmten Motordrehzahl oder bei Motorstillstand. Unter anderem ist es hiermit möglich, die Funktion der Stellglieder akustisch (z. B. Klicken des Ventils), optisch (z. B. Bewegung einer Klappe) oder durch andere Methoden, wie Messung von elektrischen Signalen, zu überprüfen.

Werkstatt-Diagnosefunktionen

Fehler, die die On-Board-Diagnose nicht erkennen kann, lassen sich mithilfe von unterstützenden Funktionen eingrenzen. Diese Werkstatt-Diagnosefunktionen sind im Steuergerät implementiert und werden vom Diagnosetester gesteuert.

Werkstatt-Diagnosefunktionen laufen entweder nach dem Start durch den Diagnosetester vollständig autark im Steuergerät ab und melden nach Beendigung das Ergebnis an den Diagnosetester zurück, oder der Diagnosetester übernimmt die Ablaufsteuerung, Messdatensammlung und Auswertung. Das Steuergerät führt dann nur die einzelnen Befehle aus.

Beispiel
Bei der Zuordnungsprüfung wird geprüft, ob das Elektronische Stabilitäts-Programm (ESP) die Radzylinder der richtigen Räder ansteuert. Hierzu wird das Fahrzeug in den Bremsenprüfstand gefahren. Nach Starten der Funktion zeigt der Diagnosetester das weitere Vorgehen an. Nach Betätigen des Bremspedals werden der Reihe nach gezielt einzelne Kanäle des ESP-Hydroaggregats in Stellung Druckabbau gebracht. Das kann dadurch festgestellt werden, dass sich das betreffende Rad drehen lässt. Der Diagnosetester zeigt an, für welches Rad das System den Bremsdruck reduziert hat. Auf diese Weise kann festgestellt werden, ob die Verschaltung von Hydroaggregat und Radzylindern stimmt.

Offboard-Prüfgerät

Die Diagnosemöglichkeiten werden durch Nutzung von Zusatzsensorik, Prüfgeräten und externen Auswertegeräten erweitert. Die Offboard-Prüfgeräte werden im Fehlerfall in der Werkstatt an das Fahrzeug adaptiert.

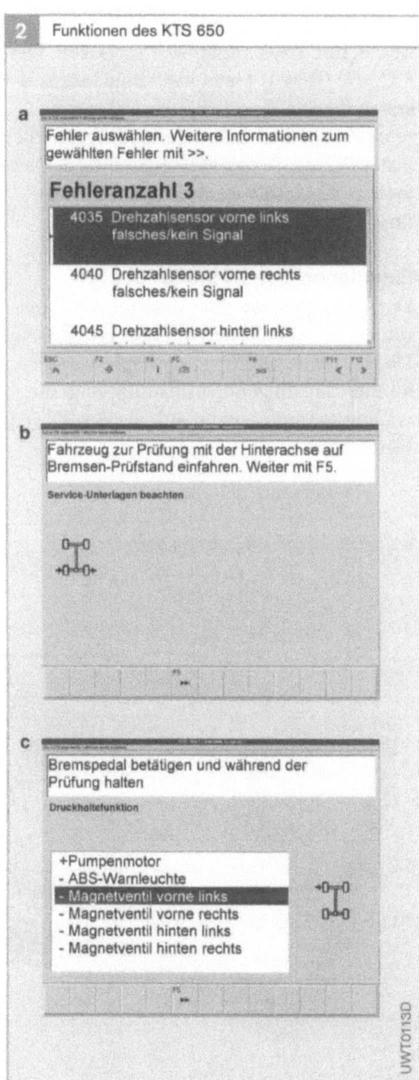

Bild 2
a Darstellung des Fehlerspeicherinhalts
b Anleitung zur Vorgehensweise bei Werkstatt-Diagnosefunktionen
c Überprüfen der Druckhaltefunktion

Prüf- und Testgeräte

Für eine effektive Systemprüfung werden
Prüf- und Testgeräte benötigt. Konnte früher
ein elektronisches System noch mit einfachen Messgeräten (z. B. Multimeter) geprüft werden, so sind heute durch die ständige Weiterentwicklung der elektronischen
Systeme im Fahrzeug komplexe Testgeräte
unverzichtbar.

Die System-Testgeräte der KTS-Serie
sind in den Werkstätten weit verbreitet. Der
KTS 650 (Bild 1) bietet vielfältige Möglichkeiten für den Einsatz bei der Fahrzeugreparatur, insbesondere durch die grafische
Darstellung z. B. von Messergebnissen. Diese
System-Testgeräte werden auch als Diagnosetester bezeichnet.

Funktionen des KTS 650

Der KTS 650 bietet eine Vielzahl von Funktionen, die über Tasten und das großflächige
Display menügeführt ausgewählt werden
können. Die folgende Auflistung zeigt die
wichtigsten Funktionen auf, die der KTS 650
bietet.

Identifikation

Das System erkennt automatisch das ange-
schlossene Steuergerät und liest Istwerte,
Fehlerspeicher und steuergerätespezifische
Daten aus.

Fehlerspeicher lesen/löschen

Die im Fahrbetrieb von der On-Board-
Diagnose erkannten und im Fehlerspeicher
gespeicherten Fehlerinformationen können
mit dem KTS 650 gelesen und auf dem
Display im Klartext angezeigt werden.

Istwerte lesen

Aktuelle Werte, die das Steuergerät berechnet, können als physikalische Werte
ausgelesen werden (z. B. Radgeschwindigkeiten in km/h).

Stellglied-Diagnose

Zur Funktionsprüfung können die elektrischen Steller (z. B. Ventile, Relais) gezielt
angesteuert werden.

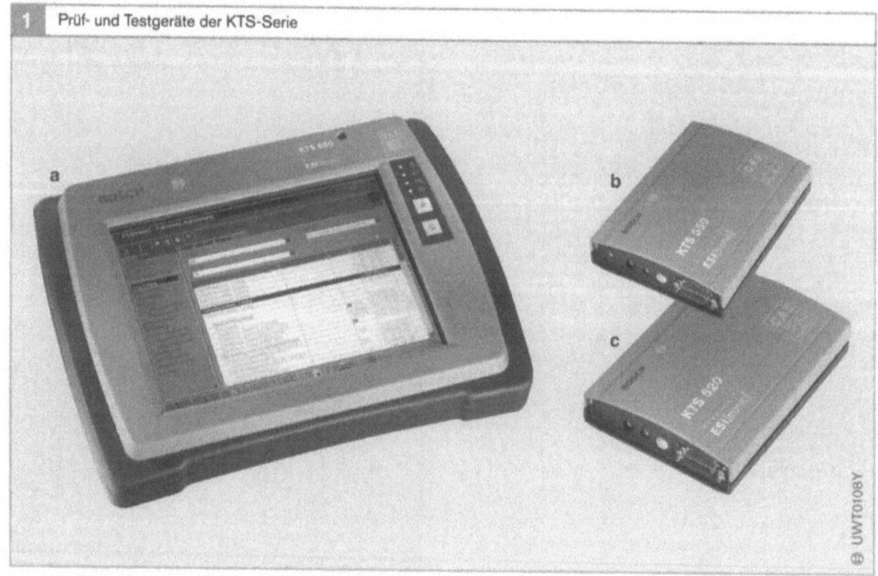

1   Prüf- und Testgeräte der KTS-Serie

Bild 1

a   Multimediafähiger,
mobiler Diagnose-
tester KTS 650

b   universelle Komfort-
lösung für Kfz-Werk-
stätten; KTS 550 in
Verbindung mit PC
oder Laptop

c   universelle Lösung
für Kfz-Werkstätten;
KTS 520 in Ver-
bindung mit PC
oder Laptop

Testfunktionen

Der Diagnosetester löst im Steuergerät
programmierte Prüfabläufe aus. Mit diesen
kann z. B. geprüft werden, ob die Zuordnung der Kanäle des ABS-Hydroaggregats
zu den Radzylindern stimmt.

Multimeterfunktion

Ströme, Spannungen und Widerstände
können wie bei einem herkömmlichen
Multimeter gemessen werden.

Zeitverlaufdarstellung

Die laufend aufgenommenen Messwerte
werden als Signalverlauf grafisch, wie
bei einem Oszilloskop, dargestellt (z. B.
Signalspannung der Raddrehzahlsensoren).

Zusatzinformationen

Zu den angezeigten Fehlern bzw. Komponenten können in Verbindung mit der
Elektronischen Service-Information
(ESI[tronic]) besondere, zusätzliche Informationen eingeblendet werden (z. B. Fehlersuchanleitungen, Einbaulage der Komponenten im Motorraum, Prüfwerte, elektrische Schaltpläne).

Ausdruck

Alle Daten können auf normalen PC-
Druckern ausgedruckt werden (z. B. Liste
der Istwerte oder Beleg für den Kunden).

Programmierung

Die Software des Steuergeräts kann mit dem
KTS 650 kodiert werden (z. B. Varianten-
kodierung des ESP-Steuergeräts).

Abhängig von dem zu prüfenden System
werden beim Werkstattaufenthalt die Möglichkeiten des KTS 650 ausgenutzt. Nicht alle
Steuergeräte können die gesamte Funktionalität unterstützen.

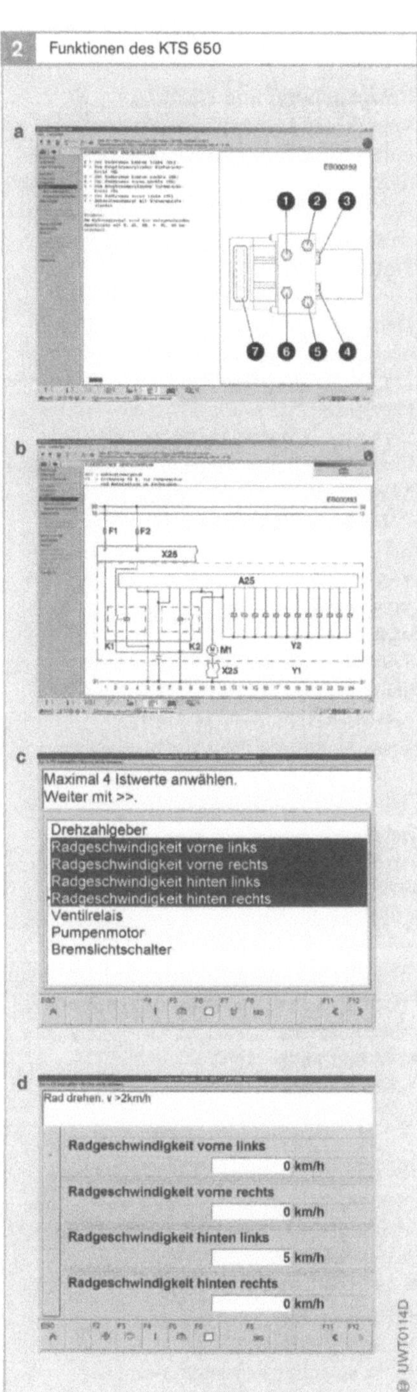

Bild 2
a Hydraulischer
   Anschlussplan des
   Hydroaggregats
b Elektrischer
   Anschlussplan des
   Hydroaggregats
c Auswahl für die
   Messung von
   Istwerten
d Messen der Rad-
   geschwindigkeiten

Bremsenprüfung

Untersuchung und Wartung

Vom Zustand einer Bremsanlage hängt unmittelbar die Sicherheit eines Kraftfahrzeugs mit dessen Insassen bzw. Transportgut ab. Deshalb nimmt die Wartung der Bremsanlage einen hohen Stellenwert bei der Pflege eines Fahrzeugs ein.

Der Gesetzgeber schreibt Überprüfungen der Bremsanlage in regelmäßigen Abständen vor. Werkstätten der Fahrzeughersteller oder anerkannte Fachwerkstätten bzw. Bremsendienste (z. B. Bosch-Service) führen die Überprüfung, Wartung und bei Bedarf auch Reparaturen der Bremsanlage durch.

In Deutschland müssen die Fahrzeughalter ihre Fahrzeuge auf eigene Kosten in regelmäßigen Abständen bei der Hauptuntersuchung (HU) bei einer amtlich zugelassenen Stelle (TÜV, DEKRA usw.) kontrollieren lassen. Der Monat, in dem das Fahrzeug spätestens zur Hauptuntersuchung (Verkehrssicherheit des Kfz) angemeldet werden muss, ist auf der Prüfplakette angeben.

Der natürliche Verschleiß der Bremsanlage, z. B. der Bremsbeläge, erfordert zusätzlich zu den gesetzlichen Prüfungen eine regelmäßige Wartung.

Neben der Ermittlung der Abbremsung auf Bremsprüfständen müssen folgende Teile der Bremsanlage einer regelmäßigen Funktionskontrolle und Wartung unterzogen werden:

- Bremsbeläge,
- Bremsscheiben und
- Bremstrommeln.

Bei Hydraulik-Bremssystemen müssen zusätzlich folgende Teile in regelmäßigen Abständen geprüft und gewartet werden:

- Hauptzylinder,
- Radzylinder,
- Bremsschläuche,
- Bremsleitungen,
- Bremsflüssigkeitsstand und
- Bremsflüssigkeitszustand.

Weitere Aggregate wie z. B. Bremskraftverstärker, -verteiler, -begrenzer usw. sind häufig wartungsfrei.

Bei Druckluft-Bremsanlagen muss zusätzlich Folgendes überprüft werden:

- Kompressor,
- Luftbehälter,
- Frostschutzeinrichtung,
- Ventile, Zylinder,
- Druckregler,
- Bremskraftregler,
- Kupplungsköpfe und
- Dichtheit der gesamten Anlage.

Bremsbeläge

Die Bremsbeläge sind als Teil der Bremsanlage dem stärksten Verschleiß ausgesetzt, da die Verzögerung des Fahrzeugs durch Anpressen der Beläge an drehende Scheiben oder Trommeln erreicht wird. Die korrekte Wartung dieser Teile ist unabdingbar für die Sicherheit einer Bremsanlage.

Verschleißkontrolle

Der Verschleiß eines Bremsbelages ist bei korrekter Montage von den Eigenschaften des Belages (z. B. seinem Reibwert), von der Fahrweise und von der Fahrzeugbelastung abhängig.

Bei den Scheibenbremsen vieler Fahrzeuge ist zur sicheren Prüfung des Belagverschleißes die Abnahme der Räder notwendig. Die Beurteilung der Bremsbeläge bei montierten Rädern kann zu falschen Schlussfolgerungen führen.

Zur Kontrolle des Verschleißes bei Trommelbremsen sind bei den meisten Fahrzeugen die Räder und die Bremstrommeln abzunehmen.

Schaulöcher bei einem Teil modernerer Fahrzeuge erlauben eine Sichtprüfung ohne Abnahme der Räder und Bremstrommeln, wobei hier nicht alle Fehler erkannt werden können.

Nachstellen
Ein bestimmter Abstand zwischen Bremsbelag und Bremsscheibe bzw. Bremstrommel (Lüftspiel) verhindert das dauernde Schleifen der Bremsbeläge an der Bremsscheibe bzw. Bremstrommel. Da durch den Verschleiß der Beläge dieser Abstand ständig größer wird, müssen in gewissen Abständen die Bremsbacken nachgestellt werden, sofern in dieser Anlage kein automatisches Nachstellen vorgesehen ist.

Die Scheibenbremsen mit integrierter Feststellbremse haben eine automatische Nachstellvorrichtung.

Einfache Scheibenbremsen sind selbst nachstellend. Die Bremsbacken werden automatisch nachgestellt, sodass keine Vergrößerung des Abstandes zwischen Belag und Bremsscheibe auftritt, d. h., das Lüftspiel vergrößert sich nicht.

Die Notwendigkeit des Nachstellens bei Trommelbremsen ohne automatische Nachstellvorrichtung ist am Leerweg des Bremspedals zu erkennen.

Sollen bei unterschiedlichen Bremsanlagen (z. B. Simplex- oder Duplexbremsen) die Bremsbacken nachgestellt werden, müssen die Angaben der Bremsenhersteller beachtet werden.

Grundsätzlich aber gilt:
Unabhängig von der Ausführung muss immer auf beiden Seiten gleichzeitig und bei Fahrzeugen, die vorne und hinten Trommelbremsen haben, müssen alle vier Räder gleichzeitig nachgestellt werden.

Die Bremsanlage muss beim Nachstellen kalt sein. Zuerst ist die Fußbremse und anschließend die Handbremse nachzustellen.

Erneuern der Bremsbeläge
Bremsbeläge müssen bei Scheibenbremsen ersetzt werden, wenn die Dicke der Belagmasse bis auf 2 mm abgenutzt ist.

Bei Ausführungen mit Verschleißsensoren im Bremsbelag macht eine Kontrollleuchte im Instrumentenfeld den Fahrer bereits bei einer Belagdicke von 3,5 mm auf den erforderlichen Belagwechsel aufmerksam.

Bei Trommelbremsen darf die Restbelagdicke bei Pkw 1,5 mm, bei Nkw 4 mm nicht unterschreiten. Zeigen die Beläge ein ungleiches Verschleißbild, sind sie rissig oder Teile ausgebrochen, so sind sie ebenfalls auszutauschen.

Beim Austausch von Bremsbelägen dürfen nur solche Bremsbeläge neu eingesetzt werden, die vom Erstausrüster in der Fahrzeug-ABE (Allgemeine Betriebserlaubnis) eingetragen sind.

Die Bremsbeläge und Bremsscheiben dürfen immer nur achsweise gewechselt werden, da sonst am Fahrzeug ein „Schiefziehen" auftreten kann.

Bremsscheiben und Bremstrommeln

Bremsscheiben und Bremstrommeln sind aus Stahl oder Guss und deshalb weniger dem Verschleiß ausgesetzt als Bremsbeläge. Sie müssen aber trotzdem in regelmäßigen Abständen gewartet werden.

Die Laufflächen der Bremsscheiben und Bremstrommeln müssen auf
- Riefen,
- Risse,
- Korrosion,
- Abrieb und
- Dickenunterschiede

untersucht werden. Die genannten Erscheinungen können bei der Scheiben- und Trommelbremse durch eine optische Prüfung erkannt werden.

Zusätzlich können bei Bremsscheiben Seitenschlag und Planlaufabweichungen auftreten. Die Größe des Schlages am Außenrand der Scheibe darf maximal 0,2 mm betragen und muss mit einer Messuhr festgestellt werden. Bremsscheiben mit zu großem Seitenschlag müssen ersetzt werden.

Beim Abdrehen riefiger oder kegelig abgenutzter Bremsscheiben darf eine minimal zulässige Scheibendicke nicht unterschritten werden.

Bremstrommeln können unrund sein und Haarrisse aufweisen. Die Unrundheit beruht auf einer Überhitzung der Bremstrommel. Sie ist durch eine Pumpbewegung am

Bremspedal oder auch auf dem Bremsprüf-
stand erkennbar. Je nach Höhe des Verschleißes bzw. der Beschädigungen können
die Bremstrommeln ausgedreht werden.
Dabei ist das für das Fahrzeug zulässige Aus-
drehmaß zu beachten. Lassen der Grad oder
die Art der Beschädigungen der Bremstrommel ein Ausdrehen nicht zu, so sind sie in
jedem Fall auszutauschen. Das Ausdrehen
oder der Austausch der Bremstrommeln
muss an beiden Seiten einer Achse vorgenommen werden, um eine gleichmäßige
Bremswirkung sicherzustellen.

Hauptzylinder
Die Verschleißteile des Hauptzylinders sind
primär die aus einem Spezialgummi herge-
stellten Dichtmanschetten. Diese Manschetten dichten die Kolben gegenüber den
Zylinderwänden ab. Korrosion, z. B. wegen
Feuchteaufnahme der Bremsflüssigkeit, hat
eine Rauigkeit an den Zylinderwänden zur
Folge. Diese Rauigkeit wirkt schädigend
auf die Manschetten: sie verschleißen und
werden undicht.

Bei diesem Fehler baut sich je nach Grad
der Undichtheit kein dauerhafter oder gar
kein Bremsdruck mehr auf. Das Verhalten
des Bremspedals beim Betätigen lässt darauf
schließen, ob die Primär- oder die Trennmanschette undicht ist.

Radzylinder

Wie beim Hauptzylinder sind auch beim
Radzylinder die Dichtmanschetten ein Verschleißteil. Sie können ebenfalls undicht
werden und Korrosion an den Zylinderwänden hervorrufen. Außerdem können
Undichtheiten am Radzylinder, z. B. an den
Abdichtstulpen, auftreten. Damit kann
Bremsflüssigkeit auf die Bremsbeläge kommen und die Bremswirkung negativ beeinflussen.

Mit den folgenden Prüfungen können die
Manschetten überprüft werden:

Niederdruckprüfung

Ein Manometer ist am Radzylinder anzu-
schließen und mit der Pedalstütze ein Druck
von 2...5 bar einzusteuern. Innerhalb von
5 min darf kein Druckabfall auftreten.

Hochdruckprüfung

Ein Druck von 80...100 bar ist einzusteuern.
Nach 10 min darf der Druck um maximal
10 % des eingesteuerten Drucks gefallen
sein.

Vordruckprüfung

Die Pedalstütze ist zu entfernen, der Druck
fällt auf den Vordruck (falls vorhanden; nur
bei Zylindern mit Topfmanschetten) von
0,4...1,7 bar ab. Nach 5 min darf der Druck
nicht unter 0,4 bar gesunken sein.

Bremsschläuche und Bremsleitungen

Die Bremsschläuche und -leitungen sind im
Prinzip wartungs- und pflegefrei. Sie sind
starken äußeren Einflüssen wie Korrosion
durch Feuchte und Salz ausgesetzt und
werden mechanisch durch Steinschlag, Kies
und Split hoch beansprucht.

Aufgrund der Beanspruchungen sind die
Bremsschläuche und -leitungen regelmäßig
zu kontrollieren. Die Bremsleitungen sind
hauptsächlich auf Korrosion zu überprüfen,
die Bremsschläuche auf Scheuerstellen und
Risse. Die Verbindungsstellen sind auf
Dichtheit zu prüfen.

Bremsflüssigkeitsstand und Brems-
flüssigkeitszustand

Der Bremsflüssigkeitstand ist am Aus-
gleichgefäß zu kontrollieren. Der Flüssig-
keitsstand muss zwischen den beiden
Marken „MAX" und „MIN" stehen. Diese
Kontrolle erlaubt, Undichtigkeiten im
Bremssystem festzustellen. Liegt der Flüssig-
keitsstand an oder unterhalb der MIN-
Marke, ist die Dichtheit des Bremssystems
zu überprüfen. Bei verschiedenen Fahrzeugen zeigt eine Kontrollleuchte dem Fahrer
das unzulässige Sinken der Bremsflüssigkeit
an.

Da Bremsflüssigkeit über Diffusion
durch die Bremsschläuche Wasser aufnehmen kann, ist ein Wechsel nach ein bis
zwei Jahren erforderlich.

Die Erneuerung der Bremsflüssigkeit
ist für die Sicherheit der Bremsanlage unbedingt erforderlich.

Wartungsübersicht

Die Komponenten von hydraulischen Bremsanlagen sind erheblichen Belastungen ausgesetzt. Durch Wärme, Kälte und Schwingungen können im Laufe der Zeit Materialermüdungen auftreten. Spritzwasser – besonders Salzwasser – und Schmutz bewirken Korrosion und Schwergängigkeit an und in den Bauteilen. Diese Belastungen können Funktionseinschränkungen verursachen.

Aus Sicherheitsgründen sind daher besondere Untersuchungen und Wartungsarbeiten in regelmäßigen Zeitabständen zwingend erforderlich.

Der hierfür günstigste Zeitpunkt ist das Ende der Winterperiode, weil die frei liegenden Bauteile der Bremsanlage im Winterbetrieb am stärksten durch Witterungseinflüsse belastet werden.

Die Untersuchungen und Wartungsarbeiten umfassen:
- Sichtprüfungen,
- Funktionsprüfungen,
- Dichtheitsprüfungen,
- innere Untersuchungen der Radbremsen,
- Wirkungsprüfungen.

In dieser Wartungsübersicht sind die Komponenten mit Auflistung der Prüf- und Kontrollarbeiten in alphabetischer Reihenfolge angeordnet. Die verwendeten Abkürzungen sind unten erläutert.

Erläuterung der Abkürzungen:

A	Ausbauen,
E	Einbauen,
F	Schmieren,
G	Gangbar machen,
I	Instand setzen,
N	Ersetzen, Erneuern,
NA	Nacharbeiten,
P	Prüfen, Beurteilen,
R	Reinigen,
S	Einstellen, Richten, Richtig stellen.

Arbeitspositionen	
Ausgleichsbehälter [1])	
Verschlussdeckel	P/N
Behälter	P/R/N
Ordnungsgemäße Befestigung	P/I
Warnschalter (sofern vorhanden)	P/I/N
Bremsflüssigkeit	
Niveau	P/S
Aussehen, Farbe	P/N
Wassergehalt	P/S
Bremshebel (Feststellbremsanlage)	
Hebelweg, Anzahl Rasten	P/S
Rastbarkeit	P/I
Leichtgängigkeit	P/G/F
Hebelanschlag (sofern vorhanden)	P/S/I
Rückstellfeder (sofern vorhanden)	P/S/F
Bremskraftbegrenzer	
Äußere Beschädigung	P/N
Ordnungsgemäße Befestigung	P/I/N
Rohrleitungsanschlüsse	P/I/N
Funktion	P/N
Begrenzter Druck (Prüfbedingungen beachten!)	P/S
Bremskraftregler	
Äußere Beschädigung	P/N
Ordnungsgemäße Befestigung	P/I/N
Rohrleitungsanschlüsse	P/I/N
Anlenkgestänge, Hebel	P/I/F
Wegfeder	P/N/F
Funktion	P/N
Begrenzter Druck (Prüfbedingungen beachten!)	P/S
Bremskraftverstärker	
Äußere Beschädigung	P/N
Ordnungsgemäße Befestigung	P/I
Schlauchleitungen (Risse usw.)	P/N
Funktion	P/N
Dichtheit	P/N
Bremspedal (Betriebsbremsanlage)	
Pedal	P
Pedalgummi (Verschleiß, Zustand)	P/N
Pedalweg	P/S
Spiel der Betätigungsstange	P/S
Leichtgängigkeit der Pedalwelle	P/G/F
Pedalanschlag	P/S/I
Pedalrückstellfeder	P/S/F

Bremsleitungen [2]

Äußere Beschädigung	R/P/N
Ordnungsgemäße Befestigung	P/I/N
Korrosion	P/N

Bremsschläuche

Äußere Beschädigung	P/N
Ordnungsgemäße Befestigung	P/N
Biegeradien, Länge	P/N
Verlegung (z. B. verdreht)	P/I/N
Für Übertragungsmedium geeignet	P/N
Alter	P/N

Hauptzylinder

Äußere Beschädigung	P/N
Ordnungsgemäße Befestigung	P/I/N
Leitungsanschlüsse	P/I/N
Dichtheit zum Bremskraftverstärker	P/I/N
Dichtheit Niederdruckteil	P/I/N
Dichtheit Hochdruckteil	P/I/N
Bremslichtschalter	P/N
Bremsleuchten	P/I

Radbremsen (allgemein)

Grundeinstellung Trommelbremsen	P/S
Lüftspieleinstellung Scheibenbremsen	P/S

Rückschlagventil

Äußere Beschädigung	P/N
Ordnungsgemäße Befestigung	P/I
Schlauchleitungen (Risse usw.)	P/N
Funktion	P/N
Dichtheit	P/N

Scheibenbremse (Bremsbeläge)

Beschädigung (Risse usw.)	P/N
Verglasung, Verhärtung usw.	P/N
Belagstärke [3]	P/N
Belagführungen	P/R/F
Eignung für Fahrzeug	P/N

Scheibenbremse (Bremssattel)

Äußere Beschädigung	R/P/N
Ordnungsgemäße Befestigung	R/I/N
Bremsbelagschächte	P/R
Führungselemente	P/G/F
Leichtgängigkeit der Kolben	P/I/N
Kolbenstellung	P/S
Staubschutzmanschetten	P/N
Kleinteile (Spreizfedern, Bolzen usw.)	P/N
Entlüftungsventil, Staubkappe	P/G/N

Scheibenbremsen (Bremsscheiben)

Beschädigung (Risse usw.)	P/N
Thermische Überlastung	P/N
Verschleiß [4]	P/N
Verschleißform [4]	P/NA/N
Dickentoleranz [4]	P/NA/N
Taumelschlag [4]	P/NA/N

Trommelbremse (allgemein)

Ankerplatte (Beschädigung)	R/P
Radzylinder	P/I/N
Staubschutzmanschetten	P/I/N
Feststellhebel und Gestänge	P/I/F
Nachstellvorrichtung	P/G/F
Bremsseil	P/F
Bremsbacken, Bremsbeläge	P/I/N
Auflagepunkte der Bremsbacken	R/F
Rückzugfedern	P/N

Trommelbremse (Bremsseil, Bremsgestänge)

Äußere Beschädigung (Seilhülle)	P/N
Ordnungsgemäße Befestigung	P/I/N
Richtige Verlegung und Führung	P/I/N
Umlenkungen, Rollen usw.	P/I/F
Bremsseile (Brüche usw.)	P/N
Leichtgängigkeit	P/G/F
Einstell-, Nachstellvorrichtung	P/G/F
Grundeinstellung	P/S

Trommelbremse (Bremstrommel)

Beschädigung (Risse usw.)	P/N
Thermische Überlastung	P/N
Verschleiß [5]	P/NA/N
Rundlauf [5]	P/NA/N
Taumelschlag [5]	P/NA/N

Wirkungsprüfung Betriebsanlage (BBA)

Bremskräfte Vorderachse (VA)	P/I
Abweichung der Bremskräfte (VA)	P/I
Bremskräfte Hinterachse (HA)	P/I
Abweichung der Bremskräfte (HA)	P/I
Betätigungskraft	P/I

Wirkungsprüfung Feststellbremsanlage (BBA)

Bremskräfte	P/I
Abweichung der Bremskräfte	P/I

[2] **Achtung:** Beschichtete Bremsleitungen nicht abschleifen! Korrodierte oder beschädigte Leitungen müssen ersetzt werden!

[4] **Achtung:** Verschleißmaß beachten!

[5] **Achtung:** Verschleißmaß beachten!

[3] **Achtung:** Verschleißgrenze für Scheibenbremsbeläge 2 mm, gemessen ohne Belagträgerplatte.

Sachwortverzeichnis

Abkürzungen

A

ABE: Allgemeine Betriebserlaubnis
ABS: Antiblockiersystem
AC: Alternating Current (Wechsel-
strom)
ACC: Adaptive Cruise Control
(adaptive Fahrgeschwindigkeits-
regelung)
ACEA: Association des Constructeurs
Européens d'Automobiles (Verband
der europäischen Automobil-
hersteller)
ADA: Auto Directional Antenna
ADAC: Allgemeiner Deutscher
Automobil Club
AF: Alternative Frequency
AGS: Adaptive Getriebesteuerung
AKSE: Automatische Kindersitz-
erkennung
ALWR: Automatische Leuchtweiten-
regulierung
AM: Amplituden-Modulation
AMLCD: Aktivmatrix-LCD
(aktiv adressierte LCD)
AMR: Anisotrop Magneto Resistive
(anisotrop magnetoresistiv)
ARI: Autofahrer Rundfunk Information
ASC: Anti-Slipping-Control
(Antriebsschlupfregelung)
ASG: Automatisiertes Schaltgetriebe
ASIC: Application Specific Integrated
Circuit (Anwendungsbezogene
Integrierte Schaltung)
ASR: Antriebsschlupfregelung
AST: Automated Shift Transmission
(Automatisiertes Schaltgetriebe)
ASU: Automatische Störunter-
drückung
AT: Automatic Transmission
(Automatikgetriebe)
ATF: Automatic Transmission Fluid
(Getriebeöl)
AV: Auslassventil

B

BA: Bremsassistent
BDW: Brake Disc Wiping
BIR: Ball In Ramp
BK: Bereichskennung
BLFD: Belt Lock Front Driver
BLFP: Belt Lock Front Passenger
BLRL: Belt Lock Rear Left
BLRC: Belt Lock Rear Center
BLRR: Belt Lock Rear Right

BL3SRL: Belt Lock 3rd Seat Row Left
BL3SRR: Belt Lock 3rd Seat Row
Right

C

C/T: Clock/Time
CAFE: Corporate Average Fuel
Efficiency
CAHRD: Crash Active Head Rest
Driver (Crash-aktive Kopfstütze
Fahrer)
CAHRP: Crash Active Head Rest
Passenger (Crash-aktive Kopfstütze
Beifahrer)
CAN: Controller Area Network
(Steuergeräte Datennetzwerk)
CCD: Charge-Coupled Devices
CCFL: Cold Cathode Fluorescent Light
(Kaltkathodenfluoreszenzlampe)
CD: Compact Disc
CDC: Compact Disc Changer
(CD-Wechsler)
CDD: Controlled Deceleration for
Driver Assistance Systems
CDP: Controlled Deceleration for
Parking Brake
CD-ROM: Compact Disc-Read Only
Memory
CMOS: Complementary Metal Oxide
Semiconductor (Komplementäre
MOS-Technik)
CODEM: Coincidence Demodulator
COFDM: Coded Orthogonal
Frequency Division Multiplexing
CPU: Central Processing Unit
CROD: Crash Output Digital
CSD: Circuit Switched Data
CVT: Continuous Variable Trans-
mission (stufenloses Getriebe)

D

D/A: Digital/Analog (Wandlung)
DAB: Digital Audio Broadcasting
DAC: Digital-Analog Converter
DC: Direct Current (Gleichstrom)
DCS: Digital Cellular System
DDA: Digital Directional Antenna
DEQ: Digitaler parametrischer
Equalizer mit variabler Filtergüte
(Q-Faktor)
D-Fire: Digital Fully Integrated
Receiver Engine
DigiCeiver: Digital Receiver
DIN: Deutsches Institut für Normung
DIO: Data Input Output
DK: Durchsagekennung

DKG: Doppelkupplungsgetriebe
DMB: Digital Multimedia Broadcasting
DMS: Disc Management System
DNC: Dynamic Noise Covering
(dynamische Rauschünterdrückung)
DOT: Department Of Transportation
(Transportbehörde)
DREAMS: Digital Room
Enlargement Automotive System
DR-F: Druckregler Flachsitz
DRM: Digital Radio Mondial
DRO: Dielectric Resonator Oscillator
(Dielektrischer Resonanz-Oszillator)
DR-S: Druckregler Schieber
DRS: Drehratesensor
DSA: Digital Sound Adjustment
DSC: Direct Software Control
DSP: Digital Signal Processor
(Digitaler Signalprozessor)
DSP: Dynamisches Schaltprogramm
D-STN-LCD: Doppelschicht STN-LCD
DVD: Digital Versatile Disc
DWS: Drehwinkelsensor

E

EBU: European Broadcasting Union
EBV: Elektronische Bremskraft-
verteilung
ECD: Electronically Controlled
Deceleration
ECU: Electronic Control Unit
(Steuergerät)
EDC: Electronic Diesel Control
(Elektronische Dieselregelung)
EEPROM: Electrically Erasable
Programmable Read Only Memory
(elektrisch löschbarer und be-
schreibbarer Nur-Lese-Speicher)
EGAS: Elektronisches Gaspedal
(Elektronische Drosselklappen-
ansteuerung)
EGS: Elektronische Getriebe-
steuerung
EHB: Elektrohydraulische Bremse
EHM: Elektrohydraulisches Modul
EKM: Elektronisches Kupplungs-
management
EM: Elektronikmodul
EMB: Elektromechanische Bremse
EMV: Elektromagnetische
Verträglichkeit
EOL: End-Of-Line(-Programmierung)
EON: Enhanced Other Networks
EPROM: Erasable Programmable
Read Only Memory (löschbarer und
beschreibbarer Nur-Lese-Speicher)

PTC: Positive Temperature Coefficient
PTY: Program Type
PWM: Pulsweiten-Modulation

R
RADAR: Radiation Detecting and
  Ranging
RAM: Random Access Memory
  (Schreib-Lese-Speicher)
RDS: Radio Data Service
ROM: Read Only Memory
  (Nur-Lese-Speicher)
RP: Release Panel
RPU: Regulation Processing Unit
  (ACC-Reglereinheit)
RS: Rotational-Speed Sensor
  (Drehgeschwindigkeitssensor)
RSE: Restraint System Electronics
RSV: Rückschaltverhinderung
RT: Radio Text
RTC: Radar-Transceiver

S
S/N: Signal-/Rausch (Noise-)Abstand
SAC: Spun Aluminium Cone
SAE: Society of Automotive Engineers
SAM: Short Additional Memory
SBC: Sensotronic Brake Control
  (Elektrohydraulische Bremse)
SBE: Sitzbelegungserkennung
SCU: Sensor & Control Unit
  (Sensor- und Steuergeräteeinheit)
SHF: Super High Frequency
SIM: Subscriber Identification Module
SIM: Security Identification Module
SMS: Short Message Services
Sonar: Sound Navigation and Ranging
SPU: Signal Processing Unit
  (ACC-Signalverarbeitungseinheit)
STN-LCD: Super Twisted Nematic
  LCD
StVZO: Straßenverkehrs-Zulassungs-
  ordnung Deutschland
SUV: Sport Utility Vehicle (Straßen-
  fahrzeug mit Geländeeigenschaften)

T
TA: Traffic Announcement
TCS: Traction Control System
  (Traktionskontrollsystem)
TCU: Transmission Control Unit
TDMA: Time Division Multiplex Access
TETRA: Trans European Trunked
  Radio
TFT: Thin Film Transistor
  (Dünnfilm-Transistor)

TIM: Traffic Information Memory
  (Speicherung von Verkehrs-
  meldungen)
TMC: Traffic Message Channel
TN-LCD: Twisted Nematic LCD
TOF: Time Of Flight
TOM: Turn On Message
TP: Traffic Program
TT-CAN: Time Triggered CAN
TTP: Time Triggered Protocol

U
UFSD: UpFront Sensor Driver
UFSP: UpFront Sensor Passenger
UHF: Ultra High Frequency
UKW: Ultrakurzwelle
UMTS: Universal Mobile
  Telecommunications System
USB: Universal Serial Bus
USV: Umschaltventil
UTM: Universale Transversale
  Mercator-Projektion

V
VCD: Video-CD
VCO: Voltage-Controlled Oscillator
  (spannungsgesteuerter Oszillator)
VDA: Verband der Automobilindustrie
VFD: Vakuumfluoreszdisplay
VHF: Very High Frequency

W
WAP: Wireless Application Protocol
WCDMA: Wideband Code Division
  Multiplexing Access
WD: Watchdog
WK: Wandlerüberbrückungskupplung
WLAN: Wireless Local Area Network
WML: Wireless Markup Language

Bosch-Fachbücher – Fachwissen aus erster Hand

Dieselmotor-Management

Innovationen von Bosch zur Dieseleinspritztechnik, wie die Hochdruck-Einspritzsysteme Unit Injector und Common Rail, haben wesentlich zum Dieselboom der letzten Jahre in Europa beigetragen. Diese Systeme machen den Dieselmotor leiser, sparsamer, leistungsstärker und emissionsärmer zugleich. Die überarbeitete und erweiterte 4. Auflage des Fachbuches „Dieselmotor-Management" gibt einen umfassenden Einblick in die verbreiteten Dieseleinspritzsysteme und in die Elektronik zur Steuerung und Regelung des Dieselmotors. Einen weiteren Schwerpunkt dieses Buches bilden die innermotorische Emissionsminderung sowie die Abgasreinigung (z. B. durch Partikelfilter). Die Texte werden durch zahlreiche detaillierte Zeichnungen und Abbildungen ergänzt.

Hardcover,
Format 17 x 24 cm,
4., überarbeitete
und erweiterte Auflage,
501 Seiten,
gebunden,
mit zahlreichen Abbildungen.

ISBN 3-528-23873-9

Der Inhalt – Schwerpunkte

- Geschichte des Dieselmotors
- Grundlagen des Dieselmotors und der Dieseleinspritzung
- Systeme zur Füllungssteuerung
- Diesel-Einspritzsysteme: Reihen-, Verteiler- und Einzeleinspritzpumpen, Unit Injector, Unit Pump, Common Rail (mit Piezo-Inline-Injektor)
- Elektronische Dieselregelung
- Innermotorische Emissionsminderung
- Abgasreinigung
- Abgasgesetzgebung
- Sensoren
- Diagnose (On-Board-Diagnose)
- Werkstatt-Technik

Bosch-Fachbücher – Fachwissen aus erster Hand

Ottomotor-Management

Beginnend mit einem kurzen Rückblick auf die Anfänge der Automobilgeschichte werden anschließend die Grundlagen der Arbeitsweise sowie die Steuerung des Ottomotors erläutert. Die Beschreibung der Systeme zur Füllungssteuerung, Einspritzung (sowohl Saugrohreinspritzung als auch Benzin-Direkteinspritzung) und Zündung geben einen umfassenden Überblick aus erster Hand über die Steuerungsmechanismen, die für den Betrieb eines modernen Ottomotors unabdingbar sind. Wie dies in der Praxis umgesetzt wird, zeigen die Beschreibungen der verschiedenen Motronic-Ausführungen sowie der in diesem Managementsystem integrierten Steuerungs- und Regelungsfunktionen. Den Abschluss bildet ein Kapitel, das die Entwicklung eines Motronic-Systems aufzeigt.

Hardcover,
Format 17 x 24 cm,
2., vollständig überarbeitete und erweiterte Auflage, 2003
418 Seiten,
gebunden,
mit zahlreichen Abbildungen.

ISBN 3-528-13877-7

Der Inhalt – Schwerpunkte

- Geschichte des Automobils
- Grundlagen des Ottomotors
- Entwicklungsgeschichte Ottomotor-Steuerungssysteme
- Systeme zur Füllungssteuerung
- Saugrohreinspritzung
- Benzin-Direkteinspritzung
- Induktive Zündanlage
- Zündspulen
- Zündkerzen
- Motormanagement Motronic
- Sensoren
- Steuergerät
- Elektronische Steuerung und Regelung
- Diagnose (On-Board-Diagnose)
- Katalytische Abgasreinigung
- Abgasgesetzgebung
- Werkstatt-Technik
- Steuergeräteentwicklung

Bosch-Fachbücher –
Fachwissen aus erster Hand

Autoelektrik/Autoelektronik

Die stürmische Entwicklung der Auto-
elektrik/Autoelektronik hat in hohem Maß
Einfluss auf die Ausrüstung der Kraftfahrzeuge genommen. Aus diesem Grund wurde
eine Neubearbeitung des bewährten Praxis-
Leitfadens notwendig. Die 4. Auflage wurde
noch stärker in Richtung Elektronik und
deren Anwendung im Kraftfahrzeug ausgerichtet. Sie wurde um die Themen „Mikroelektronik" und „Sensoren" ergänzt. Damit
kamen Grundlagen und Bauelemente der
Elektronik und Mikroelektronik sowie
Messgrößen, Messprinzipien und die Vor-
stellung konkreter Sensoren mit deren
Signalaufbereitung neu hinzu.

Der Inhalt – Schwerpunkte
- Bordnetz mit Leitungsdimensionierung,
  Steckverbindungen, Schaltzeichen und
  Schaltplänen
- Elektromagnetische Verträglichkeit
- Starter- und Antriebsbatterien
- Generatoren
- Starter
- Lichttechnik
- Scheibenreinigung
- Mikroelektronik
- Sensoren
- Datenverarbeitung
  und -übertragung im Kfz

Hardcover,
Format 17 x 24 cm,
4., vollständig überarbeitete
und erweiterte Auflage, 2002
503 Seiten,
gebunden,
mit zahlreichen Abbildungen.

ISBN 3-528-13872-6

Kraftfahrtechnisches Taschenbuch – d a s Nachschlagewerk

Das Kraftfahrtechnische Taschenbuch von Bosch ist ein umfassendes Nachschlagewerk. Viele Inhalte der 25. Auflage wurden wieder von Fachleuten von Bosch, aus der Kraftfahrzeugindustrie und von Hochschulen neu bearbeitet, überarbeitet oder aktualisiert.

Der gegenwärtige Stand der Kraftfahrzeugtechnik ist gut aufbereitet und in überschaubarem Umfang enthalten. Viele Systemdarstellungen, Abbildungen und Tabellen geben Einblick in eine faszinierende Technik.

Neu in der 25. Auflage aufgenommene Themen

Hydrostatik ● Strömungsmechanik ● Mechatronik ● Schichtsysteme ● Reib- und Formschlussverbindungen ● Emissionsminderungssysteme ● Diagnose ● Nfz-Bremsenmanagement als Plattform für Nfz-Fahrerassistenzsysteme ● Analoge und digitale Signalübertragung ● Mobile Informationsdienste ● Flottenmanagement ● Multimedia-Systeme ● Entwicklungsmethoden und Applikationswerkzeuge für elektronische Systeme ● Sound-Design ● Fahrzeug-Windkanäle ● Umweltmanagement ● Werkstatt-Technik.

Vollständig aktualisierte, überarbeitete oder erweiterte Themen

Grundgleichungen der Mechanik ● Schraubverbindungen ● Federn ● Luftfiltration ● Schmierung des Motors ● Kühlung des Motors ● Aufladegeräte ● Abgasanlage ● Abgas-Messtechnik ● Steuerung des Ottomotors (Motronic) ● Alternativer Ottomotorbetrieb ● Steuerung des Dieselmotors ● Fahrstabilisierungssysteme ● Autoradio mit Zusatzeinrichtungen ● Autoantennen ● Mobil- und Datenfunk ● Pkw-Fahrerassistenzsysteme.

Das „blaue Buch" von Bosch ist inzwischen ein Bestseller im Bereich technischer Literatur. Es ist weltweit d a s Nachschlagewerk für präzise und kurz gefasste Informationen zum Thema Kraftfahrzeugtechnik.

Diese Auflage erscheint auch in Englisch und Französisch, vorangegangene Auflagen sind auch in Niederländisch, Spanisch, Russisch, Finnisch, Italienisch, Ungarisch, Chinesisch und Japanisch erschienen.

Format 12 x 18 cm,
25., überarbeitete und erweiterte Auflage,
1232 Seiten,
gebunden,
mit zahlreichen Abbildungen.

ISBN 3-528-23876-3